教育部高职高专规划教材

获中国石油和化学工业优秀教材奖

物理化学

第三版

杨一平　吴晓明　王振琪　编

化学工业出版社

·北京·

为了适应不断深入的高等职业教学改革新形势的需要，本书在第二版的基础上进行了修订。简化了理论论述，增加了一些应用性内容。针对高等职业教育对化学化工类各专业人才培养的需要，本书重点阐述物理化学基本概念、基本理论及其在生产中的有关应用。每章开始均设有学习目标，章末有阅读材料、本章小结、思考题、习题，以强化理论在实际中的运用。

全书内容共分9章：气体；热力学第一定律；热力学第二定律；相平衡；化学平衡；电化学基础；界面现象；化学动力学；胶体。为方便教学，并提供了习题答案。

本书可作为高职高专化学、化工类及相关专业的教学用书，并兼有知识手册的查询功能，可供其他从事化学化工类及相关专业的人员参考。

图书在版编目（CIP）数据

物理化学/杨一平，吴晓明，王振琪编．—3版．—北京：化学工业出版社，2015.9（2024.8重印）

教育部高职高专规划教材

ISBN 978-7-122-24755-1

Ⅰ.①物…　Ⅱ.①杨…②吴…③王…　Ⅲ.①物理化学-高等职业教育-教材　Ⅳ.①O64

中国版本图书馆CIP数据核字（2015）第173503号

责任编辑：陈有华　刘心怡　　　装帧设计：韩　飞

责任校对：王素芹

出版发行：化学工业出版社（北京市东城区青年湖南街13号　邮政编码100011）

印　　装：北京虎彩文化传播有限公司

787mm×1092mm　1/16　印张20¾　字数512千字　2024年8月北京第3版第7次印刷

购书咨询：010-64518888　　　售后服务：010-64518899

网　　址：http：//www.cip.com.cn

凡购买本书，如有缺损质量问题，本社销售中心负责调换。

定　　价：49.00元

前　言

《物理化学》第二版于2009年出版至今，多次重印，一直广泛用于高职高专相关专业的教学。为了与时俱进，适应不断纵深发展的高等职业教育教学体系和教学内容改革的需求，编者对《物理化学》第二版进行了完善和提高。主要修订内容如下：

1. 进一步优化教材内容结构，使之更加便于灵活选择组合教学内容。例如，将化学动力学一章中链反应和典型复合反应并为一节；在界面现象一章中，将两个重点基本公式（弯曲液面的附加压力和弯曲液面的蒸气压）及应用集中放入一节等。

2. 删减简化教材的一些内容，适当降低了教材的深度。例如，删减简化了一些公式的推导，并继续将该书中一些内容简化后供选学。

3. 在强化应用方面增加了一些相关理论、例题和习题，拓宽了教材的广度。为了使教材覆盖面更广，增补主要侧重于生化及药品类专业所需要的应用性内容，包括简单实用的例题和习题。例如，在胶体一章中加入溶胶的光学性质，以适应生化和药品类专业及精细化学品合成技术等专业的需要。为了便于学生学以致用、强化应用，在书后给出习题答案，供参考。

4. 精雕细刻，不断提高和完善，使教材内容更精炼，表述更严谨和规范。认真贯彻国家标准，订正原书中的一些疏漏，精益求精，以保证教材内容的先进性和通用性。鉴于目前有些教材中因曲率半径规定较以前有些变化，而使得界面现象中有关附加压力和开尔文公式的解释也有所改变，但考虑到后续课程相关内容一般都未有变动，故本书正文也未做改动。但将有所改变的相关内容进行简单介绍，供参考和选学。

此次修订时，仍注重保留了原书的简明易懂、便于自学、兼具手册功能便于查阅相关知识等特点。

全书仍分九章，其中绪论和第一、六章由辽宁石化职业技术学院杨一平修订，第二、三、七、八、九章由河北化工医药职业技术学院吴晓明修订，第四、五章由辽宁石化职业技术学院刘淼修订，全书由杨一平统一定稿。本书的编写得到了化学工业出版社有关同志的关心和指导，在此表示衷心的感谢。

限于编者的水平，本修订版中不当之处在所难免，欢迎读者批评指正。

编　者

2015年2月

第一版前言

本书是为了适应21世纪社会对人才培养的需要，根据全国高职化工类教材的教学基本要求而编写的，作为高职化工类及各相关专业物理化学课程的教材。

本教材从培养高等技术应用性人才的目标出发，贯彻实际、实践、实用的原则，在教材内容的选择上从理论到例题、思考题、习题都注重与生产实际紧密结合。“以应用为目的、必需够用为度”，有针对性地选择应用性、实用性较强的内容，删减了与化工及相关专业联系不大的内容，并融入了现代科技的新知识和新技术，拓宽学生的知识视野，培养学生的创新能力，为后续课程的学习奠定坚实的理论基础。在教材内容的组织上，重概念、重结论、重应用。对基本定律与公式的推导用小字给出，重点讲明物理意义及适用条件，并配备较多紧密联系实际的例题，对相关的问题进行分析与讨论，总结规律、强化应用，提高学生分析问题、解决问题的能力。在教材内容的结构上，将溶液与相平衡合并为一章，使其结构更紧凑，内容更简练。每章开篇设有学习目标，指出本章应知应会的内容，便于学生有的放矢地学习。章末设有本章小结、思考题、习题和阅读材料，以便学生学以致用，巩固提高。为了适应各不同专业的需求，编写时力求由浅入深循序渐进，并适当扩展了某些内容。例如，为适应工业分析类、环境与安全类专业的需要，强化了电化学的内容。力求教材内容安排具有可组合、可选择的模块化形式，可根据不同专业、不同层次学生学习物理化学的要求，有目的地进行取舍。

全书共分九章，其中第四章由天津职业大学王振琪和辽宁石化职业技术学院杨一平编写；绪论、第一章、第六章由杨一平编写；第二章、第三章由王振琪和河北化工医药职业技术学院吴晓明编写；第五章、第七章由连云港化工高等专科学校李善忠编写；第八章、第九章由吴晓明编写。全书由王振琪统稿，辽宁石化职业技术学院李居参主审。参加审稿的还有辽宁石化职业技术学院温泉、吕欣等。编者对各位提出的宝贵意见和建议特致谢意，本书的编写也得到了化学工业出版社及全国化工高职教材编审委员会的有关领导和同志的关心和指导，在此一并表示衷心的感谢。

由于编者的水平有限，书中难免有不妥之处，恳请读者批评指正。

编　者

2002 年 4 月

第二版前言

《物理化学》自 2002 年出版以来，受到各校师生的欢迎和好评，已多次重印。为了适应不断深入的高职教学改革新形势的需要，我们对《物理化学》第一版进行了修订。为使教材更加突出高职特色，既能体现出高等职业技术教育对“高”的要求，又能体现出高等职业技术教育“职”的特点，在《物理化学》第一版的基础上，主要进行如下修订：

1.“以应用为目的、必需够用为度”，精简了部分理论论述的内容。对基本定律与公式更加注重结论，强化应用，简化推导过程或不推导。增加了一些与后续专业课程及生产和生活实际紧密联系的应用性内容，包括例题、思考题和习题。

2. 参照 GB 3100～3102—93《量和单位》国家标准，对书中有关的物理量和单位、公式和图表等进行了相应的修改，对某些物理量陈旧或不规范的表述进行修正，对已废除的术语进行删除。使教材内容在表述上更加标准化与规范化，以保证教材内容的先进性和通用性。

3. 为方便教学中对内容的灵活取舍，除必要的公式推导仍用小字给出外，对原书中某些节里的非基本内容也用小字给出。这样，书中每节中排大字的部分仍自成系统，为本节的基本内容，教学中即使略去其中的小字部分，仍可保证教材内容的连贯性，保证学生学习最基本的要求，有利于不同程度学生的学习。使教材内容的安排更具有可组合、可选择的模块化形式，以满足各类院校不同专业、不同层次和不同程度的学生对物理化学学习的多种需求。同时也为各校教师的教学留有创造的空间，使该书的适用面更广。

4. 对有关化学势方面的内容进行了调整和简化，教学中即使略去这部分内容，仍可保证教材内容的连贯性，保证学生学习的顺利进行。

5. 对教材中涉及的前期课程里的某些概念补充了一些简介，做好与前期课程的衔接工作，更便于学生学习。

此次修订，对全书的整体框架没有做大的改动，仍然保留了原书的着重阐明基本定律与公式的意义和应用、简明易懂、便于自学、便于查询、兼有知识手册查询功能等特点。

全书仍分九章，其中绪论和第一、四、五、六章由杨一平修订，第二、三、七、八、九章由吴晓明修订，全书由杨一平统稿。

由于编者水平所限，书中难免有不妥之处，恳请读者批评指正。

编　者

2009 年 1 月

目 录

本书常用的符号意义和单位

符　号	意　义	单位(或定义式)	符　号	意　义	单位(或定义式)
p	压力	Pa	γ	绝热指数	
V	体积	m^3	S	熵(第三章)	J/K
T	热力学温度	K	$C_{V,m}$	摩尔定容热容	J/(mol·K)
n	物质的量	mol	$C_{p,m}$	摩尔定压热容	J/(mol·K)
R	摩尔气体常数	J/(mol·K)	G	吉布斯函数(第三章)	J
m	质量	kg	A	亥姆霍兹函数(第三章)	J
y_B	气相物质的量分数		μ	化学势	J/mol
V_m	摩尔体积	m^3/mol	$\tilde{p}$	逸度	Pa
ρ	体积质量	kg/m^3	Φ	逸度因子(第三章)	
M	摩尔质量	kg/mol	ϕ	相数(第四章)	
a	范德华常数(第一章)	Pa·m^6/mol^2	S	物种数(第四章)	
b	范德华常数(第一章)	m^3/mol	F	自由度数(第四章)	
Z	压缩因子		R	化学反应平衡式数(第四章)	
p^*	饱和蒸气压	Pa	R'	独立的浓度限制条件数	
T_c	临界温度	K	C	组分数	
p_c	临界压力	Pa	w	质量分数	
V_c	临界摩尔体积	m^3	x_B	液相物质的量分数	
T_r	对比温度		b_B	质量摩尔浓度(第四章)	mol/kg
p_r	对比压力		c_B	物质的量浓度	mol/m^3
V_r	对比摩尔体积		k_x	以 x_B 表示浓度的亨利系数	Pa
p'_c	虚拟临界压力	Pa	k_b	以 b_B 表示浓度的亨利系数	Pa·kg/mol
T'_c	虚拟临界温度	K	k_c	以 c_B 表示浓度的亨利系数	Pa·m^3/mol
Q	热	J	K	分配系数	
W	功	J	K_f	凝固点下降系数	K·kg/mol
W'	非体积功	J	K_b	沸点上升系数	K·kg/mol
U	热力学能	J	π	渗透压	Pa
H	焓	J	T_f	凝固点	K
下标“R”	可逆		T_b	沸点	K
α	相态		a	活度(第四章)	
β	相态		γ	活度因子(第四章)	
(g)	气态		$\Delta_r G_m$	摩尔反应吉布斯函数	J/mol
(l)	液态		$\Delta_r G_m^{\ominus}$	标准摩尔反应吉布斯函数	J/mol
(s)	固态		$\Delta_f G_m^{\ominus}$	标准摩尔生成吉布斯函数	J/mol
$\Delta_{\alpha}^{\beta} H_m$	摩尔相变焓	kJ/mol	Q_p	压力商	
$\Delta_l^g H_m$	摩尔蒸发焓	kJ/mol	$K^{\ominus}$	标准平衡常数	
$\Delta_s^l H_m$	摩尔熔化焓	kJ/mol	f	活度因子(第四章)	
$\Delta_s^g H_m$	摩尔升华焓	kJ/mol	$K_c^{\ominus}$	物质的量浓度平衡常数	
ν_B	化学计量数		α	转化率(第五章)	
ξ	反应进度	mol	r	反应物配比	
$\Delta_r H_m$	摩尔反应焓	kJ/mol	Q	电量(第六章)	C
$\Delta_r H_m^{\ominus}(T)$	标准摩尔反应焓	kJ/mol	F	法拉第常数(第六章)	C/mol
$\Delta_f H_{m,B}^{\ominus}(T)$	标准摩尔生成焓	kJ/mol	ε	电流效率	
$\Delta_c H_{m,B}^{\ominus}(T)$	标准摩尔燃烧焓	kJ/mol	I	电流	A

续表

符号	意义	单位(或定义式)	符号	意义	单位(或定义式)
R	电阻(第六章)	Ω	W'_r	比表面功	J/m^2
G	电导(第六章)	S(西门子)	φ	铺展系数	J/m^2
l	长度	m	θ	接触角	(°)
A	面积(第六章)	m^2	Δp	附加压力	Pa
κ	电导率	S/m	Γ	平衡吸附量	m^3/kg
Λ_m	摩尔电导率	$S\cdot m^2/mol$	Γ_∞	最大吸附量	m^3/kg
Λ_m^∞	极限摩尔电导率	$S\cdot m^2/mol$	ϕ	覆盖率(第七章)	
$\gamma_\pm$	平均活度因子		v	反应速率	[浓度]/[时间]
$a_\pm$	离子平均活度		v_B	B的消耗速率或生成速率	[浓度]/[时间]
$b_\pm$	离子平均质量摩尔浓度	mol/kg	t	时间	[时间]
E	电动势	V	k	反应速率系数	$[浓度]^{1-n}/[时间]$
$E^\ominus$	标准电池电势	V	Ea	活化能	J/mol
E(电极)	电极电势	V	ζ	电动电势	V
$E^\ominus$(电极)	标准电极电势	V	φ_o	热力学电势	V
J	电流密度	A/m^2	η	分散介质的黏度系数	Pa·s
η	超电势	V	u	电泳或电渗的速率	m/s
A_S	比表面	m^{-1}	E	电势梯度(第九章)	V/m
σ	表面张力	N/m	ε_r	分散介质的相对介电常数	
σ	比表面吉布斯函数	J/m^2	ε_0	真空的介电常数	$8.854\times10^{-12}F/m$

绪　论

一、什么是物理化学

物理化学是从物质的物理现象与化学现象的联系入手来研究化学基本规律的科学。

物理现象与化学现象总是紧密联系的。化学反应常常伴有物理变化，例如吸热、放热，体积、温度和压力的改变，发光、放电等。而压力、温度的改变、电磁场的作用、光的照射等物理因素也能够影响化学变化的进行。就化学反应本身而言，由于原子或原子团重新排列组合生成了新物质，其物理性质如密度、黏度、折射率等也会发生改变。例如，反应 $2H_2+O_2 \longrightarrow 2H_2O$，在室温下不能发生，当温度升到 973K 时迅速反应发生爆炸，同时出现声、光、热等现象。若在燃料电池中进行，该反应则伴有电流产生。人们在长期的实践过程中，对这种相互联系的现象不断加以总结和归纳，便形成了物理化学。

物理化学主要研究以下化学基本规律。

1. 研究化学过程的方向和限度问题（即化学热力学）

在指定条件下，一个化学反应向哪个方向进行？达到什么程度？最大产率是多少？怎样控制外界条件（温度、压力、浓度等），使反应向有利于生产的方向发展？反应过程中是吸热还是放热？能量变化有多少？怎样控制反应器在指定条件下进行操作，怎样高效率地分离提纯产品等。自然界中，无论是物理变化还是化学变化，其方向都是从不平衡趋向平衡，所谓限度即达平衡为止。因此研究方向和限度就是研究平衡的规律。化学热力学知识对科研和生产都具有指导性作用，这是本书主要研究的内容。

2. 研究化学反应的速率和机理问题（即化学动力学）

一个化学反应需要多长时间达到平衡？具体经过哪些步骤（机理）？影响反应速率的因素有哪些？怎样控制主反应，抑制副反应？怎样选择催化剂？平衡和速率是化工生产中两个最基本的问题，前者决定产品的理论产率，后者决定实际产量。例如，在常温常压下合成氨在理论上通过热力学计算是完全可能的，且平衡产率也较高，问题是没有找到合适的催化剂和反应途径，这是化学动力学研究的内容。

3. 研究物质的内部结构与性质间的关系（即结构化学）

现代生产和科技发展不断向化学提出新的要求，要求提供具有各种特定性能（耐高、低温，耐高压和耐腐蚀等）的材料。要解决这些问题，就必须了解物质内部结构与性质间的关系。而要了解化学热力学、化学动力学的本质问题，也要掌握物质结构的知识。

物理化学其他一些研究内容，如电化学、界面现象和胶体等，实际上是上述三部分内容的应用和延伸。

现代物理化学研究发展的新动向、新趋势主要是：从平衡态向非平衡态，从静态向动态，从宏观向微观，从线性向非线性，从体相向表面相，从纳秒向飞秒发展。

根据高职化学化工类及相关专业的要求，本书只涉及化学热力学和化学动力学两方面的内容。

二、为什么学习物理化学

物理化学在生产和科研中应用很广，凡是存在化学反应的过程都会用到，例如冶金、医药、农业、轻工业、石油工业、地质、食品等。现代物理化学研究的许多成果已经在能源技术、材料技术、海洋技术、生物技术、生态环境技术、空间技术、信息技术等众多高新技术领域中得到了重要应用。对于化工生产，更离不开物理化学理论的指导。

在化学产品的制备过程中，首先要考虑的问题是当原料相互作用时，在给定的条件下得到什么产品，最大产量是多少？另外，怎样将产品及副产品一一分离出来，得到高纯度的产品？这就涉及物理化学的理论。前者主要由化学反应平衡的原理来分析和研究，后者则由相平衡原理来分析和研究。

例如，基本有机原料丙烯腈的生产，根据化学平衡和反应速率的理论，可以确定丙烯、氨氧化法生产丙烯腈的合成路线及工艺条件。其主反应是：

$$C_3H_6+\frac{3}{2}O_2+NH_3 \xrightarrow[713K]{磷钼铋系催化剂} CH_2=CH-CN+3H_2O$$

由化学热力学计算知道该反应及副反应都是放热反应，所以为了保证生产的顺利进行，设计反应器时必须有良好的测热系统。通过化学动力学对反应机理的研究得知，在生成主产物的同时有氢氰酸、乙腈、乙醛、二氧化碳和水等副产物生成，需要对产品进行分离提纯，要经过蒸馏、萃取、解吸等工艺过程。而这些分离提纯的理论基础就是相平衡理论。另外，为了提高产品的产率，抑制副反应的发生，需要研究反应速率，寻找更好的催化剂，这便是化学动力学的理论。为了防止生产装置及设备的腐蚀，还要应用到电化学的理论。

可见，从一个产品合成路线的选择，工艺流程的确定，到反应器的设计，产品的分离提纯都需要应用物理化学的理论。作为一名技术人员，为了保证生产的顺利进行，分析操作条件，改造工艺流程及设备，实现最佳操作，必须掌握物理化学的理论。

因此物理化学是化学化工类及相关专业重要的专业基础课，它为后续课程的学习奠定必要的理论基础，并对将来的工作实践具有重要的指导作用。

三、怎样学习物理化学

学习物理化学如同其他课程一样，必须要掌握正确的学习方法，为此需要注意以下几点。

(1) 学习前先要了解本章的重点及学习要求，以便有的放矢地学习。每章开始的学习目标就是为此而设计的。

(2) 学习时，要重点抓住每一章的基本概念、基本原理和基本计算。要注重基本概念和公式理解的准确性，弄清其适用条件。在学习一个新概念时，要仔细分析，深刻领会其概念的内涵和外延。对于定律和公式，不但要知道每个符号的物理意义，更要注意它们的使用条件和适用范围。

(3) 课后及时复习，掌握所学内容。每章结束注意总结归纳，抓住每章的框架。物理化学内容的逻辑性、系统性较强，许多章节前后联系密切。每节课后必须及时复习，尽快弄清疑难点，掌握所学内容，不要积存问题，影响后续课程的学习。学完一章后注意总结，明确每一章的主要内容是什么，要解决什么问题，主要定律、原理和公式有哪些，如何应用，这样就能够抓住每章内容的框架，主次分明，条理清楚。学习一门课程，最重要的就是掌握它的框架。

(4) 注重实践，重视习题和实验。物理化学是理论与实践并重的学科，其实践性很强。习题和实验是培养学生理论联系实际，提高分析问题解决问题能力的重要环节。通过大量的练习，可以加深对理论的理解。做习题时要在复习和搞清基本概念和公式的基础上独立完成，逐步培养独立思考和独立解题能力，提高自己的自学能力。实验课注重掌握基本实践技能，应做到课前认真预习，课上仔细观察现象，积极动手动脑，课后做好数据处理和实验总结。

在学习物理化学的过程中，我们也要注重学习前人处理问题的方法。因为物理化学中的许多理论都是建立在科学实验和生产实践的基础之上，并再用于指导实践的。物理化学的研究，一般先是根据实验总结归纳出经验定律或经验方程，然后再提出假说或建立模型，对这些定律或方程做进一步解释或说明，上升到理论。最后用实践验证这些理论，再不断加以完善和提高。

以教材中气体一章的内容为例。首先通过低压气体的实验研究，总结出一些经验定律，并由此得出理想气体状态方程及理想气体的模型，解决了低压气体的相关问题。但对于生产中遇到的中压或高压下的真实气体，理想气体状态方程偏差较大，已不适用，人们对理想气体状态方程进行了修正，又提出了许多适用范围更广的真实气体状态方程。另外，在实际中常遇到多种气体组成的气体混合物，道尔顿（Dalton）定律和阿马格（Amagat）定律解决了低压气体混合物的计算问题，压缩因子法解决了中高压气体混合物的计算问题。

整个研究过程体现了由简到繁，由易到难，由低级到高级的认识过程，符合辩证唯物主义的认识论。我们要认真学习前人提出问题、思考问题和解决问题的方法，学会这种认识事物的科学方法，不断提高自己发现问题、分析问题和解决问题的能力及创新能力，这对于我们今后的学习和工作至关重要。

总之，在学习物理化学时，不但要掌握物理化学的基本原理和基本知识，还要注意方法的学习。只有将知识与方法的学习结合起来，加上勤于实践，才能不断培养和提高我们的实践能力和创新能力。

第一章　气　体

学习目标

1. 理解理想气体的概念及特点，掌握理想气体状态方程及有关计算。
2. 掌握道尔顿定律和阿马格定律及其应用。
3. 理解临界参数的意义和气体液化的规律，理解饱和蒸气压的概念。
4. 了解范德华方程式的应用及校正项的意义。
5. 了解对应状态原理和对比状态参数，会用压缩因子图计算实际气体的体积、体积质量和物质的量等。

物质的聚集状态通常主要有三种，即气态、液态和固态，也称为气体、液体和固体，分别用符号 g、l、s 表示。在一定条件下这三种状态可以互相转化，其中气体和液体统称为流体，液体和固体称为凝聚相。此外，在特定条件下，例如，气体吸收高能量还可以变成第四种状态——等离子态。气体因其具有良好的流动性和混合性而成为生产和生活中最常见到的聚集状态。例如，生产中的许多反应是气相反应，从原料、中间产物到最终产品也常常以气态形式存在。

第一节　低压气体的 *p*-*V*-*T* 关系

对于一定量的纯气体而言，温度、压力和体积是三个最基本的宏观性质。至于气体混合物，基本性质中还包括其组成。这些宏观性质可以直接测定，常作为控制化学和化工过程的主要指标和研究其他性质的基础。

一、压力、体积和温度

1. 压力

压力是垂直作用于物体单位面积上的力，用符号“p”表示（实际上是物理学中压强的概念）。在国际单位制（SI）中，压力的单位是 Pa（帕斯卡，简称帕），即 $1Pa=1N/m^2$。生产中常用到千帕（kPa）或兆帕（MPa），$1kPa=10^3Pa$，$1MPa=10^6Pa$。

2. 体积

体积即物质所占据的空间，用符号“V”表示。由于气体分子易扩散，能充满容器的整个空间，所以气体的体积就是容纳气体容器的容积。

在国际单位制中，体积的单位是 m^3（立方米），此外，体积也习惯用 L（升）、mL（毫升）表示。体积单位间的换算关系为：

$$1m^3=10^3L=10^6mL$$

3. 温度

温度是物质分子热运动的平均强度，是反映物质冷热程度的物理量，SI 基本单位规定使用热力学温度，用符号“T”表示，单位为 K（开尔文，简称开）。此外，摄氏温度也是一种常用的温度表示法，符号是“t”，单位为℃。T 和 t 的换算关系为：

$$T/\mathrm{K}=273.15+t/℃$$

二、低压气体的经验定律

早在 17 世纪人们就开始研究低压气体 p、V、T 性质间的关系，并先后总结出一些经验定律。

1. 波义耳（Boyle）定律

在温度不变的条件下，一定量气体的体积与压力成反比，即

$$pV=k_1 \tag{1-1}$$

$$p_1V_1=p_2V_2 \tag{1-2}$$

式中 k_1 ——常数；

p_1 ——状态 1 时的压力，Pa；

V_1 ——状态 1 时的体积，m^3；

p_2 ——状态 2 时的压力，Pa；

V_2 ——状态 2 时的体积，m^3。

2. 盖・吕萨克（Gay-lussac）定律

在压力不变的条件下，一定量气体的体积与热力学温度成正比，即

$$V=k_2T \tag{1-3}$$

$$\frac{V_2}{V_1}=\frac{T_2}{T_1} \tag{1-4}$$

式中 k_2 ——常数；

$T_1(T_2)$——状态 1(2)时的热力学温度，K。

3. 阿伏加德罗（Avogadro）定律

在温度、压力都一定的条件下，气体的体积与物质的量成正比，即

$$V=k_3n=V_mn \tag{1-5}$$

式中 n ——物质的量，mol；

V ——气体的体积，m^3；

k_3 ——常数；

V_m ——气体的摩尔体积，m^3/mol。

上述三个定律分别给出了气体 p、V、T、n 四个量中两个不变时，另两个量间的变化规律，可用于低压下符合定律规定条件下的气体 p、V、T、n 的有关计算。

在总结了上述三个定律的基础上，得出了理想气体状态方程。

三、理想气体状态方程

能定量表示物质的 p、V、T、n 等宏观性质间关系的方程叫状态方程。

理想气体状态方程表示为：

$$pV=nRT \tag{1-6}$$

或

$$pV_m=RT \tag{1-7}$$

式中 R ——摩尔气体常数，简称气体常数，它与气体的种类无关，其值常用 $R=8.314\mathrm{J/(mol\cdot K)}$；

p ——气体的压力，Pa；

V ——气体的体积，m^3；

n ——物质的量，mol；

T ——气体的热力学温度，K。

R 是由外推作图法求得的，即在低压下取一定量（1mol）气体在一定温度（273.15K）时，测出 p、V_m 数据，然后以 pV_m 为纵坐标，以 p 为横坐标作图，将直线外推至 $p=0$ 处，得到 $pV_m=2271.1\text{Pa}\cdot\text{m}^3/\text{mol}$（见图 1-1），再由 pV_m/T 便可得到 $R=8.314\text{J}/(\text{mol}\cdot\text{K})$[若取 $pV_m=2271.11\text{Pa}\cdot\text{m}^3/\text{mol}$，则 R 可得 $8.315\text{J}/(\text{mol}\cdot\text{K})$]。

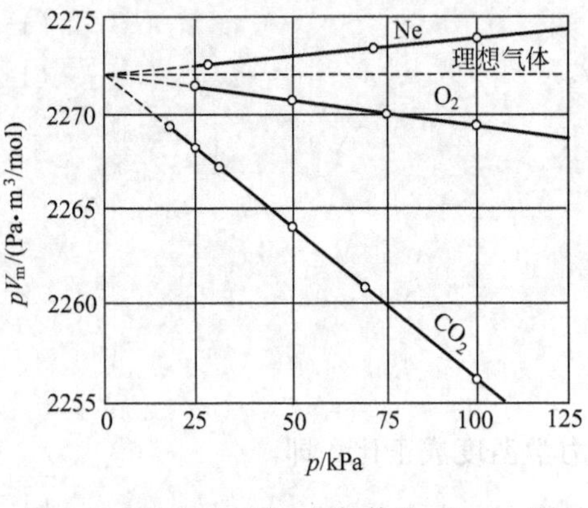

图 1-1 273.15K 时一些气体的 pV_m-p 图

理想气体状态方程是一个表达了 p、V、T、n 四个量间关系的方程式。这四个量之间，只要知道了其中的三个量，就可以求另一个量。因此，该方程具有概念清晰、形式简单、计算方便的特点，且由于 p、V、T 数值容易直接测量，所以理想气体状态方程广泛用于工程上的计算。例如生产上常用来进行低压气体的计量以及管路、容器设计的计算等。

理想气体状态方程近似适用于低压下的实际气体。

【例 1-1】 求在 273.2K、压力为 230kPa 时某钢瓶中所装 CO_2 气体的体积质量（也称密度）。

解 体积质量（密度）是单位体积中物质的质量，所以将 $\rho=\frac{m}{V}$与 $pV=nRT$ 结合，可得

$$p=\frac{n}{V}RT=\frac{mRT}{VM}=\frac{\rho RT}{M}$$

$$T=273.2\text{K} \qquad p=230\text{kPa} \qquad M(CO_2)=0.044\text{kg/mol}$$

则

$$\rho=\frac{pM}{RT}$$

$$=\frac{230\times10^3\times0.044}{8.314\times273.2}\text{kg/m}^3=4.46\text{kg/m}^3$$

为简明表示，计算中各物理量若都用 SI 单位制，则可直接得出以 SI 单位表示的结果，不必代入各单位。

四、理想气体

在理想气体状态方程式中没有表示各种气体特征的物理量，它反映的是气体的 p-V-T 关系与气体种类无关的共性。实际气体只有在高温低压下才能近似符合理想气体状态方程，低温高压下偏差很大。

图 1-1 描述了 Ne、O_2、CO_2 几种不同气体在 273.15K 时的 pV_m 值随压力变化的实验情况。在温度一定的条件下，由理想气体状态方程可以得到 $pV_m=RT=k$，说明在恒温下，理想气体的 pV_m 值为常数，不随压力而发生变化，表现在图上即为图 1-1 中的水平虚线。而几种实际气体的 pV_m 值随着压力的增大，都偏离了水平线，随着压力的降低，偏离水平线的程度减小，至 $p\to0$ 时都与水平虚线相交。这表明真实气体压力越高，对理想气体偏差越大。

产生这种现象的原因是由于实际气体分子之间存在着相互作用力，分子本身占有体积。当气体的压力较低时，气体分子间的平均距离增大，分子间的相互作用力会大大减弱，此时气体分子本身所占的体积与整个气体所占的体积相比会很小，气体的 p、V、T 关系也较接近理想气体状态方程。当压力趋近于零时，气体分子间的平均距离变得很大，分子间相互作用力可以忽略，分子本身的体积相对于整个气体的体积也可以忽略不计，各种气体的差别消失了，都服从理想气体状态方程。为了深入研究气体的性质，提出了理想气体的概念和理想气体的微观模型。

在任何温度和压力下均能严格服从理想气体状态方程的气体称为理想气体。或者说理想气体的数学模型是 $pV=nRT$。

根据理想气体的定义可知，理想气体的微观模型是分子之间没有相互作用力，分子本身没有体积。

理想气体是理想化的气体，客观实际中并不存在，这只是真实气体在压力趋于零时的一种极限情况。但它反映了一切实际气体在低压下的共性，对于研究真实气体的基本规律具有指导性的意义，并使人们找到了低压下处理真实气体 p-V-T 关系的方法。

至于应用此方程计算时压力的适用范围，要视气体的种类和计算所要求的精度而定。在一般情况下，对于氢、氧、氮等难以液化的气体适用的压力范围就宽一些，而对于水蒸气、氨等易液化的气体，适用的范围就低一些。

【例 1-2】 某厂氢气柜的设计容积为 $2.00\times10^3\,\text{m}^3$，设计容许压力为 $5.00\times10^3\,\text{kPa}$。设氢气为理想气体，问气柜在 300K 时最多可装多少千克氢气？

解 因为 $m=nM$，所以此题先用理想气体状态方程求出物质的量，然后再求质量。

依据 $pV=nRT$

$V=2.00\times10^3\,\text{m}^3$　　$T=300\text{K}$　　$p=5.00\times10^3\,\text{kPa}$ 则

$$n=\frac{pV}{RT}$$

$$=\frac{(5.00\times10^6)\times(2.00\times10^3)}{8.314\times300}\text{mol}=4.01\times10^6\,\text{mol}$$

$$M(H_2)=2.016\times10^{-3}\,\text{kg/mol}$$

$$m=nM$$

$$=(4.01\times10^6)\times(2.016\times10^{-3})\text{kg}=8.08\times10^3\,\text{kg}$$

由本题可看出，若将 $n=\dfrac{m}{M}$ 代入理想气体状态方程，可得 $pV=\dfrac{mRT}{M}$，因此由 $m=\dfrac{pVM}{RT}$ 可直接算出质量。

【例 1-3】 某化工车间一反应器操作压力为 106.4kPa，温度为 723K，每小时送入该反应器的气体为 $4.00\times10^4\,\text{m}^3$（STP），试计算每小时实际通过反应器的气体体积（即体积流量）。

解 此题为有关标准状况的计算。工程上有时为了方便，不是将体积换算为质量，而是换算为 273K、101.3kPa 下的体积，称为标准状况或标准状态体积，简称标准体积。标准状况的符号用"STP"表示。

$p_2=106.4\text{kPa}$　$T_2=723\text{K}$　$T_1=273\text{K}$　$p_1=101.3\text{kPa}$　$V_1=4.00\times10^4\,\text{m}^3$

此题是已知一个温度、压力下的体积，求另一个温度、压力下体积的计算。

在第一个温度、压力下 $p_1V_1=nRT_1$ (STP)

在第二个温度、压力下 $p_2V_2=nRT_2$

两式相除得 $$\frac{p_1V_1}{T_1}=\frac{p_2V_2}{T_2}$$

所以 $$V_2=\frac{p_1V_1T_2}{T_1p_2}$$

$$=\frac{101.3\times4.00\times10^4\times723}{106.4\times273}\text{m}^3=1.01\times10^5\text{m}^3$$

由此可看出：理想气体状态方程可以变换出不同的形式，除可以计算 p、V、n、T 外，也可以求质量、摩尔质量和气体的密度等。

第二节 道尔顿定律和阿马格定律

实际生产中遇到的气体大多数是混合气体。例如空气就是 N_2、O_2、Ar 等多种气体的混合物，天然气、石油常减压得到的低馏分气体和石油高温热裂解得到的气态物质等都是各种烃类的混合物。对于气体混合物进行有关计算时要用到道尔顿定律和阿马格定律。

一、混合气体的组成

生产中遇到的气体多是由几种组分均匀混合而成的气体混合物。混合气体中组分 B 的组成常用物质的量分数（亦称摩尔分数）表示，符号是"y_B"。物质的量分数定义式为：

$$y_B=n_B/n \tag{1-8}$$

式中 y_B——混合气体中任一组分 B 的物质的量分数，单位为 1；

n_B——混合气体中任一组分 B 的物质的量，mol；

n——混合气体总的物质的量，$n=n_1+n_2+n_3+\cdots$，mol。

显然，所有组分的物质的量分数之和等于 1，即

$$y_1+y_2+y_3+\cdots=\sum_B y_B=1$$

$\sum_B$ 代表对所有物质求和

【例 1-4】 在 300K、748.3kPa 下，某气柜中有 0.140kg 一氧化碳气、0.020kg 氢气，求 CO 和 H_2 的物质的量分数。

解 依据 $y_B=n_B/n$

$m(CO)=0.140$kg $m(H_2)=0.020$kg 则

$$y(CO)=\frac{n(CO)}{n(CO)+n(H_2)} \qquad n(CO)=\frac{m_B}{M_B}$$

而 $$n(CO)=\frac{0.140}{0.028}\text{mol}=5.00\text{mol} \qquad n(H_2)=\frac{0.020}{0.002}\text{mol}=10.0\text{mol}$$

所以 $$y(CO)=\frac{5.00}{5.00+10.0}=0.333$$

$$y(H_2)=1-0.333=0.667$$

二、道尔顿定律

1. 道尔顿定律

在一定温度下，将 1、2 两种气体分别放入体积相同的两个容器中，在保持两种气体 T、V 相同的条件下，测出它们的压力分别为 p_1 和 p_2。保持温度不变，将其中一个容器中气体全部抽出并充入另一个容器中，两种气体混合后，测得混合气体的总压力为 p。实验过程可用图 1-2 来示意。

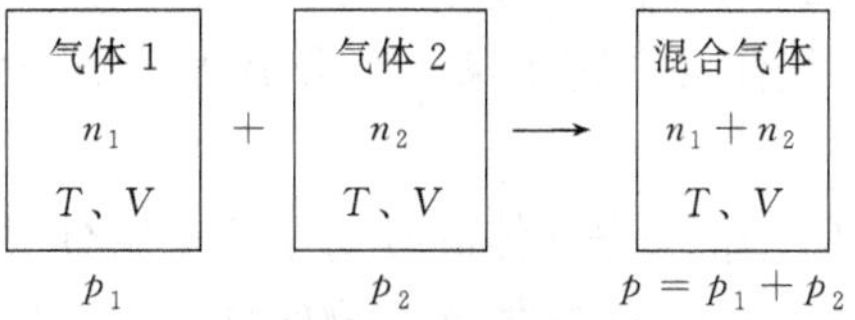

图 1-2　道尔顿定律实验示意图

实验结果表明：在压力很低的条件下：

$$p=p_1+p_2 \tag{1-9}$$

即气体混合物的总压力等于各种气体单独存在，且具有混合物温度和体积时的压力之和。这就是道尔顿（Dalton）定律（有的书称分压定律）。

也可表示为：

$$p=\sum_{B} p_B \tag{1-10}$$

式中　p——温度为 T、体积为 V 时气体混合物的总压力，Pa；

p_B——温度为 T、体积为 V 时气体混合物中某组分 B 的压力，Pa。

道尔顿定律适用于理想气体混合物，对于低压下的真实气体混合物只是近似适用。应用道尔顿定律可计算低压下真实气体混合物的总压及某一组分的压力。

【例 1-5】　图 1-2 中，各容器内气体的压力如何计算？

已知　T、V 一定时的 n_1、n_2 及 n_1+n_2

求　p_1　　p_2　　p

解　因实验时气体的压力很低，故可用理想气体状态方程来计算，可有：

混合前第一个容器中，组分 1 的压力为　$p_1=\dfrac{n_1RT}{V}$

第二个容器中，组分 2 的压力为　$p_2=\dfrac{n_2RT}{V}$

混合后第三个容器中混合组分的压力为　$p=p_1+p_2=\dfrac{(n_1+n_2)RT}{V}$

由［例 1-5］可以看出，在温度和体积相同时，同样量的某一种气体在混合物中所表现出的压力与它单独存在时所表现出来的压力相同，说明道尔顿定律的实质是这些气体混合物符合理想气体状态方程。由于理想气体分子之间无相互作用力，分子本身无体积，所以几种气体共处于同一容器中时，才能够互不干扰、互不影响和单独存在时一样。

将［例 1-5］中的压力 p_1、p_2 若用通式表示，可得

$$p_B=\frac{n_BRT}{V} \tag{1-11}$$

式中　p_B——温度为 T、体积为 V 时，理想气体混合物中某一组分 B 的压力，Pa；

n_B——理想气体混合物中，某一组分 B 的物质的量，mol；

V——理想气体混合物的总体积，m^3；

T——气体混合物的温度，K。

即理想气体混合物中某一组分 B 的压力等于该气体与混合物有相同的温度与体积时，

单独存在所具有的压力，这也是道尔顿定律中某一组分B的压力。

常用此式近似计算低压下实际气体混合物中某一组分的压力。在压力较高时会产生偏差，因此人们又提出了分压力的定义。

2. 气体混合物的分压力

气体混合物中某一组分B的分压力定义为：

$$p_B = y_B p \tag{1-12}$$

式中 p_B ——气体混合物中某一组分B的分压力，Pa；

p ——气体混合物的总压力，Pa；

y_B ——气体混合物中某一组分B的物质的量分数。

此关系式对于理想气体混合物和真实气体混合物都适用。

应用式(1-12)可计算真实气体混合物的分压力（p_B）、总压力（p）及物质的量分数（y_B）。

由于真实气体混合物中任一组分的压力都可用式(1-12)表示，所以

$$\sum_B p_B = \sum_B p y_B = p$$

即各组分气体的压力之和等于气体混合物的总压力。式中各组分气体的压力之和之所以等于总压力，是由于气体混合物中存在 $\sum_B y_B = 1$ 的关系，而绝非是真实气体符合式(1-11)的理想气体某组分压力表达式和道尔顿定律。也就是说对于真实气体混合物，其中的某气体与混合物有相同的温度与体积时，其压力不同程度地偏离它单独存在时所具有的压力，因而也不同程度地偏离道尔顿定律。

【例 1-6】 在300K时，将101.3kPa、$2.00\times10^{-3}\text{m}^3$的氧气与50.65kPa、$2.00\times10^{-3}\text{m}^3$的氮气混合，混合后温度为300K，总体积为$4.00\times10^{-3}\text{m}^3$，求总压力为多少？

解 $p(O_2)=101.3\text{kPa}$ $T=300\text{K}$ $V(O_2)=2.00\times10^{-3}\text{m}^3$ $p(N_2)=50.65\text{kPa}$ $V(N_2)=2.00\times10^{-3}\text{m}^3$ $V=4.00\times10^{-3}\text{m}^3$

可见氧气与氮气混合前后体积不同，故不符合道尔顿定律，不能直接应用公式 $p=p(O_2)+p(N_2)$ 进行计算。需先将 $p(O_2)$ 和 $p(N_2)$ 换算成混合气体的体积为 $4.00\times10^{-3}\text{m}^3$ 时的压力数值，再代入定律计算。

根据波义耳定律 $p_1V_1=p_2V_2$ $p_2=\dfrac{p_1V_1}{V_2}$

有

$$p(O_2)=\frac{101.3\times10^3\times2.00\times10^{-3}}{4.00\times10^{-3}}\text{Pa}=50.65\text{kPa}$$

$$p(N_2)=\frac{50.65\times10^3\times2.00\times10^{-3}}{4.00\times10^{-3}}\text{Pa}=25.325\text{kPa}$$

再代入道尔顿定律计算总压力

$$\begin{aligned} p &= p(O_2)+p(N_2) \\ &= (50.65+25.325)\text{kPa}=75.975\text{kPa} \end{aligned}$$

该题还有其他解法。通过此题计算可看出，应用道尔顿定律进行计算时，必须符合该定律的条件，即某组分的压力必须是该气体与混合气体的 T、V 相同时所具有的压力。如果不相同，要先将该气体的压力换算成与混合气体有相同的 T、V 时的压力值，然后才能代入道尔顿定律计算。

三、阿马格定律

1. 阿马格定律的表达

如图1-3所示，在恒温、恒压的条件下，将体积为 V_1 和 V_2 的两种气体混合，在压力很

低的条件下，可得

$$V=V_1+V_2$$

即气体混合物的总体积等于各组分的分体积之和，这就是阿马格（Amagat）定律（有的书称分体积定律）。

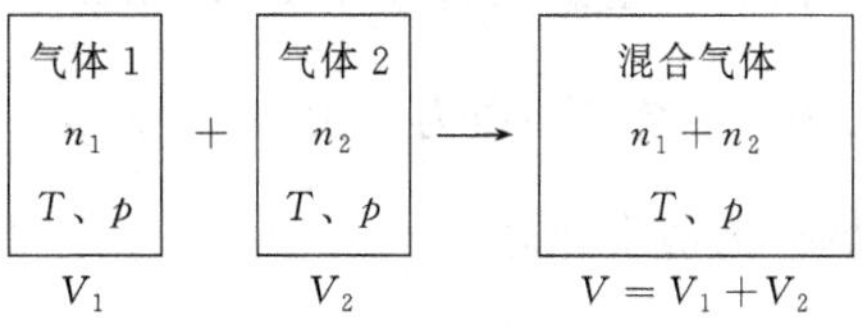

图 1-3　阿马格定律示意图

阿马格定律的通式为：

$$V=\sum_{\mathrm{B}} V_{\mathrm{B}} \tag{1-13}$$

其中

$$V_{\mathrm{B}}=\frac{n_{\mathrm{B}}RT}{p} \tag{1-14}$$

式中　V ——温度为 T、压力为 p 时气体混合物的总体积，m^3；

V_{B} ——温度为 T、压力为 p 时气体混合物中某组分 B 的体积，也称为分体积，m^3。这里的分体积是该组分气体与混合物有相同的温度和压力时，单独存在所占有的体积。

2. 阿马格定律的适用范围

阿马格定律适用于理想气体混合物，近似适用于低压下的真实气体混合物。应用阿马格定律可计算低压下真实气体混合物的总体积和分体积等。

另外，将 $pV_{\mathrm{B}}=n_{\mathrm{B}}RT$ 与 $pV=nRT$ 两边相比得

$$y_{\mathrm{B}}=\frac{n_{\mathrm{B}}}{n}=\frac{V_{\mathrm{B}}}{V} \tag{1-15}$$

式中　$\frac{V_{\mathrm{B}}}{V}$ ——混合气体中组分 B 的体积分数；

y_{B} ——混合气体中组分 B 的物质的量分数。

体积分数可用 φ_{B} 表示。化工生产中常用体积分数来表示气体的组成。

【例 1-7】　某厂锅炉的烟囱每小时排放 $573m^3$（STP）的废气，其中 CO_2 的含量为 0.23（物质的量分数），求每小时排放 CO_2 的质量。

解　$T=273.15\mathrm{K}$　　$p=101325\mathrm{Pa}$　　$V=573\mathrm{m}^3$　　$y(CO_2)=0.230$

由阿马格定律计算　$V(CO_2)$

$$\begin{aligned}V(CO_2)&=y(CO_2)V\\&=0.230\times573\mathrm{m}^3=132\mathrm{m}^3(\mathrm{STP})\end{aligned}$$

由理想气体状态方程计算 $n(CO_2)$

$$\begin{aligned}n(CO_2)&=\frac{pV(CO_2)}{RT}\\&=\frac{101325\times132}{8.314\times273.15}\mathrm{mol}=5.89\times10^3\mathrm{mol}\end{aligned}$$

由 $m=nM$ 计算 $m(CO_2)$

$$\begin{aligned}m(CO_2)&=n(CO_2)M(CO_2)\\&=5.89\times10^3\times44.0\times10^{-3}\mathrm{kg}=259\mathrm{kg}\end{aligned}$$

每小时排放 CO_2 的质量为 259kg。

【例 1-8】　已知某混合气体组成的体积分数为：C_2H_3Cl 0.90，HCl 0.080，C_2H_4 0.02。在始终保持压力为 101.3kPa 不变的条件下，经水洗除去其中的 HCl 气体，求剩余干气体（不考虑所含水蒸气）中各组分的压力。

解 由题给条件 $p=101.3\text{kPa}$ $y(C_2H_3Cl)=0.90$ $y(HCl)=0.080$ $y(C_2H_4)=0.020$，各组分的压力可由 $p_B=y_Bp$ 求得，这里总压 p 已知，y_B 需由 $y_B=\frac{V_B}{V}$ 算出。所以此题分为两步计算。

(1) 由 $y_B=\frac{V_B}{V}$ 计算 y_B

这里总体积 V 可取 100m^3 混合气体为计算基准，则

$$V(C_2H_3Cl)=90\text{m}^3, V(HCl)=8.0\text{m}^3, V(C_2H_4)=2.0\text{m}^3$$

除去HCl后，气体总体积为：

$$V=V(C_2H_3Cl)+V(C_2H_4)=(90+2.0)\text{m}^3=92\text{m}^3$$

则

$$y(C_2H_4)=\frac{V(C_2H_4)}{V}=\frac{2.0}{92}=0.022$$

$$y(C_2H_3Cl)=1-0.022=0.978$$

(2) 由 $p_B=y_Bp$，求 p_B，

$$p(C_2H_4)=y(C_2H_4)p$$
$$=0.022\times101.3\text{kPa}=2.23\text{kPa}$$
$$p(C_2H_3Cl)=y(C_2H_3Cl)p$$
$$=0.978\times101.3\text{kPa}=99.07\text{kPa}$$

【例 1-9】 设有一混合气体，其中含有 CO_2、O_2、C_2H_4、H_2 四种气体压力为 101.3kPa，用气体分析仪进行分析，气体取样为 $100.0\times10^{-6}\text{m}^3$，首先用 NaOH 溶液吸收 CO_2，吸收后剩余气体为 $97.1\times10^{-6}\text{m}^3$，接着用没食子酸溶液吸收 O_2，吸收后还剩气体 $96.0\times10^{-6}\text{m}^3$，再用浓 H_2SO_4 吸收 C_2H_4，最后还余下 $63.2\times10^{-6}\text{m}^3$，试求各种气体的物质的量分数及各组分气体的压力。

解 $p=101.31\text{kPa}$ $V=100.0\times10^{-6}\text{m}^3$ $V_1=97.1\times10^{-6}\text{m}^3$ $V_2=96.0\times10^{-6}\text{m}^3$ $V_3=63.2\times10^{-6}\text{m}^3$

各气体的物质的量分数可由公式 $y_B=\frac{V_B}{V}$ 计算得出。这里 V 已知，要求 y_B，还需据题给条件先求出各气体的 V_B，才能据上式求出 y_B。

(1) 求各气体的分体积

各种气体的分体积分别为

$$V(CO_2)=(100.0-97.1)\times10^{-6}\text{m}^3,\quad V(O_2)=(97.1-96.0)\times10^{-6}\text{m}^3,$$
$$V(C_2H_4)=(96.0-63.2)\times10^{-6}\text{m}^3,\quad V(H_2)=63.2\times10^{-6}\text{m}^3$$

(2) 由 $y_B=\frac{V_B}{V}$，求各种气体的物质的量分数分别为

$$y(CO_2)=\frac{(100.0-97.1)\times10^{-6}}{100.0\times10^{-6}}=0.029$$

$$y(O_2)=\frac{(97.1-96.0)\times10^{-6}}{100.0\times10^{-6}}=0.011$$

$$y(C_2H_4)=\frac{(96.0-63.2)\times10^{-6}}{100.0\times10^{-6}}=0.328$$

$$y(H_2)=\frac{63.2\times10^{-3}}{100.0\times10^{-3}}=0.632$$

或 $$y(H_2)=1-0.029-0.011-0.328=0.632$$

(3) 由 $p_B=y_Bp$ 求出各种气体的压力为

$$p(CO_2)=0.029\times1.013\times10^5\text{Pa}=2.94\text{kPa}$$

$$p(O_2)=0.011\times1.013\times10^5\text{Pa}=1.11\text{kPa}$$

$$p(C_2H_4)=0.328\times1.013\times10^5\text{Pa}=33.2\text{kPa}$$

$$p(H_2)=0.632\times1.013\times10^5\text{Pa}=64.0\text{kPa}$$

或 $$p(H_2)=(101.3-2.94-1.11-33.2)\text{kPa}=64.0\text{kPa}$$

此计算实例为实验室和工业上气体分析中经常用到的奥氏气体分析仪的基本原理。

由上述这些计算及前面讲述可知：

(1) 理想气体混合物中物质 B 的物质的量分数、压力分数、体积分数，三者数值相等，即

$$y_B=\frac{n_B}{n}=\frac{p_B}{p}=\frac{V_B}{V}$$

(2)有关低压下真实气体混合物某组分压力的计算公式有

$$p_B=y_Bp \qquad p=\sum_B p_B \qquad p_B=\frac{n_BRT}{V}$$

(3)有关低压下真实气体混合物分体积的计算公式有

$$V=y_BV \qquad V=\sum_B V_B \qquad V_B=\frac{n_BRT}{p}$$

四、气体混合物的平均摩尔质量

在对气体混合物进行计算时，常会涉及气体混合物的平均摩尔质量的应用问题。混合物的平均摩尔质量 M_{mix} 的定义式为：

$$M_{mix}=\sum_B y_BM_B \tag{1-16}$$

式中 y_B ——气体混合物中某组分 B 的物质的量分数；

M_B ——气体混合物中某物质 B 的摩尔质量，kg/mol。

即混合物的平均摩尔质量等于气体混合物中各物质的摩尔质量与其物质的量分数的乘积之和。

例如，混合物中有 A、B 两种物质构成，则混合物的平均摩尔质量为：

$$M_{mix}=y_AM_A+y_BM_B$$

同样，混合物的质量为： $m=m_A+m_B=n_AM_A+n_BM_B$

混合物的平均摩尔质量也可用混合物的总质量除以混合物的总物质的量表示，即

$$M_{mix}=\frac{m}{n}$$

则理想气体混合物有关系式 $$pV=\frac{mRT}{M_{mix}} \tag{1-17}$$

可见其形式与纯理想气体公式是相同的。

【例 1-10】 假设空气中含氧和氮的体积分数分别为 0.21 和 0.79，求 2.00kg 空气在 273K、101.3kPa 下的体积。

解 因 $m=2.00\text{kg}$ $T=273\text{K}$ $p=101.3\text{kPa}$ $y(O_2)=0.21$ $y(N_2)=0.79$

故此题用理想气体状态方程计算 V 时，先要求出空气的摩尔质量。

依据 $V=\dfrac{mRT}{Mp}$ $M_{\text{mix}}=\sum_B y_B M_B$

$$M_{\text{mix}}=y(O_2)M(O_2)+y(N_2)M(N_2)$$
$$=(0.21\times0.032+0.79\times0.028)\text{kg/mol}$$
$$=0.0288\text{kg/mol}$$
$$V=\frac{mRT}{Mp}$$
$$=\frac{2.00\times8.314\times273}{0.0288\times101.3\times10^3}\text{m}^3=1.56\text{m}^3$$

由于空气中实际还含有二氧化碳和氩等气体，所以工程计算时常取空气的摩尔质量为 0.0290kg/mol。

第三节 中、高压气体的 *p-V-T* 关系

在工业生产中，许多过程都是在较高的压力下进行的。例如石油气体的深度冷冻分离，氨和甲醇的合成等都是在高压下完成的。显然，在中、高压条件下，理想气体状态方程道尔顿定律和阿马格定律对真实气体已经不能适用，需要进一步研究中、高压气体的特点及有关的 p-V-T 关系的处理方法。

一、中、高压气体的特点

在中、高压条件下，真实气体也就是实际气体对理想气体的行为发生了很大的偏差。为了定量比较真实气体之间的偏差，引入了压缩因子这一物理量，用符号“Z”表示。

1. 压缩因子的定义与物理意义

Z 的定义式为：

$$Z=\frac{pV}{nRT} \tag{1-18a}$$

或

$$Z=\frac{pV_m}{RT} \tag{1-18b}$$

式中 Z——压缩因子，单位为 1；

V——真实气体的体积，m^3；

V_m——真实气体的摩尔体积，m^3/mol；

p——真实气体的压力，Pa；

T——真实气体的温度，K；

n——真实气体的物质的量，mol。

由上式可得出

$$Z=\frac{V}{nRT/p}=\frac{V}{V_{\text{理想}}} \tag{1-19}$$

式中 V——真实气体的体积，m^3；

$V_{\text{理想}}$——理想气体的体积，m^3。

上式表明 Z 等于同一温度、压力下，物质的量相同的真实气体的体积与理想气体的体

积之比。如果 $Z=1$，$V=V_{理想}=\frac{nRT}{p}$，说明理想气体在任何温度、压力下 Z 值都恒等于 1。如果 $Z>1$，$V>V_{理想}$，即真实气体的体积大于理想气体的体积，说明真实气体比理想气体难于压缩；如果 $Z<1$，则 $V<V_{理想}$，即真实气体的体积小于理想气体的体积，说明真实气体比理想气体容易压缩。可见 Z 集中反映了真实气体与理想气体在压缩性上的偏差，故称为压缩因子。

由上面对压缩因子的分析可知，真实气体偏离理想气体的程度可以用 Z 值偏离 1 的多少来衡量。Z 值与 1 相差越大，说明真实气体对理想气体的偏差越大。

2. 中、高压气体的特点

图 1-4 为 273K 时几种气体的 Z 值随压力变化的曲线，称为 Z-p 等温线。由图可知，在压力趋近于零时，各种气体的 Z 值都趋近于 1，反映了气体的共性。随着压力的升高，各种气体的 Z 值都偏离 1。偏离的程度除了与气体的种类、压力有关外，还与温度有关。图 1-5 描述了 N_2 在不同温度下的 Z-p 等温线。由该图可以看出，每种气体在较低温度下也会出现像 CO_2 和 CH_4 那样形状的 Z-p 等温线。而在高温下曲线形状会与 H_2 的 Z-p 等温线相似。

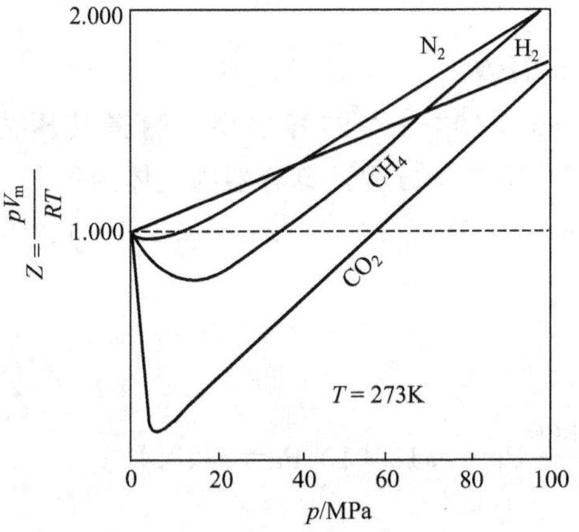

图 1-4　不同气体在 273K 的 Z-p 图

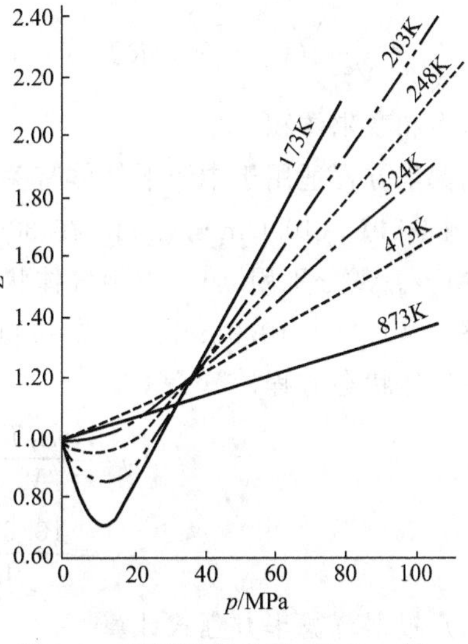

图 1-5　不同温度时 N_2 的 Z-p 图

这些偏差的产生，是由于真实气体分子间存在着相互作用力和分子本身占有体积所引起的。

分子间引力的存在，使得真实气体比理想气体容易压缩，$Z<1$；分子体积的存在，使得气体实际可压缩的空间减小，当气体压缩到一定程度时，分子间距离很近，会产生对抗性的斥力，造成真实气体比理想气体难以压缩，$Z>1$。这一对矛盾永远同时存在，互相作用。通常在低温低压下及低温中压时，引力因素起主导作用，故 $Z<1$；在高温下分子热运动的加剧，在高压下分子间距离显著减小，都使得分子间的引力作用大大削弱，体积因素占主导地位，故 $Z>1$。而各种气体在相同的温度压力下，Z 值偏离 1 的程度不同，则反映出不同气体在微观结构和性质上的个性差异。

由于分子间存在相互作用力，分子本身占有体积，而且在中、高压下不能忽略，使得实际气体的行为在中、高压条件下对理想气体产生了很大的偏差，不能用理想气体状态方程进行处理。必须寻找适用范围更广的真实气体状态方程。

二、中、高压气体 p-V-T 关系的处理方法

为了准确地描述中、高压气体的 p-V-T 性质间的关系，人们在对理想气体状态方程修

正方面做了大量工作，提出了许多真实气体状态方程。其中比较著名的是范德华（Vander Waals）方程。

1. 范德华方程

范德华方程是范德华针对真实气体分子间的吸引力和分子本身的体积对理想气体状态方程中的 p、V 两项进行修正得到的。具体形式如下：

对 1mol 气体
$$\left(p+\frac{a}{V_m^2}\right)(V_m-b)=RT \tag{1-20a}$$

对物质的量为 n 的气体
$$\left(p+\frac{n^2a}{V^2}\right)(V-nb)=nRT \tag{1-20b}$$

式中 $\frac{a}{V_m^2}$——压力修正项，由于分子间引力造成的压力减小值，称为内压力（$p_{内}$），Pa；

b——范德华参数，称体积修正因子，是由于分子有体积存在对V_m的校正项，也称为已占体积或排除体积，m^3/mol；

a——范德华参数，是1mol单位体积的气体，由于分子间的引力存在而对 p 的校正，$Pa \cdot m^6/mol^2$。

在 $\left(p+\frac{a}{V_m^2}\right)(V_m-b)=RT$ 式中，$\left(p+\frac{a}{V_m^2}\right)$ 和（V_m-b）分别相当于同温度下理想气体的压力和摩尔体积。

范德华方程适用于中压下气体有关 p、V、T 的计算。

【例 1-11】 10.0 mol C_2H_6 在 300K 充入 $4.86\times10^{-3}\,m^3$ 的容器中，测得其压力为 3.445MPa。试分别用（1）理想气体状态方程，（2）范德华方程计算容器内气体的压力。

解 （1）$n=10.0mol$ $T=300K$ $V=4.86\times10^{-3}\,m^3$ $p_{测}=3.445\times10^6\,Pa$ 根据理想气体状态方程计算

$$p=\frac{nRT}{V}$$
$$=\frac{10.0\times8.314\times300}{4.86\times10^{-3}}Pa=5.13\times10^6\,Pa=5.13MPa$$

（2）根据范德华方程式计算

从附表中查出 C_2H_6 的范德华参数 $a=0.5562Pa \cdot m^6/mol^2$ $b=6.380\times10^{-5}\,m^3/mol$

根据$\left(p+\frac{n^2a}{V^2}\right)(V-nb)=nRT$

$$p=\frac{nRT}{V-nb}-\frac{n^2a}{V^2}$$
$$=\left[\frac{10.00\times8.314\times300}{4.86\times10^{-3}-10.00\times6.380\times10^{-5}}-\frac{10.00^2\times0.5562}{(4.86\times10^{-3})^2}\right]Pa$$
$$=3.55\times10^6\,Pa=3.55MPa$$

由上述例题看出，在中压范围内，与测得的 $p=3.445\times10^6\,Pa$ 比较，真实气体按范德华方程计算的结果要比按理想气体状态方程计算的结果准确得多。

范德华方程从理论上说明了真实气体与理想气体的偏差，是个半经验半理论的状态方程，式中 a 和 b 两项特性参数是由实验确定的，两个修正项$\frac{a}{V_m^2}$和 b 有明确的物理意义。

(1) 压力校正项——$\frac{a}{V_m^2}$ 由于真实气体分子间存在着吸引力，使得气体分子撞击器壁的力有所降低，也就是降低了气体的压力。这种压力的减小值即为内压力（$p_{内}$）。

气体的内压力与体积质量的平方成正比，因而与摩尔体积的平方成反比，即

$$p_{内} \propto \frac{1}{V_m^2} \qquad p_{内} = \frac{a}{V_m^2}$$

其中范德华参数 a 为比例系数，不同的气体 a 值不同（见书后附录），a 与分子间引力有关，a 值越大说明气体分子间的引力越大。真实气体的压力与压力校正项$\frac{a}{V_m^2}$之和$\left(p+\frac{a}{V_m^2}\right)$相当于分子间无引力的理想气体的压力。

(2) 体积校正项——b 理想气体分子本身没有体积，所以理想气体状态方程式中的体积就是气体可以压缩的空间。真实气体因为分子本身占有一定的体积，及由于分子运动而使得气体可以被压缩的空间减少了。真实气体的摩尔体积为 V_m，体积校正项为 b，则 (V_m-b)才是 1mol 气体可以被压缩的空间，故用（V_m-b）代替理想气体状态方程式中的摩尔体积。

其中 b 就是由于分子本身占有体积而引入的对 V_m 的校正项，不同的气体 b 值不相同。分子越大，b 值越大。一些气体的范德华参数见书后附录一。

将真实气体修正后的压力$\left(p+\frac{a}{V_m^2}\right)$和体积（$V_m-b$）代入理想气体状态方程便可得到式(1-20a)，将$\left(p+\frac{n^2a}{V^2}\right)$和（$V-nb$）代入理想气体状态方程可得式(1-20b)。

当真实气体的压力趋近于零时，V_m 则趋近于无穷大，此时$\frac{a}{V_m^2}$可忽略，b 相对于 V_m 也可忽略，则 $\left(p+\frac{a}{V_m^2}\right)\rightarrow p$，$(V_m-b)\rightarrow V_m$，式(1-20a) 还原为理想气体状态方程。

表 1-1 列出 CO_2 在 413.15K 及不同压力下体积 V 的范德华方程计算值与实验值之比。

表 1-1 413.15K 时 CO_2 的 $V_{范}/V_{实}$

$p/p^{\ominus}$	1	10	50	100	200	1000
$V_{范}/V_{实}$	1.001	1.01	1.04	1.28	1.34	1.35

由上表可看出：范德华方程在中压范围内计算比较准确，但是在高压下偏差较大，这是由于这种修正过于简单的结果，但此方程至今仍有重要的理论与实际意义。

2. 维里方程

维里方程是经验方程，用无穷级数表示，有两种形式：

$$pV_m = RT(1+B/V_m+C/V_m^2+D/V_m^3+\cdots) \tag{1-21}$$

$$pV_m = RT(1+B'p+C'p^2+D'p^3+\cdots) \tag{1-22}$$

式中 $B(B')$——第二维里系数；

$C(C')$——第三维里系数；

$D(D')$——第四维里系数。

维里系数是物质和温度的函数，两式中对应的维里系数的数值和单位均不相同。某些维里系数可由表查出。维里方程可用统计力学的方法推导出来，因此有坚实的理论基础。

维里方程的适用范围是几兆帕的中压范围。在计算中压以下的真实气体时，一般将第三维里系数以后

的高次项略去。使用压力越高，需要截取的项数越多。在较高压力下，维里方程也不适用。

除了范德华方程、维里方程以外，工程上还发展了许多其他的双参数和多参数方程，都只适用于一部分气体和一定的温度压力范围。一般方程所包含的物性参数越多，计算精确度越高，适用范围越大，但计算越麻烦。适用范围较宽，计算较方便的当数压缩因子法。

3. 压缩因子法

由 Z 的定义式可知，$pV=ZnRT$。它是将真实气体对理想气体的偏差都归并到一个校正因子 Z 上，对理想气体状态方程进行修正后得到的，基本上保持了 $pV=nRT$ 的简单形式。该公式应用范围广，对于中、高压下的真实气体都适用，计算简便，只要知道某个温度、压力下的 Z，即可代入公式中进行有关 p、V、n、T 的计算。

通过上面讲述可以看出，因为真实气体在中、高压条件下 $pV\neq nRT$，所以需要对理想气体状态方程 $pV=nRT$ 或 $pV_m=RT$ 进行修正。修正的方法主要有两种：一种方法是根据实际经验及一定的理论分析，对理想气体状态方程中的 p 项及 V 项进行修正，例如范德华方程等一些方程便属于这种类型；另外一种方法是对理想气体状态方程中的 pV_m 乘积做出修正，或者在右边 RT 之后加上若干校正项，如维里方程等，或者给 RT 乘上一个校正因子，如 $pV=ZnRT$。这些修正后的真实气体状态方程，在压力趋于零时都能简化为理想气体状态方程。

【例 1-12】 有一台 CO_2 压缩机，出口压力为 15.15MPa，出口温度为 423K，压缩因子 Z 为 0.75。(1) 试用压缩因子法计算该状态下 1000mol CO_2 的体积；(2) 此真实气体比理想气体易压缩还是难压缩，为什么？

解 (1) $p=15.15\times10^6\text{Pa}$　　$T=423\text{K}$　　$Z=0.75$　　$n=1000\text{mol}$

根据　$pV=ZnRT$

$$V=\frac{ZnRT}{p}=\frac{0.75\times1000\times8.314\times423}{15.15\times10^6}\text{m}^3=0.174\text{m}^3$$

(2) 由 $Z=\dfrac{V}{V_{理}}=0.75$，可知 $Z<1$，即 $V<V_{理}$，说明此真实气体的体积小于理想气体的体积，所以该真实气体比理想气体易压缩。

实际上题中的 Z 值并不是直接给出的，而是需要通过一系列的计算才能得到。为了确定各种气体在不同条件下的 Z 值，必须进一步研究真实气体的临界状态及液化的基本规律。

第四节　气体的液化及临界状态

真实气体除了 p-V-T 关系不符合理想气体状态方程外，还能靠分子间引力的作用凝聚为液体，这种过程称为液化或凝结。生产上气体液化的途径有两条，一条是降温，另一条是加压。但实践表明，单凭降温可以使气体液化，但单凭加压不一定能使气体液化，要视加压时的温度而定。这说明气体的液化是有条件的。通过恒温下压缩过程中气体的压力与体积的变化关系可揭示出气体液化的基本规律。

理想气体由于分子间无相互作用力，分子本身不占有体积，故不能液化，并且可以无限压缩，在任何条件下，都服从理想气体状态方程。在恒温条件下服从波义耳定律，

即 $pV_m=RT=k$。如果以压力为纵坐标，体积为横坐标作图，即为图 1-6 所示的一系列双曲线。因为同一条线上各点温度相同，所以每一条曲线称为等温线或 p-V_m 等温线。

而真实气体因为不服从理想气体状态方程，且在某些条件下能够液化，故真实气体的 p-V_m 等温线对波义耳定律会有一定的偏差。

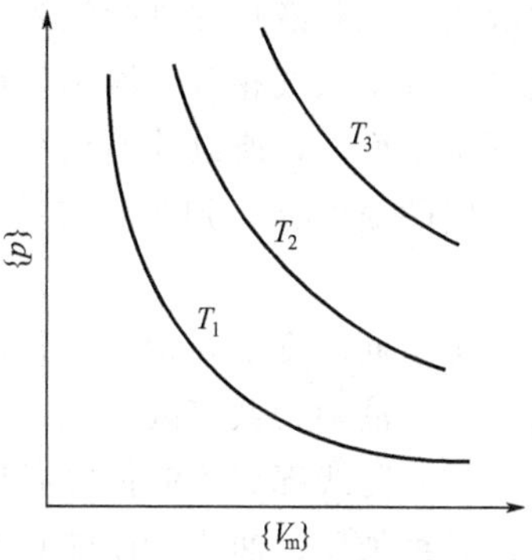

图 1-6　理想气体等温线

现以 CO_2 的 p-V_m 等温线为例加以说明。

如图 1-7，在一个恒温槽中，放入一个带有活塞的容器，容器内充入一定量的 CO_2 气体，气体的压力可由连接在器壁上的压力计读出。在恒温下测定不同压力下的体积，根据这些数据以压力为纵坐标，摩尔体积为横坐标作图，便可得出恒定温度下的 p-V_m 曲线，改变温度条件可以测出一系列等温线，构成 p-V_m 图。

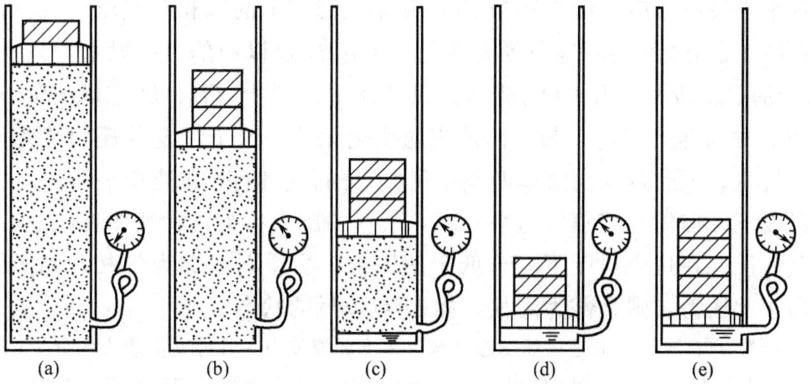

图 1-7　恒温下 CO_2(g) 的液化过程

图 1-8 为实验测得的 CO_2 的 p-V_m 图，图中每一条线描述了在一定温度下，一定量的 CO_2 压缩时，体积和状态变化的情况。

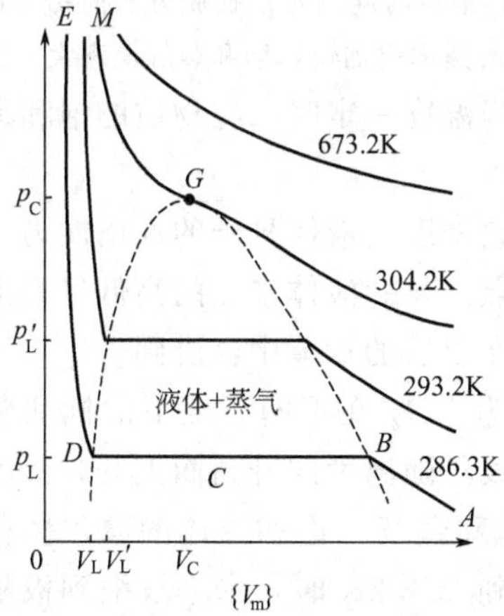

图 1-8　CO_2 的等温线

一、气体的 p-V_m 图

由图 1-8 可见，p-V_m 等温线以 304.2K 为界，分 304.2K 以上的等温线、304.2K 以下的等温线、304.2K 的等温线三种情况。

1. 304.2K 以上的等温线

304.2K 以上的高温等温线在气相区，等温线与波义耳定律双曲线相似，压缩时气体的体积随压力的增大而减小，气体不能液化。

2. 304.2K 以下的等温线

304.2K 以下的等温线分三部分，例如 286.3K 的等温线，等温线上的 A、B、C、D、E 各点对应的状态，如图 1-7 中(a)、(b)、(c)、(d)、(e) 所示。

(1) 低压部分 CO_2 完全是气态　CO_2 气体开始的压力很低，如点 A 所示。随压力的增加，气体被压缩，体积逐渐减小，近似服从波义耳定律。如 286.3K 的等温线中 AB 段。

(2) 平线段存在着气液相变化　如图 1-8 中，压力增至 B 点时，气体成为饱和蒸气，开始液化。随着液化的进行气体体积不断减小，其压力保持不变。这是因为随着液化的进行，更多的分子从气相转入液相，在气体体积减小的同时，气体分子数目也相应地减少而气体密度则是不变的，所以等温线在 BD 段呈水平线段，到达 D 点时，CO_2 全部液化。B 点和 D 点对应的横坐标分别为饱和蒸气和饱和液体的摩尔体积。D 点以后则是液体的等温压缩阶段。

将不同温度下开始液化和终了液化的点用虚线连起来就形成图中呈帽形的区域，帽形区内为气、液两相共存区。

(3) 陡线部分为液体等温压缩的结果　D 点以后继续增加压力，由于液体不容易压缩，所以继续加压，曲线 DE 陡直上升，体积变化很小。

3. 304.2K 的等温线

随着温度升高，水平线段逐渐缩短，当温度达到 304.2K 时，水平线段缩成一个点 G，为分界点。

等温线各水平段所对应的压力即为 CO_2 在不同温度下的饱和蒸气压。

例如，在图 1-8 中 286.3K 这条等温线上，到达 B 点以前的 AB 段上，只有 CO_2 气体，而在 D 点以后的 DE 段上只有 CO_2 液体，只是在 BD 段上（B、D 点除外），CO_2 气态与 CO_2 液态共存，同时压力恒定，与气体体积的变化无关。这个恒定的压力称为 CO_2 在此温度时的饱和蒸气压，饱和蒸气与液体两相平衡共存的状态叫做气-液相平衡。

在一定温度下，液体与其蒸气达平衡时，蒸气的压力称为这种液体在该温度下的饱和蒸气压，简称蒸气压。在这个温度下，若低于此压力，物质则全部为气相，如 B 点以前的低压部分；若高于此压力，则全部为液相，如 D 点以后的状态。

从微观角度来看，气-液相平衡是一种动态平衡。一方面液体中一部分动能较大的分子，要挣脱分子间引力逸出到气相中而蒸发；另一方面，气相中一部分蒸气分子在运动中受到液面分子的吸引，重新回到液体中凝聚或液化。当气相中密度达一定值时，液体蒸发与蒸气凝结的速率相等，就达到气-液相平衡。此时蒸发与凝结仍在不断进行，只是两者速率相等，所以是一种动态平衡。而蒸气压就指相平衡时蒸气的压力。温度升高，分子热运动加剧，液体中具有较高动能的分子增多，单位时间内足以摆脱分子间引力而逸出的分子数增加，蒸发速率加快，当建立起新的气-液相平衡时，冷凝速率也加快，饱和蒸气压增大。

饱和蒸气压的大小与物质分子间作用力和温度有关。当温度一定时，纯物质的饱和蒸气压为一定值，当温度升高时，饱和蒸气压增大。

饱和蒸气压是液体物质的一种重要物性数据，可以用它来度量液体分子的逸出能力，即液体蒸发能力。液体的蒸气压与外压相等时的温度称为沸点。显然液体沸点的高低也是由物质分子间力决定的，还与液体所受的外压有关。这些问题在以后的章节中会讲到。

图 1-8 中，不同温度的等温线上的水平线段的压力即为 CO_2 在不同温度下的饱和蒸气压，由于液体的饱和蒸气压随温度升高而增大，所以水平线段随温度的升高而上升。又因为温度升高，饱和蒸气压增大及液体的膨胀（不太大），使饱和蒸气与饱和液体的摩尔体积逐渐相互趋近，所以水平线段随温度升高而缩短，当温度达到 304.2K 时，水平段缩到极限而成一个拐点 G，G 点称为临界点。临界点左侧为液体的恒温压缩曲线，右侧为气体的恒温压缩曲线。

二、气体的临界状态及液化条件

1. 临界状态

气体在临界点时所处的状态为临界状态。

临界状态时的温度、压力和摩尔体积分别称为临界温度（T_c）、临界压力（p_c）和临界摩尔体积（$V_{c,m}$）。临界摩尔体积一般常简写为 V_c

临界温度：使气体能够液化的最高温度。

临界压力：在临界温度下，使气体液化所需的最低压力。

临界摩尔体积：在临界温度和临界压力下，气体的摩尔体积。

临界温度、临界压力和临界摩尔体积统称为临界参数。临界参数是物质的重要属性，其数值由实验测定。书后附录列出了一些物质的临界参数数值和在临界状态下的压缩因子（Z_c）值。

从图 1-8 中可以看出，真实气体在高于临界温度和低压区域内比较符合理想气体状态方程；而在低温高压下与理想气体性质的偏差较大。从而得出了气体的液化条件。

2. 气体的液化条件

通过以上分析可知，气体的温度高于其临界温度时，无论施加多大的压力，都不能使气体液化，所以气体液化的必要条件是气体的温度低于临界温度，充分条件是压力大于在该温度下的饱和蒸气压。

这是因为真实气体当降低温度时，将使气体分子动能减小，分子间斥力减弱，增大压力时，会缩短分子间的距离，而使分子间的相互吸引力增大，当分子间的引力大于斥力，即分子间的吸引力起主导作用时气体就液化了。因此，在某物质处于临界温度或低于临界温度时，增加适当的压力，便可将该物质从气态转化为液态。如果温度高于临界温度，由于此时气体分子的动能仍然较大，大到足以克服分子间的吸引力，即使加很大的压力，把气体分子间的距离缩短，分子的斥力还是大于分子间的吸引力，所以气体就不能液化。

物质的临界温度实际上是由分子间作用力所决定的，临界温度数值的大小反映了各种气体液化的难易程度。通常，难液化的气体（如 He、H_2、Ne、N_2 等），其临界温度很低，常温下加压不能被液化。容易液化的气体（如 C_3H_8、C_4H_{10}、NH_3 等），临界温度较高，在常温下加压便可液化。石油气中的 C_3H_8、C_4H_{10} 等常常制成液化气贮存在钢瓶中，NH_3 也常变为液体进行输送。由此可见，物质的临界温度对于生产实际有着很重要的指导意义。

3. 物质处于临界点时的特点

① 物质汽-液相间的差别消失，两相的摩尔体积相等，密度等物理性质相同，处于汽液不分的混沌状态。

② 各种气体在其临界点处都能够液化。

③ 各种气体在临界状态下的压缩因子——临界压缩因子 $\left(Z_c=\dfrac{p_cV_c}{RT_c}\right)$ 之值几乎接近一个常数，大多数在 0.27～0.29 之间，如表 1-2 所示。这说明在临界点处各种真实气体对理想气体的偏差大致相同。

表 1-2　部分气体的临界压缩因子（Z_c）

气体	H_2	N_2	Ar	O_2	CH_4	C_2H_4	C_2H_6	C_6H_6	Cl_2	CO_2	H_2O
Z_c	0.305	0.290	0.291	0.288	0.286	0.281	0.283	0.268	0.275	0.275	0.230

④ 临界点是等温线上的水平拐点，其数学特征是一阶导数和二阶导数均为零，即

$$\left(\frac{\partial p}{\partial V_m}\right)_{T_c}=0$$

$$\left(\frac{\partial^2 p}{\partial V_m^2}\right)_{T_c}=0$$

上述这些特点反映了不同气体表现出来的共性，而不同的气体有不同的临界参数，则反映了真实气体的个性，这些事实恰好说明了各种气体的个性和共性的统一。了解气体的这些特点，就可以找出高压下计算真实气体 p、V、T 的较好方法。

第五节　对应状态原理及压缩因子图

不同的真实气体具有不同的性质，但在临界点时却有许多共性。尤其是各气体的临界压缩因子（Z_c）近似相等，意味着在临界点处，各种气体对理想气体的偏差大致相同，这便启发人们，以临界点为基准，定义出对比参数来衡量真实气体偏离理想气体的程度，并在此基础上根据对应状态原理，找出计算压缩因子（Z）的方法。

一、对比参数与对应状态原理

1. 对比参数

气体的对比参数包括对比温度(T_r)、对比压力(p_r)和对比摩尔体积(V_r)，它们分别用真实气体的温度、压力、摩尔体积与临界温度、临界压力、临界摩尔体积之比来表示，即

对比温度 $$T_r=\frac{T}{T_c} \tag{1-23a}$$

对比压力 $$p_r=\frac{p}{p_c} \tag{1-23b}$$

对比摩尔体积 $$V_r=\frac{V_m}{V_c} \tag{1-23c}$$

式中　T——真实气体的温度，K；

T_c——临界温度，K；

p——真实气体的压力，Pa；

p_c——临界压力，Pa；

V_m——真实气体的摩尔体积，m^3/mol；

V_c——临界摩尔体积，m^3/mol。

对比参数 p_r、V_r、T_r 表示了真实气体的 p、V、T 值偏离该气体临界参数的程度。这三个量均是量纲为一的量。

2. 对应状态原理

实验发现，各种不同气体有两个对比参数相同时，第三个对比参数也几乎相同。这时称它们处于相同的对比状态或处于对应状态。这一规律称为对应状态原理。

【例 1-13】 已知 Ar 的临界温度为 151K，临界压力为 4.86MPa；CO_2 的临界温度为 304.2K，临界压力为 7.37MPa，求对比温度、对比压力都是 2 的 Ar 和 CO_2 的实际温度和实际压力。

解　$T_c(Ar)=151K$　$p_c(Ar)=4.87MPa$　$T_c(CO_2)=304.2K$　$p_c(CO_2)=7.37MPa$

$p_r=2$　$T_r=2$ 依据 $T_r=\frac{T}{T_c}$，$p_r=\frac{p}{p_c}$

则 $$T=T_rT_c,\ p=p_rp_c$$

$$T(CO_2)=T_rT_c(CO_2)=2\times304.2K=608.4K$$

$$p(CO_2)=p_r p_c(CO_2)=2\times 7.37\text{MPa}=14.74\text{MPa}$$

$$T(\text{Ar})=T_r T_c(\text{Ar})=2\times 151\text{K}=302\text{K}$$

$$p(\text{Ar})=p_r p_c(\text{Ar})=2\times 4.87\text{MPa}=9.74\text{MPa}$$

由上题计算看出，CO_2 和 Ar 的 p_r、T_r 相同，都为 2，说明它们处于相同的对应状态，它们的实际温度和实际压力对自己的临界温度和临界压力的比值相同，也就是说它们所处的状态偏离临界状态的倍数或程度相同，但是它们的实际温度和实际压力、临界温度和临界压力都各不相同。

许多事实还表明，处于对应状态下的不同气体具有大致相同的 Z 值，并且其他许多物理性质如热容、折射率、黏度等也都具有简单的关系。换句话说，不同的气体，当有相同的对比温度、对比压力时便会有近似相同的压缩因子（Z）值，Z 只是对比温度、对比压力的函数（参阅本节后面的“双参数普遍化压缩因子图的推出”）。根据这一结论，就可以由某些气体的实验结果，得出适用于各种不同气体的双参数普遍化压缩因子图。

二、压缩因子图

1．双参数普遍化压缩因子图

图 1-9 即一种双参数普遍化压缩因子图。所谓双参数即指对比温度（T_r）和对比压力（p_r），普遍化是指适用于各种真实气体。

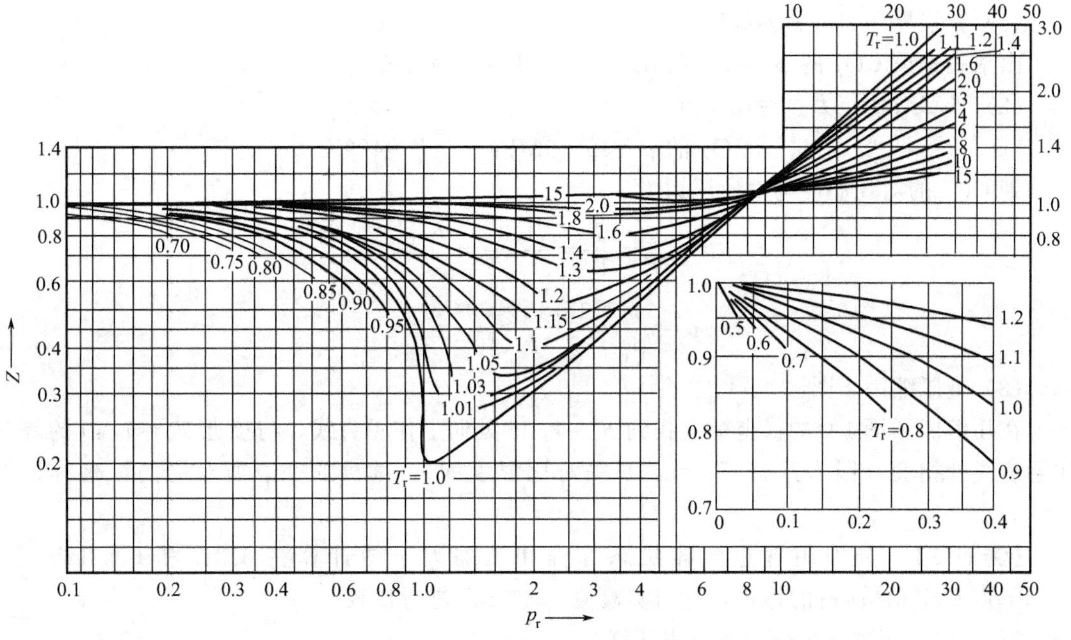

图 1-9　普遍化压缩因子图

由图 1-9 可以看出：

① 横坐标表示对比压力，纵坐标表示压缩因子，每条曲线为等对比温度线，表示一个指定的对比温度，纵横坐标均采用对数坐标，从而扩大了读数范围，任何气体只要知道了对比压力、对比温度，便可由图直接读出 Z 值。

② 当 $T_r<1$ 时，曲线很短。这是因为 $T_r<1$ 时气体处于临界温度以下，当压力大于饱和蒸气压时，气体发生液化变成了液体，性质发生了变化，不宜再进行实验测定，所以曲线随 p_r 的增大而中断。

③ 当 p_r 趋近于零时，即 p 趋近于零，Z 趋近于 1，真实气体接近于理想气体。等对比温度线的变化规律与图 1-4 所描述的 Z 随 p 变化规律的等温线一致。

④ 在相同的 p_r 下（p_r 较小时除外），一般来说，T_r 较大时 Z 偏离 1 的程度较小，T_r 较小时 Z 偏离 1 的程度较大，这也正说明了真实气体在低温下与理想气体偏差很大。

利用压缩因子图，只要知道气体的临界参数，就可以算出气体在某一定状态下的对比参数 p_r、T_r，然后就能够从图中查出 Z 值，进行有关的计算。由于这种方法数学公式简单，计算方便，且能在相当大的压力范围内得到满意的结果，故被广泛用于工业生产中的计算。对于 H_2、He、Ne 三种气体误差较大，可采用下式计算对比压力和对比温度。

$$p_r=\frac{p}{p_c+8\times10^5\,\text{Pa}} \tag{1-24a}$$

$$T_r=\frac{T}{T_c+8\text{K}} \tag{1-24b}$$

【例 1-14】 试用压缩因子图求出第三节[例 1-12]中题给条件下的 Z 值。

解 通过压缩因子图查 Z 值，必须要知道该气体的对比压力与对比温度数值。根据对比压力、对比温度的定义 $p_r=\frac{p}{p_c}$，$T_r=\frac{T}{T_c}$可知，要想知道对比压力和对比温度，还需要查出该气体的临界压力和临界温度。由压缩因子图求 Z 值的步骤如下。

(1) 查临界压力、临界温度

由附表查出 CO_2 的 $p_c=7.375\text{MPa}$　　$T_c=304.2\text{K}$

(2) 计算对比压力、对比温度

$$CO_2\ 的\ p=15.15\text{MPa}\qquad T=423\text{K}$$

则 CO_2 的对比温度与对比压力为

$$T_r=\frac{T}{T_c}=\frac{423}{304.2}=1.39$$

$$p_r=\frac{p}{p_c}=\frac{15.15\times10^6}{7.37\times10^6}=2.05$$

(3) 查压缩因子图

在压缩因子图 1-9 的横坐标上找到 $p_r=2.05$ 处向上作垂直线，与接近 $T_r=1.40$ 的等对比温度线处相交（因为没有 $T_r=1.39$ 等对比温度线），读出此交点所对应的纵坐标，得 $Z=0.75$。

【例 1-15】 分别用理想气体状态方程和压缩因子图计算在 313K 和 6060kPa 下，1000molCO_2 气体所占的体积，并与实验值 0.304m^3 进行比较。

解 (1) 用理想气体状态方程计算

根据　$pV=nRT$

$$T=313\text{K}\qquad p=6060\text{kPa}\qquad n=1000\text{mol}$$

则

$$V=\frac{nRT}{p}=\frac{1000\times8.314\times313}{6060\times10^3}\ \text{m}^3=0.429\text{m}^3$$

(2) 用压缩因子图计算

① 临界压力、临界温度

由表查得 CO_2 的 $p_c=7.375\text{MPa}$　　$T_c=304.2\text{K}$

② 算对比压力、对比温度

$$p_r=\frac{p}{p_c}=\frac{6060\times10^3}{7375\times10^3}=0.820$$

$$T_r=\frac{T}{T_c}=\frac{313}{304.2}=1.03$$

③ 压缩因子图查出得 $Z=0.66$

④ 各数值代入 $pV=ZnRT$ 公式计算，得

$$V=\frac{ZnRT}{p}=\frac{0.66\times1000\times8.314\times313}{6060\times10^3}\text{m}^3=0.283\text{m}^3$$

(3) 比较两种计算方法与实验值的相对误差

第一种： $$\frac{\Delta V}{V}=\frac{0.429-0.304}{0.304}\times100\%=41.1\%$$

第二种： $$\frac{\Delta V}{V}=\frac{0.283-0.304}{0.304}\times100\%=-6.91\%$$

通过上例计算可看出：用压缩因子图计算值与实测值 0.304m^3 的相对误差约为-6.91%，而按理想气体状态方程计算的数值与实测值的相对误差约为 41.1%，显然高压下用理想气体状态方程计算误差很大，用压缩因子图计算更符合实际。

用双参数普遍化压缩因子图计算真实气体体积的步骤为：

① 查临界参数；

② 计算对比参数；

③ 由压缩因子图查 Z 值；

④ 将各数值代入 $pV=ZnRT$ 公式进行计算。

【例 1-16】 试用压缩因子图法求温度为 291.2K、压力为 15.0MPa 时甲烷的体积质量。

解 依据题给条件

$$T=291.2\text{K}\qquad p=15.0\text{MPa}\qquad M=0.016\text{kg/mol}$$

① 查临界温度和临界压力

由附录查出甲烷的 $T_c=190.6\text{K}$， $p_c=4.596\text{MPa}$

② 计算对比温度与对比压力

$$T_r=\frac{T}{T_c}=\frac{291.2}{190.6}=1.53$$

$$p_r=\frac{p}{p_c}=\frac{15.0\times10^6}{4.596\times10^6}=3.26$$

③ 查压缩因子图，得

$$Z=0.75$$

④ 代入公式计算

将 $\rho=\frac{m}{V}$代入 $pV=ZnRT=Z\frac{m}{M}RT$ 可得

$$\rho=\frac{pM}{ZRT}=\frac{15.0\times10^6\times0.016}{0.75\times8.314\times291.2}\text{kg/m}^3=132\text{kg/m}^3$$

由上题可看出，通过双参数普遍化压缩因子图求出 Z 值后还可以根据公式计算真实气体在一定温度及压力下的体积质量，并且还可以计算高压下真实气体的质量 m 等。

双参数普遍化压缩因子图的引出

对于1mol真实气体的 p、T、V，按对比状态参数的表达式可写成

$$p=p_r p_c，T=T_r T_c，V_m=V_r V_c$$

代入压缩因子 Z 的定义式中可得

$$Z=\frac{pV_m}{RT}=\frac{p_c V_c}{RT_c}\times\frac{p_r V_r}{T_r}$$

$$Z=Z_c\frac{p_r V_r}{T_r}$$

由前面讲述可知 Z_c 接近常数，根据对应状态原理，各种真实气体在相同的对比压力（p_r）和对比温度（T_r）下，对比体积（V_r）也相同。所以，上式中若 p_r、T_r 一定，则压缩因子 Z 也为一定值。可见，压缩因子 Z 可近似表达为任何气体都普遍服从的双变量 p_r、T_r 的函数关系，即 $Z=f(p_r, T_r)$。

利用 Z 与 p_r、T_r 间这种函数关系，便可由实验得到双参数普遍化压缩因子图。

2. 气体混合物应用压缩因子图的计算

由于生产中还常遇到许多高压下的真实气体混合物，它们的 p、V、T 关系也可以用公式 $pV=ZnRT$ 进行计算。但在计算混合气体的对比压力和对比温度时不能取某一种物质的临界压力和临界温度。

(1) 气体混合物的对比压力和对比温度　用气体混合物所处的实际压力和实际温度与虚拟临界压力 p_c' 和临界温度 T_c' 之比求得：

$$p_r=\frac{p}{p_c'} \tag{1-25a}$$

$$T_r=\frac{T}{T_c'} \tag{1-25b}$$

式中　p_r——混合气体的对比压力，单位为1；

p——混合气体的实际压力，Pa；

p_c'——混合气体的虚拟临界压力，又称假临界压力，Pa；

T_r——混合气体的对比温度，单位为1；

T——混合气体的实际温度，K；

T_c'——混合气体的虚拟临界温度，又称假临界温度，K。

(2) 气体混合物的虚拟临界压力和虚拟临界温度　虚拟临界压力（p_c'）由混合物中各气体的临界压力与其物质的量分数的乘积之和求得，即

$$p_c'=\sum_B y_B p_{c,B} \tag{1-26a}$$

式中　p_c'——虚拟临界压力，Pa；

$p_{c,B}$——气体混合物中组分B的临界压力，Pa；

y_B——气体混合物中组分B的物质的量分数，量纲为1。

虚拟临界温度（T_c'）由混合物中各气体的临界温度与其物质的量分数的乘积之和求得，即

$$T_c'=\sum_B y_B T_{c,B} \tag{1-26b}$$

式中　T_c'——虚拟临界温度，K；

$T_{c,B}$——气体混合物中组分B的临界温度，K；

y_B——气体混合物中组分B的物质的量分数。

再用由此求得的气体混合物的对比温度和对比压力通过压缩因子图查出混合物的 Z 值，代

入 $pV=ZnRT$ 进行计算。

【例 1-17】 用来合成氨的氮氢混合气体，其组成的物质的量分数为 H_2 0.75，N_2 0.25。计算 773K、30.39MPa 时，每 1000mol 气体混合物所占的体积是多少？（用压缩因子图法）

解　$y(H_2)=0.75$　$y(N_2)=0.25$　$p=30.39\text{MPa}$　$T=773\text{K}$　$n=1000\text{mol}$

此为高压下气体混合物的计算，据题给条件可应用压缩因子 Z 图计算。

（1）查各气体的临界参数

由表查出　$T_c(N_2)=126.2\text{K}$，$p_c(N_2)=3.39\text{MPa}$

$T_c(H_2)=33.3\text{K}$，$p_c(H_2)=1.30\text{MPa}$

（2）计算对比参数

因为是两种组分，所以应先计算虚拟临界参数。

① 计算气体的虚拟临界温度与虚拟临界压力

据式 $p'_c=\sum_B y_B p_{c,B}$，有：

$$p'_c=\sum_B y_B p_{c,B}=[0.25\times3.39\times10^6+0.75\times(1.3+0.80)\times10^6]\text{Pa}=2.423\text{MPa}$$

据式 $T'_c=\sum_B y_B T_{c,B}$，有：

$$T'_c=\sum_B y_B T_{c,B}=[0.25\times126.2+0.75\times(33.3+8.0)]\text{K}=62.5\text{K}$$

由于氢气的计算误差较大，所以在上面 p'_c、T'_c 的计算中都按式(1-24) 进行了校正。

② 计算对比温度和对比压力

$$p_r=\frac{p}{p'_c}=\frac{30.39\times10^6}{2.423\times10^6}=12.5$$

$$T_r=\frac{T}{T'_c}=\frac{773}{62.5}=12.4$$

（3）压缩因子图查 Z 值

得

$$Z=1.10$$

（4）代入 $pV=ZnRT$ 公式进行计算

$$V=\frac{ZnRT}{p}=\frac{1.10\times1000\times8.314\times773}{30.39\times10^6}\text{m}^3=0.233\text{m}^3$$

由上例计算看出：对于较高压力下的真实气体混合物，应用压缩因子法计算时，由于是两种以上的组分，不能用其中某一个临界常数计算对比参数，故在进行对比压力、对比温度的计算之前需要先计算气体的虚拟临界压力和虚拟临界温度，以此来代替混合物的临界压力和临界温度。即除计算步骤（2）中多一步①外，其他计算步骤与单组分纯物质的计算相同。

应要加以注意的是，计算时对于氢、氦、氖三种气体的临界温度与临界压力还需按式(1-24a) 和式(1-24b) 进行校正。

除了本节介绍的双参数普遍化压缩因子图外，还有其他形式的压缩因子图；为了提高计算的准确度，还有除了 p_r、T_r 以外再引进另一个参数的三参数压缩因子图。

阅读材料

超临界流体

超临界流体是指温度和压力都略高于临界点的流体。此时流体的状态称为超临界状态。

我们知道，当物体处于临界温度以上的状态时，无论施加多大的压力，只能使该气体体积质量增大，不会使气体液化。但此时是一种稠密的气态，不同于一般气体，它具有类似液体的性质，同时还保留了气体性能。例如，超临界流体的密度比一般气体要大数百倍，与液体相近，而超临界流体的溶解度一般随着流体的密度增加而快速增大。超临界流体的黏度比液体小，仍接近气体，但扩散速率比液体快（扩散系数比液体大数百倍，介于气体和液体之间）。它的介电常数随压力增加而急剧增大，介电常数增大，有利于极性物质的溶解。因此，超临界流体既能像气体一样具有极好的流动性、扩散性和传递性，又能像液体一样具有很好的溶解其他物质的能力，兼具气体和液体的性质。尤其是在临界点附近，流体密度受压力和温度的影响很大，这就会使得溶解度发生很大的变化。超临界流体的这些特性在实际生产及科学研究中有着广泛的应用。

早在100多年前的1879年，就有人发现一些金属的卤化物在超临界乙醇和四氯化碳中溶解度异常增大，当压力降低时，金属盐又析出。到20世纪60年代，已有许多超临界流体溶解度增大现象的研究。人们发现，超临界流体对有机化合物溶解度一般能增加几个数量级。利用一些流体在超临界状态下对某些物质有特殊增大的溶解度，而在低于临界状态下对这些物质基本不溶解的特性，可通过调节温度或压力来调节溶解度，将超临界流体中所溶解的物体有效地分离出来，达到分离提纯的目的。例如，在高压条件下，使超临界流体（超临界溶剂）与物料充分接触，使物料中的有效成分（即溶质）溶于超临界溶剂中，分离后降低溶有溶质的超临界溶剂的压力使溶质析出。如果有多种有效成分可采取逐步降压，使多种溶质分步析出，这种新型分离技术称为超临界流体萃取技术。这是近20多年才发展起来的。这种分离技术具有分离效率高，过程易于调节控制，分离工艺流程简单，能耗低，能保持产品原有特色等优点，所以发展很快，应用较广。

在实际操作中，最常使用的是二氧化碳超临界流体。这是因为二氧化碳的临界数据最适合做超临界溶剂。二氧化碳的临界温度为304.2K，是超临界溶剂中最接近室温的。临界压力也不高为7.38MPa，临界体积质量为$468kg/m^3$，是常用临界溶剂中最高（除了合成氟化物外）的。使得二氧化碳超临界流体的溶解能力既很强又易调节，且传质性能好，产品纯度高，产量高。临界温度接近室温，使得分离过程在接近室温条件下就能完成，利于热敏性和化学不稳定性产品的分离，保留了产品的原有成分且便宜易得。二氧化碳临界压力适中且无毒，惰性，无味无公害，易于分离，因而用其做超临界溶剂有利于环保、产品质量高、安全可靠。例如用超临界二氧化碳从咖啡豆中除去咖啡因来生产脱咖啡因咖啡，其产品仍然能保持咖啡原有的色、香、味，这样的效果是其他分离技术都无法达到的。还可以使用超临界二氧化碳对植物油（如花生油、豆油、棕榈油）进行脱臭，从烟草中脱除尼古丁，从大豆或玉米这些种子中提取食用油脂，从中草药中提取有效成分，如从红花中提取治疗高血压和肝病的药物成分红花苷及红花醌苷等。

超临界二氧化碳还可以应用于聚合反应和高分子加工方面。例如可制造各种共混材料和高分子复合材料，在一定条件下将超临界二氧化碳渗透进某些高聚物然后减压解吸，可以得到微孔泡沫材料等。使用超临界二氧化碳的喷漆工艺质量好，又能减轻环境污染，超临界二氧化碳作为反应溶剂可以提高化学反应的速率和选择性，可以使非均相反应变成均相反应，也可利用各种物质在超临界流体中具有不同的溶解度，把产物、副产物及催化剂等各种物质一一分离出来。通常使用的超临界流体，除了二氧化碳外，还有乙烷、丙烷等。超临界水

（临界温度为647.2K、临界压力为22.05MPa）可以和空气、氧气、氮气、二氧化碳等气体完全互溶，在25MPa和673K以上，还可和一些有机物互溶。在同时溶有氧气和有机物质时，利用超临界水氧化法，使有机物在短时间内氧化成水、二氧化碳、氮和其他小分子，可对含有各种有毒物质的废水进行处理。

总之超临界流体在萃取分离、材料制备、化学反应和环境保护等各个方面都有广泛的应用。

但超临界技术一般都在高压下操作，设备及工艺技术要求高、投资大，这是目前大规模生产需要解决的问题。

本章小结

本章以理想气体状态方程为基础，以对理想气体状态方程的校正为核心，讨论了理想气体和真实气体的 p、V、T 间的关系，研究了气体液化的基本规律，主要解决实际生产中气体的 p、V、n、T 的计算问题，并为后续课程的学习打下必要的基础。

本章内容可分为理想气体与真实气体两部分。

一、基本概念

1. 理想气体：在任何温度、压力下都严格服从理想气体状态方程的气体。

2. 理想气体的微观模型：分子间无作用力，分子本身无体积。

3. 真实气体：分子间有作用力，分子本身占有体积，不符合理想气体状态方程，降温加压可以液化。真实气体只有在低压、高温下接近理想气体，高压、低温偏离程度较大。

4. 饱和蒸气压：在一定温度下，纯液体与其蒸气平衡时，蒸气的压力称为这种液体在该温度下的饱和蒸气压（饱和蒸气压与物质的性质和温度有关，随着温度的升高而增大）。

5. 临界参数：是物质的特性参数，包括临界温度、临界压力和临界摩尔体积。

（1）临界温度（T_c）：使气体能够液化的最高温度。

气体液化的必要条件是低于临界温度。

（2）临界压力（p_c）：在临界温度下使气体液化所需的最低压力。

（3）临界摩尔体积（V_c）：在临界温度和临界压力下，物质的摩尔体积。

6. Z 的意义：Z 等于同温、同压、同物质的量的真实气体体积与理想气体体积之比。Z 值大于1，说明真实气体比理想气体难压缩。Z 的定义式见基本公式。

7. 对应状态原理：不同气体的三个对比参数中有两个相同，第三个对比参数也近于相同。

8. 对比温度、对比压力、对比摩尔体积。

二、基本定律与公式

1. 理想气体

（1）理想气体状态方程　$pV=nRT$

或　$pV_m=RT$

① 当 n、T 一定时，为波义耳定律　$pV=k_1$

② 当 n、p 一定时，为盖·吕萨克定律　$V=k_2T$

③ 当 T、p 一定时，为阿伏加德罗定律　$V=k_3n$

（2）道尔顿定律　$p=\sum_B p_B$

（3）气体混合物的分压力　$p_B=y_Bp$

此式对理想气体混合物和真实气体混合物都适用。

（4）理想气体混合物某组分B的压力 $p_B=\frac{n_B RT}{V}$

（5）阿马格定律 $V=\sum_B V_B$

（6）分体积 $V_B=y_B V=\frac{n_B RT}{p}$

（7）混合物的摩尔质量 $M=\sum_B y_B M_B$

2. 真实气体

（1）范德华状态方程

$$\left(p+\frac{n^2 a}{V^2}\right)(V-nb)=nRT$$

或

$$\left(p+\frac{a}{V_m^2}\right)(V_m-b)=RT$$

式中，范德华参数 a 是压力校正因子。a 与分子间作用力有关，a 越大说明分子间作用力越强。范德华参数 b 是体积校正因子。b 与分子体积大小有关，分子越大 b 值越大。

（2）压缩因子的定义式

$$Z=\frac{pV}{nRT}$$

（3）对比温度、对比压力、对比摩尔体积

$$T_r=\frac{T}{T_c} \qquad p_r=\frac{p}{p_c} \qquad V_r=\frac{V_m}{V_c}$$

（4）物质的量分数 $y_B=\frac{n_B}{n}$

此式对理想气体混合物和真实气体混合物都适用。

三、计算题类型

1. 理想气体和低压下真实气体 p、V、T 计算

（1）应用理想气体状态方程计算 p、V、T 关系。

（2）应用道尔顿定律、阿马格定律进行混合气体的有关计算。

（3）混合气体平均摩尔质量等计算。

2. 中、高压真实气体 p、V、T 的计算

（1）中压以下应用范德华状态方程进行计算。

（2）中、高压下应用压缩因子图近似计算。

四、如何解决化工过程中的相关问题

1. 应用理想气体状态方程解决生产中低压气体 p、V、n、T 的计量，及反应器、管路、各种容器和设备 p、V、T、n、ρ、m 的有关计算。

2. 应用道尔顿定律和阿马格定律，解决生产中低压下混合气体的压力、体积、浓度的计量，及反应器、管路、各种容器和设备的有关计算。对尾气、废气、有害气体及产品成分进行分析与计算。

3. 应用压缩因子法解决生产中高压下气体的 p、V、T、n、ρ 的有关计算。

4. 应用临界温度、临界压力来确定气体液化的工艺条件。

思考题

1. 凡是符合理想气体状态方程的气体就是理想气体吗？

2. 为什么真实气体在低压下可以近似看做理想气体？

3. 应用道尔顿定律与阿马格定律的条件是什么？

4. 若空气的组成按体积分数为 0.21 的氧气和 0.79 的氮气来算，则当大气压为 98658.9Pa 时，氧气的压力为多少？

5. 在一定条件下，若某实际气体的压缩因子 $Z>1$，则表示该气体易于压缩还是不易压缩？

6. 真实气体与理想气体产生偏差的原因何在？范德华是如何对理想气体状态方程式进行修正的？

7. 真实气体的体积小于同温、同压、同物质的量的理想气体体积，则其压缩因子 Z 值应该大于 1 还是小于 1？

8. 何为液体的饱和蒸气压？它与哪些因素有关？

9. 气体液化的途径有哪些？为什么气体在临界温度以上无论加多大压力也不能使其液化？

10. 有一气体混合物，内含有甲烷、乙烯、丙烯。能否根据各物质的临界温度、临界压力数据，设计一个粗略的方案，将它们分离开？

11. 在 320K 时，已知钢瓶中某物质的对比温度为 1.20，则钢瓶中的物质是以什么状态存在，临界温度是多少？

12. 真实气体的 p、V、T 如何进行计算？

习　题

1-1　已知淡蓝色氧气钢瓶容积为 $0.05m^3$，在 300K 时测得其压力为 500kPa，估算钢瓶内所剩氧气的质量为多少？

1-2　某煤气生产厂的煤气储存气柜，已知气柜内的压力为 103.3kPa，温度为 298K，此时从气柜的标尺上可以看出，煤气所占的体积为 $1600m^3$，试求气柜中装有多少摩尔煤气（不计水的蒸气压）？

1-3　一个由乙烯和苯合成乙苯的装置，每小时需用 500kg 乙烯气体，现拟设计一个乙烯气柜，其储存量为可供该装置 1h 的用量，气柜中的乙烯温度为 303K，压力为 141kPa，求该气柜的容积？

1-4　有一气柜容积为 $2000m^3$，气柜中压力保持 104kPa，内装氢气。设夏季最高温度为 315K，冬季的最低温度为 235K，试计算该气柜在冬季最低度温度时可比夏季最高温度时多装多少千克氢气？

1-5　由气柜经过管道输送 141.9kPa、313K 的乙烯，试计算管道内乙烯气体的体积质量为多少？

1-6　某空气压缩机每分钟吸入 101.3kPa、303.2K 的空气 $41.2m^3$，而排出 363.2K 的空气 $26.0m^3$，已知稳定操作时，压缩机每分钟吸入与排出空气的物质的量相同。试求压缩后的空气的压力为多少？

1-7　一混合气体含有氢气 0.15×10^{-3}kg，氮气 0.70×10^{-3}kg，氨气 0.34×10^{-3}kg，计算在 101.3kPa 下 H_2、N_2 及 NH_3 各气体的压力。如果温度为 300K 时，这个混合气体的总体积是多少？平均摩尔质量为多少？

1-8　已知某混合气体的体积分数：CH_4 为 0.60，C_2H_6 为 0.30，C_3H_8 为 0.10，求在 400kPa 下各组分的压力及气体混合物的平均摩尔质量。

1-9　一种只含 CO_2 酸性组分的混合气体，于 298K、101.3kPa 下，取样 $100.0\times10^{-6}m^3$。经 NaOH 溶液充分洗涤后，在同样温度及压力条件下测得剩余气体的体积为 $90.5\times10^{-6}m^3$，求混合气体中 CO_2 的物质的量分数和 CO_2 的压力。

1-10　有 $0.003m^3$ 的湿空气混合物，压力为 101.3kPa，其中水蒸气的压力为 12.5kPa，试计算水蒸气及氮气和氧气的体积（干空气组成的体积比为氧气 0.21，氮气 0.79）。

1-11　干空气的质量分数组成为 N_2 占 0.7545，O_2 占 0.2322，Ar 占 0.0128，CO_2 占 0.046×10^{-2}，求空气压力为 101.3kPa 时，各组分的压力。

1-12　水银温度计打破后洒在实验桌或地下的水银难以清除干净，长期吸入汞蒸气会对人体产生很大伤害，所以空气中的汞含量不应超过 $0.01mg/m^3$。假设由于实验室内空气流通，空气中汞蒸气的压力只是其饱和蒸气压的 0.10，并知 298K 时汞的蒸气压约为 0.24Pa，问在 298K 时，实验室中残留的汞产生的蒸气是否超过允许值？

1-13 合成氨生产中，氮气和氢气以体积比为 1∶3 的比例进行混合，混合气体的压力为 30.4MPa，试求氮气和氢气的压力。此气体混合物的分压力是否应用道尔顿定律计算出来？

1-14 体积为 $5.00\times10^{-3}\,m^3$ 的高压消毒锅内有 0.142kg 氯气，温度为 350K，试用范德华方程计算氯气的压力。

1-15 在一个 $0.0200m^3$ 能承受最高压力为 15.2MPa 的贮氧钢瓶内，装有 1.64kg 的氧，试用范德华方程计算出最高允许温度为多少？

1-16 在温度为 348K，压力为 1610kPa 下，17.7mol 氨气所占的体积是多少？（1）试用理想气体状态方程计算；（2）已知压缩因子 Z 为 0.92，用压缩因子法计算；（3）计算结果与实测值 $0.0285m^3$ 进行比较，说明什么问题？

1-17 计算温度为 573K、压力为 20.26MPa 时，3.00kmol 甲醇气体的体积。实验测得在该条件下甲醇气体的体积为 $0.342m^3$。（1）用理想气体状态方程计算；（2）试用压缩因子图计算，并与实测值进行比较。

1-18 试求 0.1kg 甲烷在 273K、10.13MPa 下的体积。（1）用理想气体状态方程式计算；（2）用压缩因子图计算。

1-19 某石油气的体积组成为甲烷占 0.60，乙烷占 0.40，试用压缩因子图求 20kg 该混合气体在 300K、20.0MPa 下的体积。

1-20 300K 时 $0.0400m^3$ 钢瓶中贮存 C_2H_4 压力为 14.7MPa，提取 101.3kPa、300K 时的 C_2H_4 气体 $12.0m^3$，试求钢瓶中剩余乙烯气体的压力。（提示：综合应用各种方法）

第二章　热力学第一定律

学习目标

1. 了解热力学的一些基本概念，如系统、环境、状态、热力学平衡状态、过程、功、热等。

2. 明确焓的定义及状态函数的特性，理解热力学能变与恒容热，焓变与恒压热之间的关系。

3. 理解热力学第一定律的文字表述，掌握其数学表达式。

4. 能较熟练地计算系统 p、V、T 变化过程的功、热、热力学能变和焓变及相变过程热。

5. 了解可逆过程的特征。

6. 理解反应进度、标准态、摩尔反应焓、标准摩尔生成焓、标准摩尔燃烧焓等概念。

7. 能熟练地应用标准摩尔生成焓和标准摩尔燃烧焓求标准摩尔反应焓，了解基尔霍夫公式的应用。学会计算化学反应的恒容热和恒压热。

8. 知道真实气体通过节流膨胀可以实现制冷。

热力学是研究自然界中与热现象有关的各种状态变化和能量转化规律的一门科学。热力学第一定律就是能量守恒与转化定律。本章主要介绍热力学第一定律及其某些推论与应用。

第一节　基本概念

为了学好热力学，首先要弄清一些基本概念。

一、系统和环境

在热力学中，把要研究的对象称为系统（又称物系或体系），而把与系统密切相关的外界称为环境。

热力学系统都是由大量分子、原子、离子等微粒组成的宏观集合体。例如，各种相态的纯物质、混合气体、溶液、合金、化学反应系统、气-液-固等相态彼此平衡共存的系统以及电池等都是重要的热力学系统。

系统与环境之间通过界面隔开，这种界面可以是真实的界面，也可以是虚拟的界面。例如当研究整个房间内的空气时，四周墙壁是这个系统的真实界面；若研究房间内空气中的氧气，这时所研究的系统与其环境（空气中除氧以外的气体）之间的界面是虚拟的。

根据系统和环境之间的相互关系，可将系统分为下列三类。

（1）敞开系统　与环境之间既有能量交换又有物质交换的系统，称为敞开系统（也称开放系统)。

(2) 封闭系统 与环境之间只有能量交换但没有物质交换的系统，称为封闭系统（也称密闭系统)。封闭系统的质量恒定。

(3) 隔离系统 与环境之间既没有能量交换又没有物质交换的系统，称为隔离系统（也称孤立系统)。隔离系统的质量和能量都恒定，环境对隔离系统中发生的任何变化不会有任何影响。

例如，一个保温瓶中装有热水，以水作为系统，如果保温瓶敞口，水既可以蒸发又可以通过空气传热，这时保温瓶中的水是一个敞开系统；如果保温瓶的保温性能较差但盖子密闭性很好，则水不能从保温瓶中逸出，但可通过瓶壁向外传热，这时保温瓶中的水是一个封闭系统；如果保温瓶完全隔热，且盖子密闭性很好，这时保温瓶中的水是一个隔离系统。

宇宙中一切事物间都存在着相互作用，因此没有绝对不受环境影响的隔离系统。在热力学研究中，有时把系统和环境作为一个整体来对待，这个整体成为隔离系统，即：隔离系统＝系统＋环境。

物理化学中主要讨论封闭系统，其次是隔离系统，一般不讨论敞开系统。今后如不特别指明，所言系统均指封闭系统。

二、系统的性质

热力学系统有许多宏观性质，如温度、压力、体积、体积质量、组成、热容、质量、能量等，都称为系统的热力学性质，简称性质。它们都是可以改变的量。在热力学性质中，有些性质如温度、压力、体积、体积质量等可以通过实验直接测定；另一些性质不能由实验直接测定，如热力学能、焓、熵等。

系统的热力学性质按其与系统物质的量是否有关可分为两大类。

1. 广延性质

其数值与系统物质的量有关的性质，称为广延性质（也称容量性质)，如体积、质量等。

当系统分割成若干部分时，广延性质具有加和性。如果系统内部性质均匀，广延性质与物质的量成正比。

2. 强度性质

其数值取决于系统自身的特性而与系统物质的量无关的性质，称为强度性质。如温度、压力、体积质量等，它们没有加和性。

往往两个广延性质相除成为系统的强度性质。例如体积质量，它等于质量除以体积，是强度性质。

广延性质的摩尔量，等于广延性质除以物质的量，其符号以相应的物理量加下标“m”表示。例如摩尔体积，$V_m = V/n$，单位为 m^3/mol。各种广延性质的摩尔量均是强度性质。

三、状态和状态函数

1. 状态

系统所处的状态是系统的一切宏观性质的综合表现。

当各种宏观性质均为定值时，系统的状态就确定了；反之，当系统处于某一状态下，系统的各种宏观性质也都有确定的值。

2. 状态函数

各种与状态有对应关系的宏观性质称为状态函数。

系统的各种状态函数之间是相互联系的。例如 $pV=nRT$ 描述了理想气体 p、V、T、n 四个宏观性质之间的关系，说明这四种性质中只有三种是可独立变化的。所以描述一个系统所处的状态，只需确定几个状态函数，则系统的其他状态函数和系统的状态也就随之确定了。经验表明：对于纯物质单相封闭系统，只要指定任意两种性质（通常指定 T 和 p）后，系统中其他各种性质也就随之而定了，系统的状态也就确定了。因此，纯物质单相封闭系统中任意一种状态函数 X 可以表示成温度和压力的函数，即

$$X=f(T,p)$$

状态函数具有两个重要特性。

① 状态函数是系统状态的单值函数，当系统的状态确定后，所有状态函数分别有惟一确定的值。

例如，在 101.325kPa 下，纯水的沸点一定是 373K，不会是其他数值。在 273K 和 101.325kPa 下，1mol 理想气体的体积一定是 0.0224m^3，不会是其他数值。

② 状态函数的改变量仅决定于系统的始终态，而与过程所经历的具体途径无关。

例如，将一杯水由 273K 加热到 323K，则水温的变化量 $\Delta T=T_{终}-T_{始}=(323-273)\text{K}=50\text{K}$。$\Delta T$ 只与 $T_{始}$ 和 $T_{终}$ 有关，与水如何由 273K 变到 323K 无关，也就是说，不论是用酒精灯加热还是用电炉加热，还是将 273K 的水加热到 373K，再冷却到 323K 等都对温度变化量没有影响。

用数学方法来表示这两个特征，则可以说，状态函数的微小变化量是全微分，即偏微分之和。例如，纯理想气体封闭系统的体积是温度、压力的函数，即

$$V=f(T,p)$$

体积的微小变化 dV 是全微分，它是两项偏微分之和

$$dV=\left(\frac{\partial V}{\partial T}\right)_p dT+\left(\frac{\partial V}{\partial p}\right)_T dp$$

当系统的体积从 V_1 变到 V_2，则体积的变化量为：

$$\Delta V=\int_{V_1}^{V_2} dV=V_2-V_1$$

凡是状态函数一定具有此二特性，反过来说，如果体系的某宏观性质具有此二特性，那它一定是状态函数。

四、热力学平衡态

在没有外界条件影响下，如果系统中所有状态函数均不随时间而变化，则称系统处于热力学平衡态（简称平衡态）。

真正的热力学平衡应包括下列四个平衡。

(1) 热平衡　如果系统内部没有绝热壁分隔时，则系统内部各部分温度相等。若系统不是绝热的，则系统与环境的温度也应相等。

(2) 力平衡　如果系统内部没有刚性壁分隔时，则系统内部各部分压力相等。如果系统与环境之间没有刚性壁相隔，则系统与环境的压力应该相等，系统的体积不再改变。

(3) 相平衡　一个多相系统达到平衡后，系统中各相的组成及数量不随时间而改变。

(4) 化学平衡　系统中各组分间的化学反应达到平衡，系统的组成不再随时间而改变。

仅当系统处于热力学平衡态时，各状态函数才具有惟一的值。在以后的讨论中，如不特别提出，说系统处于某种状态，即指系统处于热力学平衡态。

五、过程和途径

1. 过程

在一定的环境条件下，系统状态所发生的任何变化均称为热力学过程，简称过程。

按照系统变化的性质，可将过程分为三类：化学反应过程、相变过程和单纯 p-V-T 变化过程（又称简单变化过程）。所谓单纯 p-V-T 变化过程是指过程中没有化学反应和相变化，只涉及系统的 p、V 和 T 的变化。相变过程和单纯 p-V-T 变化过程统称为物理变化过程。

根据过程进行的条件，可将过程分为以下几种。

(1) 恒温过程　系统与环境的温度相等且恒定不变的过程，称为恒温过程，即 $T_1=T_2=T=T_{环}=$定值，$T_{环}$表示环境的温度。

(2) 恒外压过程　环境的压力（也称为外压）保持不变（$p_{环境}=$定值）的过程，称为恒外压过程。在此过程中，系统的压力可以变化。

(3) 恒压过程　系统与环境的压力相等且恒定不变的过程，称为恒压过程，即 $p_1=p_2=p=p_{环}=$定值。

(4) 恒容过程　系统的体积始终不变的过程，称为恒容过程，即 $V_1=V_2=V=$定值。

(5) 绝热过程　系统和环境之间没有热交换的过程，称为绝热过程。

由于绝对绝热的材料还不能找到，所以绝对的绝热过程尚不存在。如果过程（如燃烧反应、中和反应、核反应等）进行得极为迅速，使得系统来不及与环境进行热交换，则可近似视为绝热过程。

(6) 循环过程　系统由某一状态出发，经过一系列中间状态又回到原来状态的过程，称为循环过程。在循环过程中，所有状态函数的改变量均为零，如 $\Delta p=0$，$\Delta V=0$ 等。

2. 途径

系统由同一始态变到同一终态的不同方式，称为不同的途径。

例如，1mol 理想气体由始态（101325Pa，$0.0224m^3$，273.15K）变到终态（101325Pa，$0.0448m^3$，546.3K），可通过两条不同的途径来实现，如下图所示：

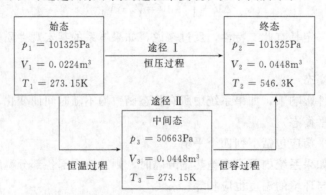

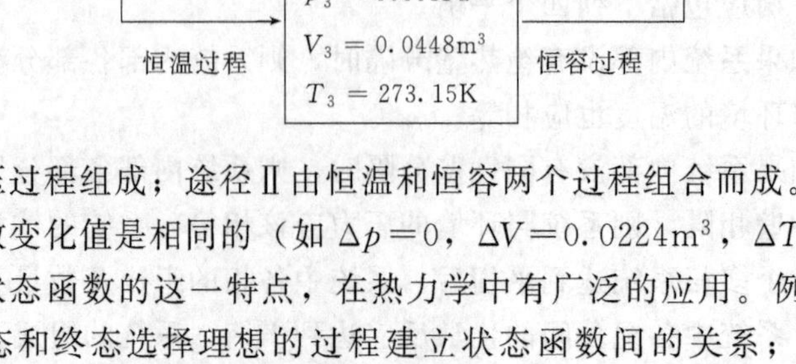

途径Ⅰ仅由恒压过程组成；途径Ⅱ由恒温和恒容两个过程组合而成。在这两个变化途径中，系统的状态函数变化值是相同的（如 $\Delta p=0$，$\Delta V=0.0224m^3$，$\Delta T=273.15K$），不因途径不同而改变。状态函数的这一特点，在热力学中有广泛的应用。例如，不管实际过程如何，可以根据始态和终态选择理想的过程建立状态函数间的关系；还可以选择较简便的途径来计算状态函数的变化等。这套处理方法是热力学中的重要方法，通常称为状态函数法。

第二节　热力学第一定律

一、热力学能

热力学能以前称为内能，用符号“U”表示，单位为J（焦耳）或kJ（千焦耳）。

热力学能是系统内部具有的能量，与物质的数量成正比，具有加和性。因此，热力学能是系统广延性质的状态函数，也就是说，当系统处于一定状态时，系统的热力学能有唯一确定的值。系统状态改变时，系统的热力学能变化量仅取决于始、终态而与变化途径无关。即

$$\Delta U = U_2 - U_1$$

式中，下标1、2分别表示始态和终态。当 $\Delta U > 0$ 时，表示系统的热力学能增加，当 $\Delta U < 0$，表示系统的热力学能减少。热力学能的绝对值尚无法确定，但系统进行某一过程时的热力学能变化量 ΔU 是可以实验测量的，或通过计算求得。

一个热力学系统的总能量由三部分组成：系统的整体运动的动能、系统在外力场中的势能和系统的热力学能。在化学热力学中，通常研究宏观静止的系统，无整体运动，并且不考虑外力场（如电磁场、重力场等）的影响。因此只关注系统的热力学能。今后所说系统的能量都是指系统的热力学能。

纯物质均相封闭系统（如纯真实气体）的热力学能由以下三部分组成。

(1) 分子的动能　分子的动能包括分子的平动能、转动能和振动能。封闭系统分子的动能是系统温度的函数。

(2) 分子间相互作用的势能　其数值的大小取决于分子间力和分子间的距离，分子间力可表示成分子间距离的函数，而分子间的距离与系统的体积有关。因此，封闭系统分子间相互作用的势能是系统体积的函数。

(3) 分子内部的能量　分子内部的能量是分子内部各种微粒（如原子核、电子等）的能量之和。在不发生化学反应的条件下，此部分能量为定值。

由此可知，纯物质均相封闭系统的热力学能是温度和体积的函数，即

$$U = f(T, V)$$

则热力学能的无限小变化量 $\mathrm{d}U$ 是全微分，可写为：

$$\mathrm{d}U = \left(\frac{\partial U}{\partial T}\right)_V \mathrm{d}T + \left(\frac{\partial U}{\partial V}\right)_T \mathrm{d}V$$

理想气体分子之间没有相互作用力，因而没有分子间相互作用的势能，所以理想气体的热力学能仅由两部分组成：分子的动能和分子内部的能量。因为分子的动能仅是温度的函数，而分子内部的能量在不发生化学反应的情况下为定值，所以一定量的纯理想气体的热力学能只是温度的函数，与压力、体积无关，即

$$U = f(T)$$

则有

$$\left(\frac{\partial U}{\partial V}\right)_T = \left(\frac{\partial U}{\partial p}\right)_T = 0$$

二、热

系统与环境之间由于存在温度差而交换的能量称为热，用符号“Q”表示，其单位为J或kJ。

热力学规定：系统从环境吸热，$Q>0$；系统向环境放热，$Q<0$。例如，在一过程中系统放热 10J，则该过程 $Q=-10$J。

因为热是系统在其状态发生变化的过程中与环境交换的能量，因而热总是与系统所进行的具体过程相联系的，也就是说，没有过程就没有热。因此，热不是系统本身的属性，不是状态函数。不能说“系统的某一状态有多少热”，也不能说“某物体处在高温时具有的热量比它在低温时的热量多”。无限小量的热以 δQ 表示。由于热不是状态函数，故 δQ 不是全微分。

按照系统内变化的类型，对过程热给予不同的特定名称，如混合热、熔解热、熔化热、蒸发热、反应热等。

三、功

系统与环境之间以除热以外的其他形式交换的能量统称为功，用符号“W”表示，其单位为 J 或 kJ。

热力学规定：系统从环境得功（即环境对系统做功），$W>0$；系统对环境做功，$W<0$。

功与热一样，也是与过程相关的量，不是状态函数。因此，不能说“系统在某一状态有多少功”。无限小量的功以 δW 表示，不是全微分。

热力学将功分为两大类：体积功和非体积功。

1. 体积功

由于系统体积变化而与环境交换的功，称为体积功。

体积功的计算公式为：

$$\delta W=-p_{环}\mathrm{d}V \tag{2-1a}$$

当系统体积从 V_1 变化到 V_2 时，所做的体积功为：

$$W=-\int_{V_1}^{V_2} p_{环}\mathrm{d}V \tag{2-1b}$$

式中 W——体积功，J 或 kJ；

$p_{环}$——环境的压力，Pa；

V_1，V_2——系统始、终态的体积，m^3。

式(2-1) 可用于任何过程体积功的计算。

对于恒容过程，由于 $\mathrm{d}V=0$，所以

$$W=-\int_{V_1}^{V_2} p_{环}\mathrm{d}V=0$$

这说明恒容过程无体积功。

对于自由膨胀过程（即系统向真空膨胀的过程），由于 $p_{环}=0$，所以

$$W=-\int_{V_1}^{V_2} p_{环}\mathrm{d}V=0$$

对于恒外压过程，由于 $p_{环}$ 为定值，所以

$$W=-\int_{V_1}^{V_2} p_{环}\mathrm{d}V=-p_{环}\ (V_2-V_1)\ =-p_{环}\Delta V \tag{2-1c}$$

对于恒压过程，由于 $p=p_{环}=$定值，则式(2-1c) 可写成

$$W=-p(V_2-V_1)=-p\Delta V \tag{2-1d}$$

2. 非体积功

除体积功外，其他各种形式的功统称为非体积功，用符号“W'”表示。例如电功、磁

功及表面功等都是非体积功。

如果系统发生变化时，既做体积功又做非体积功，则这两部分功之和就是系统所做的总功，即

$$W=-\int_{V_1}^{V_2} p_{环}\mathrm{d}V+W' \tag{2-2}$$

在化学热力学中，系统发生变化时，通常不做非体积功。今后如不特别指明，提到的功均指体积功。

【例 2-1】 10mol 理想气体反抗恒外压 0.10MPa，由 25℃、1.0MPa 膨胀到 25℃、0.10MPa，求此过程的功。

解 始态（298.15K，1.0MPa）$\xrightarrow{p_{环}=0.10\mathrm{MPa}}$终态（298.15K，0.10MPa）

因为 $p_1 \neq p_2 = p_{环}$，故这是恒外压膨胀过程，

$$W=-p_{环}(V_2-V_1)=-p_2\left(\frac{nRT}{p_2}-\frac{nRT}{p_1}\right)=-nRT\left(1-\frac{p_2}{p_1}\right)$$

$$=-10\times 8.314\times 298.15\times\left(1-\frac{0.10}{1.0}\right)\mathrm{J}=-22309\mathrm{J}=-22.3\mathrm{kJ}$$

此理想气体膨胀对环境做功 22.3kJ。

【例 2-2】 在 100kPa 下，5.0mol 理想气体由 300K 升温到 800K，求此过程的功。

解 始态(300K，100kPa)$\xrightarrow{p=100\mathrm{kPa}}$终态(800K，100kPa)

因为 $p=p_{环}=100\mathrm{kPa}$，故这是理想气体恒压升温过程。

$$W=-p(V_2-V_1)=-p\left(\frac{nRT_2}{p}-\frac{nRT_1}{p}\right)=-nR(T_2-T_1)$$

$$=-5.0\times 8.314\times(800-300)\mathrm{J}=-20785\mathrm{J}=-20.8\mathrm{kJ}$$

此理想气体由 300K 升温到 800K，对环境做功 20.8kJ。

【例 2-3】 在 100℃、100kPa 下，5.0mol 水变成水蒸气，求此过程的功。设水蒸气可视为理想气体，水的体积与水蒸气的体积比较可以忽略。

解 H_2O(l,373.15K，100kPa)$\xrightarrow{p=100\mathrm{kPa}}$$H_2O$(g,373.15K,100kPa)

因为 $p=p_{环}=100\mathrm{kPa}$，故这是恒温、恒压相变过程。

$$W=-p(V_g-V_l)\approx -pV_g\approx -nRT=-5.0\times 8.314\times 373.15\mathrm{J}=-15512\mathrm{J}$$
$$=-15.5\mathrm{kJ}$$

此水变成水蒸气的过程对环境做功 15.5kJ。

式(2-1) 的推导。

如图 2-1 所示，有一个带理想活塞的气缸。活塞无质量，与气缸壁没有摩擦力，截面积为 A。以气缸内气体作为系统，气体压力为 p。环境在活塞上的压力为 $p_{环}$。当系统压力 $p>p_{环}$ 时，气体体积膨胀了 $\mathrm{d}V$，相应使活塞向上移动了 $\mathrm{d}l$ 的距离，$\mathrm{d}V=A\mathrm{d}l$。气体体积膨胀时，反抗的外力来源于作用在活塞上的环境压力 $p_{环}$，即 $F_{外}=p_{环}A$。根据机械功的定义：

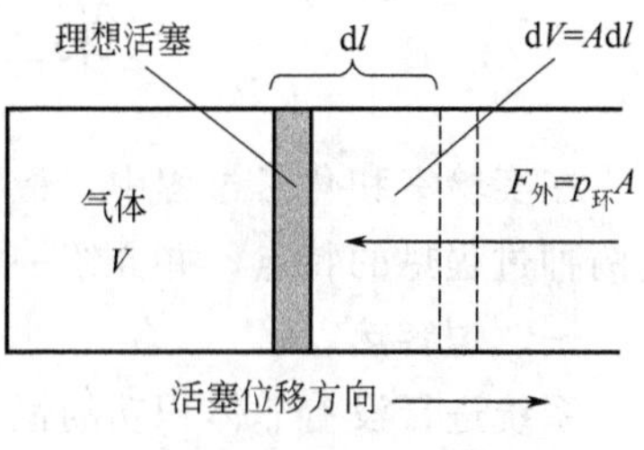

图 2-1 体积功示意图

功＝力×位移

和根据“系统对外做功，功为负值”规定，系统反抗外力膨胀所做的微小体积功为：

$$\delta W=-F_{外}\mathrm{d}l$$

将 $F_{外}=p_{环}A$ 和 $dV=Adl$ 代入上式，得

$$\delta W=-p_{环}dV \tag{2-1a}$$

这就是微小体积功的定义式。由上式可知，若 $dV>0$，$\delta W<0$，系统反抗外压做膨胀功；若 $dV<0$，$\delta W>0$，环境对系统做压缩功。

四、热力学第一定律

1. 热力学第一定律的表述

能量守恒与转化定律是最重要的自然规律之一。它的内容可表述为：自然界的一切物质都具有能量，能量有各种不同形式，在一定条件下能够从一种形式转化为另一种形式，在转化过程中，能量的总数量不变。

能量守恒与转化定律是人们长期经验的总结，是经验规律，由它推导出来的结论都与实验事实相符，这就最有力地证明了这个定律的正确性。能量守恒与转化定律应用于宏观热力学系统，就形成了热力学第一定律。

热力学第一定律有多种表述方式，但都是说明一个问题——能量守恒。现列举常用的两种说法：

① 隔离系统中能量的形式可以互相转化，但是能量的总数值不变；

② 第一类永动机不可能制造成功。所谓第一类永动机，就是一种无需消耗任何燃料或能量而能不断循环做功的机器。

2. 封闭系统热力学第一定律的数学表达式

根据能量守恒与转化定律，在任何过程中，封闭系统热力学能的增加值 ΔU 一定等于系统从环境吸收的热 Q 与从环境得到的功 W 之和，即

$$\Delta U=Q+W \tag{2-3a}$$

式中 ΔU ——系统热力学能的变化值，J；

Q ——系统与环境交换的热，J；

W ——系统与环境交换的总功，即体积功与非体积功的和，J。

若系统发生无限小变化时，则上式变为：

$$dU=\delta Q+\delta W \tag{2-3b}$$

以上二式都是热力学第一定律的数学表达式，它们适用于封闭系统和孤立系统的任何过程。

【例 2-4】 某干电池做电功 100J，同时放热 20J，求其热力学能的变化。

解 $\Delta U=Q+W=(-20-100)\text{J}=-120\text{J}$

此过程中，电池的热力学能减少了 120J。

第三节 恒容热与恒压热

在实验室和化工过程中，最常遇到的是没有非体积功的恒容或恒压过程。因本节将讨论这两种过程热的特点，并介绍一个新的状态函数——焓。

一、恒容热

系统进行没有非体积功的恒容过程时与环境交换的热，称为恒容热，用符号“Q_V”表示。下标“V”表示过程恒容且没有非体积功。

由热力学第一定律可得，恒容热与热力学能变的关系为：

$$Q_V=\Delta U \tag{2-4a}$$

或
$$\delta Q_V = dU \tag{2-4b}$$
式中　Q_V ——系统在 $dV=0$ 且 $W'=0$ 的过程中与环境交换的热，J；

ΔU ——系统在 $dV=0$ 且 $W'=0$ 的过程中系统 U 的变化，J。

上式表明，恒容热等于系统热力学能的变化量，也就是说，在没有非体积功的恒容过程中，系统所吸收的热量全部用于增加热力学能；系统所减少的热力学能全部以热的形式传给环境。由于热力学能是状态函数，它的变化量只决定于系统的始、终态，而与所经历的途径无关，所以恒容热也只取决定于系统的始、终态，而与具体途径无关。这是恒容热的特点。

二、焓

热力学中为了更方便地解决恒压过程热的计算问题，需要引出一个重要的状态函数——焓，以符号“H”表示。焓的定义式为：
$$H=U+pV \tag{2-5}$$
式中　H ——焓，J；

U ——热力学能，J；

p ——压力，Pa；

V ——体积，m^3。

① H 是广延性质的状态函数。因为 U、p 和 V 都是状态函数，而且 U 和 V 都是广延性质，所以 H 是广延性质的状态函数。

当状态变化时，系统的焓变仅取决于始、终态，与变化途径无关，即
$$\begin{aligned}\Delta H &= H_2-H_1=(U_2+p_2V_2)-(U_1+p_1V_1)\\ &=(U_2-U_1)+(p_2V_2-p_1V_1)=\Delta U+\Delta(pV)\end{aligned}$$
式中下标 1、2 分别表示始态、终态。对于恒压过程，因为 $p_1=p_2=p$，故上式变为：
$$\Delta H=\Delta U+p\Delta V$$

② 焓 H 的绝对值未知。因为 U 的绝对值未知，$H=U+pV$，所以 H 的绝对值未知。

③ H 的单位是焦耳（J）。因为 p 和 V 的乘积具有能量的量纲，U 的单位是焦耳（J），U 和 pV 相加是合理的，所以 H 也具有能量的量纲，其单位是焦耳（J）。

④ $H=U+pV$ 无明确的物理意义，但是在 $dp=0$ 并且 $W'=0$ 的过程中，$\Delta H=Q_p$（此式后面有证明）。

⑤ 理想气体的 H 只是温度的函数。因为对一定量理想气体，U 只是温度的函数，即 $U=U(T)$，且 $pV=nRT$，所以 $H=U+pV=U(T)+nRT=f(T)$。这说明，一定量理想气体的焓也只是温度的函数，与体积或压力无关，即
$$\left(\frac{\partial H}{\partial V}\right)_T=\left(\frac{\partial H}{\partial p}\right)_T=0$$

三、恒压热

系统进行没有非体积功的恒压过程时，与环境交换的热，称为恒压热，用符号“Q_p”表示，下标“p”表示过程恒压且没有非体积功。

恒压热与焓变的关系
$$Q_p=\Delta H \tag{2-6a}$$
或
$$\delta Q_p=dH \tag{2-6b}$$
式中　Q_p ——系统在 $dp=0$ 且 $W'=0$ 的过程中与环境交换的热，J；

ΔH ——系统在 $dp=0$ 且 $W'=0$ 的过程中系统 H 的变化，J。

式(2-6) 是化学热力学中最主要的公式之一，在使用时，必须满足两个条件：恒压和不

做非体积功。

式(2-6)表明，在没有非体积功的恒压过程中，系统所吸收的热量全部用于增加焓；系统所减少的焓全部以热的形式传给环境。由于焓是状态函数，它的变化量只决定于系统的始、终态，而与所经历的途径无关，所以恒压热也只取决定于系统的始、终态，而与具体途径无关。这是恒压热的特点。

【例 2-5】 在一个体积为 $5dm^3$ 绝热封闭容器中发生一反应过程，反应达到终态后，容器体积不变但压力增大了 2026.5kPa，试求该变化过程的 Q、W、ΔU 和 ΔH。

解 因为过程恒容绝热 $W=0$，$Q=0$

所以

$$\Delta U=Q+W=0$$

$$\Delta H=\Delta U+\Delta(pV)=\Delta U+V\Delta p$$

$$=[0+5\times10^{-3}\times2026.5\times10^{3}]\text{J}=10132.5\text{J}$$

【例 2-6】 已知 $1mol CaCO_3(s)$ 在 900℃、101.3kPa 下分解为 $CaO(s)$ 和 $CO_2(g)$ 时吸热 178kJ，求此过程 Q、W、ΔU 和 ΔH。

解 因反应在恒温恒压且 $W'=0$ 的条件下进行，所以

$$\Delta H=Q=178\text{kJ}$$

根据化学反应方程式

$$CaCO_3(s)\longrightarrow CaO(s)+CO_2(g)$$

有气体生成，所以会对外做功。忽略固体的体积，气体看做理想气体，则

$$W=-p\Delta V=-p[V_m(CO_2)+V_m(CaO)-V_m(CaCO_3)]$$

$$\approx -pV_m(CO_2)=-RT=(-8.314\times1173.15)\text{kJ}=-9.75\text{kJ}$$

$$\Delta U=Q+W=[178+(-9.75)]\text{kJ}=168.3\text{kJ}$$

式(2-6)的推导。

热力学第一定律微分式(2-3b)可写成如下形式

$$\delta Q=dU+p_{环}dV-\delta W'$$

因为在没有非体积功的恒压过程中，$\delta W'=0$，$p=p_{环}=$常数，代入上式得

$$\delta Q_p=dU+p\,dV=dU+d(pV)=d(U+pV)$$

因为 $H=U+pV$，代入上式得

$$\delta Q_p=dH \tag{2-6b}$$

积分上式得

$$Q_p=\Delta H \tag{2-6a}$$

第四节 变温过程热的计算

在化工过程中，物料经常伴有升温或降温过程，这些变温过程可能在恒压条件下进行，也可能在恒容条件下进行。化工技术人员应该掌握物料恒容变温过程热或恒压变温过程热的计算方法。为了计算物料变温过程热，需要引出重要的基础热数据——摩尔热容。

一、摩尔热容

1. 摩尔定容热容

在没有相变、没有反应和没有非体积功的恒容条件下，单位物质的量的物质升高单位热力学温度时所需吸收的热，称为摩尔定容热容，用符号“$C_{V,m}$”表示，其定义式为

$$C_{V,\mathrm{m}}=\frac{\delta Q_V}{n\mathrm{d}T} \tag{2-7a}$$

因为 $\delta Q_V=\mathrm{d}U=n\mathrm{d}U_\mathrm{m}$，代入式(2-7a) 得

$$C_{V,\mathrm{m}}=\left(\frac{\partial U_\mathrm{m}}{\partial T}\right)_V \tag{2-7b}$$

式中　$C_{V,\mathrm{m}}$——摩尔定容热容，J/(mol·K)；

Q_V——恒容热，J；

n——物质的量，mol；

T——热力学温度，K；

U_m——摩尔热力学能，J/mol。

摩尔定容热容是计算物料恒容变温过程热的基础热数据。

由 $C_{V,\mathrm{m}}$的定义式可得，在没有相变化、没有化学变化和没有非体积功的恒容条件下，物质的量为 n 的系统温度发生微小变化时，得

$$\delta Q_V=\mathrm{d}U=nC_{V,\mathrm{m}}\mathrm{d}T \tag{2-8a}$$

当系统的温度由 T_1 变至 T_2 时，积分式(2-9a) 得

$$Q_V=\Delta U=\int_{T_1}^{T_2}nC_{V,\mathrm{m}}\mathrm{d}T \tag{2-8b}$$

上式可用于没有相变、没有反应和没有非体积功的封闭系统恒容变温过程 Q_V 和 ΔU 的计算。若 $C_{V,\mathrm{m}}$可视为常数，则上式可简化为

$$Q_V=\Delta U=nC_{V,\mathrm{m}}\Delta T \tag{2-8c}$$

2. 摩尔定压热容

在没有相变、没有反应和没有非体积功的恒压条件下，单位物质的量的物质升高单位热力学温度时所需吸收的热，称为摩尔定压热容，用符号“$C_{p,\mathrm{m}}$”表示，其定义式为

$$C_{p,\mathrm{m}}=\frac{\delta Q_p}{n\mathrm{d}T} \tag{2-9a}$$

因为 $\delta Q_p=\mathrm{d}H=n\mathrm{d}H_\mathrm{m}$，代入式(2-9a) 得

$$C_{p,\mathrm{m}}=\left(\frac{\partial H_\mathrm{m}}{\partial T}\right)_p \tag{2-9b}$$

式中　$C_{p,\mathrm{m}}$——摩尔定压热容，J/(mol·K)；

Q_p——恒压热，J；

H_m——摩尔焓，J/mol。

摩尔定压热容是计算物料恒压变温过程热的基础热数据。

由 $C_{p,\mathrm{m}}$的定义式可得，在没有相变化、没有化学变化和没有非体积功的恒压条件下，物质的量为 n 的系统温度发生微小变化时，得

$$\delta Q_p=\mathrm{d}H=nC_{p,\mathrm{m}}\mathrm{d}T \tag{2-10a}$$

当系统的温度由 T_1 变至 T_2 时，积分上式得

$$Q_p=\Delta H=\int_{T_1}^{T_2}nC_{p,\mathrm{m}}\mathrm{d}T \tag{2-10b}$$

上式可用于没有相变、没有反应和没有非体积功的封闭系统恒压变温过程 Q_p 和 ΔH 的计算。若 $C_{p,\mathrm{m}}$可视为常数，则上式可简化为

$$Q_p=\Delta H=nC_{p,\mathrm{m}}\Delta T \tag{2-10c}$$

3. $C_{p,m}$和$C_{V,m}$的关系

(1) 理想气体$C_{p,m}$和$C_{V,m}$的关系

$$C_{p,m}=C_{V,m}+R \tag{2-11}$$

式中 R——摩尔气体常数，$R=8.314\text{J}/(\text{mol}\cdot\text{K})$。

统计热力学可以证明，在通常温度下，若温度变化不很大，理想气体的$C_{p,m}$和$C_{V,m}$可视为常数。单原子分子理想气体，$C_{V,m}=1.5R$，$C_{p,m}=2.5R$；双原子分子理想气体，$C_{V,m}=2.5R$，$C_{p,m}=3.5R$。

上式可近似用于低压下的实际气体。

(2) 液、固体$C_{p,m}$和$C_{V,m}$的关系

$$C_{p,m}\approx C_{V,m} \tag{2-12}$$

对中、高压气体，$C_{p,m}$和$C_{V,m}$的关系复杂。

$C_{p,m}$和$C_{V,m}$都为正值，而且$C_{p,m}$要比$C_{V,m}$大一些。$C_{p,m}>C_{V,m}$的原因有两个：一是恒压加热时体积膨胀，分子间距变大，吸收的热量有一部分需用来增加分子间的势能，所以其热力学能的增加比在恒容加热时热力学能的增加要多；二是恒压加热时系统吸收的一部分热用于体积膨胀反抗外压做功。

4. $C_{p,m}$与温度的关系

真实气体、液体和固体的$C_{p,m}$随温度升高而增大。我们可从物化手册和本教材附录中查到各种物质的$C_{p,m}$与温度的经验关系式。常用的$C_{p,m}$与温度的经验关系式有下列两种形式：

$$C_{p,m}=a+bT+cT^2 \tag{2-13a}$$

或

$$C_{p,m}=a+bT+c'/T^2 \tag{2-13b}$$

式中，a、b、c、c'是经验常数，与物种、物态及适用温度范围有关。

5. 平均摩尔定压热容

在工程计算中，常采用平均摩尔热容计算变温过程热，使计算既简捷又准确。平均摩尔定压热容用符号“$\overline{C}_{p,m}$”表示，其定义式为：

$$\overline{C}_{p,m}=\frac{\int_{T_1}^{T_2}C_{p,m}\text{d}T}{T_2-T_1} \tag{2-14}$$

上式表明，$\overline{C}_{p,m}$与涉及温度的起止范围有关，例如常压下CO气体在273～373K范围内的$\overline{C}_{p,m}$为29.5J/(K·mol)，而在273～1273K范围内的$\overline{C}_{p,m}$为31.6J/(mol·K)。实际计算中，若温差不大或要求计算精度不高时，可用下式近似计算$\overline{C}_{p,m}$。

$$\overline{C}_{p,m}\approx\frac{1}{2}[C_{p,m}(T_1)+C_{p,m}(T_2)]$$

或

$$\overline{C}_{p,m}\approx C_{p,m}\left(\frac{T_1+T_2}{2}\right)$$

平均定压摩尔热容的数值可以从化工手册中查到。计算时，应尽量选用适用温度范围接近所要计算的实际变温范围的平均定压摩尔热容，以提高计算的准确度。

6. 混合物的摩尔定压热容

在实际过程中，处于变温过程的系统经常是多组分的混合物，所以在计算中需要混合物的摩尔定压热容数据，混合物的摩尔定压热容的符号用“$C_{p,m}(\text{mix})$”表示。

如果在手册中不能直接查到 $C_{p,m}(mix)$，可以按下面的近似公式计算

$$C_{p,m}(mix)=\sum_B y_B C_{p,m}(B) \tag{2-15}$$

式中　$C_{p,m}(mix)$ ——混合物的摩尔定压热容，J/(mol・K)；

y_B ——混合物中组分 B 的物质的量分数；

$C_{p,m}(B)$ ——混合物中组分 B 的摩尔定压热容，J/(mol・K)。

【例 2-7】 在恒容条件下，使 10mol 空气由 25℃升温至 79℃，求所需要吸收的热量 Q_V 及 ΔU。已知空气的 $C_{V,m}=25.29$J/(mol・K)。

解　这是没有非体积功的恒容升温过程，故

$$Q_V=\Delta U=nC_{V,m}(T_2-T_1)=nC_{V,m}(t_2-t_1)$$
$$=[10\times25.29\times(79-25)]\text{J}=1.366\times10^4\text{J}$$

【例 2-8】 试计算在常压下，2.0mol CO_2 从 300K 升温到 573K 所吸收的热量。CO_2 的摩尔定压热容为

$$C_{p,m}=[26.8+42.7\times10^{-3}(T/\text{K})-14.6\times10^{-6}(T/\text{K})^2]\text{J/(mol}\cdot\text{K)}。$$

解

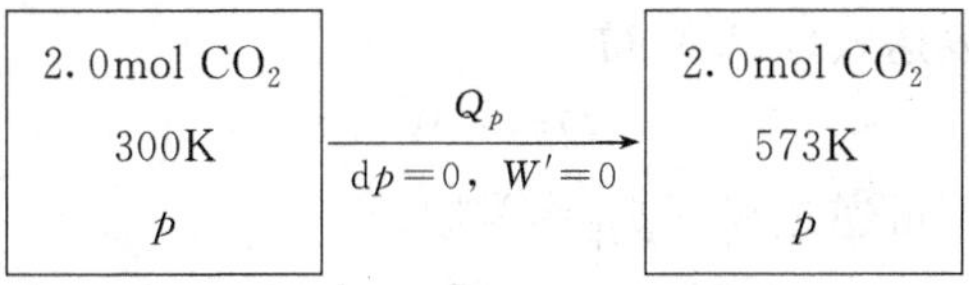

$$Q_p=n\int_{T_1}^{T_2}C_{p,m}\text{d}T=2\int_{300}^{573}[26.8+42.7\times10^{-3}(T/\text{K})-14.6\times10^{-6}(T/\text{K})^2]\text{d}(T/\text{K})\text{J}$$

$$=2\times[26.8\times(573-300)+\frac{1}{2}\times42.7\times10^{-3}\times(573^2-300^2)-$$

$$\frac{1}{3}\times14.6\times10^{-6}\times(573^3-300^3)]\text{J}$$

$$=23241\text{J}=23.2\text{kJ}$$

此升温过程吸收的热量为 23.2kJ。

【例 2-9】 用平均摩尔恒压热容计算 0.1MPa 压力下，1molCO_2 自 200℃加热至 700℃所需的热量。已知 25～200℃的 $\overline{C}_{p,m}=40.59$J/(K・mol)，25～700℃的 $\overline{C}_{p,m}=47.4$J/(K・mol)。

解　自 25℃恒压加热至 200℃所需的热量为

$$\Delta H_1=n\overline{C}_{p,m}(T_2-T_1)=1\times40.59(200-25)\text{J}=7103\text{J}$$

自 25℃恒压加热至 700℃所需的热量为

$$\Delta H_2=n\overline{C}_{p,m}(T_2-T_1)=1\times47.4(200-25)\text{J}=32\times10^3\text{J}$$

由于 ΔH 只决定于始终态，因此，自 200℃恒压加热至 700℃所需的热量为

$$Q_p=\Delta H=\Delta H_2-\Delta H_1=(32\times10^3-7103)\text{J}=24.89\times10^3\text{J}$$

二、理想气体在单纯 *p-V-T* 变化过程中 ΔU 和 ΔH 的计算

理想气体的热力学能和焓仅是温度的函数，与压力和体积无关，根据式(2-8) 和式(2-10) 可得，理想气体封闭系统没有其他功的任何单纯 *p-V-T* 变化过程（如恒容、恒压、恒温及绝热等），均有

$$\text{d}U=nC_{V,m}\text{d}T \tag{2-16a}$$

$$\text{d}H=nC_{p,m}\text{d}T \tag{2-17a}$$

在通常温度下，若温度变化不大，理想气体的$C_{V,m}$和$C_{p,m}$可视为常量，积分上式得

$$\Delta U=nC_{V,m}(T_2-T_1) \tag{2-16b}$$

$$\Delta H=nC_{p,m}(T_2-T_1) \tag{2-17b}$$

而变化过程的W和Q则与变化的途径有关。

1. 恒容过程（V=常数）

$$W=0$$

$$Q_V=\Delta U=nC_{V,m}(T_2-T_1)$$

2. 恒压过程（$p_1=p_2=p=p_{环}$=常数）

$$Q_p=\Delta H=nC_{p,m}(T_2-T_1)$$

$$W=-p(V_2-V_1)$$

将$V_2=nRT_2/p$和$V_1=nRT_1/p$代入上式得

$$W=-nR(T_2-T_1)=-nR\Delta T \tag{2-18}$$

3. 恒温过程（$T_1=T_2=T=T_{环}$=常数）

$$\Delta U=\Delta H=0$$

则由热力学第一定律数学表达式(2-3a)得

$$Q=-W \tag{2-19}$$

对于理想气体恒温恒外压不可逆过程（$p_{环}$=常数）

$$W=-p_{环}(V_2-V_1)$$

上式表明，在理想气体恒温过程中，理想气体所吸收的热全部用于对环境做膨胀功；理想气体若被压缩，所得到功将全部以热的形式传给环境。

【例 2-10】 4.0mol 理想气体从 300.15K 恒压加热到 600.15K，求此过程的Q、W、ΔU、ΔH。已知该理想气体的$C_{p,m}=30\text{J}/(\text{mol}\cdot\text{K})$。

解 这是没有非体积功的恒压升温过程。

$$Q_p=\Delta H=nC_{p,m}(T_2-T_1)$$
$$=4.0\times30\times(600.15-300.15)\text{J}=36000\text{J}$$

$$W=-p(V_2-V_1)=-(nRT_2-nRT_1)=-nR(T_2-T_1)$$
$$=-4.0\times8.314\times(600.15-300.15)\text{J}=-9977\text{J}$$

$$\Delta U=Q_p+W$$
$$=(36000-9977)\text{J}=26023\text{J}$$

或
$$\Delta U=nC_{V,m}(T_2-T_1)=n(C_{p,m}-R)(T_2-T_1)$$
$$=4.0\times(30-8.314)\times(600.15-300.15)\text{J}=26023\text{J}$$

此过程的Q、W、ΔU、ΔH分别为 36kJ、$-$10kJ、26kJ 和 36kJ。

三、纯凝聚态物质在单纯 *p-V-T* 变化过程中 ΔU 和 ΔH 的计算

凝聚态（固态或液态）物质的体积受压力、温度的影响很小，且其热力学能和焓受压力的影响很小，所以对于纯凝聚态物质封闭系统的单纯 p-V-T 变化过程，若压力变化不大，则有

$$\Delta V=0 \quad \Delta(pV)=0$$

所以

$$W\approx0$$

$$Q\approx\Delta U\approx\Delta H\approx\int_{T_1}^{T_2}nC_{p,m}\text{d}T$$

第五节　可逆过程和可逆体积功的计算

一、可逆过程

可逆过程是热力学系统一种极其重要的变化方式，由于在可逆过程中，系统对环境做功的绝对值最大等特征，所以研究可逆过程在理论和实践中都有重要意义。

1. 什么是可逆过程

可逆过程是在无摩擦损失的条件下，系统内部及系统与环境之间在无限接近平衡态时进行的过程。或者说，设系统经过程Ⅰ由始态 A 变到终态 B，同时环境由始态 α 变到终态 β；如果还可以通过另一过程Ⅱ使系统由终态 B 回到始态 A 且环境亦由终态 β 回到始态 α，即系统与环境同时恢复原态而没有留下任何痕迹，则原过程是可逆过程。

上面第一种说法注重过程进行的方式，第二种说法注重过程进行的结果，两种说法是统一的（由可逆过程的特征可以说明）。

现以气体的恒温膨胀为例用第一种说法来说明可逆过程。令气缸内的一定量某气体为系统，气缸、活塞及恒温槽为环境（参看图 2-2）。恒温槽可以看做是一个很大热源（或热的接收器），当系统因发生某种状态变化而放热（或吸热）时，恒温槽与系统之间保持着无限小的温差 dT，不时地从系统吸热（或对系统放热）。这样，既保证热的传递在无限接近平衡态的条件下进行，既可逆进行，又能使内部的温度均匀而且恒定不变。假设气缸和活塞间无摩擦损失，活塞上放一堆细砂代表外压，可以想象把细砂一粒一粒地取下。每取下一粒无限小的细砂，外压就减低一个 dp（$dp>0$），在无限小的压差 dp 推动下，系统以无限缓慢的速率膨胀一个无限小体积 dV（$dV>0$），达到新的平衡状态。在无摩擦损耗的条件下，如此连续无数次进行减压操作，系统是在无限接近平衡态的条件下从始态膨胀到终态。这样一个膨胀过程就是恒温可逆膨胀过程。

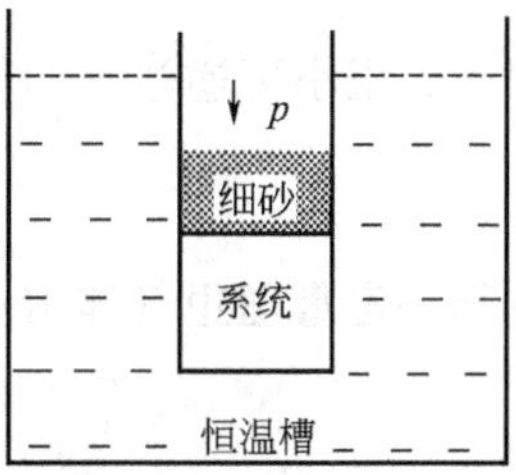

图 2-2　可逆过程示意图

再以水在无限接近平衡态时进行蒸发为例来说明可逆相变过程。若在与活塞间无摩擦的气缸内有温度为 100℃、压力为 101325Pa（由细砂施之）的水和水蒸气平衡，在此条件下保持温度恒定，取走一粒细砂，就导致系统中水恒温蒸发；反之，若在水的汽、液两相平衡时，保持温度恒定，增加一粒细砂，则导致系统中气体恒温凝结。若取走或增加的砂粒无限小，以上两过程在无限接近平衡态的情况下进行，则此两过程分别是恒温可逆蒸发和可逆恒温凝结，都是可逆相变过程。

化学反应在一定的条件下，例如将化学反应设计成原电池，可以设法实现可逆反应。

2. 可逆过程的特征

① 推动力无限小，速度无限缓慢　系统处于平衡态时，无温差、无压差、无浓度差等，即无推动力，状态无变化，无过程发生。可逆过程是在无摩擦损失的条件下，系统内部及系统与环境之间无限接近平衡态的条件下（如 $T_{环}=T\pm dT$，$p_{环}=p\pm dp$）进行的过程，自然推动力无限小，过程无限缓慢进行。

② 在可逆过程中，当系统对外做功时，做最大功；当环境对体系做功时，做最小功。从消耗或获得能量的观点（当然不能从时间的观点）看，它们是效率最高的过程。

③ 系统从始态到终态，再从终态沿原途径回到始态，系统和环境都不留任何痕迹（这

也是“可逆”的含义)。

热力学可逆过程是一种理想过程，是一种科学的抽象，客观世界中没有真正的可逆过程。我们可将某些实际过程近似地看做是可逆过程。例如，无摩擦的、非常缓慢的膨胀或压缩过程；非常缓慢的传热过程；在无限接近相平衡温度、相平衡压力下进行的相变过程，如沸点下的蒸发或冷凝、熔点下的熔化或凝固过程等，近似看做可逆过程。

可逆过程是热力学中一个非常重要的概念。首先，由可逆过程的特征可知，可逆过程是效率最高的过程，若将实际过程与理想的可逆过程进行比较，就可以确定提高实际过程效率的可能性和途径；其次，一些重要的热力学函数（如熵）的变化量，只有通过可逆过程才能计算。

可逆过程中的物理量用下标 r 或 R 表示。

二、可逆体积功的计算

可逆过程中系统的压力与环境的压力相差无限小，即 $p_{环}=p\pm dp$。将此关系带入无限小体积功的计算通式(2-1a)

$$\delta W_R=-p_{环}\,dV=-(p\pm dp)dV$$

二级无限小量相对一级无限小量可以略去，所以无限小可逆体积功为

$$\delta W_R=-p\,dV \tag{2-20a}$$

则非无限小可逆过程的体积功为

$$W_R=-\int_{V_1}^{V_2}p\,dV \tag{2-20b}$$

对于一定量理想气体恒温可逆过程，n 和 T 均为定值，将 $p=nRT/V$ 代入上式积分得

$$W_R=-nRT\ln\frac{V_2}{V_1}=-nRT\ln\frac{p_1}{p_2} \tag{2-21}$$

式中 V_1，V_2——系统的始、终态体积，m^3；

p_1，p_2——系统的始、终态压力，Pa；

R——摩尔气体常数，8.314J/(mol·K)；

T——热力学温度，K。

三、绝热可逆过程

1. 绝热过程基本公式

对于封闭系统绝热过程，因 $Q=0$，则由热力学第一定律数学表达式(2-3a) 得

$$\Delta U=W \tag{2-22}$$

无论绝热过程是否可逆，上式均可成立。对于纯理想气体封闭系统的绝热过程，则由上式得

$$W=\Delta U=nC_{V,m}(T_2-T_1)$$

上式表明，在绝热过程中，系统对外做功（如绝热膨胀），需要消耗系统的热力学能，系统温度必然降低；系统得到功（如绝热压缩），将使系统的热力学能增加，系统温度必然升高。

2. 理想气体的可逆绝热过程方程

方程式

$$\frac{T_2}{T_1}=\left(\frac{V_2}{V_1}\right)^{1-\gamma} \tag{2-23a}$$

$$\frac{T_2}{T_1}=\left(\frac{p_2}{p_1}\right)^{\frac{\gamma-1}{\gamma}} \tag{2-23b}$$

$$p_1V_1^{\gamma}=p_2V_2^{\gamma} \tag{2-23c}$$

式中 T_1，T_2——系统始、终态的温度，K；

V_1，V_2——系统始、终态的体积，m^3；

p_1，p_2——系统始、终态的压力，Pa；

γ——绝热指数或热容商，$\gamma = C_{p,m}/C_{V,m}$。

式(2-23) 的使用条件：理想气体封闭系统、$C_{V,m}=$定值、$\delta Q=0$、可逆、$\delta W'=0$ 的过程。

利用式(2-23)，在理想气体的可逆绝热过程中，若已知 T_1、T_2、p_1、p_2 或 T_1、T_2、V_1、V_2 或 p_1、V_1、p_2、V_2 中任意三个量，就可求第四个量，进而可求得 W、ΔU 和 ΔH。(见后面应用举例)。

式(2-23) 的推导如下：

对于理想气体封闭系统无限小的绝热可逆过程来说，

$$dU = \delta W_R$$

将 $dU = nC_{V,m}dT$ 和 $\delta W_R = -p\,dV = -\frac{nRT}{V}dV$ 代入上式得

$$C_{V,m}\frac{dT}{T} = -R\frac{dV}{V}$$

通常情况下，理想气体的 $C_{V,m}$ 可视为常量，故定积分上式

$$\int_{T_1}^{T_2} C_{V,m}\frac{dT}{T} = -\int_{V_1}^{V_2} R\frac{dV}{V}$$

得

$$C_{V,m}\ln\frac{T_2}{T_1} = -R\ln\frac{V_2}{V_1}$$

将 $C_{p,m} - C_{V,m} = R$ 代入上式得

$$\ln\frac{T_2}{T_1} = \frac{C_{V,m} - C_{p,m}}{C_{V,m}}\ln\frac{V_2}{V_1}$$

令 $\gamma = \frac{C_{p,m}}{C_{V,m}}$，称为绝热指数或热容商，则上式变为

$$\ln\frac{T_2}{T_1} = (1-\gamma)\ln\frac{V_2}{V_1}$$

$$\ln\frac{T_2}{T_1} = \ln\left(\frac{V_2}{V_1}\right)^{1-\gamma}$$

故

$$\frac{T_2}{T_1} = \left(\frac{V_2}{V_1}\right)^{1-\gamma} \tag{2-23a}$$

用 $\frac{T_2}{T_1} = \frac{p_2V_2}{p_1V_1}$ 代入式(2-23a) 得

$$p_1V_1^{\gamma} = p_2V_2^{\gamma} \tag{2-23c}$$

用 $\frac{V_2}{V_1} = \frac{p_1T_2}{p_2T_1}$ 代入式(2-23a) 得

$$\frac{T_2}{T_1} = \left(\frac{p_2}{p_1}\right)^{\frac{\gamma-1}{\gamma}} \tag{2-23b}$$

【例 2-11】 2mol 理想气体由 27℃、100kPa 恒温可逆压缩到 1000kPa，求该过程的 Q，W，ΔU 和 ΔH。

解　理想气体恒温可逆过程有

$$\Delta U = \Delta H = 0$$

$$W = -nRT\ln\frac{p_1}{p_2} = -2\times 8.314\times 300.15\times 10^{-3}\ln\frac{100}{1000}\text{kJ} = 11.49\text{kJ}$$

$$Q=-W=-11.49\text{kJ}$$

【例 2-12】 2mol 单原子分子理想气体从 300K、500kPa 绝热可逆膨胀到 100kPa。求此过程的 Q、W 及系统的 ΔU、ΔH。

解 此绝热可逆过程为

$$\boxed{\begin{array}{c}p_1=500\text{kPa}\\T_1=300\text{K}\\V_1=?\end{array}}\xrightarrow{\text{绝热可逆}}\boxed{\begin{array}{c}p_2=100\text{kPa}\\T_2=?\\V_2=?\end{array}}$$

$$Q=0$$

单原子分子理想气体

$$\gamma=\frac{C_{p,\text{m}}}{C_{V,\text{m}}}=\frac{2.5R}{1.5R}=\frac{5}{3}$$

根据式(2-23b)

$$T_2=T_1\left(\frac{p_1}{p_2}\right)^{\frac{1-\gamma}{\gamma}}=300\times\left(\frac{500}{100}\right)^{-0.4}\text{K}=157\text{K}$$

则

$$W=\Delta U=nV_{V,\text{m}}(T_2-T_1)=2\times1.5\times8.314\times(157-300)\times10^{-3}\text{kJ}=-3.57\text{kJ}$$

$$\Delta H=nC_{p,\text{m}}(T_2-T_1)=2\times2.5\times8.314\times(157-300)\times10^{-3}\text{kJ}=-5.94\text{kJ}$$

【例 2-13】 若上题中始态气体反抗恒定外压 100kPa 绝热不可逆膨胀到 100kPa。求此过程的 Q、W 及系统的 ΔU、ΔH。

解 此绝热恒外压不可逆过程为

$$\boxed{\begin{array}{c}p_1=500\text{kPa}\\T_1=300\text{K}\\V_1=?\end{array}}\xrightarrow[p_{\text{环}}=100\text{kPa}]{\text{绝热不可逆}}\boxed{\begin{array}{c}p_2=100\text{kPa}\\T'_2=?\\V_2=?\end{array}}$$

$$Q=0$$

因为是绝热恒外压不可逆过程，不能用绝热可逆过程方程。为了求 T'_2，需用下式

$$\Delta U=W$$

即

$$nC_{V,\text{m}}(T'_2-T_1)=-p_{\text{环}}(V_2-V_1)$$

将 $p_{\text{环}}=p_2$、$C_{V,\text{m}}=1.5R$、$V_1=\dfrac{nRT_1}{p_1}$和 $V_2=\dfrac{nRT'_2}{p_2}$代入上式得

$$1.5nR(T'_2-T_1)=-p_2\left(\frac{nRT'_2}{p_2}-\frac{nRT_1}{p_1}\right)$$

化简得

$$1.5\times(T'_2-T_1)=-T'_2+T_1\frac{p_2}{p_1}$$

代入已知数据

$$1.5\times(T'_2-300)=-T'_2+300\times\frac{100}{500}$$

解得

$$T'_2=204\text{K}$$

$$W=\Delta U=nV_{V,\text{m}}(T'_2-T_1)=2\times1.5\times8.314\times(204-300)\times10^{-3}\text{kJ}=-2.39\text{kJ}$$

$$\Delta H = nC_{p,m}(T'_2 - T_1) = 2\times2.5\times8.314\times(204-300)\times10^{-3}\text{kJ} = -3.99\text{kJ}$$

比较以上两题的结果可以看出：从同一始态出发，经过绝热可逆过程与经过绝热不可逆过程，不能达到相同的终态。当两个终态的压力相同时，由于绝热不可逆膨胀过程中系统做的功小于绝热可逆膨胀过程中系统做的功，所以绝热不可逆膨胀过程的终态温度 T'_2 高于绝热可逆膨胀过程的终态温度 T_2。

【例 2-14】 卡诺热机是理想化的热机。卡诺热机的条件：① 气缸内的活塞自身无质量，与气缸壁之间无摩擦；②工作介质为 1mol 理想气体，其摩尔定容热容 $C_{V,m}$ 为定值；③高温热源的温度 T_1 和低温热源的温度 T_2 都恒定。卡诺热机通过卡诺循环（如图 2-3 所示）实现从高温热源吸热做功。求（1）系统经一次卡诺循环的总功、总热的表达式（用 V_1、V_2 表示）；（2）卡诺热机效率的表达式（用 T_1、T_2 表示）。

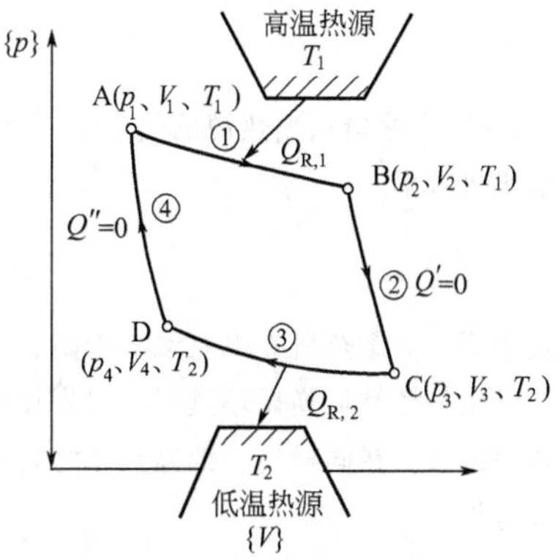

图 2-3 卡诺循环示意图

解 (1) 卡诺循环由四步可逆过程组成（如图 2-3 所示）：

过程①——恒温可逆膨胀（A→B）

将气缸与温度为 T_1 的高温热源接触，理想气体从状态 A(p_1,V_1,T_1) 恒温可逆膨胀到状态 B(p_2,V_2,T_1)，此过程 $\Delta U_{①}=0$，从高温热源吸热 Q_1 全部用于对外做功 $W_{①}$。故有

$$W_{①} = -RT_1\ln\frac{V_2}{V_1}$$

$$Q_1 = -W_{①} = RT_1\ln\frac{V_2}{V_1} \qquad \text{(a)}$$

过程②——绝热可逆膨胀（B→C）

将气缸放在绝热箱中，让理想气体从状态 B(p_2,V_2,T_1) 绝热可逆膨胀到状态 C(p_3,V_3,T_2)，因对外做功消耗热力学能，故温度由 T_1 降到 T_2（低温热源的温度）所做功 $W_{②}$ 等于热力学能降低值 $\Delta U_{②}$，即

$$Q'=0$$

$$W_{②} = \Delta U_{②} = C_{V,m}(T_2 - T_1)$$

过程③——恒温可逆压缩（C→D）

将气缸与温度为 T_2 低温热源接触，理想气体从状态 C(p_3,V_3,T_2) 等温可逆压缩到状态 D(p_4,V_4,T_2)，得到功 $W_{③}$，并向低温热源放热 Q_2。因此过程的 $\Delta U_{③}=0$，故有

$$W_{③} = -RT_2\ln\frac{V_4}{V_3}$$

$$Q_2 = -W_{③} = RT_2\ln\frac{V_4}{V_3}$$

过程④——绝热可逆压缩（D→A）

将气缸放在绝热箱中，使理想气体从状态 D(p_4,V_4,T_2) 绝热可逆压缩升温回到状态 A(p_1,V_1,T_1)，环境做功 $W_{④}$ 使热力学能增加 $\Delta U_{④}$，即

$$Q''=0$$

$$W_{④} = \Delta U_{④} = C_{V,m}(T_1 - T_2)$$

完成一次卡诺循环，理想气体所做的总功等于四步可逆过程功的和，即

$$\begin{aligned} W_{总} &= W_{①} + W_{②} + W_{③} + W_{④} \\ &= -RT_1\ln\frac{V_2}{V_1} + C_{V,m}(T_2 - T_1) - RT_2\ln\frac{V_4}{V_3} + C_{V,m}(T_1 - T_2) \\ &= -RT_1\ln\frac{V_2}{V_1} - RT_2\ln\frac{V_4}{V_3} \qquad \text{(b)} \end{aligned}$$

因为过程②、④都是绝热可逆过程，有

$$\frac{T_2}{T_1} = \left(\frac{V_3}{V_2}\right)^{1-\gamma} \qquad \frac{T_2}{T_1} = \left(\frac{V_4}{V_1}\right)^{1-\gamma}$$

由以上二式得
$$\frac{V_2}{V_1}=\frac{V_3}{V_4}$$
将上式代入(b)，得
$$W_{总}=-R(T_1-T_2)\ln\frac{V_2}{V_1} \tag{c}$$

完成一次卡诺循环后，理想气体又回到了始态 A，$\Delta U=0$，故理想气体所做的总功$-W_{总}$（功的绝对值）应等于总的热量$Q_{总}$，即
$$-W_{总}=Q_{总}=Q_1+Q_2$$

(2) 热机在一次循环过程中所做的总功$-W_{总}$与它从高温热源所吸热Q_1之比称为热机效率η，即
$$\eta=\frac{-W_{总}}{Q_1}=\frac{Q_1+Q_2}{Q_1}$$
式中，Q_2为放给低温热源的热，$Q_2<0$。由上式可知，热机效率$\eta<1$。将式(a) 和式 (c) 代入上式，得卡诺热机效率
$$\eta=\frac{-W_{总}}{Q_1}=\frac{Q_1+Q_2}{Q_1}=\frac{T_1-T_2}{T_1} \tag{d}$$
上式表明，卡诺热机效率只取决于高、低温热源的温度。两热源温差越大，热机效率越高。

卡诺循环是可逆循环过程。因为在可逆过程中系统对环境做最大功，故卡诺热机（即可逆热机）的热机效率最大。在同样高、低温热源之间工作的一切不可逆热机的热机效率均小于卡诺热机的热机效率。由上式可得
$$\frac{Q_1}{T_1}+\frac{Q_2}{T_2}=0$$
上式表明，卡诺循环（即可逆循环过程）的热温商之和等于零。

第六节　相变热的计算

在化工过程中，系统在升温或降温过程中经常伴有相态的变化。例如，来自锅炉的水蒸气用于加热物料时，水蒸气自身降温并且可能冷凝成液体水；有些物料常温时为液态，但需要在高温下进行化学反应，所以在反应前要将物料加热成气态。这些过程都伴有相态的变化(简称相变)。化工技术人员应该掌握相变热的计算方法。

一、相和相变

相是系统中物理性质和化学性质完全相同的均匀部分。

例如在 273K、101.325kPa 下，某系统中水与冰平衡共存，虽然水和冰化学组成相同，但物理性质（如密度、$C_{p,\mathrm{m}}$）不同，水和冰各自为性质完全相同的均匀部分，所以水是一个相，即液相；冰是另一个相，即固相。

物质从一个相变成另一个相的过程称为相变化，简称相变。

纯物质的相变有以下四种类型：

$$固相 \underset{凝固\ (sol)}{\overset{熔化\ (fus)}{\rightleftharpoons}} 液相 \qquad 液相 \underset{冷凝\ (con)}{\overset{蒸发\ (vap)}{\rightleftharpoons}} 气相$$

$$固相 \underset{凝华\ (sgt)}{\overset{升华\ (sub)}{\rightleftharpoons}} 气相 \qquad 固相(\mathrm{I}) \underset{晶型转变\ (trs)}{\overset{晶型转变\ (trs)}{\rightleftharpoons}} 固相(\mathrm{II})$$

在相平衡温度、相平衡压力下进行的相变为可逆相变，否则为不可逆相变。例如，在 373K、101.325kPa 下水和水蒸气之间的相变，在 273K、101.325kPa 下水和冰之间的相变，均为可逆相变；而在 373K 下水向真空中蒸发，在 101.325kPa 下 263K 的过冷水结冰均为不

可逆相变。

二、摩尔相变焓和相变热

在恒温下，单位物质的量的物质由 α 相变为 β 相时对应的焓变，称为摩尔相变焓，用符号“$\Delta_\alpha^\beta H_m$”表示，其单位为 J/mol 或 kJ/mol。

$\Delta_\alpha^\beta H_m$ 中，下标 α 表示相变的始态，上标 β 表示相变的终态。物质蒸发、熔化、升华等过程的摩尔相变焓分别用 $\Delta_l^g H_m$、$\Delta_s^l H_m$、$\Delta_s^g H_m$ 等表示，也可以用符号 $\Delta_{vap} H_m$、$\Delta_{fus} H_m$、$\Delta_{sub} H_m$ 等表示，其下标指明具体相变过程。

因为焓是状态函数，所以在相同的温度和压力下，同一物质的摩尔相变焓有如下关系式：

$$\Delta_l^g H_m = -\Delta_g^l H_m \qquad \Delta_s^l H_m = -\Delta_l^s H_m$$

$$\Delta_s^g H_m = -\Delta_g^s H_m$$

固体的升华过程可看作是熔化和蒸发两过程的加和，故有

$$\Delta_s^g H_m = \Delta_s^l H_m + \Delta_l^g H_m$$

在恒温下，物质由 α 相变为 β 相时吸收或放出的热，称为相变热。

相变通常在恒温恒压且没有非体积功的条件下进行，此时相变热等于相变过程的焓变（简称相变焓），即

$$Q_p = \Delta_\alpha^\beta H = n\Delta_\alpha^\beta H_m \tag{2-24}$$

由于物质的焓与温度和压力有关，所以摩尔相变焓与温度和压力有关。但压力对于固体、液体和气体的焓的影响都很小，若压力变化不大可以忽略压力的影响，所以摩尔相变焓主要受温度影响。摩尔汽化焓随着温度升高而降低，当到达临界温度时，由于气液差别消失，摩尔汽化焓降至零。

摩尔相变焓是基础热数据。我们可从化学、化工手册上查到各种物质在正常熔点时的摩尔熔化焓和在正常沸点时的摩尔汽化焓，若能忽略压力影响，则可利用基尔霍夫公式的定积分式(2-35) 求得其他温度下的摩尔相变焓（见本章第八节）。

三、相变过程 Q、W、ΔU 和 ΔH 的计算

1. 可逆相变

可逆相变（α→β）是恒温恒压且没有其他功的可逆过程，所以

$$Q_p = \Delta_\alpha^\beta H = n\Delta_\alpha^\beta H_m$$

$$W = -p\Delta V = -p(V_\beta - V_\alpha)$$

$$\Delta_\alpha^\beta U = Q_p + W$$

或

$$\Delta_\alpha^\beta U = \Delta_\alpha^\beta H - p\Delta V = \Delta_\alpha^\beta H - p(V_\beta - V_\alpha)$$

对于凝聚相之间的相变，由于相变过程的体积变化很小，即 $\Delta V \approx 0$，则有

$$W \approx 0$$

$$\Delta_\alpha^\beta U \approx \Delta_\alpha^\beta H$$

对于气液或气固之间的相变，若 β 为气相，α 为液相或固相，通常 $V_\beta \gg V_\alpha$，则有

$$W \approx -pV_g$$

若气相可视为理想气体，则有

$$W \approx -pV_g \approx -nRT$$

2. 不可逆相变

在实际工作或化工生产过程中遇到的不可逆相变，大多在恒温恒压或恒温恒外压下进

行。这类不可逆相变的功可直接用式(2-1c)或式(2-1d)计算。

不可逆相变的热力学能变和焓变的计算，通常需要设计可逆途径。在所设计的途径中应含有已知的可逆相变和单纯的 pVT 变化，而不再含有不可逆相变。W、ΔU 和 ΔH 求出之后，就可利用热力学第一定律或恒压热与焓变的关系求得相变热。

【例 2-15】 在0℃和101.325kPa下，2mol冰完全熔化成水。求该过程的Q、W及ΔU、ΔH。已知水的$\Delta_{\text{fus}}H_{\text{m}}$（0℃）=6.02kJ/mol。

解 这是恒温恒压且没有非体积功的可逆相变，故

$$Q_p=\Delta H=n\Delta_{\text{s}}^{\text{l}}H_{\text{m}}=2\times 6.02\text{kJ}=12.04\text{kJ}$$

由于

$$\Delta V=V_{\text{l}}-V_{\text{s}}\approx 0$$

所以

$$W=-p\Delta V\approx 0$$

$$\Delta U=Q_p+W\approx Q_p=12.04\text{kJ}$$

【例 2-16】 在100℃和101.325kPa下，2mol水完全蒸发成水蒸气。求该过程的Q、W及ΔU、ΔH。已知水的$\Delta_{\text{vap}}H_{\text{m}}$（100℃）=40.64kJ/mol，设水蒸气为理想气体，水的体积可忽略。

解 这是恒温恒压且没有非体积功的可逆相变，故

$$Q_p=\Delta H=n\Delta_{\text{l}}^{\text{g}}H_{\text{m}}=2\times 40.64\text{kJ}=81.28\text{kJ}$$

$$W=-p(V_{\text{g}}-V_{\text{l}})\approx -pV_{\text{g}}=-nRT=-2\times 8.314\times 373.15\times 10^{-3}\text{kJ}=-6.2\text{kJ}$$

$$\Delta U=Q_p+W=[81.28+(-6.2)]\text{kJ}=75.08\text{kJ}$$

【例 2-17】 在101.325kPa恒定压力下，逐渐加热2mol、0℃的冰，使之成为100℃的水蒸气。求该过程的Q、W及ΔU、ΔH。已知水的$\Delta_{\text{fus}}H_{\text{m}}$（0℃）=6.02kJ/mol，$\Delta_{\text{vap}}H_{\text{m}}$（100℃）=40.64kJ/mol，液态水的定压摩尔热容$C_{p,\text{m}}$=75.3J/(K·mol)。设水蒸气为理想气体，冰和水的体积可忽略。

解 因为此过程涉及熔化、蒸发和升温，故可认为此过程分三步进行（如下框图所示）。

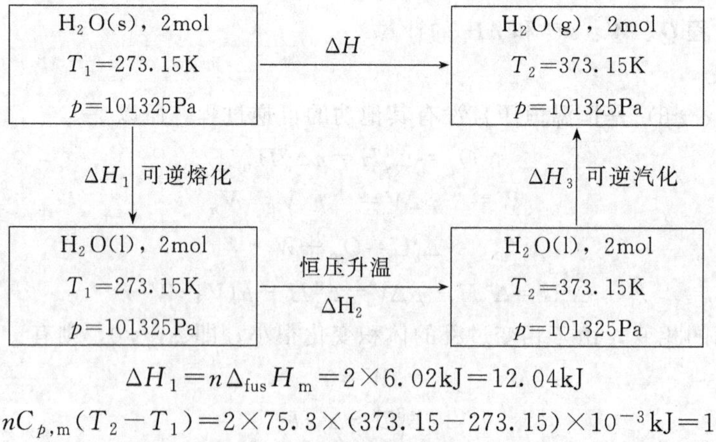

$$\Delta H_1=n\Delta_{\text{fus}}H_{\text{m}}=2\times 6.02\text{kJ}=12.04\text{kJ}$$

$$\Delta H_2=nC_{p,\text{m}}(T_2-T_1)=2\times 75.3\times(373.15-273.15)\times 10^{-3}\text{kJ}=15.06\text{kJ}$$

$$\Delta H_3=n\Delta_{\text{vap}}H_{\text{m}}=2\times 40.64\text{kJ}=81.28\text{kJ}$$

$$\Delta H=\Delta H_1+\Delta H_2+\Delta H_3=(12.04+15.06+81.28)\text{kJ}=108.38\text{kJ}$$

由于整个过程是一个没有非体积功的恒压过程，所以

$$Q_p=\Delta H=108.38\text{kJ}$$

$$W=-p(V_{\text{g}}-V_{\text{s}})\approx -pV_{\text{g}}\approx -nRT_2=-2\times 8.314\times 373.15\times 10^{-3}\text{kJ}=-6.2\text{kJ}$$

$$\Delta U=Q_p+W=(108.38-6.2)\text{kJ}=102.18\text{kJ}$$

第七节　化学反应热

化学品的生产过程中，经过预处理的原料在反应器中进行化学反应是整个生产过程的核心，化学反应常伴有吸热或放热，化工技术人员掌握化学反应过程热的计算技能十分必要。要进行化学反应热的计算，必须先从化学反应进度、物质的标准状态、标准摩尔反应焓等基本概念入手。

一、化学计量数与反应进度

1. 化学计量数

一个化学反应一般可写为：

$$a\ \mathrm{A}(\alpha) + b\ \mathrm{B}(\beta) \longrightarrow m\ \mathrm{M}(\gamma) + l\ \mathrm{L}(\delta)$$

按照热力学表述状态函数变化量的习惯，用（终态－始态）的方式，上述化学计量方程式可改写成：

$$0 = m\ \mathrm{M}(\gamma) + l\ \mathrm{L}(\delta) - a\ \mathrm{A}(\alpha) - b\ \mathrm{B}(\beta)$$

上式可简写成：

$$0 = \sum_{\mathrm{B}} \nu_{\mathrm{B}} \mathrm{B}(\beta)$$

式中 B 表示参加反应的任一物质；α、β、γ、δ 分别表示反应组分 A、B、M、L 的相态；ν_{B} 为 B 的化学计量数，是量纲为一的量，单位为 1。因为 $\nu_{\mathrm{A}}=-a$，$\nu_{\mathrm{B}}=-b$，$\nu_{\mathrm{M}}=m$，$\nu_{\mathrm{L}}=l$，可知反应物的化学计量数为负，产物的化学计量数为正。这和反应过程中反应物减少、产物增多是一致的。

2. 反应进度

碳燃烧放热，参与燃烧的碳的质量越大，放热越多。显然，对于指定反应来说，反应热的大小与发生了多少反应（即反应进行程度）有关。为了从数量上统一表达反应进行的程度，需要引入一个重要的物理量——反应进度。对于任意反应

$$0 = \sum_{\mathrm{B}} \nu_{\mathrm{B}} \mathrm{B}$$

$$t=0, \xi=0 \qquad\qquad n_{\mathrm{B}}(0)$$

$$t=t, \xi=\xi \qquad\qquad n_{\mathrm{B}}(t)$$

反应进度 ξ 的定义为：

$$\xi = \frac{n_{\mathrm{B}}(t) - n_{\mathrm{B}}(0)}{\nu_{\mathrm{B}}} = \frac{\Delta n_{\mathrm{B}}}{\nu_{\mathrm{B}}} \tag{2-25a}$$

式中　$n_{\mathrm{B}}(0)$——反应开始时刻（$t=0$）反应组分 B 的物质的量，mol；

$n_{\mathrm{B}}(t)$——反应进行到 t 时刻反应组分 B 的物质的量，mol；

Δn_{B}——反应组分 B 的物质的量的变化量，mol；

ν_{B}——反应组分 B 的化学计量数，单位为 1。

由上式可知，由于产物的 Δn_{B}和 ν_{B} 均为正值，而反应物的 Δn_{B}和 ν_{B} 均为负值，故反应进度 ξ 总是正值。ξ 的单位为 mol。反应开始前，$\Delta n_{\mathrm{B}}=0$，$\xi=0$；随着反应进行，Δn_{B} 的绝对值不断增大，ξ 也逐渐增大，所以反应进度 ξ 是表示反应进行程度的量度。若反应进行到 t_1 时刻时的反应进度为 ξ_1，反应进行到 t_2 时刻时的反应进度为 ξ_2，则由上式得

$$n_B(t_2)-n_B(t_1)=\nu_B(\xi_2-\xi_1)$$

即

$$\Delta\xi=\frac{\Delta n_B}{\nu_B} \tag{2-25b}$$

对于反应进度的微小变化，则上式变为

$$d\xi=\frac{dn_B}{\nu_B} \tag{2-25c}$$

式(2-25b) 和式(2-25c) 可看作是 ξ 定义的更广义的表述形式。当 $\xi_1=0$ 时，式(2-25b) 变为式(2-25a)。

由式(2-25a) 和式(2-25b) 可知，当反应进行到 $\Delta n_B=\nu_B$ mol 时，ξ（或 $\Delta\xi$）等于 1mol，即为化学反应进行了 1mol 反应进度。

在同一时刻，同一反应中任一物质的 $\Delta n_B/\nu_B$ 的数值都相同，所以 ξ 的数值与选用何种物质的物质的量的变化来进行计算无关。

由于化学计量数 ν_B 与反应计量方程式的写法有关，因此 ξ 的数值还与反应计量方程式的写法有关。例如在甲醇合成反应中，消耗了 0.5molCO，即 $\Delta n(CO)=-0.5$mol。若反应计量方程式写成 $CO+2H_2 \longrightarrow CH_3OH$，则

$$\Delta\xi=\frac{\Delta n(CO)}{\nu(CO)}=\frac{-0.5}{-1}=0.5\ (\text{mol})$$

若化学计量方程式写成 $\frac{1}{2}CO+H_2 \longrightarrow \frac{1}{2}CH_3OH$，则

$$\Delta\xi=\frac{\Delta n(CO)}{\nu(CO)}=\frac{-0.5}{-0.5}=1\ (\text{mol})$$

所以，应用反应进度 ξ 时，必须指明反应计量方程式。

二、摩尔反应焓和摩尔反应热力学能

1. 摩尔反应焓与恒压反应热

摩尔反应焓用符号 $\Delta_r H_m$ 表示，下标“r”表示化学反应，下标“m”表示反应进行了单位摩尔的反应进度。$\Delta_r H_m$ 的单位为 J/mol 或 kJ/mol。如果恒温反应进行 $\Delta\xi$mol 反应进度时的焓变为 $\Delta_r H$，则

$$\Delta_r H_m=\frac{\Delta_r H}{\Delta\xi}$$

根据式(2-6a) 可知，恒压反应热等于化学反应的焓

$$Q_p=\Delta_r H=\Delta\xi\Delta_r H_m \tag{2-26}$$

2. 摩尔反应热力学能与恒容反应热

摩尔反应热力学能用符号 $\Delta_r U_m$ 表示。$\Delta_r U_m$ 的单位为 J/mol 或 kJ/mol。如果恒温反应进行 $\Delta\xi$mol 反应进度时的热力学能变化量为 $\Delta_r U$，则

$$\Delta_r U_m=\frac{\Delta_r U}{\Delta\xi}$$

在恒温恒容且不做非体积功的条件下，化学反应吸收或放出的热量，称为反应的恒容热，也称为恒容反应热，用符号 Q_V 表示。根据式(2-4a) 可知，恒容反应热等于化学反应的热力学能变化量，即

$$Q_V=\Delta_r U=\Delta\xi\Delta_r U_m \tag{2-27}$$

使用 $\Delta_r H_m$ 和 $\Delta_r U_m$ 时应指明化学反应计量方程式。

3. 恒压反应热与恒容反应热的关系

可以导出，若参与反应的气态物质可视为理想气体，则同温下同一个化学反应的恒压摩尔反应热 $Q_{p,m}$ 与恒容摩尔反应热 $Q_{V,m}$ 的关系服从下式：

$$Q_{p,m}=Q_{V,m}+RT\sum_{B}\nu(B,g) \tag{2-28}$$

式中　$\nu(B,g)$——化学计量方程式中气态物质B的化学计量数，单位为1；

$\sum_{B}\nu(B,g)$——化学计量方程式中气态物质的化学计量数的代数和。

用弹式量热计可测得恒容反应热，然而实际工作中化学反应大多是在恒压下进行，故人们需要恒压反应热数据。利用上式，可由恒容反应热计算恒压反应热。

因为 $Q_{p,m}=\Delta_r H_m$，$Q_{V,m}=\Delta_r U_m$，代入上式得

$$\Delta_r H_m=\Delta_r U_m+RT\sum_{B}\nu(B,g) \tag{2-29}$$

上式描述了同温下同一个化学反应的摩尔反应焓与摩尔反应热力学能的关系。

【例 2-18】 由实验测得下述反应

$$C_7H_{16}(l)+11O_2(g)\longrightarrow 7CO_2(g)+8H_2O(l)$$

在298.15K时的 $Q_{V,m}=-4804\text{kJ/mol}$，求该反应的 $Q_{p,m}$。

解　此反应的 $\sum_{B}\nu(B,g)=7-11=-4$

$$\begin{aligned}Q_{p,m}&=Q_{V,m}+\sum_{B}\nu(B,g)RT\\&=[-4804+(-4)\times 8.314\times 298.15\times 10^{-3}]\text{kJ/mol}\\&=-4814\text{kJ/mol}\end{aligned}$$

计算结果表明，恒压反应热与恒容反应热相差不大。本题中，恒压反应放出的热略大于恒容反应放出的热。这是因为反应中气体物质的量减少，因此恒温恒压反应时系统体积减少，环境对系统作功，这部分功以热的形式传给环境。

三、标准态与标准摩尔反应焓

1. 物质的标准态

许多热力学量如 U、H 等的绝对值目前无法测定，只能测得由于温度、压力和组成等发生变化时这些热力学量的改变值，即只能测得相对值。为了使同一物质在不同的化学反应中能够有一个公共的参考状态，热力学规定了物质的标准状态，简称标准态，以便作为建立基础数据的严格基准。热力学对物质的标准态作如下规定：

气体的标准态——在温度 T、标准压力 $p^{\ominus}=10^5\text{Pa}$ 下，表现出纯理想气体性质的状态，这是一种假想态；

液、固体的标准态——在温度 T、标准压力 $p^{\ominus}=10^5\text{Pa}$ 下的纯液、固体状态。

有关溶液及液态混合物中各组分标准态的规定，将在第四章中介绍。

热力学中物理量的上标"$\ominus$"表示标准态。如β相物质B处于温度 T 的标准态时的摩尔焓应表示为 $H_m^{\ominus}(B,\beta,T)$。

物质的热力学标准态的温度 T 是任意的，未作具体规定。查表所得的热力学标准态的有关数据大多是在25℃时的数据。

2. 标准摩尔反应焓

化学反应中的各组分都处于温度 T 的标准状态下的摩尔反应焓，称为标准摩尔焓变，

用符号“$\Delta_r H_m^{\ominus}(T)$”表示。对于任意反应

$$aA + bB \longrightarrow mM + lL$$

其标准反应摩尔焓为

$$\Delta_r H_m^{\ominus}(T) = mH_m^{\ominus}(M,T) + lH_m^{\ominus}(L,T) - aH_m^{\ominus}(A,T) - bH_m^{\ominus}(B,T)$$

上式可简写成

$$\Delta_r H_m^{\ominus}(T) = \sum_B \nu_B H_m^{\ominus}(B,T) \qquad (2\text{-}30)$$

式中　$H_m^{\ominus}(B,T)$——温度 T 时反应组分 B 的标准摩尔焓，单位为 kJ/mol；

ν_B——反应组分 B 的化学计量数，单位为 1。

由于反应组分 B 的标准摩尔焓 $H_m^{\ominus}(B,T)$ 由温度 T 确定，所以任意反应计量方程式的标准摩尔反应焓只是温度的函数。

应当指出，某温度下各物质处于标准态下反应的标准摩尔反应焓 $\Delta_r H_m^{\ominus}(T)$ 与所有反应物处于标准压力混合状态下反应（即实际反应）的摩尔反应焓 $\Delta_r H_m(T)$ 之间是有差别的，两者之间相差一个混合焓及压力对各物质摩尔焓的影响。在常压下，若化学反应中液相和固相为纯物质，气体可视为理想气体，则可以认为 $\Delta_r H_m(T)$ 近似等于 $\Delta_r H_m^{\ominus}(T)$。

四、热化学方程式

表示反应条件与反应热关系的化学反应计量方程式，称为热化学方程式。热化学方程式的写法规定如下。

(1) 写化学反应计量方程式时，要注明各物质的物态，一般用 g、l、s 分别表示气体、液体和固体。如未注明物态，则表示该物质的物态是反应条件下最稳定的物态。例如：

$CH_4(g) + 2O_2(g) \longrightarrow CO_2(g) + 2H_2O(l)$；　$\Delta_r H_m^{\ominus}(298.15K) = -890.3kJ/mol$

$C(石墨) + O_2(g) \longrightarrow CO_2(g)$；　$\Delta_r H_m^{\ominus}(298.15K) = -393.5kJ/mol$

如果是溶液中溶质参加反应，应注明浓度及溶剂。用“aq”表示水溶液，用“∞”表示无限稀释的溶液。例如：

$HCl(aq,\infty) + NaOH(aq,\infty) \longrightarrow NaCl(aq,\infty) + H_2O(aq,\infty)$

$\Delta_r H_m^{\ominus}(298.15K) = -57.32kJ/mol$

式中“aq，∞”表示无限稀释水溶液（即溶液稀释到这样的程度，以至于再加水稀释时不再产生热效应）。

(2) 将 $\Delta_r H_m$ 或 $\Delta_r U_m$ 写在化学计量方程式的右方（如上所示），两者之间可用分号或逗号隔开，也可写在化学反应计量方程式下面。

(3) 应在 $\Delta_r H_m$（或 $\Delta_r U_m$）后用括号注明反应温度。反应压力对反应热的影响很小，一般情况下可不标明反应压力。

除化学反应外，各种物理变化也伴随有焓变，也可用热化学方程式表示。例如：

$I_2(s) \longrightarrow I_2(g)$；　$\Delta_{sub} H_m^{\ominus}(298.15K) = 31.13kJ/mol$

第八节　标准摩尔反应焓的计算

任一化学反应 $0 = \sum_B \nu_B B$ 的标准摩尔反应焓为：

$$\Delta_r H_m^{\ominus}(T) = \sum_B \nu_B H_m^{\ominus}(B,T) \qquad (2\text{-}30)$$

若知道各物质的标准摩尔焓的绝对值，就可以由上式求出任意反应的标准摩尔反应焓。但是，物质的焓的绝对值是无法测定的。为了解决这一困难，科学家对反应系统中各种物质均选用同样的基准，求出物质的焓的相对值——标准摩尔生成焓和标准摩尔燃烧焓。利用标准摩尔生成焓和标准摩尔燃烧焓数据，可以方便地计算化学反应的标准摩尔反应焓。

一、标准摩尔生成焓

1. 标准摩尔生成焓的定义

在温度为 T、参与反应的各物质均处于标准态下，由稳定相态单质生成 β 相的物质 B（$\nu_B=1$）时的标准摩尔反应焓，称为该物质 B(β) 在温度 T 时的标准摩尔生成焓，用符号 $\Delta_f H_m^{\ominus}(B,\beta,T)$ 表示，下标 f 表示生成反应，单位为 kJ/mol。

大多数单质在常温常压下的稳定相态是人们熟悉的，例如 $H_2(g)$、$O_2(g)$、$Cl_2(g)$、$Br_2(l)$、Hg(l) 和 Ag(s) 等。但是在常温常压下，某些单质有多种相态，其中只有一种是稳定相态。例如在常温常压下，碳有三种相态：石墨、金刚石和无定形碳，其中最稳定的是石墨，所以石墨是碳的稳定相态；在此条件下，硫的稳定相态是正交流，而不是单斜硫。因此，$CO_2(g)$ 的标准摩尔生成焓是下列反应的标准反应摩尔焓：

$$C(石墨)+O_2(g)\longrightarrow CO_2(g)$$

根据标准摩尔生成焓的定义，稳定相态单质的标准摩尔生成焓为零，而非稳定相态单质的标准摩尔生成焓不为零。如 298.15K 时，$\Delta_f H_m^{\ominus}(C，石墨)=0$，而 $\Delta_f H_m^{\ominus}(C，金刚石)=1.895kJ/mol$。注意写相应的生成反应的化学反应方程式时，要使 B 的化学计量数 $\nu_B=1$。

同一物质的相态不同时，其标准摩尔生成焓也不同。如 298.15K 时，$\Delta_f H_m^{\ominus}(H_2O，l)=-285.83kJ/mol$，而 $\Delta_f H_m^{\ominus}(H_2O，g)=-241.82kJ/mol$。

298.15K 时各种物质的标准摩尔生成焓可以从文献手册中查到，部分数据摘录于本书附录四中。

2. 由标准摩尔生成焓求标准摩尔反应焓

可以证明，对于任意化学反应

$$aA+bB\longrightarrow mM+lL$$

其标准摩尔反应焓为：

$$\Delta_r H_m^{\ominus}(T)=[m\Delta_f H_m^{\ominus}(M,T)+l\Delta_f H_m^{\ominus}(L,T)]-[a\Delta_f H_m^{\ominus}(A,T)+b\Delta_f H_m^{\ominus}(B,T)]$$

上式可简写成

$$\Delta_r H_m^{\ominus}(T)=\sum_B \nu_B \Delta_f H_m^{\ominus}(B,T) \tag{2-31}$$

式中　$\Delta_f H_m^{\ominus}(B，T)$——温度 T 时反应组分 B 的标准摩尔生成焓，kJ/mol；

ν_B——反应组分 B 的化学计量数，单位为 1；

$\Delta_r H_m^{\ominus}(T)$——温度 T 时标准摩尔反应焓，kJ/mol。

【例 2-19】 计算 298.15K 时化学反应

$$C_2H_5OH(l)+3O_2(g)\longrightarrow 2CO_2(g)+3H_2O(l)$$

的 $\Delta_r H_m^{\ominus}$（298.15K）［各反应组分的 $\Delta_f H_{m,B}^{\ominus}$（298.15K）从本书附录中查找］。

解　查得在 298.15K 各有关物质的标准摩尔生成焓如下：

$$\Delta_f H_m^{\ominus}(C_2H_5OH,l)=-277.634kJ/mol$$

$$\Delta_f H_m^{\ominus}(CO_2,g)=-393.514kJ/mol$$

$$\Delta_f H_m^{\ominus}(H_2O,l)=-285.848kJ/mol$$

将查得的数据代入式(2-31)

$$\Delta_r H_m^{\ominus}(298.15\text{K})=2\Delta_f H_m^{\ominus}(CO_2,g)+3\Delta_f H_m^{\ominus}(H_2O,l)-\Delta_f H_m^{\ominus}(C_2H_5OH,l)$$
$$=[2\times(-393.514)+3\times(-285.848)-(-277.634)-0]\text{kJ/mol}$$
$$=-1366.94\text{kJ/mol}$$

式(2-31) 的推导。

依据在任何化学反应中，化学反应计量式等号两端反应物和产物都具有相同数量和种类的原子，都可以分别由相同数量和种类的稳定相态单质生成。现以温度 T 的标准态下的化学反应

$$C_2H_5OH(l)+3O_2(g)\longrightarrow 2CO_2(g)+3H_2O(l)$$

为例，该反应与反应物和产物的生成反应之间的关系如下框图所示：

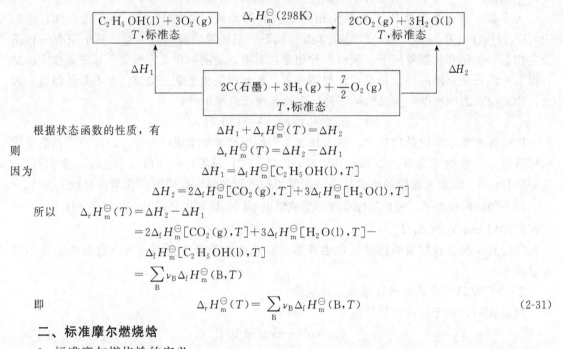

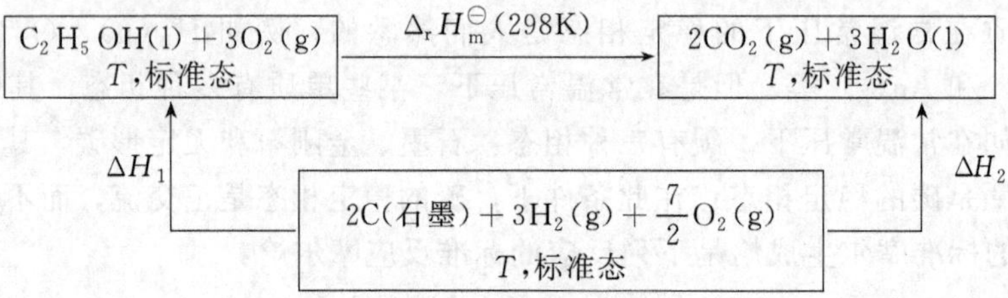

根据状态函数的性质，有　$\Delta H_1+\Delta_r H_m^{\ominus}(T)=\Delta H_2$

则　$\Delta_r H_m^{\ominus}(T)=\Delta H_2-\Delta H_1$

因为　$\Delta H_1=\Delta_f H_m^{\ominus}[C_2H_5OH(l),T]$

$$\Delta H_2=2\Delta_f H_m^{\ominus}[CO_2(g),T]+3\Delta_f H_m^{\ominus}[H_2O(l),T]$$

所以　$\Delta_r H_m^{\ominus}(T)=\Delta H_2-\Delta H_1$

$$=2\Delta_f H_m^{\ominus}[CO_2(g),T]+3\Delta_f H_m^{\ominus}[H_2O(l),T]-$$
$$\Delta_f H_m^{\ominus}[C_2H_5OH(l),T]$$
$$=\sum_B \nu_B\Delta_f H_m^{\ominus}(B,T)$$

即

$$\Delta_r H_m^{\ominus}(T)=\sum_B \nu_B\Delta_f H_m^{\ominus}(B,T) \tag{2-31}$$

二、标准摩尔燃烧焓

1. 标准摩尔燃烧焓的定义

在温度为 T、参与反应的各物质均处于标准态下，β 相的物质 B($\nu_B=-1$) 与氧气进行完全燃烧反应的标准摩尔反应焓，称为该物质 B(β) 在温度 T 时的标准摩尔燃烧焓，用符号 $\Delta_c H_m^{\ominus}(B,\beta,T)$ 表示，下标 c 表示燃烧反应，单位为 kJ/mol。

所谓完全燃烧反应是指物质通过与 O_2 反应，物质中的 C 变为 $CO_2(g)$，H 变为 $H_2O(l)$，N 变为 $N_2(g)$，S 变为 $SO_2(g)$ 等。如液体苯胺的标准摩尔燃烧焓就是下列反应的标准摩尔反应焓：

$$C_6H_5NH_2(l)+7\frac{3}{4}O_2(g)\longrightarrow 6CO_2(g)+3\frac{1}{2}H_2O(l)+\frac{1}{2}N_2(g)$$

注意写相应的燃烧反应的化学反应方程式时，要使 B 的化学计量数 $\nu_B=-1$。

根据标准摩尔燃烧焓的定义可知，助燃物 O_2 和指定的燃烧产物的标准摩尔燃烧焓为零。例如在 298.15K，$\Delta_c H_m^{\ominus}(CO_2,g)=0$，$\Delta_c H_m^{\ominus}(H_2O,l)=0$，而 $\Delta_c H_m^{\ominus}(H_2O,g)\neq 0$。

由标准摩尔生成焓和标准摩尔燃烧焓的定义可知：

$$\Delta_f H_m^{\ominus}(CO_2,g,T)=\Delta_c H_m^{\ominus}(C,石墨,T)$$
$$\Delta_f H_m^{\ominus}(H_2O,l,T)=\Delta_c H_m^{\ominus}(H_2,g,T)$$

298.15K时各种物质的标准摩尔燃烧焓可以从文献手册中查到，部分数据本书附录已收入。应当注意，不同的书对指定的稳定态燃烧产物的规定可能不同。

2. 由标准摩尔燃烧焓求标准摩尔反应焓

对于任意化学反应

$$aA+bB \longrightarrow mM+lL$$

其标准摩尔反应焓有

$$\Delta_r H_m^{\ominus}(T)=[a\Delta_c H_m^{\ominus}(A,T)+b\Delta_c H_m^{\ominus}(B,T)]-[m\Delta_c H_m^{\ominus}(M,T)+l\Delta_c H_m^{\ominus}(L,T)]$$

上式可简写成为：

$$\Delta_r H_m^{\ominus}(T)=-\sum_B \nu_B \Delta_c H_m^{\ominus}(B,T) \qquad (2\text{-}32)$$

式中　$\Delta_c H_m^{\ominus}(B,\ T)$——温度 T 时反应组分B的标准摩尔燃烧焓，kJ/mol；

ν_B——反应组分B的化学计量数，单位为1；

$\Delta_r H_m^{\ominus}(T)$——温度 T 时标准摩尔反应焓，kJ/mol。

上式的推导方法与式(2-31)类似，此处不再赘述。

【例2-20】 利用298.15K的标准摩尔燃烧焓数据，计算下列反应

$$(COOH)_2(s)+2CH_3OH(l) \longrightarrow (COOCH_3)_2(l)+2H_2O(l)$$

在298.15K时的标准摩尔反应焓。

解　查得298.15K时各有关物质的标准摩尔燃烧焓如下：

$$\Delta_c H_m^{\ominus}[(COOH)_2,s]=-246.0\text{kJ/mol}$$

$$\Delta_c H_m^{\ominus}[CH_3OH,l]=-726.5\text{kJ/mol}$$

$$\Delta_c H_m^{\ominus}[(COOCH_3)_2,l]=-1678\text{kJ/mol}$$

将查得的数据代入式(2-32)

$$\begin{aligned}\Delta_r H_m^{\ominus}(298.15\text{K})&=\Delta_c H_m^{\ominus}[(COOH)_2,s]+2\Delta_c H_m^{\ominus}[CH_3OH,l]\\&\quad-\Delta_c H_m^{\ominus}[(COOCH_3)_2,l]\\&=[-246.0+2\times(-726.5)-(-1678)]\text{kJ/mol}=-21.0\text{kJ/mol}\end{aligned}$$

此反应在298.15K时的标准摩尔反应焓为−21.0kJ/mol。

绝大部分的有机化合物不能由稳定单质直接合成，故其标准摩尔生成焓无法直接测得。所幸的是这些有机化合物都能燃烧，并且其燃烧过程的热量可以准确测定。因此，这些有机化合物的标准摩尔生成焓可以由标准摩尔燃烧焓推算得出（见下例）。

【例2-21】 已知298.15K时，$\Delta_c H_m^{\ominus}(C_2H_5OH,l)=-1367\text{kJ/mol}$，$\Delta_f H_m^{\ominus}(CO_2,g)=-393.5\text{kJ/mol}$，$\Delta_f H_m^{\ominus}(H_2O,l)=-285.83\text{kJ/mol}$。求298.15K时 $C_2H_5OH(l)$ 的标准摩尔生成焓。

解　$C_2H_5OH(l)$ 的燃烧反应如下：

$$C_2H_5OH(l)+3O_2(g) \longrightarrow 2CO_2(g)+3H_2O(l)$$

根据式(2-31)

$$\Delta_r H_m^{\ominus}(298.15\text{K})=2\Delta_f H_m^{\ominus}(CO_2,g)+3\Delta_f H_m^{\ominus}(H_2O,l)-\Delta_f H_m^{\ominus}(C_2H_5OH,l)$$

因为该反应的 $\Delta_r H_m^{\ominus}(298.15\text{K})=\Delta_c H_m^{\ominus}(C_2H_5OH,\ l)$，于是有

$$\begin{aligned}\Delta_f H_m^{\ominus}(C_2H_5OH,l)&=2\Delta_f H_m^{\ominus}(CO_2,g)+3\Delta_f H_m^{\ominus}(H_2O,l)-\Delta_c H_m^{\ominus}(C_2H_5OH,l)\\&=[2\times(-393.5)+3\times(-285.83)-(-1367)]\text{kJ/mol}\\&=-277.49\text{kJ/mol}\end{aligned}$$

三、标准摩尔反应焓与温度的关系

利用 298.15K 时物质的 $\Delta_f H_m^\ominus$ 或 $\Delta_c H_m^\ominus$ 等基础热数据可以计算各种化学反应在 298.15K 时的标准摩尔反应焓 $\Delta_r H_m^\ominus$ (298.15K)。但是，在生产和科学实验中的化学反应往往是在各种温度下进行，为了计算化学反应在其他温度 T 时的标准摩尔反应焓 $\Delta_r H_m^\ominus(T)$，需要找出标准摩尔反应焓与温度的关系。

根据状态函数的性质，任意反应已知的 $\Delta_r H_m^\ominus$ (298.15K) 与其待求的 $\Delta_r H_m^\ominus(T)$ 的关系如下框图所示。

若反应物和产物在 298.15K 至温度 T 范围内不发生相变，则有

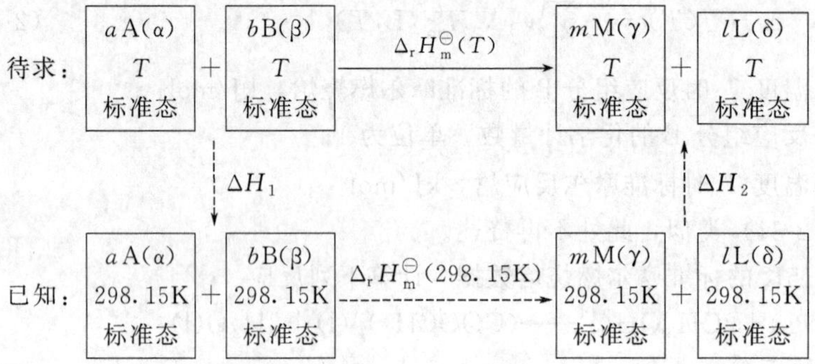

$$\Delta H_1 = \int_T^{298.15\text{K}} [aC_{p,m}(\text{A},\alpha) + bC_{p,m}(\text{B},\beta)]\text{d}T$$

$$= -\int_{298.15\text{K}}^T [aC_{p,m}(\text{A},\alpha) + bC_{p,m}(\text{B},\beta)]\text{d}T$$

$$\Delta H_2 = \int_{298.15\text{K}}^T [mC_{p,m}(\text{M},\gamma) + lC_{p,m}(\text{L},\delta)]\text{d}T$$

因为焓是状态函数，故有

$$\Delta_r H_m^\ominus(T) = \Delta H_1 + \Delta_r H_m^\ominus(298.15\text{K}) + \Delta H_2 = \Delta_r H_m^\ominus(298.15\text{K})$$
$$+\int_{298.15\text{K}}^T [mC_{p,m}(\text{M},\gamma) + lC_{p,m}(\text{L},\delta) - aC_{p,m}(\text{A},\gamma) - bC_{p,m}(\text{B},\delta)]\text{d}T$$

令 $\Delta_r C_{p,m} = \Sigma\nu_B C_{p,m}(\text{B}) = mC_{p,m}(\text{M},\gamma) + lC_{p,m}(\text{L},\delta) - aC_{p,m}(\text{A},\gamma) - bC_{p,m}(\text{B},\delta)$ (2-33)

$\Delta_r C_{p,m}$ 称为化学反应的恒压摩尔热容差，简称热容差。将式(2-33) 代入上式，

关系式为 $$\Delta_r H_m^\ominus(T) = \Delta_r H_m^\ominus(298.15\text{K}) + \int_{298.15\text{K}}^T \Delta_r C_{p,m}\text{d}T \quad (2\text{-}34a)$$

或 $$\Delta_r H_m^\ominus(T) = \Delta_r H_m^\ominus(298.15\text{K}) + \int_{298\text{K}}^T \Sigma\nu_B C_{p,m}(\text{B},\beta)\text{d}T \quad (2\text{-}34a)$$

式中 $\Delta_r H_m^\ominus(T)$——恒定温度 T 时标准状态下的摩尔反应焓，kJ/mol；

$\Delta_r H_m^\ominus$(298.15K)——298.15K 时标准状态下的摩尔反应焓，kJ/mol；

$C_{p,m}(\text{B},\beta)$——反应组分 B 的摩尔定压热容，J/(mol·K)；

ν_B——反应组分 B 的化学计量数，单位为 1；

T——热力学温度，K；

$\Delta_r C_{p,m}$——化学反应的摩尔定压热容差，简称热容差，J/mol。

$\Delta_r C_{p,m} = \sum_B \nu_B C_{p,m}(\text{B}, \beta)$ 见式(2-33)。

上式就是基尔霍夫（G.R.Kirchhoff）公式的定积分式。对于指定反应，如果知道 $\Delta_r H_m^\ominus$(298.15K) 和各反应组分的 $C_{p,m}$，就可利用上式求出任意温度时的 $\Delta_r H_m^\ominus(T)$。

若各反应组分的 $C_{p,m}$ 均为常数，上式可简化为

$$\Delta_r H_m^{\ominus}(T)=\Delta_r H_m^{\ominus}(298.15\text{K})+\Delta_r C_{p,m}(T-298.15\text{K}) \quad (2\text{-}34b)$$

上式表明，若 $\Delta_r C_{p,m}=0$，则 $\Delta_r H_m^{\ominus}(T)$ 将不受温度变化的影响；若 $\Delta_r C_{p,m}>0$，则 $\Delta_r H_m^{\ominus}(T)$ 将随温度升高而增大；若 $\Delta_r C_{p,m}<0$，则 $\Delta_r H_m^{\ominus}(T)$ 将随温度升高而减小。

另外有基尔霍夫公式的不定积分式为

$$\Delta_r H_m^{\ominus}(T)=\Delta H_0+\int \Delta_r C_{p,m}\,dT \quad (2\text{-}34c)$$

式中，ΔH_0 为积分常数。

【例 2-22】 已知反应 $N_2(g)+3H_2(g)\longrightarrow 2NH_3(g)$ 的 $\Delta_r H_m^{\ominus}(298\text{K})=-92.22\text{kJ/mol}$，$\bar{C}_{p,m}(N_2)=29.65\text{J/(mol·K)}$，$\bar{C}_{p,m}(H_2)=28.56\text{J/(K·mol)}$，$\bar{C}_{p,m}(NH_3)=40.12\text{J/(mol·K)}$。求此反应的 $\Delta_r H_m^{\ominus}$（500K）。

解 根据 $$\Delta_r H_m^{\ominus}(T)=\Delta_r H_m^{\ominus}(298\text{K})+\int_{298\text{K}}^{T}\Delta_r C_{p,m}\,dT$$

$$\Delta_r C_{p,m}=2\bar{C}_{p,m}(NH_3)-\bar{C}_{p,m}(N_2)-3\bar{C}_{p,m}(H_2)$$
$$=(2\times 40.12-29.65-3\times 28.56)\text{J/(mol·K)}=-35.09\text{J/(mol·K)}$$

$$\Delta_r H_m^{\ominus}(298\text{K})=-92.22\text{kJ/mol}$$

所以 $$\Delta_r H_m^{\ominus}(500\text{K})=\Delta_r H_m^{\ominus}(298\text{K})+\int_{298\text{K}}^{500\text{K}}\Delta_r C_{p,m}\,dT$$
$$=-92.22-35.09\times 10^{-3}\times(500-298)\text{kJ/mol}=-99.3\text{kJ/mol}$$

此反应在 500K 时的标准摩尔反应焓为 −99.3kJ/mol。

应当注意，基尔霍夫公式仅适用于在 298.15K 到 T 之间参加反应的各种物质均不发生相变化的情况。若在所讨论的温度范围内反应物或产物之中一种或几种发生相变化，此时应根据具体情况，设计出包含相变的多步过程，由已知温度下的标准摩尔反应焓，结合有关物质在相变温度下的摩尔相变焓，及有关的恒压摩尔热容，求算另一温度下的标准摩尔反应焓。

实际化学化工生产中，常遇到非恒温反应（反应物与产物的温度不同），其摩尔反应焓变的计算不能用基尔戈夫定律，而应设计途径进行计算（见下例）。

【例 2-23】 常压下，某升温装置用甲烷在氧气中的燃烧气加热，燃烧反应为

$$CH_4(g)+2O_2(g)\longrightarrow CO_2(g)+2H_2O(g)$$

假设原料气配比为 $n(CH_4):n(O_2)=1:2$，此两种气体的始态温度为 288K，燃烧气的出口温度为 398K，求此化学反应的摩尔反应焓。已知：

物　质	$CH_4(g)$	$O_2(g)$	$CO_2(g)$	$H_2O(g)$
$\Delta_f H_m^{\ominus}(298\text{K})/(\text{kJ/mol})$	−74.81	0	−393.51	−241.82
$C_{p,m}/[\text{J/(K·mol)}]$	35.31	29.35	49.96	41.84

解 设计如下框图所示的途径

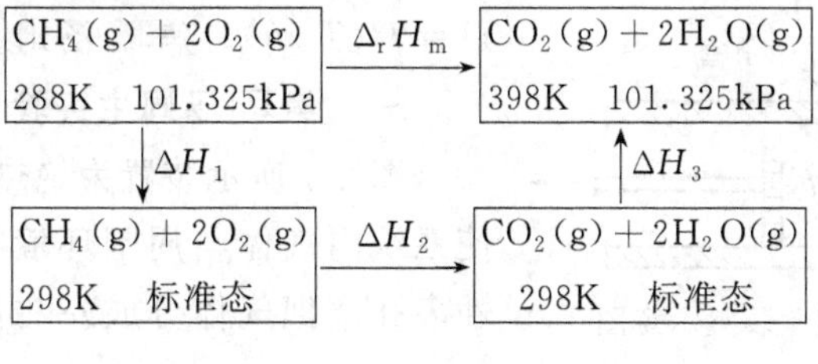

$$\Delta_r H_m = \Delta H_1 + \Delta H_2 + \Delta H_3$$

$$\begin{aligned}
\Delta H_1 &= \{C_{p,m}[CH_4(g)] + 2C_{p,m}[O_2(g)]\}(298K - 288K) \\
&= (35.31 + 2\times 29.35)(298-288)J \\
&= 10950J = 10.95kJ \\
\Delta H_2 &= \Delta_r H_m^{\ominus}(298K) = \sum_B \nu_B \Delta_f H_m^{\ominus}(B, 298K) \\
&= \Delta_f H_m^{\ominus}[CO_2(g), 298K] + 2\Delta_f H_m^{\ominus}[H_2O(g), 298K] \\
&\quad \Delta_f H_m^{\ominus}[CH_4(g), 298K] \\
&= [(-393.51) + 2\times(-241.82) - (-74.81)]kJ/mol \\
&= (-393.51 - 483.64 + 74.81)kJ/mol \\
&= -802.3kJ/mol \\
\Delta H_3 &= \{C_{p,m}[CO_2(g)] + 2C_{p,m}[H_2O(g)]\}(398K - 298K) \\
&= (49.96 + 2\times 41.84)(398-298)J \\
&= 13364J = 13.36kJ \\
\Delta_r H_m &= (10.95 - 802.34 + 13.36)kJ/mol \\
&= -778.0kJ/mol
\end{aligned}$$

在上述条件下，每燃烧 1mol $CH_4(g)$，放热 778.0kJ。

在忽略压力对摩尔相变焓影响的条件下，基尔霍夫公式可近似适用于物质的摩尔相变焓与温度的关系。即对于物质B的相变 $B(\alpha) \longrightarrow B(\beta)$，温度 T_1 时的摩尔相变焓 $\Delta_\alpha^\beta H_m(T_1)$ 与温度 T_2 时的摩尔相变焓 $\Delta_\alpha^\beta H_m(T_2)$ 有如下关系：

$$\Delta_\alpha^\beta H_m(T_2) = \Delta_\alpha^\beta H_m(T_1) + \int_{T_1}^{T_2} \Delta_\alpha^\beta C_{p,m} dT \tag{2-35}$$

式中，$\Delta_\alpha^\beta C_{p,m} = C_{p,m}(B,\beta) - C_{p,m}(B,\alpha)$。

【例 2-24】 试计算在 25℃和 $p^{\ominus}$ 下，液态水的摩尔蒸发焓。已知在 100℃和 $p^{\ominus}$ 下，液态水的摩尔蒸发焓为 40.6kJ/mol。在此温度区间内，水和水蒸气的平均摩尔恒压热容分别为 75.3J/(K·mol) 及 33.2J/(K·mol)。

解 $H_2O(l) \longrightarrow H_2O(g)$

将 $T_1 = 373.15K$，$T_2 = 298.15K$，$C_{p,m}(l)$ 和 $C_{p,m}(g)$ 代入式(2-32)

$$\begin{aligned}
\Delta_{vap} H_m(298.15K) &= \Delta_{vap} H_m(373.15K) + \int_{373.15K}^{298.15K} [C_{p,m}(g) - C_{p,m}(l)]dT \\
&= [40.6 + (33.6 - 75.3)\times 10^{-3} \times (298.15 - 373.15)]kJ/mol \\
&= 43.73kJ/mol
\end{aligned}$$

第九节　气体的节流膨胀

中、高压气体分子间是有互相作用力的，而且不能忽略。一定量的中、高压气体，分子间的相互作用力与气体的分子间距有关，也就是与气体的体积有关，其热力学能是温度和体积（或压力）的函数；同理，其焓是温度和压力（或体积）的函数，即 $U = f(T, V)$，$H = f(T, p)$。焦耳-汤姆生实验证实了这些结论。

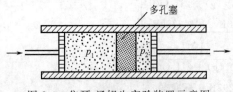

图 2-4　焦耳-汤姆生实验装置示意图

一、焦耳-汤姆生实验

图 2-4 所示装置为绝热圆筒，两端各有一活塞使系统内气体与周围环境隔开。圆筒中间有一刚性多孔塞把气体分成左右两部分。左侧气体状态

为 T_1、p_1，缓缓推动左侧活塞，使左侧气体在保持恒定温度 T_1、压力 p_1 的条件下有体积 V_1 通过多孔塞向右侧膨胀；右侧也靠端部活塞控制，使气体保持压力 p_2，则左侧 V_1 体积的气体进入右侧时，体积将变为 V_2。实验结果，测得右侧气体的温度 T_2 明显低于左侧气体的温度 T_1。该实验即焦耳-汤姆生实验。

二、节流膨胀

在绝热的条件下，流体的始、末态分别保持恒定压力的膨胀过程，称为节流膨胀。

焦耳-汤姆生实验装置示意图 2-4 中的左侧气体保持压力恒定在 p_1 的条件下，有 V_1 体积的气体通过多孔塞向右侧膨胀，右侧气体保持压力恒定在 p_2，这种膨胀过程就是节流膨胀。生产中恒压流体流动时突然受阻使压力下降的情况，应该属于节流膨胀。多数真实气体经节流膨胀后温度都下降，产生制冷效应。

1. 节流膨胀是等焓过程

节流膨胀是在绝热的条件下进行的，即 $Q=0$，过程的功（W）是左侧活塞推送 V_1 体积的气体通过多孔塞时所做的功 p_1V_1（环境对系统做功为正）与右侧气体体积增加 V_2 推动右侧活塞时所做的功 p_2V_2（系统对环境做功为负）之和，故

$$W=p_1V_1-p_2V_2$$

把 Q 及 W 的表达式代入热力学第一定律的数学表达式，得

$$U_2-U_1=0+(p_1V_1-p_2V_2)$$

整理得
$$U_2+p_2V_2=U_1+p_1V_1$$

即
$$H_2=H_1$$

上式说明，节流膨胀的特点是等焓过程（$\Delta H=0$）。

在节流膨胀中，气体的压力变化与其温度变化的关系可用节流膨胀系数进行讨论。

2. 节流膨胀系数

在指定温度、压力的状态下，气体经节流膨胀过程，其温度随压力的变化率，称为节流膨胀系数，也称焦耳-汤姆生系数，用符号“$\mu_{\text{J-T}}$”表示。

$\mu_{\text{J-T}}$的定义式
$$\mu_{\text{J-T}}=(\partial T/\partial p)_H \tag{2-36}$$

由于气体在节流膨胀中，$\mathrm{d}p<0$，所以有下列三种可能：

① 当 $\mu_{\text{J-T}}>0$，则 $\mathrm{d}T<0$，气体在节流膨胀中温度降低；

② 当 $\mu_{\text{J-T}}<0$，则 $\mathrm{d}T>0$，气体在节流膨胀中温度升高；

③ 当 $\mu_{\text{J-T}}=0$，则 $\mathrm{d}T=0$，气体在节流膨胀中温度不变。

在常温下，大多数气体的节流膨胀系数为正值，$\mu_{\text{J-T}}>0$，在节流膨胀中温度降低，产生制冷效应（H_2 和 He 例外，在常温下 $\mu_{\text{J-T}}$为负值，但在很低的温度时，$\mu_{\text{J-T}}$也转为正值）；而理想气体的节流膨胀系数 $\mu_{\text{J-T}}$恒为零（理想气体分子间无分子间力，即无热力学势能），节流膨胀对理想气体无效。至于真实气体在节流膨胀中 $\mu_{\text{J-T}}$的变化规律，请参阅有关文献。

3. 节流膨胀的应用

多数真实气体在温度不高时，经过节流膨胀，其温度降低，可实现制冷。因此工业生产和日常生活中常用来获得低温和冷量。

工业上利用节流膨胀的制冷原理，制造液态空气，方法是：空气首先经过压缩机，被压缩到 10MPa 左右的压力，通过冷凝器使空气中的水蒸气凝结，并从底部排出，利用热交换器使干燥空气得到冷却，然后冷空气（$\mu_{\text{J-T}}>0$）通过节流阀，立即因节流膨胀而进一步降温，经过多次循环操作，温度就可降低到足以使空气液化，得到液态空气。

在使用高压气体钢瓶时，常可以看到有水（甚至冰霜）凝结在钢瓶的出口阀门上，原因是当高压气体通过减压阀非常快地从钢瓶逸出时，近似于绝热的节流膨胀，制冷效应造成附近空气中的水蒸气凝结。

阅读材料

化学热力学的发展趋势

化学热力学是物理化学中较早发展起来的一个学科。它用热力学原理研究物质体系中的化学现象和规律，根据物质体系的宏观可测性质和热力学函数关系来判断体系的稳定性、变化方向和变化的程度。1968 年 L. Onsager 因研究不可逆过程热力学理论和 1977 年 I. Prigogine 因创立非平衡热力学提出耗散结构理论而分别获得诺贝尔化学奖，这标志着非平衡态热力学研究取得了突破性的进展。热力学第一、二、三定律虽是现代物理化学的基础，但它们只能描述静止状态，在化学上只适用于可逆平衡态体系，而自然界所发生的大部分化学过程是不可逆过程。因此对于大自然发生的化学现象，应从非平衡态和不可逆过程来研究。21 世纪的热点研究领域有生物热力学和热化学研究，如细胞生长过程的热化学研究、蛋白质的定点切割反应热力学研究、生物膜分子的热力学研究等；另外，非线性和非平衡态的化学热力学与化学统计学研究，分子-分子体系的热化学研究（包括分子力场、分子与分子间的相互作用）等也是重要方面。

本章小结

热力学第一定律的实质是能量守恒。本章以热力学第一定律为基础，讨论了封闭系统的单纯 p-V-T 变化过程、相变过程和化学反应过程中的能量相互转变的量关系，重点在于计算化学反应的热效应。

一、主要的基本概念

1. 系统和环境：在热力学中，把要研究的对象称为系统；把与系统密切相关的外界称为环境。

2. 状态和状态函数：状态是系统一切宏观性质的综合表现；与状态有对应关系的各种宏观性质都是状态函数。

3. 热力学平衡态和标准态：在没有外界条件影响下，如果系统中所有状态函数均不随时间而变化，我们就说系统处于热力学平衡态（简称平衡态）。

热力学标准态是人为规定的状态，简称标准态。物质的标准态规定如下：

气体的标准态——在温度 T、标准压力 $p^{\ominus}=10^5\,\text{Pa}$ 条件下，表现出纯理想气体性质的状态，这是一种假想态。

液、固体的标准态——在温度 T、标准压力 $p^{\ominus}=10^5\,\text{Pa}$ 条件下的纯液、固体状态。

4. 热力学能：热力学能是系统内部具有的能量。热力学能由三部分组成，即分子的动能、分子间相互作用的势能和分子内部的能量。

焓：热力学中为了更方便地解决恒压过程热的计算问题，引入的一个重要的状态函数。H 的定义式是 $H=U+pV$。

热力学能和焓均为广延性质的状态函数，它们的改变量 ΔU、ΔH 只取决于系统的始、终态，与变化途径无关，因而可通过在始、终态间虚拟一途径来计算。用虚拟途径计算状态函数改变量的方法是热力学的一种基本方法。

理想气体的热力学能和焓仅是温度的函数。

5. 热：系统与环境之间由于存在温度差而交换的能量。

功：系统与环境之间以除热以外的其他形式交换的能量。由于系统体积变化而与环境交换的功为体积功；除体积功外，其他各种形式的功为非体积功。

热和功是系统发生变化时与环境交换能量的两种形式，只有在系统发生变化时才存在。它们是过程函数，其大小不仅取决于系统的始、终态，还与变化过程的途径有关。热和功只能用实际过程计算，不能用虚拟途径计算。

热力学规定：系统从环境吸热，$Q>0$；系统向环境放热，$Q<0$。环境对系统做功，$W>0$；系统对环境做功，$W<0$。

6. 摩尔定压热容：单位物质的量的物质在 $dp=0$ 并且 $W'=0$ 的条件下，升高单位热力学温度时所需的热量。

摩尔定容热容：单位物质的量的物质在 $dV=0$ 并且 $W'=0$ 的条件下，升高单位热力学温度时所需的热量。

7. 摩尔相变焓：恒温下单位物质的量的物质由 α 相变为 β 相时对应的焓变。

常压（101325Pa）下的可逆摩尔相变焓常是已知的，其数值可以通过实验测定或从手册中查到。

8. 反应进度：反应进行的程度。

9. 摩尔反应焓：恒温反应进行单位摩尔反应进度时的焓变。

10. 标准摩尔生成焓：在温度 T 的标准状态下，由稳定相态单质生成指定相态的某物质（$\nu_B=1$）所对应的焓变。各种物质在 298.15K 下的 $\Delta_f H_m^{\ominus}$（B，298.15K）可以从文献、手册中中查到。

标准摩尔燃烧焓：在温度 T 的标准状态下，由指定相态的物质（$\nu_B=-1$）与氧进行完全燃烧反应生成指定燃烧产物所对应的焓变。各种物质在 298.15K 下的 $\Delta_c H_m^{\ominus}$（B，298.15K）可以从文献、手册中查到。

11. 可逆过程：在无摩擦损失的条件下，系统内部及系统与环境之间在无限接近平衡态时进行的过程。或者说，设系统经过程Ⅰ由始态 A 变到终态 B，同时环境由始态 α 变到终态 β。如果还可以通过另一过程Ⅱ使系统由终态 B 回到始态 A 且环境亦由终态 β 回到始态 α，即系统与环境同时恢复原态而没有留下任何痕迹，则原过程是可逆过程。

可逆过程的特征：(1) 可逆过程中，推动力无限小，速度无限缓慢；(2) 在可逆过程中，系统对环境做功的绝对值最大；(3) 系统从始态经历可逆过程到终态，再从终态沿原途径经可逆过程回到始态，系统和环境都不留任何痕迹。

12. 节流膨胀：在绝热的条件下，流体的始、末态分别保持恒定压力的膨胀过程。该过程的特点是绝热、恒焓和压力差恒定。多数真实气体经节流膨胀后温度都下降，产生制冷效应。

二、主要定律、关系式及定义式

1. 封闭系统热力学第一定律的数学表达式

$$\Delta U=Q+W=Q-\int_{V_1}^{V_2} p_{环}\,dV+W'$$

或

$$dU=\delta Q+\delta W=\delta Q-p_{环}\,dV+\delta W'$$

通过热力学第一定律分析，我们知道了几种重要过程的特征（见下表）。

封闭系统没有非体积功的恒容过程	$Q_V=\Delta U, W=0$
封闭系统没有非体积功的恒压过程	$Q_p=\Delta H, W=-p\Delta V$
封闭系统没有非体积功的绝热过程	$Q=0, \Delta U=W$
理想气体封闭系统没有非体积功的恒温过程	$\Delta U=0, Q=-W$

2. 体积功

$$W=-\int_{V_1}^{V_2} p_{环}dV$$

上式适用于任何过程。由上式可得：

(1) 恒容过程和自由膨胀过程　　$W=0$

(2) 恒外压过程　　$W=-p_{环}\Delta V$

(3) 恒压过程　　$W=-p\Delta V$

一定量理想气体恒压变温过程　　$W=-nR\Delta T$

恒温恒压且气体可视为理想气体的摩尔反应　　$W=-RT\sum_{B}\nu(B,g)$

式中，$\nu(B,g)$ 为气体B的化学计量数。

(4) 可逆过程　　$W_R=-\int_{V_1}^{V_2}p\,dV$

理想气体恒温可逆过程　　$W_R=-nRT\ln\dfrac{V_2}{V_1}=-nRT\ln\dfrac{p_1}{p_2}$

3. 热容

$$C_{V,m}=\frac{\delta Q_V}{n\,dT}=\left(\frac{\partial U_m}{\partial T}\right)_V \qquad C_{p,m}=\frac{\delta Q_p}{n\,dT}=\left(\frac{\partial H_m}{\partial T}\right)_V$$

(1)凝聚物质　$C_{p,m}\approx C_{V,m}$

理想气体　$C_{p,m}=C_{V,m}+R$(可近似用于低压下的真实气体)

(2)理想气体的 $C_{V,m}$ 和 $C_{p,m}$ 可看成是与温度无关的常数

单原子分子理想气体　$C_{V,m}=1.5R$　$C_{p,m}=2.5R$

双原子分子理想气体　$C_{V,m}=2.5R$　$C_{p,m}=3.5R$

其他物质的 $C_{V,m}$ 和 $C_{p,m}$ 是温度的函数。$C_{p,m}$ 与温度的经验关系式为

$$C_{p,m}=a+bT+cT^2$$

或

$$C_{p,m}=a+bT+c'/T^2$$

式中，a、b、c、c' 是经验常数，与物种、物态及适用温度范围有关。

4. 没有非体积功的封闭系统单纯 pVT 变化过程

(1) 恒容变温过程　　$Q_V=\Delta U=\int_{T_1}^{T_2}nC_{V,m}dT$　　$\Delta H=\Delta U+V\Delta p$

恒压变温过程　　$Q_p=\Delta H=\int_{T_1}^{T_2}nC_{p,m}dT$　　$\Delta H=\Delta U+p\Delta V$

(2) 理想气体任意 pVT 变化过程（恒温、恒容、恒压、绝热等）均有

$$\Delta U=nC_{V,m}(T_2-T_1)$$

$$\Delta H=nC_{p,m}(T_2-T_1)$$

(3) 理想气体绝热可逆过程方程

$$p_1V_1^{\gamma}=p_2V_2^{\gamma} \quad T_1^{\gamma}p_1^{1-\gamma}=T_2^{\gamma}p_2^{1-\gamma} \quad T_1V_1^{\gamma-1}=T_2V_2^{\gamma-1}$$

式中，$\gamma=C_{p,m}/C_{V,m}$。

5. 可逆相变过程

(1) 可逆相变（$\alpha\to\beta$）是恒温恒压且没有非体积功的可逆过程，所以

$$Q_p=\Delta_{\alpha}^{\beta}H=n\Delta_{\alpha}^{\beta}H_m$$

$$W=-p\Delta V=-p(V_{\beta}-V_{\alpha})$$

$$\Delta_{\alpha}^{\beta}U=Q_p+W$$

(2) 在忽略压力对摩尔相变焓影响的条件下，摩尔相变焓与温度的关系为

$$\Delta_{\alpha}^{\beta}H_m(T_2)=\Delta_{\alpha}^{\beta}H_m(T_1)+\int_{T_1}^{T_2}\Delta_{\alpha}^{\beta}C_{p,m}dT$$

式中，$\Delta_{\alpha}^{\beta}C_{p,\mathrm{m}}=C_{p,\mathrm{m}}(\mathrm{B},\beta)-C_{p,\mathrm{m}}(\mathrm{B},\alpha)$。

6. 化学反应

（1）对于任意反应 $0=\sum_{\mathrm{B}}\nu_{\mathrm{B}}\mathrm{B}$，其 $\Delta_{\mathrm{r}}H_{\mathrm{m}}^{\ominus}$（298.15K）可用下式计算。

$$\Delta_{\mathrm{r}}H_{\mathrm{m}}^{\ominus}(298.15\mathrm{K})=\sum_{\mathrm{B}}\nu_{\mathrm{B}}\Delta_{\mathrm{f}}H_{\mathrm{m}}^{\ominus}(\mathrm{B},298.15\mathrm{K})$$

$$\Delta_{\mathrm{r}}H_{\mathrm{m}}^{\ominus}(298.15\mathrm{K})=-\sum_{\mathrm{B}}\nu_{\mathrm{B}}\Delta_{\mathrm{c}}H_{\mathrm{m}}^{\ominus}(\mathrm{B},298.15\mathrm{K})$$

（2）$\Delta_{\mathrm{r}}H_{\mathrm{m}}^{\ominus}(T)$ 与 T 的关系为

$$\Delta_{\mathrm{r}}H_{\mathrm{m}}^{\ominus}(T)=\Delta_{\mathrm{r}}H_{\mathrm{m}}^{\ominus}(298.15\mathrm{K})+\int_{298.15\mathrm{K}}^{T}\Delta_{\mathrm{r}}C_{p,\mathrm{m}}\mathrm{d}T$$

式中，$\Delta_{\mathrm{r}}C_{p,\mathrm{m}}=\sum_{\mathrm{B}}\nu_{\mathrm{B}}C_{p,\mathrm{m}}(\mathrm{B})$，上式只适用于在 298.15K 和 T 之间参加反应的各物质均无相变的情况。

（3）对于任意反应 $0=\sum_{\mathrm{B}}\nu_{\mathrm{B}}\mathrm{B}$，在同一温度压力下，其 $\Delta_{\mathrm{r}}H_{\mathrm{m}}(T)$ 与 $\Delta_{\mathrm{r}}U_{\mathrm{m}}(T)$ 关系为

$$\Delta_{\mathrm{r}}H_{\mathrm{m}}=\Delta_{\mathrm{r}}U_{\mathrm{m}}+RT\sum_{\mathrm{B}}\nu(\mathrm{B},\mathrm{g})$$

7. 凝聚系统过程（如相变、反应），若压力变化不大，可认为

$$\Delta V\approx 0 \qquad \Delta(pV)\approx 0 \qquad W\approx 0$$

$$Q\approx\Delta U\approx\Delta H$$

三、主要计算题类型

1. 理想气体封闭系统没有其他功的单纯 pVT 变化过程 ΔU、ΔH、W 和 Q 的计算。

2. 没有其他功的相变过程 ΔU、ΔH、W 和 Q 的计算。

3. 化学反应的有关计算。

（1）由 $\Delta_{\mathrm{f}}H_{\mathrm{m}}^{\ominus}(\mathrm{B},298.15\mathrm{K})$ 或 $\Delta_{\mathrm{c}}H_{\mathrm{m}}^{\ominus}(\mathrm{B},298.15\mathrm{K})$ 求 $\Delta_{\mathrm{r}}H_{\mathrm{m}}^{\ominus}(298.15\mathrm{K})$

（2）$\Delta_{\mathrm{f}}H_{\mathrm{m}}^{\ominus}(\mathrm{B},298.15\mathrm{K})$ 与 $\Delta_{\mathrm{c}}H_{\mathrm{m}}^{\ominus}(\mathrm{B},298.15\mathrm{K})$ 关系的计算

（3）由 $\Delta_{\mathrm{r}}H_{\mathrm{m}}^{\ominus}(298.15\mathrm{K})$ 求 $\Delta_{\mathrm{r}}H_{\mathrm{m}}^{\ominus}(T)$

（4）非等温反应 $\Delta_{\mathrm{r}}H_{\mathrm{m}}$ 的计算

（5）$\Delta_{\mathrm{r}}H_{\mathrm{m}}(T)$ 与 $\Delta_{\mathrm{r}}U_{\mathrm{m}}(T)$ 关系的计算

四、如何解决化工过程的相关问题

1. 利用主要计算题类型的计算方法可以解决：①物料变温过程热的计算；②物料相变过程热的计算；③物料化学反应热的计算。

2. 中、高压真实气体在温度不高时，经过节流膨胀可以实现制冷。

思 考 题

1. 系统状态发生变化时，是否状态函数全要改变？如何理解“状态函数是状态的单值函数”？

2. 为什么热力学能 U 是状态函数，功 W 和热 Q 是过程函数？各决定于什么？

3. 为什么说热力学第一定律的数学表达式（$\Delta U=Q+W$）表示封闭系统在过程中的能量转换规律？如何用能量守恒定律加以说明？

4. 由于 $H=U+pV$，若系统发生变化时，则焓变为 $\Delta H=\Delta U+\Delta(pV)$，式中 $\Delta(pV)$ 的意思是______。

（1）$\Delta(pV)=\Delta p\Delta V$ （2）$\Delta(pV)=p_2V_2-p_1V_1$ （3）$\Delta(pV)=p\Delta V+V\Delta p$

5. ΔU、ΔH 在什么条件下有物理意义？其物理意义分别是什么？

6. 下列说法是否正确？

(1) 系统温度越高，所含热量越多。

(2) 系统向外放热，其热力学能一定减少。

(3) 隔离系统内发生的任何变化过程，其 ΔU 一定为零。

(4) 系统经一绝热、恒容过程，其 ΔU 一定为零。

(5) 凡系统温度升高，就一定吸热；温度不变时，系统不吸热也不放热。

(6) 根据热力学第一定律，因为能量不能无中生有，所以一个系统若要对外做功，必须从外界吸收热量。

(7) 在等压下，用机械搅拌某绝热容器中的液体，使液体的温度上升，这时 $\Delta H = Q_p = 0$。

(8) 因为理想气体经节流膨胀后焓值不变，所以温度和热力学能也不改变。

7. 从同一始态出发，理想气体经绝热自由膨胀和绝热可逆膨胀，能否到达相同的终态？为什么？

8. 反应 $PCl_3(g) + Cl_2(g) \longrightarrow PCl_5(g)$ 在指定温度、压力下进行，若有关气体可视为理想气体，因温度、压力都不变，所以该反应不但 $\Delta U = 0$，而且 $\Delta H = 0$，对吗？

9. 炎炎盛夏，在河边走为什么感到凉爽？

10. 在 100℃、101.325kPa 时，1mol 水等温蒸发为水蒸气（设水蒸气为理想气体），此过程中温度不变，$\Delta U = 0$，这个结论对吗？

11. 标准摩尔生成焓和标准摩尔燃烧焓中“标准”二字的含义是什么？哪些物质的标准摩尔生成焓或标准摩尔燃烧焓为零？

12. 计算任意温度下化学反应热时，设计过程的思路是什么？在何种条件下可应用基尔戈夫定律？

13. $CO + \frac{1}{2}O_2 \longrightarrow CO_2$ 的 $\Delta_r H_m^{\ominus}(298K) < 0$。在恒容绝热容器中进行此反应，则该系统的 W ____ 0，Q ____ 0，ΔU ____ 0，ΔT ____ 0。（填>、=、<）

14. 在化学反应过程中，温度相同时，是否恒压反应热（Q_p）一定大于恒容反应热（Q_V）？

15. 反应 $CO + \frac{1}{2}O_2 \longrightarrow CO_2$ 的标准摩尔反应热（$\Delta_r H_m^{\ominus}$）是____。

(1) CO_2 的标准摩尔生成热（$\Delta_f H_m^{\ominus}$）　(2) CO 的标准摩尔燃烧热（$\Delta_c H_m^{\ominus}$）　(3) CO_2 的标准摩尔生成热（$\Delta_f H_m^{\ominus}$）也是 CO 的标准摩尔燃烧热（$\Delta_c H_m^{\ominus}$）

16. 在什么情况下，一个化学反应的 $\Delta_r H_m^{\ominus}$ 不随温度而变化？

17. 为什么在可逆过程中系统对环境做功的绝对值最大？

18. 若要通过节流膨胀达到制冷的目的，则节流操作应控制的必要条件是____。

(1) $\mu_{J-T} < 0$　(2) $\mu_{J-T} > 0$　(3) $\mu_{J-T} = 0$　(4) μ_{J-T}为任意值

习 题

2-1 求下列过程的体积功。

(1) 一定量的理想气体由 $0.01m^3$ 反抗 100kPa 的恒定外压膨胀到 $0.1m^3$。

(2) 1mol 理想气体与恒压条件下温度升高 1℃。

2-2 如果一个系统从环境吸收了 40J 的热，而系统的热力学能却增加了 200J，问系统从环境得到了多少功？如果该系统在膨胀过程中对环境做了 10kJ 的功，同时吸收了 28kJ 的热，求系统的热力学能变化量。

2-3 在 25℃、101.325kPa 下，1mol $H_2(g)$ 与 0.5mol O_2 生成 1mol $H_2O(l)$ 时放热 285.9kJ。求此过程 Q、W、ΔU 和 ΔH。

2-4 容积为 $200dm^3$ 容器中的某理想气体，其温度为 293K、压力为 250kPa。已知 $C_{p,m} = 1.4C_{V,m}$，若该气体的摩尔热容近似为常数，(1) 求其 $C_{V,m}$；(2) 若将该气体在恒容下加热到 353K，求所需的热量。

2-5　恒压下将 100g Fe_2O_3(s) 从 300K 加热至 900K 时所吸的热为多少？已知 Fe_2O_3(s) 的定压摩尔热容为

$$C_{p,\mathrm{m}}=[97.74+72.13\times10^{-3}(T/\mathrm{K})-12.9\times10^{5}(T/\mathrm{K})^{-2}]\mathrm{J/(mol\cdot K)}$$

2-6　3.0mol 单原子理想气体 A 与 2mol 双原子理想气体 B 形成的混合气体从 288K 恒压升温到 373K，求过程中此混合气体吸收的热量。

2-7　1mol 理想气体在 122.1K 等温的情况下，反抗 10.15kPa 的恒定外压，从 $10\mathrm{dm}^3$ 膨胀到 $100\mathrm{dm}^3$，试计算 Q，W，ΔU 和 ΔH。

2-8　3mol 理想气体分别经下列过程，从 27℃ 升温到 327℃。分别计算这两种过程的 Q，W，ΔU 和 ΔH。(1) 恒容升温；(2) 恒压升温。已知该理想气体的 $C_{p,\mathrm{m}}=30\mathrm{J/(mol\cdot K)}$。

2-9　假设 He 为理想气体。1mol He 由始态（202.65kPa、0℃）变为终态（101.325kPa、50℃），可经以下两个可逆途径：

(1) 先恒压加热到终态温度，再恒温可逆膨胀；

(2) 先恒温可逆膨胀到终态压力，再恒压加热。

计算这两种途径的 Q，W，ΔU 和 ΔH，并讨论计算结果说明什么问题。

2-10　1mol 某理想气体，由始态（300K、1000kPa）依次经过下列过程：(1) 恒容加热到 600K；(2) 再恒压冷却到 500K；(3) 最后可逆绝热膨胀至 400K。试求整个过程的 Q，W，ΔU 和 ΔH。已知该气体的 $C_{V,\mathrm{m}}=2.5R$。

2-11　乙烯压缩机的入口温度、压力分别为 252K、101.325kPa，出口温度、压力分别为 352K、192.518kPa。如果此过程可看做是绝热过程，乙烯气体可近似看作是理想气体，试计算每压缩 1mol 乙烯的 Q、W、ΔU 和 ΔH。已知在此温度区间乙烯的 $C_{p,\mathrm{m}}=35.84\mathrm{J/(mol\cdot K)}$。

2-12　2mol 某理想气体从始态（273K、1013250Pa）经下列不同过程膨胀到终态，终态压力为 101325Pa，求气体的终态体积及过程的 Q、W、ΔU 及 ΔH。已知该气体 $C_{V,\mathrm{m}}=2.5R$。(1) 恒温可逆过程；(2) 绝热可逆过程；(3) 在恒定外压 101325Pa 下，作绝热不可逆膨胀。

2-13　在 353.2K 和 101.325kPa 下，0.10kg 液体苯变成苯蒸气，求此过程的 ΔH、Q、ΔU 和 W。已知苯的正常沸点是 353.2K。在该温度时，苯的摩尔蒸发焓 $\Delta_{\mathrm{l}}^{\mathrm{g}}H_{\mathrm{m}}=30.7\mathrm{kJ/mol}$。设苯蒸气为理想气体，液体苯的体积可忽略不计。

2-14　在 101.325kPa 下，将 2.0mol、323K 的液体水加热成 423K 的水蒸气，求此过程的 ΔH、Q、ΔU 和 W。已知水和水蒸气的摩尔定压热容分别为 $C_{p,\mathrm{m}}(\mathrm{l})=75.3\mathrm{J/(mol\cdot K)}$，$C_{p,\mathrm{m}}(\mathrm{g})=33.6\mathrm{J/(mol\cdot K)}$。在 373K、101.325kPa 下，水的摩尔蒸发焓 $\Delta_{\mathrm{l}}^{\mathrm{g}}H_{\mathrm{m}}=40.67\mathrm{kJ/mol}$。设水蒸气为理想气体，液体水的体积可忽略不计。

2-15　1.0mol、373.15K、101.325kPa 的液体水变成同温度下 40.53kPa 的水蒸气，求此过程的 ΔH 和 ΔU。已知在 373.15K、101.325kPa 下，水的摩尔蒸发焓 $\Delta_{\mathrm{l}}^{\mathrm{g}}H_{\mathrm{m}}=40.67\mathrm{kJ/mol}$。设水蒸气为理想气体，液体水的体积可忽略不计。

2-16　CO(g) 与 O_2(g) 的化学反应可以写成如下两个化学反应计量式：

(1) $CO(g)+\frac{1}{2}O_2(g)\longrightarrow CO_2(g)$　　(2) $2CO(g)+O_2(g)\longrightarrow 2CO_2(g)$

若反应掉 0.28kg CO(g)，分别按上面的两个化学反应计量式计算，反应进度各是多少？

2-17　298K 时将 10.0g 萘置于一含有适量氧气的容器中进行恒容燃烧，最终产物为 298K 的 CO_2(g) 和 H_2O(l)，过程放热 401.73 kJ，试求下列反应

$$C_{10}H_8(s)+12O_2(g)\longrightarrow 10CO_2(g)+4H_2O(l)$$

在 298K 时的恒压摩尔反应热。

2-18　用附录中标准摩尔生成焓数据，求下列反应在 298.15K 时的 $\Delta_{\mathrm{r}}H_{\mathrm{m}}^{\ominus}$ 及 $\Delta_{\mathrm{r}}U_{\mathrm{m}}^{\ominus}$。

(1) $4NH_3(g)+5O_2(g)\longrightarrow 4NO(g)+6H_2O(g)$

(2) $C_2H_4(g)+H_2O(g)\longrightarrow C_2H_5OH(l)$

(3) $3NO_2(g)+H_2O(l)\longrightarrow 2HNO_3(l)+NO(g)$

(4) $Fe_2O_3(s)+3C$(石墨)$\longrightarrow 2Fe(s)+3CO(g)$

2-19 用附录中标准摩尔燃烧焓数据，计算下列反应在 298.15K 时的 $\Delta_r H_m^{\ominus}$。

(1) $3C_2H_2(g)\longrightarrow C_6H_6(l)$ (2) $C_2H_4(g)+H_2(g)\longrightarrow C_2H_6(g)$

2-20 298K 时环丙烷（g）、石墨及 H_2(g) 的标准摩尔燃烧焓分别为－2029kJ/mol、－393.5kJ/mol 及－285.8kJ/mol，丙烯（g）的标准摩尔生成焓为 20.4kJ/mol。计算：

(1) 298K 时环丙烷（g）的标准摩尔生成焓；

(2) 298K 时环丙烷（g）异构化为丙烯（g）反应的标准摩尔反应焓 $\Delta_r H_m^{\ominus}$。

2-21 乙酸与乙醇的酯化反应为

$$CH_3COOH(l)+C_2H_5OH(l)\longrightarrow CH_3COOC_2H_5(l)+H_2O(l)$$

在 298.15K 时乙酸乙酯的标准摩尔燃烧焓为－2232.14kJ/mol，所需其他数据可查附录，求 298.15K 时此反应的标准摩尔反应焓。

2-22 $CH_3COOH(g)$的分解反应为 $CH_3COOH(g)\longrightarrow CH_4(g)+CO_2(g)$，$CH_3COOH(g)$、$CH_4(g)$ 和 $CO_2(g)$的平均摩尔定压热容分别为 66.5J/(mol·K)、35.31J/(mol·K) 和 37.11J/(mol·K)，其他数据从附录中查出。试求此化学反应在 1000K 时的标准摩尔反应焓。

2-23 生产固体 NaOH 的化学反应为 $2Na(s)+2H_2O(g)\longrightarrow 2NaOH(s)+H_2(g)$，反应中投入的金属钠为 298.15K，通入水蒸气的温度为 423K，反应生成物的温度均为 423K。每生产 100kg NaOH(s)反应放热多少？已知所涉及温度范围内 NaOH(s)、$H_2O(g)$和 $H_2(g)$的平均摩尔定压热容分别为 63.5J/(mol·K)、34.5J/(mol·K) 和 28.5J/(mol·K)。

2-24 求反应 C(石墨)$+H_2O(g)\longrightarrow CO(g)+H_2(g)$ 的标准摩尔反应焓 $\Delta_r H_m^{\ominus}$(398.15K)。已知此反应的 $\Delta_r H_m^{\ominus}$(298.15K) ＝133kJ/mol，各物质的平均摩尔定压热容为：

物质	C(石墨)	$H_2O(g)$	CO(g)	$H_2(g)$
$C_{p,m}$/[J/(K·mol)]	8.64	33.51	29.11	28.0

2-25 已知气态苯和液态苯在 298K 时的标准摩尔生成焓分别为 82.93kJ/mol 和 49.03kJ/mol，求苯在 298K 时的标准摩尔汽化焓。

2-26 一个体重 68kg 的人，由于体内新陈代谢，每天要产生约 1.25×10^4 kJ 的热量。(1) 若人是绝热系统，那么一天内人的体温将升高多少度？(2) 实际上人是敞开系统，为了保持体温恒定，其热量散失主要靠水分的蒸发。那么，为了保持体温恒定，一个人每天需要蒸发多少 kg 水？已知水的摩尔汽化焓为 43.3kJ/mol，水的恒压摩尔热容为 75.3J/(mol·K)。假设人的热容和水的热容相等。

2-27 75kg 的人一天代谢作用需要 10^7J 的能量，请计算需要摄取的蔗糖（$C_{12}H_{22}O_{11}$）或乙醇的量。已知：$\Delta_c H_m^{\ominus}(C_{12}H_{22}O_{11}, s)=-5.647$MJ/mol；$\Delta_c H_m^{\ominus}(C_2H_5OH, l)=-1.371$MJ/mol。

第三章　热力学第二定律

学习目标

1. 了解自发过程的共同特征，理解热力学第二定律的文字表述。

2. 了解熵判据的表达式和熵增原理，学会计算单纯 p、V、T 变化过程、相变和化学反应的熵变。

3. 明确吉布斯函数和亥姆霍兹函数的概念，了解 ΔG 和 ΔA 在特殊条件下的物理意义。较熟练地计算各种恒温过程的 ΔG。会用吉布斯函数判据判断过程进行的方向和限度。

4. 了解偏摩尔量和化学势的概念，了解化学势判据的表达式。

5. 了解理想气体及其混合物化学势表达式，理解逸度和逸度因子的概念，了解真实气体及其混合物化学势表达式。

6. 了解热力学基本方程及一些重要关系式。

从第二章中知道，热力学第一定律的实质是能量守恒定律对热力学封闭系统的应用，即在过程中，封闭系统自身热力学能、与环境交换的热和功之间相互转换。那么，在完全服从能量守恒定律的条件下，过程是否可以进行呢？过程进行的方向和限度如何判断呢？这是热力学第二定律要解决的问题。

第一节　热力学第二定律

如前所述，热力学第二定律要解决的问题是如何判断过程进行的方向和限度，它是人类长期实践经验总结出来的普遍规律。普遍性寓于特殊性之中，为了有助于理解热力学第二定律，有必要先讨论熟知的自然界中几种简单过程的方向和限度问题。

一、自然界中几种过程的方向和限度

（1）水总是自动地从高位流向低位　水在从高位流向低位的过程中，因有水位差而产生推动力，所以有对外做功的能力；当两水位相等时，没有水位差，系统达到平衡状态，没有做功能力。水决不会自动地从低位流向高位，除非借助水泵的外加功才行。

对于水流过程，可以表示如下：

$$\text{水(高水位}\ h_1\text{)}\xrightarrow[\text{有做功能力}]{\Delta h=h_2-h_1<0\text{,自发流动}}\text{水(低水位}\ h_2\text{)}$$

$$\text{水}(h)\xrightarrow[\text{无做功能力}]{\Delta h=0\text{,平衡态}}\text{水}(h)$$

水流的方向和限度可以用始、终状态的水位差进行判断。$\Delta h=h_2-h_1<0$ 时，自发流动；$\Delta h=0$ 时，平衡态。

（2）气体总是自动地从高压流向低压　气体在从高压流向低压的过程中，因有压力差而

产生推动力，故有对外做功能力；当两处压力相等时，则达到平衡状态，没有推动力，没有做功能力。气体决不会自动地从低压流向高压，除非借助于压缩机的外加功才行。

气流的过程可以表示如下：

$$\text{气体(高压 }p_1\text{)}\xrightarrow[\text{有做功能力}]{\Delta p=p_2-p_1<0\text{，自发流动}}\text{气体(低压 }p_2\text{)}$$

$$\text{气体(}p\text{)}\xrightarrow[\text{无做功能力}]{\Delta p=0\text{，平衡态}}\text{气体(}p\text{)}$$

气流的方向和限度可以用始、终状态的压力差进行判断。$\Delta p=p_2-p_1<0$ 时，气体自发流动；$\Delta p=0$ 时，平衡态。

(3) 热总是自动地从高温物体传向低温物体　热从高温物体传向低温物体，因有温差而产生推动力，具有对外界做功的能力；当两个物体温度相等时，达到平衡状态，无推动力，没有做功能力。热决不会自动地从低温物体传向高温物体，除非借助于冷冻机的外加功才行。

对于传热过程，可以表示如下：

$$\text{物体(高温 }T_1\text{)}\xrightarrow[\text{有做功能力}]{\Delta T=T_2-T_1<0\text{，自动传热}}\text{物体(低温 }T_2\text{)}$$

$$\text{物体(}T\text{)}\xrightarrow[\text{无做功能力}]{\Delta T=0\text{，平衡态}}\text{物体(}T\text{)}$$

传热的方向和限度可以用始、终状态的温度差进行判断，$\Delta T=T_2-T_1<0$ 时，自动传热；$\Delta T=0$ 时，平衡态。

自然界中其他自动进行的过程与以上三过程类同，而且有共同的特征和规律，这是显而易见的。但是研究的目的是要判断化学变化和相变化等复杂过程的方向和限度，为了解决这个问题，要先分析一下自动进行的过程有什么共同特征，然后总结出判断方法。

二、自发过程及其特征

自发过程是指不需人为地用外力帮助就能自动进行的过程，称为自发过程。而借助外力才能进行的过程称为非自发过程（或反自发过程）。在自然界中，有各种各样的自发过程。

如上所述，水自动从高位流向低位，气体自动从高压流向低压，热自动从高温物体传向低温物体，都是自发过程。

自发过程具有如下特征。

(1) 自发过程中有明显的推动力　此推动力可以用系统某状态函数的差值表示，例如，水流用水位差表示，气流用压力差表示，热流用温度差表示。

(2) 自发过程自动趋向平衡态（限度）　由于自发过程是不用另外提供能量可以自动进行的过程，所以随着过程的进行，推动力逐渐变小，直到推动力为零，达到平衡态。

(3) 自发过程有做功能力　借助于某种设备，可以对外做功。例如气流推动风车可以对外做功。

(4) 因为自发过程的逆过程不能自动进行，所以自发过程是热力学不可逆过程。人们发现，各种自发过程的不可逆性均与功热转化过程的不可逆性相联系。正是在研究功热转化及热机效率的过程中，人们总结出了热力学第二定律。

三、热力学第二定律的表达方式

热力学第二定律和热力学第一定律一样，是人们长期经验的总结。热力学第二定律的表述方法很多。这里只介绍人们最常引用的表达方式。

1. 克劳修斯（Clausius）说法（1850 年）

热不能自动地从低温物体传到高温物体。

2. 开尔文（Kelvin）说法（1851 年）

不可能从单一热源吸热使之完全变为功，而不引起任何其他变化。

对于开尔文说法，应当注意这里并没有说热不能完全变为功，而是说在不引起其他变化的条件下，从单一热源取出的热不能完全转变为功。例如理想气体恒温膨胀时，$\Delta U=0$，$W=-Q$，吸收的热全部变为功，但系统的体积变大了，压力变小了。开尔文说法指明了热功转化的不可逆性。

从单一热源吸取热量，使之完全变为功而不引起其他变化的机器称为第二类永动机。因此，开尔文说法也可表述为：第二类永动机是不可能造出来的。

热力学第二定律的各种说法均是等效的，如果某一种说法不成立，则其他说法也不会成立。这里就不再证明了。

第二节　熵和熵判据

在指定条件下，为了能够判断复杂过程进行的方向和限度，必须有用数学表达式表示的判据。本节将引入新的状态函数熵及熵判据。

一、熵

克劳修斯在研究卡诺循环时发现，始、终态相同的各种可逆过程的热温商之和 $\int_1^2 \delta Q_R/T$ 相等。可逆过程的热温商之和只决定于系统始、终态的这种性质正是状态函数改变量所具有的性质，因此可逆过程的热温商之和代表了某个状态函数的改变量。克劳修斯把这个状态函数称为熵，用符号 S 表示。定义：熵变等于可逆过程的热温商之和，即

$$\Delta S=\int_1^2 \frac{\delta Q_R}{T} \tag{3-1a}$$

式中，1 和 2 分别表示系统的始态和终态。若是无限小的变化，则有

$$\mathrm{d}S=\frac{\delta Q_R}{T} \tag{3-1b}$$

熵是广延性质，系统的熵等于系统各部分熵的总和。当系统处于一定状态时，系统的熵有唯一确定的值。当状态改变时，系统的熵变仅取决于始、终态，而与变化途径无关，即 $\Delta S=S_2-S_1$。熵的绝对值无法测定。由熵变定义式可知，熵的单位为 J/K。

熵的物理意义：玻耳兹曼（Boltzmann）用统计方法得出熵与系统内混乱度 Ω 之间的关系，称为玻耳兹曼关系式—— $S=k\ln\Omega$，式中 k 是玻耳兹曼常数。此式表明，系统的熵值随着系统内的混乱度增加而增大，所以熵是系统内混乱度的量度。后面的 ΔS 计算结果可以验证这一结论。

二、熵判据

克劳修斯还发现，不可逆过程的热温商之和 $\int_1^2 \delta Q_{IR}/T_{环}$ 小于熵变，即

$$\Delta S>\int_1^2 \frac{\delta Q_{IR}}{T_{环}} \tag{3-2}$$

式中，下标 IR 表示不可逆过程，$T_{环}$ 是环境温度（或热源温度）。在不可逆过程中，$T_{环}$ 一般不等于系统温度 T。将式(3-1a) 和式(3-2) 合并得

$$\Delta S \geqslant \int_1^2 \frac{\delta Q}{T_{环}} \quad \begin{cases} > 不可逆 \\ = 可逆 \\ < 不可能发生 \end{cases} \tag{3-3a}$$

上式称为克劳修斯不等式。它描述了封闭系统中任意过程的熵变与热温商之和在数值上的相互关系。因此，当系统发生状态变化时，只要设法求得该变化过程的熵变和热温商之和，比较二者大小，就可知道过程是否可逆。若热温商之和等于熵变，则过程为可逆过程，此时 $T=T_{su}$；若热温商之和小于熵变，则过程为不可逆过程，而且二者相差越大，过程的不可逆程度越大；热温商之和大于熵变的过程违反热力学第二定律，不能发生。

若变化无限小，则式(3-3a) 变为：

$$dS \geqslant \frac{\delta Q}{T_{环}} \quad \begin{cases} > 不可逆 \\ = 可逆 \\ < 不可能发生 \end{cases} \tag{3-3b}$$

克劳修斯不等式就是热力学第二定律数学表达式，是封闭系统任意过程是否可逆的判据。从这一普遍判据出发，可以得出各种具体条件下过程是否可逆或过程方向的判据。

1. 绝热系统熵判据

对于绝热系统，因为 $\delta Q=0$，故式(3-3a) 变为：

$$\Delta S_{绝热} \geqslant 0 \quad \begin{cases} > 不可逆 \\ = 可逆 \\ < 不可能发生 \end{cases} \tag{3-4}$$

上式表明，绝热系统若经历不可逆过程，则熵值增加；若经历可逆过程，则熵值不变。因此，绝热系统的熵永远不会减少。此结论就是绝热系统的熵增加原理。

2. 隔离系统熵判据

隔离系统与环境之间既没有物质交换也没有能量交换，不受环境影响。因此，隔离系统中若发生不可逆过程一定是自发进行的。对于隔离系统，式(3-3a) 变为：

$$\Delta S_{隔离} \geqslant 0 \quad \begin{cases} > 自发 \\ = 平衡（可逆） \\ < 不可能发生 \end{cases} \tag{3-5}$$

此式表明，隔离系统中的自发过程总是朝着熵增加的方向进行，直至达到熵值最大的平衡状态为止。在平衡状态时，系统的任何变化都一定是可逆过程，其熵值不再改变。因此，隔离系统的熵永远不会减少。此结论就是隔离系统熵增加原理。由此可知，熵不是守恒函数。

3. 总熵判据

在生产和科研中，系统与环境间一般有功和热的交换。这类系统发生一个不可逆过程时，系统的熵不一定增加。我们可将系统和与系统有联系那部分环境加在一起，作为大隔离系统，于是有

$$\Delta S_{总} = \Delta S + \Delta S_{环} \tag{3-6}$$

式中，$\Delta S_{环}$ 是环境熵变；$\Delta S_{总}$ 是大隔离系统熵变。毫无疑问，这个大隔离系统一定服从隔离系统熵判据。因此，可以用隔离系统熵判据来判断在这个大隔离系统中的过程是自发还是

已达平衡。

最后还应该指出，隔离系统熵增大原理只适用于有限宏观隔离系统，不适用于微观系统，也不适用于无限的宇宙。

第三节　物理过程熵变的计算

熵变等于可逆过程的热温商，即

$$\Delta S=\int_1^2\frac{\delta Q_{\rm R}}{T}\tag{3-1a}$$

这是计算熵变的基本公式。如果某过程不可逆，则利用 ΔS 与途径无关，在始、终态之间设计可逆过程进行计算。这是计算熵变的基本思路和基本方法。下面分别介绍环境及各个过程 ΔS 的计算方法。

一、$\Delta S_{环}$ 的计算

用总熵判据判断过程的方向和限度，不但要计算系统的熵变，还要计算环境的熵变。根据熵变的定义式(3-1a)，环境的熵变可用下式计算。

$$\Delta S_{环}=\int_1^2\frac{\delta Q_{\rm R,环}}{T_{环}}\tag{3-7a}$$

在一般情况下，环境（如大气、海洋）可以认为是一个巨大的热源，当系统与环境间发生有限的热量交换时，环境的温度 $T_{环}$ 和压力保持恒定，并且环境始终处于无限接近平衡的状态。也就是说，无论系统以什么方式（可逆或不可逆）从环境得到或失去热量，环境总是在恒温可逆条件下吸热或放热，于是上式变为：

$$\Delta S_{环}=\frac{Q_{\rm R,环}}{T_{环}}$$

当系统吸热（或放热）时，环境放出（或吸收）等量的热，即 $Q_{\rm R,环}=-Q$，代入上式得

$$\Delta S_{环}=-\frac{Q}{T_{环}}\tag{3-7b}$$

式中 Q 是实际过程中系统吸收或放出的热。

二、单纯 pVT 变化过程 ΔS 的计算

1. 恒温过程

恒温过程中，系统的温度 T 为常数，故式(3-1a) 变为：

$$\Delta S=\frac{Q_{\rm R}}{T}\tag{3-8a}$$

上式适用于封闭系统的恒温过程，如理想气体恒温过程、恒温相变等。对于理想气体恒温可逆过程，$\Delta U=0$

$$Q_{\rm R}=-W_{\rm R}=nRT\ln\frac{V_2}{V_1}=mRT\ln\frac{p_1}{p_2}$$

代入式(3-8a) 得：

$$\Delta S=nR\ln\frac{V_2}{V_1}=nR\ln\frac{p_1}{p_2}\tag{3-8b}$$

上式虽然是通过理想气体恒温可逆过程推出来的，但对于理想气体恒温不可逆过程（如向真

空膨胀）也是适用的。由上式可知，若 $p_1>p_2$，则 $\Delta S=S(p_2)-S(p_1)>0$，即 $S(p_2)>S(p_1)$。这说明在恒温下，一定量气态物质的熵随压力降低而增大。

压力对凝聚态物质的熵影响很小。所以，对于凝聚态物质的恒温过程，若压力变化不大，则熵变近似等于零，即

$$\Delta S=0$$

【例 3-1】 10mol 理想气体，在 298K 通过下列三种方式膨胀，使压力由 10^6 Pa 降到 10^5 Pa，试分别求算三个过程的 ΔS、$\Delta S_{环}$ 和 $\Delta S_{总}$，并判断过程的可逆性。(1) 恒温可逆膨胀；(2) 自由膨胀；(3) 反抗 10^5 Pa 的外压膨胀。

解：根据题意，将系统的始、终态及具体过程用如下框图表示。

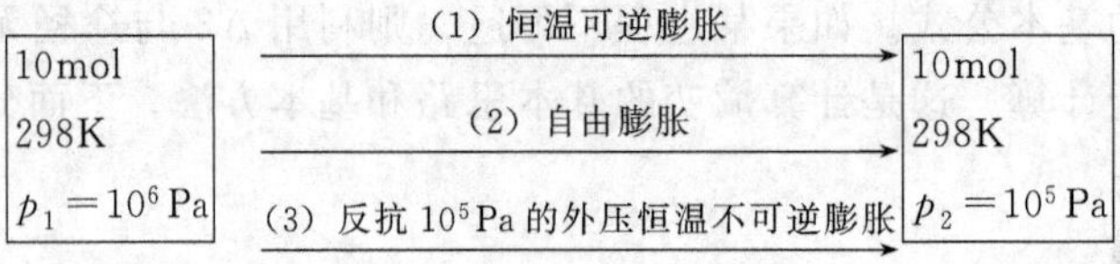

本题中三个恒温过程有相同的始态和终态，因此有相同的状态函数变化量。

$$\Delta S=nR\ln\frac{p_1}{p_2}=(10\times8.314\ln10)\ \mathrm{J/K}=191.4\mathrm{J/K}$$

$$\Delta U=\Delta H=0$$

(1) 恒温可逆膨胀

因为
$$Q_R=-W_R=nRT\ln\frac{p_1}{p_2}$$

所以
$$\Delta S_{环}=-\frac{Q_R}{T}=-nR\ln\frac{p_1}{p_2}=-191.4\mathrm{J/K}$$

$$\Delta S_{总}=\Delta S+\Delta S_{环}=0\quad 可逆过程$$

(2) 自由膨胀（$p_{环}=0$）

因为 $W=0$，则 $Q=-W=0$

所以
$$\Delta S_{环}=-\frac{Q}{T}=0$$

$$\Delta S_{总}=\Delta S+\Delta S_{环}=191.4\mathrm{J/K}>0$$

根据总熵判据可知，此过程是不可逆过程，且不需要环境做功就能进行，故是自发过程。

(3) 反抗 10^5 Pa 的外压恒温不可逆膨胀（$p_2=p_{环}$）

因为
$$W=-p_{环}(V_2-V_1)=-p_2\left(\frac{nRT}{p_2}-\frac{nRT}{p_1}\right)=-nRT\left(1-\frac{p_2}{p_1}\right)$$

所以
$$Q=-W=nRT\left(1-\frac{p_2}{p_1}\right)$$

$$\Delta S_{环}=-\frac{Q}{T}=-nR\left(1-\frac{p_2}{p_1}\right)=-10\times8.314\times\left(1-\frac{1}{10}\right)\mathrm{J/K}=-74.83\mathrm{J/K}$$

$$\Delta S_{总}=\Delta S+\Delta S_{环}=116.6\mathrm{J/K}>0$$

根据总熵判据可知，此过程是不可逆过程，且能对外做功进行，故是自发过程。

过程 (2) 和 (3) 均是自发过程，由于 $\Delta S_{总}(2)>\Delta S_{总}(3)$，所以过程(2) 的不可逆程

度比过程(3) 大。

2. 理想气体恒温混合过程

混合过程是经常遇到的物理过程，如溶液的配制、两种气体的混合、两种不同溶液的混合等。混合过程的熵变称为混合熵，以符号 $\Delta_{mix}S$ 表示，下标 mix 表示混合。

理想气体恒温混合过程是最简单的混合过程。因为理想气体分子间无作用力，彼此相互混合不会影响各自的状态，所以计算理想气体混合过程熵变时，可先分别计算各种气体的熵变，然后求和即可。

设在恒温下，将多种理想气体混合，其中任一组分 B 的状态变化为

$$\mathrm{B}\ [n_{\mathrm{B}},\ T,\ V_1\ (\mathrm{B}),\ p_1\ (\mathrm{B})] \longrightarrow \mathrm{B}\ [n_{\mathrm{B}},\ T,\ V,\ p_2\ (\mathrm{B})]$$

式中，V 是混合理想气体的总体积；p_2 (B) 是混合理想气体中 B 的分压。根据前述处理方法可知，此过程的混合熵

$$\Delta_{mix}S = \sum_{\mathrm{B}} \Delta S_{\mathrm{B}} = R\sum_{\mathrm{B}} n_{\mathrm{B}} \ln \frac{V}{V_1(\mathrm{B})} = R\sum_{\mathrm{B}} n_{\mathrm{B}} \ln \frac{p_1(\mathrm{B})}{p_2(\mathrm{B})} \tag{3-9a}$$

式中　n_{B}——理想气体混合物中组分 B 的物质的量，mol；

V_1(B) ——混合前组分 B 的体积，m^3；

p_1(B) ——混合前组分 B 的压力，Pa。

对于多种理想气体恒温恒压混合过程，由于 p_1(B) 等于理想气体混合物的总压 p，V_1(B) 就是混合理想气体中 B 的分体积，故有$\dfrac{p_2(\mathrm{B})}{p_1(\mathrm{B})}=\dfrac{V_1(\mathrm{B})}{V}=y_{\mathrm{B}}$，代入式(3-9a) 得

$$\Delta_{mix}S = -R\sum_{\mathrm{B}} n_{\mathrm{B}} \ln y_{\mathrm{B}} = -nR\sum_{\mathrm{B}} y_{\mathrm{B}} \ln y_{\mathrm{B}} \tag{3-9b}$$

应当指出，$\Delta_{mix}S = R\sum_{\mathrm{B}} n_{\mathrm{B}} \ln \dfrac{p_1(\mathrm{B})}{p_2(\mathrm{B})}$ 也适用于两部分压力不同的同种理想气体恒温混合的熵变计算。

【例 3-2】　如下图所示的系统，容器是绝热的，过程发生前，隔板两侧温度、体积相等，设两种气体为理想气体，试求抽去隔板后系统的 ΔS 和 $\Delta S_{隔离}$，证明过程是自发的。

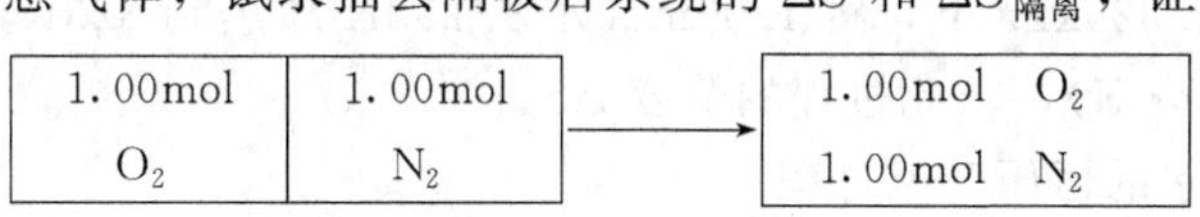

解　对O_2　　$V_1=V$　　$V_2=2V$

$$\Delta S(O_2)=nR\ln(V_2/V_1)=1.00\times 8.314\times \ln(2V/V)\mathrm{J/K} =5.76\mathrm{J/K}$$

对N_2　　$V_1=V$　　$V_2=2V$

$$\Delta S(N_2)=nR\ln(V_2/V_1)=1.00\times 8.314\times \ln(2V/V)\mathrm{J/K} =5.76\mathrm{J/K}$$

$$\Delta S=\Delta S(O_2)+\Delta S(N_2)=(5.76+5.76)\mathrm{J/K} =11.52\mathrm{J/K}$$

因为　　$Q=0$

所以　　$\Delta S_{环}=-Q/T_{环}=0$

$$\Delta S_{隔离}=\Delta S+\Delta S_{环} =(11.52+0)\mathrm{J/K}$$

$=11.52\text{J/K}$

因为 $\Delta S_{隔离}=11.52\text{J/K}>0$，所以此混合过程是自发的。

3. 恒容变温过程

一定量物质（气体、液体或固体）恒容变温可逆过程有

$$\delta Q_R=\delta Q_V=dU=nC_{V,m}dT$$

将上式代入式(3-1a) 可得恒容变温过程熵变的计算公式：

$$\Delta S=\int_{T_1}^{T_2}\frac{nC_{V,m}}{T}dT \tag{3-10a}$$

当 $C_{V,m}$ 可视为常数时，则

$$\Delta S=nC_{V,m}\ln\frac{T_2}{T_1} \tag{3-10b}$$

因为恒容变温过程热等于热力学能变，只取决于始、终态，而与变化是否可逆无关，故以上二式也适用于恒容变温不可逆过程。

4. 恒压变温过程

一定量物质（气体、液体或固体）恒压变温可逆过程均有

$$\delta Q_R=\delta Q_p=dH=nC_{p,m}dT$$

将上式代入式(3-1a) 得恒压变温过程熵变的计算公式

$$\Delta S=\int_{T_1}^{T_2}\frac{nC_{p,m}}{T}dT \tag{3-11a}$$

当 $C_{p,m}$ 可视为常数时，则

$$\Delta S=nC_{p,m}\ln\frac{T_2}{T_1} \tag{3-11b}$$

因为恒压变温过程热等于焓变，只取决于始、终态而与变化是否可逆无关，故以上二式也适用于恒压变温不可逆过程。

由式(3-10) 和式(3-11) 可知，若 $T_2>T_1$，则 $\Delta S=S(T_2)-S(T_1)>0$，即 $S(T_2)>S(T_1)$。这说明在恒容或恒压下，一定量物质的熵随温度升高而增大。

【例 3-3】 在 101.325kPa 下，将 1.00mol 水从 298K 加热到 323K，水在此温度范围内的 $C_{p,m}=75.4\text{J/(mol·K)}$，求此过程的熵变 ΔS。

解 过程为液体水的恒压升温过程

$$\begin{aligned}\Delta S&=nC_{p,m}\ln(T_2/T_1)\\&=1.00\times75.4\times\ln(323/298)\text{J/K}\\&=6.07\text{J/K}\end{aligned}$$

液体水在此恒压升温过程的熵变为 6.07J/K>0。计算结果表明：水的熵随温度升高而变大，原因是水的温度升高，其内部质点的混乱度变大。

5. 理想气体 p-V-T 同时改变的过程

计算公式

$$\Delta S=nC_{V,m}\ln\frac{T_2}{T_1}+nR\ln\frac{V_2}{V_1} \tag{3-12a}$$

$$\Delta S=nC_{p,m}\ln\frac{T_2}{T_1}+nR\ln\frac{p_1}{p_2} \tag{3-12b}$$

$$\Delta S=nC_{V,m}\ln\frac{p_2}{p_1}+nC_{p,m}\ln\frac{V_2}{V_1} \tag{3-12c}$$

式(3-12) 适用于理想气体封闭系统、没有其他功、$C_{V,\mathrm{m}}$为常量的单纯 p-V-T 同时变化的过程。

【例 3-4】 10mol H_2 由 25℃、10^5Pa 绝热压缩到 325℃、10^6Pa，H_2 的 $C_{p,\mathrm{m}}=29.1\,\mathrm{J/(mol\cdot K)}$，求此过程的 ΔS 并判断过程的可逆性。

解

H_2，10mol 25℃，10^5Pa	$\xrightarrow[\text{绝热压缩}]{\Delta S}$	H_2，10mol 325℃，10^6Pa

$$\Delta S=nC_{p,\mathrm{m}}\ln\frac{T_2}{T_1}+nR\ln\frac{p_1}{p_2}$$

$$=\left(10\times 29.1\ln\frac{598.15}{298.15}+10\times 8.314\ln\frac{10^5}{10^6}\right)\mathrm{J/K}=11.17\mathrm{J/K}>0$$

根据绝热系统熵判据，此过程是绝热不可逆过程，且需环境做功才能进行，故是反自发过程。

式(3-12) 的推导。

由热力学第一定律可知，当 p、V、T 同时发生变化时，微小的可逆热为

$$\delta Q_{\mathrm{R}}=\mathrm{d}U-\delta W_{\mathrm{R}}=\mathrm{d}U+p\mathrm{d}V$$

将理想气体的 $\mathrm{d}U=nC_{V,\mathrm{m}}\mathrm{d}T$ 和 $p=nRT/V$ 代入上式得

$$\delta Q_{\mathrm{R}}=nC_{V,\mathrm{m}}\mathrm{d}T+\frac{nRT}{V}\mathrm{d}V$$

将上式代入 $\Delta S=\int_1^2\frac{\delta Q_{\mathrm{R}}}{T}$，得

$$\Delta S=\int_{T_1}^{T_2}\frac{nC_{V,\mathrm{m}}}{T}\mathrm{d}T+\int_{V_1}^{V_2}\frac{nR}{V}\mathrm{d}V$$

若理想气体的 $C_{V,\mathrm{m}}$可视为常数，积分上式得

$$\Delta S=nC_{V,\mathrm{m}}\ln\frac{T_2}{T_1}+nR\ln\frac{V_2}{V_1} \tag{3-12a}$$

将 $V_2=nRT_2/p_2$ 和 $V_1=nRT_1/p_1$ 代入上式，整理，得

$$\Delta S=nC_{p,\mathrm{m}}\ln\frac{T_2}{T_1}+nR\ln\frac{p_1}{p_2} \tag{3-12b}$$

将 $T_2=\frac{p_2V_2}{nR}$和 $T_1=\frac{p_1V_1}{nR}$代入式(3-12a)，整理，得

$$\Delta S=nC_{V,\mathrm{m}}\ln\frac{p_2}{p_1}+nC_{p,\mathrm{m}}\ln\frac{V_2}{V_1} \tag{3-12c}$$

三、相变过程 ΔS 的计算

1. 可逆相变过程

在相平衡温度和相平衡压力下进行的相变，为可逆相变。因为可逆相变是恒温恒压且没有其他功的可逆过程，所以

$$Q_{\mathrm{R}}=Q_p=\Delta_\alpha^\beta H=n\Delta_\alpha^\beta H_{\mathrm{m}}$$

代入式(3-8a)，则可逆相变过程的熵变为：

$$\Delta_\alpha^\beta S=\frac{\Delta_\alpha^\beta H}{T}=\frac{n\Delta_\alpha^\beta H_{\mathrm{m}}}{T} \tag{3-13}$$

由于熔化和蒸发时吸热，故由上式可知，在同一温度、压力下，同一物质气、液、固三态的摩尔熵的数值有如下关系：$S_{\mathrm{m}}(\mathrm{s})<S_{\mathrm{m}}(\mathrm{l})<S_{\mathrm{m}}(\mathrm{g})$。

2. 不可逆相变

不是在相平衡温度和相平衡压力下进行的相变，为不可逆相变。例如，在常压、低于熔点（凝固点）的温度下过冷液体凝固成固体的过程，在一定温度、低于液体饱和蒸汽压力下液体蒸发成蒸汽的过程及在一定压力、高于沸点的温度下过热液体的蒸发过程等，均属于不可逆相变过程。

计算不可逆相变过程的熵变时，需要在始、终态之间设计一个可逆途径，该途径由可逆相变和可逆 p-V-T 变化过程构成。

【例 3-5】 已知 H_2O 的摩尔熔化焓 $\Delta_s^l H_m$（273.15K）＝6.01kJ/mol，$C_{p,m}(H_2O, l)$＝75.3J/(K·mol)，$C_{p,m}(H_2O, s)$＝37.6J/(K·mol)。试计算下列过程的 ΔS。

（1）在 273.15K，101325Pa 下 1mol 水凝结成冰；

（2）在 263.15K，101325Pa 下 1mol 过冷水凝结成冰。

解：（1）

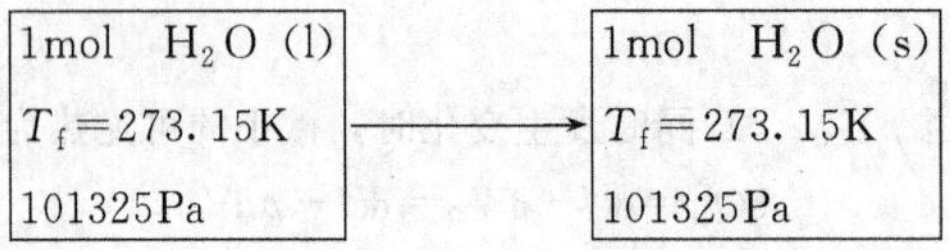

273.15K 是水的正常熔点。在 273.15K 和 101325Pa 下，水和冰可以平衡共存。所以，该结冰过程是可逆相变。根据式(3-13)

$$\Delta S=\frac{n\Delta_l^s H_m}{T_f}=-\frac{n\Delta_s^l H_m}{T_f}=-\frac{1\times 6.01\times 10^3}{273.15}\text{J/K}=-22.0\text{J/K}$$

（2）过冷水的结冰过程是不可逆相变，为求在始、终态之间的熵变，设计如下框图所示的可逆途径：

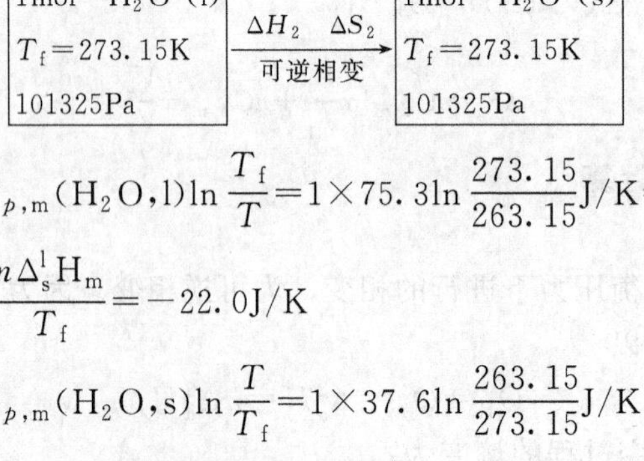

$$\Delta S_1=nC_{p,m}(H_2O,l)\ln\frac{T_f}{T}=1\times 75.3\ln\frac{273.15}{263.15}\text{J/K}=2.81\text{J/K}$$

$$\Delta S_2=-\frac{n\Delta_s^l H_m}{T_f}=-22.0\text{J/K}$$

$$\Delta S_3=nC_{p,m}(H_2O,s)\ln\frac{T}{T_f}=1\times 37.6\ln\frac{263.15}{273.15}\text{J/K}=-1.40\text{J/K}$$

$$\Delta S=\Delta S_1+\Delta S_2+\Delta S_3=-20.59\text{J/K}$$

应该指出，该过程虽然 $\Delta S<0$，但不能说这是不可能发生过程，因为这不是隔离系统，它不适用熵判据。要对此过程进行判断，还必须计算环境熵变。为了计算环境熵变，需首先计算此过程的热量。

$$\begin{aligned}\Delta H&=\Delta H_1+\Delta H_2+\Delta H_3\\&=C_{p,m}(H_2O,l)(T_f-T)+(-\Delta_s^l H_m)+C_{p,m}(H_2O,s)(T-T_f)\end{aligned}$$

$$=(37.6\times10-6010-75.3\times10)\text{J}=-5633\text{J}$$

$$\Delta S_{环}=-\frac{\Delta H}{T}=\frac{5633}{263.15}\text{J/K}=21.41\text{J/K}$$

$$\Delta S_{总}=\Delta S+\Delta S_{环}=(-20.59+21.41)\text{J/K}=0.82\text{J/K}>0$$

根据总熵判据可知，此过程是不可逆过程，且不需外力帮助就能进行，故是自发过程。

第四节　化学反应熵变的计算

因为一般化学反应都是在不可逆情况下进行的，其反应热不等于可逆热。所以，化学反应的熵变一般不能直接用反应热除以反应温度来计算。

为了计算化学反应的熵变，需要引出热力学第三定律。

一、热力学第三定律

热力学第三定律的内容：当热力学温度为 0K 时，纯物质完美晶体的熵值等于零，即

$$S^{*}_{(0\text{K},完美晶体)}=0 \tag{3-14}$$

式中　S^{*}——纯物质的熵，J/K。

所谓完美晶体就是没有任何缺陷的晶体，即晶体中所有质点（分子、原子或离子）均处于最低能级并且规则地排列在完全有规律的点阵结构中，形成具有唯一排布方式的晶体。例如 CO 分子晶体，若所有 CO 分子都按 COCOCOCO…方式排列时，它就是完美晶体；若有 COCOCOCO…和 COOCCOOC…两种方式排列时，则它就不是完美晶体。

二、标准摩尔熵

1. 规定摩尔熵

在热力学第三定律基础上，相对于 $S^{*}_{(完美晶体,0\text{K})}=0$ 求出单位物质的量的纯物质 B 在指定状态下的熵值，称为该物质 B 在该状态的规定摩尔熵。

2. 标准摩尔熵

物质 B 在温度 T 时的标准状态下的规定摩尔熵，称为该物质 B 在温度 T 时的标准摩尔熵，用符号“$S^{\ominus}_{\text{m}}(\text{B},T)$”表示。

各种物质在 298.15K 时的标准摩尔熵，可以从有关文献中查到。本教材的附录四给出一些物质的 $S^{\ominus}_{\text{m}}$（B，298.15K），供参考。

三、化学反应熵变的计算

1. 由标准摩尔熵求标准摩尔反应熵

有了各物质的标准摩尔熵数据，就可方便地求算化学反应的标准摩尔反应熵。对于任意化学反应 $a\text{A}+b\text{B}\longrightarrow y\text{Y}+z\text{Z}$，其在温度 T 时的标准摩尔反应熵等于产物的标准摩尔熵之和减去反应物的标准摩尔熵之和，即

$$\Delta_{\text{r}}S^{\ominus}_{\text{B}}(T)=yS^{\ominus}_{\text{m}}(\text{Y},T)+zS^{\ominus}_{\text{m}}(\text{Z},T)-aS^{\ominus}_{\text{m}}(\text{A},T)-bS^{\ominus}_{\text{m}}(\text{B},T)$$

上式可简写成

$$\Delta_{\text{r}}S^{\ominus}_{\text{m}}(T)=\sum_{B}\nu_{\text{B}}S^{\ominus}_{\text{m}}(\text{B},T) \tag{3-15}$$

2. 标准摩尔反应熵与温度的关系

若已知 $\Delta_{\text{r}}S^{\ominus}_{\text{m}}$（298.15K）和 $C_{p,\text{m}}(\text{B})$ 的数据，可由下式计算温度 T 时的标准摩尔反应熵 $\Delta_{\text{r}}S^{\ominus}_{\text{m}}(T)$：

$$\Delta_r S_m^{\ominus}(T)=\Delta_r S_m^{\ominus}(298.15\text{K})+\int_{298.15\text{K}}^{T}\frac{\Delta_r C_{p,m}}{T}dT \tag{3-16a}$$

式中 $\Delta_r C_{p,m}=\sum_B \nu_B C_{p,m}(B)$。若 $\Delta_r C_{p,m}$ 为常数，则上式变为：

$$\Delta_r S_m^{\ominus}(T)=\Delta_r S_m^{\ominus}(298.15\text{K})+\Delta_r C_{p,m}\ln\frac{T}{298.15} \tag{3-16b}$$

上式的适用条件和推导方法与求 $\Delta_r H_m^{\ominus}(T)$ 的基尔霍夫公式相同。

【例 3-6】 甲醇合成反应的化学反应方程式为

$$CO(g)+2H_2(g) \rightleftharpoons CH_3OH(g)$$

计算 423K 时此反应的标准摩尔反应熵。各物质 298.15K 时的标准摩尔熵及摩尔定压热容如下：

物质	CO(g)	H_2(g)	CH_3OH(g)
$S_m^{\ominus}$/[J/(mol·K)]	197.56	130.57	239.7
$C_{p,m}$/[J/(mol·K)]	29.04	29.29	51.25

解

$$\begin{aligned}\Delta_r S_m^{\ominus}(298.15\text{K})&=S_m^{\ominus}(CH_3OH)-S_m^{\ominus}(CO)-2S_m^{\ominus}(H_2)\\&=(239.7-197.56-2\times130.57)\text{J/(mol·K)}\\&=-219.0\text{J/(mol·K)}\end{aligned}$$

$$\begin{aligned}\Delta_r C_{p,m}&=C_{p,m}(CH_3OH)-C_{p,m}(CO)-2C_{p,m}(H_2)\\&=(51.25-29.04-2\times29.29)\text{J/(mol·K)}=-36.37\text{J/(mol·K)}\end{aligned}$$

$$\begin{aligned}\Delta_r S_m^{\ominus}(423\text{K})&=\Delta_r S_m^{\ominus}(298.15\text{K})+\Delta_r C_{p,m}\ln\frac{423}{298.15}\\&=\left(-219.0-36.37\ln\frac{423}{298.15}\right)\text{J/(mol·K)}=-231.7\text{J/(mol·K)}\end{aligned}$$

第五节 吉布斯函数和亥姆霍兹函数

大多数过程（如化学反应、相变及混合过程）通常在恒温恒容或恒温恒压条件下进行。这时，用熵函数判断变化过程的方向和限度时，除了要计算系统的熵变之外，还要计算环境的熵变，这不仅很不方便，有时环境熵变是无法计算的（如环境不是一个大热源）。在这两种特殊条件下，若引入亥姆霍兹函数和吉布斯函数，用它们的改变量作为判据，则可不必考虑环境性质的变化，十分方便。

一、亥姆霍兹函数与吉布斯函数

我们定义：

$$A=U-TS \tag{3-17}$$

$$G=H-TS=U+pV-TS=A+pV \tag{3-18}$$

式中，A 称为亥姆霍兹函数，简称亥氏函数；G 称为吉布斯函数，简称吉氏函数。因为 U、pV 和 TS 均为状态函数，故 A 和 G 也是状态函数，其值仅由状态决定，具有状态函数的特性。但是，A 和 G 本身没有物理意义。由定义式可以看出 A 和 G 是广延性质，单位为 J。由于 U 和 S 的绝对值无法确定，故 A 和 G 的绝对值也无法确定。

亥姆霍兹函数和吉布斯函数的推导

热力学第二定律微分式为：

$$dS \geqslant \frac{\delta Q}{T_{环}} \begin{cases} > 不可逆 \\ = 可逆 \\ < 不可能发生 \end{cases} \tag{3-3b}$$

将热力学第一定律微分式 $\delta Q = dU + p_{环}\,dV - \delta W'$ 代入上式，得

$$T_{环}\,dS - dU - p_{环}\,dV \geqslant -\delta W' \tag{3-19a}$$

因为 $\delta W = -p_{环}\,dV + \delta W'$，故上式可改写成

$$T_{环}\,dS - dU \geqslant -\delta W \tag{3-19b}$$

（以上二式称热力学第一定律和第二定律的联合公式，简称联合公式）。

在恒温恒压下，由于 $T = T_{su} =$ 常数，$p = p_{环} =$ 常数，则 $T_{环}\,dS = TdS = d\,(TS)$，$p_{环}\,dV = p\,d_V = d(pV)$，所以式(3-19a) 变为：

$$-d\,(U + pV - TS) \geqslant -\delta W'$$

定义　　$G = U + pV - TS = H - TS$

代入上式有　　$-dG_{T,p} \geqslant -\delta W'$　　(3-23a)

同理，在恒温下，由于 $T = T_{环} =$ 常数，则 $T_{环}\,dS = TdS = d\,(TS)$，式(3-19b) 变为：

$$-d\,(U - TS) \geqslant -\delta W$$

定义　　$A = U - TS$

代入上式有　　$-dA_T \geqslant -\delta W$　　(3-20a)

二、亥姆霍兹函数判据

据上面推导有

$$-dA_T \geqslant -\delta W \quad \begin{cases} > 不可逆 \\ = 可逆 \\ < 不可能发生 \end{cases} \tag{3-20a}$$

对于非无限小变化，则有

$$-\Delta A_T \geqslant -W \quad \begin{cases} > 不可逆 \\ = 可逆 \\ < 不可能发生 \end{cases} \tag{3-20b}$$

上式表明，在恒温下，封闭系统对外所做的总功（$-W$，为绝对值）不可能大于系统亥姆霍兹函数 A 的减少值（$-\Delta A_T$）。在恒温可逆过程中，系统对外所做的总功（$-W_R$，为最大总功）等于系统 A 的减小值；而在恒温不可逆过程中，系统对外所做的总功（$-W_{IR}$）小于系统 A 的减小值。所以，在恒温下，亥姆霍兹函数的减小值（$-\Delta A_T$）表示系统的做功能力。

在恒温恒容条件下，$dV=0$，$\delta W = -p_{环}\,dV + \delta W' = \delta W'$，则式(3-20a) 变为：

$$-dA_{T,V} \geqslant -\delta W' \tag{3-21a}$$

对于非无限小变化，则有

$$-\Delta A_{T,V} \geqslant -W' \quad \begin{cases} > 不可逆 \\ = 可逆 \\ < 不可能发生 \end{cases} \tag{3-21b}$$

上式表明，在恒温恒容下，封闭系统对外所做的非体积功（$-W'$，为绝对值）不可能大于系统亥姆霍兹函数 A 的减少值（$-\Delta A_{T,V}$）。在恒温恒容可逆过程中，系统对外所做的非体积功（$-W'_R$，为最大非体积功）等于函数 A 的减小值；而在恒温不可逆过程中，系统对外所做的非体积功（$-W'_{IR}$）小于函数 A 的减小值。

在恒温恒容且没有非体积功的条件下，由于 $\delta W = -p_{环}\,dV + \delta W' = 0$，则式(3-20a) 变为亥姆霍兹函数判据。

亥姆霍兹函数判据为：

$$\mathrm{d}A_{T,V,W'=0}\leqslant 0 \quad \begin{cases}<\text{自发}\\=\text{平衡（可逆）}\\>\text{不可能发生}\end{cases} \tag{3-22a}$$

对于非无限小变化，则有

$$\Delta A_{T,V,W'=0}\leqslant 0 \quad \begin{cases}<\text{自发}\\=\text{平衡（可逆）}\\>\text{不可能发生}\end{cases} \tag{3-22b}$$

式中“<”本来表示不可逆过程，但由于总功为零，所以是自发过程。上式表明，在等温等容且没有非体积功的条件下，封闭系统中的过程总是自发地向着亥姆霍兹函数 A 减少的方向进行，直至达到在该条件下 A 值最小的平衡状态为止。在平衡状态时，系统的任何变化都一定是可逆过程，其 A 值不再改变。这就是亥姆霍兹函数减少原理。

能量最低原则是自然界的普遍规律，亥姆霍兹函数减少原理是能量最低原则在恒温恒容且没有非体积功条件下的具体体现。

三、吉布斯函数判据

在恒温恒压下有

$$-\mathrm{d}G_{T,p}\geqslant -\delta W' \quad \begin{cases}>\text{不可逆}\\=\text{可逆}\\<\text{不可能发生}\end{cases} \tag{3-23a}$$

对于非无限小变化，则有

$$-\Delta G_{T,p}\geqslant -W' \begin{cases}>\text{不可逆}\\=\text{可逆}\\<\text{不可能发生}\end{cases} \tag{3-23b}$$

上式表明，在恒温恒压下，封闭系统对外所做的非体积功（$-W'$，为绝对值）不可能大于系统吉布斯函数 G 的减少值（$-\Delta G_{T,p}$）。在恒温恒压可逆过程中，系统对外所做的非体积功（$-W'_{\mathrm{R}}$，为最大非体积功）等于系统 G 的减小值；而在恒温恒压不可逆过程中，系统对外所做的非体积功（$-W'_{\mathrm{IR}}$）小于系统 G 的减小值。所以，在恒温恒压下，吉布斯函数的减小值（$-\Delta G_{T,p}$）表示系统的做功能力。

在恒温恒压且没有非体积功的条件下，式(3-23a) 和式(3-23b) 变为吉布斯函数判据。

$$\mathrm{d}G_{T,p,W'=0}\leqslant 0 \quad \begin{cases}<\text{自发}\\=\text{平衡（可逆）}\\>\text{不可能发生}\end{cases} \tag{3-24a}$$

$$\Delta G_{T,p,W'=0}\leqslant 0 \quad \begin{cases}<\text{自发}\\=\text{平衡（可逆）}\\>\text{不可能发生}\end{cases} \tag{3-24b}$$

上式表明，在等温等压且没有非体积功的条件下，封闭系统中的过程总是自发地向着吉布斯函数 G 减少的方向进行，直至达到在该条件下 G 值最小的平衡状态为止。在平衡状态时，系统的任何变化都一定是可逆过程，其 G 值不再改变。这就是吉布斯函数减少原理。吉布斯函数减少原理是能量最低原则在等温等压且没有非体积功条件下的具体体现。

四、热力学函数的一些重要关系式

已学过的热力学函数可分为两大类：一类是可直接测定的，如 p、V、T、$C_{V,m}$、$C_{p,m}$ 等；另一类是不能直接测定的，如 U、H、S、A、G 等。后一类函数中，U 和 S 是基本的状态函数，有一定的物理意义；而 H、A 和 G 是组合状态函数，本身没有物理意义，人为地引入这三个函数是为了应用的方便。U 和 H 主要用来进行能量计算，S、A 和 G 主要用来判断过程的方向和限度。实际应用这 5 个函数时，还需要找出各函数改变量间的关系，尤其需要找出可测函数与不可直接测定的函数间的关系。应用热力学第一定律和第二定律，可以推导出热力学函数的一些重要关系式。

1. 热力学基本方程

对于封闭系统没有非体积功的可逆过程，由于 $T=T_{su}$，$p=p_{su}$，$\delta W'=0$，所以式(3-19a) 变为：

$$dU=TdS-pdV \tag{3-25}$$

微分 $H=U+pV$，得

$$dH=dU+pdV+Vdp$$

将式(3-25) 代入上式得

$$dH=TdS+Vdp \tag{3-26}$$

同样方法可得：

$$dG=-SdT+Vdp \tag{3-27}$$

$$dA=-SdT-pdV \tag{3-28}$$

式(3-25)～式(3-28) 是四个十分重要的关系式，这一组关系式称为封闭系统的热力学基本方程。在这四个基本方程中，使用最多的是式(3-27)。

由推导过程可知，热力学基本方程适用于封闭系统没有非体积功的可逆过程（如可逆相变等)。由于热力学基本方程中只有状态函数及其变化，并且 U、H、A 和 G 的变化都只是两个变量的函数。所以，对于组成恒定的均相封闭系统没有非体积功的单纯 p-V-T 变化，无论过程是否可逆，热力学基本方程均适用（如理想气体绝热不可逆过程等)。

2. 对应系数关系式

利用状态函数的全微分性质，由上述四个热力学基本方程还可以得到四对关系式。由式(3-24) 可知，U 可表示为 S 和 V 的函数，即 $U=f(S,V)$，所以

$$dU=(\partial U/\partial S)_V dS+(\partial U/\partial V)_S dV$$

将上式与式(3-24)对照，可得

$$\left(\frac{\partial U}{\partial S}\right)_V=T \qquad \left(\frac{\partial U}{\partial V}\right)_S=-p$$

同理，由另外三个热力学基本方程可得出

$$\left(\frac{\partial H}{\partial S}\right)_p=T \qquad \left(\frac{\partial H}{\partial p}\right)_S=V$$

$$\left(\frac{\partial A}{\partial T}\right)_V=-S \qquad \left(\frac{\partial A}{\partial V}\right)_T=-p$$

$$\left(\frac{\partial G}{\partial T}\right)_p=-S \tag{3-29}$$

$$\left(\frac{\partial G}{\partial p}\right)_T=V \tag{3-30}$$

这八个关系式称为对应系数关系式，适用条件与热力学基本方程一样。这八个关系式表明，在一定条

件下，U、H、A、G 等的偏导数与系统的某一可测状态函数是等值的。这八个关系式中，最后两个非常重要，以后经常用到。

由式(3-29) 可知，由于系统的熵总是正值，所以在恒压下 G 将随 T 的升高而降低。而且系统的熵越大，则 G 受 T 的影响也越大。

由式(3-30) 可知，由于系统的体积总是正值，所以恒温下 G 将随 p 的增大而增加，系统的体积越大，G 受 p 的影响也越大。

第六节 恒温过程 ΔG 的计算

吉布斯函数 G 在化学中是极为重要的、应用最广泛的热力学函数，ΔG 的计算在一定程度上比 ΔS 的计算更为重要。本节仅讨论几种常见恒温过程 ΔG 的计算。

由 G 的定义不难推出，对于封闭系统的任意恒温过程，不论是化学反应还是物理过程，不论过程是否可逆，都有

$$\Delta G = \Delta H - T\Delta S \tag{3-31}$$

只要求得恒温过程的 ΔH 和 ΔS，就可由上式求出 ΔG。

对于单纯状态变化的恒温过程，由热力学基本方程式(3-27) 得

$$\Delta G = \int_{p_1}^{p_2} V\mathrm{d}p \tag{3-32}$$

由吉布斯函数判据式(3-23b) 可知，在恒温恒压可逆过程中

$$\Delta G = W'_{\mathrm{R}}$$

以上各式是计算恒温过程 ΔG 的基本公式。

一、单纯状态变化的恒温过程

对于理想气体恒温过程，因 $\Delta H=0$，由式(3-31) 和式(3-8b) 得

$$\Delta G = -T\Delta S = -nRT\ln\frac{V_2}{V_1} = nRT\ln\frac{p_2}{p_1} \tag{3-33}$$

上式也可由式(3-32) 导出。

对于凝聚物质的恒温过程，若压力变化不大，体积 V 可视为常数，故由式(3-32) 得

$$\Delta G = \int_{p_1}^{p_2} V\mathrm{d}p \approx V\Delta p \tag{3-34}$$

【例 3-7】 试比较 1mol 液态水与 1mol 理想气体在 300K 由 100kPa 增加到 1000kPa 时的 ΔG。已知 300K 时液态水的 $V_{\mathrm{m}}=0.01809\mathrm{L/mol}$。

解 1mol 液态水 $\Delta G_{\mathrm{m}}(\mathrm{l}) = V_{\mathrm{m}}(p_2 - p_1)$

$$= 0.01809\times10^{-3}\times(1000-100)\times10\mathrm{J} = 16.3\mathrm{J}$$

1mol 理想气体

$$\Delta G_{\mathrm{m}}(\mathrm{g}) = RT\ln\frac{p_2}{p_1} = 8.314\times300\ln\frac{1000}{100}\mathrm{J} = 5743.1\mathrm{J}$$

计算结果说明，在恒温下，压力对凝聚相吉布斯函数的影响比对气体的影响小得多。因此，当系统中既有气体又有凝聚相（液体或固体）时，可以忽略压力对凝聚相吉布斯函数的影响。

二、恒温恒压混合过程

不同物质恒温恒压混合过程的吉布斯函数变化可用下式计算：

$$\Delta_{mix}G=\Delta_{mix}H-T\Delta_{mix}S \tag{3-35}$$

对于多种理想气体恒温恒压混合过程，由于

$$\Delta_{mix}H=0$$

$$\Delta_{mix}S=-R\sum_{B}n_B\ln y_B$$

所以

$$\Delta_{mix}G=-T\Delta_{mix}S=RT\sum_{B}n_B\ln y_B \tag{3-36}$$

式中，n_B 和 y_B 分别为理想气体混合物中组分 B 的物质的量和物质的量分数。上式只适用于不同理想气体的恒温恒压混合过程。$\Delta_{mix}G<0$，说明不同理想气体的恒温恒压混合过程是自发过程。

三、相变

可逆相变是恒温恒压且没有其他功的可逆过程。根据吉布斯函数判据，由式(3-24) 得

$$\Delta_{\alpha}^{\beta}G=0 \tag{3-37}$$

恒温不可逆相变过程 ΔG 的计算通常需要设计可逆途径。该可逆途径由可逆相变和可逆 p-V-T 变化过程组成。

【例 3-8】 计算 1mol 水在 25℃和 101.325kPa 下蒸发成水蒸气过程的 ΔG，并判断此过程是否自发进行。已知：$C_{p,m}(H_2O,l)=75.3J/(K\cdot mol)$，$C_{p,m}(H_2O,g)=33.6J/(K\cdot mol)$，在 100℃和 101.325kPa 下水的摩尔蒸发焓 $\Delta_{vap}H_m=40.668kJ/mol$。

解 在 101.325kPa 上，25℃不是水与水蒸气的相平衡温度，所以水在此条件下的蒸发是不可逆相变。为计算该过程的 ΔH 和 ΔS，设计如下框图所示的可逆途径：

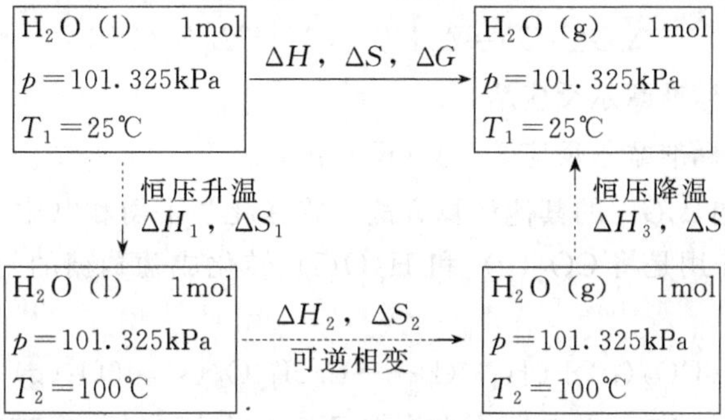

$$\Delta H_1=nC_{p,m}(H_2O,l)(T_2-T_1)=1\times75.3\times(373.15-298.15)J=5647.5J$$

$$\Delta H_2=n\Delta_{vap}H_m=4.0668\times10^4J$$

$$\Delta H_3=nC_{p,m}(H_2O,g)(T_1-T_2)=1\times33.6\times(298.15-373.15)J=-2520J$$

$$\Delta H=\Delta H_1+\Delta H_2+\Delta H_3=(5647.5+4.06\times10^4-2520)J=43795.5J$$

$$\Delta S_1=nC_{p,m}(H_2O,l)\ln\frac{T_2}{T_1}=1\times75.3\ln\frac{373.15}{298.15}J/K=16.896J/K$$

$$\Delta S_2=\frac{\Delta H_2}{T_2}=\frac{4.0668\times10^4}{373.15}J/K=108.896J/K$$

$$\Delta S_3=nC_{p,m}(H_2O,g)\ln\frac{T_1}{T_2}=1\times33.6\ln\frac{298.15}{373.15}J/K=-7.539J/K$$

$$\Delta S=\Delta S_1+\Delta S_2+\Delta S_3=(16.896+108.896-7.539)J/K=118.343J/K$$

$$\Delta G=\Delta H-T\Delta S=(43795.5-298.15\times118.343)J=8512\quad J>0$$

$\Delta G>0$ 说明此过程不能进行。

【例 3-9】 计算 1mol 水在 25℃和 101.325kPa 下蒸发成水蒸气过程的 ΔG，并判断此过程能否自发进行，哪个相稳定？已知在 298.15K 时水的饱和蒸气压为 3167.2Pa，水的 V_m = 0.01809L/mol。

解 这是恒温恒压不可逆相变，为求 ΔG 设计如下框图所示可逆途径：

$$H_2O\ (l,\ 298.15K,\ 101325Pa) \xrightarrow[\text{不可逆相变}]{\Delta G} H_2O\ (g,\ 298.15K,\ 101325Pa)$$

恒温降压 ΔG_1（↓） 理想气体恒温过程 ΔG_3（↑）

$$H_2O\ (l,\ 298.15K,\ 3167.2Pa) \xrightarrow[\text{可逆相变}]{\Delta G_2} H_2O\ (g,\ 298.15K,\ 3167.2Pa)$$

在 298.15K、饱和蒸气压为 3167.2Pa 下，液态水与水蒸气平衡，此相变是可逆相变，故 $\Delta G_2 = 0$。

$$\Delta G_1 = V(p_2 - p_1) = 0.01809 \times 10^{-3} \times (3167.2 - 101325)\text{J} = -1.78\text{J}$$

$$\Delta G_3 = nRT\ln\frac{p_2}{p_1} = 1 \times 8.314 \times 298.15\ln\frac{101325}{3167.2}\text{J} = 8590.31\text{J}$$

$$\Delta G = \Delta G_1 + \Delta G_2 + \Delta G_3 = (-1.78 + 8590.31)\text{J} = 8588.5\text{J} > 0$$

$\Delta G > 0$，说明此过程不可能发生。但其逆过程是可以自发进行。因此，在 25℃、101325Pa 下液态水是稳定相。

四、化学反应

对于任意化学反应，其在温度 T 时的标准摩尔反应吉布斯函数可用下式计算：

$$\Delta_r G_m^\ominus(T) = \Delta_r H_m^\ominus(T) - T\Delta_r S_m^\ominus(T) \tag{3-38}$$

式中 $\Delta_r H_m^\ominus(T)$——标准摩尔反应焓，kJ/mol；

$\Delta_r S_m^\ominus(T)$——标准摩尔反应熵，J/(K·mol)。

化学反应 $\Delta_r G_m^\ominus$ 和 $\Delta_r G_m$ 的其他计算方法，将在化学平衡和电化学这两章中介绍。

【例 3-10】 光合作用是将 $CO_2(g)$ 和 $H_2O(l)$ 转化成葡萄糖的复杂过程。其总反应方程式为：

$$6CO_2(g) + 6H_2O(l) \longrightarrow C_6H_{12}O_6(s) + 6O_2(g)$$

求此反应在 25℃时的 $\Delta_r G_m^\ominus$，并判断在此条件下反应是否自发。已知有关物质在 298.15K 时的数据如下：

物质	$CO_2(g)$	$H_2O(l)$	$C_6H_{12}O_6(s)$	$O_2(g)$
$\Delta_f H_m^\ominus$/(kJ/mol)	−393.51	−285.85	−1274.45	0
$S_m^\ominus$/[J/(K·mol)]	213.68	69.96	212.13	205.02

解

$$\Delta_r H_m^\ominus = \Delta_f H_m^\ominus(C_6H_{12}O_6, s) - 6\Delta_f H_m^\ominus(H_2O, l) - 6\Delta_f H_m^\ominus(CO_2, g)$$

$$= -1274.45 - 6 \times (-285.85) - 6 \times (-393.51)\text{kJ/mol} = 2801.71\text{kJ/mol}$$

$$\Delta_r S_m^\ominus = S_m^\ominus(C_6H_{12}O_6, s) + 6S_m^\ominus(O_2, g) - 6S_m^\ominus(H_2O, l) - 6S_m^\ominus(CO_2, g)$$

$$= (212.13 + 6 \times 205.02 - 6 \times 69.96 - 6 \times 213.68)\text{J/(K·mol)} = -259.59\text{J/(K·mol)}$$

$$\Delta_r G_m^\ominus = \Delta_r H_m^\ominus - T\Delta_r S_m^\ominus$$

$$= 2801.71 - 298.15 \times (-259.59) \times 10^{-3}\text{kJ/mol} = 2879.11\text{kJ/mol}$$

显然，上述化学反应在 25℃、10^5Pa 条件下是不能进行的。实际上此反应是在叶绿素和阳光作用下进行的。靠叶绿素吸收光能（光能属于其他功），然后转化成系统的吉布斯函数，使反应得以实现。

第七节　偏摩尔量和化学势

为了更方便地说明相变过程和化学反应过程的方向和限度，本节将引出化学势判据，该判据是在吉布斯函数判据的基础上推导出来的。为此，首先要介绍偏摩尔量和化学势。

一、偏摩尔量

热力学第一定律、第二定律中涉及的广延性质有 V、U、H、S、A 和 G，对纯物质 B 若分别各除以其物质的量 n_B 使得其相应的摩尔量，分别是 V_m、U_m、H_m、S_m、A_m 和 G_m。它们都是强度性质。

在研究化学反应、溶液性质和相平衡等问题时，时常遇到多组分的、组成可变的系统。实验表明，要确定一个多组分均相系统的状态，不但需要指明温度和压力两个状态函数，还需指明各个组分的物质的量。

人们发现，多组分均相系统的广延性质（除了质量和物质的量以外），一般不等于混合前各纯组分广延性质的总和。现以乙醇和水在混合前后体积的变化来说明。在 293K 和 101.325kPa 下，1g 乙醇的体积是 1.267cm^3。1g 水的体积是 1.004cm^3，若将乙醇与水以不同的比例混合，使溶液的总质量为 100g，实验结果如表 3-1 所示。

表 3-1　乙醇与水混合时的体积变化

乙醇质量分数 w	$V_{乙醇}/cm^3$	$V_{水}/cm^3$	混合前的体积相加值/cm^3	混合后的实际总体积/cm^3	偏差 $\Delta V/cm^3$
0.10	12.67	90.36	103.03	101.84	−1.19
0.20	25.34	80.32	105.66	103.24	−2.42
0.30	38.01	70.28	108.29	104.84	−3.45
0.40	50.68	60.24	110.92	106.93	−3.99
0.50	63.35	50.20	113.55	109.43	−4.12
0.60	76.02	40.16	116.18	112.22	−3.96
0.70	88.69	36.12	118.81	115.25	−3.56
0.80	101.36	20.08	121.44	118.56	−2.88
0.90	114.03	10.04	124.07	122.25	−1.82

从表中数据可以看出，溶液的体积不等于混合前两纯组分的体积之和；混合前后总体积的差值 ΔV 随浓度的不同而有所变化。这说明各组分在溶液中的状态与溶液浓度有关。

为了与纯态时的摩尔体积相区别，将单位物质的量的组分 B 在溶液中所占的体积，称为组分 B 在该溶液中的偏摩尔体积，用符号“V_B”表示。多组分均相系统中的其他广延性质亦有与偏摩尔体积相类似的偏尔摩量，用符号“X_B”表示。

1. X_B 的定义式

$$X_B=\left(\frac{\partial X}{\partial n_B}\right)_{T,p,n_C\neq n_B} \tag{3-39}$$

式中　X_B——多组分均相系统中组分 B 的广延性质 X 的偏摩尔量；

X——多组分均相系统中一种广延性质；

n_B——多组分均相系统中组分 B 的物质的量，mol；

$n_C \neq n_B$ ——多组分均相系统中组分 B 外的各组分的物质的量，mol；

T ——多组分均相系统的温度，K；

p ——多组分均相系统的压力，Pa。

多组分均相系统中各广延性质的偏摩尔量分别为：

偏摩尔体积 $V_B = \left(\frac{\partial V}{\partial n_B}\right)_{T,p,n_C \neq n_B}$

偏摩尔热力学能 $U_B = \left(\frac{\partial U}{\partial n_B}\right)_{T,p,n_C \neq n_B}$

偏摩尔焓 $H_B = \left(\frac{\partial H}{\partial n_B}\right)_{T,p,n_C \neq n_B}$

偏摩尔亥姆霍兹函数 $A_B = \left(\frac{\partial A}{\partial n_B}\right)_{T,p,n_C \neq n_B}$

偏摩尔吉布斯函数 $G_B = \left(\frac{\partial G}{\partial n_B}\right)_{T,p,n_C \neq n_B}$

X_B 定义式的引出。

设有一个由组分 B、C、D…组成的多组分均相系统，其任意广延性质 X（如 V、U、H、S、A、G 等）可以看做是 T、p、n_B、n_C、n_D…的函数，即

$$X = f(T, p, n_B, n_C, n_D \cdots)$$

当系统的温度、压力及各组分的物质的量发生无限小变化时，则 X 也会有相应的微小变化，其全微分为

$$dX = \left(\frac{\partial X}{\partial T}\right)_{p,n_C} dT + \left(\frac{\partial X}{\partial p}\right)_{T,n_C} dp + \sum_B \left(\frac{\partial X}{\partial n_B}\right)_{T,p,n_C \neq n_B} dn_B$$

式中，下标 n_C 表示所有组分的 n_B、n_C、n_D…都保持不变；$n_C \neq n_B$ 表示除组分 B 外其余组分的物质的量均保持不变；$\left(\frac{\partial X}{\partial n_B}\right)_{T,p,n_C \neq n_B}$ 在数学上为偏导数，所以得到偏摩尔量的定义式

$$X_B = \left(\frac{\partial X}{\partial n_B}\right)_{T,p,n_C \neq n_B}$$

当温度、压力一定时，则 $dX_{T,p} = \sum_B \left(\frac{\partial X}{\partial n_B}\right)_{T,p,n_C \neq n_B} dn_B$

$$= \sum_B X_B dn_B \tag{3-40a}$$

2. X_B 的物理意义

X_B 表示在一定温度、压力和组成条件下，在多组分均相系统中加入组分 B 无限小量 dn_B（这时各组分的浓度实际上保持不变），引起系统的广延性质 X 变化 dX，折合成每摩尔组分 B 导致广延性质 X 的变化量。或在一定温度、压力和组成条件下，在无限大量系统中加入单位物质的量的组分 B 时，引起系统广延性质 X 的变化量。

例如，在 293K、101.325kPa 下甲醇摩尔分数为 0.20 的甲醇溶液中，甲醇的偏摩尔体积 $V(CH_3OH)=37.80cm^3/mol$。其意义是，在 20℃、101.325kPa 及组成为 $x(CH_3OH)=0.20$ 的无限大量甲醇溶液中，加入 1mol 甲醇时对甲醇溶液体积的“贡献”（即体积的增量）是 $37.80cm^3$。

3. X_B 的集合式

在恒温恒压下，多组分均相系统的广延性质 X 等于各组分的物质的量 n_B 与其偏摩尔量 X_B 的乘积之和，即

$$X = \sum_B n_B X_B \tag{3-40b}$$

式中　X ——多组分均相系统的某一广延性质；

n_B ——多组分均相系统中组分 B 的物质的量；

X_B ——多组分均相系统中组分 B 的广延性质 X 的偏摩尔量。

若知道各个组分的某一热力学量的偏摩尔量及组成，就可由集合公式计算出混合系统的该热力学量。例如：

$$V=\sum_B n_B V_B \qquad S=\sum_B n_B S_B$$

$$U=\sum_B n_B U_B \qquad A=\sum_B n_B A_B$$

$$H=\sum_B n_B H_B \qquad G=\sum_B n_B G_B$$

4. 关于偏摩尔量的说明

① 只有系统的广延性质才有对应的偏摩尔量；

② 只有在恒温、恒压条件下，广延性质 X 随 n_B 的变化率才是偏摩尔量；

③ 偏摩尔量是强度性质，任何偏摩尔量都是温度、压力和组成的函数；

④ 纯物质的偏摩尔量就是其摩尔量，$X_B=X^*_{m,B}$。

5. 同一组分不同偏摩尔量之间的关系

热力学第一、二定律中，若将各状态函数之间关系式中的广延性质换成对应的偏摩尔量，关系式仍然成立。例如，由焓的定义式 $H=U+pV$，可得 $H_B=U_B+pV_B$。

重要关系式

$$G_B=H_B-TS_B$$

$$dG_B=-S_B dT+V_B dp$$

$$\left(\frac{\partial G_B}{\partial p}\right)_{T,n_C}=V_B$$

$$\left(\frac{\partial G_B}{\partial T}\right)_{T,n_C}=-S_B$$

二、化学势

1. 化学势的定义

系统中组分 B 的偏摩尔吉布斯函数，称为组分 B 的化学势，用符号“μ_B”表示。

μ_B 的定义式

$$\mu_B=G_B=\left(\frac{\partial G}{\partial n_B}\right)_{T,p,n_C\neq n_B} \tag{3-41}$$

2. 关于化学势的说明

① 化学势是强度性质；

② 化学势的绝对值未知；

③ 化学势的单位为 J/mol；

④ 纯物质的化学势等于其摩尔吉布斯函数，即 $\mu^*=G^*_m$。

3. 多组分组成可变的均相系统的热力学基本方程

表达式

$$dG=-SdT+Vdp+\sum_B \mu_B dn_B \tag{3-42}$$

$$dU=TdS-pdV+\sum_B \mu_B dn_B \tag{3-43}$$

$$dH=TdS+Vdp+\sum_B \mu_B dn_B \tag{3-44}$$

$$dA=-SdT-pdV+\sum_{B}\mu_{B}dn_{B} \qquad (3\text{-}45)$$

式(3-42)～式(3-45)为多组分组成可变的均相系统的热力学基本方程。它们适用于没有非体积功的、多组分组成可变的均相封闭系统和均相敞开系统的任意过程；也可用于多组分多相系统中的每一个相，因为多组分多相系统中的每一个相都可看作是一个均相敞开系统。

多组分组成可变的均相系统的热力学基本方程的推导。

多组分均相系统的吉布斯函数可看作是温度、压力和各组分的物质的量的函数，即

$$G=f(T,p,n_{B},n_{C},n_{D}\cdots)$$

其全微分为：

$$dG=\left(\frac{\partial G}{\partial T}\right)_{p,n_C}dT+\left(\frac{\partial G}{\partial p}\right)_{T,n_C}dp+\sum_{B}\left(\frac{\partial G}{\partial n_B}\right)_{T,p,n_C\neq n_B}dn_B$$

将化学势的定义式代入上式得

$$dG=\left(\frac{\partial G}{\partial T}\right)_{p,n_C}dT+\left(\frac{\partial G}{\partial p}\right)_{T,n_C}dp+\sum_{B}\mu_{B}dn_{B} \qquad (1)$$

对于组成不变的均相系统，根据封闭系统的热力学基本方程，$dG=-SdT+Vdp$

它们的对应系数应相等，即

$$\left(\frac{\partial G}{\partial T}\right)_{p,n_C}=-S \qquad \left(\frac{\partial G}{\partial p}\right)_{T,n_C}=V$$

把它们代入式(1)，得

$$dG=-SdT+Vdp+\sum_{B}\mu_{B}dn_{B} \qquad (3\text{-}42)$$

微分 $G=U+pV-TS$，将上式代入可得

$$dU=TdS-pdV+\sum_{B}\mu_{B}dn_{B} \qquad (3\text{-}43)$$

微分 $G=H-TS$，将式(3-42)代入，可得

$$dH=TdS+Vdp+\sum_{B}\mu_{B}dn_{B} \qquad (3\text{-}44)$$

微分 $G=A+pV$，将式(3-42)代入，可得

$$dA=-SdT-pdV+\sum_{B}\mu_{B}dn_{B} \qquad (3\text{-}45)$$

三、化学势判据

在恒温恒压且没有非体积功的条件下，多组分多相封闭系统中发生相变或化学反应时，有

$$dG=\sum_{\alpha}\sum_{B}(\mu_{B}^{\alpha}dn_{B}^{\alpha})_{T,p,W'=0}\leqslant 0 \quad \begin{cases}<0 & \text{自发过程}\\ =0 & \text{平衡态}\end{cases} \qquad (3\text{-}46)$$

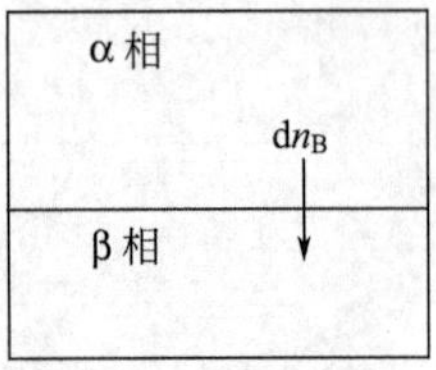

图 3-1　相间转移

这就是化学势判据，用于判断在恒温、恒压且没有非体积功的条件下，封闭系统中相变或化学反应的方向和限度。

现以封闭系统中的相变为例说明化学势判据的应用。

如图 3-1 所示，某封闭系统由 α 和 β 两相组成。两相中都有组分 B，它在两相中的化学势分别为 μ_B^{α} 和 μ_B^{β}。设在恒温恒压且没有非体积功的条件下，有无限小量 dn_B 的 B 物质由 α 相迁移到 β 相，根据化学势判据式(3-46)。

$$dG=dG^{\alpha}+dG^{\beta}=\mu_{B}^{\alpha}(-dn_{B})+\mu_{B}^{\beta}dn_{B}=(\mu_{B}^{\beta}-\mu_{B}^{\alpha})dn_{B}\leqslant 0 \quad \begin{pmatrix}< & \text{自发过程}\\ = & \text{平衡态}\end{pmatrix}$$

又因为 $dn_B>0$，

所以
$$\mu_B^\beta-\mu_B^\alpha\leqslant 0 \quad \begin{pmatrix} <0 & 自发过程 \\ =0 & 平衡态 \end{pmatrix} \tag{3-47}$$

此式表明，如果 $\mu_B^\beta<\mu_B^\alpha$，组分 B 将自发地由 α 相向 β 相迁移；如果 $\mu_B^\beta=\mu_B^\alpha$，组分 B 在两相中的分配已达平衡。由此可得出下列结论。

① 在恒温恒压且没有非体积功的条件下，在多相封闭系统中，物质总是自发地从它的化学势较高的相向它的化学势较低的相迁移，直到它在两相中的化学势相等时为止。

② 多组分多相封闭系统达到相平衡时，不但各相的温度、压力相等，而且每一组分在各相中的化学势也必须相等。

上述结论将在相平衡一章中用到。

化学势判据表达式(3-46) 的推导。

在恒温、恒压且没有非体积功的条件下，多组分多相封闭系统中发生相变或化学反应时，其中任一相 α 都可看作是一个均相敞开系统，由式(3-42) 得

$$dG^\alpha=\sum_B \mu_B^\alpha dn_B^\alpha$$

若系统内有 α、β 等相，则系统的吉布斯函数变化量应等于各相吉布斯函数变化量之和，即

$$dG=dG^\alpha+dG^\beta+\cdots=\sum_B \mu_B^\alpha dn_B^\alpha+\sum_B \mu_B^\beta dn_B^\beta+\cdots=\sum_\alpha\sum_B \mu_B^\alpha dn_B^\alpha$$

根据吉布斯函数判据和上式可得

$$dG_{T,p,W'=0}=\sum_\alpha\sum_B (\mu_B^\alpha dn_B^\alpha)_{T,p,W'=0}\leqslant 0 \quad \begin{cases} <0 & 自发过程 \\ =0 & 平衡态 \end{cases} \tag{3-46}$$

第八节 气体的化学势及逸度

前已述及，化学势的绝对值是未知的，要表示某物质在一定条件下的化学势，需要选择标准态作基准，标准态下的化学势称为标准化学势。要表示物质在同样温度下其他状态的化学势，就以标准化学势为基准，进而推导出其化学势的表达式。

一、理想气体的化学势

1. 纯理想气体的化学势

纯理想气体的化学势表达式为：

$$\mu^*(pg,T,p)=\mu^\ominus(pg,T)+RT\ln\frac{p}{p^\ominus} \tag{3-48}$$

式中 $\mu^*(pg,T,p)$——纯理想气体的化学势，J/mol；

$\mu^\ominus(pg,T)$——纯理想气体在标准态的化学势，对指定物质，$\mu^\ominus(pg,T)$ 只是温度的函数，J/mol；

R——摩尔气体常数，$R=8.314$J/(mol·K)；

T——纯理想气体的热力学温度，K；

p——纯理想气体的压力，Pa；

$p^\ominus$——标准态压力，10^5Pa。

由上式可知，压力 p 越大，μ^* (pg，T，p) 越大。因此，μ^* (pg，T，p) 是温度和压力的函数。

纯理想气体化学势表达式的推导。

依据化学势的定义式 $\mu_B = G_B = \left(\frac{\partial G}{\partial n_B}\right)_{T,p,n_C \neq n_B}$

对纯物质，化学势等于其摩尔吉布斯函数，

$$\mu^* = G_m$$

设 1mol 纯理想气体从温度 T 时的标准状态变化到同温度 T 时的指定状态，即

$$\begin{array}{|c|}\hline \text{1mol 纯理想气体} \\ T \quad p^\ominus \\ \mu^\ominus(\mathrm{pg},T) \\ \hline \end{array} \xrightarrow{\Delta\mu} \begin{array}{|c|}\hline \text{1mol 纯理想气体} \\ T \quad p \\ \mu^*(\mathrm{pg},T,p) \\ \hline \end{array}$$

因为 $\Delta\mu = \mu^*(\mathrm{pg},T,p) - \mu^\ominus(\mathrm{pg},T) = \Delta G_m$

$$dG = -SdT + Vdp$$

$$dT = 0 \qquad dG = Vdp$$

所以 $\Delta\mu = \Delta G_m = \int_1^2 dG_m = \int_{p^\ominus}^{p} V_m dp = \int_{p^\ominus}^{p} \frac{RT}{p} dp = RT\ln\frac{p}{p^\ominus}$

故 $\mu^*(\mathrm{pg},T,p) = \mu^\ominus(\mathrm{pg},T) + RT\ln\frac{p}{p^\ominus}$

2. 理想气体混合物中组分 B 的化学势

由于理想气体混合物分子间没有相互作用力，所以理想气体混合物中任意组分 B 的行为与该组分在同一温度下单独占有混合气体总体积时的行为相同。因此，理想气体混合物中任意组分 B 的化学势表示式与它处于纯态时的化学势表达式相同，即

$$\mu_B(\mathrm{pg},T) = \mu_B^\ominus(\mathrm{pg},T) + RT\ln\frac{p_B}{p^\ominus} \tag{3-49}$$

式中 $\mu_B(\mathrm{pg},T)$——理想气体混合物中组分 B 的化学势，J/mol；

$\mu_B^\ominus(\mathrm{pg},T)$——组分 B 在标准态的化学势，对指定组分 B，$\mu_B^\ominus(\mathrm{pg},T)$ 只是温度的函数，J/mol；

p_B——组分 B 的分压力，Pa。

利用理想气体混合物中组分 B 的化学势表达式，通过修正，可以引出真实气体的化学势表达式；另外，在相平衡和化学平衡两章中利用此表达式，将推导出重要方程和关系式。

二、真实气体的化学势和逸度

1. 纯真实气体的化学势

由于真实气体的行为不遵循理想气体状态方程，所以理想气体化学势表达式不适用于真实气体。如果用真实气体的状态方程 $V_m = f(p)$ 函数关系式代入式 $dG_m = V_m dp$ 积分，得到的结果不仅复杂，而且随气体的不同也不相同，这将对以后化学势的应用带来极大的不便。为了使真实气体的化学势表达式能保持理想气体化学势表达式的简单形式，路易斯(Lewis) 提出一个简单的方法，把压力 p 乘上一个校正因子“φ”进行校正，即

$$\tilde{p} = \varphi p \tag{3-50}$$

校正后的压力“$\tilde{p}$”称为气体的逸度，“φ”称为逸度因子。用 $\tilde{p}$ 代替纯理想气体化学势的表达式中的 p，就得到纯真实气体化学势的表达式。

$$\mu^*(\mathrm{g},T) = \mu^\ominus(\mathrm{pg},T) + RT\ln\frac{\tilde{p}}{p^\ominus} \tag{3-51}$$

式中 $\mu^*(\mathrm{g},T)$——纯真实气体的化学势，J/mol；

$\mu^{\ominus}(pg,T)$——纯理想气体在标准态的化学势，$\mu^{\ominus}(pg,T)$只是温度的函数，J/mol；

$\tilde{p}$——纯真实气体的逸度，Pa。

将 $\tilde{p}=\varphi p$ 代入上式，得

$$\mu^*(g,T)=\mu^{\ominus}(pg,T)+RT\ln\frac{p}{p^{\ominus}}+RT\ln\varphi=\mu^*(pg,T)+RT\ln\varphi$$

所以

$$RT\ln\varphi=\mu^*(g,T)-\mu^*(pg,T)$$

上式表明，$RT\ln\varphi$ 等于同温同压下纯真实气体化学势与纯理想气体化学势之差。因此，φ 反映了真实气体对理想气体在化学势方面的偏差程度，与本教材第一章中介绍的 Z 类似。φ 是量纲为一的量，也是系统的状态函数。

对于理想气体，逸度就等于压力，$\varphi=1$；对于真实气体，φ 的数值与温度、压力及气体种类有关。一般来说，在常温下，压力较低时，$\varphi<1$；压力较高时，$\varphi>1$。当压力趋于零时，真实气体趋于理想气体，逸度趋于压力，逸度因子趋于 1，即

$$\lim_{p\to 0}\frac{\tilde{p}}{p}=\lim_{p\to 0}\varphi=1$$

2. 纯真实气体的逸度

逸度是为了用理想气体化学势表达式的简单形式表示真实气体的化学势而引出的，所以，逸度可以看做校正后的有效压力，逸度的单位与压力相同，逸度也是状态函数。然而，逸度和压力是两个不同的概念，不能用 $\tilde{p}$ 代替气体状态方程中的 p。但采用逸度后，可使压力为 p 的真实气体的化学势在数值上与压力为 $\tilde{p}$ 的理想气体的化学势相等，这样使得真实气体的化学势在应用上很方便。

因为 $\tilde{p}=\varphi p$，所以逸度的计算归根到底是逸度因子的计算。计算逸度系数的方法很多。此处只介绍一种简便方法——对应状态法，即用普遍化逸度因子图进行计算，与利用压缩因子图计算 Z 类同。

真实气体的普遍化逸度因子图（或称牛顿图），如图 3-2 所示。如果知道了某一真实气体的温度和压力，只要查得该气体的临界温度和临界压力，计算出对比温度 T_r 和对比压力 p_r，就可从普遍化逸度因子图上查出逸度因子。

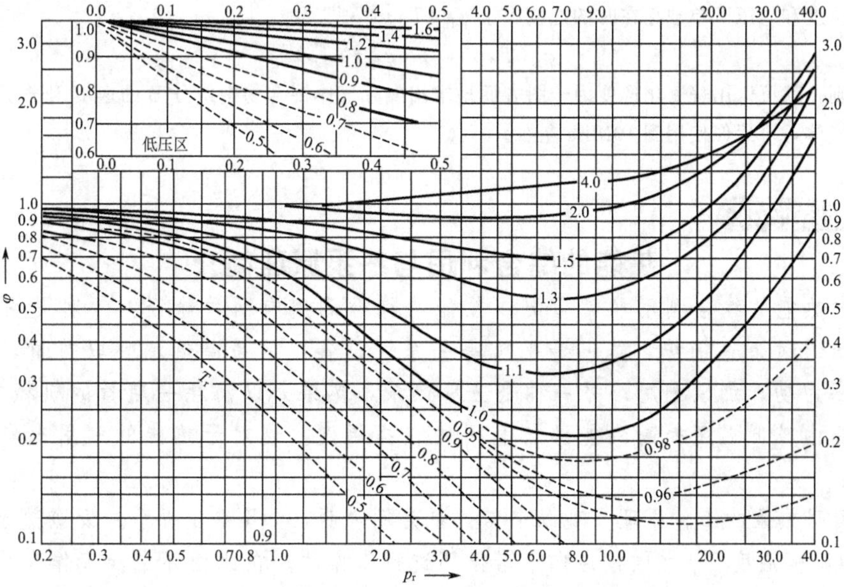

图 3-2　普遍化逸度因子图

【例 3-11】 试估算在 273.2K 和 1.013×10^7 Pa 时 N_2(g) 的逸度因子和逸度。

解 由临界参数表查得 N_2 (g) 的 $T_c=126$K，$p_c=3.39\times10^6$ Pa，所以

$$T_r=T/T_c$$
$$=273.2/126=2.17$$
$$p_r=p/p_c$$
$$=1.013\times10^7/(3.39\times10^6)=2.99$$

在普遍化逸度因子图中 $T_r=2.17$ 的等对比温度线上，找出 $p_r=2.99$ 时的逸度因子值

$$\varphi=0.97$$

所以

$$\tilde{p}=\varphi p$$
$$=0.97\times1.013\times10^7\,\text{Pa}=9.83\times10^6\,\text{Pa}$$

3. 真实气体混合物中组分 B 的化学势

与纯真实气体相类比，真实气体混合物中组分 B 的化学势表示式为：

$$\mu_B(g,T)=\mu_B^{\ominus}(pg,T)+RT\ln\frac{\tilde{p}_B}{p^{\ominus}} \tag{3-52}$$

$$\tilde{p}_B=\varphi_B p_B=\varphi_B p y_B \tag{3-53}$$

式中 $\mu_B(g,T)$——真实气体混合物中组分 B 的化学势，J/mol；

$\mu_B^{\ominus}(pg,T)$——组分 B 在标准态的化学势，J/mol；

$\tilde{p}_B$——组分 B 的逸度，Pa；

φ_B——组分 B 的逸度因子，单位为 1；

p——真实气体的总压力，Pa；

y_B——组分 B 的物质的量分数，单位为 1。

对指定组分 B，$\mu_B^{\ominus}$ (pg，T) 只是温度的函数。组分 B 的逸度 $\tilde{p}_B$ 可视为组分 B 的校正分压。

真实气体混合物中组分 B 的逸度因子是温度、压力和组成的函数，可根据路易斯-兰德尔（Lewis-Randall）规则进行估算。此规则的内容是：真实气体混合物中组分 B 的逸度因子 $\varphi_B(T,p,y_B)$ 等于组分 B 在混合气体的温度和总压下单独存在时的逸度因子 $\varphi_B^*(T,p)$，即

$$\varphi_B(T,p,y_B)=\varphi_B^*(T,p) \tag{3-54}$$

有了这个规则，就可以用普遍化逸度因子图方便地求出实际气体混合物中组分 B 的逸度因子了。这一规则对一些常见气体，可近似使用到 10MPa 左右。

阅读材料

热能的综合利用与热泵原理简介

工厂中热能的综合利用非常重要。热能的综合利用有两种途径：一种是利用厂内的工艺废热，通过余热锅炉、蒸汽透平机等一系列设备，从高温热源吸取热量，使其中部分热量转变为功，加以利用；另一种是应用热泵，热泵是以消耗一定量的机械功为代价，可以把热能由较低温度提高到能够被利用的较高温度，这对于热能的利用也具有很大的经济意义。

为了阐明热泵的工作原理，现以卡诺热泵为例说明，如图 3-3 所示。设该热泵是在环境温度 T_0 和所需温度 T_1 之间按逆向卡诺循环进行工作的。在此循环中，工作介质首先沿绝热线 1—2 膨胀，同时温度从 T_1 降到 T_0，然后沿等温线 2—3 膨胀，在等温膨胀中，工作

介质在温度 T_0 下从冷源（环境）吸取热量 Q_0。从状态 3 工作介质沿绝热线 3—4 被压缩，同时其温度由 T_0 升高到 T_1。最后沿等温线 4—1 被压缩，在等温压缩中，工作介质在温度 T_1 下向热源（受热体）放出热量 Q_1。

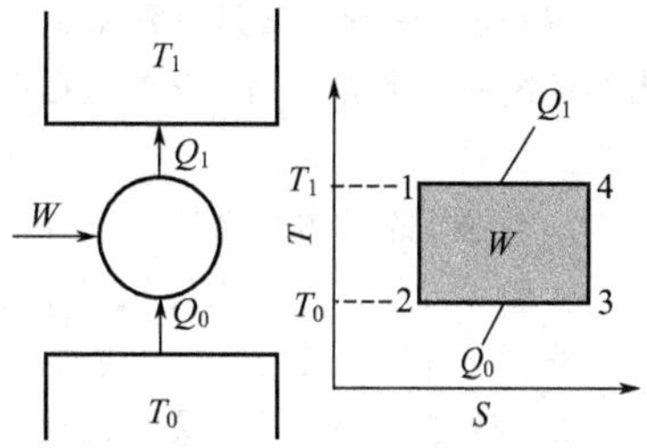

图 3-3　卡诺热泵示意图

逆向卡诺循环的结果是消耗机械功 W，把从恒温冷源 T_0 所得到得热量 Q_0 输送给恒温热源 T_1。此时，恒温热源所得到的热量为 Q_1。

$$Q_1 = Q_0 + W$$

即等于恒温冷源传给工作介质的热量和完成循环所消耗的机械功之和。

热泵的经济性一般用供热系数 ε_1 来衡量：

$$\varepsilon_1 = \frac{Q_1}{W}$$

因 $Q_1 = Q_0 + W$，故 ε_1 永远大于 1，假如 $\varepsilon_1 = 5$，表示消耗 1J 的功，可以获得 5J 的热量，显然这比直接燃烧燃料来获得热量更为有利。

工厂中有大量的低温废热，往往是白白地浪费掉。利用热泵可以把这些低温热能转变为高温热能，用于蒸发、蒸馏等工艺过程的加热，从而达到节约能源、降低成本的目的。例如，石油裂解深冷分离中最简单形式的热泵，是将制冷系统与精馏设备结合起来。制冷剂经压缩以后，用于精馏塔的再沸器作为加热介质，制冷剂本身被冷凝，然后将此液态制冷剂输送到塔顶蒸汽冷凝器管间蒸发，供给冷量，使塔顶蒸汽冷凝，制冷蒸汽重新去压缩，起到了热泵的作用。

本章小结

一切自发过程都是热力学不可逆过程。自发过程总是向着平衡状态进行。自发过程具有做功能力，而非自发过程必须消耗环境所做的功才能进行。这是区别不可逆过程是自发过程还是非自发过程的基本判据。所有自发过程的不可逆性都可归结为热功转化的不可逆性。

热力学第二定律是关于过程的方向与限度的客观规律，它解决了在一定条件下过程发生的可能性问题。

人们在研究热功转化的过程中，发现了状态函数熵和克劳修斯不等式：

$$\Delta S \geqslant \int_1^2 \frac{\delta Q}{T_{环}} \qquad \begin{cases} > \text{不可逆} \\ = \text{可逆} \\ < \text{不可能发生} \end{cases}$$

克劳修斯不等式就是热力学第二定律数学表达式，可判断封闭系统任意过程是否可逆。克劳修斯不等式应用于隔离系统，就成为隔离系统过程方向和限度的判据即

$$\Delta S_{隔离} \geqslant 0 \qquad \begin{cases} > \text{自发} \\ = \text{平衡（可逆）} \\ < \text{不可能发生} \end{cases}$$

将热力学第一定律数学表达式代入克劳修斯不等式，得到了联合公式。从联合公式出发，得到了恒温恒容条件下过程方向的判据——A 判据和恒温恒压条件下过程方向的判据——G 判据。因为绝大多数化学过程是在恒温恒压且没有其他功的条件下进行，故 G 判据用得最多。

从联合公式可得到封闭系统的四个热力学基本方程和八个对应系数关系式。它们可用来研究热力学系统的性质及其有关的规律。

偏摩尔量和化学势是研究和处理多组分多相系统的两个重要热力学量。化学势判据就是多组分多相封闭系统的 G 判据。由化学势判据可导出化学平衡和相平衡条件，结合各类物质化学势表达式可导出许多重要公式。

一、主要的基本概念

1. 自发过程：不需人为地用外力帮助就能自动进行的过程。

非自发过程：借助外力才能进行的过程。

2. 熵：①广延性质；②单位是 J/K；③熵是系统内混乱程度的量度；④ 熵变等于可逆过程的热温商，即 $\Delta S=\int_1^2 \frac{\delta Q_R}{T}$，这是计算熵变的基本公式。

3. 规定摩尔熵：在热力学第三定律基础上，计算出的单位物质的量的纯物质 B 在指定状态下的熵值。

标准摩尔熵：纯物质在标准状态下的规定摩尔熵。

4. 吉布斯函数：$G=H-TS$ ①广延性质；②绝对值未知；③单位是 J；④G 本身无明确的物理意义，但 $\Delta G_{T,p}=W_R'$。

5. 偏摩尔量 $X_B=\left(\frac{\partial X}{\partial n_B}\right)_{T,p,n_C\neq n_B}$，表示在温度、压力及除了组分 B 以外其余各组分的物质的量均不变的条件下，系统广延性质 X 随组分 B 的物质的量的变化率。①偏摩尔量是强度性质，是温度、压力和组成的函数。②纯物质的偏摩尔量就是其摩尔量。③在恒温恒压下，多组分均相系统的广延性质 X 等于各组分的物质的量 n_B 与其偏摩尔量 X_B 的乘积之和。即 $X=\sum_B n_B X_B$。

6. 化学势 $\mu_B=G_B=\left(\frac{\partial G}{\partial n_B}\right)_{T,p,n_C\neq n_B}$。理想气体混合物中任一组分 B 的化学势表达式为：

$$\mu_B(\mathrm{pg})=\mu_B^{\ominus}(\mathrm{pg},T)+RT\ln\frac{p_B}{p^{\ominus}}$$

真实气体混合物中任一组分 B 的化学势表达式为：

$$\mu_B(\mathrm{g})=\mu_B^{\ominus}(\mathrm{pg},T)+RT\ln\frac{\tilde{p}_B}{p^{\ominus}}$$

式中，$\tilde{p}_B=\varphi_B p_B=\varphi_B p y_B$ 且 $\lim_{p\to 0}\varphi_B=1$。

二、主要计算公式

本章着重介绍了各种过程的 ΔS 和恒温过程的 ΔG 计算及其如何正确运用它们作为过程方向的判据。本章主要计算公式如下：

1. 单纯 p-V-T 过程（$C_{V,m}$和 $C_{p,m}$为常数）

(1) 恒压变温过程 $\Delta S=nC_{p,m}\ln(T_2/T_1)$

恒容变温过程 $\Delta S=nC_{V,m}\ln(T_2/T_1)$

(2) 理想气体单纯 p-V-T 过程

$$\Delta S=nC_{V,m}\ln(T_2/T_1)+nR\ln(V_2/V_1)$$
$$\Delta S=nC_{p,m}\ln(T_2/T_1)+nR\ln(p_2/p_1)$$
$$\Delta S=nC_{V,m}\ln(p_2/p_1)+nC_{p,m}\ln(V_2/V_1)$$

(3) 理想气体恒温过程

$$\Delta G=-T\Delta S=-nRT\ln(V_2/V_1)=nRT\ln(p_2/p_1)$$

(4) 理想气体恒温恒压混合过程

$$\Delta_{mix}H=0$$

$$\Delta_{mix}S=-R\sum_B n_B\ln y_B$$

$$\Delta_{\mathrm{mix}}G = -T\Delta_{\mathrm{mix}}S = RT\sum_{\mathrm{B}} n_{\mathrm{B}}\ln y_{\mathrm{B}}$$

2. 可逆相变过程

$$\Delta_{\alpha}^{\beta}S=\frac{\Delta_{\alpha}^{\beta}H}{T}=\frac{n\Delta_{\alpha}^{\beta}H_{\mathrm{m}}}{T}$$

$$\Delta_{\alpha}^{\beta}G=0$$

不可逆相变过程中 ΔS、ΔG 的计算，通常需要在始、终态间设计一个可逆途径。

3. 化学反应

(1) 对于任意反应 $0=\sum_{\mathrm{B}}\nu_{\mathrm{B}}\mathrm{B}$，其 $\Delta_{\mathrm{r}}S_{\mathrm{m}}^{\ominus}$ (298.15K) 可用下式计算。

$$\Delta_{\mathrm{r}}S_{\mathrm{m}}^{\ominus}(298.15\mathrm{K}) = \sum_{\mathrm{B}}\nu_{\mathrm{B}}S_{\mathrm{m}}^{\ominus}(\mathrm{B},\ \beta,\ 298.15\mathrm{K})$$

$\Delta_{\mathrm{r}}S_{\mathrm{m}}^{\ominus}(T)$ 与 T 的关系为：

$$\Delta_{\mathrm{r}}S_{\mathrm{m}}^{\ominus}(T) = \Delta_{\mathrm{r}}S_{\mathrm{m}}^{\ominus}(298.15\mathrm{K}) + \int_{298.15\mathrm{K}}^{T}\frac{\Delta_{\mathrm{r}}C_{p,\mathrm{m}}}{T}\mathrm{d}T$$

式中，$\Delta_{\mathrm{r}}C_{p,\mathrm{m}}=\sum_{\mathrm{B}}\nu_{\mathrm{B}}C_{p,\mathrm{m}}(\mathrm{B})$，上式只适用于在 298.15K 和 T 之间参加反应的各物质均无相变的情况。

(2) 对于任意反应 $0=\sum_{\mathrm{B}}\nu_{\mathrm{B}}\mathrm{B}$，其 $\Delta_{\mathrm{r}}G_{\mathrm{m}}^{\ominus}(T)$ 可用下式计算。

$$\Delta_{\mathrm{r}}G_{\mathrm{m}}^{\ominus}(T)=\Delta_{\mathrm{r}}H_{\mathrm{m}}^{\ominus}(T)-T\Delta_{\mathrm{r}}S_{\mathrm{m}}^{\ominus}(T)$$

三、主要计算题类型

1. 单纯 p-V-T 过程

(1) 理想气体恒温过程及恒温混合过程 ΔS、ΔG 的计算

(2) 恒容或恒压变温过程 ΔS 的计算

(3) 理想气体 p-V-T 均变过程 ΔS 的计算

2. 任意相变过程 ΔS 和恒温相变过程 ΔG 的计算

3. 化学反应 $\Delta_{\mathrm{r}}S_{\mathrm{m}}^{\ominus}(T)$ 和 $\Delta_{\mathrm{r}}G_{\mathrm{m}}^{\ominus}(T)$ 的计算

四、如何解决化工过程的相关问题

用熵判据、亥姆霍兹函数判据、吉布斯函数判据或化学势判据等可以判断或说明化学反应和相变化等复杂过程进行的方向和限度。

思 考 题

1. 热力学第二定律的本质是什么？怎样利用熵判据、亥姆霍兹函数判据或吉布斯函数判据判断过程进行的方向和限度？

2. 自发过程与可逆过程的区别是什么？

3. 在隔离系统中，发生一个 $\Delta S>0$ 的过程，则此过程是______。

(1) 自发过程　　(2) 可逆过程

(3) 反自发过程　　(4) 不可能发生的假想过程

4. 热力学第三定律在本章中解决什么问题？

5. 如果一个化学反应的 $\Delta_{\mathrm{r}}H_{\mathrm{m}}$ 在一定的温度范围内可以近似看做不随温度变化，则其 $\Delta_{\mathrm{r}}S_{\mathrm{m}}$ 在此温度范围内也与温度无关。这种说法有无道理？

6. ΔG、ΔA 在什么过程中有物理意义？其物理意义是什么？

7. 下列说法是否正确？

（1）在可逆过程中封闭系统的熵不变。

（2）绝热过程都是等熵过程。

（3）一定量理想气体的熵是温度的函数。

（4）在 373.15K 和 101.25kPa 下，$H_2O(l)$ 的摩尔熵等于 $H_2O(g)$ 的摩尔熵。

（5）1mol 理想气体从始态（273K，101325Pa）在恒定外压 506625Pa 下恒温压缩到终态。经计算 $\Delta S=-13.38J/K$，$\Delta S_{环}=33.27J/K$，$\Delta S_{总}>0$，所以该过程自发进行。

（6）凡吉布斯函数减小的过程一定是自发过程，凡吉布斯函数增加的过程一定不能发生。

（7）自发过程一定是不可逆的，所以不可逆过程一定是自发的。

（8）当封闭系统处于平衡态时，系统的熵值最大，Gibbs 函数值最小。

（9）相变过程的熵变可以用公式 $\Delta S=\dfrac{\Delta H}{T}$ 来计算。

8. 试根据熵的物理意义定性地判断下列过程中系统的熵变大于零还是小于零。

（1）水蒸气冷凝成水

（2）$CaCO_3(s) \longrightarrow CaO(s)+CO_2(g)$

（3）乙烯聚合成聚乙烯

（4）气体在催化剂表面上吸附

（5）HCl 气体溶于水生成盐酸

9. 在 298K 和 101325Pa 下，反应 $H_2O(l) \longrightarrow H_2(g)+\frac{1}{2}O_2(g)$ 的 $\Delta_r G_m>0$，说明反应不能自发进行，但可以由电解水制备 H_2 和 O_2。二者有无矛盾？如何解释？

10. $H_2(g)$ 和 $O_2(g)$ 在绝热钢瓶中反应生成水，系统的温度升高了，此时______是正确的。

（1）$\Delta_r H=0$　　（2）$\Delta_r S=0$　　（3）$\Delta_r G=0$　　（4）$\Delta_r U=0$

11. 1mol 理想气体于 298K 发生恒温变化，做功 1490J，熵变 $\Delta S=5J/K$。试问可以用几种方法判断过程的可逆性？

12. 历史上曾提出过哪几类永动机？能不能制造出来？为什么？

13. 理想气体和真实气体化学势表达式的异、同点各是什么？

习　题

3-1　1.00mol 理想气体于 300K 时从 50.0dm³ 膨胀到 100dm³，计算过程的 ΔS。

3-2　200g 氧气由始态（25℃，150kPa）反抗恒定外压 50kPa 恒温膨胀到终态压力 50kPa。求过程的 ΔS。

3-3　3.0mol 某气体在一刚性容器中恒容加热，始态的温度为 25℃，终态的温度为 82℃，已知此气体的摩尔定容热容为 20.52J/(mol·K)，求此加热过程的熵变。

3-4　2.0mol 的 $NH_3(g)$，始态为 298K 和 10^6Pa。在恒压条件下加热到体积为原来的 3 倍，已知 $NH_3(g)$ 的 $C_{p,m}=44.4J/(mol \cdot K)$，试计算此过程的 ΔS。

3-5　10mol 某理想气体从 313K 冷却到 293K，同时体积从 250dm³ 变化到 50dm³，已知该气体的 $C_{p,m}=29.2J/(mol \cdot K)$，求此过程的熵变 ΔS。

3-6　在 100kPa 下，将 10.0g、285K 的水与 20.0g、345K 的水在绝热器中混合，已知水的比定压热容 $C_p=4.184J/(g \cdot K)$，求混合后的最终水温及过程的总熵变 ΔS；利用计算结果说明过程的自发性。

3-7　2.0mol 某理想气体在绝热条件下由 273.2K，1.0MPa 膨胀到 203.6K，0.10MPa，已知该理想气体的 $C_{p,m}=29.36J/(mol \cdot K)$，求此过程的 Q，W，ΔU，ΔH 和 ΔS。

3-8　5.0mol 某理想气体由始态（400K，200kPa）分别经下列不同过程变到该过程所指定的终态，已知该理想气体的 $C_{p,m}=29.1J/(mol \cdot K)$，试分别计算各过程的 Q、W、ΔU、ΔH 和 ΔS。（1）恒容加热到

600K；(2) 恒压冷却到 300K；(3) 反抗恒外压 100kPa，绝热膨胀到 100kPa；(4) 绝热可逆膨胀到 100kPa。

3-9　293K、100.0kPa、0.500m^3 的双原子理想气体，先恒压加热到体积 1.00m^3，再恒容冷却压力降至 75.0kPa，求全过程的熵变 ΔS。

3-10　在 101.325kPa 下，1mol Br_2(s) 从熔点 265.68K 变到沸点 334.55K 时的 Br_2(g)，计算过程的 ΔS。已知 Br_2(s) 的 $\Delta_s^l H_m$ (265.68K) = 10.81kJ/mol，Br_2(l) 的 $C_{p,m}$ = 71.43J/(mol·K)、$\Delta_l^g H_m$ (334.55K) = 29.18kJ/mol。

3-11　已知苯在 101.325kPa 的压力下的沸点是 353.1K，其摩尔蒸发焓是 30.878kJ/mol，液态苯的摩尔定压热容为 142.7J/(mol·K)。现将 2.00mol、53.0kPa 的苯蒸气在 353.1K 下压缩到 101.325kPa，然后凝结为液体苯，并将液体苯冷却到 333K，求整个过程的熵变 ΔS。(设苯蒸气为理想气体)

3-12　将温度均为 300K、压力均为 100kPa 的 100L 的 H_2(g) 与 40L 的 CH_4(g) 恒温恒压混合。求此过程 ΔS 和 ΔG。设 H_2(g) 和 CH_4(g) 均为理想气体。

3-13　在 293K 时，将 1.0mol 某理想气体由 100kPa 恒温可逆压缩到 250kPa，求此过程的 Q、W、ΔU、ΔH、ΔS、ΔA 和 ΔG。

3-14　2.0mol 理想气体从始态 (0℃，1013250Pa) 反抗恒定外压 101325Pa 恒温膨胀到平衡态，终态气体的体积等于始态体积的 10 倍。试求此过程的 Q、W、ΔU、ΔH、ΔS 和 ΔG。

3-15　1.0mol 水在 373.15K、101.325kPa 下变成同温同压的水蒸气，然后恒温可逆膨胀到 4.0×10^4Pa。已知水的正常沸点是 373.15K，该温度下水的摩尔蒸发焓为 40.67kJ/mol，求整个过程的 ΔH、Q、ΔU、W、ΔS、ΔA 及 ΔG。

3-16　10.0mol 过热水在 383K、101.325kPa 下气化，已知水在 373.15K、101.325kPa 下的摩尔蒸发焓为 40.67kJ/mol，水的摩尔定压热容为 75.3J/(mol·K)，水蒸气的摩尔定压热容为 33.6J/(mol·K)，求过程的 ΔH、ΔS 和 ΔG。

3-17　试根据 298.15K 下的标准摩尔生成焓和标准摩尔熵数据，求算下列反应在 298.15K 下的 $\Delta_r G_m^\ominus$。

(1) $CO(g)+2H_2(g) \longrightarrow CH_3OH(l)$

(2) $CH_4(g)+2O_2(g) \longrightarrow CO_2(g)+2H_2O(g)$

3-18　利用书后附录热力学数据，求下列反应在 25℃ 和 52℃ 的 $\Delta_r S_m^\ominus$。

(1) $CuO(s)+CO(g) \longrightarrow Cu(s)+CO_2(g)$

(2) $CH_4(g)+2O_2(g) \longrightarrow CO_2(g)+2H_2O(l)$

3-19　利用书后附录四标准摩尔生成焓和标准摩尔熵数据，计算下列反应的 $\Delta_r G_m^\ominus$ (298.15K)，并判断反应的可能性。

(1) $CH_4(g)+0.5O_2(g) \longrightarrow CH_3OH(l)$

(2) C(石墨) $+2H_2(g)+0.5O_2(g) \longrightarrow CH_3OH(l)$

3-20　某一化学反应在 298K、101.325kPa 下，若通过可逆电池进行反应，能做出的最大电功为 44.0kJ，若直接进行，放热 40.0kJ，求算该化学反应的 $\Delta_r G_m$ (298K) 和 $\Delta_r S_m$ (298K)。

3-21　试判断下列各过程中的 Q，W，ΔU，ΔH，ΔS，ΔG 和 ΔA 的数值哪些为零？哪些的绝对值相等？

(1) 理想气体等温可逆膨胀；

(2) 实际气体绝热可逆膨胀；

(3) 不同理想气体的恒温恒压混合；

(4) 在 0℃、101325Pa 下，水凝结成冰；

(5) H_2(g) 和 O_2(g) 在绝热钢瓶中生成水；

(6) 等温等压且不做非膨胀功的条件下，下列化学反应达到平衡：

$$H_2(g)+Cl_2(g) \longrightarrow 2HCl(g)$$

第四章 相 平 衡

学习目标

1. 了解相律的意义，并会简单应用。

2. 掌握饱和蒸气压与温度的关系，会利用克劳修斯-克拉贝龙方程进行有关计算。

3. 了解水的相图中点、线、区的含义及相图的应用。

4. 掌握拉乌尔定律和亨利定律。

5. 掌握稀溶液及理想液态混合物的蒸气压、液相组成、气相组成的相互计算。

6. 掌握稀溶液的依数性及有关计算。

7. 了解液-液萃取原理、气体的吸收原理、液体的蒸馏原理、水蒸气蒸馏原理等。

8. 掌握几种典型的二组分汽-液平衡相图、固-液平衡相图中点、线、区的含义及特点，学会用杠杆规则做相关计算，能用相图解决一些简单的分离提纯问题。

9. 了解液态混合物和溶液的异同点，了解液态混合物和溶液各组分化学势的表达式。

10. 了解活度和活度因子的定义和作用。

在化学化工等科研和生产中，原料和产品都要求有一定的纯度，因此常常要对原料或产品进行分离和提纯。常用的分离提纯方法有蒸馏、精馏、萃取、吸收和结晶等，它们已经成为重要的化工单元操作，其理论基础就是相平衡原理。因此，为了在生产中更好地运用分离提纯技术，选择分离方法、设计分离装置，实现最佳操作，就必须掌握相平衡的基本原理。

第一节 相 律

相律是多相平衡系统普遍遵循的规律，它描述了相平衡系统的相数、组分数、自由度数及外界影响因素（如温度、压力等）之间的定量关系。

一、相、组分及自由度

1. 相和相数

相是系统中物理性质、化学性质完全相同的均匀部分。相与相之间有明显的界面，在界面上，物理或化学性质发生突变，可以用物理方法分开。

系统中平衡共存相的总数称为相数，用符号“ϕ”表示。

对于气体，系统中无论含有多少种，只有一个气相（超高压气体除外），原因是气体能均匀混合。对于液体，要看互溶程度，有几个溶解达饱和的液层，就有几个液相。对于固体，彼此不互溶时，有几种固体就有几个固相；彼此互溶时，形成几种固态溶液（固溶体），便有几相。另外，物质有晶型变化的，由于不同晶形的物理性质不同（如热容折射率等），所以每一种晶型自成一相。例如，石墨与金刚石、单斜硫与正交硫共存都为两相。

同一种物质，由于条件不同，可以有不同的相和相数。例如，水在 101325Pa 下，当温度高于 373K 时，只有气态一相；当温度为 373K 时，则为气-液两相共存；当水蒸气的压力为 0.610kPa 和温度为 273K 时，则形成冰、水和水蒸气三相共存。

相平衡的条件：在一定的温度、压力下，物质B的α相和β相达平衡时，物质B在这两相中的化学势相等，即

$$\mu_B(\beta)=\mu_B(\alpha) \tag{4-1}$$

2. 物种数和组分数

系统中所含化学物质的种类数，称为物种数，用符号“S”表示。

不同聚集状态的同一种化学物质只能算一个物种。例如，水、水蒸气与冰共存时，物种数 $S=1$。

用来确定相平衡系统中各相组成所需的最少独立物种数称为组分数，用符号“C”表示。

一个相平衡系统的组分数可由下式计算：

$$C=S-R-R' \tag{4-2}$$

式中　C——组分数；

S——物种数；

R——独立的化学反应平衡式数；

R'——独立的浓度限制条件数。

例如，以系统中有 H_2、N_2 和 NH_3 三种气体的不同情况即可说明。

① 若三者间不发生化学反应又无其他限制条件，则 $R=0$，$R'=0$，$C=S=3$，即组分数与物种数相同。

② 若在某高温和有催化剂存在下发生化学反应，由于有下列化学平衡

$$N_2(g)+3H_2(g)\rightleftharpoons 2NH_3(g)$$

此时平衡系统中 $S=3$，$R=1$，$R'=0$，则 $C=3-1-0=2$，即描述该气相反应系统的组成可用其中的任意两种物质，因为只要任意确定两种物质，则第三种物质就必然存在，且其组成可由平衡常数所确定。

③ 如果再加以限制，使 N_2 和 H_2 的物质的量之比为 1∶3，则平衡时，N_2 和 H_2 的物质的量之比会保持 1∶3，即存在一个浓度关系的限制条件，则 $S=3$，$R=1$，$R'=1$，$C=3-1-1=1$。此时只要确定其中任意一种物质的组成，其他两种物质的组成便可由平衡常数和浓度限制条件确定。

必须注意的是，浓度限制条件只能是在同一相中几种物质的浓度之间存在着某种限制关系，在不同相中的物质间没有浓度限制关系。例如，碳酸钙的分解反应 $CaCO_3(s)\longrightarrow CaO(s)+CO_2(g)$，虽然 $CaO(s)$ 和 $CO_2(g)$ 都是由 $CaCO_3$ 分解而得到的，它们的物质的量相同，但 $CaO(s)$ 和 $CO_2(g)$ 不在同一相中，故不存在浓度限制条件，所以 $R'=0$，则 $C=S-R-R'=3-1-0=2$。

3. 自由度和自由度数

能维持相平衡系统中原有相数和相态不变，而在一定范围内可独立改变的强度变量，称为自由度。

自由度的数目称为自由度数，用符号“F”表示。

自由度数也是描述相平衡系统状态所需的最少强度变量数。相平衡系统中的强度变量常

指温度、压力和组成。

例如由水组成的系统。

① 系统中只有液态水时，可以在一定范围内任意改变其压力和温度，仍能保持水为原来的液相。因此，该系统有两个可以独立改变的强度变量，或者说它的自由度数为 2。

② 当水和水蒸气平衡共存时，温度和压力两个变量中只有一个可以独立改变。例如水在 373K 时，其饱和蒸气压只能是 101325Pa，指定了温度，压力就不能再任意改变，故此时自由度数为 1。

③ 系统中水、水蒸气和冰三相平衡共存时，系统的温度必须是 273.16K，压力必须是 0.610kPa，温度和压力都不能改变，所以自由度数为零。

上述三种情况，可归纳如下：

	相数（ϕ）	自由度数（F）	$\phi+F$
(1)	1	2	3
(2)	2	1	3
(3)	3	0	3

因为纯水的组分数为 1，由此得出单组分系统在只考虑温度和压力影响时，相数、自由度数和组分数之间存在着如下的关系：

$$\phi+F=C+2$$

同样对双组分或三组分系统也可以得出这一关系，这就是相律。

二、相律

1. 相律的数学表达式

$$F=C-\phi+2 \tag{4-3}$$

式中 F ——自由度数；

ϕ ——相平衡系统的相数；

2 ——温度和压力两个外界条件。

如果影响相平衡的外界因素不只温度、压力，例如，同时还考虑重力场、电磁场等因素对平衡的影响时，则以 n 代替 2，可得到相律的更普遍形式。

$$F=C-\phi+n$$

对于只有固相和液相的凝聚系统，因外压对平衡影响很小，通常压力不大时可以忽略，则相律为 $F=C-\phi+1$。该式也适用于温度或压力恒定的系统。

2. 相律的应用

相律描述了相平衡系统的普遍规律，可以应用热力学原理推导出来。它适用于各种相平衡的系统。

应用相律可确定 ϕ、C、F 等变量的数量及关系，检验实验做得是否正确，在相平衡的研究中起重要的指导作用。

【例 4-1】 系统中有 C(s)、CO(g)、CO_2(g)、H_2O(g)、H_2(g)五种物质，求在 1000℃达到化学平衡时的物种数、组分数和自由度数。

解 这五种物质可建立 3 个化学平衡，即

(1) $H_2O(g)+C(s) \rightleftharpoons H_2+CO(g)$

(2) $CO_2(g)+H_2(g) \rightleftharpoons CO(g)+H_2O(g)$

(3) $CO_2(g)+C(s) \rightleftharpoons 2CO(g)$

但式(3)=式(1)+式(2)，故独立的化学反应平衡关系式只有两个，即 $R=2$，各物质之间无浓度限制条件，$R'=0$，所以

$$S=5$$

$$C=S-R-R'=5-2-0=3$$

因温度已指定，故 $F=C-\phi+1=3-2+1=2$

说明在温度一定时，独立变量是压力、组成 x_1、组成 x_2 三者之中的任意两个。

必须注意：独立的化学平衡，是指那些不能用线性组合的方法由其他反应导出的反应平衡。因此题中的 R 为 2，而不是 3。

【例 4-2】 试以相律来讨论下面反应的相平衡系统的自由度数

$$NH_3(g)+HCl(g) \longrightarrow NH_4Cl(s)$$

(1) 以等物质的量比的 NH_3 与 HCl 开始；(2) 以任意量的 NH_3、HCl、NH_4Cl 开始；(3) 抽空的密闭容器中放入 NH_4Cl (s)。

解 (1) 因为 $S=3$ $R=1$ $R'=1$

$$C=3-1-1=1$$

所以 $F=C-\phi+2=1-2+2=1$

这说明系统为单自由度系统，即 T、p、$NH_3(g)$或 HCl(g)的浓度等四个变量中，有一个确定其他三个随之而定，系统的状态便被确定了。

(2) 因为 $R=1$ $C=3-1-0=2$

所以 $F=C-\phi+2=2-2+2=2$

即四个变量中任意确定 2 个，系统的状态便确定了。

(3) 抽空的密闭容器说明有一个浓度限制条件，即 $R'=1$，此种情况与 (1) 相同。

【例 4-3】 碳酸钠与水可组成下列几种化合物：

$$Na_2CO_3 \cdot H_2O,\ Na_2CO_3 \cdot 7H_2O,\ Na_2CO_3 \cdot 10H_2O$$

(1) 说明在 101.325kPa 下，与碳酸钠水溶液和冰共存的含水盐最多可能有几种；

(2) 说明在 303.2K 时，可以与水蒸气平衡共存的含水盐最多可能有几种？

解 (1) $F=C-\phi+1$ (恒压)

$$C=S-R-R'$$
$$=5-3-0=2$$
$$F=2-\phi+1=3-\phi$$

若含水盐最多，即相数最多，则 $F=0$，$\phi=3$，因为系统中 Na_2CO_3 的水溶液和冰为两相，所以系统中最多有一种含水盐。

(2) $F=C-\phi+1$ (恒温)

$$C=S-R-R'$$
$$=5-3-0=2$$
$$F=2-\phi+1=3-\phi$$

若含水盐最多，即相数最多，则 $F=0$，$\phi=3$，因为系统中有水蒸气为 1 相，所以与水蒸气平衡共存的含水盐最多可能有两种。

但是究竟是哪两种含水盐，相律无法回答，包括 (1) 中到底是哪一种含水盐，相律也不能明确指出。

由此可见，通过相律，我们可以知道相平衡系统中有几个自由度，或有几个相平衡共存，但不能指明具体是哪几个独立变量和哪些相。要解决这些问题，需要依靠系统的相图。

相律表达式的推导。

对相平衡系统，有如下关系式：

$$\text{自由度数 } F = \text{总变量数} - \text{总关系式数}$$

设一相平衡系统中有 S 种物质，有 ϕ 个相，而且每一相中都有 S 种物质分布，每一种物质在各相中具有相同的分子形式。

1. 总变量数

(1) 温度变量 T

(2) 压力变量 p

(3) 浓度变量 x　在同一相中，有 $(S-1)$ 个浓度变量，ϕ 个相中有 $\phi(S-1)$ 个浓度变量。

所以总变量数为：

$$\phi(S-1)+2$$

2. 总关系式数

(1) 化学势等式数　依据相平衡条件，在相平衡系统中，同一种物质在各平衡相中的化学势相等。若两相平衡，一种物质有一个化学势等式，系统中有 ϕ 个相，一种物质有 $(\phi-1)$ 个化学势等式，S 种物质有 $S(\phi-1)$ 个化学势等式。

(2) 独立的化学反应平衡式数 R

(3) 独立的浓度限制条件数 R'

所以总关系式数为：

$$S(\phi-1)+R+R'$$

3. 自由度数 F

$$F=[\phi(S-1)+2]-[S(\phi-1)+R+R']$$

即

$$F=S-R-R'-\phi+2$$

令

$$C=S-R-R'$$

则

$$F=C-\phi+2$$

第二节　单组分系统相图

相图是用来表示相平衡系统中各相的组成与温度、压力之间关系的图形。

在所有的相图中，单组分系统的相图最为简单，故首先从学习单组分系统的相图开始。

对于单组分系统，只有一种物质，据相律 $F=1-\phi+2=3-\phi$ 可知，最多可有三相平衡共存，自由度数最多为 2，即最多有温度和压力两个独立变量。因此单组分系统的相平衡关系，可用 p-T 平面图形描述。

现以水的相图为例加以讨论。

一、相图的绘制

相图是根据相平衡实验数据绘制的，通过实验测得水在不同的两相平衡时温度与压力的数据，结果如下：

气-液平衡数据（水在不同温度时的饱和蒸气压）

温度 T/K	258	263	268	273.16	293	313	333	353	373	423
蒸气压 p/kPa	0.19	0.29	0.42	0.61	2.34	7.38	19.92	47.34	101.3	476.0

气-固平衡数据（冰在不同温度时的饱和蒸气压）

温度 T/K	253	258	263	268	273.16
蒸气压 p/kPa	0.103	0.165	0.260	0.414	0.610

液-固平衡数据（水和冰在不同温度时的平衡压力）

温度 T/K	253	258	263	268	273.16
平衡压力 p/kPa	193.5×10^3	156.0×10^3	110.4×10^3	59.8×10^3	0.610

据上述实验数据，以压力为纵坐标，温度为横坐标作图，得到水的相图，如图 4-1 所示。

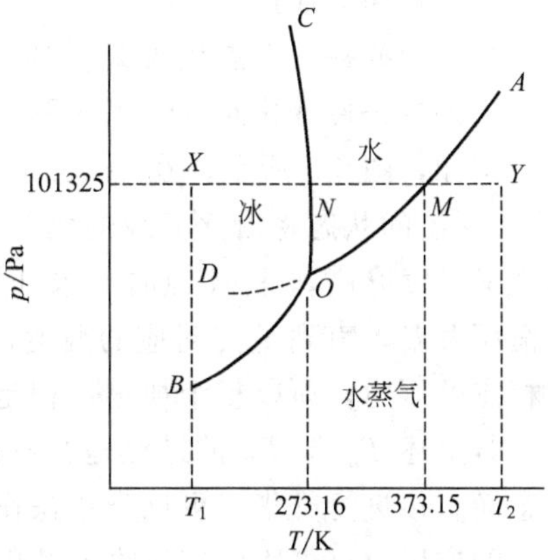

图 4-1 水的相图

二、相图分析

1. 两相平衡线

图中 OA、OB、OC 三条曲线是分别根据上面的气-液、气-固、液-固平衡数据画出来的，为两相平衡线。$\phi=2$，$F=1$，温度和压力只有一个可以独立改变。指定了温度，压力则随之而定，不能随意改变，反之亦然。

OA 线：气-液平衡线，即水的饱和蒸气压曲线，又叫水的蒸发曲线。OA 线不能任意延长，它终止于临界点 A(647K, 2.2×10^7Pa)，超过临界点，液态水就不复存在。例如，在 M 点水与其蒸气平衡时，由横坐标看出温度为 373.15K，由纵坐标看出气体（水蒸气）的压力为 101325Pa，此压力就是水在 373.15K 时的饱和蒸气压。由于液体的饱和蒸气压等于外压时的温度为液体的沸点，所以 M 点也表明外压为 101325Pa 时，水的沸点为 373.15K。OA 线的斜率为正值，说明水的饱和蒸气压随温度的升高而增大，同时也说明水的沸点随外压的增加而增大。这是因为温度越高，分子热运动的平均强度越大，分子从液体中逸出的能力越强，即挥发能力越强，所以其饱和蒸气压也越大。可见饱和蒸气压的大小也代表了液体挥发能力的强弱。如果实验时特别小心，可以使水冷至 0℃以下仍不结冰，OA 线可延伸到D 点。

OD 线：过冷水的气-液平衡线，叫过冷水的饱和蒸气压曲线。过冷水是热力学不稳定状态，称为亚稳状态，只要稍受干扰，如搅动或投入冰粒，便立即析出冰。

OB 线：气-固平衡线，即冰的蒸气压曲线，又叫冰的升华曲线。OB 线在理论上可延长到热力学零度附近。

OC 线：固-液平衡线，即冰的熔化曲线。对于水，该曲线的斜率为负值；对于多数物质，曲线斜率为正值。OC 线不能无限向上延长，大约从 2.03×10^8Pa 开始，相图变得比较复杂，有其他不同晶型的冰生成。

三条两相平衡线将相图分成三个区。

2. 单相区

$\phi=1$，$F=2$，即温度和压力在一定范围内都可独立改变。

气相区 AOB 区；

液相区 AOC 区；

固相区 COB 区。

3. 三相点

相图中三条两相平衡线的交点 O 称为三相点，表示气-液-固三相平衡共存，$\phi=3$，$F=0$。表明温度和压力都有确定的值。水在三相点时，$T=273.16\text{K}$，$p=0.610\text{kPa}$。

要注意水的三相点与水的冰点的区别。三相点是严格的单组分纯水三相平衡系统；而冰点是在 101325Pa 下被空气饱和的水-冰平衡时的温度，即 273.15K，是多组分系统。

水由于压力从 0.610kPa 升到 101.325kPa，使其冰点下降了 0.00747K；水中溶有空气，使冰点下降了 0.00242K，总结果使水的冰点比三相点低了 0.01K。

三、相图的应用

相图中的每一个点代表系统的一个状态。利用相图可以确定一定条件下系统所处的状态；当外界条件变化时，利用相图可以说明状态变化情况。

例如，图 4-1 所示，在 101325Pa 的压力下，将温度 T_1（X 点）的冰加热到温度 T_2（Y 点）。系统的状态将沿 XY 线变化。当温度升到 N 点时，冰开始熔化，直到冰全部变成水后温度又继续升高，达 M 点时，水开始汽化，到全部变成水蒸气后温度再升高，此时为水蒸气恒压升温，直到 Y 点对应的温度(T_2)。由图可以看出，由于压力为 101325Pa，大于水的三相点的压力，所以整个加热过程是由固体熔化变为液体再变为蒸气。

若上述 T_1 至 T_2 的过程是在不高于三相点的压力（610Pa）下进行，固体可以不经过液态而直接进行升华。可见升华操作的条件是压力不高于三相点的压力。升华在生产上有着重要的应用，许多固体有机物如苯甲酸、水杨酸、萘、樟脑、苯酐，固体无机物如碘、磷等都可以用升华的方法进行提纯。三相点的压力是确定升华提纯的重要依据。当有些物质在三相点时的压力数据不易得到时，可以根据一般物质的三相点温度接近其熔点的特点，近似参考该物质在熔点时的蒸气压数据，以确定升华提纯的操作条件。例如，有些药物不易制得结晶，且在水溶液中又不稳定，便用冷冻干燥法进行制备。先将这类药物水溶液快速深度冷冻，使得溶液很快凝结成冰，同时将系统压力降至冰的饱和蒸气压以下，使冰得到升华而除去溶剂。由于在低温下操作，药物不致受热分解，便可得到理想的产品。

单组分系统相图对于科学研究和生产实践中经常遇到的蒸发、升华、干燥、提纯及气体液化等过程提供了重要依据，应用较广。我们应该掌握相图的绘制方法，了解相图上点、线、区所表示的意义，并会利用相图来分析相变化的过程。

至于单组分系统相图中，两相平衡线的斜率为什么有正、有负，如何确定，需要进一步研究单组分系统两相平衡时温度和压力的关系，才能清楚。

第三节 单组分系统两相平衡时压力和温度的关系

单组分系统两相平衡时温度与压力之间的定量关系，可以通过克拉贝龙（Clapeyron）方程和克劳修斯-克拉贝龙方程来描述。

一、克拉贝龙方程

在一定的条件下，纯物质 B 在 α 和 β 两相达平衡时，其平衡压力和平衡温度之间的关系服从克拉贝龙方程。

1. 方程的表达式

$$\frac{dp}{dT}=\frac{\Delta_\alpha^\beta H_m^*}{T\Delta_\alpha^\beta V_m^*} \tag{4-4}$$

式中 $\frac{dp}{dT}$——平衡压力随平衡温度的变化率，Pa/K；

$\Delta_\alpha^\beta H_m^*$——纯物质B从α相态变成β相态的可逆摩尔相变焓，J/mol；

$\Delta_\alpha^\beta V_m^*$——纯物质B从α相态变成β相态的可逆摩尔相变体积，m^3/mol；

T——纯物质B从α相态变成β相态的可逆相变温度，K。

2. 方程的应用

克拉贝龙方程适用于纯物质的任意两相平衡，如蒸发、升华、熔化及晶型转变等过程均适用。

利用克拉贝龙方程，可以计算相变温度随相变压力的变化量；还可以确定单组分系统相图中两相平衡线的斜率。

在水的相图中，三条曲线的斜率都可由上式解释。例如，可以解释水的相图中的OC线斜率是负值。

OC线为冰的熔化曲线，据式(4-4) 有$\frac{dp}{dT}=\frac{\Delta_s^l H_m^*}{T[V_m(l)-V_m(s)]}$

由于熔化过程为吸热过程，$\Delta_s^l H_m^*>0$，而$\Delta_s^l V_m^*$可正可负，所以平衡曲线斜率的正负由$\Delta_s^l V_m^*$的符号而定。若$\Delta_s^l V_m^*>0$，则$\frac{dp}{dT}>0$，斜率为正值，多数物质属于此种情况。对于水来说，因V_m(水)－V_m(冰)$=\Delta_s^l V_m^*<0$，所以$\frac{dp}{dT}<0$，即水的OC线斜率为负值（曲线左倾），表明随压力的增加，冰的熔点下降。具有这种反常现象的物质，还有铁、铅、锗、镓等几种。

【例 4-4】 在压力为101.325kPa下的正常熔点273.15K时，冰的摩尔熔化焓为6004J/mol，冰和水的摩尔体积分别为1.963×10^{-2} dm^3/mol和1.800×10^{-2} dm^3/mol，问压力增加100kPa，冰的熔点变化多少？

解 根据

$$\frac{dp}{dT}=\frac{\Delta_\alpha^\beta H_m^*}{T\Delta_\alpha^\beta V_m^*}$$

$$\frac{dT}{dp}=\frac{T\Delta_\alpha^\beta V_m^*}{\Delta_\alpha^\beta H_m^*}$$

$$T=273.15\text{K} \qquad \Delta_s^l H_m^*=6004\text{J/mol}$$

$$\begin{aligned}\Delta_s^l V_m^* &=V_m(\text{水})-V_m(\text{冰})\\ &=(1.800\times10^{-2}-1.963\times10^{-2})\ \text{dm}^3/\text{mol}\\ &=-0.163\times10^{-2}\text{dm}^3/\text{mol}=-0.163\times10^{-5}\ \text{m}^3/\text{mol}\end{aligned}$$

所以

$$\begin{aligned}\frac{dT}{dp}&=\frac{T\Delta_s^l V_m^*}{\Delta_s^l H_m^*}\\ &=\frac{273.15\times(-0.163\times10^{-5})}{6004}\ \text{K/Pa}\\ &=-7.42\times10^{-8}\text{K/Pa}=-7.42\times10^{-5}\ \text{K/kPa}\end{aligned}$$

因为 $\Delta p=100\text{kPa}$

所以 $\Delta T=-7.42\times10^{-5}\times100\text{K}=-7.42\times10^{-3}\text{K}$

计算结果表明，压力增加100kPa，冰的熔点降低7.42×10^{-3}K。

克拉贝龙方程的推导。

1mol纯物质B在一定温度、压力条件下α、β两相平衡

$$B^*(\alpha)\xrightleftharpoons[]{T\ \ p}B^*(\beta)$$

平衡时 $$\Delta G_{T,p}=0$$

即 $$G_m^*(\alpha)=G_m^*(\beta)$$

若温度从 $T\rightarrow T+dT$，压力从 $p\rightarrow p+dp$，则

$$G_m^*(\alpha)\rightarrow G_m^*(\alpha)+dG_m^*(\alpha)$$

$$G_m^*(\beta)\rightarrow G_m^*(\beta)+dG_m^*(\beta)$$

平衡时 $$G_m^*(\alpha)+dG_m^*(\alpha)=G_m^*(\beta)+dG_m^*(\beta)$$

$$dG_m^*(\alpha)=dG_m^*(\beta)$$

因为 $$dG=-SdT+Vdp$$

所以 $$-S_m^*(\alpha)dT+V_m^*(\alpha)dp=-S_m^*(\beta)dT+V_m^*(\beta)dp$$

$$[S_m^*(\beta)-S_m^*(\alpha)]dT=[V_m^*(\beta)-V_m^*(\alpha)]dp$$

即 $$\Delta_\alpha^\beta S_m^*\,dT=\Delta_\alpha^\beta V_m^*\,dp$$

则 $$\frac{dp}{dT}=\frac{\Delta_\alpha^\beta S_m^*}{\Delta_\alpha^\beta V_m^*}$$

因为 $$\Delta_\alpha^\beta S_m^*=\frac{\Delta_\alpha^\beta H_m^*}{T}$$

所以 $$\frac{dp}{dT}=\frac{\Delta_\alpha^\beta H_m^*}{T\Delta_\alpha^\beta V_m^*}$$

克拉贝龙方程给出了纯物质两相平衡时温度和压力之间的函数关系。

对于气-液（或气-固）两相平衡系统，相平衡压力就是液（或固）体的饱和蒸气压，克拉贝龙方程可以进一步简化，得到克劳修斯-克拉贝龙方程，即饱和蒸气压与温度的关系式。

二、克劳修斯-克拉贝龙方程

1. 克劳修斯-克拉贝龙方程的微分式

以气-液两相平衡为例，若为汽化过程，$V_m^*(l)$相对于$V_m^*(g)$可以忽略不计，则$\Delta_l^g V_m^*=V_m^*(g)-V_m^*(l)\approx V_m^*(g)$，若蒸气视为理想气体，有$V_m^*(g)=(RT)/p$，代入克拉贝龙方程，得

得 $$\frac{dp}{dT}=\frac{\Delta_l^g H_m^*\,p}{RT^2}$$

即克劳修斯-克拉贝龙方程的微分式为：

$$\frac{d\ln\frac{p}{[p]}}{dT}=\frac{\Delta_l^g H_m^*}{RT^2} \tag{4-5}$$

式中 p ——饱和蒸气压，Pa；

$\Delta_l^g H_m^*$ ——摩尔蒸发焓，J/mol；

R ——摩尔气体常数，8.314J/(mol·K)。

式(4-5）为克劳修斯-克拉贝龙方程的微分式。

利用此式，可以说明气-液平衡或气-固平衡时，温度如何影响纯物质的饱和蒸气压。

将上式积分，可以得到克劳修斯-克拉贝龙方程的积分式。

2. 克劳修斯-克拉贝龙方程的积分式

(1) 不定积分式 假设液体的摩尔蒸发焓与温度无关，将式(4-5）不定积分：

$$\int \mathrm{d}\ln\frac{p}{[p]}=\int\frac{\Delta_l^g H_m^*}{RT^2}\mathrm{d}T$$

得不定积分式

$$\ln\frac{p}{[p]}=-\frac{\Delta_l^g H_m^*}{RT}+C \tag{4-6}$$

式中　C——积分常数。

式(4-6) 为克劳修斯-克拉贝龙方程的不定积分式。此式为线性方程，若测定出纯液体（或固体）在不同温度时的蒸气压，以 $\ln\frac{p}{[p]}$ 对 $\frac{1}{T}$ 作图，可得一条直线，其斜率 m 等于 $-\frac{\Delta_l^g H_m^*}{R}$，由此可以求出摩尔蒸发焓 $\Delta_l^g H_m^*=-mR$。

(2) 定积分式　假设液体的摩尔蒸发焓与温度无关，将式(4-5) 定积分 $\int_{p_1}^{p_2}\mathrm{d}\ln\frac{p}{[p]}=\int_{T_1}^{T_2}\frac{\Delta_l^g H_m^*}{RT^2}\mathrm{d}T$ 得定积分式。

$$\ln\frac{p_2}{p_1}=-\frac{\Delta_l^g H_m^*}{R}\left(\frac{1}{T_2}-\frac{1}{T_1}\right) \tag{4-7}$$

式中　p_2——温度 T_2 时的饱和蒸气压，Pa；

p_1——温度 T_1 时的饱和蒸气压，Pa。

式(4-7) 为克劳修斯-克拉贝龙方程的定积分式。利用此式，若已知 T_1、p_1、T_2、p_2、$\Delta_l^g H_m^*$ 五个量中任意四个，可以求另一个量。

【例 4-5】 化工生产中常用高压蒸汽锅炉获得高温蒸汽作为间接热源，试问：若锅炉及运送设备最高能承受的压力为 5056kPa，此蒸汽的温度可能达到多少？设水在 373.2K、101.325kPa 时的摩尔蒸发焓为 40.66kJ/mol。

解　将 $T_1=373.2\text{K}$　　$p_1=101.325\text{kPa}$　　$p_2=5056\text{kPa}$

$$\Delta_l^g H_m^*=40.66\text{kJ/mol}$$

代入

$$\ln\frac{p_2}{p_1}=-\frac{\Delta_l^g H_m^*}{R}\left(\frac{1}{T_2}-\frac{1}{T_1}\right)$$

得

$$\ln\frac{5056\times10^3}{101.3\times10^3}=\frac{-40.66\times10^3}{8.314}\left(\frac{1}{T_2/\text{K}}-\frac{1}{373.2}\right)$$

解出

$$T_2=532\text{K}$$

此蒸汽的温度可能达到 532K。

【例 4-6】 乙酰乙酸乙酯的饱和蒸气压与沸点的关系为

$$\lg(p/\text{Pa})=-\frac{2588}{T/\text{K}}+10.706$$

该试剂在正常沸点 454K 时部分分解，343K 时稳定。生产上为了防止分解，采用减压蒸馏进行提纯。(1) 此时压力应减少到多少？(2) 求该试剂的摩尔蒸发焓。

解　(1) 将 $T=343\text{K}$ 代入题给公式得

$$\lg p=\frac{-2588}{343}+10.706=3.1608$$

解出 $p=1448\text{Pa}$

说明在 p 为 1448Pa 以下进行减压蒸馏，该化合物不会分解。

(2) 上式与 $\lg p=\dfrac{-\Delta_l^g H_m^*}{2.303R}\times\dfrac{1}{T}+C$ 比较，得

$$-2588=-\frac{\Delta_l^g H_m^*}{2.303R}$$

$$\Delta_l^g H_m^*=2.303\times8.314\times2588\text{J/mol}=49.6\text{kJ/mol}$$

该试剂的摩尔蒸发焓为 49.6kJ/mol。

根据压力降低沸点降低的理论，在化工生产中，为了提纯那些在沸点前就开始分解的物质，常用减压蒸馏，依靠减压，降低沸点，达到分离提纯的目的。利用式(4-6) 和式(4-7) 从常压下的沸点算出降低到某个温度时，生产应控制的压力，对于化工生产很重要。

第四节 多组分系统分类及组成表示法

在自然界和实际生产中，常见的系统大部分是多组分系统。多组分系统可以是多相的，也可以是单相的。多组分单相系统是由两种或两种以上物质相互混合而成的单相均匀系统。

一、多组分单相系统的分类

热力学按处理方法的不同将多组分单相系统分为溶液和混合物。

1. 溶液

若将均相系统中的组分区分为溶剂和溶质，并选用不同的标准态和方法进行研究，这样的多组分单相系统称为溶液。

习惯上用字母 A 代表溶剂，用字母 B 代表溶质。

溶液有液态溶液和固态溶液之分。通常溶液多指液态溶液，即气体、液体或固体溶于液体溶剂中形成的溶液。

若按溶液中溶质的导电性能分类，可以分为电解质溶液和非电解质溶液。本章只研究非电解质溶液。

2. 混合物

如果均相系统中的各组分都按相同的方法和标准态进行研究，这样的多组分单相系统称为混合物。

混合物分气态混合物、液态混合物和固态混合物。

彼此完全互溶的液体混合，便形成液态混合物。液态混合物可分成理想液态混合物和真实液态混合物。

混合物和溶液的性质除了与温度、压力有关外，还与其组成密切相关。

二、多组分均相系统的组成表示法

在物理化学中，多组分均相系统的组成一般有以下四种表示法。

1. B 的质量分数

系统中组分 B 的质量与系统的总质量之比，称为组分 B 的质量分数，用符号“w_B”表示。即

$$w_B=\frac{m_B}{\sum m_B} \tag{4-8}$$

式中　w_B——组分 B 的质量分数，单位为 1；

m_B——组分 B 的质量，kg；

$\sum m_B$——系统的总质量，kg。

2. B 的物质的量分数

系统中组分 B 的物质的量与系统总物质的量之比，称为组分 B 的物质的量分数，用符号“x_B”（气相中用“y_B”）表示。即

$$x_B=\frac{n_B}{\sum n_B} \tag{4-9}$$

式中　x_B——组分 B 的物质的量分数，单位为 1；

n_B——组分 B 的物质的量，mol；

$\sum n_B$——系统总物质的量，mol。

3. 溶质 B 的质量摩尔浓度

每千克溶剂中所溶有溶质 B 的物质的量，称为溶质 B 的质量摩尔浓度，用符号“b_B”表示。即

$$b_B=\frac{n_B}{m_A} \tag{4-10}$$

式中　b_B——溶质 B 的质量摩尔浓度，mol/kg；

n_B——溶质 B 的物质的量，mol；

m_A——溶剂 A 的质量，kg。

4. B 的物质的量浓度

单位体积溶液中含溶质 B 的物质的量，称为溶质 B 的物质的量浓度，用符号“c_B”表示。即

$$c_B=\frac{n_B}{V} \tag{4-11}$$

式中　c_B——溶质 B 的物质的量浓度，mol/L 或 mol/m^3；

n_B——溶质 B 的物质的量，mol；

V——溶液的体积，L 或 m^3。

【例 4-7】 氯化钠水溶液中，溶质氯化钠的质量分数为 0.100，此水溶液中氯化钠的物质的量分数、质量摩尔浓度各为多少？

解　浓度是一个强度性质，与溶液的量无关，为计算方便，取 m(溶液)＝1.00kg 为基准。

该溶液中含 H_2O 和 NaCl 物质的量分别为 $n(H_2O)$ 和 $n(NaCl)$

$w(NaCl)=0.100$，$M(H_2O)=18.02\times10^{-3}$ kg/mol，$M(NaCl)=58.5\times10^{-3}$ kg/mol 则

$$\begin{aligned}n(H_2O)&=m(H_2O)/M(H_2O)\\&=[1.00\times(1-0.100)]/18.02\times10^{-3}\,\text{mol}\\&=49.9\,\text{mol}\end{aligned}$$

$$\begin{aligned}n(NaCl)&=m(NaCl)/M(NaCl)\\&=(1.00\times0.100)/58.5\times10^{-3}\,\text{mol}\end{aligned}$$

$$=1.71\text{mol}$$

$$x(\text{NaCl})=n(\text{NaCl})/[n(\text{H}_2\text{O})+n(\text{NaCl})]$$
$$=1.71/(49.9+1.71)$$
$$=0.0331$$

$$b(\text{NaCl})=n(\text{NaCl})/m(\text{H}_2\text{O})$$
$$=1.71/[1.00\times(1-0.100)]\text{mol/kg}$$
$$=1.90\text{mol/kg}$$

此水溶液中氯化钠的物质的量分数为 0.0331，质量摩尔浓度为 1.90mol/kg。

第五节　拉乌尔定律和亨利定律

在一定温度下，纯液体与自身蒸气达平衡时蒸气的压力，称为该液体在此温度下的饱和蒸气压，简称蒸气压。

液体的饱和蒸气压与温度有关，温度一定时，饱和蒸气压的值一定。

溶液中某组分的蒸气压是溶液与蒸气达平衡时，该组分在蒸气中的压力。它除了与温度有关外，还与溶液的组成有关。稀溶液的蒸气压与液相组成的关系可以用拉乌尔定律和亨利定律描述。

一、拉乌尔定律

当溶质溶于某纯液体时，此液体作为溶剂，其蒸气压会降低。1886 年法国科学家拉乌尔根据实验结果总结了这方面的规律，称为拉乌尔定律。

1. 拉乌尔定律的表达式

在一定温度下，稀溶液中溶剂的蒸气压等于同温度下纯溶剂的蒸气压与溶液中溶剂物质的量分数的乘积。拉乌尔定律的表达式为：

$$p_\text{A}=p_\text{A}^*x_\text{A} \tag{4-12a}$$

式中　p_A ——稀溶液中溶剂 A 的蒸气压，Pa；

p_A^* ——纯溶剂在同温度下的饱和蒸气压，Pa；

x_A ——稀溶液中溶剂的物质的量分数。

注意，如果溶质是不挥发的，p_A 可视为溶液的蒸气压。

对于二组分溶液（溶剂为 A，溶质为 B）来说，$x_\text{A}=1-x_\text{B}$，将此关系式代入式(4-12a)，可得拉乌尔定律的另一种表达式：

$$p_\text{A}=p_\text{A}^*(1-x_\text{B})$$

或
$$p_\text{A}^*-p_\text{A}=p_\text{A}^*x_\text{B} \tag{4-12b}$$

上式的意义是溶剂蒸气压的降低与溶液中溶质的物质的量分数成正比。

2. 拉乌尔定律的适用范围

拉乌尔定律适用于稀溶液中的溶剂，且浓度越小越准确。因为在稀溶液中，溶质分子的相对数量很少，对溶剂分子的受力情况影响很小，溶剂分子从溶液中逸出的能力变化不大。只是由于溶质分子的存在，溶剂的浓度减小了，单位时间内逸出液面的溶剂分子数相应减少，使得达平衡时，溶液中溶剂的饱和蒸气压下降了。

拉乌尔定律是气-液平衡计算的理论基础。例如可以计算稀溶液中溶剂的蒸气压，并能解释稀溶液的一些性质。

【例 4-8】 370.11K 时，纯水的蒸气压为 91.3kPa，现有乙醇的物质的量分数为 2.00×10^{-2}的水溶液，与此水溶液成平衡的气相中水的蒸气压是多少？

解 由 $T=370.11\text{K}$ $p^*_{水}=91.3\text{kPa}$ $x_{乙醇}=0.0200$

知题中溶液为稀溶液，溶剂水（A）适用拉乌尔定律，

依据

$$p_A=p^*_A x_A$$

$$\begin{aligned}p_{水}&=p^*_{水}x_{水}\\&=p^*_{水}(1-x_{乙醇})\\&=91.3\times(1-0.0200)\text{kPa}\\&=89.5\text{kPa}\end{aligned}$$

与此水溶液成平衡的汽相中水的蒸气压是 89.5kPa。

二、亨利定律

1803 年，亨利根据实验总结出稀溶液中挥发性溶质在气-液平衡时所遵循的重要规律——亨利定律。

1. 亨利定律的表达式

在一定温度下，稀溶液中挥发性溶质在平衡气相中的压力与其在溶液中的物质的量分数成正比。亨利定律的表达式为：

$$p_B=k_x x_B \tag{4-13a}$$

式中 p_B ——溶质 B 在气相中的平衡压力，Pa；

k_x ——以 x_B 表示浓度的亨利系数，Pa；

x_B ——溶液中溶质 B 的物质的量分数。

如果溶质在溶液中的浓度用质量摩尔浓度（b_B）或物质的量浓度（c_B）表示，则亨利定律的表达式分别为：

$$p_B=k_b b_B \tag{4-13b}$$

$$p_B=k_c c_B \tag{4-13c}$$

式中 k_b ——以 b_B 表示浓度的亨利系数，Pa·kg/mol；

k_c ——以 c_B 表示浓度的亨利系数，$\text{Pa}\cdot\text{m}^3/\text{mol}$；

b_B ——溶质 B 的质量摩尔浓度，mol/kg；

c_B ——溶质 B 的物质的量浓度，mol/m^3。

利用亨利定律，可以计算稀溶液中挥发性溶质 B 在平衡气相中的压力。

【例 4-9】 370.11K 时，乙醇在水中稀溶液的亨利系数为 930kPa，现有乙醇的物质的量分数为 2.00×10^{-2}的水溶液，问与此水溶液成平衡的气相中乙醇的压力是多少？

解 由 $T=370.11\text{K}$ $k_x=930\text{kPa}$ $x_{乙醇}=0.0200$

知题中溶液为稀溶液，溶质乙醇（B）适用亨利定律。

依据

$$p_B=k_x x_B$$

$$\begin{aligned}p_{乙醇}&=k_x x_{乙醇}\\&=930\times0.0200\text{kPa}\\&=18.6\text{kPa}\end{aligned}$$

370.11K 时，与物质的量分数为 2.00×10^{-2} 的乙醇水溶液的平衡气相中乙醇的压力为 18.6kPa。

2. 影响亨利系数的因素

亨利定律中溶质的组成用不同的形式表示时，相应的亨利系数 k_x、k_b 和 k_c 的数值和单位不相同。亨利系数的数值还与溶剂和溶质的种类及温度有关。

稀溶液中，溶质分子周围几乎都是溶剂分子，溶质分子所受的作用力基本上都是 A-B 分子间的作用力，这与纯液体 B 的情况不同，其分子逸出能力还与 A-B 分子间作用力有关。因此亨利系数随溶剂和溶质的种类不同而不同，且不等于纯溶质的饱和蒸气压。

另外亨利系数随溶液温度升高而变大。原因是挥发性溶质 B 在平衡气相中的分压一定的条件下，溶液的温度升高，溶质 B 的挥发能力增大，其浓度 x_B 变小，由 $p_B=k_x x_B$ 可知，k_x 变大。

3. 亨利定律的适用范围

亨利定律适用于稀溶液中的挥发性溶质，且溶质在气相和液相中的分子状态相同。例如 HCl 溶于苯中时，气相和液相中都呈分子状态，故可用亨利定律。但 HCl 溶于水中，气相为 HCl 分子，液相为 H^+ 和 Cl^-，所以 HCl 水溶液不能用亨利定律。另外气体混合物溶于同一种溶剂时，每一种气体分别都可用亨利定律。

亨利定律是化工单元操作“吸收”的理论基础。所谓单元操作是化工生产中必不可少的纯物理性操作。亨利系数是选择吸收溶剂所需要的重要数据。吸收操作是利用混合物中各气体组分在溶剂中溶解度的差异，有选择性地吸收溶解度大的气体，把这种气体从气体混合物中分离出来。由亨利定律可知，气体压力越大，它在溶液中的溶解度越大，温度越低，溶解度越大，因此吸收的有利条件是低温高压。

【例 4-10】 370.11K 时，与质量分数为 0.0300 的乙醇水溶液成平衡的气相总压力为 101.325kPa，已知在此温度下纯水的蒸气压为 91.3kPa，试计算：(1) 乙醇水溶液的亨利系数；(2) 乙醇的物质的量分数为 2.00×10^{-2} 的水溶液上方平衡气相的总压力。

解 $T=370.11\text{K}$　$w_{乙醇}=0.0300$　$p=101.325\text{kPa}$　$p^*_{水}=91.3\text{kPa}$

$x'_{乙醇}=0.0200$

在一定的温度下，稀溶液的蒸气压是与此稀溶液成平衡的气相的总压力，包括溶剂在平衡汽相中的压力和溶质在平衡气相中的压力。据道尔顿定律有 $p=p_A+p_B$，若溶液很稀，溶剂服从拉乌尔定律，溶质服从亨利定律。所以有 $p=p_A+p_B=p_A^* x_A+k_x x_B$。

(1) 设已知溶液的质量为 100.00g，则乙醇的质量为 3.00g，水的质量为 97.00g。

$$n_{乙醇}=m_{乙醇}/M_{乙醇}$$
$$=(3.00/46.069)\text{mol}=0.0650\text{mol}$$
$$n_{水}=m_{水}/M_{水}$$
$$=(97.00/18.015)\text{mol}=5.384\text{mol}$$
$$x_{乙醇}=n_{乙醇}/(n_{乙醇}+n_{水})$$
$$=0.0650/(0.0650+5.384)=0.0119$$

此题中溶液为稀溶液，溶剂水服从拉乌尔定律，溶质乙醇服从亨利定律，

所以
$$p=p_{水}+p_{乙醇}$$
$$=p^*_{水}x_{水}+k_{x乙醇}x_{乙醇}$$
$$=91.3\text{kPa}\times(1-0.0119)+k_{x乙醇}\times0.0119=101.325\text{kPa}$$
$$k_{x乙醇}=930\text{kPa}$$

(2) 依据
$$p'=p'_{水}+p'_{乙醇}$$

$$p'_{水}=p^*_{水}x'_{水}$$
$$=91.3\times(1-0.0200)\text{kPa}=89.5\text{kPa}$$
$$p'_{乙醇}=k_{x乙醇}x'_{乙醇}$$
$$=930\times0.0200\text{kPa}=18.6\text{kPa}$$
$$p'=p'_{水}+p'_{乙醇}$$
$$=(89.5+18.6)\text{kPa}=108.1\text{kPa}$$

370.11K 时，乙醇水溶液的亨利系数为 930kPa；乙醇的物质的量分数为 2.00×10^{-2} 的水溶液上方平衡气相的总压力为 108.1kPa。

可见，利用公式 $p=p_A+p_B=p_A^*x_A+k_xx_B$，可以计算稀溶液的蒸气压。

拉乌尔定律和亨利定律都是从稀溶液实验中总结出来的经验定律。并且都是说明溶液中某组分的蒸气分压与该组分在溶液中的浓度成正比，但是这两个定律的研究对象和比例系数都不同。拉乌尔定律研究的对象是稀溶液中的溶剂，此时，溶剂的物质的量分数 x_A 趋近于 1，比例系数为纯溶剂的蒸气压；而亨利定律研究的对象是稀溶液中的挥发性溶质，此时溶质的物质的量分数 x_B 趋近于零，比例系数是一实验值。并且可以证明，当溶剂 A 在某浓度区间内遵从拉乌尔定律，则溶质 B 在该浓度区间必遵从亨利定律。

第六节 理想液态混合物

任一组分 B 在全部组成范围内都符合拉乌尔定律的液态混合物，称为理想液态混合物。

从微观角度看，在理想液态混合物中，不同组分的分子大小、结构相同，同种分子间的作用力与异种分子间的作用力相等。任一组分的分子在理想液态混合物中所处的环境与它在纯态时相同，因此理想液态混合物的各组分在全部浓度范围内都服从拉乌尔定律。可见理想液态混合物在实际中并不存在。但某些分子的大小结构及性质极其相近，由它们组成的液态混合物，可视为理想液态混合物。例如，由同位素化合物水和重水，结构异构体邻二甲苯和对二甲苯，紧邻同系物苯和甲苯所构成的混合物都可近似看成理想液态混合物。

一、理想液态混合物的气-液平衡

1. 蒸气压与液相组成的关系

在一定温度下，对由 A、B 组成的二组分理想液态混合物

$$p_A=p_A^*x_A=p_A^*(1-x_B)$$
$$p_B=p_B^*x_B$$

依据道尔顿定律，与混合物成平衡的蒸气总压为：

$$p=p_A+p_B=p_A^*(1-x_B)+p_B^*x_B$$

由此得理想液态混合物的蒸气压与液相组成的关系为：

$$p=p_A^*+(p_B^*-p_A^*)x_B \tag{4-14}$$

式中 p ——理想液态混合物的蒸气总压，Pa；

p_A^* ——纯组分 A 在相同温度下的蒸气压，Pa；

p_B^* ——纯组分 B 在相同温度下的蒸气压，Pa；

x_B ——组分 B 在液相中的物质的量分数。

由上式可以看出：二组分（A 和 B）理想液态混合物平衡气相的总压力 p 与液相组成

x_B 呈直线关系，直线的斜率为（$p_B^* - p_A^*$），截距为 p_A^*。

利用式(4-14)，可以由 A 和 B 的蒸气压 p_A^*、p_B^* 及液相组成 x_B，求蒸气总压 p；或由 A 和 B 的蒸气压 p_A^*、p_B^* 及总压 p，求平衡液相组成 x_B，并由此可画出压力-组成图的液相线。

【例 4-11】 363K 时，甲苯（A）和苯（B）的饱和蒸气压分别为 54.2kPa 和 136.1kPa，二者可以形成理想液态混合物，（1）若此理想液态混合物中苯（B）的物质的量分数为 0.600，求其平衡气相的总压力；（2）若此理想液态混合物平衡气相的总压力为 100.0kPa，求其平衡液相中苯（B）的物质的量分数。

解 $T=363\text{K}$ $p_B^*=136.1\text{kPa}$ $p_A^*=54.2\text{kPa}$ $x_B=0.600$ $p'=100.0\text{kPa}$

(1) 依据 $p=p_A^*+(p_B^*-p_A^*)x_B$

$$p=[54.2+(136.1-54.2)\times 0.600]\text{kPa}=103\text{kPa}$$

其平衡气相的总压力为 103kPa。

(2) 依据 $p'=p_A^*+(p_B^*-p_A^*)x_B'$

$$x_B'=\frac{p_2'-p_A^*}{p_B^*-p_A^*}=\frac{100.0-54.2}{136.1-54.2}$$

$$=0.560$$

其平衡液相中苯（B）的物质的量分数为 0.560。

2. 气相组成的计算

依据分压力的定义式 $p_B=py_B$，有

$$y_B=p_B/p$$

而

$$p_B=p_B^*x_B$$

$$p=p_A^*+(p_B^*-p_A^*)x_B$$

所以

$$y_B=\frac{p_B}{p}=\frac{p_B^*x_B}{p_A^*+(p_B^*-p_A^*)x_B} \tag{4-15}$$

式中 y_B——组分 B 在平衡气相中的物质的量分数；

x_B——组分 B 在平衡液相中的物质的量分数。

上式为描述理想液态混合物的液相组成与气相组成间关系的公式。

利用式(4-15)，可以由 A 和 B 的蒸气压 p_A^*、p_B^* 及液相组成 x_B，求其平衡气相的组成 y_B，并由此可画出压力-组成图的气相线。

【例 4-12】 温度 T 时纯液体 A 和纯液体 B 的饱和蒸气压分别为 40.0kPa 和 120.0kPa。这两种液体形成理想液态混合物，已知此理想液态混合物的液相组成 x_B 为 0.750，求与此理想液态混合物成平衡的气相组成 y_B。

解 $p_A^*=40.0\text{kPa}$ $p_B^*=120.0\text{kPa}$ $x_B=0.750$

则

$$y_B=\frac{p_B^*x_B}{p_A^*+(p_B^*-p_A^*)x_B}$$

$$=\frac{120.0\times 0.750}{40.0+(120.0-40.0)\times 0.750}=0.900$$

与此理想液态混合物成平衡的气相中，B 的组成为 0.900。

【例 4-13】 在 101.3kPa、358K 时，由甲苯（A）及苯（B）组成的二组分液态混合物（可视为理想液态混合物）即达气-液平衡。已知 358K 时纯甲苯和纯苯的饱和蒸气压分别为

46.0kPa 和 116.9kPa，计算该理想液态混合物在 101.3kPa、358K 气-液平衡时的液相组成及气相组成。

解　(1) $p_A^* = 46.00\text{kPa}$　　$p_B^* = 116.9\text{kPa}$　　$p = 101.3\text{kPa}$

依据
$$p = p_A + p_B = p_A^* x_A + p_B^*(1 - x_A)$$

所以
$$x_A = \frac{p - p_B^*}{p_A^* - p_B^*} = \frac{101.3 - 116.9}{46 - 116.9} = 0.220$$

$$x_B = 1 - x_A = 1 - 0.220 = 0.780$$

(2)
$$y_B = \frac{p_B}{p} = \frac{p_B^* x_B}{p} = \frac{116.9 \times 0.78}{101.3} = 0.90$$

$$y_A = 1 - y_B = 1 - 0.90 = 0.10$$

3. 气-液平衡常数

组分 B 在平衡的气、液两相中的组成之比，称为该组分的气-液平衡常数，用符号“K_B”表示。

K_B 的定义式
$$K_B = y_B / x_B \tag{4-16}$$

式中　K_B——组分 B 的气-液平衡常数；

y_B——组分 B 在平衡气相中的物质的量分数；

x_B——组分 B 在平衡液相中的物质的量分数。

气-液平衡常数 K_B 是后续课程分离工程中的重要概念。

二、理想液态混合物中各组分的化学势

根据在一定温度下各物质在气-液两相平衡时化学势相等的原理，推导出温度为 T、压力为 p 时理想液态混合物中任一组分 B 的化学势与液相组成的关系式为：

$$\mu_B(\text{l}) = \mu_B^*(\text{l}) + RT\ln x_B \tag{4-17}$$

当 p 与 $p^\ominus$ 相差不大时近似为
$$\mu_B(\text{l}) = \mu_B^\ominus(\text{l}) + RT\ln x_B \tag{4-18}$$

式中　$\mu_B(\text{l})$——理想液态混合物中任一组分 B 在温度为 T、压力为 p 时的化学势，J/mol；

$\mu_B^\ominus(\text{l})$——任一组分 B 在标准态即温度为 T、压力为 $p^\ominus$ 的纯液体 B 状态的化学势，$\mu_A^\ominus$ 只是温度的函数，J/mol；

$\mu_B^*(\text{l})$——纯液体 B 在温度为 T、压力为 p 下的化学势，J/mol；

R——摩尔气体常数，$R = 8.314\text{J/(mol·K)}$；

T——热力学温度，K；

x_B——任一组分 B 在液相中的物质的量分数。

利用上式可以推导出理想液态混合物的一些热力学性质：$\Delta V_{mix} = 0$、$\Delta H_{mix} = 0$、$\Delta S_{mix} > 0$、$\Delta G_{mix} < 0$，即在一定温度、压力下，由纯液体混合成理想液态混合物时，体积不变；不吸热也不放热；混合过程是自发过程。

理想液态混合物中任一组分 B 化学势表达式的推导。

当理想液态混合物在温度为 T、压力为 p 时，与其蒸气达平衡，根据相平衡条件有

$$\mu_B(\text{l}) = \mu_B(\text{g})$$

若气相按理想气体处理，则任一组分 B 在气相中化学势为

$$\mu_B(\text{g}) = \mu_B^\ominus(\text{g}) + RT\ln p_B / p^\ominus$$

因为理想液态混合物中各组分都服从拉乌尔定律

$$p_B = p_B^* x_B$$

所以
$$\mu_B(l)=\mu_B(g)=\mu_B^\ominus(g)+RT\ln p_B^* x_B/p^\ominus$$
$$=\mu_B^\ominus(g)+RT\ln p_B^*/p^\ominus+RT\ln x_B$$
$$=\mu_B^*(l)+RT\ln x_B$$

上式中的 $\mu_B^*(l)$ 为纯液体 B 在压力 p 下的化学势，它与纯液体 B 在标准压力 $p^\ominus$ 化学势 $\mu_B^\ominus(l)$ 不同，但在压力不很大时，可以证明两者近似相等，即 $\mu_B^\ominus\approx\mu_B^*$。证明如下。

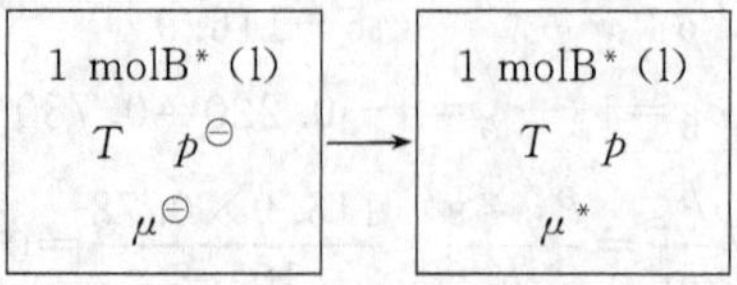

因为纯物质的化学势就是其摩尔吉布斯函数 $\mu^*=G_m$，由热力学基本方程可知，在恒温下
$$dG=Vdp$$
所以
$$\mu^*-\mu^\ominus=\int_{p^\ominus}^{p}V_m^*\,dp$$
当 p 与 $p^\ominus$ 相差不大时，积分项 $\int_{p^\ominus}^{p}V_m^*\,dp$ 很小，通常可忽略，即
$$\mu^*-\mu^\ominus\approx0$$
所以
$$\mu_B(l)=\mu_B^\ominus(l)+RT\ln x_B$$

第七节　理想稀溶液

理想稀溶液是指溶剂服从拉乌尔定律、溶质服从亨利定律的稀溶液。

严格讲这种溶液实际上是不存在的。因为只有在溶质含量趋于零时溶剂和溶质才分别服从拉乌尔定律与亨利定律。但可以将较稀的实际溶液按理想稀溶液来处理。

一、稀溶液的依数性

依数性是指仅与溶质的粒子数（即溶质的浓度）有关，与溶质的本性无关的性质。稀溶液中溶剂的蒸气压下降、沸点升高（溶质不挥发）、凝固点降低（析出纯固态溶剂）和渗透压，只与溶液中溶质的质点数成正比，与溶质的种类无关，故称这些性质为稀溶液的依数性。

1. 蒸气压下降

溶剂的蒸气压是在一定温度下，溶剂与其自身蒸气达平衡时气体的压力。由式(4-12b) $p_A^*-p_A=p_A^*x_B$，可知稀溶液中溶剂的蒸气压下降值与溶质 B 的物质的量分数成正比，比例系数为同温度下纯溶剂的饱和蒸气压 p_A^*，即
$$\Delta p=p_A^*-p_A=p_A^*x_B \tag{4-19}$$
式中　Δp——溶剂 A 的蒸气压下降值，Pa；

p_A^*——纯溶剂 A 在相同温度下的饱和蒸气压，Pa；

x_B——溶质 B 的物质的量分数。

对于不挥发性溶质的稀溶液，Δp 就是溶液的蒸气压下降值。

利用此关系式，可以计算稀溶液中溶剂的蒸气压下降值。

【例 4-14】　298.15K 时 CCl_4 中溶有物质的量分数为 0.0100 的某溶质，在此温度时纯 CCl_4 的饱和蒸气压为 11.4kPa，溶液中溶剂 CCl_4 的蒸气压下降多少？

解　此溶液为稀溶液，将 $T=298.15$K　$x_B=0.0100$　$p_A^*=11.4$kPa 代入　$\Delta p_A=$

$p_A^* x_B$

得

$$\Delta p_A = 11.4 \times 0.0100\text{kPa} = 0.114\text{kPa}$$

溶液中溶剂 CCl_4 的蒸气压下降值为 0.114kPa。

应用稀溶液中溶剂蒸气压下降的规律，可以解释沸点上升（溶质不挥发）、凝固点降低（析出纯固态溶剂）及渗透压的性质。

2. 凝固点下降

在不析出固溶体时，溶液的凝固点是在一定外压下，固态纯溶剂与液态纯溶剂成平衡时的温度。此时，固态纯溶剂的蒸气压与溶液中溶剂的蒸气压相等。如图 4-2 所示，图中各曲线为蒸气压曲线，由于稀溶液中溶剂的蒸气压下降，其蒸气压曲线在纯溶剂的蒸气压曲线下方。液体的蒸气压曲线与固体的蒸气压曲线的交点对应的温度就是其凝固点。T_f^* 为纯溶剂的凝固点，T_f 为稀溶液的凝固点，显然稀溶液的凝固点 T_f 低于纯溶剂的凝固点 T_f^*。

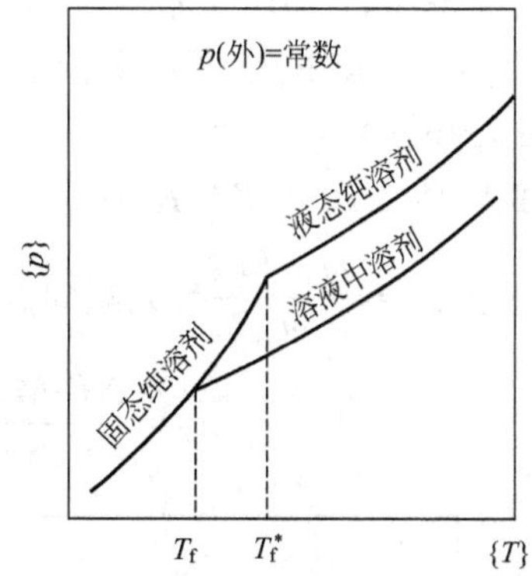

图 4-2　稀溶液的凝固点下降示意图

稀溶液的凝固点下降具有依数性。其公式为：

$$\Delta T_f = T_f^* - T_f = K_f b_B \tag{4-20}$$

式中　ΔT_f——凝固点下降，K；

T_f^*——纯溶剂的凝固点，K；

T_f——稀溶液的凝固点，K；

b_B——溶质 B 的质量摩尔浓度，mol/kg；

K_f——溶剂的凝固点下降系数，只决定于溶剂，K·kg/mol；表 4-1 列出了一些溶剂的 K_f。

表 4-1　几种溶剂的 K_f 值

溶　　剂	水	醋酸	苯	环己烷
K_f/(K·kg/mol)	1.86	3.90	5.10	20.0

式(4-20) 适用于溶质和溶剂不生成固溶体的稀溶液。

应用式(4-20) 可以计算稀溶液中溶剂的凝固点下降值，利用凝固点下降法测溶质的摩尔质量。若将纯溶剂中的杂质视为溶质，利用凝固点降低法还可以测定溶剂的纯度，显然杂质越多，凝固点下降值越大。

另外，在生产上和实验室中选择制冷剂和防冻剂。例如食盐与冰混合，其凝固点可达到 251K；$CaCl_2$ 和冰混合，其凝固点可达 218K。冬季建筑施工，为防砂浆冻冰，可加食盐或 $CaCl_2$。汽车、坦克散热箱（水箱）中的水含有作防冻剂的酒精或乙二醇，可以在 254～243K 不结冰。

【例 4-15】 在一苯甲酸溶于苯的稀溶液中，溶剂苯（A）的质量为 50.00g，苯甲酸（B）的质量为 0.245g，测得凝固点下降 $\Delta T_f = 0.2048$K，凝固时析出纯固态苯，求苯甲酸的摩尔质量。

解　查表 4-1，得苯的 $K_f = 5.10$K·kg/mol 且 $m_A = 50.00$g　　$m_B = 0.245$g

$\Delta T_f = 0.2048\text{K}$

依据 $\Delta T_f = K_f b_B \qquad b_B = m_B/(M_B m_A)$

所以 $M_B = K_f m_B/(\Delta T_f m_A)$

$= 5.10 \times 0.245/(0.2048 \times 50.00)\text{kg/mol} = 0.122\text{kg/mol}$

苯甲酸的摩尔质量为 0.122kg/mol。

【例 4-16】 为防止水在仪器中结冰，在水中加入甘油，如果要使凝固点下降到 271K，则每 1.00kg 水中应加入多少甘油？（水的 $K_f = 1.86\text{K}\cdot\text{kg/mol}$，甘油的摩尔质量为 0.092kg/mol）

解 将 $\Delta T_f = 2\text{K} \quad K_f = 1.86\text{K}\cdot\text{kg/mol} \quad m_A = 1.00\text{kg} \quad M_B = 0.092\text{kg/mol}$

及式 $b_B = \dfrac{m_B/M_B}{m_A}$代入凝固点下降公式 $\Delta T_f = K_f b_B$，得应加入甘油的量为

$$m_B = \frac{\Delta T_f M_B m_A}{K_f} = \frac{2 \times 0.092 \times 1.00}{1.86}\text{kg} = 0.0989\text{kg}$$

3. 沸点上升

液体的沸点是指液体的蒸气压等于外压时的温度。

如图 4-3 所示，图中两条曲线分别为溶液的蒸气压曲线与纯溶剂的蒸气压曲线。T_b 为稀溶液的沸点，T_b^* 为纯溶剂的沸点。由于溶剂中溶入不挥发性溶质，溶液的蒸气压低于纯溶剂的蒸气压，因此当纯溶剂的蒸气压等于外压时，纯溶剂的温度达到了沸点 T_b^*，而此温度下溶液的蒸气压低于外压，未达到沸点，要达到沸点必须提高温度。因此稀溶液的沸点高于纯溶剂的沸点。

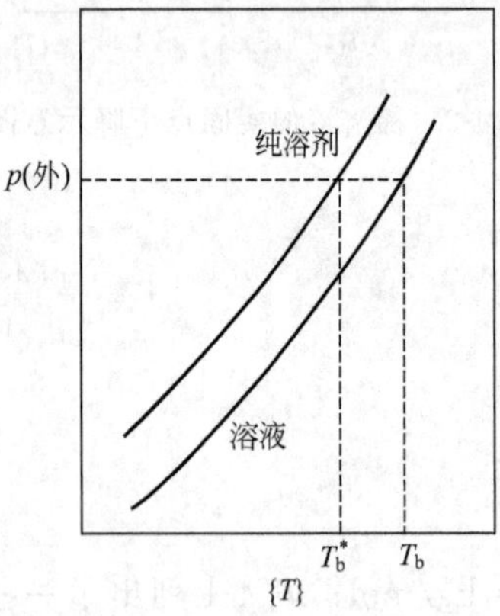

图 4-3 稀溶液的沸点上升示意图

溶有不挥发性溶质的稀溶液，沸点上升具有依数性。其公式为：

$$\Delta T_b = T_b - T_b^* = K_b b_B \tag{4-21}$$

式中 ΔT_b——稀溶液的沸点上升，K；

T_b^*——纯溶剂的沸点，K；

T_b——稀溶液的沸点，K；

K_b——溶剂的沸点上升系数，只决定于溶剂，可查表 4-2 得到（其推导方法可参阅有关文献），K·kg/mol。

表 4-2 几种溶剂的 K_b 值

溶 剂	水	甲醇	苯	乙醇	四氯化碳	丙酮
K_b/(K·kg/mol)	0.52	0.80	2.57	1.20	5.02	1.72

式(4-21) 适用于不挥发性溶质形成的稀溶液。

应用沸点上升公式可计算稀溶液中溶剂 A 的沸点上升值，还可以利用沸点上升法测溶质的摩尔质量。

【例 4-17】 在 100g 苯中溶入 13.76g 的联苯（$C_6H_5C_6H_5$），已知纯苯的沸点为 80.1℃，苯的沸点上升系数为 $K_b = 2.57\text{K}\cdot\text{kg/mol}$，试估算上述稀溶液的沸点 T_b。

解 将 $m_A = 100\text{g} \quad m_B = 13.76\text{g} \quad T_b^* = 353.25\text{K} \quad K_b = 2.57\text{K}\cdot\text{kg/mol} \quad M_B =$

154.21g/mol 代入 $\Delta T_b = K_b b_B$ $\Delta T_b = T_b - T_b^*$

得 $b_B = m_B/(M_B m_A) = 13.76/(154.21 \times 100 \times 10^{-3})\text{mol/kg}$

$= 0.892\text{mol/kg}$

$\Delta T_b = K_b b_B = 2.57 \times 0.892\text{K}$

$= 2.29\text{K}$

所以 $T_b = T_b^* + \Delta T_b$

$= (353.25 + 2.29)\text{K} = 355.54\text{K}$

此稀溶液的沸点约为 355.54K（82.39℃）。

4. 渗透压

许多天然或人造的膜，对物质的透过有选择性，只允许某种离子通过，不允许另一种离子通过；或者只允许溶剂分子通过，而不允许溶质分子通过，这种膜称为半透膜。例如动物膀胱、肠衣等。

如果用一个只允许溶剂分子通过而不允许溶质分子通过的半透膜将纯溶剂与溶液隔开时，溶剂总是由纯溶剂一侧单向地通过半透膜进入溶液，这种现象称为渗透。如图 4-4 所示。在恒温条件下，左侧的溶剂通过半透膜渗入到右侧的溶液中去，使右侧溶液的液面不断升高，直到某一高度，达到渗透平衡为止。

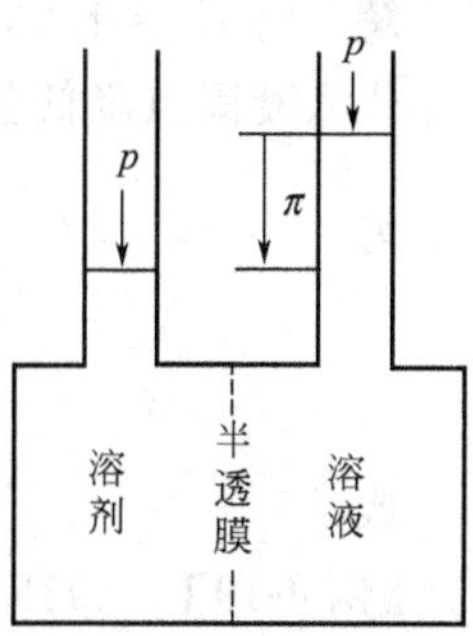

图 4-4 渗透平衡示意图

产生渗透现象的原因是半透膜两边的化学势不相等。在稀溶液中，$p_A < p_A^*$，$x_A < 1$，由稀溶液中溶剂的化学势可知溶液中溶剂的化学势低于同温同压下纯溶剂的化学势，即 $\mu_A(\text{l}) < \mu_A^*(\text{l})$。

在一定温度下，达到渗透平衡时，溶剂液面与溶液液面的压力差，就是渗透压。为了阻止溶剂分子的渗透，必须在溶液上方施加额外的压力 π。如图 4-4 中的 π 就是渗透压。所以溶液的渗透压也是在一定温度下，为了阻止渗透现象而对溶液施加的最小额外压力。任何溶液都有渗透压，只有当合适的半透膜存在时，才能显示出来。

稀溶液的渗透压公式为：
$$\pi = c_B RT \tag{4-22a}$$
或
$$\pi V = n_B RT \tag{4-22b}$$

式中 π——渗透压，Pa；

V——稀溶液的体积，m^3；

n_B——稀溶液中溶质的物质的量，mol；

c_B——稀溶液中溶质的物质的量浓度，mol/m^3。

由式(4-22) 可以看出，在一定温度下，渗透压的大小只与溶质的浓度有关，与溶质的种类无关，所以渗透压也是稀溶液的一种依数性，式(4-22) 的推导方法可参阅有关文献。

生物体内渗透压起重要作用。有机体内的许多生物膜大多具有半透膜性质。渗透压是引起水在动植物中运动的主要动力。植物细胞汁的渗透压可以达 2027kPa，因而使水分和养分能从植物根部输送到数十米高的顶端。人体血液的渗透压平均超过 700kPa。由于人体有保持渗透压在正常值的要求，所以当吃了过咸的食品，或大量出汗后，人体内组织中的渗透压便升高，就会产生口渴的感觉。当静脉注射或输液时，必须要使用等渗溶液。临床使用的质量分数为 0.009 的生理盐水和 0.05 的葡萄糖溶液都是等渗溶液。若是滴注了高渗溶液，会使血浆浓度增大，导致红细胞失水萎缩；相反，若滴注了低渗溶液，会使血浆稀释，导致红细胞膨胀，严重时造成红细胞破裂，会产生溶血现象。

用渗透压可测溶质的摩尔质量，由于溶液的渗透压可以在室温下测量，所以易受热分解的天然产物、蛋白质、人工合成的高聚物等常采用渗透压测定其摩尔质量。

若施加的额外压力大于渗透压，溶剂便从溶液进入纯溶剂，这种现象称为反渗透。利用反渗透技术可以实现海水淡化及污水处理。例如，使图 4-4 中右侧的压力大于左侧的压力，溶液中的溶剂便会反过来向左边渗透。反渗透是 20 世纪 60 年代发展起来的新技术，它最初用于海水的淡化，后来又用于工业废水处理，也可用于溶液的浓缩等。该技术的关键是半透膜的制备。工业上用于反渗透技术比较成功的两种半透膜是醋酸纤维素膜和用芳香族酰胺制成的空心纤维膜。

关于反渗透和膜技术的简介，请参阅本章后的阅读资料。

【例 4-18】 人的血液可视为水溶液，在 101325Pa 下于 −0.56℃ 凝固。水的 K_f 为 1.86K·kg/mol，求血液在 37℃时的渗透压。

解 将 $K_f=1.86\text{K}\cdot\text{kg/mol}$ $\Delta T_f=0.56$ $T=310.2\text{K}$

代入凝固点降低公式 $\Delta T_f=K_f b_B$

得
$$b_B=\frac{\Delta T_f}{K_f}=\frac{0.56}{1.86}\text{mol/kg}=0.301\text{mol/kg}$$

$$\pi=\frac{n}{V}RT=\frac{0.301\times 8.314}{1\times 10^{-3}}\times 310.2\text{Pa}=776.3\text{kPa}$$

或
$$\pi=c_B RT=0.301\times 1000\times 8.314\times 310.2\text{Pa}=776.3\text{kPa}$$

【例 4-19】 293K 时将 68.4g 某物质溶于 1.00kg 水中，已知此水溶液的体积质量为 1.024kg/dm³，测其渗透压为 467kPa，问此溶质的摩尔质量是多少？

解 依据 $\pi V=n_B RT$

$m_B=68.4\text{g}$ $m_A=1.00\text{kg}$ $\rho=1.024\text{kg/dm}^3$ $\pi=467\text{kPa}$

则
$$V=m/\rho=[(68.4+1000)/(1.024\times 1000)]\text{dm}^3$$
$$=1.04\text{dm}^3=1.04\times 10^{-3}\text{m}^3$$
$$n_B=\pi V/(RT)$$
$$=467\times 10^3\times 1.04\times 10^{-3}/(8.314\times 293)\text{mol}$$
$$=0.200\text{mol}$$

所以
$$M_B=m_B/n_B=(68.4\times 10^{-3}/0.200)\text{kg/mol}$$
$$=0.342\text{kg/mol}$$

此溶质的摩尔质量是 0.342kg/mol。

综上所述，可以看出稀溶液的四种依数性，只决定于溶液中溶质的粒子数目，而与溶质的种类无关。四个依数性公式都可以用热力学方法推导出来，只适用于非电解质的稀溶液，因为电解质在溶液中电离，使得溶液中粒子数目增加；在浓溶液中，溶质分子间及溶质分子与溶剂分子间的作用力差异较大，故不能用上述公式来描述。

二、稀溶液中溶剂和溶质的化学势

1. 溶剂的化学势

因为稀溶液中的溶剂服从拉乌尔定律，所以溶剂化学势的表达式与理想液态混合物中任一组分 B 化学势表达式的推导方法相同。在温度为 T、压力为 p（且 p 与 $p^{\ominus}$ 相差不大）

时，溶剂 A 的化学势表达式为：

$$\mu_A=\mu_A^{\ominus}+RT\ln x_A \qquad (4\text{-}23)$$

式中　μ_A——稀溶液中溶剂 A 的化学势，J/mol；

$\mu_A^{\ominus}$——溶剂 A 在标准态的化学势（$\mu_A^{\ominus}$ 只是温度的函数），J/mol；

R——摩尔气体常数，$R=8.314\text{J/(mol}\cdot\text{K)}$；

T——热力学温度，K；

x_A——稀溶液中溶剂 A 的物质的量分数。

2. 溶质的化学势

稀溶液中溶质 B 服从亨利定律，推导溶质 B 化学势表达式的方法与推导出溶剂 A 化学势表达式类似，但由于亨利定律有几种不同形式，所以化学势表达式也有不同的形式。

溶质（在 p 与 $p^{\ominus}$ 相差不大时）浓度分别以 x_B、b_B 和 c_B 表示时，化学势表达式分别为：

$$\mu_B=\mu_{x,B}^{\ominus}+RT\ln x_B \qquad (4\text{-}24)$$

$$\mu_B=\mu_{b,B}^{\ominus}+RT\ln b_B/b^{\ominus} \qquad (4\text{-}25)$$

$$\mu_B=\mu_{c,B}^{\ominus}+RT\ln c_B/c^{\ominus} \qquad (4\text{-}26)$$

式中　μ_B——理想稀溶液中溶质 B 的化学势，J/mol；

$\mu_{x,B}^{\ominus}$，$\mu_{b,B}^{\ominus}$，$\mu_{c,B}^{\ominus}$——溶质 B 浓度分别以 x_B、b_B、c_B 表示时标准态的化学势（只是温度的函数），J/mol；

x_B——稀溶液中溶质 B 的物质的量分数；

b_B——稀溶液中溶质 B 的质量摩尔浓度，mol/kg；

c_B——稀溶液中溶质 B 的物质的量浓度，mol/m^3；

$b^{\ominus}=1\text{mol/kg}$；

$c^{\ominus}=1\text{mol/L}$。

对同一溶液，由于选用的组成表示方法不同，其溶质 B 化学势的标准态也不同。当用 x_B 表示浓度时，选 $p=p^{\ominus}$、$x_B=1$ 时服从亨利定律的状态作标准态，这显然是一种假想的状态。用 b_B 表示浓度时，选 $b_B=1\text{mol/kg}$、$p=p^{\ominus}$ 时服从亨利定律的假想状态作标准态。用 c_B 表示浓度时，选 $c_B=1\text{mol/L}$、$p=p^{\ominus}$ 时服从亨利定律的假想状态作为标准态。三种表达式表示的化学势 μ_B 值是相同的，所以 $\mu_{x,B}^{\ominus}\neq\mu_{b,B}^{\ominus}\neq\mu_{c,B}^{\ominus}$，溶质三种化学势的表达式对非挥发溶质也同样适用。在这三种化学势表达式中，最常用的是式(4-25)。

第八节　二组分理想液态混合物的气-液平衡相图

对于二组分系统 $C=2$，据相律 $F=4-\phi$。因为相数至少为 1，所以自由度数最多为 3，即系统的状态由三个独立变量决定，常用温度、压力和组成。故要完整地描述二组分系统的相平衡关系，要用有三个坐标的立体图形。为了研究问题的方便，常将一个量保持不变，而用两个变量的平面图表示。若温度一定，便得到压力-组成图。

一、压力-组成图

在一定温度下，表示二组分系统气、液两相的平衡组成与压力关系的相图，称为压力-组成图（p-x-y 图）。

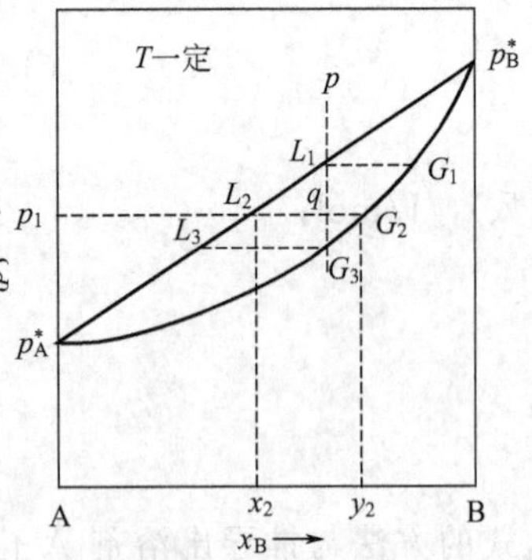

图 4-5 二组分理想液态混合物的压力-组成图

1. 相图的绘制

在一定温度下，由公式 $p=p_A^*+(p_B^*-p_A^*)x_B$，以组成为横坐标，以压力为纵坐标，作图便得到图 4-5 中的直线 p-x_B 线，该线表示平衡气相的总压力 p 与液相组成 x_B 的关系，称为液相线。液相线上的点称为液相点，如图 4-5 中直线 $p_A^*Lp_B^*$ 上的 L_1、L_2、L_3。

由 $y_B=\dfrac{p_B^*x_B}{p}$ 算出气相组成，以压力为纵坐标，气相组成为横坐标作图，得一条曲线，即图 4-5 中下方的 p-y_B 曲线。该线表示平衡气相的总压力 p 与气相组成 y_B 的关系，称为气相线。气相线上的点称为气相点，如图 4-5 中的 G_1、G_2、G_3 点。这样就得到压力-组成图（p-x-y 图）。

2. 相图分析

整个相图被两条线分为三个区域。

① 两条线。液相线在上方，气相线在下方。

② 三个区。液相线以上为液相区；气相线以下为气相区；两条线之间的区域为气-液两相平衡区。

③ 两个端点。气相线和液相线在两坐标轴的交点，分别表示纯组分 A、B 的饱和蒸气压 p_A^* 和 p_B^*。

④ p 与 p_A^*、p_B^* 的关系。由图看出理想液态混合物的蒸气总压 p 介于纯组分的饱和蒸气压 p_A^* 和 p_B^* 之间，即 $p_A^*<p<p_B^*$。

相图中代表系统总组成和压力（或温度）的点，称为系统点，如 p 点、q 点；代表某个相的组成和压力（或温度）的点，称为相点，如 L_2（液相）点、G_2（气相）点。对单相系统，系统点就是相点，如图 4-5 中的 p 点；对多相系统，系统点和相点不一致，如图 4-5 中的系统点 q，对应的两个平衡共存的相点 L_2（液相）和 G_2（气相）。

由图可看出 $y_B>x_B$，$y_A<x_A$，即易挥发组分在气相中的组成大于它在液相中的组成。该结论是精馏分离的理论基础，它也可由公式 $y_A=\dfrac{p_A^*x_A}{p}$ 和 $y_B=\dfrac{p_B^*x_B}{p}$ 推导得出。

若 $p_B^*>p_A^*$，即 B 为易挥发组分，A 为难挥发组分，如图 4-5 所示，

则
$$p_A^*<p<p_B^*$$
$$p_A^*/p<1 \qquad p_B^*/p>1$$
由公式可得
$$y_A<x_A \qquad y_B>x_B$$

据此结论，在相图上气相点应在相应的液相点的右侧，如图 4-5 所示。同时因为气相与共存的液相处在同一压力（例如 p_1）下，所以气相点应落在通过液相点 L_2 的水平线上。

利用图 4-5，可以分析在恒温条件下系统压力或组成改变时，系统相变化的情况。

例如，系统从 p 点恒温减压到 q 点时，发生如下变化：由 p 点到 L_1 点前，为液相减压过程。在 L_1 点，开始出现气相，其组成由 G_1 对应的横坐标表示，继续降压，气体增多，液体减少，液、气相组成各沿液相线和气相线变化。压力降至 p_1，系统点变至 q 点，液、气相的组成分别由 L_2、G_2 对应的横坐标表示。若系统点再降至 G_3 时，液体几乎全部蒸发，G_3 点以下液相消失。用类似的方法也可以分析压力恒定而组成改变时系统发生的变化。

二、温度-组成图

在一定压力下，表示二组分系统气-液两相的平衡组成与温度关系的相图，称为温度-组成图（T-x-y 图）。

1. 相图的绘制

在一定压力（一般是 101325Pa）下，由公式 $p=p_A^*+(p_B^*-p_A^*)x_B$ 计算出不同气-液平衡温度下的液相组成 x_B，由公式 $y_B=\dfrac{p_B^* x_B}{p_A^*+(p_B^*-p_A^*)x_B}$ 计算出不同温度下一系列液相组成 x_B 对应的平衡气相组成 y_B。这些数据也可以由实验测出。

然后以组成为横坐标，以温度为纵坐标作图，便得到温度-组成图（T-x-y 图），如图 4-6 所示。因 101.325kPa 下的气-液平衡温度是正常沸点，故该图也叫沸点-组成图。

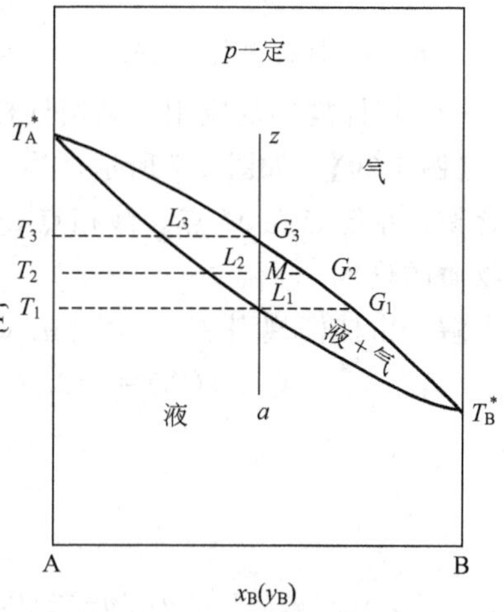

图 4-6　理想液态混合物的温度-组成图

2. 相图分析

① 两条线。液相线在下方，气相线在上方。

液相线表示平衡温度（沸点）与液相组成的关系（T_A^*-L-T_B^* 线），若将 a 点的液体加热升温到 T_1，系统点到达液相线上的 L_1 点，液相开始沸腾起泡，T_1 称为该组成液相的泡点，故液相线又称为泡点线。

气相线表示平衡温度（沸点）与气相组成的关系（T_A^*-G-T_B^* 线），又称露点线。因为若将 z 点的蒸气冷却降温到 T_3，系统点到达气相线上的 G_3 点，气相开始凝结出露珠样液体，T_3 称为该组成气相的露点，故气相线又称为露点线。

② 三个区。液相线以下为液相区；气相线以上为气相区；液相线和气相线之间的区域为气-液两相平衡区。

③ 两个端点。气相线与液相线的交点 T_A^*、T_B^*，分别表示纯液体 A、B 的沸点。

利用图 4-6，可以分析在恒压条件下系统温度或组成改变时，系统相变化的情况。

例如，若将系统从 a 点升温到 z 点，系统的状态变化如下：由 a 点到达 L_1 点前为液相加热过程。温度升到 T_1，系统点达 L_1，液体开始沸腾，产生状态点为 G_1 的气相。继续升温，液相不断地蒸发。液相点沿 $L_1L_2L_3$ 变化，与之平衡的气相点沿 $G_1G_2G_3$ 变化。系统点过 G_3 点后液相消失，此后为气相加热阶段。用类似的方法也可以分析温度恒定而组成改变时系统发生的变化。

三、相图的应用

1. 杠杆规则

应用相图可以计算两相平衡时相对的数量。

设温度为 T_1 时，n(A) 和 n(B) 混合后，系统点的位置在 M 点，系统的总组成即 B 的物质的量分数为 x_m，气、液两相的组成分别是 x_P 和 x_Q。液相物质的量为 n_Q，气相物质的量为 n_P，就组分 B 来说，它存在于气、液两相之中。

(1) 杠杆规则的表达式　若将图 4-7 中的 QP 比做一个以 M 点为支点的杠杆，则液相量 n_Q 乘以液相点至系统点的距离 $\overline{QM}$ 等于气相量 n_P 乘以气相点至系统点的距离 $\overline{MP}$，这就是杠杆规则。即

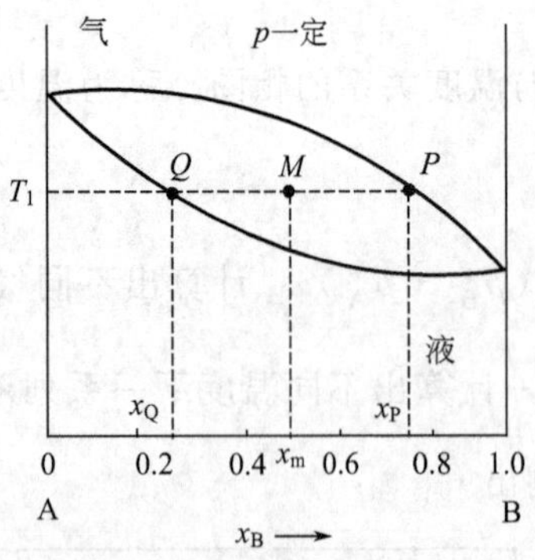

图 4-7 杠杆规则示意图

$$n_Q\overline{QM}=n_P\overline{MP}$$

或 $$n_Q(x_m-x_Q)=n_P(x_P-x_m) \qquad (4\text{-}27)$$

式中 x_m——系统的总组成（物质的量分数）；

n_P——气相物质的量，mol；

x_P——气相的组成（物质的量分数）；

n_Q——液相物质的量，mol；

x_Q——液相的组成（物质的量分数）。

杠杆规则适用于多组分系统任意两相平衡区。如果作图时横坐标用质量分数，杠杆规则仍适用，只是上式中气、液两相的量由物质的量换成质量。

(2) 杠杆规则的应用 利用杠杆规则表达式，可以计算两相平衡时相互的数量关系。

【例 4-20】 如图 4-7 所示，当 $T=T_1$ 时，由 4.8mol B 和 5.2mol A 组成的二组分液态混合物，系统点在 M 点。液相点 Q 对应的 $x_Q=0.28$，气相点 P 对应的 $x_P=0.75$，求两相的物质的量。

解 由杠杆规则 $$n_Q(x_m-x_Q)=n_P(x_P-x_m)$$

代入 $n(\text{A})=5.2\text{mol}$ $n(\text{B})=4.8\text{mol}$ $x_Q=0.28$ $x_P=0.75$

$$n_Q+n_P=(4.8+5.2)\text{mol}=10.0\text{mol}$$

$$x_m=n(\text{B})/[n(\text{B})+n(\text{A})]$$
$$=4.8/10.0=0.48$$

$$n_Q/n_P=(0.75-0.48)/(0.48-0.28)=1.35$$

$$n_P=4.26\text{mol} \qquad n_Q=5.74\text{mol}$$

平衡液相为 5.74mol，平衡气相为 4.26mol。

杠杆规则的推导（如图 4-7 所示）。

设平衡液相的量为 n_Q，平衡液相的组成为 x_Q，平衡气相的量为 n_P，平衡气相的组成为 x_P，系统的总量为 n，系统的总组成为 x_m，则

$$n=n_Q+n_P$$

因为 $$n\,x_m=n_Q\,x_Q+n_P x_P$$

$$(n_Q+n_P)x_m=n_Q\,x_Q+n_P\,x_P$$

$$n_Q\,x_m+n_P\,x_m=n_Q\,x_Q+n_P\,x_P$$

$$n_Q\,x_m-n_Q\,x_Q=n_P\,x_P-n_P\,x_m$$

所以 $$n_Q(x_m-x_Q)=n_P(x_P-x_m)$$

即 $$n_Q\overline{QM}=n_P\overline{MP}$$

2. 蒸馏及精馏原理

(1) 蒸馏原理 在有机化学实验中，常常使用简单蒸馏。如图 4-8 所示（B 为易挥发组分，A 为难挥发组分），若将组成为 x_1 的液态混合物加热到 T_1 开始沸腾，此时共存气相 G_1 的组成为 y_1，含沸点低的组分较多。继续加热，液相的组成就沿液相线变化，相应的沸点也随着升高；当升到 T_2 时，气相 G_2 组成变为 y_2。如果用一个容器接收 T_1 和 T_2 区间蒸气冷凝物，称为馏出物，则馏出物的组成应在 y_1 和 y_2 之间，其中易挥发组分 B 的含量要高于原液态混合物。而蒸馏瓶中剩余液中难挥发组分 A 的含量比原液态混合物高，这种简单蒸馏只能粗略地将混合物相对分离。

(2) 精馏原理 要想得到纯组分 A、B，化工生产中常采用精馏的方法。

将液态混合物同时进行多次部分汽化和部分冷凝而使之分离为纯组分的操作称为精馏。

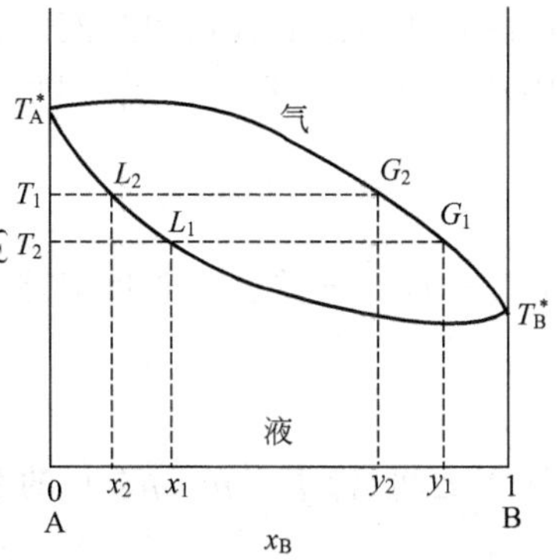

图 4-8 简单蒸馏温度-组成图

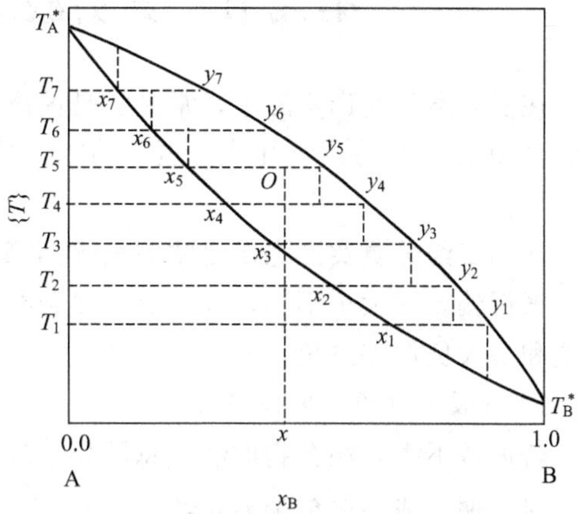

图 4-9 精馏过程温度-组成图

精馏实际上是多次简单蒸馏的组合，如图 4-9 所示。将原始组成为 x 的液态混合物加热至 T_5（系统点为 O 点）时，液、气两相的组成分别为 x_5 和 y_5。此时若将组成为 y_5 的蒸气冷却到 T_4，蒸气部分冷凝为液体，得到组成为 x_4 的液相和组成为 y_4 的气相。再使组成为 y_4 的蒸气冷却到 T_3，就得到组成为 x_3 的液相和组成为 y_3 的气相，依此类推，由图可见，$y_5<y_4<y_3<y_2<y_1$（均指 y_B），易挥发组分 B 的含量越来越高。这样反复将气相部分冷凝，最终在气相得到纯的易挥发组分 B。

另外，对 x_5 的液相加热到 T_6，液相部分汽化，此时气相和液相组成分别为 y_6 和 x_6，把组成为 x_6 的液相再部分汽化，则得到组成为 y_7 的气相和组成为 x_7 的液相，显然 $x_7<x_6<x_5$（均指 x_B）。即液相组成沿液相线上升，最终得到纯 A。

由此可知，精馏分离的依据是液态混合物中各组分的相对挥发能力不同，对于完全互溶的一般二组分双液系统，将液相部分汽化，气相部分冷凝，都能起到在液相中浓集难挥发组分，在气相中浓集易挥发组分的作用。最终可以得到纯的易挥发组分和纯的难挥发组分，从而达到分离提纯的目的。

生产中这种反复进行一连串的部分汽化和部分冷凝的过程是在精馏塔中同时进行的。

图 4-10 为一种精馏塔的示意图。塔的底部是加热物料的加热釜（塔釜）。塔身由多层塔板构成，每层塔板上可有许多小孔，下层的气体通过小孔进入上层塔板，液体则经过每层塔板上的溢流管，流到下层塔板。气体往上升，液体往下流，在每一层塔板上液体与气体充分接触，同时发生液相部分汽化和气相部分冷凝的过程，易挥发组分随气相往上升，难挥发组分随液相往下流。越往上，气相中易挥发组分含量越高，相应的温度越低；越往下，液相中难挥发组分含量越大，相应的温度越高。最终从塔顶逸出的蒸汽为低沸点易挥发的纯组分，再经塔顶冷凝器便冷凝为液体，从塔底流出的液体则为高沸点难挥发的纯组分。精馏的结果同时得到了两种纯组分。

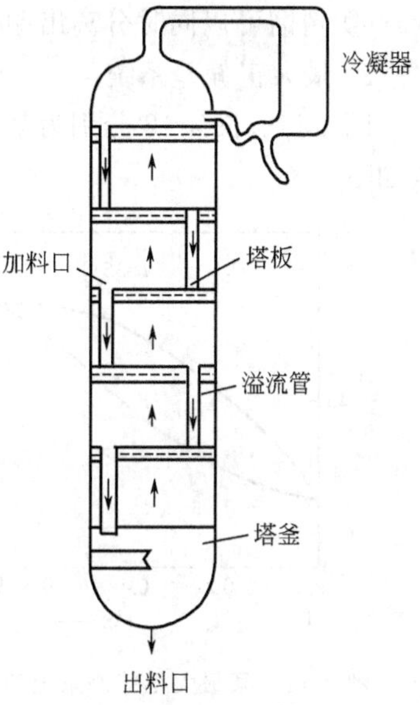

图 4-10 精馏塔示意图

第九节　真实液态混合物与真实溶液

在实验室和生产实际中，常见的是偏离拉乌尔定律的真实液态混合物和溶液，若真实液态混合物或溶液的蒸气压大于拉乌尔定律计算值，则称为正偏差系统，反之则称为负偏差系统。

一、二组分真实液态混合物的气-液平衡相图

根据偏差的大小不同，真实液态混合物和溶液可分为一般正偏差、一般负偏差、最大正偏差和最大负偏差系统。

1. 一般正（负）偏差系统

若偏差不大，混合物的蒸气总压介于二纯组分蒸气压之间（$p_A^* < p < p_B^*$）的系统，称为一般正偏差或一般负偏差系统。

在压力-组成图上，一般正、负偏差系统的液相线是向上凸（正偏差）或向下凹（负偏差）的曲线，而理想液态混合物的液相线为直线，这是它们之间的最大差别。除此之外其他部分与理想液态混合物相似，对相图分析也相同。但绘制相图所需数据只能由实验测定，而不能由简单公式计算。

压力-组成图是在恒温下，由实验测定一系列不同组成的液态混合物的气-液平衡压力及相应的气、液两相组成的数据，以压力为纵坐标，以组成为横坐标作图得到的。

温度-组成图是在恒定压力下，由实验测出一系列不同组成液态混合物的沸点和相应的汽、液两相组成 y_B 和 x_B 的数据，以温度为纵坐标，以组成为横坐标作图得到的。

以上两类相图的示意图，请参阅本章小结中的图 4-24。

理想液态混合物与一般正、负偏差系统的相图称为正常类型的相图，其特点为：

① 混合物的蒸气总压介于二纯组分蒸气压之间。

② 混合物的沸点介于二纯组分的沸点之间。

③ 易挥发组分 B 在气相中的含量大于在液相中的含量，$y_B > x_B$。

④ 精馏可以同时分离出两个纯组分 A、B。

2. 最大正偏差系统

图 4-11、图 4-12 分别为某最大正偏差系统的压力-组成图和温度-组成图。此类相图的特点如下。

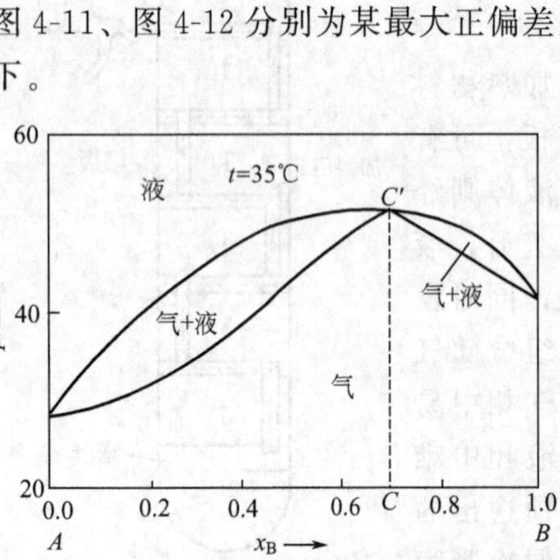

图 4-11　某最大正偏差系统的压力-组成图

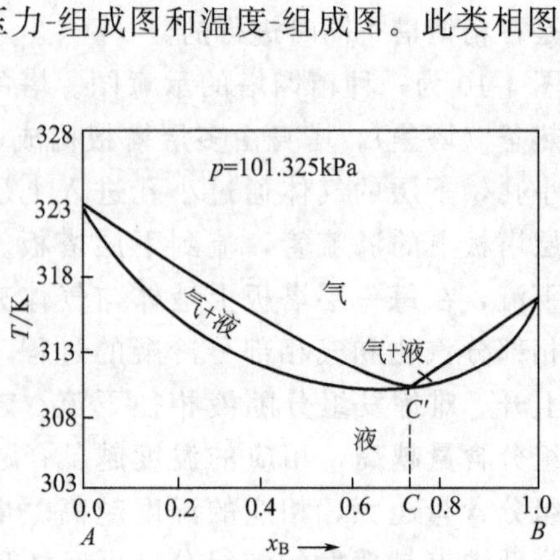

图 4-12　某最大正偏差系统的温度-组成图

① 最大正偏差系统的压力-组成图上有一最高点，相应的温度-组成图上有一最低点。在

此（最高或最低）点处，气相线与液相线相交，气相组成与液相组成相同，即 $y_B=x_B$。此点的温度叫恒沸点，即蒸发过程中沸点不变，此点组成的混合物称为恒沸混合物。当恒沸点低于任一纯组分的沸点时，称为“最低恒沸点”。故具有最大正偏差系统又称为具有最低恒沸点系统。

② 精馏时只能得到一种纯组分和一恒沸混合物。原料液的组成在 AC 之间（C 点左侧），$y_B>x_B$，精馏得纯 A 和恒沸混合物，无纯 B；原料液组成在 CB 之间（C 点右侧），$y_B<x_B$，精馏得纯 B 和恒沸混合物，无纯 A。

注意，当外压一定时，恒沸混合物的恒沸点和组成一定，当外压变化时，恒沸混合物的恒沸点及组成随外压而变化，故恒沸混合物不是具有确定组成的化合物。各种恒沸混合物的沸点与其相应组成的数据可由物理化学手册查得。

3. 最大负偏差系统

最大负偏差系统的情况由图 4-13 和图 4-14 可见，此类相图的特点如下。

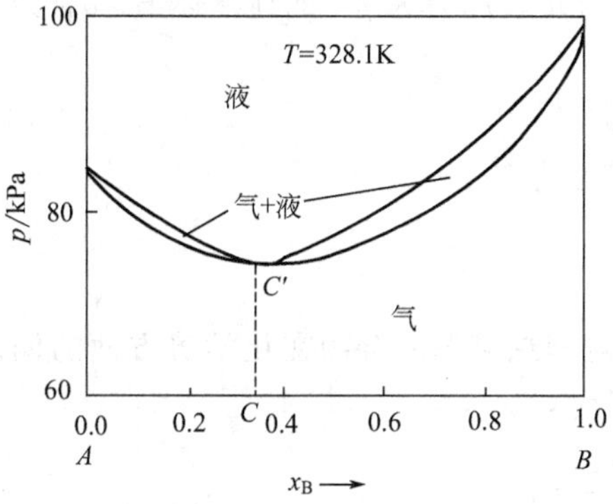

图 4-13 某最大负偏差系统的压力-组成图

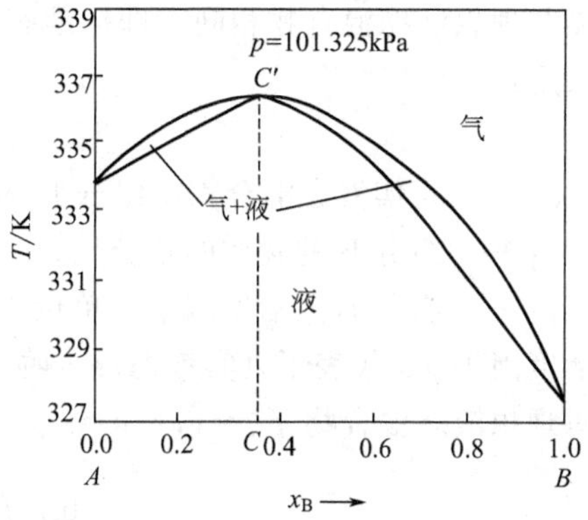

图 4-14 某最大负偏差系统的温度-组成图

① 压力-组成图上有一最低点，温度-组成图上有一最高点。在此（最低或最高）点处，气相线与液相线相交，气、液相组成相等，为具有最高恒沸点系统。

② 精馏时只能得到一种纯组分和一恒沸混合物。

原料液组成在 AC 之间（C 点左侧），精馏得纯 A 和恒沸混合物 C；原料液组成在 CB 之间（C 点右侧），精馏得纯 B 和恒沸混合物 C。

由此可见，具有最高（低）恒沸点系统，精馏时都不能同时得到两种纯组分。

4. 产生偏差的原因

（1）产生正偏差的原因

① 缔合分子形成液态混合物后分子解离，分子数增加，挥发能力增大，所以蒸气压增大，同时形成液态混合物时吸收热量，导致沸点下降。

② 形成液态混合物时分子间力变小，即 A-B 分子间吸引力小于各纯组分 A-A 和 B-B 分子间吸引力，导致逸出液面的分子数增加，蒸气压增大。

（2）产生负偏差的原因

① 形成液态混合物时分子缔合，分子数减小，蒸气压降低，且有放热现象，使沸点升高。

② 形成液态混合物后，分子间力变大。

二、真实液态混合物和真实溶液的化学势及活度

对大多数真实液态混合物和真实溶液，当浓度较大时，前面推导的理想液态混合物和理

想稀溶液中各组分的化学势的表达式便不适用。

为了以简单形式表示真实液态混合物和溶液中各组分的化学势，与引出逸度来表示真实气体的化学势一样，路易斯提出用活度“a”代替“x”。

1. 真实液态混合物中各组分的化学势及活度

真实液态混合物不服从拉乌尔定律，对理想液态混合物有偏差，其任一组分B的化学势不能用式(4-18)表示。为了使真实液态混合物的化学势仍保留式(4-18)的简单形式，把真实液态混合物相对于理想液态混合物化学势表达式的偏差，完全放在表达式的组成项上来校正，保留了理想液态混合物中任意组分B化学势表达式中的标准态化学势$\mu_B^\ominus$不变，用活度a_B代替其浓度x_B，便得到（在常压下）真实液态混合物中任一组分B的化学势的表达式：

$$\mu_B(l)=\mu_B^\ominus(l)+RT\ln a_B \tag{4-28}$$

上式就是活度的定义式。式中$\mu_B^\ominus$ (l)是实际液态混合物中任一组分B的标准化学势，其意义与理想液态混合物相同，即标准态都是温度为T，压力为$p^\ominus$的纯液体B。a_B为校正后的浓度：

$$a_B=f_B x_B \tag{4-29}$$

式中 a_B——真实液态混合物中组分B的活度；单位为1；

x_B——组分B的物质的量分数；

f_B——组分B的活度因子，单位为1。

活度因子f_B代表了真实液态混合物中组分B对理想液态混合物在化学势方面的偏差程度。对理想液态混合物$f_B=1$，$a_B=x_B$。活度因子为：

$$\lim_{x_B\to 1} f_B=\lim_{x_B\to 1}\frac{a_B}{x_B}=1 \tag{4-30}$$

上式也是活度a_B的定义式，故活度的完整定义为上述三个公式。

显然，一切纯液体或纯固体的活度都等于1。

2. 真实溶液中溶剂和溶质的化学势

(1) 真实溶液中溶剂的化学势表达式　因为在p与$p^\ominus$相差不大时，理想稀溶液中溶剂的化学势表达式是$\mu_A=\mu_A^\ominus+RT\ln x_A$，若以真实溶液中溶剂的活度$a_A$代替$x_A$，则其化学势表达式可简写为：

$$\mu_A=\mu_A^\ominus+RT\ln a_A \tag{4-31}$$

式中 μ_A——真实溶液中溶剂的化学势，J/mol；

$\mu_A^\ominus$——溶剂A在标准态时的化学势，J/mol；

a_A——真实溶液中溶剂A的活度，单位为1。

(2) 真实溶液中溶质的化学势表达式　在p与$p^\ominus$相差不大时，因为稀溶液中溶质的化学势表达式是$\mu_B=\mu_{x,B}^\ominus+RT\ln x_B$，若以真实溶液中溶质的活度$a_B$代替$x_B$，则其化学势表达式为：

$$\mu_B=\mu_{x,B}^\ominus+RT\ln a_{x,B} \tag{4-32}$$

$$a_{x,B}=\gamma_{x,B}x_B \qquad \lim_{x_B\to 0}\gamma_{x,B}=1$$

式中，$\gamma_{x,B}$为溶质B的活度因子。

当真实溶液中溶质B的组成用b_B表示时，其化学势表达式为：

$$\mu_B = \mu_{b,B}^{\ominus} + RT\ln a_{b,B} \tag{4-33}$$

$$a_{b,B} = \gamma_{b,B}\frac{b_B}{b^{\ominus}} \qquad \lim_{b_B \to 0}\gamma_{b,B} = 1$$

$$b^{\ominus} = 1\text{mol/kg}$$

式中，$\gamma_{b,B}$为溶质 B 的活度因子。

当真实溶液中溶质 B 的浓度用 c_B 表示时，其化学势表达式为：

$$\mu_B = \mu_{c,B}^{\ominus} + RT\ln a_{c,B} \tag{4-34}$$

式中

$$a_{c,B} = \gamma_{c,B}\frac{c_B}{c^{\ominus}} \qquad \lim_{c_B \to 0}\gamma_{c,B} = 1$$

$$c^{\ominus} = 1\text{mol/L}$$

真实溶液中溶质 B 的标准态选择与理想稀溶液溶质 B 的相同。选用不同的组成表示有不同的标准态，所以标准化学势不同，a 及 γ 也不同。但对于一个指定状态的真实溶液，三个表达式中溶质 B 的化学势 μ_B 是相同的。

第十节　二组分液态完全不互溶系统的气-液平衡

严格地说真正液态完全不互溶的系统是不存在的，但是若两种液体的相互溶解度很小，以致可以忽略不计，这种双液系统可以近似视为液态完全不互溶系统。例如汞和水、二硫化碳和水、氯苯和水等均属于这类系统。

一、二组分液态完全不互溶系统的特点

在完全不互溶系统中各组分基本上相互不影响，它们的蒸气压与它们单独存在时一样，只是温度的函数，与另一组分是否存在及数量多少均无关系。所以二组分液态完全不互溶系统的蒸气总压应等于同温度下两纯组分的蒸气压 p_A^* 与 p_B^* 之和，即

$$p = p_A^* + p_B^* \tag{4-35}$$

显然，二组分液态完全不互溶系统的蒸气总压恒大于任一纯组分的蒸气压，因而混合系统的沸点恒低于任一纯组分的沸点。且沸腾时沸点不变。

例如氯苯和水系统，其蒸气压曲线如图 4-15 所示。

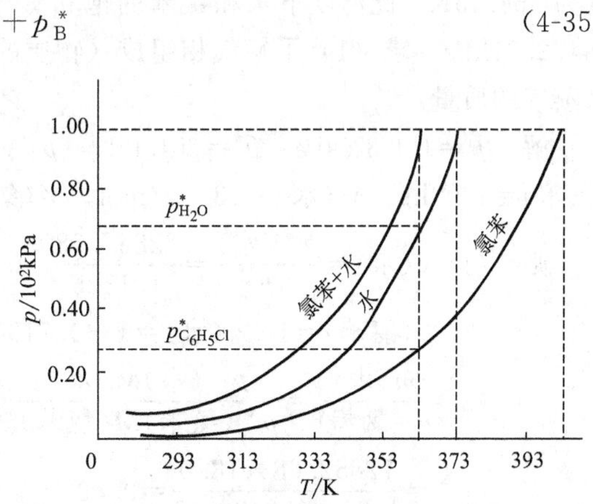

图 4-15　氯苯和水的蒸气压曲线

由图 4-15 可知：在 101.325kPa 的压力下，氯苯的沸点是 403.15K，水的沸点是 373.15K，而水和氯苯系统的沸点则降低到 364.15K，这是因为在 364.15K 时，水和氯苯的饱和蒸气压之和已达到 101.325kPa，等于外压。此时的沸点比两纯液体的沸点都低。工业上根据此原理利用水蒸气蒸馏来提纯与水不互溶的有机液体。

二、水蒸气蒸馏

对于某些热稳定性较差的高沸点有机化合物，常常在未达到沸点前就分解了，在提纯时为了防止化合物分解，必须降低蒸馏时的温度。工业上通常采用两种方法，一种是减压蒸

馏，另一种是水蒸气蒸馏。

水蒸气蒸馏是将不溶于水的有机液体和水一起蒸馏，让水蒸气的分压补足了有机物的压力，使系统的沸点大大低于有机物的沸点，避免了有机物的分解。在进行水蒸气蒸馏时，应使水蒸气以气泡的形式通过有机液体，这样就可以起到供给热量和搅拌的作用，出来的蒸气经过冷凝后分为两层，除去水层就得到产品。此方法简单且费用少，故工业生产中对小批量产品经常采用水蒸气蒸馏。而减压蒸馏法需要的设备较多且不易操作。但水蒸气蒸馏只适用于不溶于水的有机物。

进行水蒸气蒸馏时，水蒸气的用量可以根据分压定律来计算，蒸馏出单位质量有机物所需水蒸气的质量$\frac{m(\text{水})}{m(\text{有})}$，称为水蒸气消耗系数，其计算公式为：

$$\frac{m(\text{水})}{m(\text{有})}=\frac{p^*(\text{水})M(\text{水})}{p^*(\text{有})M(\text{有})} \tag{4-36}$$

式中 $m(\text{水})$——水蒸气的质量，kg；

$m(\text{有})$——有机液体的质量，kg；

$p^*(\text{水})$——水的饱和蒸气压，Pa；

$p^*(\text{有})$——有机液体的饱和蒸气压，Pa；

$M(\text{水})$——水的摩尔质量，kg/mol；

$M(\text{有})$——有机液体的摩尔质量，kg/mol。

水蒸气消耗系数越小，水蒸气蒸馏的效率越高。从上式可以看出，有机物的蒸气压越高，摩尔质量越大，则水蒸气消耗系数越小。

利用式(4-36)，可以计算蒸馏出一定质量的有机物所需水蒸气的质量。另外，也可以计算与水完全不互溶的有机物的摩尔质量$M(\text{有})$。

【例 4-21】 在 101.325kPa 的压力下，对氯苯进行水蒸气蒸馏，已知水和氯苯系统的沸点为 364.15K，此温度下水和氯苯的饱和蒸气压 $p^*(\text{水})$ 为 72852.68Pa 和 $p^*(\text{氯苯})$ 为 28472.31kPa，求 (1) 平衡气相组成（物质的量分数）；(2) 蒸出 1000kg 氯苯至少需消耗水蒸气的质量。

解 $p=101.325\text{kPa}$ $T=364.15\text{K}$ $p^*(\text{水})=72852.68\text{Pa}$ $p^*(\text{氯苯})=28472.31\text{kPa}$ $m(\text{氯苯})=1000\text{kg}$ $M(\text{水})=18.0\text{g/mol}$ $M(\text{氯苯})=112.5\text{g/mol}$

则 (1) $y(\text{水})=\frac{p^*(\text{水})}{p}=\frac{72852.68}{101325}=0.7190$

$y(\text{氯苯})=1-y(\text{水})=1-0.7190=0.2810$

(2) $\frac{m(\text{水})}{m(\text{氯苯})}=\frac{p^*(\text{水})M(\text{水})}{p^*(\text{氯苯})M(\text{氯苯})}$

$=\frac{72852.68\times18.0}{112.5\times28472.31}=0.409$

$m(\text{水})=1000\times0.409\text{kg}$

$=409\text{kg}$

气相中氯苯的物质的量分数为 0.2810，水蒸气的物质的量分数为 0.7190；蒸出 1000kg 氯苯至少需消耗水蒸气 409kg。

式(4-36) 的推导。

在二组分液态完全不互溶系统的平衡气相中，据分压定义式有

$$p^*(水)=py(水)=p\frac{n(水)}{n(水)+n(有)}$$

$$p^*(有)=py(有)=p\frac{n(有)}{n(水)+n(有)}$$

两式相除，得
$$\frac{n(水)}{n(有)}=\frac{p^*(水)}{p^*(有)}$$

$$n(水)=\frac{m(水)}{M(水)}\qquad n(有)=\frac{m(有)}{M(有)}$$

所以
$$\frac{m(水)}{m(有)}=\frac{p^*(水)M(水)}{p^*(有)M(有)}$$

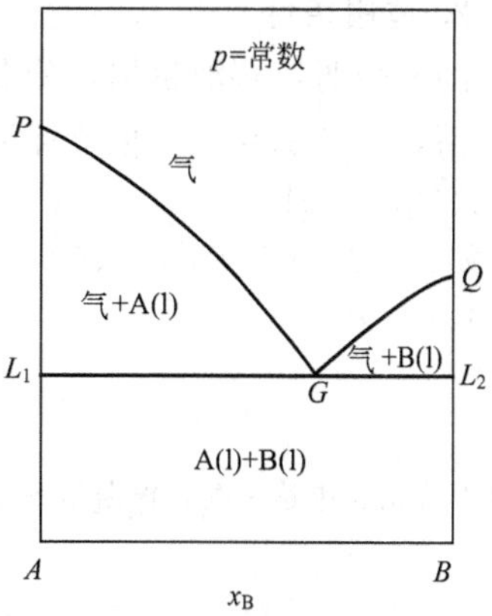

图 4-16　二组分液态完全不互溶系统的气-液平衡相图

三、二组分液态完全不互溶系统的气-液平衡相图

在一定的外压下，将一系列二组分液态完全不互溶系统的样品加热，直到气-液平衡，测定平衡温度和平衡气相组成的数据，然后以温度为纵坐标，以组成为横坐标作图，便得到二组分液态完全不互溶系统的气-液平衡相图，如图 4-16 所示。

图 4-16 中：AP 线为纯液体 A 恒压升温线；P 点为纯液体 A 的沸点；BQ 线为纯液体 B 恒压升温线；Q 点为纯液体 B 的沸点；L_1GL_2 线为三相平衡线，此线对应的温度为在指定压力下的共沸点；GP 线为对 A 饱和的气相线，GQ 线为对 B 饱和的气相线；AL_1L_2B 内为液-液两相区；PL_1G 和 QL_2G 内为气-液两相区；PGQ 以上为气相区。

第十一节　分配定律和萃取

一、分配定律

在一定温度和压力下，溶质溶解于两种不互溶的液体中达平衡时，溶质在两液相中的浓度之比为一常数，此常数称为分配系数，这就是分配定律。

1. 表达式

$$\frac{c_B(\alpha)}{c_B(\beta)}=K \tag{4-37}$$

式中　$c_B(\alpha)$——溶质 B 在 α 相中的物质的量浓度，mol/m^3；

$c_B(\beta)$——溶质 B 在 β 相中的物质的量浓度，mol/m^3；

K——分配系数。

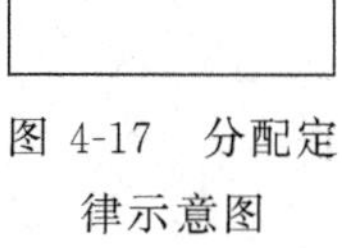

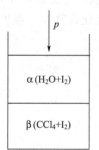

图 4-17　分配定律示意图

影响 K 的因素有温度、压力、溶质和两种溶剂的性质。如图 4-17 所示，少量碘溶于共存的水和四氯化碳中形成平衡系统，β 为碘在四氯化碳中的稀溶液，α 为碘在水中的稀溶液，两个稀溶液的浓度比为一常数，表 4-3 给出了 298.15K 时碘在水和四氯化碳之间的分配情况。

表 4-3　I_2 在 H_2O 和 CCl_4 之间的分配情况（298.15K）

$c_{I_2}(H_2O)$ /(mol/L)	$c_{I_2}(CCl_4)$ /(mol/L)	$K=\frac{c_{I_2}(H_2O)}{c_{I_2}(CCl_4)}$	$c_{I_2}(H_2O)$ /(mol/L)	$c_{I_2}(CCl_4)$ /(mol/L)	$K=\frac{c_{I_2}(H_2O)}{c_{I_2}(CCl_4)}$
0.000322	0.02745	0.0117	0.00115	0.1010	0.0114
0.000503	0.0429	0.0117	0.00134	0.1196	0.0112
0.000763	0.0654	0.0117			

2. 适用条件

经验表明，溶液越稀，分配定律越符合实际。分配定律的适用条件为：两种共存的溶剂不互溶，且分别与溶质形成稀溶液；溶质在两液相中分子形态相同。

式(4-37) 的推导。

如上所述，溶质B溶于共存的两种不互溶的液体中形成稀溶液，则溶质B在α和β两液相中的化学势表达式分别为

$$\mu_B(\alpha)=\mu_B^{\ominus}(\alpha)+RT\ln[c_B(\alpha)/c^{\ominus}]$$
$$\mu_B(\beta)=\mu_B^{\ominus}(\beta)+RT\ln[c_B(\beta)/c^{\ominus}]$$

溶质B在两相中达平衡，根据相平衡条件，其化学势必然相等，即

$$\mu_B(\alpha)=\mu_B(\beta)$$
$$\mu_B^{\ominus}(\alpha)+RT\ln[c_B(\alpha)/c^{\ominus}]=\mu_B^{\ominus}(\beta)+RT\ln[c_B(\beta)/c^{\ominus}]$$
$$\mu_B^{\ominus}(\beta)-\mu_B^{\ominus}(\alpha)=RT\ln[c_B(\alpha)/c^{\ominus}]-RT\ln[c_B(\beta)/c^{\ominus}]$$
$$=RT\ln[c_B(\alpha)/c_B(\beta)]$$

因为 $\mu_B^{\ominus}(\alpha)$ 和 $\mu_B^{\ominus}(\beta)$ 是溶质B在标准态的化学势，温度一定时，分别为定值，

所以 $$\mu_B^{\ominus}(\beta)-\mu_B^{\ominus}(\alpha)=RT\ln[c_B(\alpha)/c_B(\beta)]=\text{定值}$$

则 $$\frac{c_B(\alpha)}{c_B(\beta)}=K$$

二、萃取

萃取是实验室和化工生产中常用的一种分离技术，它的理论基础是分配定律。

用一种与原溶液中溶剂不互溶的溶剂（萃取剂）将溶质从溶液中提取出来的过程称为萃取。萃取所用的溶剂称为萃取剂。

选取萃取剂的主要条件是：萃取剂与原溶液中的溶剂不互溶，但对被提取的溶质却要有很强的溶解能力。

用萃取法可以除去溶液中不希望存在的组分（例如杂质），或分离出溶液中有用的组分，这在实验室和化工生产中应用很广。例如含酚废水的处理、稀有元素的提取，在炼油厂中，用二乙二醇醚作萃取剂，从烷烃混合物中萃取出化工原料苯、甲苯等芳香烃化合物等。在生产中，萃取也是分离液体混合物的一种单元操作。

利用分配定律可以得出计算萃取效率的公式

$$m_n=m_0\left(\frac{KV_1}{KV_1+V_2}\right)^n \tag{4-38}$$

式中 m_n——第 n 次萃取后，原溶液中所剩溶质B的质量，kg；

m_0——原溶液含溶质B的质量，kg；

V_1——原溶液的体积，m^3；

V_2——每次所加萃取剂的体积，m^3；

n——萃取的次数。

利用式(4-38)，可计算经过第 n 次萃取后，溶液中所剩溶质的质量，或当萃取剂的量一定时，计算萃取的次数 n。

【例 4-22】 实验室中有 1.00dm^3 含碘 0.100g 的水溶液，在 298.15K 时用 0.600dm^3 四氯化碳进行萃取，已知 298.15K 时碘在水和四氯化碳系统的分配系数为 0.0117，试计算下列两种方式萃取后溶液中所剩的碘量：(1) 一次全部用完四氯化碳萃取剂；(2) 分三次萃取，每次用 0.200dm^3 四氯化碳萃取剂。

解 依据 $m_n=m_0\left(\dfrac{KV_1}{KV_1+V_2}\right)^n$

$T=298.15\text{K}$ $V(H_2O)=1.00\text{L}$ $V(CCl_4)=0.600\text{L}$ $K=0.0117$ $m(I_2)=0.100\text{g}$ $V'(CCl_4)=0.200\text{L}$

(1) 一次全部用完四氯化碳萃取剂进行萃取

$m_0=0.100\text{g}$ $K=0.0117$ $V_1=1.00\text{L}$ $V_2=0.600\text{L}$ $n=1$

$$m_1=0.100\times\frac{0.0117\times1.00}{0.0117\times1.00+0.600}\text{g}$$
$$=1.91\times10^{-3}\text{g}$$

一次全部用完四氯化碳萃取剂进行萃取，溶液中剩下碘 1.91×10^{-3}g。

(2) 分三次萃取，每次用 0.200L 四氯化碳萃取剂

$m_0=0.100\text{g}$ $K=0.0117$ $V_1=1.00\text{L}$ $V_2=0.200\text{L}$ $n=3$

$$m_3=0.100\times\left(\frac{0.0117\times1.00}{0.0117\times1.00+0.200}\right)^3\text{g}$$
$$=1.69\times10^{-5}\text{g}$$

分三次萃取，每次用 0.200dm^3 四氯化碳萃取剂，最后溶液中剩下碘 1.69×10^{-5}g。

计算结果表明，用同样数量的萃取剂，分多次萃取一般比一次萃取的效率高。

式(4-38) 的推导。

原溶液为 α 相，体积为 V_1，含溶质 B 的质量为 m_0；使用的萃取剂为 β 相，每次所加萃取剂的体积为 V_2。

第一次萃取后，原溶液中剩下溶质 B 的质量为 m_1，

因为
$$K=\frac{C_B(\alpha)}{C_B(\beta)}=\frac{m_1/V_1}{(m_0-m_1)/V_2}$$
$$=\frac{m_1V_2}{(m_0-m_1)V_1}$$
$$KV_1m_0-KV_1m_1=m_1V_2$$
$$m_1(KV_1+V_2)=KV_1m_0$$

所以
$$m_1=m_0\frac{KV_1}{KV_1+V_2}$$

第二次萃取后，溶液中剩下溶质 B 的质量为 m_2

$$m_2=m_1\frac{KV_1}{KV_1+V_2}=m_0\left(\frac{KV_1}{KV_1+V_2}\right)^2$$

第 n 次萃取后，溶液中剩下溶质 B 的质量为 m_n

$$m_n=m_0\left(\frac{KV_1}{KV_1+V_2}\right)^n$$

第十二节 二组分液态部分互溶系统的液-液平衡相图

在一定温度下，两种液体相互溶解的程度与它们的性质有关，当两种液体性质相差较大时，它们只能部分相互溶解，而形成共轭溶液。

一、共轭溶液

由两种部分互溶的液体形成两个平衡共存的饱和溶液所构成的系统，称为共轭溶液。

例如，常温下，向水中加入苯酚，开始苯酚可以完全溶解，再加入苯酚，可得到苯酚在

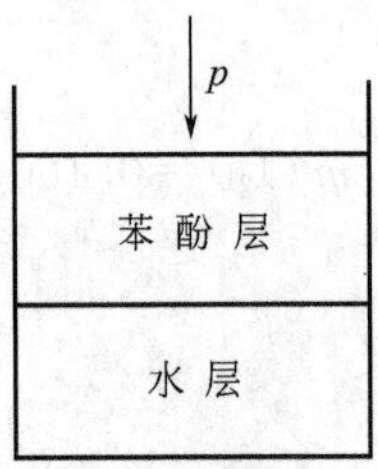

图 4-18 共轭溶液示意图

水中的饱和溶液。这时，继续加入苯酚，系统就会出现两个液层：一层是苯酚在水中的饱和溶液（如图 4-18 所示的水层），另一层是水在苯酚中的饱和溶液（如图 4-18 所示的苯酚层）。这两个平衡共存的液层就构成了共轭溶液。

这里饱和溶液的浓度就是溶液的溶解度，共轭溶液的浓度也是它的溶解度。

根据相律，在压力一定的条件下，液-液两相平衡时，自由度数 $F=C-\phi+1=2-2+1=1$，可知两个饱和溶液的溶解度只是温度的函数。通常溶解度随温度的升高往往变大，蒸气压也会升高，当蒸气压等于外压时，应有汽相出现。故这类温度-组成图应由汽-液平衡和液-液平衡两部分构成。

当系统的外压大于蒸气压且恒定的条件下，共轭溶液系统在升高温度时不汽化，此时便可以只讨论液-液平衡的温度-组成图。

二、二组分液态部分互溶系统的液-液平衡相图

不同温度时测定一系列共轭溶液的浓度，会得到一系列温度及对应的溶解度数据。以温度为纵坐标，以组成（温度对应的溶解度数据）为横坐标作图，便得到二组分液态部分互溶系统的液-液平衡相图（溶解度图），如图 4-19 所示。

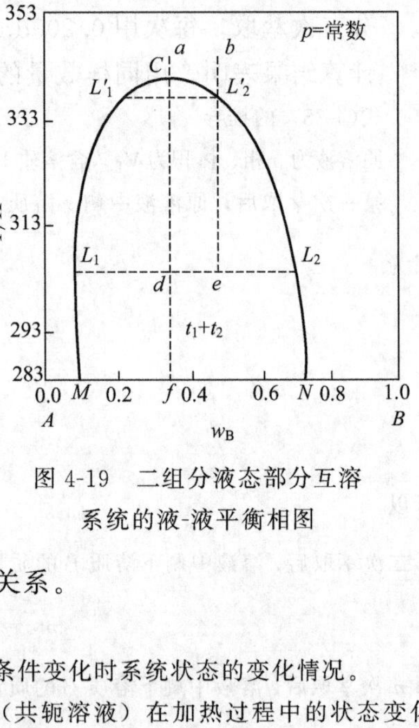

图 4-19 二组分液态部分互溶系统的液-液平衡相图

图 4-19 中，MC 线为苯酚（B）在水（A）中的溶解度曲线；NC 线为水（A）在苯酚（B）中的溶解度曲线；MCN 线为溶解度曲线，是温度升高，水与苯酚的相互溶解度增大至全溶时，MC 线与 NC 线交会于 C 点的曲线。

C 点为临界会溶点，临界会溶点对应的温度为临界会溶温度，符号为 T_c。当温度 $T>T_c$ 时，两种液体完全互溶；当 $T<T_c$ 时，两种液体部分互溶。

单相区为 MCN 线（帽形线）以外的区域。

共轭溶液区为 MCN 线以内的帽形区，是两饱和溶液平衡共存区，用杠杆规则可以确定两个平衡液相之间的关系。

三、相图的应用

利用此相图可以说明在指定的条件下系统所处的状态，以及在条件变化时系统状态的变化情况。

例如，利用图 4-19，说明曲线 MCN 内的液-液两相平衡系统（共轭溶液）在加热过程中的状态变化情况。

如果过会溶点 C 作一条恒组成线 af，按系统的组成不同，可以分成三种类型。

① 若系统点在 af 线右侧，如 e 点表示两液相平衡，过 e 点作一条等温线与溶解度曲线交于 L_1、L_2 点，L_1、L_2 即两共轭溶液的相点，L_1、L_2 的连线为结线。因为横坐标表示质量分数，所以两液相 L_1 和 L_2 的质量比，即为线段 eL_2 和 L_1e 长度之比。系统点从 e 升温至 L'_2 点时，两共轭液相的相点将分别沿 $L_1L'_1$ 和 $L_2L'_2$ 变化，两液相的相对量也随之发生变化。由杠杆规则可知，水层的质量不断减少，苯酚层的质量不断增加。当系统点达到 L'_2 点时，水层消失，系统变为单一液相，最后消失的水层状态为 L'_1 点。从 L'_2 点至 b 点，为该液相的升温过程。

② 若系统点在 af 线左侧，升温过程中状态变化的分析与上面类似，但升温到与 Mc 线相交时，消失的不是水层而是苯酚层。

③ 若系统点恰好在 af 线上，如 d 点表示两液相 L_1 和 L_2 平衡，升温到 C 点的过程中，两液相分别沿 MC 和 NC 线移动，两液相的量都只有少量变化。达 C 点时，两液相的组成完全相等，故两液层间的相界面消失，成为单液相。C 点以上为该液相的升温过程。

像水-苯酚这样的系统，其临界会溶点 C 是溶解度曲线上的最高点，故称为具有最高会溶点的系统。此类系统还有水-异(或正)丁醇、水-苯胺系统等。另外，还有一些部分互溶的系统，为具有最低会溶点系统。例如，水-三乙基胺系统在 18℃以下完全互溶，在 18℃以上部分互溶，会溶点处于溶解度曲线的最低处，其图形相当于将水-苯酚系统的相图倒置一样。还有的系统同时具有一个最高会溶点和一个最低会溶点，其溶解度曲线为一闭合曲线。

第十三节　二组分系统固-液平衡相图

二组分固-液平衡系统属于凝聚系统。由于压力对其影响很小，可以忽略，因此，相律的表达式为 $F=C-\phi+1=3-\phi$。当 $\phi=1$ 时，$F=2$。说明自由度数最多为 2，所以只需用温度和组成两个坐标就可以绘制二组分系统固-液平衡相图。

二组分系统固-液平衡相图种类繁多，本节仅介绍两种类型，即二组分固态完全不互溶的固-液平衡相图（具有简单低共熔点系统）和二组分固态完全互溶系统的固-液平衡相图。

一、具有简单低共熔点系统的相图

最常见的合金系统相图和盐-水系统相图都属于这种类型。

1. 热分析法

常见的合金系统相图是通过热分析法绘制出来的。此法是绘制温度-组成图常用的基本方法。

热分析法的原理是将一系列组成不同的混合物加热熔化，然后使之缓慢均匀冷却。将冷却过程中观察到的温度随时间而变化的数据描绘成温度-时间曲线，即步冷曲线。如果系统内有相变化，由于析出固体时放出相变热抵偿了系统的热量散失，使降温速度停止或减慢，步冷曲线的斜率会发生变化，出现水平线段（平台）或转折点。由这些转折点或水平段对应的温度和组成，绘出温度-组成图。

下面以 Bi-Cd 二组分系统为例，做具体介绍。

（1）步冷曲线的分析　a 线是纯 Bi（含 0%Cd）的步冷曲线，开始为纯液态 Bi 的冷却阶段，因无相变，降温均匀，故为平滑曲线。AA'为水平段，温度不变，有固体 Bi 从液相中析出，水平段 AA'对应的温度是 Bi 的凝固点。AA'水平段以下为纯固体 Bi 的冷却阶段。

b 线是含 20%Cd 的混合物步冷曲线。降温到 C 点对应的温度时，固体 Bi 开始从液相中析出，产生的凝固热使降温速度变慢，出现转折，步冷曲线斜率变小。达 D 点时，Bi 和 Cd 同时析出，放出的凝固热完全抵偿了系统的热散失，故温度保持不变，水平线段 DD'对应的温度是二组分固体同时析出的温度。水平线段以下为固体冷却阶段。

c 线是含 40%Cd 的混合物步冷曲线，EE'为水平段，温度不变，在此温度，两个组分都饱和，Bi 和 Cd 同时析出，是液相能存在的最低温度。低于此温度的系统都为固相。

d 线和 b 线相似，是含 70%Cd 的混合物步冷曲线，有一个转折点 F 和一个水平段 GG'，所不同的是在 F 点先析出的固体是 Cd。

e 线是纯 Cd 的步冷曲线，同理，HH'为水平段，温度不变，有固体 Cd 从液相中析出，这时系统中固相与液相两相平衡。水平段对应的温度是 Cd 的凝固点。

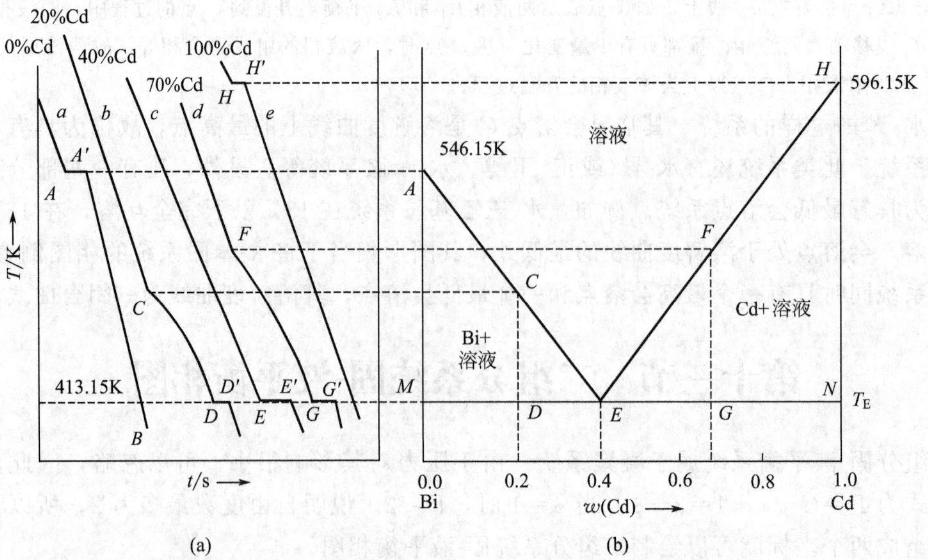

图 4-20　Bi-Cd 系统的步冷曲线（a）和固-液平衡相图（b）

将上述五条步冷曲线中发生相变时的转折点和水平线段所对应的温度和组成，描绘在温度-组成图中，便得到图 4-20(b) 中的 Bi-Cd 系统相图。

(2) Bi-Cd 系统固-液平衡相图的分析　纵坐标为温度，横坐标为组成，整个相图被三条线分成四个区。

① 三条线。*AE* 线表示纯固体 Bi 与液相平衡时，液相组成与温度的关系。由于加入 Cd 使 Bi 的凝固点降低，所以此线称为 Bi 的凝固点下降曲线。

HE 线表示纯固体 Cd 与液相平衡时，液相组成与温度的关系，称为 Cd 的凝固点下降曲线。

MEN 线为三相平衡线。在此线上（两个端点除外）任一点代表的系统均为固体 Bi、Cd 与 Bi-Cd 液相混合物三相共存，$F=C-\phi+1=2-3+1=0$。表明三相平衡共存的温度只能是 413.15K，同时液相组成也一定，含 Cd40％。

② 四个区。*AEH* 以上为单相区（溶液区）。

AME 之内为 Bi 与液相混合物两相共存区。

HEN 之内为 Cd 与液相混合物两相共存区。

MEN 线以下为 Bi 和 Cd 共存的两固相区。

③ 三个点。*A* 点、*H* 点对应的温度分别为 Bi 和 Cd 的凝固点。

E 点为析出的 Bi、Cd 及液相混合物（含 Cd 为 40％）三相平衡共存时的液相点。*E* 点对应的温度称为低共熔点，因为此温度是加热时固体 Bi 和 Cd 能够同时熔化的最低温度，比纯 Bi 和纯 Cd 的熔点都低。*E* 点对应的混合物称为低共熔混合物。

(3) 具简单最低共熔点相图的应用　例如，利用熔点变化来测定样品纯度，常用的方法就是测定样品的熔点，若熔点偏低则说明杂质含量较多。如果所测样品的熔点与标准物品相同，为了确定二者是否同一种物质，可将样品与标准物品混合后再测其熔点，若是同一种物质熔点便不会发生变化，否则熔点会明显下降，这种鉴别方法为混合熔点法。

表 4-4 列出了若干具有简单低共熔点的二组分系统。其中 Sn-Pb 系统的低共熔混合物称为焊锡，它在 456.5K 即可熔化，常被用来焊接铜铁等金属。

表 4-4 简单低共熔混合物系统

组分 A	A 的熔点/K	组分 B	B 的熔点/K	共熔混合物	
				共熔点/K	B 物质的物质的量分数
Sb	903	Pb	600	540	0.87
Sn	505	Pb	600	456.3	0.38
Si	1685	Al	930	851	0.89
Be	1555	Si	1685	1363	0.32
KCl	1063	AgCl	724	579	0.69

2. 盐-水系统相图

有些水-盐系统也属于简单低共熔混合物系统。它们的相图是根据溶解度法绘制出来的。根据不同温度下溶液的溶解度与相应固相组成的数据来绘制相图的方法称为溶解度法，图 4-21 就是 $CaCl_2$ 和 H_2O 构成的二组分水-盐系统相图。

（1）相图分析

① 三条线。*AE* 线为水的凝固点下降曲线，是冰和溶液成平衡的曲线。

BE 线为 $CaCl_2 \cdot 6H_2O$ 的饱和溶液曲线，即 $CaCl_2 \cdot 6H_2O$ 在水中的溶解度曲线，该线到 *B* 点终止，原因是系统加热到 *B* 点对应的温度时，$CaCl_2 \cdot 6H_2O$ 全部溶解于水。

T_3ER 线是三相平衡线，在三相平衡线上，冰、溶液和固体 $CaCl_2 \cdot 6H_2O$ 三相共存，$F=C-\phi+1=2-3+1=0$。表明三相平衡共存的温度只能是 218.15K，同时溶液组成也一定，为含 $CaCl_2$ 32%。

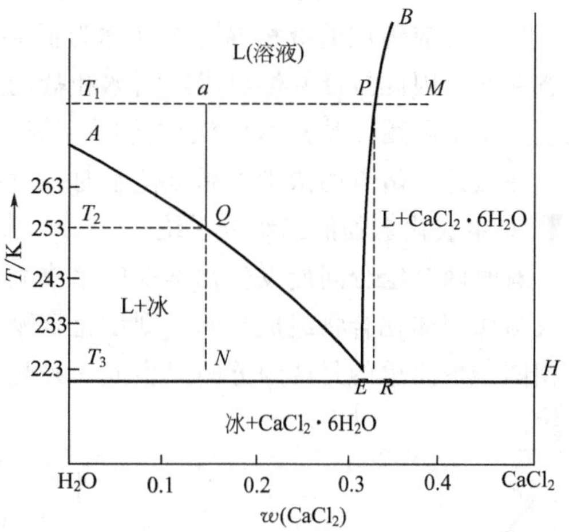

图 4-21 二组分水-盐系统（H_2O-$CaCl_2$）相图

整个相图被三条线分成四个区。

② 四个区。*AEB* 以上为单相区（溶液区）。

AT_3E 之内为冰与溶液共存的两相区。

EB 线右边为 $CaCl_2 \cdot 6H_2O$ 与溶液共存的两相区。

T_3E 线以下为冰与 $CaCl_2 \cdot 6H_2O$ 共存的两固相区。

③ 低共熔点。*E* 点是冰、固体 $CaCl_2 \cdot 6H_2O$ 和溶液（含 $CaCl_2$ 32%）平衡的液相点。*E* 点对应的温度即低共熔温度，为 218.15K。

常见的某些盐和水的最低共熔点如表 4-5 所示。

表 4-5 某些盐和水系统的最低共熔点

盐	最低共熔点/K	最低共熔点时盐的质量分数(w_B)	盐	最低共熔点/K	最低共熔点时盐的质量分数(w_B)
Na_2SO_4	272.05	0.0384	NaCl	252.05	0.233
KNO_3	270.15	0.1120	KI	250.15	0.523
$MgSO_4$	269.25	0.1650	NaBr	245.15	0.403
KCl	262.45	0.197	NaI	241.65	0.393
KBr	260.55	0.313	$CaCl_2$	218.15	0.320
$(NH_4)_2SO_4$	254.85	0.398	$FeCl_3$	218.15	0.331

(2) 相图的应用　在化工分离技术中，利用结晶法分离提纯制取盐类时，这类相图对生产有重要的指导意义。利用图 4-21，就可以分析说明冷却结晶法对水-盐系统分离提纯的工艺操作原理及条件。

如图 4-21 所示，将系统点为 a 的溶液冷却降温时系统点沿 aN 移动，达到温度 T_2（Q 点）时，开始析出冰，继续冷却，进入两相共存区，溶液组成沿 QE 变化，达 E 点对应的温度 T_3 时，同时析出冰和固态 $CaCl_2 \cdot 6H_2O$。可见要分离提纯出纯盐 $CaCl_2 \cdot 6H_2O$，其溶液浓度必须大于 E 点对应的浓度，温度不低于 T_3。若要用系统点为 a 的溶液进行分离提纯出$CaCl_2 \cdot 6H_2O$，则据相图可知，应先将系统等温（T_1）蒸发浓缩，除去一些水，使系统点沿水平线 aM 移动至 P 点时，开始析出固体$CaCl_2 \cdot 6H_2O$，这时再冷却，系统点沿 PR 移动，在温度 T_3 以前（系统点在 R 以前），不断析出纯固体 $CaCl_2 \cdot 6H_2O$。

E 点对应组成的液相混合物（称为低共熔混合物），冷却到低共熔温度 T_3 以前仍能以液态存在，因此按低共熔组成配制冰和盐的混合物，可以获得较低的冷冻温度。实验室和化工生产中常利用此类盐水溶液作为制冷剂。$CaCl_2$ 水溶液在化工生产中经常作为冷冻循环液，在最低共熔点的浓度配制该盐水时，可在 218.5K 以上不会结冰。

3. 生成化合物的二组分系统

有时两个组分间能发生化学反应生成固体化合物。若固体化合物熔化后不分解，其液相组成与该固体化合物组成相同，则该化合物称为相合熔点化合物，称其熔点为相合熔点。这类相图中最简单的是两组分间只生成一种化合物，且化合物与两组分在固态时都完全不互溶系统。

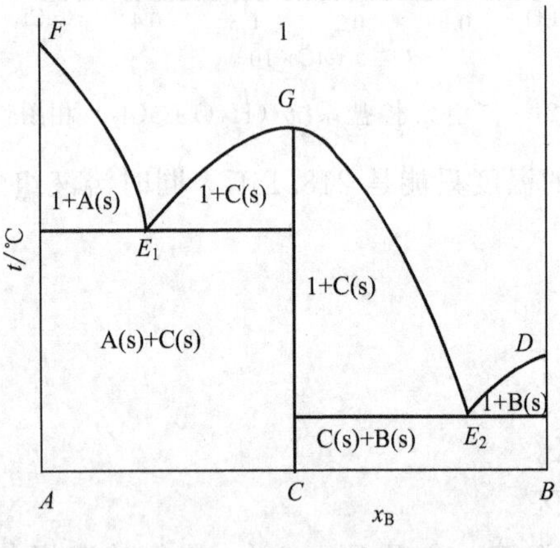

图 4-22　苯酚（A）-苯胺（B）系统相图

如图 4-22 所示为苯酚 C_6H_5OH(A) 和苯胺 $C_6H_5NH_2$(B) 系统的相图。因苯酚（A）和苯胺（B）在摩尔比为 1∶1 时可反应，生成熔点为 31℃ 的化合物 $C_6H_5OH \cdot C_6H_5NH_2$(C)，故在相图上 $x_B=0.50$ 处出现一垂直线，并在 $x_B=0.50$、31℃ 处出现一最高点 G，为 C 的熔点，表示 C(l) 与 C(s) 处于两相平衡状态。当化合物 C 中加入 A 或 B 时，都会使熔点降低，所以相图中出现类似伞状（图 4-22 中 G 处）的图形。

这类相图的主要特征是对应于化合物 C 点组成处有一垂直线和一最高点，最高点两边各有一低共熔点，形成一个类似伞状图形。此相图可看成是由两个简单低共熔点相图拼合而成。左边一半相图是由 A 和 C 构成，E_1 为最低共熔点；右边一半是由 C 和 B 构成，E_2 为最低共熔点。例如，属于此类的解热镇痛药复方氨基比林，便是由氨基比林和巴比妥以 2∶1 的物质的量比进行加热熔融而成。二者可生成 1∶1 的 AB 型分子化合物 C，此化合物 C 再与剩余的氨基比林进行共熔，其镇痛效果要比没有经过熔融处理者的要好。

也有两个组分间能发生多个化学反应，生成多个固体化合物的系统，这类相图可看成是由多个简单低共熔点相图拼合而成。相图中有几个类似伞状的图形存在，就有几种化合物生成。

二、二组分固态完全互溶系统的固-液平衡相图

当两个组分不仅在液相中完全互溶，在固相中也能够完全互溶，即从液相中析出的固体是固体溶液

（或称为固溶体），而不是纯物质时，此类相图与前面论述的液态完全互溶系统的汽-液平衡相图相似，只不过它是固-液相间的平衡。图 4-23 所示的 Au-Pt 系统相图就属此类。这类相图也是用热分析法绘制的。

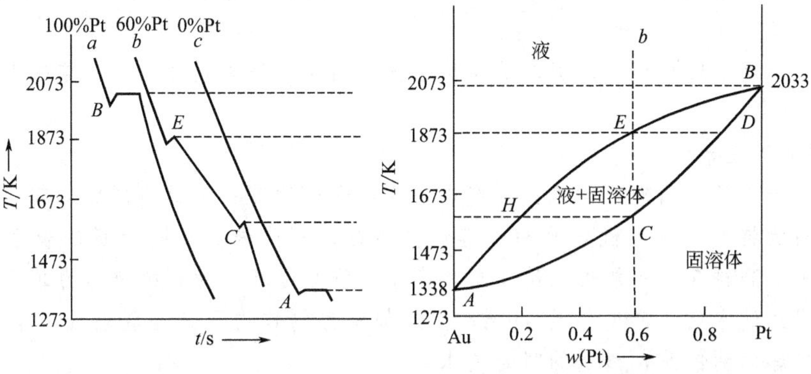

(a) 步冷曲线 (b) 相图

图 4-23 Au-Pt 系统相图

1. 相图分析

(1) 步冷曲线的分析 图 4-23(a) 中 a、b、c 三条步冷曲线。曲线 a 和 c 分别为含 Pt100%和 0%系统的步冷曲线，它们分别在 2033K 和 1338K 凝固，直到全部凝固后温度才开始下降，故出现平台，2033K 和 1338K 分别是 Pt 和 Au 的熔点。

曲线 b 为含 60%Pt 系统的步冷曲线，冷却到 1873K 时开始有固体析出，析出的固体是固溶体，其组成如图 4-23(b) 中 D 点对应的横坐标所示。继续冷却到约 1573K 时，溶液全部凝固，在 E 点和 C 点，因为是二组分，最多有两相，自由度最少为 $F=2-2+1=1$，所以混合液冷却时在步冷曲线上只有转折点，而无平台。混合液在冷却过程中，溶液的组成随温度的降低而不断变化，故很难使固溶体中 A 和 B 两个组分混合均匀，以至于影响合金的力学性能。

(2) 相图中点、线、区的意义

① A 点和 B 点对应的温度分别表示纯 Au 和 Pt 的熔点。

② $AHEB$ 曲线是液相线，它表示溶液在冷却过程中凝固点随组成的变化关系；$ACDB$ 曲线是固相线，它表示固体加热时熔点与溶液浓度的变化关系。

③ 液相线 $AHEB$ 以上是液相区；固相线 $ACDB$ 以下是固溶体的固相区。

④ 液相线和固相线之间的部分是溶液与固溶体共存的两相区。

2. 相图的应用

根据相图中熔点与组成的关系，为了使固相的组织能比较均匀，可以在固体的温度升高到接近熔化而又低于熔化的温度时，保持一定时间，以便使固体内部各组分扩散，并趋向平衡，这种方法称为金属的热处理，它在金属工件制造工艺过程中称为退火的工序。退火不好的金属材料处于亚稳状态，在长期使用时，可能会因系统内的扩散而使金属强度发生变化，虽然这个扩散过程经历的时间较长，但必须要考虑到这一点，以及由此而引起的危害。淬火就是快速地冷却，也属于热处理加工，目的是使金属突然冷却时来不及发生相变，仍然能保持高温时的结构状态。

阅读材料

反渗透及膜技术简介

反渗透是利用反渗透膜选择性地只透过溶剂（通常是水）的性质，对溶液施加压力，克服溶剂的渗透压，使溶剂从溶液中透过反渗透膜而分离出来的过程。

反渗透膜能截留住水中的各种无机离子、胶体离子和大分子物质，从而获得纯水。反渗透膜也可以用于大分子有机物溶液的浓缩。由于反渗透过程简单，能耗低，所以已经大规模应用于海水和苦咸水的淡化、锅炉用水的软化和废水处理，并与离子交换结合制取高纯水。目前，其应用范围正在扩大，开始应用于乳品、果品的浓缩及生化和生物制剂的分离与浓缩。

工业上用于反渗透技术比较成功的反渗透膜有醋酸纤维素膜和用芳香族酰胺制成的空心纤维膜。

（一）醋酸纤维素膜

醋酸纤维素膜是由醋酸纤维素等高度有序的亲水性的高分子材料制成的膜，具有透水量大和除盐率高的特点。与无机盐的稀水溶液接触时，水优先被吸附于膜的表面，形成纯水层，无机离子受到排斥，不能进入纯水层，离子的价数越高，受到的排斥力越强。醋酸纤维素膜表面吸附的纯水层，厚度约为 1nm，在外加压力的作用下，当膜表面的有效孔径等于或小于纯水层厚的两倍时，透过的将是纯水。

（二）用芳香族酰胺制成的空心纤维膜

用芳香族酰胺制成的空心纤维膜具有良好的透水性能、较高的除盐率和优越的机械强度，因此能制成像头发丝那样细的空心纤维膜，仍有较强的牢度，并能在较宽的 pH 4～10 的范围内使用。由于这种膜主要制成中空纤维的形式，因此装载在单位体积内的膜堆面积就特别大，制成的反渗透装置具有体积小而产水量大的优点，故而这种中空纤维膜发展很快。

本章小结

一、主要的基本概念

1. 相：系统中物理性质、化学性质完全相同的均匀部分。相的数目为 ϕ。

2. 组分数：用来确定相平衡系统中各相组成所需的最少独立物种数，符号为 C。

3. 自由度：能维持相平衡系统中原有相数和相态不变，而可独立改变的强度变量。自由度数用 F 表示，是描述相平衡系统状态所需的最少强度变量数。

4. 多组分均相系统：由两种或两种以上的物质混合而成的单相均匀系统。

5. 溶液和液态混合物：若将均相系统中的组分区分为溶剂和溶质，并选用不同的标准态和方法进行研究，这样的多组分单相系统为溶液；如果均相系统中的各组分都按相同的方法和标准态进行研究，这样的多组分单相系统称为混合物，彼此完全互溶的液体混合，便形成液态混合物。

6. 理想液态混合物：任一组分在全部组成范围内都符合拉乌尔定律的液态混合物。

7. 理想稀溶液：溶剂遵从拉乌尔定律，溶质遵从亨利定律的稀溶液。

8. 萃取：用一种与溶液中溶剂不互溶的溶剂将溶质从溶液中提取出来的过程。

二、主要的理论、定律和方程式

1. 相平衡条件　各相的温度、压力相等，$\mu_B(\beta)=\mu_B(\alpha)=\cdots$

2. 相律的表达式　$F=C-\phi+2$

$C=S-R-R'$

3. 克拉贝龙方程　$\dfrac{dp}{dT}=\dfrac{\Delta_\alpha^\beta H_m^*}{T\Delta_\alpha^\beta V_m^*}$

克劳修斯-克拉贝龙方程

微分式　$\dfrac{d\ln\dfrac{p}{[p]}}{dT}=\dfrac{\Delta_l^g H_m^*}{RT^2}$

不定积分式 $\ln\frac{p}{[p]}=-\frac{\Delta_l^g H_m^*}{RT}+C$

定积分式 $\ln\frac{p_2}{p_1}=-\frac{\Delta_l^g H_m^*}{R}\left(\frac{1}{T_2}-\frac{1}{T_1}\right)$

4. 拉乌尔定律 $p_A=p_A^* x_A$

5. 理想液态混合物的汽液平衡组成计算：

液相组成：$p=p_A+p_B=p_A^*(1-x_B)+p_B^* x_B$

气相组成：$y_B=\frac{p_B}{p}=\frac{p_B^* x_B}{p_A^* x_A+p_B^* x_B}$

6. 亨利定律 $p_B=k_x x_B$

7. 稀溶液的依数性

蒸气压下降 $\Delta p=p_A^* x_B$

凝固点下降 $\Delta T_f=K_f b_B$

沸点上升 $\Delta T_b=K_b b_B$

渗透压 $\pi=c_B RT$

或 $\pi V=n_B RT$

8. 杠杆规则 $n_Q(x_m-x_Q)=n_P(x_P-x_m)$

9. 分配定律与萃取 $\frac{c_B(\alpha)}{c_B(\beta)}=K$

$$m_n=m_0\left(\frac{KV_1}{KV_1+V_2}\right)^n$$

10. 水蒸气蒸馏时，水蒸气消耗系数

$$\frac{m(水)}{m(有)}=\frac{p^*(水)M(水)}{p^*(有)M(有)}$$

11. 化学势表达式(略)

三、基本相图

1. 单组分系统的相图（水的相图）

水的相图由气、液、固三个单相区，三条两相平衡线（水的蒸气压曲线，冰的蒸气压曲线，冰的熔点曲线）和一个三相点（冰、水、水蒸气三相平衡共存）构成的，为 p-T 图。

2. 二组分完全互溶系统的气-液平衡相图

对于二组分系统的各类相图，要重点掌握二组分完全互溶系统的气-液平衡相图。这里将二组分液态完全互溶系统的各种类型气-液平衡相图，示意地绘于图 4-24，以便比较。

四、计算题类型

1. 相律 $F=C-\phi+2$，$C=S-R-R'$的应用计算。

2. w_B、y_B、b_B、c_B 间的相互计算。

3. 稀溶液及理想液态混合物的平衡液相组成、平衡气相总压力、平衡气相组成之间关系的计算（拉乌尔定律和亨利定律的应用计算）。

4. 稀溶液依数性的应用计算。

5. 杠杆规则的应用计算。

6. 水蒸气蒸馏应用的计算。

五、如何解决化工过程中的相关问题

1. 精馏原理是液-液分离的理论基础。

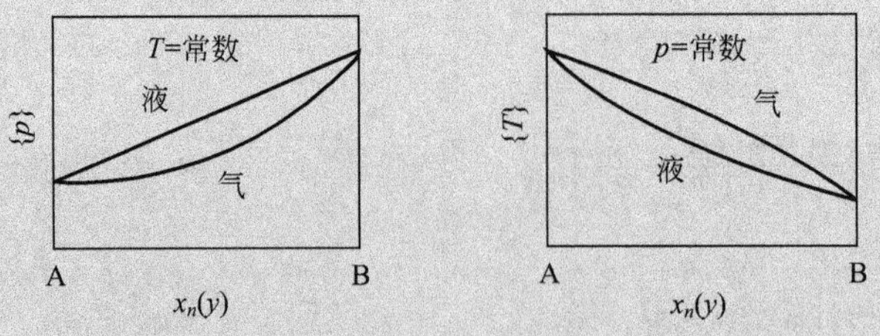

(a) 理想液态混合物的压力-组成图(左)、温度-组成图(右)

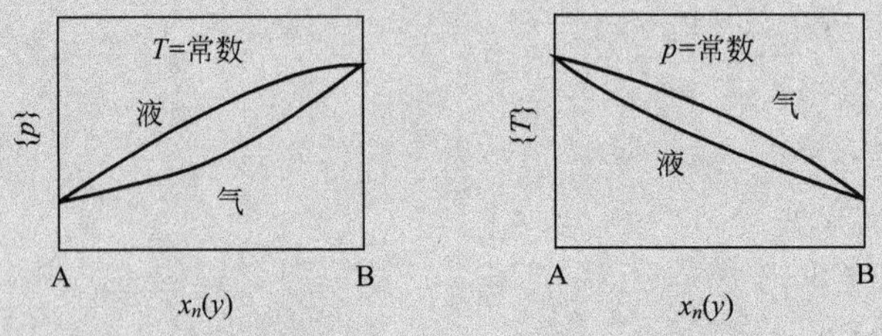

(b) 一般正偏差系统的压力-组成图(左)、温度-组成图(右)

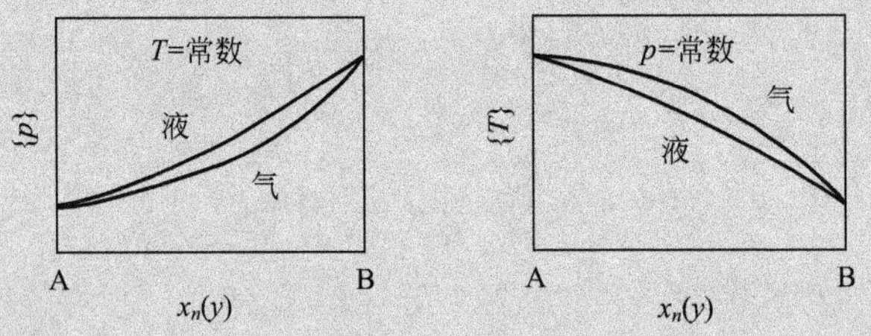

(c) 一般负偏差系统的压力-组成图(左)、温度-组成图(右)

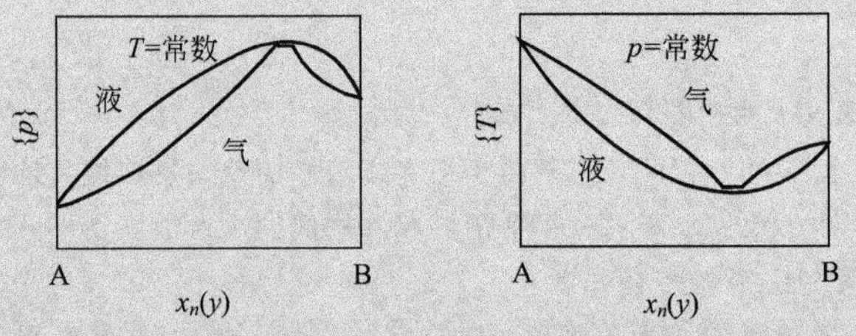

(d) 最大正偏差系统的压力-组成图(左)、温度-组成图(右)

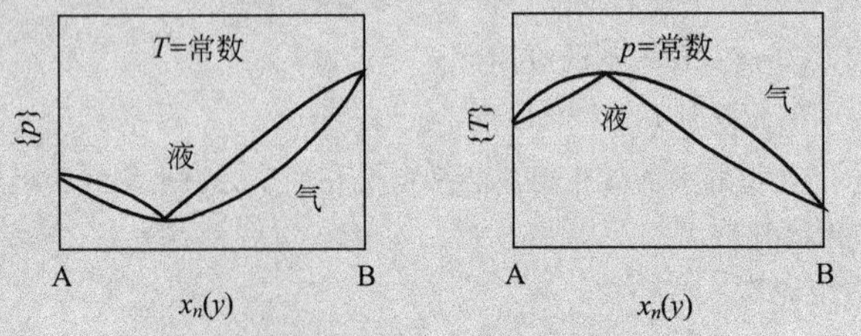

(e) 最大负偏差系统的压力-组成图(左)、温度-组成图(右)

图 4-24 二组分液态完全互溶系统的各种类型的压力-组成图、温度-组成图

2. 水蒸气蒸馏为提纯某些有机液体提供了有效而简便的方法。
3. 亨利定律是化工单元操作吸收的理论基础。
4. 拉乌尔定律是气-液平衡计算的理论基础。
5. 稀溶液的分配定律是萃取的原理。
6. 相图可以指导多种分离（提纯、工艺操作）过程，如蒸发、升华、干燥、结晶、精馏等。
7. 稀溶液的依数性是掌握溶质影响溶液性质的基础。

思 考 题

1. 在一个相平衡系统中，相数最多时，自由度为多少？自由度最大时，相数为多少？

2. 水的三相点与冰点有什么不同？

3. 为什么打开装有CO_2的高压钢瓶，液体CO_2喷出后，大部分变成气体，少部分变成白色固体（干冰），而无液体？（已知CO_2在三相点的压力为517.77kPa）

4. 在水的相图中，气-液两相平衡线的斜率为什么是正的？

5. 克拉贝龙方程适用于任何物质的两相平衡系统，此说法对不对？

6. 在一定温度下的乙醇水溶液，能否应用克劳修斯-克拉贝龙方程式计算其饱和蒸气压？

7. 多组分系统的组成有几种表示方法，都怎样表示？

8. 拉乌尔定律和亨利定律的异同点是什么？

9. 为什么海洋温度升高，鱼类生存就会变得困难？

10. 化工单元操作“吸收”的理论基础是什么？若要使CO_2在水中的溶解度增大，应采取什么温度和压力？

11. 什么是理想液态混合物达平衡时液相组成及气相组成怎样计算？理想液态混合物的热力学性质有哪些？

12. 稀溶液的依数性包括哪些？用依数性关系测定物质的摩尔质量时，为什么常用凝固点下降法而不用蒸气压下降法？

13. 反渗透作用是利用稀溶液依数性的哪个性质？反渗透作用在工业生产中有哪些应用？

14. 在298.15K时，$0.01mol/dm^3$尿素水溶液的渗透压为π_1，而$0.01mol/dm^3$糖水的渗透压位为π_2，二者的渗透压是否相等？

15. 若给农作物施加肥料过量，农作物为什么会失水而枯萎？

16. 在37℃时人体血液的渗透压约为776kPa，在同温度下$1dm^3$蔗糖（$C_{12}H_{22}O_{11}$）水溶液中需含有多少克蔗糖时才能与血液有相同的渗透压？若为葡萄糖水溶液呢？

17. 由A、B二者构成的实际溶液，知纯A的沸点为80℃，纯B的沸点为100℃，溶液恒沸点的温度为50℃、组成x_B为0.55，试画出该溶液的T-$x(y)$相图。若将6molA和4molB构成的溶液进行精馏后，塔顶得到什么物质？塔底得到什么物质？

18. 理想液态混合物的压力-组成图和温度-组成图有什么特点？

19. 对于某一种液态混合物来说，若其形成恒沸混合物，则恒沸混合物的组成与沸点是恒定不变的。这种说法正确吗？

20. 乙醇水溶液在常压下的恒沸点为78.13℃，恒沸混合物组成为含乙醇的质量分数为0.956，试说明为什么在常压下用通常的精馏方法不可能从乙醇-水溶液中制取无水乙醇，而只能得到0.956的乙醇水溶液？今有0.60乙醇水溶液精馏时，塔底产品是什么？

21. 二组分液态完全不互溶系统有什么特点？在生产上有什么应用？

22. 为什么提纯硝基苯时用水蒸气蒸馏，而提纯甘油时用减压蒸馏？水蒸气蒸馏和减压蒸馏适用什么物质的提纯？

23. 萃取的原理是什么？萃取剂应该具备哪些条件？为什么？

24. 用二组分固态完全不互溶系统的相图说明制备焊锡原理和用焊锡焊接金属的原因。

25. 试说明下雪天有时在道路上撒盐的理论依据是什么？

习　题

4-1 指出下列平衡系统中的物种数 S，组分数 C，相数 ϕ 和自由度数 F。

(1) $I_2(s)$ 与其蒸气成平衡；

(2) $CaCO_3(s)$ 与其分解产物 $CaO(s)$ 和 $CO_2(g)$ 成平衡；

(3) $NH_4HS(s)$ 被放入一个抽空的容器中，并与其分解产物 $NH_3(g)$ 和 $H_2S(g)$ 成平衡；

(4) 取任意量的 $NH_3(g)$ 和 $H_2S(g)$ 与 $NH_4HS(s)$ 成平衡；

(5) I_2 作为溶质，在两种不互溶的液体水和四氯化碳系统中达平衡（凝聚系统）。

4-2 已知液体汞的体积质量是 13.69g/cm^3，固体汞的体积质量是 14.19g/cm^3，汞在 101.325kPa 下的熔点为 234.13K，熔化焓是 9.75J/g，试估算在压力为 1013.25kPa 下的熔点。

4-3 炊事用高压锅，其锅内蒸气压最高允许值为 233kPa，已知水在 373.15K、101.3kPa 条件下的摩尔蒸发焓为 40.66kJ/mol，试估算锅内水汽的最高温度为多少？

4-4 为了防止苯乙烯在高温下聚合，采用减压蒸馏来进行。已知苯乙烯的正常沸点（即压力为 101.3kPa 时的沸点）为 418K，摩尔蒸发焓为 40.31kJ/mol。若控制蒸馏温度为 303K，压力应减到多少？

4-5 四氯化碳在温度为 343K 时蒸气压是 82.81kPa，353K 时蒸气压为 112.43kPa，试计算四氯化碳的平均摩尔蒸发焓和正常沸点。

4-6 在平均海拔为 4500m 的西藏高原上，大气压力只有 57.3kPa，已知水的蒸气压与温度的关系为：$\ln(p/\text{Pa})=-5024/(T/\text{K})+25.005$，(1) 试计算那里水的沸点；(2) 计算水的平均摩尔蒸发焓；(3) 说明为什么在西藏高原用一般锅不能将生米烧成熟饭？

4-7 将一批装有注射液的安瓿放入高压消毒锅中进行加热消毒，若锅内水蒸气的最高温度为 385K (112℃)，则锅内水蒸气的压力应该保持多少 kPa？已知水在 373.15K、101.3kPa 条件下的摩尔蒸发焓为 40.67kJ/mol。

4-8 293.15K 时将 0.0100kg 乙酸溶于 0.100kg 水中，溶液的体积质量为 1.0123×10^3 kg/m^3，计算此溶液中乙酸的如下各量：(1) 质量分数；(2) 质量摩尔浓度；(3) 物质的量分数；(4) 物质的量浓度。

4-9 293K 下 HCl(g) 溶于苯中达平衡，气相中 HCl 的分压为 101.325kPa 时，溶液中 HCl 的物质的量分数为 0.0425。已知 293K 时苯的饱和蒸气压为 10.0kPa，若 293K 时 HCl 和苯的蒸气总压为 101.325kPa，求 100g 苯中溶解多少克 HCl?

4-10 将合成氨的原料气通过水洗塔除去其中的 CO_2。已知气体混合物中含有 0.280（体积分数）CO_2，水洗塔的操作压力为 1013.0kPa，操作温度为 293K。计算此条件下，每千克水能吸收多少 CO_2？（已知 293K 时亨利系数 k_x 为 143.8×10^3kPa）

4-11 273K 时，1.00kg 的水中能溶解 810.6kPa 下的 $O_2(g)$ 5.60×10^{-2}g。在相同的温度下，若氧气的平衡压力为 202.7kPa，1.00kg 水中能溶解氧气多少克？

4-12 333K 时甲醇的饱和蒸气压是 83.4kPa，乙醇的饱和蒸气压是 47.0kPa，二者可形成理想液态混合物，若此混合物组成的质量分数各为 0.500，求 333K 时此混合物的平衡气相组成（以物质的量分数表示）。

4-13 353K 时纯苯的蒸气压为 100kPa，纯甲苯的蒸气压为 38.7kPa，两液体可形成理想液态混合物。若有苯-甲苯的气-液平衡系统，353K 时平衡气相中苯的物质的量分数 y（苯）为 0.300，求平衡液相组成。

4-14 在 80.3K 时，纯液氮的蒸气压为 1.488×10^5 Pa，纯液氧的蒸气压为 0.3193×10^5 Pa。设空气只是 $n(N_2):n(O_2)=4:1$ 的混合物，液态空气可视为理想液态混合物，求在 80.3K 时至少需要加多大压力才能使空气全部液化？

4-15 363K 时甲苯和苯的饱和蒸气压分别为 54.22kPa 和 136.12kPa，两者可形成理想液态混合物，取 200g 甲苯和 200g 苯置于带活塞的导热容器中，始态为一定压力下 363K 的液态混合物，在恒温 363K 下，逐渐降低压力，问：(1) 压力降到多少时，开始产生气相？此气相的组成如何？(2) 压力降到多少时，液相开始消失？最后一滴液相组成如何？(3) 压力为 92.00kPa 时系统内气-液两相平衡，两相的组成如何？两相的物质的量各是多少？

4-16 氯苯和溴苯构成的理想液态混合物。在 140℃时，氯苯和溴苯的饱和蒸气压分别为 1.2×10^6 Pa 和 0.9×10^5 Pa。计算在 140℃ 101kPa 下，该理想液态混合物达平衡时的液相和气相组成。

4-17 25.0g 的 CCl_4 中溶有 0.5455g 某溶质，与此溶液成平衡的 CCl_4 的蒸气分压为 11.1888kPa，而在同一温度时纯 CCl_4 的饱和蒸气压为 11.4008kPa，求 (1) 此溶质的相对摩尔质量；(2) 根据元素分析结果，溶质中含 C 为 0.9434，含 H 为 0.0566（质量分数），确定此溶质的化学式。

4-18 10.0g 葡萄糖（$C_6H_{12}O_6$）溶于 400g 乙醇中，溶液的沸点较纯乙醇的上升 0.1428K，另外有 2.00g 有机物质溶于 100g 乙醇中，此溶液的沸点则上升 0.125K，求此有机物质的摩尔质量。

4-19 为防止高寒地区汽车发动机水箱结冻，常在水中加入乙二醇为抗冻剂。如果要使水的凝固点下降到 243.15K，问每千克水中应加多少乙二醇？已知水的 K_f 为 1.86，乙二醇的摩尔质量为 62g/mol。

4-20 现有蔗糖（$C_{12}H_{22}O_{11}$）溶于水形成某一浓度的稀溶液，在外压为 101.325kPa 时，其凝固点为 −0.200℃，已知水的凝固点下降系数 K_f 为 1.86K·kg/mol，纯水在 298.15K 时的蒸气压为 3.167kPa，计算此溶液在 298.15K 时的蒸气压。

4-21 298K 时，10.0g 某溶质溶于 1.00L 溶剂中，测出该溶液的渗透压为 $\pi=0.400$kPa，试确定该溶质的摩尔质量。

4-22 已知 20℃时，纯水的饱和蒸气压为 2.339kPa，在 293.15K 下将 63.4g 蔗糖（$C_{12}H_{22}O_{11}$）溶于 1.00kg 的水中，此溶液的体积质量为 1.024g/cm³，求 (1) 此溶液的蒸气压；(2) 此溶液的渗透压。

4-23 298.15K 丙醇(A)-水(B) 系统气-液两相平衡时两组分蒸气分压与液相组成的关系如下：

x_B	0	0.10	0.20	0.40	0.60	0.80	0.95	0.98	1.00
p_A/kPa	2.90	2.59	2.37	2.07	1.89	1.81	1.44	0.67	0
p_B/kPa	0	1.08	1.79	2.65	2.89	2.91	3.09	3.13	3.17

(1) 画出完整的压力-组成图，在图中注明液相线和气相线；

(2) 系统总组成为 x_B（总）=0.30 的系统在平衡压力 $p=4.16$kPa 时，气-液两相平衡，在相图中确定平衡气相组成 y_B 及液相组成 x_B；

(3) 上述系统 5.00mol，在 $p=4.16$kPa 下达到平衡时，气相、液相的量各是多少摩尔？气相中含丙醇和水各是多少摩尔？

4-24 101.325kPa 下水(A)-醋酸(B)系统的气-液平衡数据如下：

T/K	373.0	375.1	377.4	380.5	386.8	391.1
x_B	0	0.300	0.500	0.700	0.900	1.000
y_B	0	0.185	0.374	0.575	0.833	1.000

(1) 画出气-液平衡的温度-组成图；

(2) 从图上找出组成为 $x_B=0.800$ 液相的泡点；

(3) 从图上找出组成为 $y_B=0.800$ 汽相的露点；

(4) 378.0K 时气-液平衡两相的组成各是多少？

(5) 9.00kg 水和 30.00kg 醋酸组成的系统在 378.0K 达到平衡时，气-液两相的质量各为多少千克？

4-25 为了将含非挥发性杂质的甲苯提纯，在 86.0kPa 压力下用水蒸气蒸馏，已知在此压力下该系统的共沸点为 353K，353K 时水的饱和蒸气压为 47.3kPa，试求：(1) 气相的组成（含甲苯的物质的量分数)；(2) 欲蒸出100kg纯甲苯至少需消耗水蒸气多少千克？

4-26 为了回收废水中的酚，采用溶剂油作萃取剂进行萃取。已知酚在水与溶剂油中的分配系数为0.415。若100L废水中含有0.800g酚，萃取时溶剂油与废水体积比为0.8∶1，问一次萃取后，废水中还有多少酚？

4-27 A和B固态完全不互溶，在压力为101325Pa时，A的熔点为35℃，B的熔点为55℃，A和B在温度为10℃、其组成x_B为0.30时形成最低共熔点，(1) 画出该系统的温度-组成相图。(2) 分别画出系统组成为3mol A和7mol B、3mol B和7mol A，以及只有10mol A组成时的步冷曲线。

4-28 用热分析法测得间二甲苯(A)-对二甲苯(B)系统的步冷曲线的转折温度(或水平段温度)如下：

x(对二甲苯)	第一转折点 t/℃	水平段 t/℃
0	—	−47.9
0.10	−50	−52.8
0.13	—	−52.8
0.70	−4	−52.8
1.00	—	13.3

(1) 根据上表数据绘出各条步冷曲线，并根据步冷曲线绘出该系统的温度-组成图；

(2) 标出图中各点、线和区的意义。

第五章　化学平衡

学习目标

1. 应用化学反应等温方程式判断反应自发进行的方向。
2. 掌握平衡常数 $K^{\ominus}$ 的表达式。
3. 掌握平衡常数和平衡组成的计算方法。
4. 理解标准生成吉布斯函数概念，掌握运用 $\Delta_r G_m^{\ominus}$ 计算平衡常数的方法。
5. 能应用范特霍夫方程式计算不同温度下的平衡常数。
6. 理解温度、压力、惰性组分和配比等对化学平衡的影响，并会有关的应用。

化学反应及其平衡规律直接影响到化工过程中的物料衡算及热量衡算，是化工过程的核心问题。如何确定反应的最佳条件，以便选择最佳工艺条件、获得反应物最佳转化率、提高主产物的收率是生产技术人员应具有的技能。

在一定条件下由可逆的化学反应达成的平衡，称为化学平衡。可逆反应就是在一定条件下既可以正方向（从左向右）进行，也可以逆方向（从右向左）进行的反应。例如合成氨反应：$N_2(g)+3H_2(g) \rightleftharpoons 2NH_3(g)$。将热力学第二定律应用于化学反应，判断化学反应进行的方向及其限度，此即化学平衡问题。在恒温、恒压、不做非体积功的条件下，自发进行的化学反应，一定是吉布斯函数减少的反应。当化学反应进行到系统的吉布斯函数达最低时，便达到了化学平衡状态。在这一状态下各组分的浓度（活度）不随时间而变，各组分浓度或分压之间的关系满足标准平衡常数关系式。因此只要找到标准平衡常数，求出平衡组成，那么化学反应的方向和限度问题就解决了。

化学平衡是动态平衡，外界条件改变化学平衡会发生移动，在新的条件下建立起新的平衡。温度的改变必然会引起标准摩尔反应吉布斯函数及标准平衡常数的变化，也就会引起平衡位置的变化。压力等其他因素的改变也会使平衡发生移动。可以通过热力学计算得到标准摩尔反应吉布斯函数、标准平衡常数、平衡组成等重要数据。将根据热力学计算所确定的化学反应的限度、平衡产率以及对应的温度、压力等条件，同实际产率及反应条件对照，即可指导实际生产。

本章以讨论气相化学反应为主，包括有纯固相、液相参加的气相化学反应，其中主要讨论理想气体之间的化学反应。理想气体之间化学反应的公式推导和相关计算均较简单，是建立真实气相、液相等化学反应关系式的基础。

第一节　化学反应的平衡条件

一、摩尔反应吉布斯函数

在恒温、恒压、不做非体积功和组成不变的条件下，无限大量的反应系统中发生单位反应进度时所引起系统的吉布斯函数变化，称为摩尔反应吉布斯函数，用符号“$\Delta_r G_m$”表示，单位为 J/mol。

如果参加反应的各物质压力均为 100kPa，都处于标准态，则此时的 $\Delta_r G_m$ 即 $\Delta_r G_m^{\ominus}$，称为标准摩尔反应吉布斯函数。注意此处定义中的温度不一定是 298.15K，在其他温度条件下的 $\Delta_r G_m^{\ominus}$ 也是标准摩尔反应吉布斯函数。

在上述定义中的条件下，对于某化学反应：

$$aA+bB \longrightarrow mM+lL$$

设在有限量的反应系统发生了各物质的量分别为 dn_A、dn_B、dn_M、dn_L 的微量反应，此时系统中各物质的化学势不会因为化学反应的进行而发生变化。这时，反应系统吉布斯函数的微小改变为：

$$\begin{aligned} dG_{T,p} &= \mu_M dn_M + \mu_L dn_L + \mu_A dn_A + \mu_B dn_B \\ &= \nu_M \mu_M d\xi + \nu_L \mu_L d\xi + \nu_A \mu_A d\xi + \nu_B \mu_B d\xi = \sum_B (\nu_B \mu_B) d\xi \end{aligned}$$

则有

$$(\partial G/\partial \xi)_{T,p} = \sum_B \nu_B \mu_B = \Delta_r G_m$$

式中，$(\partial G/\partial \xi)_{T,p} = \Delta_r G_m$ 为摩尔反应吉布斯函数，它表示在一定的温度、压力和组成的条件下，把 $d\xi$ 的微量反应进度折合成发生单位反应进度时所引起的吉布斯函数变化。当然也等于反应系统为无限大量时发生单位反应进度所引起的系统的吉布斯函数变化。

二、化学反应的平衡条件

依据第三章内容，在恒温、恒压、不做非体积功的条件下，$\Delta G \leqslant 0$ 可以作为一个过程方向和限度的判据。同样，在恒温、恒压、不做非体积功的条件下，反应系统的摩尔反应吉布斯函数 $\Delta_r G_m$ 可以作为化学反应方向及限度的判据，即

$$\Delta_r G_m \leqslant 0 \begin{cases} <0 & \text{反应自发进行} \\ =0 & \text{平衡态} \end{cases}$$

因此，化学反应的平衡条件是

$$\Delta_r G_m = \sum_B \nu_B \mu_B = 0$$

即当化学反应达平衡时，生成物的化学势与反应物的化学势相等。

$$m\mu_M + l\mu_L - a\mu_A - b\mu_B = 0$$

上式说明在化学反应中生成物的化学势之和等于反应物的化学势之和时，化学反应处于平衡状态。

$\Delta_r G_m$ 的数值取决于化学反应本身，也与温度、压力及其组成有关。随着反应的进行，$\Delta_r G_m$ 的数值由负值不断增大，当它为零时，化学反应达到平衡。

第二节 等温方程及标准平衡常数

一、理想气体化学反应的等温方程

一般情况下，化学反应是在温度不变和不做非体积功的条件下进行的。此时影响化学反应方向及平衡组成的因素主要为反应系统的本性和反应物的配比，这两种因素可以用以下的等温方程进行简单概括。

对理想气体化学反应 $aA(g)+bB(g) \rightleftharpoons mM(g)+lL(g)$

等温方程为：

$$\Delta_r G_m = \Delta_r G_m^{\ominus} + RT\ln Q_p \tag{5-1a}$$

$$Q_p = \prod_B (p_B/p^{\ominus})^{\nu_B} = \frac{(p_M/p^{\ominus})^m (p_L/p^{\ominus})^l}{(p_A/p^{\ominus})^a (p_B/p^{\ominus})^b} \tag{5-2}$$

式中　$\Delta_r G_m$ ——摩尔反应吉布斯函数，J/mol；

$\Delta_r G_m^{\ominus}$ ——标准摩尔反应吉布斯函数，J/mol；

T ——热力学温度，K；

Q_p ——压力商，单位为 1；

p_B ——理想气体化学反应组分 B 的压力，Pa；

$p^{\ominus}$——标准态压力，100kPa；

$\prod_B$ ——连乘号。

$\Delta_r G_m^{\ominus}$ 的意义与 $\Delta_r H_m^{\ominus}$ 相类似，可以理解为某一化学反应系统的本性，详见第四节内容。Q_p 为各反应组分（非平衡时）的压力商，可以理解为反应物的配比。

理想气体化学反应等温方程的推导。

对理想气体化学反应　$aA(g)+bB(g) \rightleftharpoons mM(g)+lL(g)$

将理想气体 B 的化学势表达式 $\mu_B=\mu_B^{\ominus}+RT\ln(p_B/p^{\ominus})$代入下式

$$\Delta_r G_m = m\mu_M + l\mu_L - a\mu_A - b\mu_B = \sum_B \nu_B \mu_B$$

可得

$$\Delta_r G_m = \sum_B \nu_B[\mu_B^{\ominus} + RT\ln(p_B/p^{\ominus})] = \sum_B \nu_B \mu_B^{\ominus} + RT\ln\prod_B (p_B/p^{\ominus})^{\nu_B}$$

即

$$\Delta_r G_m = \Delta_r G_m^{\ominus} + RT\ln\prod_B (p_B/p^{\ominus})^{\nu_B}$$

令

$$Q_p = \prod_B (p_B/p^{\ominus})^{\nu_B} = \frac{(p_M/p^{\ominus})^m (p_L/p^{\ominus})^l}{(p_A/p^{\ominus})^a (p_B/p^{\ominus})^b}$$

将其代入上式后，即可得理想气体化学反应等温方程。

上述等温方程式对反应方向的判断在生产中有着广泛的应用。如在一定温度下，可通过改变 Q_p 来提高产率。如甲烷转化反应 $CH_4+H_2O \longrightarrow CO+3H_2$，为了节约原料气 CH_4，可加入过量的水蒸气，通过减小 Q_p 使反应向右移动，提高 CH_4 的转化率。如果能随时从反应系统中移走反应的产物，也可减小 Q_p，提高产率。

二、理想气体化学反应的标准平衡常数

理想气体化学反应的标准平衡常数为平衡时各反应组分的压力商，并且在一定温度下它不随各物质的浓度变化，其形式与式(5-2) 类似，用符号“$K^{\ominus}$”表示。

1. $K^{\ominus}$的表达式

对理想气体化学反应　$aA(g)+bB(g) \rightleftharpoons mM(g)+lL(g)$

随着化学反应的进行，各反应组分的压力不断变化，反应系统的吉布斯函数不断减小，当反应达到平衡时，则

$$\Delta_r G_m = \Delta_r G_m^{\ominus} + RT\ln Q_p(\text{平衡}) = 0$$

对指定的理想气体化学反应，Q_p(平衡）为平衡时各反应组分的压力商。在一定温度下，Q_p（平衡）为定值，称为标准平衡常数（$K^{\ominus}$），所以 $K^{\ominus}$的表达式为：

$$K^{\ominus} = \frac{(p_M/p^{\ominus})^m_{\text{平衡}} (p_L/p^{\ominus})^l_{\text{平衡}}}{(p_A/p^{\ominus})^a_{\text{平衡}} (p_B/p^{\ominus})^b_{\text{平衡}}} = \prod_B [p_B(\text{平衡})/p^{\ominus}]^{\nu_B} \quad (5\text{-}3)$$

由式(5-3) 可知，标准平衡常数 $K^{\ominus}$是量纲为一的量。

2. $K^{\ominus}$与 $\Delta_r G_m^{\ominus}$ 的关系式

若将式(5-3) 代入式(5-1a)，可得

$K^{\ominus}$与 $\Delta_r G_m^{\ominus}$ 的关系式为

$$\Delta_r G_m^{\ominus} = -RT\ln K^{\ominus}$$

或者 $$K^{\ominus} = \exp(-\Delta_r G_m^{\ominus}/RT) \quad (5\text{-}4)$$

根据标准态的规定，气体的标准态为温度 T 时，压力 $p=p^{\ominus}=100\text{kPa}$ 下的纯理想气体状态，因此 $\Delta_r G_m^{\ominus}$ 仅仅是温度的函数，$K^{\ominus}$也仅是温度的函数。

一定温度下，$K^{\ominus}$或 $\Delta_r G_m^{\ominus}$ 由反应系统的本性决定，可以用它进行反应能否进行的粗略推断。如果某反应 $\Delta_r G_m^{\ominus} \ll 0$，则 $K^{\ominus}$是一个很大的数值，表明该反应有几乎能进行到底的可能性；反之，如果 $\Delta_r G_m^{\ominus} \gg 0$，则 $K^{\ominus} \approx 0$，表示平衡组成中几乎没有产物。

三、理想气体化学反应等温方程式的应用

对于理想气体化学反应 $a\text{A(g)} + b\text{B(g)} \rightleftharpoons m\text{M(g)} + l\text{L(g)}$

则有 $$\Delta_r G_m = \Delta_r G_m^{\ominus} + RT\ln Q_p$$

根据 $\Delta_r G_m^{\ominus}$ 与 $K^{\ominus}$的关系 $$\Delta_r G_m^{\ominus} = -RT\ln K^{\ominus}$$

化学反应等温方程式又可表示为：

$$\Delta_r G_m = -RT\ln K^{\ominus} + RT\ln Q_p \quad (5\text{-}1b)$$

$$= RT\ln\frac{Q_p}{K^{\ominus}}$$

若 $Q_p < K^{\ominus}$ 反应可能自发进行

$Q_p = K^{\ominus}$ 反应达到平衡

$Q_p > K^{\ominus}$ 反应不能自发进行（逆向自发进行）

故可由 $K^{\ominus}$与 Q_p 的对比来判断反应的方向和限度。

【例 5-1】 298.15K 时，理想气体反应$\frac{1}{2}N_2 + \frac{3}{2}H_2 \longrightarrow NH_3$ 的 $\Delta_r G_m^{\ominus} = -16.467\text{kJ/mol}$，系统的总压力为 101.325kPa，混合气体中物质的量之比为 $n(N_2):n(H_2):n(NH_3) = 1:3:2$。试求：(1) 反应系统的压力商 Q_p；(2) 摩尔反应吉布斯函数 $\Delta_r G_m$；(3) 298.15K 时的 $K^{\ominus}$；(4) 判断反应自发进行的方向。

解 (1) 依据 $Q_p = \prod_B (p_B/p^{\ominus})^{\nu_B}$ $p = 101.325\text{kPa}$ $p^{\ominus} = 100\text{kPa}$

则 $$Q_p = \frac{p(NH_3)/p^{\ominus}}{[p(N_2)/p^{\ominus}]^{\frac{1}{2}}[p(H_2)/p^{\ominus}]^{\frac{3}{2}}} = \frac{\left(\frac{2}{1+2+3}\right)\times\left(\frac{101.325}{100}\right)^{1-\frac{1}{2}-\frac{3}{2}}}{\left(\frac{1}{1+2+3}\right)^{\frac{1}{2}}\times\left(\frac{3}{1+2+3}\right)^{\frac{3}{2}}} = 2.279$$

(2) $$\Delta_r G_m = \Delta_r G_m^{\ominus} + RT\ln Q_p$$
$$= (-16467 + 8.314\times 298.15\ln 2.279)\text{J/mol}$$
$$= -14425\text{J/mol}$$

(3) $$K^{\ominus} = \exp(-\Delta_r G_m^{\ominus}/RT)$$
$$= \exp[-(-16467)/(8.314\times 298.15)] = 767.5$$

(4) 因为 $K^{\ominus} > Q_p$，故反应自发地向右进行。

在实际计算中，为方便起见，理想气体化学反应系统中气体混合物的平衡组成往往用 p_B、c_B、y_B 和 n_B 来表示。

例如，$K^{\ominus}$用平衡时各组分压力表示时，则

$$K^{\ominus} = \prod_B (p_B/p^{\ominus})^{\nu_B} = \prod_B p_B^{\nu_B}(p^{\ominus})^{-\sum\nu_B} \quad (5\text{-}5a)$$

以前常将上式表示为：　　$K^{\ominus}=K_p(p^{\ominus})^{-\sum\nu_B}$

式中，K_p 称为用分压表示的平衡常数；$\sum\nu_B$ 为反应方程式中计量系数的代数和。

若 $K^{\ominus}$ 用平衡时各组分的物质的量分数表示时，则

$$K^{\ominus}=\prod_B(p_B/p^{\ominus})^{\nu_B}=\prod_B(y_Bp_B/p^{\ominus})^{\nu_B}=\prod_B y_B^{\nu_B}(p/p^{\ominus})^{\sum\nu_B} \tag{5-5b}$$

以前常将上式表示为：　　$K^{\ominus}=K_y(p/p^{\ominus})^{\sum\nu_B}$

式中，K_y 称为用物质的量分数表示的平衡常数。

若 $K^{\ominus}$ 用平衡时各组分的物质的量表示，则

$$K^{\ominus}=\prod_B(p_B/p^{\ominus})^{\nu_B}=\prod_B\left(\frac{n_B}{\sum n_B}\times\frac{p}{p^{\ominus}}\right)^{\nu_B}=\prod_B n_B^{\nu_B}\left(\frac{p}{p^{\ominus}\sum n_B}\right)^{\sum\nu_B} \tag{5-5c}$$

以前曾将上式表示为：　　$K^{\ominus}=K_n\left(\frac{p}{p^{\ominus}\sum n_B}\right)^{\sum\nu_B}$

式中，K_n 称为用平衡物质的量表示的比量；$\sum n_B$ 为平衡时各气体的物质的量之和，mol。

若 $K^{\ominus}$ 用平衡时各组分的物质的量浓度表示，则

$$K^{\ominus}=\prod_B(p_B/p^{\ominus})^{\nu_B}=\prod_B\left(\frac{c_B}{c^{\ominus}}c^{\ominus}RT/p^{\ominus}\right)^{\nu_B}=\prod_B\left(\frac{c_B}{c^{\ominus}}\right)^{\nu_B}(c^{\ominus}RT/p^{\ominus})^{\sum\nu_B}$$

以前常将上式表示为：　　$K^{\ominus}=K_c^{\ominus}(c^{\ominus}RT/p^{\ominus})^{\sum\nu_B}$　　(5-5d)

式中，$K_c^{\ominus}$ 为用物质的量浓度表示的平衡常数，是量纲为一的量；$c^{\ominus}$ 为标准浓度 $c^{\ominus}=1\text{mol/dm}^3$。

四、有纯态凝聚相参加的理想气体反应

如果液态或固态纯物质参加理想气体间反应，例如：

$$dD(g)+eE(l)\longrightarrow fF(g)+gG(s)$$

在常压下，压力对凝聚态的影响可以忽略不计，故参加反应的纯凝聚相可以认为处于标准态，即 $\mu_{B(凝聚相)}=\mu_B^{\ominus}$，因此

$$\begin{aligned}\Delta_rG_m&=(f\mu_F+g\mu_G)-d\mu_D-e\mu_E\\&=f[\mu_F^{\ominus}+RT\ln(p_F/p^{\ominus})]+g\mu_G^{\ominus}-d[\mu_D^{\ominus}+RT\ln(p_D/p^{\ominus})]-e\mu_E^{\ominus}\\&=(f\mu_F^{\ominus}+g\mu_G^{\ominus}-d\mu_D^{\ominus}-e\mu_E^{\ominus})+RT\ln\frac{(p_F/p^{\ominus})^f}{(p_D/p^{\ominus})^d}\\&=\Delta_rG_m^{\ominus}+RT\ln Q_p\end{aligned}$$

上式中的 Q_p 因此而简化为只包含气体组分的分压，所以

$K^{\ominus}$ 简化为只包括气体组分的压力，即

$$K^{\ominus}=Q_p(平衡)=\prod_B(p_{B(气,平衡)}/p^{\ominus})^{\nu_B} \tag{5-6}$$

上式表示形式与前同，但对有纯凝聚态参加的理想气体化学反应，压力商和标准平衡常数的表达式中只列出气态物质的分压与标准压力之比即可。

例如，对 $CaCO_3$ 的分解反应 $CaCO_3(s)\longrightarrow CaO(s)+CO_2(g)$，其反应的 $K^{\ominus}=p[CO_2(g)]/p^{\ominus}$，$p[CO_2(g)]$ 为某温度下 $CO_2(g)$ 的平衡压力，称为 $CaCO_3$ 的分解压力。101.325kPa 下其分解温度为 897℃，不同温度下 $CaCO_3$ 的分解压力见表 5-1 所示。

表 5-1　不同温度下 $CaCO_3$ 的分解压力

T/K	773	873	973	1073	1170	1373	1473
p/Pa	9.42	2.45×10^2	2.96×10^3	2.23×10^4	1.01×10^5	1.17×10^6	2.91×10^6

第三节 平衡常数的测定及应用

一、平衡常数测定的一般方法

在某种条件下化学反应平衡常数的测定，实质上就是对反应系统达到平衡后各物质的浓度的测定，即对平衡浓度的测定。根据测得的反应系统中各物质的平衡浓度，按照平衡常数的表达式即可计算出该反应的平衡常数。测定平衡常数的方法可以分为两类。

1. 物理法

反应系统的某一物理量与物质的浓度之间存在着对应关系，通过测定这一物理量，可以求出系统中物质的浓度，从而求出平衡常数。这些物理量如：折射率、电导率、吸光度、压力或体积等。用这种物理法测定平衡浓度，一般不会扰乱系统的平衡状态。

2. 化学分析法

用化学分析的方法直接测定反应系统中各物质的平衡浓度，从而求出平衡常数。

化学试剂的加入，有时会导致平衡的移动，从而产生测量误差。为减少误差，在分析时可以采取降温、移去催化剂、加入溶剂稀释等方法，以减低平衡移动的程度，获得满意的结果。

反应达平衡时的平衡组成应具有以下特点：

① 反应条件不变，平衡组成不随时间变化；

② 一定温度下，由正向开始反应的平衡组成所算得的 $K^{\ominus}$ 和逆向的一致；

③ 改变原料配比所得的 $K^{\ominus}$ 相同。

按照以上特点，可以确定反应是否达到了平衡。

二、平衡常数的应用

平衡常数的重要应用，就是求出反应的平衡转化率、平衡产率。通过实际产率与理论产率的比较，可以发现生产条件和生产工艺上存在的问题。

转化掉的某反应物占原始反应物的分数，称为转化率。

转化为指定产物的某反应物占原始反应物的分数，称为产率。

即

$$\text{转化率}=\frac{\text{某反应物消耗掉的数量}}{\text{该反应物的原始数量}}$$

$$\text{产率}=\frac{\text{转化为指定产物的某反应物的数量}}{\text{该反应物的原始数量}}$$

若无副反应，则产率等于转化率，若有副反应，则产率小于转化率。

注意，按照平衡常数计算所得的转化率及产率为平衡转化率及理论产率，与上述定义有所不同。

【例 5-2】 1000K 时生成水煤气的反应为

$$C(s)+H_2O(g)\rightleftharpoons CO(g)+H_2(g)$$

在 101.325kPa 时，平衡转化率 $\alpha=0.844$。求（1）标准平衡常数 $K^{\ominus}$；（2）202.650kPa 时的平衡转化率。

解 （1）根据 $K^{\ominus}=\prod_{B} n_B^{\nu_B}\left(\dfrac{p}{p^{\ominus}\sum n_B}\right)^{\sum\nu_B}$ 求 $K^{\ominus}$

先按化学计量式依次列出平衡时各反应组分的物质的量 n_B。C(s) 为凝聚相，其分压在 $K^{\ominus}$ 中不出现。设 H_2O 的原始数量为 1mol，则有

$$C(s)+H_2O(g) \rightleftharpoons CO(g)+H_2(g)$$

反应前各组分物质的量 n_B/mol	1	0	0	
平衡时各组分物质的量 n_B/mol	$1-\alpha$	α	α	$\sum n_B=(1+\alpha)$mol
平衡分压 p_B	$\frac{1-\alpha}{1+\alpha}p$	$\frac{\alpha}{1+\alpha}p$	$\frac{\alpha}{1+\alpha}p$	

平衡常数　$K^{\ominus}=\prod_B n_B^{\nu_B}\left(\frac{p}{p^{\ominus}\sum n_B}\right)^{\sum\nu_B}$

$$=\frac{\alpha^2}{1-\alpha}\times\frac{p}{p^{\ominus}(1+\alpha)}=\frac{\alpha^2}{1-\alpha^2}\times\frac{p}{p^{\ominus}}$$

$$=\frac{0.844^2}{1-0.844^2}\times\frac{101.325}{100}=2.51$$

(2) 根据　$K^{\ominus}=\prod_B n_B^{\nu_B}\left(\frac{p}{p^{\ominus}\sum n_B}\right)^{\sum\nu_B}$，求 α_2

$$K^{\ominus}=\frac{\alpha_2^2}{1-\alpha_2^2}\times\frac{p_2}{p^{\ominus}}=\frac{\alpha_2^2}{1-\alpha_2^2}\times\frac{202.650}{100}=2.51$$

$$\alpha_2=0.744$$

按照平衡移动的原理，增加压力不利于体积增大的反应，故 α 减小。

解该题的关键是找出各气体组分的压力与总压力之间的关系。在进行反应系统总的物质的量的假定时，要注意利用分压是强度性质与总的物质的量无关的特点，尽量简化表达式。所以此处可假定 H_2O 的原始量为 1mol。

【例 5-3】 298K 时，化学反应 $N_2O_4(g) \rightleftharpoons 2NO_2(g)$ 的标准平衡常数 $K^{\ominus}=0.135$，求总压分别为 50.0kPa 及 25.0kPa 时 $N_2O_4(g)$ 的平衡转化率及平衡组成。

解　设原有 $N_2O_4(g)$ 的物质的量为 1mol，其平衡转化率为 α，按照化学计量反应方程式先求得平衡时 $N_2O_4(g)$ 和 $NO_2(g)$ 的物质的量，进而求出平衡时两种气体总的物质的量及平衡分压，最后得出平衡常数的表达式。

$$N_2O_4(g) \rightleftharpoons 2NO_2(g)$$

反应前物质的量 n_B/mol	1	0	
平衡时物质的量 n_B/mol	$(1-\alpha)$	2α	$\sum n_B=(1+\alpha)$mol
平衡分压 p_B	$\frac{1-\alpha}{1+\alpha}p$	$\frac{2\alpha}{1+\alpha}p$	

代入平衡常数表达式　$K^{\ominus}=\prod_B n_B^{\nu_B}\left(\frac{p}{p^{\ominus}\sum n_B}\right)^{\sum\nu_B}=\frac{(2\alpha)^2}{1-\alpha}\times\frac{p}{p^{\ominus}(1+\alpha)}$

整理得　$K^{\ominus}=\frac{4\alpha^2}{1-\alpha^2}\times\frac{p}{p^{\ominus}}=0.135$

即　$$\alpha=\left(\frac{K^{\ominus}}{K^{\ominus}+(4p/p^{\ominus})}\right)^{\frac{1}{2}}$$

将 $K^{\ominus}=0.135$ 及 $p_1=50.0$kPa 代入，得

$$\alpha_1=\left(\frac{0.135}{0.135+4\times50.0/100.0}\right)^{\frac{1}{2}}=0.252$$

$$y_1[NO_2(g)]=\frac{2\alpha_1}{1+\alpha_1}$$

$$=\frac{2\times 0.252}{1+0.252}=0.403$$

$$y_1[N_2O_4(g)]=1-0.403=0.597$$

将 $K^{\ominus}=0.135$ 及 $p_2=25.0\text{kPa}$ 代入 $\alpha=\left(\frac{K^{\ominus}}{K^{\ominus}+(4p/p^{\ominus})}\right)^{\frac{1}{2}}$，

求得

$$\alpha_2=0.345$$

$$y_2[NO_2(g)]=\frac{2\alpha_2}{1+\alpha_2}=0.513 \qquad y_2[N_2O_4(g)]=0.487$$

通过此题的计算，充分理解，指定化学反应，在一定温度下 $K^{\ominus}$ 为常数；但系统的压力不同时，α 以及 y_B 是不同的。

第四节　标准摩尔反应吉布斯函数的计算

如前所述，$\Delta_r G_m^{\ominus}$ 与 $K^{\ominus}$ 的关系为 $\Delta_r G_m^{\ominus}=-RT\ln K^{\ominus}$，该式表明在标准状态下，化学反应的标准摩尔反应吉布斯函数与标准平衡常数的关系。其中公式左侧 $\Delta_r G_m^{\ominus}$ 中各物质皆处于标准态，右侧 $K^{\ominus}$ 中各物质处于纯凝聚状态或者为其平衡分压。

$K^{\ominus}$ 是化学平衡计算的关键数据。由于 $\Delta_r G_m^{\ominus}=-RT\ln K^{\ominus}$，故可由 $\Delta_r G_m^{\ominus}$ 来计算 $K^{\ominus}$。求取 $\Delta_r G_m^{\ominus}$ 常用如下方法。

一、由 $\Delta_f G_m^{\ominus}$ 计算 $\Delta_r G_m^{\ominus}$

在标准态下，由稳定相态单质生成同温度、标准压力、指定相态的物质 B（$\nu_B=1$）时的标准摩尔吉布斯函数变化，称为标准摩尔生成吉布斯函数，用符号“$\Delta_f G_m^{\ominus}$”表示，单位为 J/mol。

按上述定义，标准态下稳定相态单质的 $\Delta_f G_m^{\ominus}$ 为零。附录中列出若干物质在 298.15K 时的 $\Delta_f G_m^{\ominus}$（298.15K）。

与 $\Delta_r H_m^{\ominus}$ 的计算相一致，化学反应的 $\Delta_r G_m^{\ominus}$ 可由物质 B 的标准摩尔生成吉布斯函数 $\Delta_f G_m^{\ominus}$ 计算：

$$\Delta_r G_m^{\ominus}=\sum_B \nu_B \Delta_f G_{m,B}^{\ominus} \tag{5-7}$$

式中　$\Delta_r G_m^{\ominus}$ ——标准摩尔反应吉布斯函数，J/mol；

$\Delta_f G_m^{\ominus}$ ——标准摩尔生成吉布斯函数，J/mol；

ν_B ——化学反应方程式中生成物及反应物的计量系数，单位为 1。

【例 5-4】 298K 时，工业制硝酸中的反应为

$$4NH_3(g)+5O_2(g)\rightleftharpoons 4NO(g)+6H_2O(g)$$

各物质的 $\Delta_f G_m^{\ominus}$ 如下：

物　质	$NH_3(g)$	$NO(g)$	$H_2O(g)$
$\Delta_f G_m^{\ominus}$(298K)/(kJ/mol)	−16.5	86.57	−228.57

计算 298K 时此反应的 $\Delta_r G_m^{\ominus}$。

解　依据

$$\Delta_r G_m^{\ominus}=\sum_B \nu_B \Delta_f G_{m,B}^{\ominus}$$

$$\Delta_r G_m^\ominus = [4\times\Delta_f G_m^\ominus(NO) + 6\times\Delta_f G_m^\ominus(H_2O) - 4\times\Delta_f G_m^\ominus(NH_3) - 5\times\Delta_f G_m^\ominus(O_2)]$$
$$= [4\times86.57 + 6\times(-228.57) - 4\times(-16.5) - 5\times0]\text{kJ/mol}$$
$$= -959.1\text{kJ/mol}$$

$\Delta_r G_m^\ominus$ 是非常重要的热力学数据，可以直接根据它计算出化学反应的 $K^\ominus$。根据附录中的数据 $\Delta_f G_{m,B}^\ominus$，可直接计算出化学反应的 $\Delta_r G_m^\ominus$。

【例 5-5】 分别计算在 298.15K 时下列两个反应的 $\Delta_r G_m^\ominus$ 和 $K^\ominus$。

（1）乙苯脱氢：$C_6H_5C_2H_5(g) \rightleftharpoons C_6H_5CH{=}CH_2(g) + H_2(g)$

（2）乙苯氧化脱氢：$C_6H_5C_2H_5(g) + \frac{1}{2}O_2(g) \rightleftharpoons C_6H_5CH{=}CH_2(g) + H_2O(g)$

已知在 298.15K 时各物的 $\Delta_f G_m^\ominus$ 如下：

物质	$C_6H_5C_2H_5(g)$	$C_6H_5CH{=}CH_2(g)$	$H_2O(g)$
$\Delta_f G_m^\ominus$/(kJ/mol)	130.6	213.8	−228.59

解　（1）乙苯脱氢制苯乙烯

$$\Delta_r G_m^\ominus = \sum \nu_B \Delta_f G_m^\ominus(B) = \Delta_f G_m^\ominus(C_6H_5CH{=}CH_2) + \Delta_f G_m^\ominus(H_2) - \Delta_f G_m^\ominus(C_6H_5C_2H_5)$$
$$= (213.8 + 0 - 130.6)\text{kJ/mol} = 83.2\text{kJ/mol}$$

$$K^\ominus = \exp\left(-\frac{\Delta_r G_m^\ominus}{RT}\right) = \exp\left(-\frac{83.2\times10^3}{8.314\times298.15}\right) = 2.7\times10^{-15}$$

此反应的 $\Delta_r G_m^\ominus$ 很大，标准平衡常数数值很小，说明在该温度下此反应是不能进行的。

（2）乙苯氧化脱氢制苯乙烯

$$\Delta_r G_m^\ominus = \sum \nu_f \Delta_f G_m^\ominus(B) = \Delta_f G_m^\ominus(C_6H_5CH{=}CH_2) + \Delta_f G_m^\ominus(H_2O) - \Delta_f G_m^\ominus(C_6H_5C_2H_5)$$
$$= (213.8 - 228.59 - 130.6)\text{kJ/mol} = -145.4\text{kJ/mol}$$

$$K^\ominus = \exp\left(-\frac{\Delta_r G_m^\ominus}{RT}\right) = \exp\left(-\frac{-145.4\times10^3}{8.314\times298.15}\right) = 2.6\times10^{25}$$

由此可见，此反应在该温度下是可以进行得比较完全的。故在 298.15K 时，宜选择乙苯氧化脱氢制苯乙烯。

乙苯脱氢制苯乙烯反应的 $\Delta_r G_m^\ominus$ 很大，在 298.15K 时反应不能进行。但若加入氧，由于乙苯脱氢制苯乙烯反应中的氢可与氧发生了反应（3）：

（3）$H_2(g) + \frac{1}{2}O_2(g) \longrightarrow H_2O(g)$　$\Delta_r G_m^\ominus = -228.59\text{kJ/mol}$，$K^\ominus = 1.26\times10^{40}$

反应（3）的 $\Delta_r G_m^\ominus$ 负值很大，与反应（1）即乙苯脱氢制苯乙烯反应合并在一起，使总反应的 $\Delta_r G_m^\ominus < 0$，反应就有可能发生了。所以，反应（2）乙苯氧化脱氢制苯乙烯可看作反应（1）和反应（3）耦合的结果。若一反应的产物是另一反应的反应物，则称这两个同时发生的反应是耦合反应。利用耦合反应，使原本不能进行的反应再耦合另一个反应，使其使总反应的 $\Delta_r G_m^\ominus < 0$ 以得到我们需要的产物，这种方法在进行新的合成反应方案的设计、合成路线及工艺条件的选择时常会用到。

例如，丙烯氨氧化法生产丙烯腈的反应：

$$C_3H_6 + \frac{3}{2}O_2 + NH_3 \xrightarrow[440℃,63\sim74kPa]{\text{磷钼铋系催化剂}} CH_2{=}CH{-}CN + 3H_2O$$

可看作丙烯生产丙烯腈的反应 $C_3H_6 + NH_3 \longrightarrow CH_2{=}CH{-}CN + 3H_2$

和反应 $3H_2(g) + \frac{3}{2}O_2(g) \longrightarrow 3H_2O(g)$ 耦合的结果。而丙烯氨氧化法生产丙烯腈的产率较高。

二、由 $\Delta_f H_m^\ominus$ 和 $S_m^\ominus$ 计算 $\Delta_r G_m^\ominus$

计算式为：

$$\Delta_r G_m^\ominus = \Delta_r H_m^\ominus - T\Delta_r S_m^\ominus$$

$$\Delta_r H_m^\ominus = \sum_B \nu_B \Delta_f H_{m,B}^\ominus$$

$$\Delta_r S_m^\ominus = \sum_B \nu_B S_{m,B}^\ominus$$

式中 $\Delta_r G_m^\ominus$ ——标准摩尔反应吉布斯函数，J/mol；

$\Delta_f H_{m,B}^\ominus$——标准摩尔生成焓，J/mol；

$S_m^\ominus$——标准摩尔熵，J/(mol·K)；

$\Delta_r H_m^\ominus$ ——标准摩尔反应焓，J/mol；

$\Delta_r S_m^\ominus$ ——标准摩尔反应熵，J/(mol·K)；

T ——热力学温度，K。

【例 5-6】 化学反应 $CH_4(g)+2H_2O(g) \longrightarrow 4H_2(g)+CO_2(g)$

各物质在 298.15K 时的热力学数据如下：

物质	$CH_4(g)$	$H_2O(g)$	$H_2(g)$	$CO_2(g)$
$\Delta_f H_m^\ominus$/(kJ/mol)	−74.81	−241.82	0	−393.51
$S_m^\ominus$/[J/(mol·K)]	188.0	188.83	130.68	213.7

计算 298.15K 时此反应的 $\Delta_r G_m^\ominus$ 及 $K^\ominus$。

解 依据 $\Delta_r H_m^\ominus = \sum_B \nu_B \Delta_f H_{m,B}^\ominus$

则
$$\begin{aligned}\Delta_r H_m^\ominus &= 4\times\Delta_f H_m^\ominus(H_2)+\Delta_f H_m^\ominus(CO_2)-\Delta_f H_m^\ominus(CH_4)-2\times\Delta_f H_m^\ominus(H_2O)\\ &=[4\times0+(-393.51)-(-74.81)-2\times(-241.82)]\text{kJ/mol}\\ &=164.94\text{kJ/mol}\end{aligned}$$

依据
$$\Delta_r S_m^\ominus = \sum_B \nu_B S_{m,B}^\ominus$$

则
$$\begin{aligned}\Delta_r S_m^\ominus &= 4\times S_m^\ominus(H_2)+S_m^\ominus(CO_2)-S^\ominus(CH_4)-2\times S_m^\ominus(H_2O)\\ &=(4\times130.68+213.7-188.0-2\times188.83)\text{J/(mol·K)}\\ &=170.76\text{J/(mol·K)}\end{aligned}$$

$$\begin{aligned}\Delta_r G_m^\ominus &= \Delta_r H_m^\ominus - T\Delta_r S_m^\ominus\\ &=(164.94-298.15\times170.76\times10^{-3})\text{kJ/mol}\\ &=114.03\text{kJ/mol}\end{aligned}$$

$$\begin{aligned}K^\ominus &= \exp(-\Delta_r G_m^\ominus/RT)=\exp[-114.03\times10^3/(8.314\times298.15)]\\ &=1.051\times10^{-20}\end{aligned}$$

由附录中的 $\Delta_f H_m^\ominus$、$S_m^\ominus$ 同样可以进行 $\Delta_r G_m^\ominus$、$K^\ominus$ 的计算。这样，计算 $K^\ominus$ 就有了不同的途径。$\Delta_r H_m^\ominus$、$\Delta_r S_m^\ominus$ 的计算与第三章内容相同。

三、由 $K^\ominus$ 计算 $\Delta_r G_m^\ominus$

利用公式 $\Delta_r G_m^\ominus = -RT\ln K^\ominus$ 可以计算 $\Delta_r G_m^\ominus$，也可用有关反应的 $K^\ominus$ 计算未知反应的 $\Delta_r G_m^\ominus$。

【例 5-7】 已知 1000K 时反应

(1) C(石墨)$+O_2(g) \longrightarrow CO_2(g)$　　$K_1^{\ominus}$

(2) $CO(g)+\frac{1}{2}O_2(g) \longrightarrow CO_2(g)$　　$K_2^{\ominus}$

求　反应(3)　C(石墨)$+\frac{1}{2}O_2(g) \longrightarrow CO(g)$　　$K_3^{\ominus}$

解　由于(1)−(2)=(3)

$$\begin{aligned}\Delta_r G_{m,3}^{\ominus} &= \Delta_r G_{m,1}^{\ominus} - \Delta_r G_{m,2}^{\ominus} \\ &= -RT\ln K_1^{\ominus} - (-RT\ln K_2^{\ominus}) \\ &= -RT\ln(K_1^{\ominus}/K_2^{\ominus}) = -RT\ln K_3^{\ominus}\end{aligned}$$

所以

$$K_3^{\ominus} = K_1^{\ominus}/K_2^{\ominus}$$

除了以上的三种方法以外，在第六章中，还可学到用原电池的标准电动势来计算$\Delta_r G_m^{\ominus}$。

第五节　温度对化学平衡的影响

应用热力学数据，可以直接通过$\Delta_r G_m^{\ominus}$(298.15K)求得标准平衡常数$K^{\ominus}$(298.15K)，从而进行化学反应的物料衡算。但在工业生产中，为获得高的生产效率，许多化学反应都在较高的温度下进行。因此，需要得到所需温度下的$K^{\ominus}(T)$，这就要研究温度对$K^{\ominus}$的影响，找出$K^{\ominus}$对温度的函数关系。

一、标准平衡常数与温度关系的微分式

等压条件下，标准平衡常数$K^{\ominus}$与温度T之间的关系式，称为范特霍夫方程。其公式形式为：

$$\frac{d\ln K^{\ominus}}{dT} = \frac{\Delta_r H_m^{\ominus}}{RT^2} \tag{5-8}$$

式中　$K^{\ominus}$——标准平衡常数，单位为1；

$\Delta_r H_m^{\ominus}$——标准摩尔反应焓，J/mol；

R——摩尔气体常数，8.314J/(mol·K)；

T——热力学温度，K。

范特霍夫方程式在形式上与克劳修斯-克拉贝龙方程式的形式相同。

由此方程式可以看出：对于放热反应，$\Delta_r H_m^{\ominus}<0$，$\frac{d\ln K^{\ominus}}{dT}<0$，即$K^{\ominus}$随着温度的升高而减小，升高温度对正向反应不利；对于吸热反应，$\Delta_r H_m^{\ominus}>0$，$\frac{d\ln K^{\ominus}}{dT}>0$，即$K^{\ominus}$随着温度的升高而增大，升高温度对正向反应有利。这与以前早已熟悉的化学平衡移动原理相一致。

范特霍夫方程的推导。

据热力学基本关系式　$dG=-SdT+Vdp$，在恒压条件下有$\left(\frac{\partial G}{\partial T}\right)_p=-S$。

则

$$\left(\frac{\partial \Delta G}{\partial T}\right)_p = -\Delta S$$

而化学反应在温度 T 时 $$-\Delta_r S_m = \frac{\Delta_r G_m - \Delta_r H_m}{T}$$

即得吉布斯-亥姆霍兹方程 $$\left(\frac{\partial \Delta_r G_m}{\partial T}\right)_p = \frac{\Delta_r G_m - \Delta_r H_m}{T}$$

将 $\frac{\Delta_r G_m}{T}$ 在恒压下对温度求偏导数，再将上式代入

$$\left[\frac{\partial\left(\frac{\Delta_r G_m}{T}\right)}{\partial T}\right]_p = \frac{1}{T}\left(\frac{\partial \Delta_r G_m}{\partial T}\right)_p - \frac{1}{T^2}\Delta_r G_m$$

$$\frac{\Delta_r G_m - \Delta_r H_m}{T^2} - \frac{1}{T^2}\Delta_r G_m = -\frac{\Delta_r H_m}{T^2}$$

若参加反应各物均处于标准态，则 $$\left[\frac{\partial\left(\frac{\Delta_r G_m^{\ominus}}{T}\right)}{\partial T}\right]_p = -\frac{\Delta_r H_m^{\ominus}}{T^2}$$

因为 $$\Delta_r G_m^{\ominus} = -RT\ln K^{\ominus}$$

所以 $$-R\left(\frac{\partial \ln K^{\ominus}}{\partial T}\right)_p = -\frac{\Delta_r H_m^{\ominus}}{T^2}$$

因为对指定的化学反应，$K^{\ominus}$ 只是温度的函数，与压力无关，

所以 $$\frac{\mathrm{d}\ln K^{\ominus}}{\mathrm{d}T} = \frac{\Delta_r H_m^{\ominus}}{RT^2}$$

二、标准平衡常数与温度间关系的积分式

1. $\Delta_r H_m^{\ominus}$ 视为常数时的定积分式

若反应物与产物的热容相差很小或温度变化范围不大时，$\Delta_r H_m^{\ominus}$ 可视为常数，对式(5-8)进行定积分得

$$\ln\frac{K_2^{\ominus}}{K_1^{\ominus}} = -\frac{\Delta_r H_m^{\ominus}}{R}\left(\frac{1}{T_2} - \frac{1}{T_1}\right) \tag{5-9}$$

式中 $K_2^{\ominus}$ ——温度 T_2 时的平衡常数，单位为 1；

$K_1^{\ominus}$ ——温度 T_1 时的平衡常数，单位为 1；

$\Delta_r H_m^{\ominus}$ ——标准摩尔反应焓，J/mol。

式(5-9) 的应用：已知两个温度下的 $K^{\ominus}$，由式(5-9) 可以求出 $\Delta_r H_m^{\ominus}$，再代入原式，即可求出任意温度下的 $K^{\ominus}$。

2. $\Delta_r H_m^{\ominus}$ 视为常数时的不定积分式

将式(5-8) 进行不定积分，可得

$$\ln K^{\ominus} = -\frac{\Delta_r H_m^{\ominus}}{R}\cdot\frac{1}{T} + C \tag{5-10}$$

式中 $K^{\ominus}$——温度 T 时的平衡常数，单位为 1；

$\Delta_r H_m^{\ominus}$ ——标准摩尔反应焓，J/mol；

C ——不定积分常数，单位为 1。

通过实验测定不同温度下的 $K^{\ominus}$，由 $\ln K^{\ominus}$ 对 $1/T$ 作图，得一直线，其斜率 m 为 $\frac{-\Delta_r H_m^{\ominus}}{R}$ 由直线的斜率可以求得 $\Delta_r H_m^{\ominus}$：$\Delta_r H_m^{\ominus} = -mR$。

【例 5-8】 水蒸气通过灼热的煤层，生成水煤气的反应

$$C(s)+H_2O(g)\longrightarrow H_2(g)+CO(g)$$

若温度在 1000K 时 $K^{\ominus}$ 为 2.505，温度在 1200K 时 $K^{\ominus}$ 为 38.08，试计算（1）此温度范围内平均标准摩尔反应焓 $\Delta_r H_m^{\ominus}$；（2）温度在 1100K 时反应的标准平衡常数。

解　（1）将数据　$T_1=1000K$，$T_2=1200K$，$K_1^{\ominus}=2.505$　$K_2^{\ominus}=38.08$ 代入公式 $\ln\frac{K_2^{\ominus}}{K_1^{\ominus}}=-\frac{\Delta_r H_m^{\ominus}}{R}\left(\frac{1}{T_2}-\frac{1}{T_1}\right)$中有

$$\ln\frac{38.08}{2.505}=-\frac{\Delta_r H_m^{\ominus}}{R}\left(\frac{1}{1200}-\frac{1}{1000}\right)$$

解出
$$\Delta_r H_m^{\ominus}=135kJ/mol$$

(2)将数据　$T_1=1000K, T_2=1100K, K_1^{\ominus}=2.505, \Delta_r H_m^{\ominus}=135kJ/mol$ 代入公式 $\ln\frac{K_2^{\ominus}}{K_1^{\ominus}}=-\frac{\Delta_r H_m^{\ominus}}{R}\left(\frac{1}{T_2}-\frac{1}{T_1}\right)$ 有

$$\ln\frac{K_{1100}^{\ominus}}{2.505}=-\frac{1.35\times10^5}{8.314}\times\left(\frac{1}{1100}-\frac{1}{1000}\right)$$

解出
$$K_{1100}^{\ominus}=10.96$$

因为该反应为吸热反应，温度升高标准平衡常数增大，所以从化学平衡角度考虑，上述反应有利于在高温条件下进行。实际生产中也是在高温条件下进行的。

【例 5-9】 用分光光度法研究气相反应：$I_2+C_5H_8$（环戊烯）$\longrightarrow 2HI+C_5H_6$（环戊二烯），得到在 448～688K 的温度区间内，标准平衡常数 $K^{\ominus}$ 与温度的关系为

$$\ln K^{\ominus}=-\frac{11156}{T/K}+17.39$$

试计算：（1）该反应在此温度范围内的平均标准摩尔反应焓 $\Delta_r H_m^{\ominus}$；（2）在温度为 573K 时反应的标准平衡常数。

解　（1）对照公式
$$\ln K^{\ominus}=-\frac{\Delta_r H_m^{\ominus}}{RT}+C$$

有
$$-\frac{\Delta_r H_m^{\ominus}}{R}=-11156$$

所以
$$\Delta_r H_m^{\ominus}=(11156\times8.314)J/mol=92.75kJ/mol$$

（2）当 $T=573K$ 时

$$\ln K^{\ominus}=17.39-\frac{11156}{T}=17.39-\frac{11156}{573}=2.079$$

则
$$K^{\ominus}=0.1251$$

【例 5-10】 利用表中的热力学数据粗略计算在大气压下煅烧石灰石［$CaCO_3(s)$］制取生石灰［$CaO(s)$］时的分解温度。实际分解温度为 1069K。

物质　(298K)	$CaCO_3(s)$	$CaO(s)$	$CO_2(g)$	物质　(298K)	$CaCO_3(s)$	$CaO(s)$	$CO_2(g)$
$\Delta_f H_m^{\ominus}/(kJ/mol)$	−1260.92	−635.09	−393.509	$S_m^{\ominus}/[J/(mol\cdot K)]$	92.9	39.75	213.74
$\Delta_f G_m^{\ominus}/(kJ/mol)$	−1128.79	−604.03	−394.359	$C_{p,m}/[J/(mol\cdot K)]$	81.88	42.80	37.11

解　先进行如下分析：

对反应 $CaCO_3(s) \longrightarrow CaO(s) + CO_2(g)$，在 298K 条件下

$$\Delta C_{p,m} = \sum \nu_B C_{p,m} = -C_{p,m}(CaCO_3) + C_{p,m}(CaO) + C_{p,m}(CO_2)$$
$$= (-81.88 + 42.80 + 37.11) J/(mol \cdot K)$$
$$= -1.97 J/(mol \cdot K) \approx 0$$

因为数据表中的 $C_{p,m}$ 为常数，这样可以假定在 298K 到分解温度的范围内 $\Delta C_{p,m}$ 均为常数零。因此，可以认为 $\Delta_r H_m^\ominus$ 为定值，与温度无关。

由表中的数据可以求得 298K 的如下数据（过程从略）：

$$\Delta_r H_m^\ominus = \sum_B \nu_B \Delta_f H_{m,B}^\ominus$$
$$= [-635.09 - 393.509 - (-1260.92)] kJ/mol$$
$$= 178.32 kJ/mol$$
$$\Delta_r S_m^\ominus = \sum_B \nu_B S_{m,B}^\ominus$$
$$= (39.75 + 213.74 - 92.9) J/(mol \cdot K)$$
$$= 160.59 J/(mol \cdot K)$$
$$\Delta_r G_m^\ominus = \Delta_r H_m^\ominus - T\Delta_r S_m^\ominus$$
$$= (178.32 - 298K \times 160.59 \times 10^{-3}) kJ/mol$$
$$= 130.409 kJ/mol$$

求 $CaCO_3(s)$ 的分解温度，也就是求系统中 $CO_2(g)$ 的压力等于大气压时的温度。假设大气压为 100kPa，则 $K^\ominus = [p(CO_2)/p^\ominus] = 1$，即 $\Delta_r G_m^\ominus = -RT\ln K^\ominus = 0$。

方法一，在分解温度 T 时，$\Delta_r G_m^\ominus = \Delta_r H_m^\ominus - T\Delta_r S_m^\ominus = 0$

因为 $\sum \nu_B C_{p,m} \approx 0$，所以 $\Delta_r S_m^\ominus$ 与 $\Delta_r H_m^\ominus$ 相同，都与温度无关，故可以用上式进行计算

$$T = \Delta_r H_m^\ominus / \Delta_r S_m^\ominus$$
$$= (178.32/0.16059) K = 1110K$$

方法二，是利用公式(5-9) 进行计算，可以得出相同的结论。

因为 $\ln K_2^\ominus = 0$，且 $\ln K_1^\ominus = -\Delta_r G_m^\ominus / RT_1$，故可代入式(5-10) 进行计算，$T_2 = 1109.5K$，与实测值相比，低约 60K。这一误差与近似计算等因素有关。

该题的特殊之处在于 $\Delta C_{p,m} \approx 0$，在温度变化比较大的范围内，依然可以认为 $\Delta_r H_m^\ominus$ 为定值。如果 $\Delta C_{p,m}$ 不等于零，计算过程就会非常复杂。

3. $\Delta_r H_m^\ominus(T)$ 与温度有关

若反应的 $\Delta C_{p,m}$ 较大或温度区间较大时，则必须考虑 $\Delta_r H_m^\ominus$ 与 T 的关系。

已知

$$\Delta_r H_m^\ominus(T) = \Delta H_0 + \int \Delta_r C_{p,m} dT$$
$$= \Delta H_0 + \Delta a T + 1/2 \Delta b T^2 + 1/3 \Delta c T^3$$

式中的 ΔH_0 为积分常数，代入式(5-8)，进行不定积分得

$$\ln K_{(T)}^\ominus = -\frac{\Delta H_0}{RT} + \frac{\Delta a}{R}\ln\left(\frac{T}{K}\right) + \frac{\Delta b}{2R}T + \frac{\Delta c}{6R}T^2 + I$$

式中，I 是积分常数，这两个积分常数可通过已知数据计算获得。这样所得到的积分式在形式上复杂，但计算结果相对精确得多。

第六节　压力及惰性气体等对化学平衡的影响

温度影响化学反应的平衡常数、平衡组成。除温度以外，总压力的大小以及惰性气体的

加入等，也能改变平衡组成。下面分别讨论。

一、总压力对理想气体反应平衡转化率的影响

总压力不能改变标准平衡常数 $K^{\ominus}$，但是对于气体化学计量数代数和 $\sum\nu_B \neq 0$ 的反应，却能改变其平衡转化率。

按照公式 $K^{\ominus}=K_y(p/p^{\ominus})^{\sum\nu_B}$，在一定温度下，$K^{\ominus}$ 不变，但通过改变系统总压则使 K_y 发生变化。

如果反应前后气体的物质的量增大，$\sum\nu_B>0$，则在一定温度下，$K^{\ominus}$ 不变，增大系统总压，则使 K_y 减小，即平衡向左移，也就是向系统总压减小的方向移动。

如果反应前后气体的物质的量减小，$\sum\nu_B<0$，则在一定温度下，增大系统总压，则使 K_y 增大，即平衡向右移，也就是向系统总压减小的方向移动。

如果反应前后气体的物质的量相同，$\sum\nu_B=0$，$K^{\ominus}=K_y$，则在一定温度下，增大系统总压，对平衡无影响。这与平衡移动原理是一致的。

【例 5-11】 已知合成氨反应 $\frac{1}{2}N_2(g)+\frac{3}{2}H_2(g)\rightleftharpoons NH_3(g)$ 在 500K 时的 $K^{\ominus}=0.29683$，若反应物 $N_2(g)$ 与 $H_2(g)$ 符合化学计量配比，试估算此温度时，100～1000kPa 下的平衡转化率 α。可近似按理想气体计算。

解　　$\frac{1}{2}N_2(g)+\frac{3}{2}H_2(g)\rightleftharpoons NH_3(g)$

反应前物质的量 n_B/mol	1	3	0	
平衡时物质的量 n_B/mol	$1-\alpha$	$3(1-\alpha)$	2α	$\sum n_B=(4-2\alpha)$mol
平衡时物质的分压力	$\frac{1-\alpha}{4-2\alpha}p$	$\frac{3(1-\alpha)}{4-2\alpha}p$	$\frac{2\alpha}{4-2\alpha}p$	

$$K^{\ominus}=\prod_B\left(\frac{p_B}{p^{\ominus}}\right)^{\nu_B}=\frac{\frac{2\alpha}{4-2\alpha}p}{\left(\frac{1-\alpha}{4-2\alpha}p\right)^{\frac{1}{2}}\times\left(\frac{3(1-\alpha)}{4-2\alpha}p\right)^{\frac{3}{2}}}p^{\ominus}$$

$$=\frac{2^2\alpha(2-\alpha)p^{\ominus}}{3^{3/2}p(1-\alpha)^2}=0.29683$$

将上式整理可得　　$\alpha=1-\frac{1}{\sqrt{1+1.299K^{\ominus}(p/p^{\ominus})}}$

代入 $p=100\sim1000$kPa 数值，可得如下计算结果：

p/kPa	100	200	500	1000
α	0.150	0.249	0.416	0.546

由表中结果可以看出，增加压力对体积减小的反应有利。

二、惰性气体对平衡转化率的影响

惰性气体是指不能与反应物或产物发生化学反应的气体。例如，在乙苯脱氢制苯乙烯的反应：

$$C_6H_5C_2H_5(g)\rightleftharpoons C_6H_5C_2H_3(g)+H_2(g)$$

中加入水蒸气时，水蒸气即为惰性气体。

在恒温恒压下，通入惰性气体与上述恒温降压的作用相同。它不影响平衡常数，但影响转化率。

乙苯脱氢生产苯乙烯是个重要的化学反应，从化学反应方程式来看，$\sum\nu_B>0$，故减压有利于生产更多的苯乙烯。但一旦设备漏气，有空气进入系统还会有爆炸的危险。通入惰性的水蒸气，在通风良好的情况下，即使有少量气体溢出，也不会有什么危险，所以实际生产中采用这一方法。

而对于合成氨反应，$N_2(g)+3H_2(g)\rightleftharpoons 2NH_3(g)$，其$\sum\nu_B<0$，为了提高产率需要加压。但在工业生产时系统中含有随着$N_2(g)$的加入而带进来的$Ar(g)$以及在反应中生成的少许$CH_4(g)$等惰性组分。这些惰性组分随着原料气的不断加入及反应的不断循环进行，它们在系统中的含量逐渐增多，使加压的效果有所抵消。所以为了提高$NH_3(g)$的产率，就要定期放出一部分陈旧的原料气以减少惰性组分的含量。

【例 5-12】 按化学计量配比的氮氢混合气体，在 773K、30.4MPa 下进行合成氨反应 $\frac{1}{2}N_2(g)+\frac{3}{2}H_2(g)\rightleftharpoons NH_3(g)$。773K 时的 $K^\ominus=3.75\times10^{-3}$，设反应为理想气体反应，试估算下列两种情况下的平衡转化率 α 和氨的含量。

(1) 原料中只含有 1∶3 的 N_2 和 H_2；

(2) 原料中另外还含有 10%的惰性气体 CH_4 和 Ar。

解 (1)
$$\frac{1}{2}N_2(g)+\frac{3}{2}H_2(g)\rightleftharpoons NH_3(g)$$

反应前物质的量 n_B/mol	1	3	0
平衡时 n_B/mol	$1-\alpha$	$3(1-\alpha)$	2α

$$\sum n_B=4-2\alpha$$

$$K^\ominus=\prod_B n_B^{\nu_B}\left(\frac{p}{p^\ominus\sum n_B}\right)^{\sum\nu_B}=\frac{2\alpha}{(1-\alpha)^{\frac{1}{2}}\times3^{\frac{3}{2}}\times(1-\alpha)^{\frac{3}{2}}}\left(\frac{p}{p^\ominus(4-2\alpha)}\right)^{-1}$$

$$=\frac{2^2\alpha(2-\alpha)p^\ominus}{3^{3/2}p(1-\alpha)^2}=3.75\times10^{-3}$$

将上式整理同样可得 $\alpha=1-\dfrac{1}{\sqrt{1+1.299K^\ominus(p/p^\ominus)}}$

代入 $K^\ominus=3.75\times10^{-3}$，$p=30.4\times10^6\,\text{Pa}$

解得
$$\alpha=36.5\%$$
$$y(NH_3)=2\alpha/(4-2\alpha)$$
$$=2\times0.365/(4-2\times0.365)=22.32\%$$

(2) 在原料气中含有10%的惰性组分，总压不变，取 1mol 的混合气体，则反应前后各气体的量分别为

	$1/2N_2(g)$ +	$3/2H_2(g)$ $\rightleftharpoons$	$NH_3(g)$ +	惰性组分
开始 n_B/mol	$0.9\times1/4$	$0.9\times3/4$	0	0.1
平衡 n_B/mol	$0.9\times1/4(1-\alpha)$	$0.9\times3/4(1-\alpha)$	$0.9\times1/2\alpha$	0.1

$$\sum n_B/\text{mol}=1/2(2-0.9\alpha)$$

$$K^\ominus=\prod_B n_B^{\nu_B}\left(\frac{p}{p^\ominus\sum n_B}\right)^{\sum\nu_B}=\frac{2^2\alpha(2-0.9\alpha)p^\ominus}{3^{3/2}\times0.9(1-\alpha)^2p}=3.75\times10^{-3}$$

将 $p=30.4\times10^6\,\text{Pa}$ 代入上式并整理可得

$$2.233\alpha^2-4.666\alpha+1.333=0$$

去掉一个 $\alpha>1$ 的根，解得

$$\alpha=0.3415$$

故

$$y(NH_3)=0.9\alpha/(2-0.9\alpha)$$
$$=0.9\times0.3415/(2-0.9\times0.3415)$$
$$=18.16\%$$

从以上的计算结果可以看出，原料气中含有惰性气体，在同温同压下，使平衡气体中氨的含量减少。其影响结果与降低系统的总压力相同。

三、反应物配比对平衡转化率的影响

对于气相化学反应

$$a\mathrm{A(g)}+b\mathrm{B(g)}\rightleftharpoons y\mathrm{Y(g)}+z\mathrm{Z(g)}$$

如果反应开始时只有原料气 A(g) 和 B(g)，而无产物，令两反应物的物质的量比 $r=n_B/n_A$。其变化范围为 $0<r<\infty$。

在一定温度和压力下，调整反应物配比，使 r 从小到大。组分 B 的转化率逐渐由大变小，而组分 A 的转化率则逐渐由小增大。但是产物在混合气体中的含量，在增大到达一个极大值后又逐渐减少。可以证明，此极大值所对应的反应物配比等于两种反应物的化学计量数之比，即 $r=\nu_B/\nu_A$。

例如，对于合成氨反应 $N_2(g)+3H_2(g)\rightleftharpoons 2NH_3(g)$，在 773K、30.4MPa 条件下，不同氢、氮比的平衡混合气体中氨含量 $y(NH_3)$ 与反应物配比 r 的关系列于表 5-2 中。将 $y(NH_3)$ 对 $r[=n(H_2)/n(N_2)]$ 绘图如图 5-1 所示。从图中可以看出，当 $r=3$时，氨含量最高。

表 5-2　不同氢氮比的平衡混合气体中氨含量

$r=n(H_2)/n(N_2)$	$y(NH_3)$
1	18.8
2	25.0
3	26.4
4	25.8
5	24.2
6	22.2

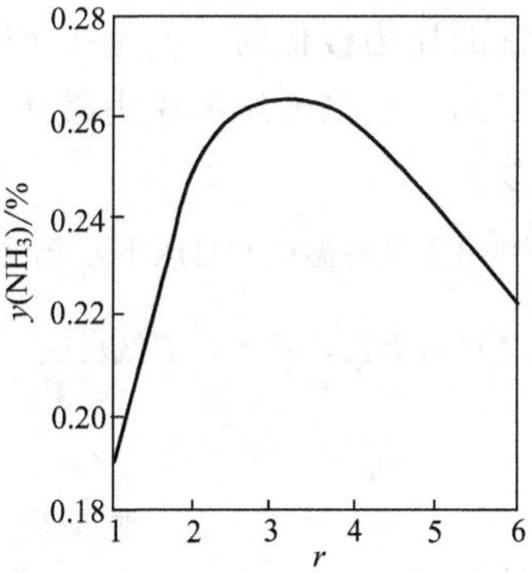

图 5-1　合成氨反应 $y(NH_3)$与 $r[=n(H_2)/n(N_2)]$关系图

如果 A、B 两种原料气中气体 B 较 A 便宜，而且气体 B 又较易从产品中分离，则根据平衡移动原理，为了充分利用气体 A，可以使气体 B 适当过量，以提高气体 A 的转化率。这样，虽然在混合气中，产物的含量降低了，但经分离还是得到了更多的产物，经济效益好。

第七节　真实反应的化学平衡

一、真实气体反应的化学平衡

真实气体组分 B 的化学势表达式为

$$\mu_B = \mu_B^{\ominus} + RT\ln(\tilde{p}_B/p^{\ominus})$$

式中，$\tilde{p}_B$ 为组分B的逸度。对于真实气体反应 $\sum_B \nu_B B(g)=0$，达到平衡时 $\Delta_r G_m = \sum_B \nu_B \mu_B = 0$，代入上式整理可得

$$\Delta_r G_m = \sum_B \nu_B[\mu_B^{\ominus} + RT\ln(\tilde{p}_B/p^{\ominus})] = \sum_B \nu_B \mu_B^{\ominus} + RT\ln \prod_B (\tilde{p}_B/p^{\ominus})_{平衡}^{\nu_B} = 0$$

即

$$\Delta_r G_m = \Delta_r G_m^{\ominus} + RT\ln \prod_B (\tilde{p}_B/p^{\ominus})_{平衡}^{\nu_B} = 0$$

所以

$$\Delta_r G_m^{\ominus} = -RT\ln \prod_B (\tilde{p}_B/p^{\ominus})_{平衡}^{\nu_B} \quad (5\text{-}11)$$

因为

$$\Delta_r G_m^{\ominus} = -RT\ln K^{\ominus}$$

所以

$$K^{\ominus} = \prod_B (\tilde{p}_B/p^{\ominus})_{平衡}^{\nu_B}$$

对于真实气体反应

$$aA(g) + bB(g) \longrightarrow mM(g) + lL(g)$$

$$K^{\ominus} = \frac{(\tilde{p}_M/p^{\ominus})_{平衡}^{m}(\tilde{p}_L/p^{\ominus})_{平衡}^{l}}{(\tilde{p}_A/p^{\ominus})_{平衡}^{a}(\tilde{p}_B/p^{\ominus})_{平衡}^{b}}$$

因为 $\tilde{p}_B = p_B\varphi_B$，$\varphi_B$ 为逸度因子，代入上式得

$$K^{\ominus} = \frac{(p_M/p^{\ominus})_{平衡}^{m}(p_L/p^{\ominus})_{平衡}^{l}}{(p_A/p^{\ominus})_{平衡}^{a}(p_B/p^{\ominus})_{平衡}^{b}} \times \left(\frac{\varphi_M^m \varphi_L^l}{\varphi_A^a \varphi_B^b}\right)_{平衡} = \prod_B \left(\frac{p_B}{p^{\ominus}}\right)_{平衡}^{\nu_B} \prod_B (\varphi_B)_{平衡}^{\nu_B} \quad (5\text{-}12a)$$

过去曾将上式表示为

$$K^{\ominus} = K_{\varphi} K_p (p^{\ominus})^{-\sum\nu_B} \quad (5\text{-}12b)$$

当系统的压力极低时，$\varphi_B = 1$（$K_{\varphi} = 1$），真实气体间反应的平衡常数表达式与理想气体的 $K^{\ominus}$ 相同。但当系统的压力较大时，真实气体的 φ_B 一般不等于1，而且随系统的压力变化而改变。

表5-3列出了某些温度和总压下，合成氨反应 $1/2N_2(g) + 2/3N_2(g) \rightleftharpoons NH_3(g)$ 的 $\prod_B (\varphi_B)_{平衡}^{\nu_B}$ 值。

由表5-3可以看出，对于合成氨反应，在一定温度下，随着系统压力的增大，$\prod_B (\varphi_B)_{平衡}^{\nu_B}$ 值偏离1越显著。

表5-3 合成氨反应的 $\prod_B (\varphi_B)_{平衡}^{\nu_B}$ 值

T/K	p/MPa						
	1.013	3.040	5.066	10.133	30.398	50.663	101.325
598	0.986	—	—	—	—	—	—
623	0.987	0.983	0.937	—	—	—	—
648	0.988	0.968	0.945	0.894	—	—	—
673	0.990	0.972	0.954	0.907	—	—	—
698	0.991	0.974	0.958	0.918	—	—	—
723	0.992	0.978	0.965	0.929	0.757	0.512	0.285
748	0.993	0.982	0.970	0.941	0.765	0.538	0.334
773	0.994	0.985	0.978	0.953	0.773	0.578	0.387

真实气体反应的 $K^{\ominus}$ 可以根据定义 $K^{\ominus}=\exp(-\Delta_r G_m^{\ominus}/RT)$ 求得，其 $\prod_B (\varphi_B)_{平衡}^{\nu_B}$ 值的获得要经过以下步骤：

① 由各组分的临界温度、临界压力求出在反应温度及系统总压力下各纯真实气体组分的对比温度与对比压力；

② 由普遍化逸度因子图查得各真实气体组分单独存在时的逸度因子，并将其近似认为是该组分在混合气体中的逸度因子；

③ 按式(5-12) 计算出其 $\prod_B (\varphi_B)_{平衡}^{\nu_B}$ 值。

【例 5-13】 用普遍化逸度因子图求乙烯水化反应 $C_2H_4(g)+H_2O(g) \rightleftharpoons C_2H_5OH(g)$ 在 375℃、20MPa 下的 $\prod_B (\varphi_B)_{平衡}^{\nu_B}$ 值。

解 由附录中查得上述三种气体的临界温度、临界压力值，再根据题中的温度和总压求得三种气体的对比温度、对比压力值。然后用普遍化逸度因子图查得各气体组分在该对比温度和对比压力下的逸度因子(φ_B)，列表如下。

气　　体	T_c/K	p_c/MPa	T_r	p_r	φ_B
$C_2H_4(g)$	282.34	5.039	2.296	3.969	0.99
$H_2O(g)$	647.06	22.05	1.002	0.907	0.67
$C_2H_5OH(g)$	513.93	6.148	1.261	3.253	0.60

根据题中给出的反应可得：

$$\prod_B (\varphi_B)_{平衡}^{\nu_B}=\frac{\varphi(C_2H_5OH,g)}{\varphi(C_2H_4,g)\cdot\varphi(H_2O,g)}=\frac{0.60}{0.99\times0.67}=0.90$$

依据上式的数据，代入公式(5-12) 求出 $K^{\ominus}$，从而可进行各组分的平衡压力或平衡组成的计算。

由表 5-3 和以上例子可以看出，对于特定的反应系统，得到了 $\prod_B (\varphi_B)_{平衡}^{\nu_B}$ 后，真实气体的有关计算可以与理想气体反应的计算一样，有着相同的简单形式。

二、真实液态混合物中反应的化学平衡

对于真实液态混合物中反应　$aA+bB \longrightarrow mM+lL$

达到平衡时

$$\Delta_r G_m=\sum_B \nu_B\mu_B=0$$

$\mu_B=\mu_B^{\ominus}+RT\ln a_B$ 代入上式整理可得

$$\Delta_r G_m=\sum_B \nu_B(\mu_B^{\ominus}+RT\ln a_B)=\sum_B \nu_B\mu_B^{\ominus}+RT\ln\prod_B a_B^{\nu_B}=0$$

即

$$\Delta_r G_m=\Delta_r G_m^{\ominus}+RT\ln\prod_B a_B^{\nu_B}=0$$

所以

$$\Delta_r G_m^{\ominus}=-RT\ln\prod_B a_B^{\nu_B} \tag{5-13}$$

$$K^{\ominus}=\prod_B a_B^{\nu_B}$$

$$\Delta_r G_m^{\ominus}=-RT\ln K^{\ominus}$$

则平衡常数：

$$K^{\ominus}=\frac{a_M^m a_L^l}{a_A^a a_B^b}=\prod_B a_B^{\nu_B}$$

阅读材料

乙酸乙酯生产条件的分析

乙酸和乙醇的酯化反应在液相中进行，反应式为

$$CH_3COOH(l)+C_2H_5OH(l) \rightleftharpoons CH_3COOC_2H_5(l)+H_2O(l)$$

如果乙酸和乙醇的物质的量的比为 1∶1，则酯的平衡转化率为 66.7%。为了提高酯的产率，使平衡向生成酯的方向移动，可以用过量的乙酸或乙醇，也可以将反应中生成的水或酯连续蒸出。某厂以酯带水的连续生产工艺，使乙酸乙酯的产量大幅度增加。

乙酸乙酯的生产是在酯化塔中进行的。在塔釜中加 1t 乙酸、适量的催化剂（硫酸）和（乙醇∶乙酸质量比为1∶1.15）的混合液，先进行回流，直到塔顶温度达 343～344K。这时一边回流一边出料，同时不断输送混合液进入塔釜。由于乙酸乙酯在 343.45K 与水形成共沸物，当塔顶温度在 343～344K 时就不断地蒸出乙酸乙酯，反应中产生的水也不断被带出，使反应向生成酯的方向进行。这个共沸物含酯 91.5%、水 8.5%，经冷凝静置后，分成上下两层。上层是水在乙酸乙酯中的饱和溶液，其组成约为：乙酸乙酯 96.76%，水 3.24%，将水分蒸掉后就取得纯度为 96%的乙酸乙酯。这种纯度比旧工艺的 83.2%要高得多，若将纯度为 96%的粗酯进行精馏，则酯的含量可达 98%以上。

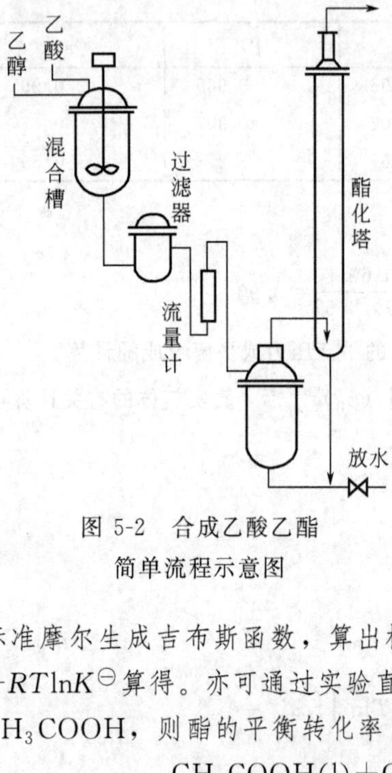

图 5-2 合成乙酸乙酯简单流程示意图

旧工艺是将乙醇、水和酯在 343～353K 一起蒸出，是三元共沸物，其组成是：酯 83.2%，醇 9%，水 7.8%，使大量的水留在反应釜中蒸不出，需要经常停工以除去妨碍酯化反应的水分，工艺流程长且不能连续生产。

新工艺的生产流程简图如图 5-2 所示。

这个新工艺有两个特点：一是采用过量乙酸，生产上乙醇与乙酸的摩尔比约为 1∶6；二是采用较高的酯化温度，约 110℃。下面分析选用这样生产条件的理由。

先讨论不同的原料配比将会对酯的平衡转化率发生怎样的影响。假定所形成的溶液为理想溶液，则可用 K_y 表示系统的平衡性质。在酯化反应中，由于参加反应的各物质是纯液体，所以选纯液体为标准态，其液相反应平衡常数 $K_x=K^{\ominus}$，可通过查出各物质处于标准态时的标准摩尔生成吉布斯函数，算出标准摩尔反应的吉布斯函数变化 $\Delta_r G_m^{\ominus}$，然后再由 $\Delta_r G_m^{\ominus}=-RT\ln K^{\ominus}$ 算得。亦可通过实验直接测定，其值为 4.0。反应开始前有 1mol C_2H_5OH，a mol CH_3COOH，则酯的平衡转化率 x 的变化可用下述方法求得：

$$CH_3COOH(l)+C_2H_5OH(l) \rightleftharpoons CH_3COOC_2H_5(l)+H_2O(l)$$

开始 n_B	a	1	0	0
平衡 n_B	$a-x$	$1-x$	x	x

$$K^{\ominus}=\frac{x_{酯}\,x_{水}}{x_{酸}\,x_{醇}}=\frac{n_{酯}\,n_{水}}{n_{酸}\,n_{醇}}\left(\sum\nu_B=0\right)$$

代入数据有 $0.4=\dfrac{x^2}{(a-x)(1-x)}$，整理得：$3x^2-(4a+4)x+4a=0$

解得
$$x=\frac{2}{3}\left[(a+1)\pm\sqrt{(a^2-a+1)}\right]$$

由此式可算出醇与酸的配比不同时，乙酸乙酯的平衡转化率（计算时取负号），结果列于表 5-4中。

表 5-4　醇与酸的配比不同时酯的最大产率

n(乙酸)/mol	0.080	0.280	0.50	1.00	2.00	2.240	3.00	4.00	5.00	6.00
x(计)/%	7.8	23.2	42.2	66.7	84.7	86.4	92.5	92.9	94.4	94.5

从表中数据看出，为了使乙醇的平衡转化率（x）高，采用增加乙酸用量的办法是可取的，但用量不宜过多，因物质的量的比为 5∶1 时，平衡转化率的提高已不显著。由于乙醇的平衡转化率高，乙醇得到了充分利用，所以在酯化塔塔顶出来的主要是乙酸乙酯与水的共沸物。换言之，反应产物不断被移去，反应更趋于完全。

由于采用过量乙酸，所以酯化温度高（373～383K），从而加快了酯化的反应速率。酯化温度高是由于乙酸的沸点高（391K）所造成的。

应当指出，由于酯化反应的反应焓变很小（只有 8.238kJ/mol），从公式 $d\ln K^\ominus = \frac{\Delta_r H_m^\ominus}{RT^2}dT$ 可以看出，当 $\Delta_r H_m^\ominus \approx 0$ 时，$\ln K^\ominus$ 随温度改变的变化率很小，平衡常数几乎不受温度影响，即 $K^\ominus \approx$ 常数。因此，酯化温度高，一般不会使平衡发生移动，只是加快反应速率，所以在计算过程中用了 293K 时的平衡常数值。实验结果表明，这个推断是合理的。

新工艺的优点可以总结如下：

① 由于采用过量乙酸，使乙醇基本转化，因而塔顶出来的是酯与水的二元共沸物，分离步骤大大简化。

② 由于采用过量乙酸作底料，使酯化反应可以在较高温度（约 383K）下进行，从而加快了酯化反应速率，即加快生产进度。

③ 由于乙酸的沸点高，又不与水、酯和醇等形成最低共沸物蒸出，所以在反应过程中损失较少，一次底料可用上一二个月，操作方便。

上述计算 K_x 的方法只适用于参加反应的各物质能组成一理想溶液或各物质都能呈纯液体的反应系统。

本章小结

一、主要的基本概念

1. 摩尔反应吉布斯函数：恒温、恒压、不做非体积功和组成不变的条件下，无限大量的反应系统中发生单位化学反应进度时所引起的系统的吉布斯函数变化。

2. 压力商：（非平衡时）生成物的分压力比标准压力的幂指数积与反应物的分压力比标准压力的幂指数积的商。

标准平衡常数：平衡时生成物的各组分压力比标准压力的幂指数积与反应物的各组分压力比标准压力的幂指数积的商。

3. 分解压力：有液态或固态纯物质参加的气体间反应达平衡时，系统的总压力。

4.（平衡）转化率：（平衡时）转化掉的某反应物占原始反应物的分数。

5.（理论）产率：（平衡时）转化为指定产物的某反应物占原始反应物的分数。

6. 标准摩尔生成吉布斯函数：由标准态的稳定相态单质生成同温度、标准压力、指定相态的物质 B（$\nu_B=1$）时的标准摩尔吉布斯函数变化。

7. 标准摩尔反应吉布斯函数：标准态下的摩尔反应吉布斯函数。

二、主要的理论、定律和方程式

1. 化学反应的平衡条件 $\Delta_r G_m = \sum_B \nu_B \mu_B = 0$

2. 化学反应方向及限度的判据 $\Delta_r G_m \leqslant 0 \begin{cases} <0 & \text{反应自发进行} \\ =0 & \text{平衡态} \end{cases}$

3. 理想气体化学反应的等温方程 $\Delta_r G_m = \Delta_r G_m^{\ominus} + RT\ln Q_p$

或 $\Delta_r G_m = -RT\ln K^{\ominus} + RT\ln Q_p$

4. 理想气体化学反应的标准平衡常数 $K^{\ominus} = \prod_B \left(\frac{p_B}{p^{\ominus}}\right)^{\nu_B}$

$$= \exp(-\Delta_r G_m^{\ominus}/RT)$$

或者 $\Delta_r G_m^{\ominus} = -RT\ln K^{\ominus}$

5. 有纯凝聚态参加的理想气体化学反应的标准平衡常数

$$K^{\ominus} = Q_p(\text{平衡}) = \prod_B (p_{B(\text{气,平衡})}/p^{\ominus})^{\nu_B}$$

6. 标准摩尔反应吉布斯函数的计算

(1) $\Delta_r G_m^{\ominus} = \sum_B \nu_B \Delta_f G_{m,B}^{\ominus}$

(2) $\Delta_r G_m^{\ominus} = \Delta_r H_m^{\ominus} - T\Delta_r S_m^{\ominus}$

其中 $\Delta_r H_m^{\ominus} = \sum_B \nu_B \Delta_f H_{m,B}^{\ominus}$ $\Delta_r S_m^{\ominus} = \sum_B \nu_B S_{m,B}^{\ominus}$

(3) $\Delta_r G_m^{\ominus} = -RT\ln K^{\ominus}$

7. 温度对化学平衡的影响

微分式 $\mathrm{d}\ln K^{\ominus} = \frac{\Delta_r H_m^{\ominus}}{RT^2}\mathrm{d}T$

不定积分式 $\ln K^{\ominus} = -\frac{\Delta_r H_m^{\ominus}}{R}\frac{1}{T} + C$

定积分式 $\ln\frac{K_2^{\ominus}}{K_1^{\ominus}} = -\frac{\Delta_r H_m^{\ominus}}{R}\left(\frac{1}{T_2} - \frac{1}{T_1}\right)$ （$\Delta_r H_m^{\ominus}$ 为定值）

8. 压力、惰性气体及反应物配比对化学平衡的影响。

三、计算题类型

1. $\Delta_r G_m$ 的计算及反应方向的判断。
2. $K^{\ominus}$ 及 Q_p 的计算。
3. 平衡组成及平衡转化率的计算。
4. $\Delta_r G_m^{\ominus}$ 的计算。
5. 温度的变化对平衡常数影响的计算。
6. 压力与惰性气体等对平衡影响的计算。

在以上的计算中，$K^{\ominus}$是关键，是核心。注意把它与其他公式进行有机地联系，以巩固记忆，并在计算时根据题中的条件选择合适的公式。

四、如何解决化工过程中的相关问题

1. 利用等温方程确定化学反应的方向与平衡位置。

2. 根据 $\Delta_f H_m^\ominus$、$\Delta_f G_m^\ominus$、$S_m^\ominus$、$C_{p,m}$ 等热力学数据确定反应所需的条件（T、p 等）。

3. 利用平衡移动原理确定最佳工艺条件，获得最高收率。

4. 根据反应物配比与产率的关系，获得低生产成本，高生产效益。

思　考　题

1. 化学平衡为什么是动态平衡？

2. 在化学平衡系统中，平衡组成发生了变化时，$K^\ominus$ 是否会改变？

3. 应用化学反应等温方程式判断反应自发方向时，要指明哪些条件？

4. 化学反应系统的 $\Delta_r G_m$ 与 $\Delta_r G_m^\ominus$ 有什么相同之处？又有什么不同之处？

5. 在什么条件下化学反应的等温方程式可以简化为 $\Delta_r G_m^\ominus = -RT\ln K^\ominus$？

6. 下列化学反应间的 $K^\ominus$ 和 $\Delta_r G_m^\ominus$ 是否相同？

（1）$A \longrightarrow B$ 与 $B \longrightarrow A$

（2）$2A \longrightarrow A_2$ 与 $A \longrightarrow 1/2A_2$

7. 有两个反应：①$SO_2(g) + (1/2)O_2(g) \longrightarrow SO_3(g)$，$K_1^\ominus$

②$2SO_2(g) + O_2(g) \longrightarrow 2SO_3(g)$，$K_2^\ominus$；则 $K_1^\ominus$ 与 $K_2^\ominus$ 之间是什么关系？

8. 所有单质的 $\Delta_f G_m^\ominus$ 都为零吗？为什么？举例说明？

9. PCl_5 的分解反应 $PCl_5(g) \longrightarrow PCl_3(g) + Cl_2(g)$ 在 473K 达到平衡时 $PCl_5(g)$ 有 48.5%分解，在 573K 达到平衡时，有 97%分解，则此反应是吸热反应还是放热反应？

10. 乙烷热裂解制乙烯为吸热反应，要提高乙烯产量，生产上应选择高温还是低温？

11. 某气相反应 $2B + C \longrightarrow D$ 是放热反应，达平衡后要使产量增大，生产上应选择高温还是低温、高压还是低压？

12. 影响化学反应平衡的因素有哪些？它们如何使化学平衡移动？

13. 合成氨生产在高温高压（773K、30.4MPa）下进行，且氮气和氢气以体积比为 1∶3 的比例混合，生产中还要经常放空，这是为什么？

14. 如何利用化学平衡移动原理指导化工生产过程，去获得最好的生产效益？试以乙苯脱氢制苯乙烯的生产为例进行分析。

习　　题

5-1　已知 $N_2O_4(g)$ 的分解反应 $N_2O_4(g) \rightleftharpoons 2NO_2(g)$，在 298K 时，$\Delta_r G_m^\ominus = 4.75\text{kJ/mol}$，试判断在此温度及下列条件下反应进行的方向：

（1）$N_2O_4(g)$ 1000kPa　　$NO_2(g)$ 100kPa

（2）$N_2O_4(g)$ 100kPa　　$NO_2(g)$ 1000kPa

（3）$N_2O_4(g)$ 300kPa　　$NO_2(g)$ 200kPa

5-2　在 1000K 时，反应 $C(s) + 2H_2(g) \rightleftharpoons CH_4(g)$ 的 $\Delta_r G_m^\ominus = 19397\text{J/mol}$，现有与碳反应的气体，其中含有 $CH_4(g)$ 10%、$H_2(g)$ 80%、$N_2(g)$ 10%（物质的量分数），试问：

（1）$T = 1000\text{K}$，$p = 101.325\text{kPa}$ 时，甲烷能否生成？

（2）在（1）的条件下，压力须增加到多少，上述反应才能进行？

5-3　在一个抽空的容器中引入氯和二氧化硫，如果它们之间没有发生反应，则在 375.3K 时的分压分别为 47.866kPa 和 44.786kPa。将容器温度保持在 375.3K，经过一定时间后，压力变为常数，且等于 86.096kPa。求反应 $SO_2Cl_2(g) \rightleftharpoons SO_2(g) + Cl_2(g)$ 的 $K^\ominus$。

5-4 $PCl_5(g)$ 的分解反应 $PCl_5(g) \rightleftharpoons PCl_3(g)+Cl_2(g)$ 在 473K 时的 $K^{\ominus}=0.312$。求（1）473K 及 200kPa 下 $PCl_5(g)$ 的离解度；（2）组成为 1∶5 的 $PCl_5(g)$ 与 $Cl_2(g)$ 的混合物，在 473K 及 101.325kPa 下 $PCl_5(g)$ 的离解度。

5-5 在 298K 的真空容器中的固态 NH_4HS 分解为 $NH_3(g)$ 与 $H_2S(g)$，平衡时容器内的压力为 66.66kPa。试计算当放入 $NH_4HS(s)$ 时，（1）容器中已有 39.99kPa 的 $H_2S(g)$，求平衡时容器中的压力；（2）容器中已有 6.666kPa 的 $NH_3(g)$，问需加多大压力的 $H_2S(g)$，才能形成 NH_4HS 固体。

5-6 现有理想气体间的反应 $A(g)+B(g) \rightleftharpoons C(g)+D(g)$，开始时，A 和 B 均为 1mol。在 298K 反应达到平衡时，A 与 B 物质的量各为 1/3mol。（1）求此反应的 $K^{\ominus}$；（2）开始时 A 为 1mol，B 为 2mol；（3）开始时 A 为 1mol，B 为 1mol，C 为 0.5mol；（4）开始时 C 为 1mol，D 为 2mol，分别求反应达到平衡时 C 的物质的量。

5-7 将 1mol $SO_2(g)$ 与 1mol $O_2(g)$ 的混合气体在 101.325kPa 及 903K 下通过盛有铂丝的玻璃管，控制气流速度，使反应达到平衡，把产生的气体急剧冷却，用 KOH 吸收 $SO_2(g)$ 和 $SO_3(g)$。最后量得的残余下的氧气在 101.325kPa、273K 下体积为 13.78dm³，计算反应

$$SO_2(g)+\frac{1}{2}O_2(g) \rightleftharpoons SO_3(g)$$

在 903K 时的 $\Delta_r G_m^{\ominus}$ 与 $K^{\ominus}$。

5-8 求下列反应在 298.15K 时 $\Delta_r G_m^{\ominus}$ 和水蒸气压力：

（1）$CuSO_4 \cdot 5H_2O(s) \rightleftharpoons CuSO_4 \cdot 3H_2O(s)+2H_2O(g)$

（2）$CuSO_4 \cdot 3H_2O(s) \rightleftharpoons CuSO_4 \cdot H_2O(s)+2H_2O(g)$

（3）$CuSO_4 \cdot H_2O(s) \rightleftharpoons CuSO_4(s)+H_2O(g)$

已知各种物质在 298.15K 下的标准摩尔生成吉布斯函数 $\Delta_f G_m^{\ominus}$ 如下。

物　质	$CuSO_4 \cdot 5H_2O$	$CuSO_4 \cdot 3H_2O$	$CuSO_4 \cdot H_2O$	$CuSO_4$	$H_2O(g)$
$\Delta_f G_m^{\ominus}$/（kJ/mol）	−1879.6	−1399.8	−917.0	−661.8	−228.6

5-9 某些工厂排出的废气中含有 SO_2，SO_2 在一定条件下可氧化为 SO_3，SO_3 进一步与大气中的水蒸气结合生成酸雾或酸雨，对农田、森林、建筑物及人体造成危害。在 298.15K 时，根据空气中 $O_2(g)$、$SO_2(g)$ 和 $SO_3(g)$ 的浓度已算出 Q_p 为 22.45×10^{-3}，判断在 298.15K 时反应 $SO_2(g)+\frac{1}{2}O_2(g) \longrightarrow SO_3(g)$ 能否发生？所需的 $\Delta_f G_m^{\ominus}$ 数据请查书后附录。

5-10 在 200～400K 的温度区间内，反应 $NH_4Cl(s) \longrightarrow NH_3(g)+HCl(g)$ 的标准平衡常数与温度的关系为：

$$\ln K^{\ominus}=-\frac{21019K}{T}+37.3$$

试计算：（1）此温度范围内平均标准摩尔反应焓 $\Delta_r H_m^{\ominus}$；（2）在温度为 300K 时反应的标准平衡常数；（3）温度为 300K 时反应的 $\Delta_r G_m^{\ominus}$。

5-11 求气相反应 $2SO_2+O_2 \longrightarrow 2SO_3$ 在温度为 1100K 时的标准平衡常数 $K^{\ominus}$。已知该反应在温度为 1000K 时的 $K^{\ominus}$ 为 3.45，该反应在此温度范围内的平均标准摩尔反应焓 $\Delta_r H_m^{\ominus}$ 为 −189.1kJ/mol。

5-12 在合成氨生产中，为了将水煤气中的 CO 加水蒸气转化为 H_2，需要进行变换反应：$CO(g)+H_2O(g) \longrightarrow CO_2(g)+H_2(g)$，已知该反应在温度为 500K 时的 $K^{\ominus}$ 为 126，在 800K 时的 $K^{\ominus}$ 为 3.07，试计算：（1）在此温度范围内平均标准摩尔反应焓 $\Delta_r H_m^{\ominus}$；（2）在 600K 时反应的标准平衡常数。

5-13 在 100℃时，反应

$$COCl_2(g) \rightleftharpoons CO(g)+Cl_2(g)$$

的 $K^{\ominus}=8.1\times10^{-9}$，$\Delta_r S_m^{\ominus}=125.6J/(K \cdot mol)$，计算：（1）100℃、总压力为 200kPa 时 $COCl_2(g)$ 的离解度；（2）100℃时反应的 $\Delta_r H_m{}^{\ominus}$。

5-14 工业上用乙苯脱氢制苯乙烯反应

$$C_6H_5C_2H_5(g) \rightleftharpoons C_6H_5C_2H_3(g)+H_2(g)$$

如果反应在900K下进行，其$K^{\ominus}=1.51$，试分别计算在下述情况下，乙苯的平衡转化率。反应系统压力为：(1) 100kPa；(2) 10kPa；(3) 101.325kPa，且加水蒸气使原料气中水蒸气与乙苯蒸气的物质的量比为10∶1。

5-15　水煤气变换反应：$CO(g)+H_2O(g) \longrightarrow CO_2(g)+H_2(g)$，在温度为1103K时的标准平衡常数$K^{\ominus}$为1，试讨论在此温度下反应达平衡时，下列各条件下CO的转化率：(1) 在总压为100kPa下，1mol CO和1mol H_2O进行反应；(2) 在总压为100kPa下，1mol CO和2mol H_2O进行反应；(3) 在总压为100kPa下，1mol CO、1mol H_2O和1mol CO_2进行反应；(4) 在总压为1000kPa下，1mol CO和1mol H_2O进行反应；(5) 在总压为100kPa下，1mol CO、1mol H_2O再加入2mol N_2进行反应。

第六章 电化学基础

学习目标

1. 理解法拉第定律，学会其有关计算。

2. 明确电解池和原电池的构成及有关反应。

3. 掌握电导、电导率、摩尔电导率的定义，了解溶液浓度对电导率和摩尔电导率的影响。理解离子独立移动定律，并会应用。

4. 了解电导测定在实际中的应用。

5. 了解电解质溶液的活度、活度系数和离子的平均活度、离子的平均活度系数等概念。

6. 掌握常见的可逆电极的构成，能正确写出电极反应和电池反应，能根据简单的化学反应设计电池。

7. 掌握能斯特方程及电极电势、电池电动势的有关计算。了解电池电动势测定的应用。

8. 明确分解电压及极化的概念，了解极化作用产生的原因和结果。

9. 了解超电势产生的原因及有关计算与应用。

10. 了解化学电源、电化学腐蚀及防护的基本原理。

电化学是研究化学能和电能之间相互转换规律的科学。作为基础电化学主要包括三部分内容：电解质溶液、原电池、电解与极化。电化学不仅为其他科学提供理论基础和研究方法，还广泛用于石油化工、能源、材料、地质、环境、医学和生命科学等各个领域。

第一节 电解质溶液的导电机理

能导电的物质称为导体。导体一般可以分为第一类导体和第二类导体两类。

第一类导体是电子导体，例如，金属、合金、石墨和某些固态金属化合物等。它们依靠自由电子定向运动而导电。特点是当电流通过导体时，导体本身不发生化学反应，当温度升高时由于导体内部质点的热运动加剧，阻碍自由电子的定向运动，因而电阻增大，导电能力降低。

第二类导体是离子导体，包括电解质溶液和熔融电解质等，是依靠离子的定向移动导电，当电流通过导体时，会导致导体本身发生化学变化。当温度升高时，由于溶液黏度降低，离子运动加快，在水溶液中离子水化作用减弱等原因，导电能力增强。

电解质是在溶于溶剂（多指水）中或熔融状态下能够导电的物质。电解质在溶于溶剂（如水）中能解离成正、负离子的现象叫解离（也称电离）。根据电解质解离程度的不同分为强电解质和弱电解质。强电解质在溶液中几乎全部解离（导电能力强），弱电解质在溶液中部分解离（导电能力弱）。所以电解质溶液是指溶质溶于溶剂几乎全部解离或部分解离成离子形成的溶液。

一、电解质溶液的导电机理

1. 导电装置

实现化学能和电能相互转换的电化学装置有两种。一种是原电池，它是将化学能转化成电能的装置。另一种是电解池，它是将电能转变为化学能的装置。无论是原电池还是电解池都是由两个电极组成。电极一般是由金属或石墨等第一类导体插入电解质溶液而构成。

图 6-1 为一电解池，它是与外电源相连接的两个铂电极插入 HCl 水溶液而构成的。

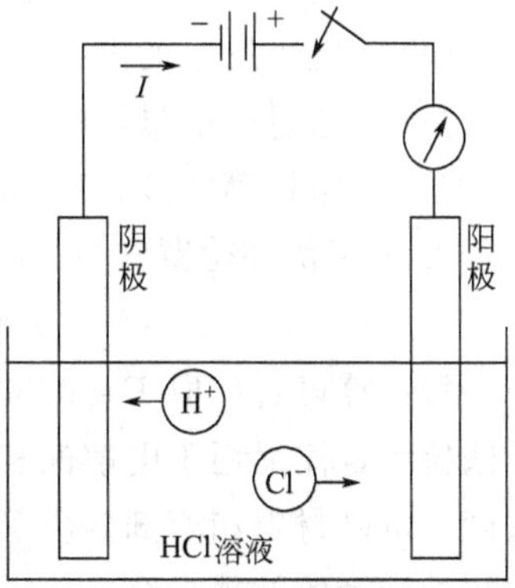

图 6-1　电解溶液的导电机理示意图

2. 导电机理

电流通过溶液是靠离子的定向迁移来实现的。通电后在外电场的作用下，溶液中的 H^+ 向与外电源负极相连的电势较低的铂电极——阴极迁移，Cl^- 向与外电源正极相连的电势较高的铂电极——阳极迁移。这些带电离子的定向移动使得电流在溶液中通过。

电流在电极与溶液界面处得以连续是由电极上发生化学反应来实现的。当外加电压达到一定值时，阴极附近的氢离子就会从电极上得到电子，发生还原反应而放出氢气。

$$H^+ + e \longrightarrow \frac{1}{2}H_2(g)$$

而阳极附近的 Cl^- 将放出电子给电极，发生氧化反应而形成氯气。

$$Cl^- \longrightarrow \frac{1}{2}Cl_2(g) + e$$

这种在两个电极上分别进行的氧化还原反应称为电极反应。

两电极上发生氧化还原反应，分别放出或得到了电子，其效果就好像在阴极有电子进入溶液，而阳极得到了从溶液中跑出来的电子一样。如此使电流在电极与溶液界面处得以连续，两电极间的外电路导线上靠第一类导体的电子迁移导电，这样就构成了整个闭合回路的连续电流。因此电解质溶液的导电过程是正、负离子的定向移动和电极反应同时发生的过程，这里电解质溶液既是化学反应的参与者，又是电荷的输送者。这就是电解质溶液的导电机理。

二、法拉第定律

电化学中规定：凡是失去电子发生氧化反应的电极称为阳极；得到电子发生还原反应的电极称为阴极。

如按电势的高低，可将电极分为正极和负极。电势高的电极为正极，电势低的电极为负极。

在电解池的回路中，同一段时间内通过各截面的电量是相同的，通过电解质溶液的电量等于电极反应得失的电量。法拉第（Faraday）在归纳了大量电解实验的结果后，总结出了电量与化学反应量之间的关系，即法拉第定律。

1. 法拉第定律

法拉第定律通常表述为：当电流通过电解质溶液时，在电极上发生化学反应的反应进度与通过溶液的电量成正比，与电极反应电荷数成反比。

法拉第定律的数学表达式为：

$$\xi=\frac{Q}{zF} \tag{6-1}$$

式中 ξ——电极反应的反应进度，mol；

z——电极反应的电荷数，单位为 1；

Q——通过的电量，C；

F——法拉第常数，1mol 元电荷的电量，C/mol。

若 L 为阿伏加德罗常数，e 为（每个）元电荷的电量，则每摩尔元电荷的电量为：

$$F=Le=6.022\times10^{23}\,\text{mol}^{-1}\times1.6022\times10^{-19}\,\text{C}=96485\,\text{C/mol}$$

一般计算可近似取 $F=96500\text{C/mol}$。

法拉第定律适用于电解池和原电池中的任一电极反应，应用时，不受温度、压力、电解质浓度、电极材料和溶剂性质等因素的影响。电化学实验中，实验越精确，所得数据与法拉第定律的计算值就越吻合。

2. 法拉第定律的应用计算

在电解或电镀生产中，可以计算生产某一定量的电解产物所需通过的电量和通电时间或根据通过的电量计算产品的产量。

【例 6-1】 电解水制取 2.000m^3 的（STP）干燥氢气，需要消耗多少电量？

解 电解时的电极反应为：

$$2H^+ + 2e \longrightarrow H_2(g)$$

这里物质的基本单元为 H_2，干燥 H_2 的物质的量为：

$$n(H_2)=\frac{pV}{RT}$$

$$=\frac{101.3\times10^3\times2.000}{8.314\times273.2}\text{mol}=89.20\text{mol}$$

故由法拉第定律计算所消耗的电量为：

$$Q=\xi zF$$

$$=\left(\frac{89.20}{1}\right)\times2\times96485\text{C}=17.21\times10^6\text{C}$$

【例 6-2】 在酸性电镀铜溶液中（主要成分是 $CuSO_4$），以 50.00A 电流电镀 60.00min。假定阴极上只析出 Cu，问能沉积出多少克 Cu？

解 电解时在阴极上的反应为：$Cu^{2+}+2e \longrightarrow Cu$

依据电流强度 $I=Q/t$

则通过的电量为 $Q=It=50.00\times60.00\times60\text{C}=180000\text{C}$

因为 $Q=\xi zF=\dfrac{m(\text{Cu})}{M(\text{Cu})\nu(\text{Cu})}zF$

所以沉积出 Cu 的质量 $m(\text{Cu})=\dfrac{\nu(\text{Cu})M(\text{Cu})Q}{zF}=\dfrac{63.54\times180000\times1}{2\times96500}\text{g}=59.26\text{g}$

计算时要注意单位的统一，如 1C 是 1A 电流在 1s 内输送的电量，所以时间单位应为 s。但电化学工业生产中也常采用 A·h 为单位，则

$$1F=\frac{96500\times1}{3600}\text{A}\cdot\text{h/mol}=26.8\text{A}\cdot\text{h/mol}$$

此外，根据法拉第定律，只要称量出电极上析出物质的量就可以准确计算出电路所通过的电量。利用这个原理，可以制造测量电路中通过电量的装置，这种装置称为电量计或库仑计。常用的有铜电量计、银电量计、气体电量计等。

铜电量计是将铜放入 $CuSO_4$ 水溶液中作为阴极，根据通电后电极上析出铜的质量计算电量；银电量计是将银放入 $AgNO_3$ 水溶液中作为阴极，由通电后在电极上析出银的质量计算所通过的电量；而气体电量计是将铂电极放入酸性水溶液中，在一定温度、压力下，通过测量通电后阴极产生的氢气或阳极上析出的氧气的体积，来计算通过电路的电量。

3. 电流效率

法拉第定律在生产中有重要的应用。根据法拉第定律可以确定生产过程中的一些计量关系，如计算生产某一定量的电解产物时需要多少电量，或根据通过的电量计算产量等。但是在实际电解过程中，由于电极副反应等因素的存在消耗了电能，使得实际消耗的电量比理论计算量要大些，而实际得到的产量比理论计算量要小些。理论耗电量即按法拉第定律计算的耗电量，与实际耗电量之比，称为电流效率。表示为：

$$\varepsilon=\frac{Q_{理论}}{Q_{实际}}\times100\%=\frac{m_{实际}}{m_{理论}}\times100\% \tag{6-2}$$

式中 ε——电流效率；

$Q_{理论}$——按法拉第定律计算的电量，C；

$Q_{实际}$——实际消耗的电量，C；

$m_{实际}$——电极上实际所得产物的质量，kg；

$m_{理论}$——按法拉第定律计算的产物的质量，kg。

应用电流效率的公式，可根据通过的电量计算理论产量和实际产量，或根据产量计算实际消耗的电量等。

【例 6-3】 某氯碱厂电解食盐水生产氢气、氯气和氢氧化钠。每个电解槽通过电流为 1.00×10^4A，（1）计算理论上每个电解槽每天生产氯气多少千克？（2）如果电流效率为 97%，每天实际生产氯气多少千克？

解 （1）计算理论上每天生产氯气

因为电解食盐水的阳极反应为 $2Cl^-\longrightarrow Cl_2(g)+2e$

由式 $\xi=\frac{Q}{zF}$ 有

$$m(Cl_2)=\frac{MQ\nu(Cl_2)}{zF}$$

$$=\frac{70.9\times10^{-3}\times1.00\times10^4\times24\times60\times60}{2\times96500}\times1\text{kg}=317.4\text{kg}$$

（2）实际每天生产的氯气

$$m_{实际}=m(Cl_2)\varepsilon=317.4\times0.97\text{kg}=308\text{kg}$$

在实际生产中，应尽量采取措施，消除或减少电解过程中的副反应，提高电流效率，以降低能量的消耗。

第二节 电导、电导率和摩尔电导率

一、电导

电解质溶液导电的难易程度通常用电导表示。电阻的倒数称为电导，用符号“G”表示，定义式为：

$$G=1/R \tag{6-3}$$

式中 G——电导，S（西门子，简称西），$1S=1\Omega^{-1}$；

R——导体的电阻，Ω（欧姆）。

显然，电导越大，电流越易通过溶液。根据欧姆定律，G 的定义式也可写为：

$$G=I/U \tag{6-4}$$

式中 U——外加电压，V；

I——电流强度，A。

二、电导率

电导率（过去称为比电导）的数值与电解质的种类、温度有关。电导率与电阻率互为倒数。

如果导体的截面是均匀的，则导体的电导与其截面积成正比，与长度成反比，即

$$G=\kappa\frac{A}{l} \tag{6-5}$$

式中 A——导体截面积，m^2；

l——导体长度，m；

κ——比例系数，称为电导率，S/m。

由式(6-5) 可知，电解质溶液的电导率是两极板为单位面积，两极板间距离为单位长度时溶液的电导，即相距单位长度的两电极间放入单位体积的电解质溶液所具有的电导。

电导率也是一种表示导电性质的物理量，因为已对电解质溶液的几何形状进行了规定，不需要考虑电极的面积和距离的因素，故可以直接用电导率的数值比较不同浓度溶液的导电能力大小。例如，5%的 NH_4Cl 溶液的 $\kappa=9.180S/m$，10%的 NH_4Cl 溶液的 $\kappa=17.78S/m$，可见后者的导电性比前者好。

用电导率来比较电解质导电能力比电导要直观。电导的数值与电极的面积及距离有关（即与电解质溶液的体积有关），所以不能直接用来比较不同浓度溶液的导电能力。

三、摩尔电导率

溶液的电导率与电解质的浓度有关，但这种关系比较复杂，在比较不同类型的电解质的导电能力时不方便。为了便于比较，应该规定相同物质的量的电解质，因而引入了摩尔电导率的概念。

单位浓度（物质的量浓度）电解质溶液的电导率，称为摩尔电导率，用符号“Λ_m”表示。即

$$\Lambda_m=\kappa/c \tag{6-6}$$

式中 Λ_m——摩尔电导率，$S\cdot m^2/mol$；

κ——电导率，S/m；

c——电解质溶液物质的量浓度，mol/m^3。

若已测得浓度为 c 的电解质溶液的 κ，便可由上式求出 Λ_m。

【例 6-4】 图 6-2 表示一个长、宽、高各为 1m 的立方体电导池，其中平行相对的左右两个侧面是两个电极。在电导池中装满 $1m^3$ 浓度为 $3mol/m^3$ 的电解质溶液时，所测出的电导率即为 κ。求此溶液的摩尔电导率 Λ_m 及测摩尔电导率应放入该溶液的体积。

解　由式(6-6) 有

$$\Lambda_m = \kappa / c = \kappa / (3mol/m^3)$$

对于浓度为 $3mol/m^3$ 的电解质溶液，取 $1/3m^3$ 便含有 1mol 电解质溶液，放入该电导池中（溶液高度为 1/3m），测得的电导即为摩尔电导率（见图 6-2），

$$V = \frac{1}{3} m^3$$

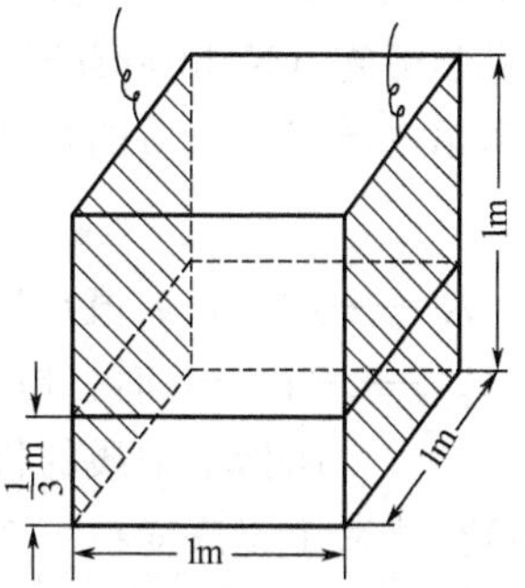

图 6-2　摩尔电导率与电导率的关系

由例题可以看出，实际上摩尔电导率限定了电解质的物质的量为 1mol，没有限定溶液体积，所以溶液的体积将随浓度而改变。而电导率则限定了溶液的体积为 $1m^3$，没有限定溶质的量，所以电解质的物质的量随浓度改变。

应该指出的是，在表示摩尔电导率时，必须指明基本单元（所表示电解质溶液的基本化学式）。例如 $MgCl_2$ 的 Λ_m 可写成（括号内是指明的基本单元）

$$\Lambda_m(MgCl_2) = 0.02588 S \cdot m^2/mol \text{ 或 } \Lambda_m\left(\frac{1}{2}MgCl_2\right) = 0.01294 S \cdot m^2/mol$$

显然
$$\Lambda_m(MgCl_2) = 2\Lambda_m\left(\frac{1}{2}MgCl_2\right)$$

一般对离子价数高于 1 的电解质，基本单元最好选与 1 价离子相当。例如上例中选择 $1/2MgCl_2$ 更能体现出用摩尔电导率表征电解质溶液导电能力的优越性。

这是因为，电解质溶液的导电能力是由溶液中离子的数量、每个离子所带的电荷数量及正、负离子在电场作用下的迁移速率所决定的。在计算 Λ_m 时，若把正、负离子各带有 1mol 元电荷的电解质选为物质的量的基本单元（例如 KCl、$1/2\ MgCl_2$、$1/3\ FeCl_3$ 等），当 1mol 电解质不论其价型如何，全部电离时，溶液中正、负离子所带电荷数是相等的，Λ_m 仅由离子的迁移速率所决定（对于不能充分电离的弱电解质溶液来说，Λ_m 则不仅与离子的迁移速率有关，还与溶液中离子的数量有关）。

这样，摩尔电导率数值的大小就能反映各种电解质性质的不同及稀释程度的影响。所以，无论是比较同一种电解质在不同浓度下的导电能力，还是比较不同电解质溶液在指定温度和浓度等条件下的导电能力，用摩尔电导率比用电导率更方便。

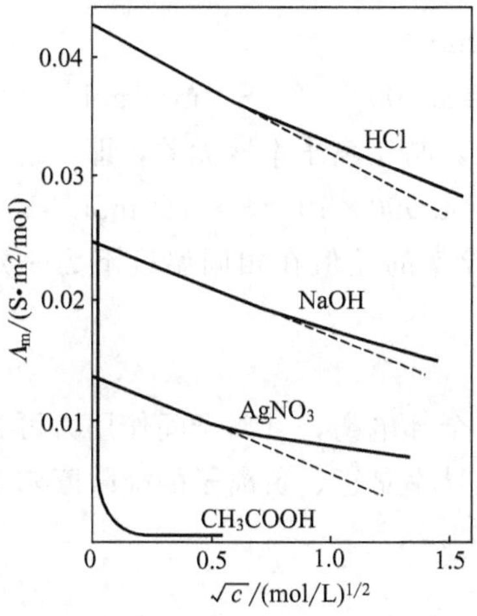

图 6-3　摩尔电导率与浓度的关系

四、摩尔电导率与物质的量浓度的关系

电解质溶液的摩尔电导率与浓度的关系，可由实验得出。图 6-3 是根据实验作出的几种电解质的摩尔电导率随物质的量浓度的平方根变化的关系图，由此图可见：无论是强电解质还是弱电解质，其摩尔电导率均随溶液物质的量浓度的降低而增大，但增大的情况及原因不一样。

1. 强电解质的摩尔电导率

对强电解质而言，摩尔电导率随溶液浓度的降低而增

大，是因为强电解质在溶液中是全部电离的，因而摩尔电导率只与溶液中离子的迁移速率有关。随着溶液物质的量浓度的降低，离子间的距离增大，离子间的引力变小，离子的运动速率加快，使摩尔电导率增大。

科尔劳施（Kohlrausch）总结了实验结果，得出结论：在溶液浓度很稀时，强电解质溶液的摩尔电导率与物质的量浓度的平方根呈线性关系，即

$$\Lambda_m = \Lambda_m^{\infty} - A\sqrt{c} \tag{6-7}$$

式中 A ——常数，数值与温度、电解质及溶剂性质有关；

Λ_m^{∞} ——当 $c \to 0$ 时，电解质的摩尔电导率，称为电解质无限稀释时的摩尔电导率，又叫做电解质的极限摩尔电导率，$S \cdot m^2/mol$。

该公式适用于浓度在 $0.001mol/dm^3$ 以下的强电解质溶液。

在低浓度范围内图 6-3 中的曲线接近一条直线，强电解质的 Λ_m^{∞} 值可由稀溶液中 Λ_m 与 $\sqrt{c}$ 的关系直线外推到 $c=0$ 处，与纵坐标相交，由所得的截距求得。

2. 弱电解质的摩尔电导率

对于弱电解质来说，其摩尔电导率随溶液物质的量浓度降低而增大。当溶液物质的量浓度较大时，由于弱电解质电离度较小，溶液中离子数量很少，所以 Λ_m 值很小，且随浓度的变化缓慢。在溶液很稀时，由于弱电解质的解离度随溶液物质的量浓度下降而增大，使得溶液中离子数目增多，加之正、负离子间的相互吸引力随溶液冲淡而减弱，使摩尔电导率随溶液物质的量浓度下降而急剧增大。

由图 6-3 可以看到，在极稀的弱电解质溶液中，Λ_m 与 $\sqrt{c}$ 不成线性关系，式(6-7) 不适用，无法用外推法求弱电解质的极限摩尔电导率。只能使用科尔劳施的离子独立运动定律解决这个问题。

五、离子独立运动定律

科尔劳施发现具有相同负离子的钾盐和锂盐，其 Λ_m^{∞} 之差相同，与负离子本性无关。例如，298K 时有

$$\Lambda_m^{\infty}(KCl) = 0.014986 S \cdot m^2/mol$$

$$\Lambda_m^{\infty}(LiCl) = 0.011503 S \cdot m^2/mol$$

$$\Lambda_m^{\infty}(KNO_3) = 0.01450 S \cdot m^2/mol$$

$$\Lambda_m^{\infty}(LiNO_3) = 0.01101 S \cdot m^2/mol$$

$$\Lambda_m^{\infty}(KNO_3) - \Lambda_m^{\infty}(LiNO_3) = \Lambda_m^{\infty}(KCl) - \Lambda_m^{\infty}(LiCl) = 3.500 \times 10^{-3} S \cdot m^2/mol$$

同样，具有相同正离子的氯化物与硝酸盐，其 Λ_m^{∞} 之差相同，与正离子本性无关，即

$$\Lambda_m^{\infty}(LiCl) - \Lambda_m^{\infty}(LiNO_3) = \Lambda_m^{\infty}(KCl) - \Lambda_m^{\infty}(KNO_3) = 4.900 \times 10^{-4} S \cdot m^2/mol$$

可见，同一正（负）离子的盐类，它们的极限摩尔电导率的差值在相同温度下为一定值。科尔劳施根据大量实验事实提出了离子独立运动定律。

1. 离子独立运动定律

离子独立运动定律：在无限稀释的溶液中，所有电解质全部电离，且离子间作用力可忽略，即离子彼此独立运动，互不干扰；电解质的极限摩尔电导率是正、负离子的极限摩尔电导率之和。

对电解质 $A_{\nu_+}B_{\nu_-}$，离子独立运动定律的公式表示为：

$$\Lambda_m^{\infty} = \nu_+ \Lambda_{m,+}^{\infty} + \nu_- \Lambda_{m,-}^{\infty} \tag{6-8}$$

式中 Λ_{m}^{∞} ——电解质的极限摩尔电导率，$S \cdot m^2/mol$；

$\Lambda_{m,+}^{\infty}$——正离子的极限摩尔电导率，$S \cdot m^2/mol$；

$\Lambda_{m,-}^{\infty}$——负离子的极限摩尔电导率，$S \cdot m^2/mol$；

ν_+，ν_-——正、负离子的化学计量数，单位为1。

表6-1列出了一些离子的极限摩尔电导率。

表6-1 一些离子的极限摩尔电导率（298.15K）

正离子	$\Lambda_{m,+}^{\infty}/(\times 10^4 S \cdot m^2/mol)$	负离子	$\Lambda_{m,-}^{\infty}/(\times 10^4 S \cdot m^2/mol)$	正离子	$\Lambda_{m,+}^{\infty}/(\times 10^4 S \cdot m^2/mol)$	负离子	$\Lambda_{m,-}^{\infty}/(\times 10^4 S \cdot m^2/mol)$
H^+	349.82	OH^-	198.0	$\frac{1}{2}Ca^{2+}$	59.50	ClO_4^-	68.0
Li^+	38.69	Cl^-	76.34	$\frac{1}{2}Ba^{2+}$	63.64	$\frac{1}{2}SO_4^{2-}$	79.8
Na^+	50.11	Br^-	78.4	$\frac{1}{2}Sr^{2+}$	59.46	HCO_3^-	44.5
K^+	73.52	I^-	76.8	$\frac{1}{2}Mg^{2+}$	53.06	$\frac{1}{2}CO_3^{2-}$	69.3
NH_4^+	73.4	NO_3^-	71.44	$\frac{1}{3}La^{3+}$	69.6	$C_2H_5COO^-$	35.8
Ag^+	61.92	CH_3COO^-	40.9				

2. 离子独立运动定律的应用

离子独立运动定律对于无限稀释的电解质溶液，不论强、弱电解质都适用，因为无限稀时弱电解质也能全部电离。

根据离子独立运动定律，可以从强电解质的 Λ_{m}^{∞} 或离子的 Λ_{m}^{∞} 求弱电解质的极限摩尔电导率 Λ_{m}^{∞}。

【例6-5】 已知在298.15K时HCl的 Λ_{m}^{∞} 为 $42.6\times10^{-3} S \cdot m^2/mol$，NaAc和NaCl的 Λ_{m}^{∞} 分别为 $9.10\times10^{-3} S \cdot m^2/mol$ 及 $12.7\times10^{-3} S \cdot m^2/mol$，计算HAc的 Λ_{m}^{∞}。

解 因HAc是弱电解质，不能用外推法求 Λ_{m}^{∞}，可据离子独立运动定律来计算。

由离子独立运动定律可知

$$\begin{aligned}\Lambda_{m}^{\infty}(HAc) &= \Lambda_{m}^{\infty}(H^+)+\Lambda_{m}^{\infty}(Ac^-)\\ &= [\Lambda_{m}^{\infty}(H^+)+\Lambda_{m}^{\infty}(Cl^-)]+[\Lambda_{m}^{\infty}(Na^+)+\Lambda_{m}^{\infty}(Ac^-)]-[\Lambda_{m}^{\infty}(Na^+)+\Lambda_{m}^{\infty}(Cl^-)]\\ &= \Lambda_{m}^{\infty}(HCl)+\Lambda_{m}^{\infty}(NaAc)-\Lambda_{m}^{\infty}(NaCl)\\ &= (42.6+9.1-12.7)\times10^{-3} S \cdot m^2/mol = 39\times10^{-3} S \cdot m^2/mol\end{aligned}$$

第三节 电导测定的应用

由于电导测定可以推算电解质的某些基本物理性质，还能快速测出溶液中电解质的浓度，所以电导测定在生产及科学研究中应用很广。例如，硫酸浓度的测定、钢铁中碳和硫的定量分析、大气中 SO_2 的检测及 CO_2 和CO气体的检测、锅炉用水含盐量的测定等。现举几例略述如下。

一、计算电导率和摩尔电导率

因为 G 是 R 的倒数，所以计算待测电解质溶液的电导率和摩尔电导率，实际上就是测定该溶液的电阻，再由公式$\kappa=G\frac{l}{A}$算出电导率，由公式$\Lambda_m=\frac{\kappa}{c}$算出摩尔电导率。

为了求溶液的电导率，必须测出两电极的距离和两个电极的面积。对于一个固定的电导池，l和A固定不变，即$\frac{l}{A}$为常数，称电导池常数。此常数精确测量较难，故先用已知电导率的KCl标准溶液，测出电阻，据公式求出电导池常数，然后再测其他待测溶液的电阻。不同浓度KCl标准溶液的κ数据列于表6-2。

表6-2 298.15K时KCl水溶液的电导率

$c/(\mathrm{mol/m^3})$	10^3	10^2	10	1.0	0.1
$\kappa/(\mathrm{S/m})$	11.19	1.289	0.1413	0.01469	0.001489

计算电导率和摩尔电导率的步骤为：

① 已知浓度的标准溶液（如KCl）放入电导池测出电阻（κ由表6-2查出），由公式$\frac{l}{A}=\frac{\kappa}{G}=\kappa R$算出电导池常数；

② 将待测溶液装入该电导池中，在与步骤①相同条件下测定出电阻，由$\kappa=\frac{1}{R}\times\frac{l}{A}$求出该待测液的电导率；

③ 由待测溶液的浓度和电导率，据$\Lambda_m=\frac{\kappa}{c}$算出摩尔电导率。

通过测量溶液的电导（阻）来确定被测物的含量是电导分析法的基础。

【例6-6】 某电导池中装入$0.1000\mathrm{mol/dm^3}$的KCl溶液，298.15K时测出电阻为28.65Ω，然后在同一电导池中换入$0.1000\mathrm{mol/dm^3}$的醋酸溶液，同温下测R为703.0Ω，求（1）电导池常数；（2）计算298.15K时，$0.1000\mathrm{mol/dm^3}$的醋酸溶液的电导率（κ）及摩尔电导率（Λ_m），已知$0.1000\mathrm{mol/dm^3}$ KCl的电导率是$1.2886\mathrm{S/m}$。

解 （1）利用标准溶液KCl的R求得$\frac{l}{A}$

依据
$$\kappa=G\frac{l}{A}$$

$R(\mathrm{KCl})=28.65\Omega$　　$R(\mathrm{HAc})=703.0\Omega$　　$\kappa(\mathrm{KCl})=1.2886\mathrm{S/m}$

所以
$$\frac{l}{A}=\kappa R$$
$$=1.2886\times28.65\mathrm{m^{-1}}=36.92\mathrm{m^{-1}}$$

（2）由$\frac{l}{A}$和HAc溶液的R值求κ（HAc）

$$\kappa(\mathrm{HAc})=\frac{1}{R}\times\frac{l}{A}=\frac{3.692\times10}{703.0}\mathrm{S/m}=5.252\times10^{-2}\mathrm{S/m}$$

由$\kappa(\mathrm{HAc})$及c求$\Lambda_m(\mathrm{HAc})$

$$\Lambda_m(\mathrm{HAc})=\frac{\kappa}{c}=\frac{5.252\times10^{-2}}{0.1000\times10^3}\mathrm{S\cdot m^2/mol}=5.252\times10^{-4}\mathrm{S\cdot m^2/mol}$$

二、检验水的纯度

在生产和科研中有时需要纯度很高的水，如果纯度达不到要求，就会影响产品的性能及分析结果。一般蒸馏水的电导率 $\kappa \approx 1.00\times10^{-3}$ S/m，重蒸馏水（蒸馏水经用 $KMnO_4$ 和 KOH 处理，除去 CO_2 及有机杂质，然后在石英皿中重新蒸馏一至二次）和去离子水（用离子交换树脂处理过的水）的电导率可小于 1.00×10^{-4} S/m。常温下，一般自来水由于混入了各种杂质，故电导率在 1.0×10^{-1} S/m 左右。

由于水本身是一种弱电解质，它存在如下解离平衡：

$$H_2O \rightleftharpoons H^+ + OH^-$$

但只是微弱的解离，虽经反复蒸馏，仍有一定的电导。纯水在 298.15K（理论计算）的 κ 最低为 5.5×10^{-6} S/m。故 $\kappa < 1.00\times10^{-4}$ S/m 的水就是相当纯净的，称为“电导水”。所以只要测出水的 κ，就可以知道其纯度是否符合要求。

电导率越小，水中所含的杂质越少，说明水的纯度越高。在环境监测中，测量水的电导率是对水质监测的一个重要指标。在医药行业中，对水的纯度要求较高，如要求药用去离子水的电导率为 1×10^{-4} S/m，而在有些精密科学实验或电子工业中，水的电导率要求要小于 1×10^{-4} S/m。

另外，由于纯水的活度 a 很小，可以把纯水视为 H^+ 和 OH^- 的无限稀释溶液，把这部分解离的水的浓度设为 c。其摩尔电导率用无限稀释摩尔电导率代替，由离子独立运动定律可以求得水的离子积。

$$\Lambda_m = \Lambda_m^\infty = \Lambda_m^\infty(H^+) + \Lambda_m^\infty(OH^-)$$

因为

$$\Lambda_m = \frac{\kappa}{c}$$

所以，其浓度

$$c = c(H^+) = c(OH^-) = \kappa/(\Lambda_{m,+}^\infty + \Lambda_{m,-}^\infty) = \frac{5.5\times10^{-6}}{0.03498+0.01983}\text{mol/m}^3$$

$$=1.003\times10^{-4}\text{mol/m}^3 = 1.003\times10^{-7}\text{mol/dm}^3$$

水的离子积：$K_w = [c(H^+)/c^\ominus][c(OH^-)/c^\ominus] = 1.01\times10^{-14}$　　$(c^\ominus = 1\text{mol/dm}^3)$

三、求弱电解质的解离度

对于弱电解质，可以用解离（电离）度来表示其解离的程度。解离（电离）度是在解离平衡时，已解离的弱电解质浓度与弱电解质起始浓度之比，用 α 表示。

在一定温度下，弱电解质的 Λ_m 大小与溶液中所含离子的数目和离子在电场作用下的迁移速率有关。由于弱电解质在溶液中只部分解离，解离产生的离子浓度很小，离子间作用力可以被忽略，离子运动速率与无限稀释时离子的迁移速率近似相同。所以在一定温度下，弱电解质溶液的 Λ_m^∞ 主要取决于溶液中离子数目，即溶液中离子的浓度。对 AB 型（即1-1型或 2-2 型）的弱电解质，在无限稀释时是全部解离的，所以这时的摩尔电导率为 Λ_m^∞。当溶液为某浓度 c 时，解离度为 α，说明仅有部分正、负离子同时参与导电，这时的摩尔电导率为 Λ_m。显然此时的 Λ_m 与 Λ_m^∞ 的差别主要是由于 α 的不同造成的，即

$$\alpha = \frac{\Lambda_m}{\Lambda_m^\infty} \tag{6-9}$$

式中　α ——弱电解质在浓度为 c 时的解离度，单位为 1；

Λ_m ——弱电解质的摩尔电导率，$S\cdot m^2/mol$；

Λ_m^∞ ——弱电解质在无限稀释时的摩尔电导率，$S\cdot m^2/mol$。

应用上式可以计算弱电解质的解离度。并可由解离度进一步求出解离常数 $K^\ominus$。

【例 6-7】 在 298.15K 时，测得 0.100mol/dm³ HAc 的摩尔电导率为 $\Lambda_m = 5.201\times10^{-4}$ S·

m^2/mol。知该温度下，HAc 的极限摩尔电导率为 $\Lambda_m^\infty=390.7\times10^{-4}S\cdot m^2/mol$，计算其解离度。

解 $\Lambda_m=5.201\times10^{-4}S\cdot m^2/mol$ $\Lambda_m^\infty=390.7\times10^{-4}S\cdot m^2/mol$

按公式其解离度为 $\alpha=\frac{\Lambda_m}{\Lambda_m^\infty}=\frac{5.201\times10^{-4}}{390.7\times10^{-4}}=0.0133$

不论浓度大小，弱电解质溶液中解离出的离子浓度都很小。这是因为当溶液浓度较大时，其 α 很小，所以溶液中离子浓度很小；当溶液浓度很小时，虽 α 增大，但溶液中离子浓度仍很小。

四、求微溶盐的溶解度

$BaSO_4$、AgCl 等微溶盐在水中的溶解度很小，很难用普通的滴定方法测定出来，但是可以用电导测定的方法求得。

测定原理与步骤：用已预先测知了电导率（κ）的高纯水，配制待测微溶盐的饱和溶液，然后测定此饱和溶液的电导率 κ，则测出值应是盐和水的电导率之和。

$$\kappa(溶液)=\kappa(盐)+\kappa(水)$$

因溶液极稀，水的电导率已经占了一定的比例，不能被忽略，必须将其减去，故

$$\kappa(盐)=\kappa(溶液)-\kappa(水) \tag{6-10}$$

由 $c=\frac{\kappa(盐)}{\Lambda_m(盐)}$ 可求微溶盐的溶解度，但是由于微溶盐的溶解度很小，溶液极稀，故可认为 $\Lambda_m=\Lambda_m^\infty$，而 Λ_m^∞ 的值可由离子的无限稀释摩尔电导率相加而得。

所以微溶盐饱和溶液溶解度的计算公式为：

$$c=\frac{\kappa(盐)}{\Lambda_m^\infty(盐)} \tag{6-11}$$

式中 c ——微溶盐的饱和溶液浓度即溶解度，mol/m^3；

$\kappa(盐)$——微溶盐的电导率，S/m；

$\Lambda_m^\infty(盐)$——微溶盐的无限稀释摩尔电导率，$S\cdot m^2/mol$。

应用上式便可求微溶盐的溶解度。

例如，AgCl 电导率的测定，测出来的是 AgCl 饱和溶液的电导率，AgCl 的电导率为：

$$\kappa(AgCl)=\kappa(溶液)-\kappa(H_2O)$$

则 AgCl 的溶解度为：

$$c=\frac{\kappa(AgCl)}{\Lambda_m^\infty(AgCl)}$$

【例 6-8】 在 298.15K 时，测得 AgCl 饱和溶液的电导率为 $3.41\times10^{-4}S/m$，配制该溶液所用的纯水的电导率为 $1.60\times10^{-4}S/m$，求 298K 时 AgCl 的溶解度。

解 $\kappa(溶液)=3.41\times10^{-4}S/m$ $\kappa(H_2O)=1.60\times10^{-4}S/m$

由题给数据可看出，由于 AgCl 的溶解度很小，水的电导率与溶液的电导率数值相近，不能被忽略，所以根据前面讲述，溶液中 AgCl 的电导率为

$$\kappa(AgCl)=\kappa(溶液)-\kappa(H_2O)=(3.41-1.60)\times10^{-4}S/m=1.81\times10^{-4}S/m$$

AgCl 的无限稀释溶液的 Λ_m^∞，可据式(6-8)，由正、负离子的极限摩尔电导率求和算出。查表得 $\Lambda_m^\infty(Ag^+)=61.92\times10^{-4}S\cdot m^2/mol$ $\Lambda_m^\infty(Cl^-)=76.34\times10^{-4}S\cdot m^2/mol$

所以 $\Lambda_m^\infty(AgCl)=\Lambda_m^\infty(Ag^+)+\Lambda_m^\infty(Cl^-)=(61.92+76.34)\times10^{-4}S\cdot m^2/mol$

$$=138.26\times10^{-4}\mathrm{S\cdot m^2/mol}$$

据式(6-11)，AgCl 的溶解度为：

$$c=\frac{\kappa(\mathrm{AgCl})}{\Lambda_{\mathrm{m}}^{\infty}(\mathrm{AgCl})}=\frac{1.81\times10^{-4}}{138.26\times10^{-4}}\mathrm{mol/m^3}=0.0131\mathrm{mol/m^3}$$

在这类计算中要注意所取粒子的基本单元，如 AgCl、$1/2BaSO_4$ 等。

五、电导滴定

利用滴定终点前后溶液电导变化的转折来确定滴定终点的方法称为电导滴定。当溶液浑浊或有颜色，而不便应用指示剂时，常用此方法来测定溶液中电解质的浓度。电导滴定方法简便，结果准确可用于酸碱中和反应，氧化还原反应沉淀反应等。

溶液的电导发生变化，通常是被滴定溶液中的一种离子被另一种离子所代替而造成的。例如 NaOH 溶液滴定 HCl 溶液，如图 6-4 所示，在滴定前，溶液中只有 HCl 一种电解质，溶液中由于 H^+ 有很大的电导率，所以溶液的电导率也很大，当逐渐滴入 NaOH 后，溶液中 H^+ 与滴入的 OH^- 结合生成了 H_2O，其效果是电导率较小的 Na^+ 代替了电导率较大的 H^+，溶液的电导率随 NaOH 的滴入而逐渐变小（图中 *AB* 段），当 HCl 全部被 NaOH 中和时溶液的电导率最小，即为滴定终点（*B* 点）。此后再滴入 NaOH，由于过剩 OH^- 的离子电导率很大，溶液的电导率又开始增加（图中 *BC* 段），由横坐标上 *B* 点所对应的 NaOH 溶液的体积就可计算 HCl 溶液的浓度。

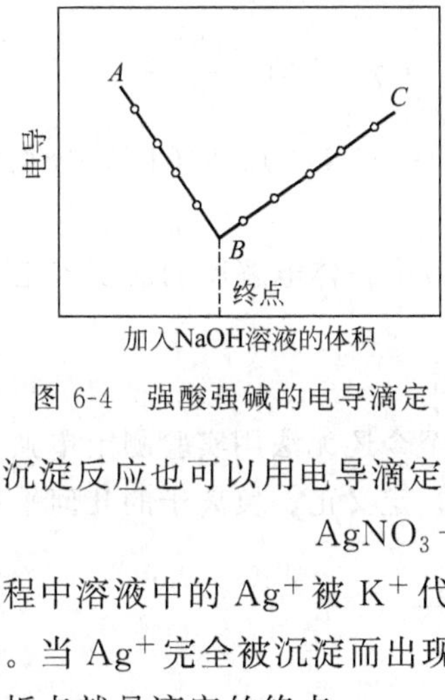

图 6-4　强酸强碱的电导滴定

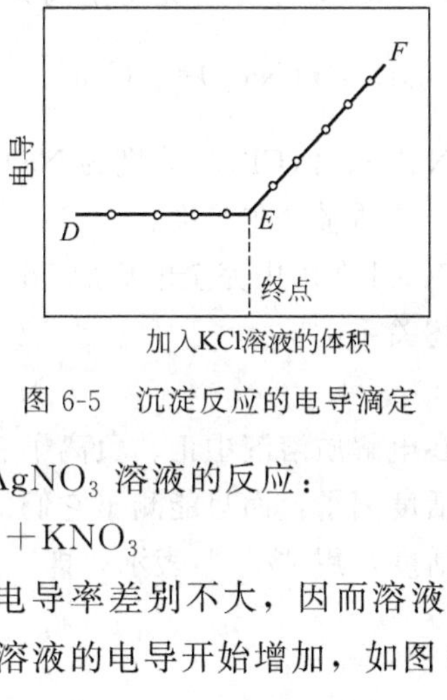

图 6-5　沉淀反应的电导滴定

某些沉淀反应也可以用电导滴定。例如，KCl 与 $AgNO_3$ 溶液的反应：

$$AgNO_3+KCl\longrightarrow AgCl\downarrow+KNO_3$$

在滴定过程中溶液中的 Ag^+ 被 K^+ 代替，由于它们的电导率差别不大，因而溶液的电导率变化很小。当 Ag^+ 完全被沉淀而出现过量的 KCl 时，溶液的电导开始增加，如图 6-5 所示，图中的转折点就是滴定的终点。

在化学动力学中，常用滴定反应系统的电导随时间的变化数据来建立反应的动力学方程式，求算反应级数等。

另外在工业生产中，还可以利用电导测定给出的不同电流信号，进行自动记录和自动控制。

第四节　电解质溶液的平均活度和平均活度因子

上节有关电导测定应用的计算中，使用的是浓度，这是在稀溶液时的近似计算，但严格地说，对真实溶液应该用相应的活度，而不能使用浓度。根据前面一些章节的讲述知道，若浓度用质量摩尔浓度表示时，则相应的活度为：

$$a_B=\gamma_B\frac{b_B}{b^{\ominus}} \quad 当\ b_B\to 0 \quad \gamma_B\to 1$$

这样从稀溶液的公式出发所导出的一些热力学公式，只要将其中的浓度项用相应的活度表示，就能用于真实溶液。

因电化学中用质量摩尔浓度较多，故以下都以质量摩尔浓度为例讨论，并略去下标 B。

一、电解质溶液的活度和活度因子

对于电解质溶液，情况要比非电解质溶液复杂。强电解质溶于水后，全部解离成正、负离子，且离子间存在着静电引力，表现出较大的非理想性。因此，有必要引入离子的活度和活度因子的概念。

若把真实溶液的活度概念应用于离子，对于正、负离子则分别有：

$$a_+=\gamma_+\frac{b_+}{b^{\ominus}} \quad a_-=\gamma_-\frac{b_-}{b^{\ominus}} \tag{6-12}$$

式中 $a_+(a_-)$——正(负)离子的活度，单位为1；

$\gamma_+(\gamma_-)$——正(负)离子的活度因子，单位为 1；

$b_+(b_-)$——正(负)离子的质量摩尔浓度，mol/kg；

$b^{\ominus}$——标准状态的浓度，mol/kg。

例如，NaCl 在水中会完全电离为 Na^+ 和 Cl^-，则 Na^+ 和 Cl^- 的活度为：

$$a(Na^+)=\gamma(Na^+)\frac{b(Na^+)}{b^{\ominus}} \quad a(Cl^-)=\gamma(Cl^-)\frac{b(Cl^-)}{b^{\ominus}}$$

式中，$\gamma(Na^+)$、$\gamma(Cl^-)$ 分别为 Na^+ 和 Cl^- 的活度因子；$b(Na^+)$、$b(Cl^-)$ 分别为溶液中 Na^+ 和 Cl^- 的质量摩尔浓度。

因为 NaCl 在水中完全电离成 Na^+ 和 Cl^-，所以溶液中整体电解质的活度与正、负离子活度有下述关系：

$$a(NaCl)=a(Na^+)a(Cl^-)$$

由于在电解质溶液中正、负离子总是同时存在的，至今还无法用实验测定单独一种离子的活度和活度因子，而只能测出它们的平均活度。因此，定义正、负离子的几何平均值为离子的平均活度，用“$a_\pm$”表示，即

$$a_\pm=\sqrt{a(Na^+)a(Cl^-)}$$

或

$$a(NaCl)=a_\pm^2$$

同理，定义正、负离子的活度因子与质量摩尔浓度的几何平均值称为离子的平均活度因子（$\gamma_\pm$）与平均质量摩尔浓度（$b_\pm$），即

$$\gamma_\pm=\sqrt{\gamma(Na^+)\gamma(Cl^-)} \quad b_\pm=\sqrt{b(Na^+)b(Cl^-)}$$

溶液中电解质的活度与正、负离子活度关系的推导。

因为 NaCl 在水中完全电离成 Na^+ 和 Cl^-，所以根据化学势的定义，在此溶液中 NaCl 的化学势应为 Na^+ 的化学势与 Cl^- 的化学势之和，即

$$\mu(NaCl)=\mu(Na^+)+\mu(Cl^-)$$

将各活度 a_B 的定义式

$$\mu(NaCl)=\mu^{\ominus}(NaCl)+RT\ln a(NaCl)$$
$$\mu(Na^+)=\mu^{\ominus}(Na^+)+RT\ln a(Na^+)$$

$$\mu(Cl^-)=\mu^{\ominus}(Cl^-)+RT\ln a(Cl^-)$$

$$\mu(NaCl)=\mu(Na^+)+\mu(Cl^-)$$

代入上式即 $\mu^{\ominus}(NaCl)+RT\ln a(NaCl)=\mu^{\ominus}(Na^+)+RT\ln a(Na^+)+\mu^{\ominus}(Cl^-)+RT\ln a(Cl^-)$

$$=[\mu^{\ominus}(Na^+)+\mu^{\ominus}(Cl^-)]+RT\ln[a(Na^+)a(Cl^-)]$$

$$\mu^{\ominus}(NaCl)=\mu^{\ominus}(Na^+)+\mu^{\ominus}(Cl^-)$$

因此，溶液中电解质的活度与正、负离子活度有下述关系

$$a(NaCl)=a(Na^+)a(Cl^-)$$

二、离子的平均活度和平均活度因子

对于任意价型的强电解质B，其化学式的通式可写作 $M_{\nu_+}A_{\nu_-}$，当溶于水时全部解离。

$$M_{\nu_+}A_{\nu_-}\longrightarrow \nu_+M^{z+}+\nu_-A^{z-}$$

则电解质溶液整体的活度与正、负离子活度的关系式为：

$$a=a_+^{\nu_+}a_-^{\nu_-} \tag{6-13}$$

式中　a——电解质溶液的活度，单位为1；

$a_+(a_-)$——正（负）离子的活度，单位为1；

$\nu_+(\nu_-)$——正（负）离子的化学计量数，单位为1。

对于强电解质有　$\nu=\nu_++\nu_-$

则离子平均活度 $a_\pm$ 的定义式为：

$$a_\pm=(a_+^{\nu_+}a_-^{\nu_-})^{\frac{1}{\nu}} \tag{6-14}$$

式中　$a_\pm$——离子平均活度，单位为1；

$a_+^{\nu_+}(a_-^{\nu_-})$——正（负）离子的活度，单位为1；

ν——正、负离子的化学计量数之和，单位为1。

离子平均活度因子 $\gamma_\pm$ 定义为：

$$\gamma_\pm=(\gamma_+^{\nu_+}\gamma_-^{\nu_-})^{\frac{1}{\nu}} \tag{6-15}$$

式中　$\gamma_\pm$——离子平均活度因子，单位为1；

$\gamma_+^{\nu_+}(\gamma_-^{\nu_-})$——正（负）离子的活度因子，单位为1。

离子平均质量摩尔浓度 $b_\pm$ 为：

$$b_\pm=(b_+^{\nu_+}b_-^{\nu_-})^{\frac{1}{\nu}} \tag{6-16}$$

式中　$b_\pm$——离子平均质量摩尔浓度，mol/kg；

$b_+(b_-)$——正（负）离子的质量摩尔浓度，mol/kg。

显然

$$a_\pm=\gamma_\pm\frac{b_\pm}{b^{\ominus}} \tag{6-17}$$

将上述定义式代入式(6-13) 可得

$$a=a_\pm^{\nu}=\left(\gamma_\pm\frac{b_\pm}{b^{\ominus}}\right)^{\nu} \tag{6-18}$$

【例 6-9】 已知浓度为 b 的 $CaCl_2$、$FeCl_3$ 的离子平均活度因子 $\gamma_\pm$，分别求出它们的 $b_\pm$、$a_\pm$ 及 a 与 b、$\gamma_\pm$ 的关系。

解　$CaCl_2$ 的电离方程式为

$$CaCl_2\longrightarrow Ca^{2+}+2Cl^-$$

因为　$\nu_+=1$　$\nu_-=2$　$\nu=3$　$b_+=b$　$b_-=2b$，

所以 $b_{\pm}=(b_{+}b_{-}^{2})^{1/3}=[b(2b)^{2}]^{1/3}=\sqrt[3]{4}b$

$$a_{\pm}=\gamma_{\pm}\frac{b_{\pm}}{b^{\ominus}}=\sqrt[3]{4}\gamma_{\pm}\frac{b}{b^{\ominus}}$$

$$a=a_{\pm}^{3}=\left(\gamma_{\pm}\frac{b_{\pm}}{b^{\ominus}}\right)^{3}=4\gamma_{\pm}^{3}\left(\frac{b}{b^{\ominus}}\right)^{3}$$

$FeCl_3$ 的电离方程式为

$$FeCl_3 \longrightarrow Fe^{3+}+3Cl^{-}$$

因为 $\nu_{+}=1$，$\nu_{-}=3$，$\nu=4$，$b_{+}=b$，$b_{-}=3b$

所以 $b_{\pm}=(b_{+}b_{-}^{3})^{1/4}=[b(3b)^{3}]^{1/4}=\sqrt[4]{27}b$

$$a_{\pm}=\gamma_{\pm}\frac{b_{\pm}}{b^{\ominus}}=\sqrt[4]{27}\gamma_{\pm}\frac{b}{b^{\ominus}}$$

$$a=a_{\pm}^{4}=\left(\gamma_{\pm}\frac{b_{\pm}}{b^{\ominus}}\right)^{4}=27\gamma_{\pm}^{4}\left(\frac{b}{b^{\ominus}}\right)^{4}$$

一些电解质的离子平均活度因子列于表 6-3。

表 6-3 298.15K 时一些电解质的离子平均活度因子（$\gamma_{\pm}$）

b/(mol/kg)	0.001	0.005	0.01	0.05	0.10
HCl	0.965	0.928	0.904	0.830	0.796
NaCl	0.966	0.929	0.904	0.823	0.778
KCl	0.965	0.927	0.901	0.815	0.769
HNO_3	0.965	0.927	0.902	0.823	0.785
$CaCl_2$	0.887	0.783	0.724	0.574	0.518
H_2SO_4	0.830	0.639	0.544	0.340	0.265
$CuSO_4$	0.74	0.53	0.41	0.21	0.16
$ZnSO_4$	0.734	0.477	0.387	0.202	0.148

由表中数据可看出：

（1）离子平均活度因子与溶液的浓度有关，在稀溶液范围内 $\gamma_{\pm}$ 随浓度的降低而增加。

（2）在稀溶液范围内，同一价型电解质，若浓度相同时，其 $\gamma_{\pm}$ 几乎相等，而不同价型的电解质浓度相同时，其 $\gamma_{\pm}$ 并不相同。

公式 $a=a_{+}^{\nu_{+}}a_{-}^{\nu_{-}}$ 的推导。

对于任意价型的强电解质 B 溶于水时全部电离为

$$M_{\nu_{+}}A_{\nu_{-}} \longrightarrow \nu_{+}M^{z+}+\nu_{-}A^{z-}$$

则电解质的化学势 μ 和正负离子的化学势 μ_{+}、μ_{-} 分别为

$$\mu=\mu^{\ominus}+RT\ln a$$

$$\mu_{+}=\mu_{+}^{\ominus}+RT\ln a_{+}$$

$$\mu_{-}=\mu_{-}^{\ominus}+RT\ln a_{-}$$

因电解质的化学势 μ 是正、负离子的化学势 μ_{+}、μ_{-} 之和，

$$\mu=\nu_{+}\mu_{+}+\nu_{-}\mu_{-}$$

$$\mu^{\ominus}=\nu_{+}\mu_{+}^{\ominus}+\nu_{-}\mu_{-}^{\ominus}$$

即

$$\begin{aligned}\mu&=\mu^{\ominus}+RT\ln a\\&=\nu_{+}(\mu_{+}^{\ominus}+RT\ln a_{+})+\nu_{-}(\mu_{-}^{\ominus}+RT\ln a_{-})\\&=(\nu_{+}\mu_{+}^{\ominus}+\nu_{-}\mu_{-}^{\ominus})+RT\ln(a_{+}^{\nu_{+}}a_{-}^{\nu_{-}})\end{aligned}$$

所以电解质溶液的活度与正、负离子活度的关系式为

$$a=a_{+}^{\nu_{+}}a_{-}^{\nu_{-}}$$

第五节　可逆电池

一、原电池

利用化学反应将化学能转变成电能的装置称为原电池。原电池中电极的命名原则与电解池电极的命名原则相同：发生氧化反应的电极称为阳极，因其电势低，又叫负极；发生还原反应的电极称为阴极，因其电势高，又叫正极。

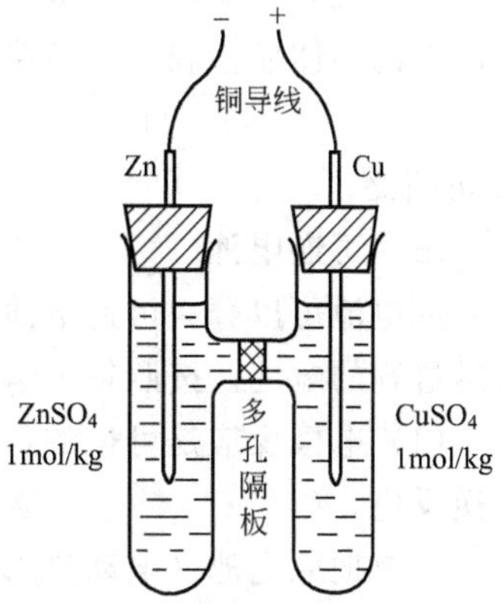

图 6-6　铜-锌原电池

最典型的原电池为铜-锌电池（或称为 Daniell 电池）。其构成如图 6-6 所示，将锌片和铜片分别插入硫酸锌溶液和硫酸铜溶液中，并用多孔隔板把两种溶液隔开，使之不相混合，但可以允许离子通过。当用导线将铜片与锌片连接后，两电极上会发生氧化还原反应，同时会有电流通过电池。锌极上较活泼的 Zn 原子失去电子，发生氧化反应变成 Zn^{2+} 进入溶液，电子由锌极通过外电路流到铜极，溶液中的 Cu^{2+} 在铜极上得到电子发生还原反应变为 Cu 沉积在铜片上，电子在两极上一得一失相当于电流在溶液中通过，所以形成了整个电路的导电过程。两个电极反应的总反应即电池反应。由于锌电极上电子过剩，电势较低，铜电极上缺少电子，电势较高，所以锌极为负极，而铜极为正极。

Cu-Zn 电池的电极反应和电池反应如下：

负极（阳极）　　$Zn \longrightarrow Zn^{2+}+2e$

正极（阴极）　　$Cu^{2+}+2e \longrightarrow Cu$

电池反应　　$Zn+Cu^{2+} \longrightarrow Zn^{2+}+Cu$

由此看出原电池与电解池一样，也是由两个电极组成（电极亦称为半电池）。但在原电池中正负极与阴阳极的对应关系与电解池正好相反。在原电池中，发生氧化反应的阳极为该电池的负极，如上述的 Zn-$ZnSO_4$ 电极；而发生还原反应的阴极为该电池的正极，如 Cu-$CuSO_4$ 电极。而在电解池中，阳极与外电源正极相连，阴极与外电源负极相连。

另外还看出构成原电池的必要条件如下。

氧化反应与还原反应分别在两个不同的空间内进行，在原电池的负极发生氧化反应，放出的电子通过外电路转给正极发生还原反应的物质，电子通过外电路进行传递。否则若在同一个空间中电子的转移过程直接在两个物质间进行的话，其结果只能是化学能以热量的形式放出，而不能变成电能。例如，将锌片直接插入硫酸铜溶液中，锌放出电子直接传给 Cu^{2+} 进行氧化还原反应的同时便只能放出热量，不能产生电能。

为了能简明地表示出各种电池和电极的构成，必须掌握电池的表示方法。

二、原电池的表示方法

为了科学方便地表示原电池的结构和组成，规定如下。

（1）阳极（负极）写在左边，阴极（正极）写在右边。

（2）金属电极材料写在外面，电解质溶液写在中间。例如，Zn、Zn^{2+}、Cu^{2+}、Cu。

(3) 凡有相接界面的用实垂线“|”隔开，例如，Zn|Zn^{2+}|Cu^{2+}|Cu。

用虚垂线“¦”表示可以相混的液相之间的界面；用“,”表示混合溶液中的不同物质。

实验室常用盐桥连接两种不同电解质溶液，则盐桥的符号用双竖线“‖”表示，例如：

$$Zn|Zn^{2+}\parallel Cu^{2+}|Cu$$

(4) 注明温度和压力（如不写明，一般指 298K，$p^{\ominus}$），对气体注明压力，溶液写明浓度。

所以铜-锌电池可表示为：$Zn|ZnSO_4(b_1)\parallel CuSO_4(b_2)|Cu$

(5) 气体不能直接作电极，必附以不活泼金属（如：Pt、Au）。电极旁的溶液均假定被电极上的气体所饱和，不活泼的金属可写出，也可省去。但气体的压力必须注明，例如：

$$(Pt)H_2(101.3kPa)|HCl(c_1)\parallel HCl(c_2)|Cl_2(101.3kPa)(Pt)$$

Pt 可略之。

三、可逆电池

原电池可以分为可逆电池与不可逆电池。所谓可逆电池就是电池中进行的一切过程都是可逆过程的电池。按照热力学可逆过程的特点，可逆电池必须具备以下两个条件。

(1) 电极反应是可逆的，也就是说电池放电时的电极反应和电池充电时的电极反应要互为逆反应。

如果把原电池（电动势 E）与一个外加反电动势 $E_{外}$ 相连，当 $E>E_{外}$ 时，电池放电；当 $E_{外}>E$ 时，电池变成电解池充电。在充、放电过程中，化学反应必须是可逆的。

例如对于铜-锌电池，充电时是将锌电极接外接电源的负极发生还原反应，铜电极接外电源的正极发生氧化反应，即

锌极 $Zn^{2+}+2e\longrightarrow Zn$

铜极 $Cu\longrightarrow Cu^{2+}+2e$

电解池反应 $Cu+Zn^{2+}\longrightarrow Zn+Cu^{2+}$

充电反应正好是放电反应的逆反应，铜-锌电池符合上述条件。

满足了第一条，仅说明在变化过程中反应系统恢复了原状，要想环境也恢复原状，还需要具备第二条。

(2) 电池的充、放电及其他过程必须是热力学可逆的，即可逆电池的能量转移也是热力学可逆的。这就要求电池放电和充电时通过电极的电流要无限小，使电极反应在无限接近平衡的状态下进行，放电时对外所做的电功和充电消耗的电功大小相等，这样才能保证当系统恢复原状时，环境也能复原，不留下任何变化的痕迹。

例如，铜-锌电池在 298K 的电动势为 1.10V，当外加反电动势比 1.10V 小一个无限小值时，电池无限缓慢地放电；而当反电动势比 1.10V 大一个无限小值时，则对原电池无限缓慢地充电。当电池在无限慢地进行放电到一定程度，又无限慢地进行充电使之恢复到原来状态时，放电时电池对环境做了多少电功，充电时环境也会对电池做同等数量的电功，电池和环境都没有留下变化的痕迹，这样的放电、充电过程即是可逆放电及可逆充电过程。

另外，由浓度不同的电解质溶液或两种不同电解质溶液构成的电池中存在着液体接界电势，这是由热力学不可逆的扩散过程引起的。因此，严格地说都是热力学不可逆电池，要用盐桥把它基本消除。

同时具备了上述两点的电池才可近似看做可逆电池，否则是不可逆电池。铜-锌电池用盐桥基本消除液体接界电势后，才可视为可逆电池。

【例 6-10】 将 Cu 片与 Zn 片插入 $CuSO_4$ 稀溶液中，用导线连接组成电池，写出电池表达式，并判断是否是可逆电池。

解　由题给条件写出电池表达式

$$Zn|CuSO_4|Cu$$

根据可逆电池的必备条件，先看该电池的电极反应是否是可逆的。

电池放电时电极反应为

阳极（锌极）　$Zn \longrightarrow Zn^{2+} + 2e$

阴极（铜极）　$Cu^{2+} + 2e \longrightarrow Cu$

电池反应　$Zn + Cu^{2+} \longrightarrow Cu + Zn^{2+}$

电池充电时电极反应为

阴极（锌极）　$Cu^{2+} + 2e \longrightarrow Cu$

阳极（铜极）　$Cu \longrightarrow Cu^{2+} + 2e$

电解池反应　$Cu^{2+} + Cu \longrightarrow Cu + Cu^{2+}$

显然电池在充、放电时，电池反应不是可逆的，故不是可逆电池。

只有可逆电池才能用热力学可逆过程的研究方法来讨论，并得出可逆电池的电动势与电池反应中各物质活度间的关系式——能斯特方程。

第六节　能斯特方程

一、E 与 $\Delta_r G_m$ 的关系

因为可逆电池中进行的过程都是可逆过程，故根据前面所学的热力学原理可知，在恒温、恒压条件下的可逆过程中，系统的吉布斯函数减少（ΔG）等于系统所做的最大非体积功 $-\Delta G = -W'_R$。在可逆电池中，所做的最大非体积功为最大电功，其值应为该可逆电动势与电量的乘积。若一电池反应在恒温恒压下可逆地按化学计量式发生单位反应进度通过的电量为 zF，则

$$-\Delta_r G_m = zFE \tag{6-19}$$

式中　$\Delta_r G_m$——化学反应的摩尔吉布斯函数变，J/mol；

z——反应的电荷数，单位为 1；

F——法拉第常数，C/mol；

E——可逆电池电动势，V。

此关系式是沟通热力学与电化学的桥梁。可以通过可逆电池电动势的测定等电化学方法来解决热力学问题。如通过测量可逆电池的电动势，就可以计算电池反应摩尔吉布斯函数变，并由 E 的正、负号可以判断电池反应的方向。

若 $E>0$，$\Delta_r G_m<0$　说明电池反应在所给条件下可以自发进行；

若 $E<0$，$\Delta_r G_m>0$　说明电池反应在所给条件下不能自发进行；

若 $E=0$，$\Delta_r G_m=0$　说明电池反应在所给条件下达到平衡。

若可逆电池中，参加反应的各物质均处于标准状态时，则

$$\Delta_r G_m^{\ominus} = -zFE^{\ominus} \tag{6-20}$$

式中　$\Delta_r G_m^{\ominus}$——化学反应的标准摩尔吉布斯函数变，J/mol；

z、F——同式(6-19) 中的量；

$E^{\ominus}$——参加反应的各物质均处于标准状态时的可逆电池电动势，在一定温度下为

定值，V。

应用上式可进行 $\Delta_r G_m^\ominus$ 和 $E^\ominus$ 的计算，并可得出标准电动势与电池反应的标准平衡常数间的关系式。

二、$E^\ominus$ 与 $K^\ominus$ 的关系

根据化学平衡的理论，对于一电池反应的标准摩尔反应吉布斯函数与标准平衡常数有如下关系：

$$\Delta_r G_m^\ominus = -RT\ln K^\ominus$$

即

$$-zFE^\ominus = -RT\ln K^\ominus$$

则

$$E^\ominus = \frac{RT}{zF}\ln K^\ominus \tag{6-21}$$

式中 z，F，$E^\ominus$——同式(6-20) 中的量；

$K^\ominus$——电池反应标准平衡常数，单位为 1；

T——电池反应温度，K。

应用上式可由 $E^\ominus$ 计算化学反应的标准平衡常数（$K^\ominus$）。

【例 6-11】 一电池表示为

$$Cd|Cd^{2+}(a=0.010)\|Cl^-(a=0.500)|Cl_2(101.3kPa)|Pt$$

该电池的标准电动势为 1.761V，(1) 写出该电池的电极反应和电池反应；(2) 计算 298K 时电池反应的 $K^\ominus$；(3) 求该电池反应的 $\Delta_r G_m^\ominus$。

解 (1) 该电池的电极反应为

阳极 $Cd \longrightarrow Cd^{2+} + 2e$

阴极 $Cl_2 + 2e \longrightarrow 2Cl^-$

电池反应 $Cd + Cl_2 \longrightarrow Cd^{2+} + 2Cl^-$

(2) 由式(6-21) 求 $K^\ominus$

已知 $E^\ominus = 1.761V$，$T = 298K$

则

$$\ln K^\ominus = \frac{zFE^\ominus}{RT} = \frac{2\times96500\times1.761}{8.314\times298} = 137.18$$

$$K^\ominus = 3.77\times10^{59}$$

(3) 由式(6-20) 得

$$\Delta_r G_m^\ominus = -zFE^\ominus$$

$$= -2\times96500\times1.761J/mol = -339.9kJ/mol$$

$\Delta_r G_m^\ominus < 0$，说明该电池反应在 298K 的标准状态下可自动正向进行。

三、能斯特方程

能斯特方程式表示了一定温度下可逆电池电动势与参加电池反应的各组分活度之间的关系。

对恒温、恒压下可逆电池反应，能斯特方程式为：

$$E = E^\ominus - \frac{RT}{zF}\ln\prod_B a_B^{\nu_B} \tag{6-22}$$

式中 E，z，F，$E^\ominus$，T——同式(6-19)、式(6-20) 中的量；

ν_B——电池反应中物质 B 的化学计量系数；

a_B——电池反应中物质 B 的活度。

对低压气体，$a_B = p_B/p^\ominus$；对压力较高的气体 p_B 应改为逸度对于纯固体或纯液体，其 $a_B = 1$。

若 $T=298.15K$，则上式为：

$$E = E^\ominus - \frac{0.02569}{z}\ln\prod_B a_B^{\nu_B} \tag{6-23}$$

若换成常用对数，$T=298.15K$ 时，则

$$E = E^\ominus - \frac{0.05916}{z}\lg\prod_B a_B^{\nu_B} \tag{6-24}$$

由公式可见，电动势 E 与电池反应计量式的写法无关，因化学计量数 ν_B 增加多少倍，z 也增加多少倍，所以 E 不变。

应用能斯特方程可以计算各组分在不同活度下的电池电动势，并由 E 的正、负号可以判断电池反应的方向。

能斯特方程的推导。

对恒温、恒压可逆电池反应　$0 = \sum_B \nu_B B$

则据化学反应等温方程式有　$\Delta_r G_m = \Delta_r G_m^\ominus + RT\ln\prod_B a_B^{\nu_B}$

因为　$\Delta_r G_m = -zEF$　　$\Delta_r G_m^\ominus = -zFE^\ominus$

代入上式得　$E = E^\ominus - \frac{RT}{zF}\ln\prod_B a_B^{\nu_B}$

【例 6-12】 298.15K 时，下列电池

$$Zn|Zn^{2+}(a=0.1875)\|Cd^{2+}(a=0.0137)|Cd$$

$E^\ominus$ 为 0.36V，（1）写出电极反应和电池反应；（2）计算此电池的电动势。

解　（1）该电池的电极反应为阳极　$Zn \longrightarrow Zn^{2+} + 2e$

阴极　$Cd^{2+} + 2e \longrightarrow Cd$

电池反应　$Zn + Cd^{2+} \longrightarrow Zn^{2+} + Cd$

（2）将 $T=298.15K$　$E^\ominus=0.36V$　$a(Zn^{2+})=0.1875$　$a(Cd^{2+})=0.0137$ 代入能斯特方程式得

$$E = E^\ominus - \frac{RT}{2F}\ln\frac{a(Zn^{2+})}{a(Cd^{2+})} = \left(0.36 - \frac{0.02569}{2}\ln\frac{0.1875}{0.0137}\right)V = 0.326V$$

由上题计算看出，通过能斯特方程计算电池的电动势，需要知道电池的标准电动势的数值，为此，引入电极电势和标准电极电势的概念。

第七节　电极电势和电池电动势的计算

一、原电池电动势

原电池电动势是在通过的电流趋于零时两极间的电势差，它等于构成电池的各个相界面上所产生的电势差的代数和。注意此时连接两电极的导线必为同种金属。

例如铜-锌原电池，电池两极用铜丝导线连接，在电流趋于零时，该电池电动势为 Cu(s)-Zn(s)、Zn(s)-$ZnSO_4$、$ZnSO_4$-$CuSO_4$、$CuSO_4$-Cu(s) 各相界面上的电势差的代数和。Cu(s)-Zn(s) 界面上的电势差为接触电势，通常很小，一般可略去（精确测量必计入）。$ZnSO_4$-$CuSO_4$ 界面上的电势差为液体接界电势（扩散电势），常用盐桥加在两种电解质溶

液之间，使两液体的液接电势降低至忽略不计。这样各相界面上的电势差便主要是正负两极分别与周围的溶液界面上的电势差。

但至今仍无法单独测量各相界面上电势差的绝对值，即无法单独测量单个电极的电势差。为了计算原电池电动势，在实际应用中，选定了一个标准电极作为基准，测定一定温度下其他电极与其标准电极电势的相对差值，以此来确定各种电极的相对电势，用它代替电极电势差的绝对值来计算原电池电动势。这个基准电极就是标准氢电极。

二、标准氢电极与电极电势

国际上选定氢离子的活度等于1[$a(H^+)=1$]，氢气的压力为100kPa时的氢电极作为标准氢电极。并规定将标准氢电极作为阳极，某电极作为阴极，组成下列电池的电动势称为该电极的电极电势，以E（电极）表示。

$$\mathrm{Pt}|\mathrm{H_2}(\mathrm{g},100\mathrm{kPa})|\mathrm{H^+}(a=1)\|\text{某电极}$$

按此规定，任意温度下，氢电极的标准电极电势等于零，即

$$E^{\ominus}(\mathrm{H^+/H_2})=0$$

因在这样规定的电池中，某电极发生的是还原反应，故这样得到的电极电势为还原电极电势。并且规定电池电动势与两个电极电势的关系为：

$$E=E_+-E_- \tag{6-25}$$

式中　E——同式(6-19)中的量；

E_+——电池中正极（阴极）的还原电极电势，V；

E_-——电池中负极（阳极）的还原电极电势，V。

标准状态下有

$$E^{\ominus}=E^{\ominus}_+-E^{\ominus}_-$$

则

$$E=E_+-E_-=E(\text{电极})-E^{\ominus}(\mathrm{H^+/H_2})=E(\text{电极})$$

$$E^{\ominus}=E^{\ominus}(\text{电极})-E^{\ominus}(\mathrm{H^+/H_2})=E^{\ominus}(\text{电极})$$

由此看出，若电池的$E>0$，则E（电极）>0，说明指定电极上确实进行还原反应；相反，若电池的$E<0$，则E（电极）<0，此时指定电极上实际进行的应是氧化反应。

例如，当某电极为铜电极时，组成的电池为：

$$\mathrm{Pt}|\mathrm{H_2}(\mathrm{g},100\mathrm{kPa})|\mathrm{H^+}[a(\mathrm{H^+})=1]\|\mathrm{Cu^{2+}}[a(\mathrm{Cu^{2+}})]|\mathrm{Cu}$$

氢电极发生氧化反应　$\mathrm{H_2}(\mathrm{g},100\mathrm{kPa})\longrightarrow 2\mathrm{H^+}[a(\mathrm{H^+})=1]+2\mathrm{e}$

铜电极发生还原反应　$\mathrm{Cu^{2+}}[a(\mathrm{Cu^{2+}})]+2\mathrm{e}\longrightarrow \mathrm{Cu}$

整个电池反应为　$\mathrm{H_2}(\mathrm{g},100\mathrm{kPa})+\mathrm{Cu^{2+}}[a(\mathrm{Cu^{2+}})]\longrightarrow 2\mathrm{H^+}[a(\mathrm{H^+})=1]+\mathrm{Cu}$

根据能斯特方程，以上电池电动势为：

$$E=E^{\ominus}-\frac{RT}{2F}\ln\frac{a^2(\mathrm{H^+})a(\mathrm{Cu})}{[p(\mathrm{H_2})/p^{\ominus}]a(\mathrm{Cu^{2+}})}$$

对于标准氢电极，$a(\mathrm{H^+})=1$，$p(\mathrm{H_2})=p^{\ominus}=100\mathrm{kPa}$，根据规定，该电池的电动势就是铜电极的$E(\mathrm{Cu^{2+}/Cu})$，该电池的标准电动势就是铜电极的标准电极电势$E^{\ominus}(\mathrm{Cu^{2+}/Cu})$，故上式变为：

$$E(\mathrm{Cu^{2+}/Cu})=E^{\ominus}(\mathrm{Cu^{2+}/Cu})-\frac{RT}{2F}\ln\frac{a(\mathrm{Cu})}{a(\mathrm{Cu^{2+}})}$$

298.15K时，当$a(\mathrm{Cu^{2+}})=1$，测得上述电池的$E^{\ominus}=0.3400\mathrm{V}$，则铜电极的标准电极电势$E^{\ominus}(\mathrm{Cu^{2+}/Cu})=0.3400>0$，即铜电极的确作为正极发生了还原反应。而对于$a(\mathrm{Zn^{2+}})=1$的

锌电极与标准氢电极组成电池，在 298.15K 时，可得到锌电极的标准电极电势为 −0.763V，说明锌电极实际是作为负极，进行的是氧化反应。

由此可见，电极电势越高，表明电极中氧化态物质得电子被还原的趋势越大，电极电势越低，表明电极中还原态物质失电子被氧化的趋势越大，电极电势的高低成为该电极氧化态物质获得电子被还原成还原态物质这一反应趋势大小的量度。

三、电极电势能斯特方程与电池电动势的计算

对于任意指定电极，根据电极电势的规定，其电极反应均应写成下面的通式。

$$\text{氧化态} + ze \longrightarrow \text{还原态}$$

因此，电极电势的表达通式为：

$$E(\text{电极}) = E^{\ominus}(\text{电极}) - \frac{RT}{zF}\ln\frac{a(\text{还原态})}{a(\text{氧化态})} \tag{6-26}$$

式(6-26) 称为电极电势能斯特方程。

式中　E（电极）——电极电势，V；

z ——给定电极反应式中电子的化学计量数，取正值；

a（还原态）——电极反应中还原态物质的活度；

a（氧化态）——电极反应中氧化态物质的活度；

$E^{\ominus}$（电极）——标准电极电势，电极反应各物质均处于标准态时的电极电势，V。

298.15K 时，一些电极的标准电极电势列在书后附录中。

应用此公式可以计算任意活度及温度时的电极电势。

例如 298.15K，当 $a(Cu^{2+})=0.1$ 时，依据上式，铜电极的电极电势为

$$E(Cu^{2+}/Cu) = E^{\ominus}(Cu^{2+}/Cu) - \frac{RT}{2F}\ln\frac{a(Cu)}{a(Cu^{2+})}$$

$$= \left(0.3400 - \frac{8.314\times298.15}{2\times96485}\ln\frac{1}{0.1}\right)V = 0.3104V$$

【例 6-13】 利用电极电势能斯特方程计算［例 6-12］的电池电动势 E，并判断电池设计是否合理。

解　利用电极电势能斯特方程计算电池电动势：

(1) 首先也要写出电极反应，见［例 6-12］；

(2) 查出两个电极的标准电极电势 $E^{\ominus}$(电极)(从书后附录查出)

$$E^{\ominus}(Zn^{2+}/Zn) = -0.763V,\qquad E^{\ominus}(Cd^{2+}/Cd) = -0.403V;$$

(3) 利用电极电势能斯特方程计算在给定状态下的两个电极的电极电势

$$E(Zn^{2+}/Zn) = E^{\ominus}(Zn^{2+}/Zn) - \frac{RT}{2F}\ln\frac{a(Zn)}{a(Zn^{2+})}$$

$$= \left(-0.763 - \frac{0.02569}{2}\ln\frac{1}{0.1875}\right)V$$

$$= -0.784V$$

$$E(Cd^{2+}/Cd) = E^{\ominus}(Cd^{2+}/Cd) - \frac{RT}{2F}\ln\frac{a(Cd)}{a(Cd^{2+})}$$

$$= \left(-0.403 - \frac{0.02569}{2}\ln\frac{1}{0.0137}\right)V$$

$$= -0.458V$$

(4) 由 $E=E_+-E_-$，计算电池电动势

$$E=E_+-E_-=E(Cd^{2+}/Cd)-E(Zn^{2+}/Zn)=[-0.458-(-0.784)]V=0.326V$$

$E>0$，说明该电池反应是自发正向进行的，电池设计合理。

计算时还应注意：不管电极实际发生什么反应，电极电势的计算都用还原电极电势；计算电池电动势时，用电池右边（正极）的还原电极电势减去左边负极的还原电极电势。

从上题的计算可以总结出从两个电极的电极电势计算电池电动势的步骤：

(1) 写出电极反应和电池反应（物量和电量要平衡）；

(2) 由标准电极电势表查出两个电极的 $E^{\ominus}$（电极）；

(3) 由电极电势能斯特方程

$$E(\text{电极})=E^{\ominus}(\text{电极})-\frac{RT}{zF}\ln\frac{a(\text{还原态})}{a(\text{氧化态})}$$

算出 E_+，E_-；

(4) 由 $E=E_+-E_-$ 计算电池电动势（E）。

若计算出的 E 为负值，说明电池反应为非自发反应，电池正、负极设计反了。

【例 6-14】 试计算下列电池

$$Zn|Zn^{2+}(a=0.1000)\|Cu^{2+}(a=0.3000)|Cu$$

在 298.15K 时的电动势。

解 对于各种浓度时电池的电动势的计算有两种方法

(1) 由两个电极的电极电势计算

① 写出电极反应与电池反应

阳极 $Zn \longrightarrow Zn^{2+}+2e$

阴极 $Cu^{2+}+2e \longrightarrow Cu$

电池反应 $Zn+Cu^{2+} \longrightarrow Zn^{2+}+Cu$

② 由书后附录查得 $E^{\ominus}(Zn^{2+}/Zn)=-0.763V$

$E^{\ominus}(Cu^{2+}/Cu)=0.340V$

③ 计算两个电极的电极电势

铜电极的电极电势为

$$\begin{aligned}E(Cu^{2+}/Cu)&=E^{\ominus}(Cu^{2+}/Cu)-\frac{RT}{2F}\ln\frac{a(Cu)}{a(Cu^{2+})}\\&=\left(0.340-\frac{0.02569}{2}\ln\frac{1}{0.300}\right)V\\&=0.3245V\end{aligned}$$

锌电极的电极电势为

$$\begin{aligned}E(Zn^{2+}/Zn)&=E^{\ominus}(Zn^{2+}/Zn)-\frac{RT}{2F}\ln\frac{a(Zn)}{a(Zn^{2+})}\\&=\left(-0.763-\frac{0.02569}{2}\ln\frac{1}{0.100}\right)V\\&=-0.7926V\end{aligned}$$

④ 计算电池电动势为

$$\begin{aligned}E&=E_+-E_-=[0.3245-(-0.7926)]V\\&=1.117V\end{aligned}$$

(2) 由电池电动势能斯特方程计算

① 写出电极反应与电池反应，见上面计算方法（1）的步骤①。

② 由附录查出两个电极的标准电极电势，其数据见上面计算方法（1）的步骤②，并计算电池标准电动势

$$E^{\ominus}=E_{+}^{\ominus}-E_{-}^{\ominus}=[0.340-(-0.763)]\mathrm{V}=1.103\mathrm{V}$$

③ 据电池反应，由电池电动势能斯特方程计算 E

该电池的电动势 E 为

$$E=E^{\ominus}-\frac{RT}{2F}\ln\frac{a(\mathrm{Zn^{2+}})a(\mathrm{Cu})}{a(\mathrm{Zn})a(\mathrm{Cu^{2+}})}$$

$$=\left(1.103-\frac{0.02569}{2}\ln\frac{0.100}{0.300}\right)\mathrm{V}$$

$$=1.117\mathrm{V}$$

可见，按以上两种方法计算其结果完全相同。实际上两种计算方法是一回事。因为 $E=E_{+}-E_{-}=E(\mathrm{Cu^{2+}/Cu})-E(\mathrm{Zn^{2+}/Zn})$，将方法（1）中两个电极电势计算公式代入上式，合并后，便可得到方法（2）中第③步的计算公式。

从计算方法（2）可以得出，由整个电池的电池反应应用电池电动势能斯特方程计算的步骤：

① 写出电极反应及电池反应；

② 从标准电极电势表查出两个电极的标准电极电势，并由 $E^{\ominus}=E_{+}^{\ominus}-E_{-}^{\ominus}$ 算电池的标准电动势($E^{\ominus}$)；

③ 用电池电动势的能斯特方程进行计算 E。

【例 6-15】 计算电池

$$\mathrm{Sn}|\mathrm{Sn^{2+}}(a=0.600)\|\mathrm{Pb^{2+}}(a=0.300)|\mathrm{Pb}$$

在 298.15K 时（1）E；（2）$\Delta_r G_m^{\ominus}$；（3）$\Delta_r G_m$；（4）$K^{\ominus}$；（5）判断反应能否自动进行。

解 （1）计算电池电动势

① 首先写出该电池的电极反应和电池反应

电极反应为　　阳极　　$\mathrm{Sn}\longrightarrow\mathrm{Sn^{2+}}+2e$

　　　　　　　阴极　　$\mathrm{Pb^{2+}}+2e\longrightarrow\mathrm{Pb}$

电池反应为　　　　　　$\mathrm{Sn}+\mathrm{Pb^{2+}}\longrightarrow\mathrm{Sn^{2+}}+\mathrm{Pb}$

② 查出标准电极电势　$E^{\ominus}(\mathrm{Sn^{2+}/Sn})=-0.140\mathrm{V}$　　$E^{\ominus}(\mathrm{Pb^{2+}/Pb})=-0.126\mathrm{V}$

计算电池标准电动势

$$E^{\ominus}=E_{+}^{\ominus}-E_{-}^{\ominus}=[-0.126-(-0.140)]\mathrm{V}=0.014\mathrm{V}$$

③ 由电池电动势能斯特方程计算 E

$$E=E^{\ominus}-\frac{0.02569}{2}\ln\frac{a(\mathrm{Sn^{2+}})a(\mathrm{Pb})}{a(\mathrm{Pb^{2+}})a(\mathrm{Sn})}$$

$$=\left(0.014-\frac{0.02569}{2}\ln\frac{0.6}{0.3}\right)\mathrm{V}=0.0051\mathrm{V}$$

(2) 由式(6-20) 计算 $\Delta_r G_m^{\ominus}$

$$\Delta_r G_m^{\ominus}=-zE^{\ominus}F=-2\times0.014\times96500\mathrm{J}=-2702\mathrm{J}$$

(3) 由式(6-19) 计算 $\Delta_r G_m$

$$\Delta_r G_m=-zEF=-2\times0.0051\times96500\mathrm{J}=-984.3\mathrm{J}$$

(4) 由式(6-21) 计算 $K^{\ominus}$

$$\lg K^{\ominus}=\frac{zE^{\ominus}F}{2.303RT}=\frac{2\times0.014\times96500}{2.303\times8.314\times298.15}$$

解出 $$K^{\ominus}=2.97$$

(5) 因为上述计算结果中 $E>0$，$\Delta_r G_m<0$，所以在该条件下，电池反应能够自动正向进行，且该电池设计合理。

第八节 电极的种类

在进行电池电动势的有关计算中，要求电池必须是可逆电池。而可逆电池必须具备的条件之一，就是两个电极的电极反应必须是可逆的，这样的电极称为可逆电极。可逆电极有许多种，但是归纳起来有如下三类。

一、第一类电极

这类电极包括金属和氢与其阳离子构成的电极以及非金属与其阴离子形成的电极。

1. 金属电极

例如，锌、银、铜等电极。

电极结构　由金属浸入含有该金属离子的溶液中构成。

电极表示　$M^{z+}|M$　例如　$Zn^{2+}|Zn$

电极反应　$M^{z+}+ze\longrightarrow M$　例如　$Zn^{2+}+2e\longrightarrow Zn$

对于有些活泼金属(碱金属)，如 Na、K 等，与水有强烈作用。为了令其稳定，必须将其制成为汞齐(该金属与汞的合金)，其中汞只起传递电子的作用，不参加反应。由于活泼金属在汞齐中的浓度不同，其活度也不同，故在电极上要写明金属在汞齐中的活度。

例如　$Na\text{-}Hg(a_1)|Na^+(a_2)$

如果汞齐中的金属(活泼)已达饱和，则该金属汞齐电极已与其纯金属电极等效。

2. 气体（或其他非金属单质）电极

气体（或其他非金属单质）与含有该元素离子的溶液构成此电极，例如在惰性电极存在下的氧电极。

在碱性溶液中　$OH^-, H_2O|O_2(g)|Pt$　　$O_2(g)+2H_2O+4e\longrightarrow 4OH^-$

在酸性溶液中　$H^+, H_2O|O_2(g)|Pt$　　$O_2(g)+4H^++4e\longrightarrow 2H_2O$

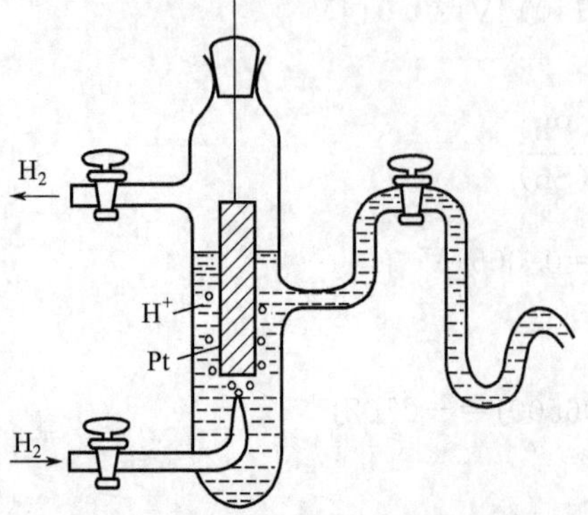

图 6-7　氢电极构造简图

由于气体本身不导电，所以多用铂（或金）作为导体，插入气流与溶液中，使气体与其离子在铂表面上进行反应。

这类电极中最重要的是氢电极。图 6-7 所示为一种通常用的氢电极装置(此外还有其他形式)。

(1) 构造　氢电极是用电镀法在铂片的表面上镀一层颗粒极细的铂黑（镀铂黑的目的是增加电极的表面积，促进对气体的吸附，并有利于与溶液达到平衡），将此镀铂黑的铂片一部分浸入含氢离子［$a(H^+)=1$］的溶液中，一部分露出液面，并使铂片被不断通入的 100kPa 的纯净的氢气所包围着、冲击着。

右侧弯管是为了通过盐桥与另一个电极连接组成电池。

（2）电极表示　$H^+[a(H^+)=1]|H_2(g,100kPa)|Pt$

（3）电极反应　$H_2(g,100kPa)\longrightarrow 2H^+[a(H^+)=1]+2e$

按规定，上述氢电极的标准电极电势应为零。

（4）特点　以氢电极作为标准电极测定电动势时较准确，精确度可达 0.000001V。但使用时的条件要求严格，既不能用在含有氧化剂的溶液中，也不能用在含有汞或砷的溶液中（铂黑易中毒），制备和纯化复杂。

在实际应用时，常用一些制备使用方便、电极电势稳定的其他电极作为参比电极。最常用的参比电极有甘汞电极、银-氯化银电极，它们的电极电势已精确测定，且都属于第二类电极。

二、第二类电极

第二类电极包括金属与其难溶盐电极和金属与其难溶性氧化物电极两种。

1. 金属-难溶盐电极

由金属表面覆盖一层该金属的难溶性盐，再浸入含有该盐的相同阴离子溶液构成，所以又称难溶盐电极。

最常见的是银-氯化银电极和甘汞电极。

例如银-氯化银电极　$Cl^-(a)|AgCl(s)|Ag$

电极反应分两步　$AgCl(s)\longrightarrow Ag^++Cl^-$

$$Ag^++e\longrightarrow Ag(s)$$

电极总反应为　$AgCl(s)+e\longrightarrow Ag(s)+Cl^-$

可看成固体 AgCl 解离出 Ag^+，Ag^+ 在电极上还原。

另外，实验室常用的甘汞电极也属此类电极，如图 6-8 所示。

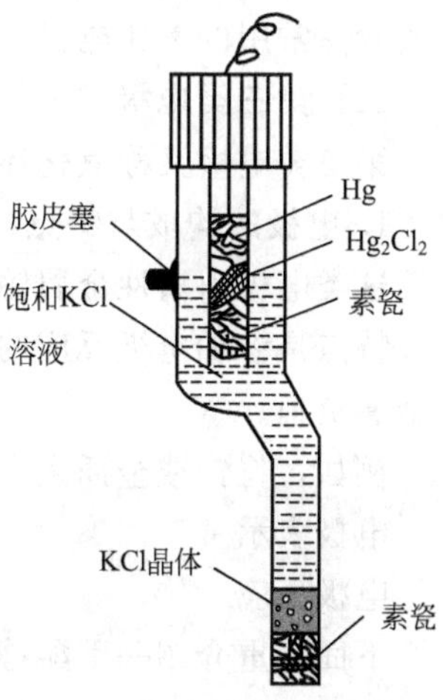

图 6-8　甘汞电极

甘汞电极的构造：底部放少量汞，上面是汞和甘汞（Hg_2Cl_2）的糊状体，最上层是 KCl 溶液，导线为装入玻璃管中插到底部的铂丝。

电极表示　$Cl^-(a)|Hg_2Cl_2(s)|Hg$

电极反应可认为分两步进行

$$Hg_2Cl_2(s)\longrightarrow Hg_2^{2+}+2Cl^-$$

$$Hg_2^{2+}+2e\longrightarrow 2Hg(l)$$

电极总反应　$Hg_2Cl_2+2e\longrightarrow 2Hg(l)+2Cl^-$

电极反应只用上面的电极总反应表示即可。

电极电势

$$E[Hg_2Cl_2(s)/Hg]=E^{\ominus}[Hg_2Cl_2(s)/Hg]-\frac{RT}{2F}\ln\frac{a(Hg)^2a(Cl^-)^2}{a[Hg_2Cl_2(s)]}$$

$$=E^{\ominus}[Hg_2Cl_2(s)/Hg]-\frac{RT}{F}\ln a(Cl^-)$$

式中　$a(Cl^-)$——KCl 溶液中 Cl^- 的活度，决定于 KCl 的浓度。

即甘汞电极的电极电势只与温度和溶液中氯离子活度有关。常见三种不同 KCl 浓度时的甘汞电极的电极电势见表 6-4。

表 6-4 不同 KCl 浓度甘汞电极的电极电势

KCl 溶液的浓度	$E(T)/V$	$E(298.15K)/V$	KCl 溶液的浓度	$E(T)/V$	$E(298.15K)/V$
$0.1mol/dm^3$	$0.3337-7\times10^{-5}\times(T/K-298.15)$	0.3337	饱和	$0.2412-7.6\times10^{-4}\times(T/K-298.15)$	0.2412
$1mol/dm^3$	$0.2801-2.4\times10^{-4}\times(T/K-298.15)$	0.2801			

甘汞电极的优点是容易制备，电极电势稳定。在测量电池电动势时，常用甘汞电极作为参比电极。

2. 金属-难溶氧化物电极

由金属覆盖一层该金属的难溶氧化物，然后插在含 OH^-（或 H^+）的溶液中构成。例如汞-氧化汞电极，若插在酸性溶液中，则电极表示为 $H^+|HgO(s), Hg$。

电极反应 $$HgO+2H^++2e\longrightarrow Hg+H_2O$$

若插在碱性溶液中，则电极表示为 $OH^-|HgO, Hg$。

电极反应 $$HgO+H_2O+2e\longrightarrow Hg+2OH^-$$

第二类电极的优点是易制备，电极电势稳定且使用方便。一些不能形成第一类电极的负离子，如 SO_4^{2-}、$C_2O_4^{2-}$ 等常制备成这种电极，并且有些 Cl^-、OH^- 亦用此类电极代替，是实验室常用的参比电极。

三、第三类电极

第三类电极又称氧化还原电极。

1. 电极的构成与特点

这类电极由惰性金属铂（或金）浸入含有两种不同价态离子的溶液中构成。

特点是参加电极反应的氧化态和还原态物质都在溶液中，电子的传导由插入溶液中的惰性金属负担。

例如，将铂或金插入含有 Sn^{4+}、Sn^{2+} 或 Fe^{3+}、Fe^{2+} 的溶液中：

电极表示 $$Fe^{3+}, Fe^{2+}|Pt$$

电极反应 $$Fe^{3+}+e\longrightarrow Fe^{2+}$$

下面着重介绍一下醌-氢醌电极。

2. 醌-氢醌电极

醌-氢醌是等分子比的氢醌（用 H_2Q 表示）和醌（用 Q 表示）的结晶分子化合物。它在水中溶解度很小，溶解的部分又按下式全部分解。

$$C_6H_4O_2-C_6H_4(OH)_2\longrightarrow C_6H_4O_2+C_6H_4(OH)_2$$

电极构成：将少量该化合物结晶加入含有 H^+ 的待测溶液中，并插入一惰性电极（Pt 或 Au）。

电极表示 $Pt|Q\text{-}H_2Q$ 溶液，$H^+(a)$

电极反应 $C_6H_4O_2+2H^++2e\longrightarrow C_6H_4(OH)_2$

电极电势 $$E(Q/H_2Q)=E^{\ominus}(Q/H_2Q)-\frac{RT}{2F}\ln\frac{a(H_2Q)}{a(Q)a(H^+)^2}$$

因为醌-氢醌微溶于水，被溶解的部分又全分解成醌和氢醌，所以溶液中二者的浓度不但很低，且可认为 $a(Q)=a(H_2Q)$，所以有

$$E(Q/H_2Q)=E^{\ominus}(Q/H_2Q)-\frac{RT}{F}\ln\frac{1}{a(H^+)}$$

可见，醌-氢醌电极是对氢离子可逆的氧化还原电极。

在 298K 时，醌-氢醌的标准电极电势为 0.6995V。

醌-氢醌电极的优点是：制备简单，使用方便，不容易中毒，适用于酸性或中性溶液。但不能用于含有强氧化剂或还原剂的溶液（易被氧化或还原），也不能用于含有蛋白质的胺盐的溶液，且当溶液 pH＞8.5 时，测定值会产生误差。

应该指出，将一些电极归类，只是强调一下它们的特点而已，也可按别的特点归类。不论怎样分类，重要的是能正确写出电极反应和电极电势的表达式，从而弄清它的电极电势与哪些物质的活度有关，以便通过改变某些物质的活度，达到改变其电极电势的目的。

第九节　原电池的设计

利用电池电动势进行有关化学反应热力学量的计算时，常需先将给定的化学反应或其他过程设计成电池。设计电池总的原则是设法把该过程分为两部分，一部分发生氧化反应，作为阳极，放在电池左边；另一部分发生还原反应，作为阴极，放在电池右边，并且写出电极和电池反应进行核对，电池反应与原过程必须相符。

一、设计思路

为了便于说明问题，借助如下例题来讨论。

【例 6-16】 将下列反应设计成电池：

（1）$Zn+Cd^{2+} \longrightarrow Zn^{2+}+Cd$

（2）$Ag^{+}+I^{-} \longrightarrow AgI(s)$

解　（1）在该反应中各有关物质的氧化数在反应前后有变化，则可以将失去电子发生氧化反应、氧化数升高的物质所对应的电极作为负极(阳极)，写于左侧；将得到电子发生还原反应、氧化数降低的物质所对应的电极作正极(阴极)，写于右侧。因组成电池的电解质溶液为两种不同的溶液，则在两种溶液之间插入盐桥用“‖”表示：

$$Zn|Zn^{2+} \| Cd^{2+}|Cd$$

然后再写出所设计电池的电极反应与电池反应，进行复核，是否与给定的反应一致。

阳极　　$Zn \longrightarrow Zn^{2+}+2e$

阴极　　$Cd^{2+}+2e \longrightarrow Cd$

电池反应　　$Zn+Cd^{2+} \longrightarrow Zn^{2+}+Cd$

通过验证可知，此电池设计合理。

（2）由反应 $Ag^{+}+I^{-} \longrightarrow AgI(s)$ 可以看出，反应前后各有关物质的氧化数没有变化，此时则应根据产物的种类确定出所用的一个电极，用该电极反应与总反应之差确定另一个电极。电池设计好之后，仍然要写出相对应的电极反应与电池反应，与所给化学反应核对是否一致，以判断设计是否正确。具体步骤如下。

① 对于该电池反应，由产物中有 AgI 和反应物中有 I^{-} 看出，这里有一个相对应的金属与其金属难溶盐类电极 $I^{-}|AgI(s), Ag$

电极反应　　$Ag+I^{-} \longrightarrow AgI+e$

Ag 的氧化数升高，所以在电池中，该电极为阳极（即负极）放在左边。

② 因为两个电极反应之和为电池反应，所以可由该电极反应与所给电池反应之差确定另一个电极反应

$$
\begin{array}{rl}
 & Ag^{+}+I^{-}\longrightarrow AgI \\
-) & Ag+I^{-}\longrightarrow AgI+e \\
\hline
 & Ag^{+}+e\longrightarrow Ag
\end{array}
$$

可以看出，这是第一类电极，由 Ag^+ 得到电子被还原，氧化数下降，知此电极在电池中应为阴极，即正极放在右边。

故所设计的电池应为

$$Ag,AgI(s)|I^{-}(a_1)\|Ag^{+}(a_2)|Ag(s)$$

③ 写出电极、电池反应进行验证：

阴极 $Ag+I^{-}\longrightarrow AgI+e$

阴极 $Ag^{+}+e\longrightarrow Ag$

电池反应 $Ag^{+}+I^{-}\longrightarrow AgI$

该电池反应与所求反应一致，说明所设计的电池符合要求。

另一种方法是由电池反应可判断，对应一个 Ag-AgI 电极，可直接在反应方程式两边各加上 Ag，

$$Ag+Ag^{+}+I^{-}\longrightarrow AgI+Ag$$

再根据氧化数的变化，便很容易确定出正(阴)、负(阳)极，设计出电池，若在反应式前后存在金属-该金属的难溶盐，则将此过程设计成

金属|金属难溶盐|与难溶盐有相同阴离子的易溶盐

的电极，并且将其作为电池阳极。

【例 6-17】 试设计一电池，使其进行下述反应：

$$\frac{1}{2}H_2(g)+AgCl\longrightarrow H^{+}(a_1)+Cl^{-}(a_2)+Ag$$

写出电池电动势能斯特方程，若反应为 $H_2(g)+2AgCl\longrightarrow 2H^{+}+2Cl^{-}+2Ag$，则电池电动势的能斯特方程如何表达？

解 由电池反应可知：$H_2(g)$氧化数升高、发生氧化反应为阳极，放在电池左侧；而 AgCl 中 Ag^+ 氧化数降低发生还原反应为阴极，放在右侧，因反应中存在着金属难溶盐 AgCl 的分解反应为阴极，所以该电极应设计为

与难溶盐有相同阴离子的盐|金属难溶盐|金属

电池表示为 $Pt,H_2(g)[p(H_2)]|H^{+}(a_1)\|Cl^{-}(a_2)|AgCl(s)|Ag$

电极与电池反应

阳极 $\frac{1}{2}H_2\longrightarrow H^{+}+e$

阴极 $AgCl+e\longrightarrow Ag+Cl^{-}$

电池反应 $\frac{1}{2}H_2+AgCl\longrightarrow H^{+}+Ag+Cl^{-}$

$$E=E^{\ominus}-\frac{RT}{F}\ln\frac{a(H^{+})a(Cl^{-})}{\left[\frac{p(H_2)}{p^{\ominus}}\right]^{\frac{1}{2}}}$$

若反应为 $H_2+2AgCl\longrightarrow 2H^{+}+2Ag+2Cl^{-}$

则

$$E'=E^{\ominus}-\frac{RT}{2F}\ln\frac{a(H^+)^2a(Cl^-)^2}{\frac{p(H_2)}{p^{\ominus}}}$$

$$=E^{\ominus}-\frac{RT}{F}\ln\frac{a(H^+)a(Cl^-)}{\left[\frac{p(H_2)}{p^{\ominus}}\right]^{\frac{1}{2}}}=E$$

由上面的讨论可看出，电池反应计量系数对 E 无影响，说明 E 是一个强度性质。

【例 6-18】 将下述反应设计成电池：

(1) $Pb+Cu^{2+}(a_1)+SO_4^{2-}(a_2)\longrightarrow PbSO_4(s)+Cu$

(2) $Zn+Hg_2SO_4(s)\longrightarrow ZnSO_4+2Hg(l)$

解 (1) 由电池反应可看出对应于 Cu^{2+} 被还原为 Cu 作为阴极，产物中有 $PbSO_4(s)$，反应物中有 SO_4^{2-} 和 Pb，可见阳极为金属与其难溶盐类电极，该电极应为

金属|该金属难溶盐|该难溶盐相同阴离子溶液

所以该电池应表示为

$$Pb|PbSO_4(s)|SO_4^{2-}(a_2)\|Cu^{2+}(a_1)|Cu$$

验证：电极反应　阳极　$Pb+SO_4^{2-}\longrightarrow PbSO_4+2e$

阴极　$Cu^{2+}+2e\longrightarrow Cu$

电池反应　$Pb+Cu^{2+}+SO_4^{2-}\longrightarrow PbSO_4(s)+Cu$

可见该电池设计合理。

(2) 由电池反应可看出，有如下电极反应

阳极　$Zn\longrightarrow Zn^{2+}+2e$

阴极　$Hg_2SO_4(s)+2e\longrightarrow 2Hg(l)+SO_4^{2-}$

电池反应　$Zn+Hg_2SO_4(s)\longrightarrow ZnSO_4+2Hg(l)$

因此电池可表示为　$Zn|ZnSO_4|Hg_2SO_4(s)|Hg(l)$

由上面讨论可看出：题 (1) 与前面讲的一样，电池中有两种不同的电解质溶液，其电池仍为一化学反应，称为双液化学电池，为消除液接电势用盐桥；而题 (2) 的电池中只有一种电解质溶液，所以称为单液化学电池。单液化学电池与双液化学电池的电池反应都是化学反应，故此二种电池统称为化学电池。

【例 6-19】 将下列反应

$$Ag^+(a_2=0.2000)\longrightarrow Ag^+(a_1=0.0200)$$

设计成电池，并计算在 298.15K 时的电池电动势，判断电池设计是否合理。

解 前面讲的都是化学电池，而此电池总反应，不是化学反应，只是一种物质，但浓度不同。我们把这种由两个浓度不同的电极组成的电池称为浓差电池。设计时，只需在此电池反应两边各加上 Ag。

$$Ag+Ag^+(a_2)\longrightarrow Ag+Ag^+(a_1)$$

然后根据氧化数变化，即可确定出阴阳极设计成电池

$$Ag|Ag^+(a_1=0.0200)\|Ag^+(a_2=0.2000)|Ag(a_2>a_1)$$

验证：电极反应　阳极　$Ag\longrightarrow Ag^+(a_1)+e$

阴极　$Ag^+(a_2)+e\longrightarrow Ag$

电池反应　$Ag^+(a_2)\longrightarrow Ag^+(a_1)$

该电池反应与所求反应一致。

据能斯特方程有

$$E=E^{\ominus}-\frac{RT}{zF}\ln\frac{a_1}{a_2}=\left(0-0.05916\lg\frac{0.0200}{0.200}\right)\text{V}=0.05916\text{V}$$

因为 $E>0$，所以此电池设计合理。

二、设计方法

通过上述几例的讨论，可以总结出将一化学反应或其他过程设计成原电池的方法。

(1) 若化学反应方程式的前后某物质的氧化数发生变化，则将发生氧化作用的物质组成的电极作阳极（负极）写于电池左侧，发生还原作用的物质放在右边，作为阴极（即正极）。

(2) 若给定反应中的物质没有氧化数的变化，可据反应物或产物确定一个电极，在电池反应方程式两边加上同一种物质，再根据氧化数变化确定出阴阳极，放在电池两边，即设计出电池。

(3) 由总反应减去能写出的某一电极反应，就可以得到另一个电极反应。

(4) 反应式前后存在某金属变为该金属的难溶盐，可设计成

金属|金属难溶盐|与难溶盐有相同阴离子易溶盐

的电极，且以此作为电池的阳极，写在左侧；否则由金属难溶盐分解为金属，则为电池的阴极，写在右侧。

(5) 反应前后存在某金属不同氧化数的离子，可将其设计成氧化还原电极并插入 Pt 作为电子导体。

(6) 某过程前后，只存在某一种物质，但其压力或组成不同，可在反应方程式两边加上同一物质，使之能够组成两个可逆电极，将其设计成浓差电池。

(7) 选择适当的电极及电解质溶液，以保证在所设计的电池中进行的电极和电池反应与给定的化学反应或其他过程完全一致。若构成两电极的溶液的种类或浓度不同时，它们之间应加盐桥。

(8) 写出所设计电池的电极反应和电池反应，进行复核，看是否与给定反应一致。

第十节　原电池电动势的测定及应用

一、原电池电动势的测定

可逆电池的电动势是当电池中工作电流为零时两个电极之间的电势差，不能直接用伏特计来测量。因为当把伏特计接上电池的两极后，电池将发生化学反应，而有电流不断流出，电池中溶液的浓度不断变化，破坏了电池内部的平衡态，电动势不断地变化已不是可逆电池。另外，电池本身有内阻，用伏特计量出的只是两电极间的电势差而不是电池的电动势，所以测定电池的电动势必须在通过电池的电流趋近于零的条件下进行。因此，可在待测电池的外电路中接一个方向相反但绝对值相等的外加电动势，使电路中无电流通过，然后进行测定，这种方法称为对消法。

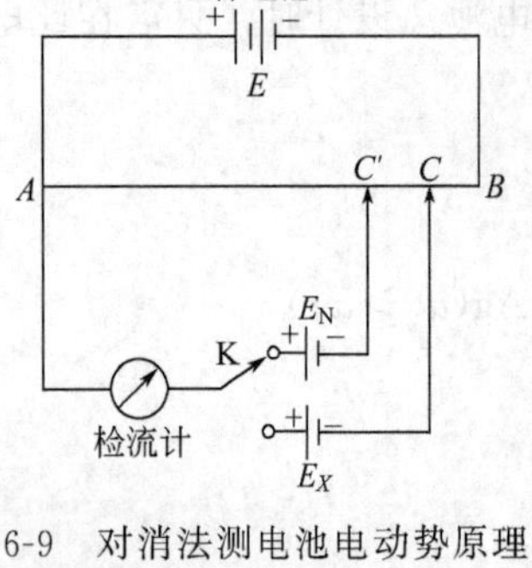

图 6-9　对消法测电池电动势原理图

对消法测电池电动势的电路原理如图 6-9 所示。工作电池经 AB 电阻构成一个通路，在均匀电阻 AB 上产生均匀的电势降。先将电键 K 与已知电动势（E_N）的标准电池相连，移动滑动触点 C'，使检流计中无电流通过，这时 AC'间的电势差便等于 E_N。再将电键 K

与待测电池相连，用同样方法找出检流计中无电流通过的另一点 C，则待测电池的电动势（E_X）就等于 AC 间电势降。因电势差与电阻线长度成正比，所以

$$E_X = E_N \frac{\overline{AC}}{\overline{AC'}}$$

在实际工作中据此原理制成一种专门测电动势的仪器，叫电位差计，在其滑线电阻上可直接读出电势差。工作时，只要利用一个电动势为已知的标准电池先行校正，再测未知电池，便可直接读出电池电动势的数值。

二、韦斯顿标准电池

韦斯顿（Weston）标准电池是实验室中常用的标准电池，它的主要用途是和电位差计配合测定其他电池的电动势。

1. 韦斯顿标准电池的特点

① 在一定温度下有准确稳定的电池电动势值；

② 电池的温度系数小，即当温度改变时，E 变化很少；

③ 为单液化学电池，可逆程度高；

④ 易制备。

2. 韦斯顿标准电池的构造及电池反应

韦斯顿标准电池的构造如图 6-10 所示。

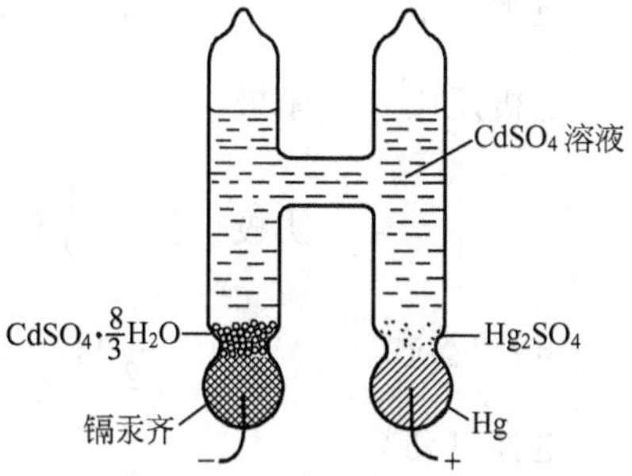

图 6-10　韦斯顿标准电池

阳极为镉汞齐（12.5%Cd）；阴极为汞与硫酸亚汞的糊状体，在此之上放有 $CdSO_4 \cdot \frac{8}{3}H_2O$ 的晶体和它的饱和溶液，糊状体下面放的汞起导体作用。

电池表达式

$$Cd(汞齐\ 12.5\%)|CdSO_4 \cdot \frac{8}{3}H_2O(饱和溶液)|Hg_2SO_4|Hg(l)$$

电极反应

阳极　$$Cd(汞齐) + SO_4^{2-} + \frac{8}{3}H_2O \longrightarrow CdSO_4 \cdot \frac{8}{3}H_2O(s) + 2e$$

阴极　$$Hg_2SO_4(s) + 2e \longrightarrow 2Hg(l) + SO_4^{2-}$$

电池反应

$$Cd(汞齐) + Hg_2SO_4(s) + \frac{8}{3}H_2O \longrightarrow CdSO_4 \cdot \frac{8}{3}H_2O(s) + 2Hg(l)$$

在 293.15K 时，标准电池 E 为 1.01845V，298.15K 时，标准电池 E 为 1.01832V，其他温度时

$$E = [1.01845 - 4.05\times10^{-5}(T/K - 293.15) - 9.5\times10^{-7}(T/K - 293.15)^2 + 1\times10^{-8}(T/K - 293.15)^3]V$$

除了上述饱和的韦斯顿标准电池外，还有不饱和的韦斯顿标准电池。

三、电池电动势测定的应用

电动势测定的应用，除了前面讲述的计算电池反应的标准平衡常数、$\Delta_r G_m$ 及判断电池反应方向外，在工业生产分析中，主要是电势分析，它是以测量电池两电极间的电势差的变化为基础的一种分析方法，包括直接电势法和电势滴定法。

直接电势法是根据测得的电动势数值来确定被测离子浓度，如用离子选择性电极测溶液正负离子的浓度。

在电势分析法中，构成电池的两个电极，要求其中一个电极的电极电势能指示被测离子活度（或浓度）的变化称为指示电极；另一个电极的电极电势具有较恒定的已知数值，称为参比电极。它们共同浸入待测液中构成一个原电池，测出电池的 E 即可求得被测离子的活

度（或浓度）。如测溶液的 pH。

1. 溶液 pH 的测定

由定义知道溶液的 pH 为 $pH=-\lg a(H^+)$，因此测溶液的 pH 实际上就是测定溶液中氢离子的活度。

测定原理是把氢离子浓度指示电极插入待测液中配成电极，然后与参比电极构成电池，测出电池电动势(E)，即可求溶液的 pH。这里参比电极常用甘汞电极，常用的氢离子浓度指示电极为对氢离子可逆的氢电极、醌-氢醌电极和玻璃电极等，根据所用指示电极的不同，测定方法通常有三种。

(1) 氢电极法　把氢电极插入待测液，再配合甘汞电极构成电池。

电池表示　　$Pt, H_2(g, p^{\ominus})$|待测液$[a(H^+)]$‖甘汞电极

电极反应　阳极　　$\frac{1}{2}H_2 \longrightarrow H^+ + e$

阴极　　$\frac{1}{2}Hg_2Cl_2 + e \longrightarrow Hg + Cl^-$

电池反应　　$\frac{1}{2}H_2 + \frac{1}{2}Hg_2Cl_2 \longrightarrow H^+ + Hg + Cl^-$

电池电动势

$$E = E_{甘汞} - E(H^+/H_2)$$
$$= E_{甘汞} + \frac{2.303RT}{F}\lg\frac{1}{a(H^+)} = E_{甘汞} + \frac{2.303RT}{F}pH$$

pH 计算公式

$$pH = \frac{(E - E_{甘汞})F}{2.303RT} \tag{6-27a}$$

式中　pH——待测液的 pH；

E——由待测液组成的电池电动势，V；

$E_{甘汞}$——甘汞电极在实验温度下的电极电势，V；

F——法拉第常数，C/mol。

若 $T=298.15K$，则

$$pH = \frac{E - E_{甘汞}}{0.05916V} \tag{6-27b}$$

测出 E，查出甘汞电极在实验温度下的电极电势，即可由该公式求出待测溶液的 pH。

氢电极适用范围广，pH0～14 都可以应用，但氢电极易中毒，不易制备，因此通常只是用来进行 pH 的标定和其他核对工作。

(2) 醌-氢醌电极法　实际测定 pH 常用的是醌-氢醌电极或玻璃电极。

醌-氢醌电极是对氢离子可逆的氧化还原电极，它是将少量醌-氢醌化合物结晶加入待测液中并插入一个铂电极构成的。

电极电势　　$E(Q/H_2Q) = E^{\ominus}(Q/H_2Q) - \frac{RT}{F}\ln\frac{1}{a(H^+)}$

$$= E^{\ominus}(Q/H_2Q) - \frac{2.303RT}{F}pH$$

在 298.15K 时，醌-氢醌的标准电极电势为 0.6995V，则

$$E(Q/H_2Q)=(0.6995-0.05916pH)V$$

如果用甘汞电极与上述电极组成原电池，电池表示为：

当 pH<7.1 时，Q-H_2Q 电极作为阴极

甘汞电极‖Q-H_2Q 饱和的待测溶液|Pt

电池电动势

$$E=E(Q/H_2Q)-E_{甘汞}=(0.6995-0.05916pH)V-E_{甘汞}$$

pH 计算公式

$$pH=\frac{0.6995-E/V-E_{甘汞}/V}{0.05916} \tag{6-28a}$$

式中　pH——待测液的 pH；

E——由待测液组成的电池的电动势，V；

$E_{甘汞}$——甘汞电极的电极电势，V。

若为摩尔甘汞电极，$E_{甘汞}=0.2801V$ 则上式变为

$$pH=\frac{0.4194-E/V}{0.05916} \tag{6-28b}$$

当被测液的 pH>7.1($E<0$)，上面的两个电极颠倒，Q-H_2Q 电极作为阳极，298.15K 时，

$$pH=\frac{0.4194+E/V}{0.05916} \tag{6-28c}$$

应用：测出 E，即可由该公式求出待测溶液的 pH。

前已述及醌-氢醌电极应用范围较广，但不适用于 pH>8.5 的溶液。

【例 6-20】 298.15K 时，摩尔甘汞电极和醌-氢醌电极组成电池，(1) 若测得 E 为 0，被测液的 pH 为多少？(2) 被测液 pH 为何值时醌-氢醌电极为阴（正）极？(3) pH 为何值时醌-氢醌电极为阳（负）极？

解　电池表示为　　摩尔甘汞电极‖Q-H_2Q 饱和的待测溶液|Pt

$$E=E_{醌-氢醌}-E_{甘汞}=(0.6995-0.05916pH-0.2801)V$$

(1) 当 $E=0$ 时，即　$(0.6995-0.05916pH-0.2801)=0$

则

$$pH=\frac{0.6995-0.2801}{0.05916}=7.1$$

(2) 因为当 $E>0$ 时，上述电池设计合理，醌-氢醌为阴极，即

$$0.6995-0.05916pH-0.2801>0$$

$$pH<\frac{0.6995-0.2801}{0.05916}=7.1$$

即 pH<7.1 时，醌-氢醌电极为阴极。

(3) 当 $E<0$ 时，上述电池两个电极颠倒，醌-氢醌为负极，即 pH>7.1 时，醌-氢醌为阳极。

【例 6-21】 某一溶液中放入醌-氢醌后构成醌-氢醌电极，并与 1mol 甘汞电极组成电池，在 298.15K 时测出电池电动势为 0.2120V，求溶液 pH。

解　将 $T=298.15K$　$E=0.2120V$ 代入式(6-28b) 得

$$pH=\frac{0.4194-E/V}{0.05916}=\frac{0.4194-0.2120}{0.05916}=3.506$$

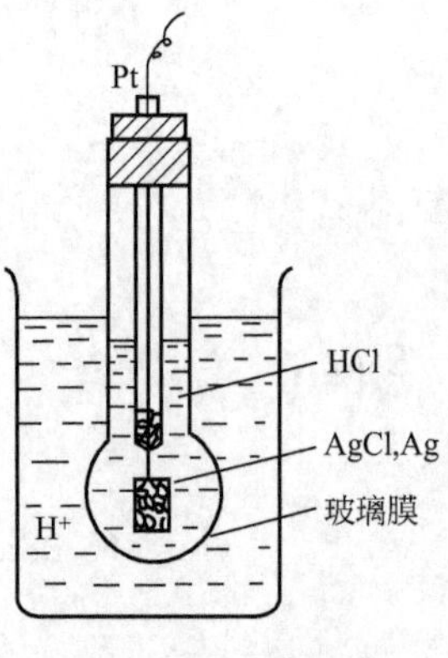

图 6-11 玻璃电极

(3) 玻璃电极法 玻璃电极是测定 pH 最常用的指示电极。

当两个 pH 不同的溶液用玻璃膜隔开时，在膜的两边就产生了电势差，其值与两个溶液的 pH 之差成正比。电极主要部分是一支玻璃管下端由特种玻璃制成的球形膜（在电池表达式中用“┆”表示），球内装入 0.1mol/kg 的盐酸溶液（或已知 pH 的其他酸性溶液），再插入一根 Ag-AgCl 电极，如图 6-11 所示。实验时，将玻璃电极浸入含 H^+ 的待测溶液中，其电极电势与待测溶液的 pH 有关。

电极电势
$$E_{玻璃}=E^{\ominus}_{玻璃}-\frac{RT}{F}\ln\frac{1}{a(H^+)}$$
$$=E^{\ominus}_{玻璃}-\frac{2.303RT}{F}pH$$

与甘汞电极构成的电池表达式

$$Ag|AgCl(s)|HCl(0.1mol/kg)┆待测溶液[a(H^+)]\|甘汞电极$$

电池电动势

$$E=E_{甘汞}-E_{玻璃}=E_{甘汞}-\left(E^{\ominus}_{玻璃}-\frac{2.303RT}{F}pH\right)$$

298.15K 时，pH 计算公式为：

$$pH=\frac{E+E^{\ominus}_{玻璃}-E_{甘汞}}{0.05916V} \quad (6-29)$$

式中 $E_{甘汞}$——甘汞电极的电极电势，V；

$E^{\ominus}_{玻璃}$——某给定玻璃电极的电极常数，V。

由于玻璃膜的表面状态因条件不同或制备手续不同而异，故不同的玻璃电极 $E^{\ominus}$（玻璃）之值不同。

使用时，常先用已知 pH 的标准缓冲溶液进行标定，测出电池电动势求出 $E^{\ominus}$（玻璃），再测未知溶液的电池电动势，计算出 pH。工业分析常用的酸度计即 pH 计（pH 计是利用玻璃电极测定 pH 的专用仪器）的刻度就是依据上述关系得到的。

一般的玻璃电极可用于 pH 在 1～9 的范围。若改变玻璃的组成，其应用范围 pH 可达 12 甚至 14。玻璃电极不易中毒，不受氧化剂、还原剂的影响，不污染溶液，工业上得到广泛应用。但玻璃电极内阻大，因此测量时不能用普通的电位差计，而用酸度计。

玻璃电极是一种对 H^+ 特定的选择电极，又称为离子选择性电极。离子选择性电极是专门用来测量溶液中某种特定离子浓度的指示电极。玻璃电极的玻璃膜由 SiO_2 中加入 Na_2O 和少量 CaO 烧结成的，它对 H^+ 活度的变化很敏感，并且能将其转变为电信号在 pH 计上显示出来，因此，玻璃电极是一种化学传感器。实际上各种离子选择性电极都属于化学传感器。用离子选择性电极来测定溶液中离子的活度，简单、快捷，便于自动测量和自动控制，近年来发展迅速，应用很广。目前，我国已研制成数十种离子选择性电极。例如阳离子有 Na^+、K^+、Ag^+、NH_4^+、Ca^{2+}、Cu^{2+}、Pb^{2+}、Ti^+、Au^+ 等；阴离子有 F^-、Cl^-、Br^-、I^-、S^{2-}、NO_3^- 等。

这类电极在化工厂的生产流程自动控制、废液检测、环境监测中的水质、土壤分析方面，以及地质、冶金部门都得到广泛应用。

【例 6-22】 298.15K 时电池

$$Ag|AgCl(s)|HCl(0.1mol/L)\,\vdots\,待测液[a(H^+)]\|摩尔甘汞电极$$

当用 pH 为 4.00 的缓冲溶液时，测得 E 为 0.1120V，当换用某未知溶液时，测得 E' 为 0.3865V，求未知溶液的 pH。

解　(1) 求 $E^{\ominus}_{玻璃}$

将　pH=4.00　　$E=0.1120V$　　$E'=0.3865V$

代入式(6-29)　　$$pH=\frac{E+E^{\ominus}_{玻璃}-E_{甘汞}}{0.05916V}$$

因摩尔甘汞电极　　$E_{甘汞}=0.2801V$

所以　$$\begin{aligned}E^{\ominus}_{玻璃}&=0.2801V+0.05916pH\ V-E\\&=(0.2801+0.05916\times4.00-0.112)V\\&=0.4047V\end{aligned}$$

(2) 求未知溶液的 pH

将 $E^{\ominus}_{玻璃}$ 及 $E=0.3865V$ 代入式(6-29) 得

$$pH=\frac{E/V-0.2801+E^{\ominus}_{玻璃}/V}{0.05916}=\frac{0.3865-0.2801+0.4047}{0.05916}=8.64$$

2. 求微溶盐的活度积

活度积也称为溶度积，用"K_{sp}"表示，它实际上是微溶盐（即难溶盐）溶解过程的平衡常数。将微溶盐的溶解过程设计成一个电池，使电池反应就是该微溶盐的溶解反应，便可由标准电池电动势求出该盐的活度积。

微溶盐的活度积在化工生产和科学实验中有重要的指导意义。

【例 6-23】 求 298K 时 AgCl 在水溶液中的 K_{sp}，知 $E^{\ominus}(Ag^+/Ag)$ 为 0.7991V，$E^{\ominus}(Cl^-/AgCl,\ Ag)$ 为 0.2224V。

解　AgCl 在水溶液中的反应为　$AgCl(s)=Ag^+[a(Ag^+)]+Cl^-[a(Cl^-)]$

则　$$K_{sp}(AgCl)=\frac{a(Ag^+)a(Cl^-)}{a(AgCl)}=a(Ag^+)a(Cl^-)$$

根据上面的化学反应可将方程式两边都加上 Ag，该电池设计为

$$Ag|Ag^+[a(Ag^+)]\|Cl^-[a(Cl^-)]|AgCl(s)|Ag$$

电极反应　阳极　$Ag(s)\longrightarrow Ag^+[a(Ag^+)]+e$

　　　　　阴极　$AgCl(s)+e\longrightarrow Ag+Cl^-[a(Cl^-)]$

电池反应　$AgCl(s)\longrightarrow Ag^+[a(Ag^+)]+Cl^-[a(Cl^-)]$

$T=298K$　　$E^{\ominus}(Ag^+/Ag)=0.7991V$　　$E^{\ominus}(Cl^-/AgCl,Ag)=0.2224V$

则　$$E^{\ominus}=E^{\ominus}_{+}-E^{\ominus}_{-}=(0.2224-0.7991)V=-0.5767V$$

$$\Delta_r G^{\ominus}_m=-zE^{\ominus}F=-RT\ln K_{sp}(AgCl)$$

$$\lg K_{sp}(AgCl)=\frac{zE^{\ominus}F}{2.303RT}=\frac{-96500\times0.5767}{8.314\times298\times2.303}=-9.752$$

$$K_{sp}(AgCl)=1.77\times10^{-10}$$

用类似方法还可以求弱酸或弱碱的解离常数、水的离子积和配合物的不稳定常数等。

3. 电势滴定

在含有待分析离子的溶液中放入一个对该种离子可逆的电极，与另一个参比电极组成电

池，测定电池的电动势随加入试剂的变化，就可以知道离子的浓度变化，当接近终点时，少量滴定溶液的加入便可使电池电动势有一个突变，根据电动势的突变来确定出滴定的终点。由电动势突变时，对应的加入滴定液的体积来确定被分析离子的浓度，此法称为“电势滴定”。

电势滴定可用于酸碱中和、沉淀生成和氧化还原等各类滴定反应。

例如酸碱滴定，以碱滴定酸，把要滴定的酸溶液作为电池中待测 pH 的溶液，用任一个可与 H^+ 建立平衡的电极（如用玻璃电极）和甘汞电极组成电池

(玻璃)指示电极|待测液|甘汞电极

然后滴入标准碱溶液，在滴定过程中测定电池的电动势。在 298.15K 时，由公式

$$E=E_{甘汞}-E^{\ominus}_{玻璃}+0.05916\text{pH}=E_{甘汞}-a+b\text{pH}$$

因为 $E_{甘汞}$、a、b 在一定温度时为常数，所以，电池电动势只与溶液 pH 有关。当溶液的酸度降低（pH 增加）时，电池电动势随之升高。接近终点时，电动势（E）改变最大。将测得的电动势对滴入碱的体积作图，所得曲线上斜率最大处即为滴定的终点(B)，如图 6-12 所示。

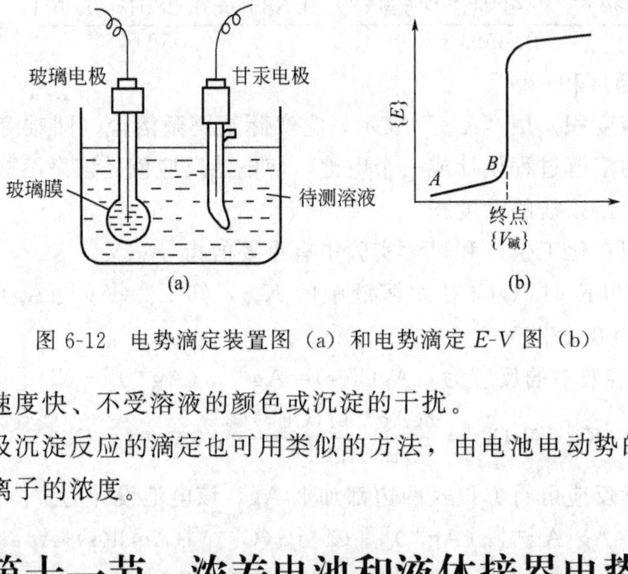

图 6-12 电势滴定装置图 (a) 和电势滴定 E-V 图 (b)

该法的优点是速度快、不受溶液的颜色或沉淀的干扰。

对于氧化还原及沉淀反应的滴定也可用类似的方法，由电池电动势的测定来确定终点，并由此确定被分析离子的浓度。

第十一节 浓差电池和液体接界电势

一、浓差电池

电池若按电池总反应是否为化学反应来分类，可以分为化学电池和浓差电池。所谓浓差电池是原电池中总的变化是物质由高浓度区域向低浓度区域转移。典型的浓差电池有电极浓差电池和电解质浓差电池（或叫溶液浓差电池）两种。

1. 电极浓差电池

溶液相同，但电极材料中作用物的浓度（压力）不同的电池称为电极浓差电池。电极浓差电池是单液浓差电池，主要有气体电极浓差电池和汞齐电极浓差电池两类。

气体电极浓差电池，例如由两个压力不同的氢气和盐酸溶液构成的电池。

电池表示 $\text{Pt}|H_2(p_1)|\text{HCl}(a)|H_2(p_2)|\text{Pt}$ $(p_1>p_2)$

(1) 电极反应

阳极　$\frac{1}{2}H_2(p_1) \longrightarrow H^+[a(H^+)] + e$

阴极　$H^+[a(H^+)] + e \longrightarrow \frac{1}{2}H_2(p_2)$

（2）电池反应　$\frac{1}{2}H_2(p_1) \longrightarrow \frac{1}{2}H_2(p_2)$

（3）电池电动势　$E = E^{\ominus} - \frac{RT}{F}\ln\frac{(p_2/p^{\ominus})^{\frac{1}{2}}}{(p_1/p^{\ominus})^{\frac{1}{2}}}$

因为　$E^{\ominus} = E^{\ominus}(H^+/H_2) - E^{\ominus}(H^+/H_2) = 0$

所以　$E = -\frac{RT}{2F}\ln\frac{p_2}{p_1}$

因为 $p_1 > p_2$，所以 $E > 0$。

（4）特点

① $E^{\ominus}$ 为零。

② 电池电动势的产生是由于气体由高压区向低压区迁移的结果。

③ 电池电动势的大小仅与两个电极氢气压力有关，与溶液浓度无关。

另外还有汞齐电极浓差电池，例如由两个活度不同的镉汞齐与硫酸镉溶液构成的电极浓差电池，电池表示为：

$$Cd(Hg)(a_1)|CdSO_4|Cd(Hg)(a_2) \qquad (a_1 > a_2)$$

电极反应　阳极　$Cd(a_1) \longrightarrow Cd^{2+}[a(Cd^{2+})] + 2e$

　　　　　阴极　$Cd^{2+}[a(Cd^{2+})] + 2e \longrightarrow Cd(a_2)$

电池反应　$Cd(a_1) \longrightarrow Cd(a_2)$

电池电动势　$E = -\frac{RT}{2F}\ln\frac{a_2}{a_1}$

由此可见，电池电动势的大小仅与两个电极的浓度有关。

2. 溶液浓差电池

两个电极材料相同，但溶液中离子浓度不同的电池称为溶液浓差电池，又叫电解质浓差电池，属于双液浓差电池。

例如　$Ag|Ag^+(a_1)\|Ag^+(a_2)|Ag \qquad (a_2 > a_1)$

（1）电极反应　阳极　$Ag \longrightarrow Ag^+(a_1) + e$

　　　　　　　阴极　$Ag^+(a_2) + e \longrightarrow Ag$

（2）电池反应　$Ag^+(a_2) \longrightarrow Ag^+(a_1)$

（3）电池电动势　$E = E^{\ominus} - \frac{RT}{F}\ln\frac{a_1}{a_2} = \frac{RT}{F}\ln\frac{a_2}{a_1}$

由此看出，因为 $a_2 > a_1$，所以 $E > 0$。

（4）特点

① $E^{\ominus}$ 为零。

② 电池电动势的产生是由于溶液中离子由高浓度区向低浓度区扩散的结果。

③ 电池电动势与电解质溶液活度有关。

【例 6-24】 写出下列电池的电极反应、电池反应与电池电动势的表达式。

$$Pt|H_2(100kPa)|H^+(a_1)\|H^+(a_2)|H_2(100kPa)|Pt \quad (a_2>a_1)$$

解 (1) 电极反应

阳极 $\frac{1}{2}H_2(g) \longrightarrow H^+(a_1)+e$

阴极 $H^+(a_2)+e \longrightarrow \frac{1}{2}H_2(g)$

(2) 电池反应 $H^+(a_2) \longrightarrow H^+(a_1)$

(3) 电池电动势为 $E=E^{\ominus}-\frac{RT}{F}\ln\frac{a_1}{a_2}=\frac{RT}{F}\ln\frac{a_2}{a_1}$

可见正离子通过电极反应从离子活度大的正极向离子活度小的负极迁移。

如果浓差电池中参加电极反应的是负离子，可以推出类似的公式。

二、液体接界电势

1. 液体接界电势

在两种不同的电解质溶液或两种不同浓度的电解质溶液界面上存在的电势差称为液体接界电势或扩散电势。产生液体接界电势的原因是由于各种离子的运动速率不同而引起的。

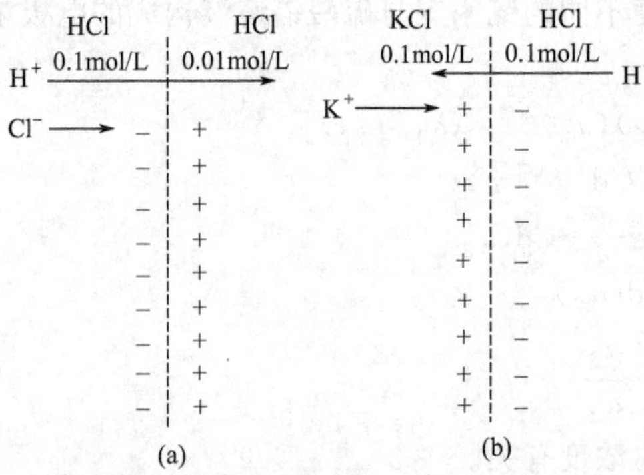

图 6-13 液体接界电势产生示意图

如图 6-13 所示，两种不同浓度的 HCl 溶液的接界处，HCl 从浓溶液向稀溶液扩散，由于氢离子的运动速率比氯离子的运动速率快得多，结果稀溶液的一边将会出现过剩的氢离子，而使稀溶液带上正电荷；而浓溶液的一边出现过剩的氯离子，而使浓溶液带上负电荷。这样在界面两边便产生了电势差，这时氢离子的运动速率减小，氯离子的运动速率增大。当两种离子运动速率相等时，达到平衡，电势差保持恒定，这就是液体接界电势。如浓度为 0.1mol/L 的 HCl 和 KCl 溶液接界处，由于氢离子的运动速率大于钾离子的运动速率，故使界面左边带正电，界面右边带负电。

液体接界电势较小，一般不超过 0.03V，但由于它的存在及扩散的不可逆性，使电池电动势的测定很难得到稳定值。因此，在实际工作中必须设法消除。消除的方法有两种，一种是避免使用有液体接界面的原电池，另一种是在两个溶液中插入一个盐桥。

2. 盐桥

盐桥是一个 U 形管，管内装满正、负离子运动速率相近的电解质溶液，常用的是浓 KCl 溶液。为了防止 KCl 溶液倒流，在制备饱和 KCl 溶液时常常加入琼脂，使之成胶冻状。在盐桥和两个溶液的接界处，因为 KCl 的浓度很高，所以界面上主要是 K^+ 和 Cl^- 同时向溶液扩散，由于 K^+ 和 Cl^- 的运动速率很接近，离子迁移数几乎相等，因而使盐桥两端与电解质溶液界面处的液接电势非常小，可以忽略。

应该注意的是，如果电池中的电解质溶液含有能与盐桥中 KCl 发生反应或生成沉淀的离子，如含有 Ag^+、Hg_2^{2+} 等，则不能用 KCl 溶液作盐桥，可以改用硝酸铵或硝酸钾饱和溶液作盐桥。

第十二节　分解电压

前面研究的都是可逆电池，其电极反应和电池反应都是在电池中几乎没有电流通过的无限接近平衡条件下进行的，此时的电极电势为可逆电极电势或平衡电极电势。

但是，实际上进行电解操作或使用化学电源时，无论是电解池或原电池都有一定电流通过，这就破坏了电极的平衡状态，导致电极电势偏离平衡电极电势。从本节开始，将以电解池为例讲述这种偏离现象产生的原因及在实际生产中的作用。

一、分解电压

1. 电解实验

若外加一电压在某个电池上，逐渐增加电压，当电池中的化学反应方向发生逆转时，便是电解，原电池变成了电解池。实际的电解过程，都是热力学不可逆过程。外加电压必须大于相应原电池的可逆电动势，才会发生电解反应。

例如，用铂电极电解稀硫酸水溶液，在硫酸溶液中放入两个光滑的 Pt 电极，分别与电源正负极相接。

图 6-14 为实验装置，图中Ⓥ是伏特计，Ⓖ是安培计，将电解池接到由电源和可变电阻（R）组成的分压器上，逐渐增加外电压，同时利用伏特计和安培计记录下相应的电流随电压的变化，然后绘制电流-电压曲线（图 6-15）。

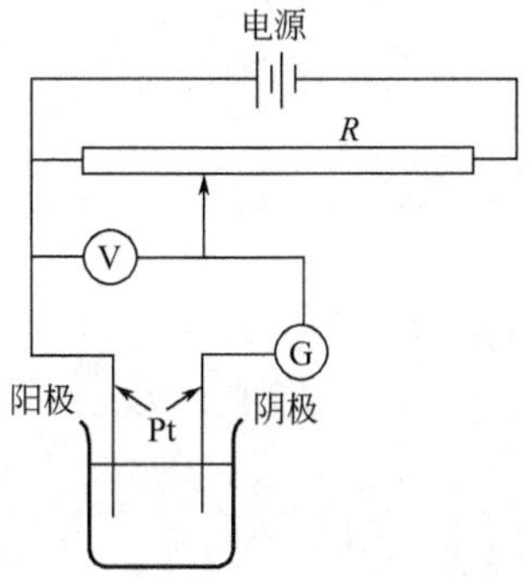

图 6-14　分解电压的测定

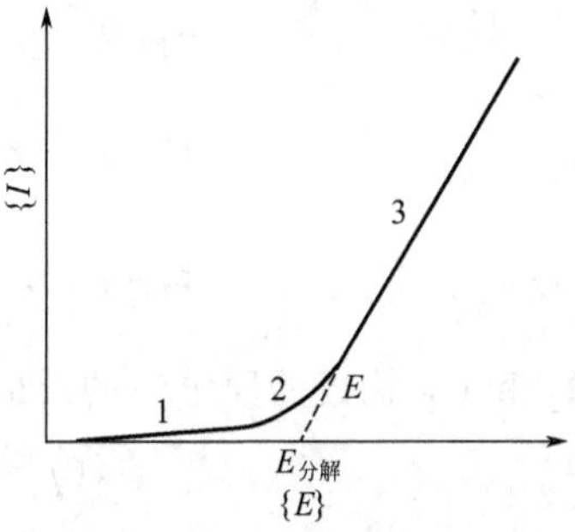

图 6-15　测定分解电压时的电流-电压曲线

开始外加电压很小，几乎无电流通过。电压逐渐增加，通过电解池的电流也略有增加，变化很慢。当电压增加到约为 1.7V（图 6-15 的 E 点处）以上时，电流急剧增大，同时两电极有气泡不断逸出，说明发生了电解反应，此电压就是电解 H_2SO_4 时的分解电压。

2. 分解电压

能够使某电解质溶液连续进行电解时所需的最小外加电压，称为该电解质的分解电压或实际分解电压。即电解时两极不断析出产物所需的最小电压。

分解电压的数值可由电流-电压曲线求得，将曲线上的直线部分向下延长与横坐标相交，交点处的电压即为分解电压。存在分解电压的原因是电解产物形成了原电池，而此原电池的电动势正好和外加电压对抗的缘故。

在电解时，氢离子移向阴极，在阴极上得到电子，还原为氢分子，同时 OH^- 在阳极上发生失去电子的氧化反应，电解过程中两个电极上发生的反应为：

阴极　　　$2H^+ + 2e \longrightarrow H_2(g,\ p)$

阳极　　$H_2O \longrightarrow 2H^+ + \frac{1}{2}O_2(g, p) + 2e$

这些 H_2 与 O_2 以小气泡分别附着在阴、阳电极的铂表面上，并且与硫酸溶液构成电池。

$$Pt|H_2(g)|H_2SO_4(a)|O_2(g)|Pt$$

此电池产生一个与外加电压方向相反的电动势（称为反电动势），因为电极表面 H_2 和 O_2 的量很少，其压力远小于大气的压力，气体不但不能离开电极逸出液面，反而可能扩散到溶液中，这样电池产生的电动势就小于外加电压，所以电路中有较小的电流。这种情况相当于图 6-15 中的 1—2 段。在 Pt 电极上吸附的 H_2 和 O_2 的压力增加到等于外界大气压力时，开始有气泡逸出，此时，两电极上电解产物的浓度达极大值，反电动势也达到最大值，以后再增加外加电压，电流就直线上升，所以极化曲线（3 段的直线部分）的斜率较大。

电解时两电极产生的原电池电动势称为电解时的反电动势，只有超过此值电解才能开始进行。

二、分解电压的计算

分解电压在数值上应等于相应原电池的电动势，由理论计算出原电池电动势的数值，称为理论分解电压。下面举例说明其计算方法。

【例 6-25】 计算 H_2SO_4 溶液在 25℃和常压下的理论分解电压，知 25℃时 $E^{\ominus}$（H^+，H_2O/O_2）为 1.229V。

解 计算 H_2SO_4 溶液的理论分解电压，实际就是计算由电解产物 H_2 及 O_2 所构成的原电池的电动势。因为电解时进行的反应为

阴极　　$2H^+ + 2e \longrightarrow H_2(p^{\ominus})$

阳极　　$H_2O \longrightarrow 2H^+ + \frac{1}{2}O_2(p^{\ominus}) + 2e$

电解反应　　$H_2O \longrightarrow H_2(p^{\ominus}) + \frac{1}{2}O_2(p^{\ominus})$

所以由产物 H_2 和 O_2 构成的原电池的反应为

阳极　　$H_2(p^{\ominus}) \longrightarrow 2H^+ + 2e$

阴极　　$\frac{1}{2}O_2(p^{\ominus}) + 2H^+ + 2e \longrightarrow H_2O$

电池反应　　$H_2(p^{\ominus}) + \frac{1}{2}O_2(p^{\ominus}) \longrightarrow H_2O$

将 $E^{\ominus}(H^+, H_2O/O_2) = 1.229V$　$p \approx p^{\ominus}$　$a(H_2) = p/p^{\ominus} = 1$　$a(O_2) = p/p^{\ominus} = 1$ 代入能斯特方程，此原电池的电动势为

$$E = E^{\ominus} - \frac{RT}{2F}\ln\frac{a(H_2O)}{[a(O_2)]^{1/2}a(H_2)}$$

$$= [E_+^{\ominus} - E_-^{\ominus}] - \frac{RT}{2F}\ln\frac{1}{1\times1} = E_+^{\ominus}$$

$$= 1.229V$$

此电动势相对于电解而言就是反电动势，即电解 H_2SO_4 溶液的理论分解电压，就是要使 H_2SO_4 溶液进行电解时，外加电压至少应克服此原电池的反电动势。实践证明，理论分解电压常小于实际分解电压。表 6-5 列出了一些电解质溶液的分解电压。

表 6-5　几种浓度为 1mol/L 的电解质溶液的分解电压（Pt 为电极）

电解质	电解产物	$E_{分解}$/V	$E_{理论}$/V	($E_{分解}-E_{理论}$)/V	电解质	电解产物	$E_{分解}$/V	$E_{理论}$/V	($E_{分解}-E_{理论}$)/V
HNO_3	H_2+O_2	1.69	1.23	0.46	NaOH	H_2+O_2	1.69	1.23	0.46
H_2SO_4	H_2+O_2	1.67	1.23	0.44	KOH	H_2+O_2	1.67	1.23	0.44
H_3PO_4	H_2+O_2	1.70	1.23	0.47					

由表中数据可以看出：如果用平滑的铂片作为电极，不论是电解含氧酸，还是含氧碱，其电解产物都是 H_2 和 O_2，它们的分解电压都约为 1.7V。这是因为它们电解的实质都是 H_2O 被电解，阴极上析出 H_2，阳极上析出 O_2，它们的理论分解电压都是 1.23V。

可见，这里分解电压（1.7V）比理论分解电压（1.23V）大很多，这说明水的电解是热力学的不可逆过程，这是由于电极的极化作用所造成的。

第十三节　极化作用

一、电极的极化

当电极上无电流通过，电极处于平衡状态时的电极电势称为平衡电极电势。随着电极上电流密度的增加，电极的不可逆程度也不断增大，电极电势也越来越偏离平衡电极电势。当电流通过电极时，实际电极电势偏离平衡电极电势的现象称为电极的极化。

极化根据产生原因的不同，主要分为浓差极化和电化学极化。

1. 浓差极化

顾名思义浓差极化即由于浓度差而造成实际电极电势偏离平衡电极电势的极化。

例如用银电极电解 $AgNO_3$ 溶液，在一定电流通过电极时发生反应。在阳极上，Ag 失去电子被氧化为 Ag^+，使得构成电极的银被溶解；在阴极上，溶液中的 Ag^+ 得到电子被还原为 Ag，沉积在银电极上。由于溶液中离子扩散速率比反应速率慢，随着电解的进行，靠近阳极附近的溶液中反应生成的 Ag^+ 来不及扩散，使得 Ag^+ 的浓度大于本体溶液的浓度；而阴极附近溶液中反应消耗的 Ag^+ 不能及时得到补充，使得 Ag^+ 的浓度低于本体溶液的浓度。结果造成阴极电极电势比平衡电极电势更低一些，阳极电极电势则比平衡电极电势更高一些。

若要提高离子扩散速率，应当不断搅拌，这样可大大减小浓差极化，但不可能完全消除。

2. 电化学极化

由于电化学反应相对于电流速率的迟缓性而引起的极化称为电化学极化。在电流通过电极时，电极反应速率是有限的，这就使得在阴极上有过多的电子来不及与 Ag^+ 反应，多余的电子在阴极表面上积累，使阴极的电极电势低于平衡电极电势。而阳极氧化反应速率慢时，会使得电极电势高于平衡电极电势。

由此看出：电极极化的结果，使阴极的电极电势更低，阳极的电极电势更高，而使实际分解电压大于理论分解电压。实验证明，电极的极化与通过电极的电流密度有关。电流密度越大，极化作用越强。描述极化电极电势与电流密度关系的曲线称为极化曲线。

二、极化曲线

1. 极化曲线

电极极化曲线可由图 6-16 所示的仪器装置测定，图为一个电解池，里面装有电解质溶液和两个电极，将一个已知电极电势的参比电极（甘汞电极）和一个待测电极（阴极）相连组成一个电池。当不同电流密度下的电流通过电池时，用对消法测出待测电极与参比电极之间的电势差，扣除甘汞电极电势，即可得到不同的电流密度下待测电极的电极电势。以电极电势（E）为纵坐标，电流密度（J）为横坐标，将测量结果绘制成图，即得阴极极化曲线，同法可测得另一电极（阳极）极化曲线，如图 6-17 所示。

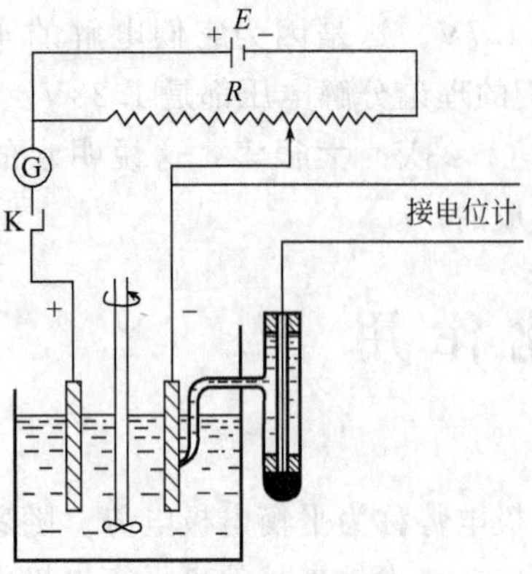

图 6-16 测定极化曲线的装置

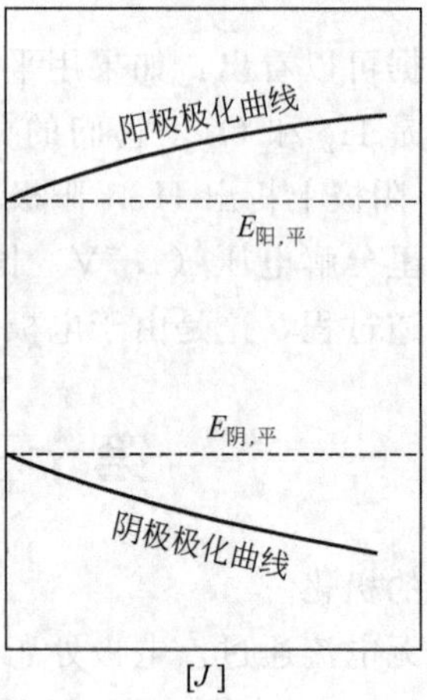

图 6-17 电解池电极的极化曲线

2. 超电势

(1)超电势 在一定电流密度下极化电极电势与平衡电极电势之差的绝对值称为超电势，以“η”表示。η 的数值表示了极化程度的大小。因极化使阴极的电极电势更低，阳极的电极电势更高，所以阴极超电势可表示为：

$$\eta_{阴}=E_{阴,平}-E_{阴} \tag{6-30a}$$

式中 $\eta_{阴}$——不同电流密度下的阴极超电势，V；

$E_{阴,平}$——阴极平衡电极电势，V；

$E_{阴}$——实验测得的不同电流密度下的阴极电极电势，又叫阴极极化电极电势，V。

阳极超电势可表示为：

$$\eta_{阳}=E_{阳}-E_{阳,平} \tag{6-30b}$$

式中 $\eta_{阳}$——不同电流密度下的阳极超电势，V；

$E_{阳,平}$——阳极平衡电极电势，V；

$E_{阳}$——实验测得的不同电流密度下的阳极电极电势，又叫阳极极化电极电势，V。

应用上面两个公式可确定电解过程中析出物质的先后顺序。

(2) 影响超电势的因素 超电势是电流密度的函数。对于气体在电极上析出，随着电流密度的加大，超电势增大，塔菲尔（Tafel）提出一个经验式表示氢的超电势与电流密度的关系式为：

$$\eta=a+b\lg J$$

式中 a，b——经验常数，V；

J——电流密度。

该公式对一些阴极过程（金属析出等）、阳极过程（Cl_2、O_2 的析出，金属溶解）也适用。

另外在某些反应中电极材料对超电势的影响较大，同一气体在不同的电极上析出，超电势的值也不相同。例如氢在阴极上析出，若为铂电极上，超电势很小，若为汞铅电极上，超电势便较大。所以考虑电极材料对超电势的影响，必须结合电极反应析出的物质具体分析。

温度对超电势的影响是，温度增加超电势减小。

pH 的影响较复杂，在酸（碱）性很强的溶液中，因为 H^+ 浓度或 OH^- 浓度很大，会使超电势发生一定改变。

总之，影响超电势的因素很多，除上述影响因素外，还有电解质性质、浓度及溶液中的杂质等。因而也使得超电势的测定常常不能得到完全一致的结果。

3. 电解池和原电池极化曲线的差别

从前面讲述可知，无论是电解池还是原电池，阴极极化的结果是电极电势变得更低，而阳极极化的结果是电极电势变得更高。当两个电极组成电解池时，由于电解池的阳极是正极，电势高，阴极是负极，电势低，阳极电势的数值大于阴极电势的数值，所以在电极电势对电流密度的图中，阳极极化曲线位于阴极极化的上方，如图 6-17 所示。电解时，随着电流密度的增加，超电势增大，所需外加电压（分解）也越大，消耗的电能也必然越多。

而原电池则正好相反，发生氧化反应的阳极是负极，电势低，发生还原反应的阴极是正极，电势高，故在电极电势对电流密度的图中阳极极化曲线位于阴极极化曲线的下方，如图 6-18 所示。电池放电时随电流密度的增加超电势增大，原电池两端的电势差减小，所做的电功也减小。

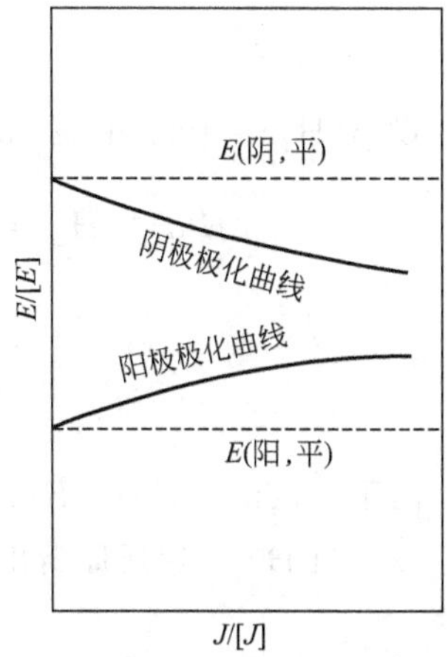

图 6-18　原电池电极的极化曲线

电极极化对生产的影响有利也有弊，例如电解时要消耗较多的电功，使用化学电源时只能获得较少的电功等。但是有时电极的极化却能为我所用。有关这方面的问题将在下一节讨论。

第十四节　电解时的电极反应

在电解时，若电解池中有多种离子，电极上有多个反应可能发生时，究竟哪一种离子首先被还原或被氧化，需要加多大的电压，在两个电极上各得到哪些电解产物，这是电解生产应解决的首要问题。

一、阴极反应

阴极发生还原反应。电解时，在电极上有多个反应可能发生时，极化电极电势最高者首先得到电子被还原。阴极极化电极电势 $E_{阴}$ 由式(6-30a) 得出

$$E_{阴}=E_{阴,平}-\eta_{阴}$$

由此便可判断在阴极析出产物的先后顺序。

阴极反应主要是金属离子或 H^+ 发生还原反应。金属离子析出的超电势一般很小，可以忽略，$E_{阴}$ 近似等于 $E_{阴,平}$；而 H_2 在金属上析出的超电势却较大，故 $E_{阴}$ 需要按上式计算。

【例 6-26】 298.15K 时，用锌电极作阴极电解 $a(Zn^{2+})=1$ 的 $ZnSO_4$ 水溶液。若 H_2 析出的超电势为 0.70V，则（1）哪种离子首先析出？（2）当第二种离子析出时，溶液中先析

出离子的活度为多少?

解 (1) 因在溶液中存在着 H^+ 和 Zn^{2+}，故在阴极上可能发生下述两个还原反应

$$① \ Zn^{2+}+2e \longrightarrow Zn$$

$$② \ 2H^{+}+2e \longrightarrow H_2$$

根据 $E_{阴}=E_{阴,平}-\eta_{阴}$，因 $\eta(Zn)$ 可以忽略不计，故 $E(Zn^{2+}/Zn)=E(Zn^{2+}/Zn,平)$，而 $E(Zn^{2+}/Zn,平)$ 可由能斯特方程求出，所以

$$E(Zn^{2+}/Zn)=E^{\ominus}(Zn^{2+}/Zn)-\frac{RT}{2F}\ln\frac{1}{a(Zn^{2+})}$$

$$=[-0.7630-(1/2)\times 0.05916\lg(1/1)]V$$

$$=-0.7630V$$

设 $p(H_2)=100.0kPa$，$a(H^+)=10^{-7}$，则 H_2 的极化电极电势为

$$E(H^+/H_2)=E^{\ominus}(H^+/H_2)-\frac{RT}{2F}\ln\frac{[p(H_2)/p^{\ominus}]}{a^2(H^+)}-\eta(H_2)$$

$$=\left[0-\frac{0.05916}{2}\lg\frac{100.0/100.0}{(10^{-7})^2}-0.70\right]V$$

$$=-1.114V$$

由于 $E(Zn^{2+}/Zn)>E(H^+/H_2)$，故 Zn^{2+} 先还原析出。

(2) 当 H^+ 开始还原析出 H_2 时，阴极的电极电势应该为 $-1.114V$，则计算 Zn^{2+} 的活度为

$$-1.114=-0.7630-\frac{0.05916}{2}\lg\frac{1}{a(Zn^{2+})}$$

$$a(Zn^{2+})=1.36\times 10^{-12}$$

从上述计算中可以看出，如果根据平衡电极电势判断，$E(H^+/H_2)>E(Zn^{2+}/Zn)$，在阴极上应该先析出氢气。然而，由于超电势的存在，使实际电解时的电极电势发生了变化，改变了反应的顺序，使得金属活泼次序在氢之上的金属也有可能在阴极先于氢而析出。同时看出，由于超电势的存在使电解多消耗能量，不利于能源的利用。不过正是由于氢的超电势较大，才使活泼金属 Zn、Cd、Ni 等能在阴极析出，使电镀成为可能；并且避免了由于 H_2 的析出影响工艺操作及产品质量。

二、阳极反应

阳极发生氧化反应。电解时，在阳极上有多个氧化反应可能发生时，极化电极电势最低者首先失去电子被氧化。阳极极化电极电势由式(6-30b) 得出

$$E_{阳}=E_{阳,平}+\eta_{阳}$$

算出阳极极化电极电势，据上述原则便可判断在阳极上析出产物的先后顺序。

【例 6-27】 298.15K 时，在某电流密度下，O_2 在 Ag 上的超电势为 0.98V，若将 Ag 电极插入 $a(OH^-)=0.02$ 的 NaOH 水溶液中，则常压下阳极上首先发生哪个反应?

解 阳极上可能发生的氧化反应既可以是溶液中的 OH^- 失去电子析出气体，也可以是金属 Ag 溶解变成 Ag^+，故可能发生如下两个反应

$$① \quad 2OH^-[a(OH^-)] \longrightarrow H_2O+\frac{1}{2}O_2[p(O_2)]+2e$$

$$② \quad 2Ag+2OH^-[a(OH^-)] \longrightarrow Ag_2O(s)+H_2O+2e$$

$\eta(O_2)=0.98V$　$a(OH^-)=0.02$　$E^{\ominus}(O_2/OH^-)=0.401V$　$E^{\ominus}(Ag_2O/Ag)=0.344V$。据公式 $E_{阳}=E_{阳,平}+\eta_{阳}$，有

$$E(O_2/OH^-)=E^{\ominus}(O_2/OH^-)-\frac{RT}{2F}\ln\frac{a^2(OH^-)}{[p(O_2)/p^{\ominus}]^{1/2}}+\eta(O_2)$$

$$=\left[0.401-\frac{0.05916}{2}\lg\frac{0.02^2}{(100.0/100.0)^{1/2}}+0.98\right]V$$

$$=1.4815V$$

$$E(Ag_2O/Ag)=E^{\ominus}(Ag_2O/Ag)-\frac{RT}{2F}\ln a^2(OH^-)$$

$$=[0.344-(1/2)\times 0.05916\ \lg 0.02^2]V$$

$$=0.4445V$$

因 $E(Ag_2O/Ag)<E(O_2/OH^-)$，故首先发生 Ag 氧化成 Ag_2O 的反应。

如果阳极材料是 Pt 等惰性金属或石墨，则只能是负离子被氧化，如 OH^-、Cl^-、I^- 分别氧化成 O_2、Cl_2、I_2。对于负离子的阳极反应，$\eta_{阳}$ 一般不能忽略，含氧酸根 SO_4^{2-}、NO_3^-、PO_4^{3-} 等，因其极化电极电势很高，在水溶液中不可能参与阳极反应。

综上所述，可知根据极化电极电势的大小可以确定电解过程中，在电极上析出物质的先后顺序和难易程度，以控制实际生产中电解产物的析出次序，获得较纯净的产品。其规律是在阳极上发生氧化反应，极化电极电势最低的首先被氧化；阴极发生还原反应，极化电极电势最高的首先被还原。

用电解方法来制备物质，已经在氯碱工业、电镀工业、电解工业等得到广泛应用。近年来有机化合物的电解制备，也得到快速发展。目前，已有不少有机电合成反应在工业生产中得到实际应用，例如，丙烯腈在汞或铅阴极上的电化学还原，以制备生产尼龙-66 的原料己二腈。

$$2CH_2{=}CHCN+2H^++2e \longrightarrow CN(CH_2)_4CN$$

丙烯腈在水中的溶解度很低，因此，常用对甲苯磺酸四乙胺溶液作为电解液，使其具有较高的溶解度及良好的导电性。

有机电合成反应有许多优点，例如，由于增加电压可以使反应的活化能下降，反应温度大大降低。所以可以使需要在高温下进行的反应在常温下也可以进行，这样不但有利于有机合成反应的进行，还降低了设备的费用。另外，适当地选择不同的电极材料、电流密度和溶液组成，可以控制反应向不同的方向进行，还可以得到不同的产品；不需要外加氧化剂和还原剂，且所得产品纯度较高；还可以减少环境污染。例如，用汞做阴极，电解 $C_6H_5NO_2$。

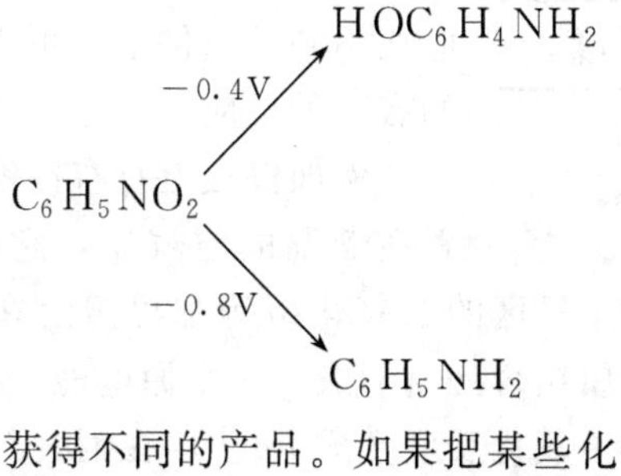

选择不同的阴极材料可以获得不同的产品。如果把某些化学反应以电池反应形式进行，既可以得到化学产品，又可将其所产生的电能作为副产品。例如烯烃的氯化，在阴极，氯被还原 $2Cl^-$，在阳极，烯烃与 Cl^- 反应，生成二氯代烷。在两极上可以得到 0.8V 的电势差。

第十五节　金属的电化学腐蚀及防护

所谓金属的腐蚀，即金属表面和周围介质发生化学或电化学作用而遭受破坏。例如日常生活中常常见到的铁器生锈，银器表面变暗及铜器表面生成铜绿等都是金属在环境中发生了腐蚀现象。

金属的腐蚀遍及国民经济的各个部门，大量的金属因被腐蚀而使机器设备、船舶、车辆等的使用寿命大大缩短。据国外报道，每年由于金属腐蚀而损耗的钢达 10^8t。另据不完全统计，全世界每年由于腐蚀而报废的金属设备及材料的量为金属年产量的 20%～30%。更严重的是腐蚀会造成生产泄漏，污染环境，甚至会发生中毒、火灾和爆炸等恶性事故。石油及化工机械设备大多数是用金属材料制造的。随着工业的迅猛发展，金属材料大量使用，研究金属腐蚀发生的原因及防护方法更加重要。

下面主要介绍金属腐蚀产生的电化学原因及电化学防腐的方法。

一、金属的电化学腐蚀

金属腐蚀的分类方法很多。按腐蚀的破坏形式分类，可分为全面腐蚀和局部腐蚀。按腐蚀机理划分，又可分为化学腐蚀与电化学腐蚀两大类。两种腐蚀的区别在于腐蚀过程中有无电流的产生。

化学腐蚀是当金属表面与介质（如气体或非电解质溶液等）因发生化学作用而引起的腐蚀。例如，铅在四氯化碳、三氯甲烷或乙醇中的腐蚀，铁、铝等与空气中的氧或工厂中的废氯气等的直接作用，镁或钛在纯甲醇中的腐蚀等，都是属于化学腐蚀。化学腐蚀进行时没有电流产生。实际上单纯的化学腐蚀很少，因为上述腐蚀介质常会因含少量水分而使化学腐蚀转化为电化学腐蚀。

电化学腐蚀是当金属表面在介质（如潮湿空气、电解质溶液等）中，因形成微电池而发生电化学作用所引起的腐蚀。例如，金属在大气、海水及各种酸、碱、盐溶液中发生的腐蚀都属于电化学腐蚀。金属的电化学腐蚀是最常见的腐蚀，石油化工机械设备所遭受的大多数是电化学腐蚀。金属电化学腐蚀有时单独由金属和介质造成，有时和机械作用、生物作用等共同产生，造成的危害非常严重，所以在腐蚀作用中，以电化学腐蚀危害最大。

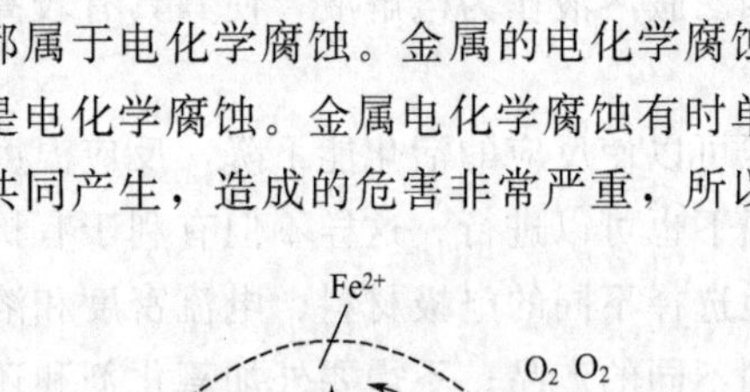

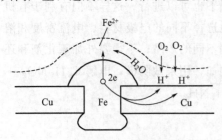

图 6-19　电化学腐蚀示意图

电化学腐蚀的过程实质上就是原电池的工作过程。当两种不同的金属相连接，同时与含电解质溶液的介质相接触，就形成了一个原电池。其阳极反应一般都是金属的溶解过程，而阴极一般不被腐蚀，其反应在不同的条件下，可以是不同的电极反应，最重要的有两种反应。

例如铜板上打有铁铆钉，如图 6-19 所示。长期放置在潮湿的空气中，它的表面会凝结一层薄薄的水膜，由于空气中的二氧化碳和工厂区的二氧化硫等都可溶解在水膜中形成一薄层电解质溶液，于是在铜、铁两种不同金属结合处就形成了一个原电池。其中铁是阳极即负极，而铜是阴极即正极。则在铁表面上发生氧化反应变成 Fe^{2+}，在铜表面上还原反应可有以下两种。

(1) H^+还原：$2H^+ + 2e \longrightarrow H_2$，此情况常发生在电解液中 H^+ 浓度较大而无溶解氧时，又称为析氢腐蚀。

(2) O_2 分子还原：$O_2+4H^++4e \longrightarrow 2H_2O$，常发生在电解质溶液中溶解氧时。

两种金属连接在一起，相当于电池短路，电池的两极上不断发生反应。生成的 Fe^{2+} 和水膜中的 OH^- 发生作用而生成 $Fe(OH)_2$，$Fe(OH)_2$ 被空气中的氧（或溶解氧）进一步氧化为 $Fe(OH)_3$（铁锈的主要成分），结果铁就被腐蚀了。

$$4Fe(OH)_2+O_2+2H_2O \longrightarrow 4Fe(OH)_3$$

由于 $E(O_2/H_2O)>E(H^+/H_2)$，有氧气存在时，腐蚀更严重。

在实际中，常会碰到一种金属不和其他金属接触，在电解质溶液中也会发生腐蚀的现象，这是由于工业上使用的金属经常含有少量的杂质。在表面上金属的电势和杂质的电势不同，这就构成了以金属和杂质为电极的许多原电池，常称之为微电池。例如含杂质铜的工业锌在硫酸溶液中腐蚀溶解，此时锌为阳极，铜为阴极和 H_2SO_4 电解质一起构成微电池。在铜表面上进行还原反应，发生氢气的逸出；在锌表面上进行氧化反应，即锌溶解成锌离子。同样含有少量杂质铁的工业锌，是铁杂质在锌中形成了微电池，因杂质的电极电势比锌高，所以氢离子在铁杂质上放电，锌作为阳极不断溶解而被腐蚀，如图 6-20 所示。

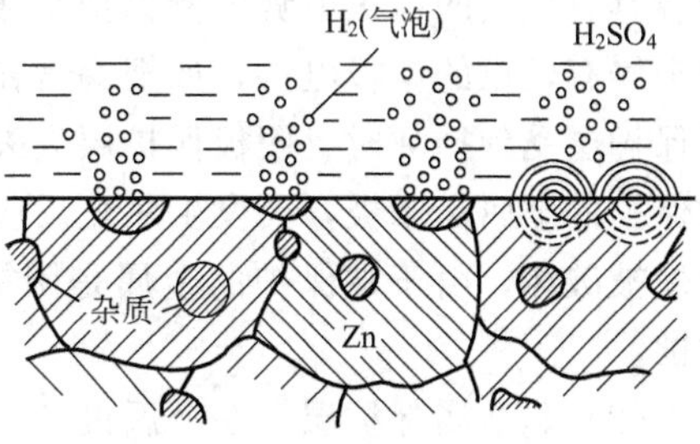

图 6-20　含杂质的工业锌在 H_2SO_4 中溶解的示意图

在金属表面上形成浓差电池也能受到电化学腐蚀。例如插在静水中的铁管，被埋在砂里的部分易发生腐蚀，其上部则不太容易腐蚀。因靠近水面部分的铁管周围的含氧量高，电极电势较高，成为浓差电池的正极。埋在砂中部分的周围溶液中含氧量低，电极电势较低，成为浓差电池的负极，所以易被腐蚀。

就腐蚀速率而言，在常温下，化学腐蚀进行较慢，因此纯的锌和铁等不含杂质的金属在盐酸中溶解过程是很慢的，而不纯的锌和铁在盐酸中能很快地溶解。当然，温度升高，腐蚀的速率会加快。

另外由热力学可知，腐蚀电池的电动势越大，则金属被腐蚀的倾向越大，当金属构成腐蚀电池后，有腐蚀电流通过电极表面时，也会产生极化现象，这种极化可使原电池的电动势降低。

综上所述，金属与电解质溶液接触所发生的腐蚀，在机理上与原电池作用一样，只是构成电池的形式不同，这种电化学腐蚀过程中的原电池称为腐蚀电池。其过程可以看做是由下列三个环节构成的。

(1) 在阳极上，金属（M）溶解（失去电子被氧化）为金属离子进入溶液中，反应为：

$$M \longrightarrow M^{n+}+ne$$

(2) 电子从阳极流向阴极，此为电流产生过程。

(3) 在阴极上，从阳极流出来的电子被溶液能够吸收电子的物质所接受，发生还原反应。

如果这三个环节中的任何一个环节停止进行，则整个腐蚀过程也就停止了。由此可得出金属在电解质溶液中发生电化学腐蚀的条件是：溶液中存在着能使金属氧化成离子或化合物的氧化性物质，并能在阴极上接收电子。

二、金属的防护

金属腐蚀的防护方法很多，目前常采用的防腐方法有金属或非金属材料覆盖层、金属的钝化、电化学保护等。

1. 金属或非金属材料保护层

采用耐蚀性能良好的金属或非金属覆盖在要保护的金属表面，使它与腐蚀介质隔离，达到防腐的目的，这种防腐方法称为保护层防腐。保护层主要有金属保护层和非金属保护层两大类。

(1) 金属保护层　在被保护的金属上镀上另一种金属或合金。例如在黑色金属上可镀锌、锡、铜、铬、镍等，在铜制品上可镀镍、银、金等。镀的方法主要有电镀、喷镀、渗镀、热浸镀、化学镀等。

金属的保护层可分为阳极保护层和阴极保护层。阳极保护层是镀上去的金属比被保护的金属具有较负的电极电势，例如把锌镀在铁上（锌为阳极，铁为阴极）；阴极保护是镀上去的金属有较正的电极电势，如把锡镀在铁上（锡为阴极，铁为阳极）。两种保护层的区别是，当保护层受到损坏时，阴极保护层失去了保护作用，它和被保护的金属形成了原电池。由于被保护的金属是阳极，要发生氧化反应，所以保护层的存在反而使腐蚀加速。但阳极保护层即使被破坏，由于被保护的金属是阴极，受腐蚀的是保护层本身，而被保护的金属则不受腐蚀。

(2) 非金属保护层　在金属设备上覆盖上一层非金属材料。例如涂料、喷漆、搪瓷、沥青、涂料、高分子材料和联合覆盖层等。当这些保护层完整时起保护作用。

2. 金属的钝化

一个铁片在稀硝酸中很容易溶解，但在浓硝酸中几乎不溶解。将铁先在浓硝酸中浸过后，再把它放在稀硝酸中，其腐蚀速率会比原来未处理前有显著的下降，甚至不溶解，这种现象叫做化学钝化，这时的金属处于钝态。除了硝酸之外，其他一些试剂（通常是强氧化剂）如 $AgNO_3$、$HClO_3$、$K_2Cr_2O_7$、$KMnO_4$ 等都可以使金属钝化。金属变成钝态以后，其电极电势增大，甚至可以升高到接近于贵金属（如 Au、Pt）的电极电势。由于电极电势增大，钝化后的金属失去了它原来的特性。例如，钝化后的铁在铜盐溶液中不能将铜取代出来。

金属除了可用氧化剂处理变成钝态外，用电化学方法也可以使之变成钝态，这实际上是电化学保护。

3. 电化学保护

这种方法是根据腐蚀电池极化作用原理，采用一定措施，使原来的腐蚀电池产生阴极极化或是阳极极化，使金属的腐蚀速度降低，甚至可以完全停止。根据这一原理，向金属表面通入电流，使腐蚀电池的阴极或阳极产生极化作用，从而达到减缓或防止腐蚀的目的。

电化学保护有阴极保护和阳极保护两种。

(1) 阴极保护　是指在金属表面通入阴极电流，产生阴极极化以减小或防止金属腐蚀的方法，称为阴极保护法。它包括阴极电保护法和牺牲阳极保护法两种。

① 阴极电保护法。是将被保护金属设备与直流电源负极相连，让它成为阴极，依靠外加阴极电流进行阴极极化而使金属得到保护的方法。化工厂中，一些装有酸性溶液的容器或管道及地下管线、贮槽、输油管、水闸、采油平台等常用这种方法。

② 牺牲阳极保护法。将电极电势较低的金属作为阳极连接在被保护的金属上，与被保护金属在电解质溶液中构成腐蚀电池，被保护金属成为阴极。电极电势较低的金属为阳极而

溶解，电流由阳极经过电解质溶液流入金属设备，使阴极极化，金属设备得到保护。目前此法已在船舶、海上及水下设备、地下管道中得到广泛应用。

例如，在海上航行的轮船船底四周常镶上锌块，在海水中形成以锌为阳极、铁为阴极的腐蚀电池，腐蚀时被溶解的是锌，不是铁，牺牲了作为阳极的锌，从而保护了船体。此方法又称为保护器保护。

阴极保护只能应用于所处的介质中容易发生阴极极化的金属，且被保护的金属必须处在电解质溶液中。

（2）阳极保护　把直流电的电源正极连接在被保护的金属上，使被保护的金属进行阳极极化，电极电势升高，使金属“钝化”而得到保护。金属可在氧化剂的作用下钝化，也可以在外电流作用下钝化。阳极保护只能应用于在阳极电流作用下建立钝态并生成稳定的钝化膜的金属，如不锈钢、碳和镍合金等。化工生产中的反应器或储藏器主要是由金属或各种合金制作的，因此，阳极保护法应用也较多。例如在碳铵化肥厂的碳化塔上就常用这种方法防止碳化塔的腐蚀。

4. 加缓蚀剂保护

在腐蚀性介质中，加少量能阻止或减缓腐蚀的物质使金属得到保护的方法，称为缓蚀剂保护。这种能阻止或减缓金属腐蚀的物质就是缓蚀剂（又称腐蚀抑制剂）。

缓蚀剂可以是一种化合物，也可以是几种物质的混合物。在碱性或中性介质中常用无机物质，例如，硅酸盐、正磷酸盐、亚硝酸盐、铬酸盐等。在酸性介质中常用有机物质，一般是含有 O、S、N 和三键的化合物，如胺类、吡啶类等。其缓蚀机理一般是减慢腐蚀过程的速率，或者是覆盖电极表面，从而达到防腐的目的。由于缓蚀剂的用量少，方便经济，所以是一种最常用的方法。

此外还有除去介质中的有害成分，以降低介质的腐蚀性的方法。例如，在锅炉给水中常常会溶解一些氧气，水中氧气的存在会引起腐蚀。防止锅炉腐蚀的有效措施是从锅炉给水中除去溶解氧。常用的除氧方法有加热法和化学法等。

再则正确选材也很重要。在生产中应根据介质的性质和工作条件，有针对性地选择在具体环境中耐腐蚀的金属及其合金，提高金属材料的使用寿命，达到防腐的目的。

总之，金属发生腐蚀的原因多种多样，影响腐蚀的因素也较复杂，腐蚀的环境又是千差万别，因此，在选择防腐方法时，应根据具体情况采取相应的防腐措施。

第十六节　化学电源

化学电源是实用的原电池。电池内参加电极反应的反应物叫活性物质。化学电源种类很多，按其使用特点大致可分为如下几类。

（1）一次电池　指放电到活性物质耗尽时不能再生的电池。

（2）二次电池　指活性物质耗尽后，可进行充电（用其他直流电源）使活性物质再生的电池。二次电池又叫蓄电池，可以反复使用多次。

（3）燃料电池　又称为连续电池，可不断地向正、负极输送反应物质，连续放电。

（4）太阳能电池　指利用太阳能直接转换成电能的电池，基本上不属于化学电源的范畴，但它是未来电池的发展方向。

下面仅就最常见的电池和某些高能电池作些简单介绍。

一、锌-锰电池

它是一次电池，是人们日常生活和实验室中广泛使用的化学电源。

电池的负极是锌，正极是石墨。石墨周围是MnO_2，电解质是NH_4Cl、$ZnCl_2$溶液加淀粉的糊状物，使之不易流动，故称干电池。这种电池可表示为：

$$Zn|ZnCl_2, NH_4Cl|MnO_2|C$$

关于电极反应机理及反应的最终产物至今仍不太清楚（虽然已使用了一百多年）。一般认为它的电极反应和电池反应为：

阳极 $Zn+2NH_4Cl \longrightarrow Zn(NH_3)_2Cl_2+2H^++2e$

阴极 $2MnO_2+2H^++2e \longrightarrow 2MnOOH$

电池反应 $Zn+2NH_4Cl+2MnO_2 \longrightarrow Zn(NH_3)_2Cl_2+2MnOOH$

干电池的电动势是1.5V，该电池的优点是容易制作，成本低，工作温度范围广，缺点是实际能量密度低（20～80W·h/kg），在电池不用时，电容量自动下降，使用一段时间后，锌筒可能会腐烂或正极活性下降，使电池报废。

一种新型的锌-汞干电池是将干电池中的$ZnCl_2$和NH_4Cl换成HgO和湿的KOH，所以又称碱性电池。

二、铅蓄电池

蓄电池是可以积蓄电能的一种装置，主要有酸式铅蓄电池、碱式Fe-Ni或Cd-Ni蓄电池及Ag-Zn蓄电池等几种。

铅蓄电池的历史最早，它的正极（阴极）是PbO_2，负极（阳极）是海绵状Pb，电解液是H_2SO_4，电池表示如下：

$$Pb|H_2SO_4(\rho=1.28g/cm^3)|PbO_2$$

放电时 阳极 $Pb+SO_4^{2-} \longrightarrow PbSO_4+2e$

阴极 $PbO_2+SO_4^{2-}+4H^++2e \longrightarrow PbSO_4+2H_2O$

电池反应 $PbO_2+Pb+2H_2SO_4 \longrightarrow 2PbSO_4+2H_2O$

电池电势为2.2V。电池内的H_2SO_4浓度随着放电的进行而下降，当电池内的H_2SO_4密度降至约$1.05g/cm^3$时，电池电动势下降到约1.9V，应暂时停止使用。用外来直流电源及时充电（直至H_2SO_4密度恢复到约$1.28g/cm^3$时为止），否则就难以复原，电池损坏。铅蓄电池一般可反复循环使用100～150次，为二次电池。

铅蓄电池的优点是它的充、放电可逆性好、电压稳定、性能可靠，能适用较大的电流密度，使用温度范围广且价格低，因而在工业上用途很广，例如，汽车、火箭、发电站等，是最常用的蓄电池。其缺点是较笨重，实际能量低（15～40W·h/kg）。

三、银-锌电池

银-锌电池属于碱性蓄电池，是一种新型的蓄电池，它能大电流放电，属于高能电池。

银-锌电池的负极（阳极）为Zn，正极（阴极）为Ag_2O_2等，电池的结构可表示：

$$Zn|KOH(40\%)|Ag_2O_2,Ag$$

电池的电极反应较复杂，每一种化合物都不止一种形态，如Ag有高价的和低价的氧化物Ag_2O_2、Ag_2O。

放电时 阳极 $2Zn+4OH^- \longrightarrow 2Zn(OH)_2+4e$

阴极 $Ag_2O_2+2H_2O+4e \longrightarrow 2Ag+4OH^-$

电池反应 $2Zn+Ag_2O_2+2H_2O \longrightarrow 2Ag+2Zn(OH)_2$

此电池可以做成二次电池，也可做成一次电池。这种电池的优点是内阻小，贮存能量大，工作电压平稳，适宜高效率放电使用，如宇宙飞船、人造卫星、导弹、火箭和航空飞行器等。

此外，还有供小型电子仪器和手表使用的纽扣式原电池，使用寿命一般为1～2.5年。

银-锌电池的缺点是价格太贵、循环寿命短、低温性能较差。但该电池无污染，利于环境保护，故被称为绿色电池。

四、燃料电池

把燃料在电池中氧化使化学能直接变成电能而发电的装置叫燃料电池。燃料电池属于高能电池。

这种化学电源与一般的电池不同。一般的电池是把“发电”的活性物质全部贮存在电池内。而燃料电池是把燃料储存在电池外部，就像在燃气锅炉中添加煤和油一样，按电池的需要源源不断地输入负极作活性物质，把氧或空气输送到正极作氧化剂。在电池内部，气体燃料和氧发生电化学反应，燃料的化学能直接转化为电能，同时不断排出产物，可见它的工作方式与内燃机相似。燃料可以是天然气、煤气、氢气、甲烷、乙烷及其他碳氢化合物等。这里正、负极不包含活性物质，只是个催化转换元件。

燃料电池是一个自动运行的电化学发电装置，由于它是将化学能直接变成电能，不经过热机过程，不受卡诺循环的限制，所以能量转化率高，理论上热电转化率可达85%～90%。实际上由于电池工作时发生极化作用的限制，目前可达40%～60%。

燃料电池在结构上与蓄电池相似，是由一个燃料电极（阳极）和一个氧化剂电极（阴极）组成的。燃料电极由惰性电极和燃料组成，氧化剂电极由惰性电极和氧气（或空气）组成。

例如，氢-氧燃料电池可表示为（Ni），$H_2(g)|KOH|O_2(g)$，（Ni）

电极反应和电池反应为：

阳极　$$H_2+2OH^- \longrightarrow 2H_2O+2e$$

阴极　$$\frac{1}{2}O_2+H_2O+2e \longrightarrow 2OH^-$$

电池反应　$$H_2+\frac{1}{2}O_2 \longrightarrow H_2O$$

如果以纯氢为原料，它的反应产物为水，这从根本上消除了硫的氧化物、氮的氧化物和二氧化碳的排放，所以氢-氧燃料电池为绿色电池。

在燃料电池中，以氢-氧燃料电池发展最为迅速，因为它能大功率供电（可达几千瓦），效率高，可靠性高，设备轻巧简便，无噪声，反应产物水又能供宇航员的饮用，所以现在已用于宇宙航行和潜艇中。

实际上燃料电池的规模和用途可以随意选择，大到可代替大中型火力发电厂发电，小到可作为家用电源、电动汽车动力源和小型便携式电源。

由于燃料电池几乎不排放硫的氧化物和氮的氧化物，二氧化碳的排放量也比一般常规发电厂少40%以上，并且无噪声，基本上是无环境污染的化学电源，也可称为绿色电池。燃料电池被认为是继火力、水力和原子能之后的第四大发电系统，被认为是21世纪首选的高效洁净的发电技术。若要彻底解决能源所带来的环境污染问题，必须高度重视化学电源的研究与应用。

化学传感器

化学传感器是指能将各种化学物质的浓度转换为电信号的器件。它主要是利用敏感材料与被测物质中的离子、分子或生物质相互接触时引起的电极电势、表面化学势和表面化学反应的变化或发生生物反应而转换为电信号的。化学传感器实际上是各种不同用途的专用电极。因携带方便、检测迅速、灵敏度高，可以测定浓度很低的物质，而广泛用于石油化工、医学、生物、环境监测等方面，常用来进行易燃易爆、有毒有害气体的监测、预报和反应控制等。

化学传感器的种类主要有半导体陶瓷气体传感器、电化学气体传感器、半导体场效应化学传感器和生物传感器等。

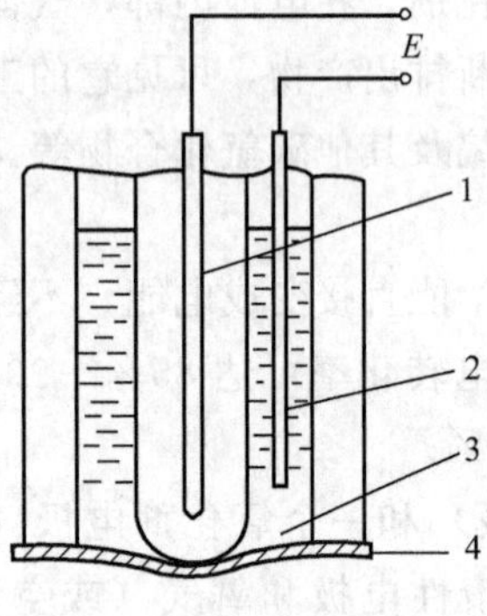

图 6-21 气敏电极结构示意图

1—指示电极；2—参比电极；
3—碳酸氢钠溶液；
4—微孔气体渗透膜

如 CO_2 气敏电极，它是一种在离子选择电极的基础上发展起来的电化学气体传感器。它利用气敏电极或气体扩散电极来测量混合气体中或溶解在溶液中的某气体的含量。其构造如图 6-21 所示，底部 4 是装有只允许被测的 CO_2 气体通过的微孔气体渗透膜，此渗透膜是疏水性的。将参比电极 2（一般用甘汞电极或银-氯化银电极）和氢离子浓度指示电极 1 插入浓度为 $10mol/m^3$ 的碳酸氢钠溶液 3 中构成原电池。当电极插入含有二氧化碳的溶液中时，因二氧化碳与水生成碳酸，影响了碳酸氢钠的电离平衡，如用玻璃电极作为氢离子活度的指示电极，其膜电势为：

$$E(膜)=常数+\frac{RT}{F}\ln a(H^+)=常数+\frac{RT}{F}\ln\frac{p(CO_2)}{p^\ominus}$$

则电池电动势 $E=E(参)-E(膜)$

可见，碳酸氢钠溶液中氢离子的活度与被测溶液中 CO_2 的分压成正比。测出此电池的电动势 E，便可计算出溶液中二氧化碳的含量。

在医学上，将这种气敏电极做成探针形式，可以检测动脉中或表皮上二氧化碳的含量，用于重病监护和手术监护。

而半导体场效应化学传感器，主要是用离子选择性敏感膜代替了半导体场效应管中的金属栅极，称为离子敏感场效应晶体管，简称 ISFET，它是工作电流随溶液中离子浓度而变化的场效应管。当插入待测液时，构成了电池：

外参比电极(R)|待测液|离子敏感膜

则电池电动势为：
$$E=E(膜)-E(R)=E'+\frac{RT}{F}\ln a_x$$

式中，E(膜) 为敏感膜的膜电势；E(R) 为外参比电极的电极电势。测出电池电动势 E 就可求出被测离子的活度 a_x。

不同的敏感膜，有不同的选择性和灵敏度。如用绝缘材料作敏感膜，对 Na^+、K^+、H^+ 有较好的灵敏度和选择性。气敏膜对检测 NH_3、H_2、CO、H_2S、CH_4 和 C_2H_6 等气体有较高的敏感度。用不同的酶作生物敏感膜，可检测不同的物质。

离子敏感场效应晶体管目前已有数十种，广泛用于生物医学、环境监测、药理分析、生产过程自动化控制等方面。

化学传感器机理较复杂，但应用广泛，发展迅速。

本章小结

一、基本概念

1. 电解池：将电能转变为化学能的装置。

2. 原电池：将化学能转变为电能的装置。

3. 阳极：失去电子发生氧化反应的电极。

阴极：得到电子发生还原反应的电极。

4. 正极：电势高的电极。

负极：电势低的电极。

原电池的阴极为正极，阳极为负极。电解池与此相反。

5. 电导：电阻的倒数。

6. 电导率：两极板为单位面积两极板间距离为单位长度时溶液的电导。

7. 摩尔电导率：单位浓度（物质的量浓度）电解质溶液的电导率。

8. 可逆电池必备的条件：

电极和电池反应是可逆的；能量转换是热力学可逆的。

9. 标准氢电极：以氢离子的活度为1，氢气的压力为100kPa时的氢电极，规定其电极电势为零。

10. 标准电极电势：电极反应物质都处于标准状态时的电极电势为该电极的标准电极电势。

11. 浓差电池：原电池中总的变化是物质由高浓度区域转移至低浓度区域的电池。

12. 液体接界电势：两种不同的电解质溶液或两种不同浓度的电解质溶液在它们的界面上存在的电势差。

13. 可逆电极分三种：第一类电极，第二类电极，第三类电极（氧化还原电极）。

14. 分解电压：能够使某电解质溶液连续进行电解时所需的最小外加电压。

15. 电极的极化：当电流通过电极时，实际电极电势偏离平衡电极电势的现象。

二、基本定律与公式

1. 电解质溶液的导电规律

（1）法拉第定律　$Q=\xi zF$

（2）电流效率
$$\varepsilon=\frac{Q_{理论}}{Q_{实际}}\times100\%$$
$$=\frac{m_{实际}}{m_{理论}}\times100\%$$

（3）电导　$G=\frac{1}{R}$

（4）电导率　$\kappa=G\frac{l}{A}$

（5）摩尔电导率　$\Lambda_m=\frac{\kappa}{c}$

（6）科尔劳施公式　$\Lambda_m=\Lambda_m^{\infty}-A\sqrt{c}$

（7）离子独立移动定律　$\Lambda_m^{\infty}=\nu_+\Lambda_{m,+}^{\infty}+\nu_-\Lambda_{m,-}^{\infty}$

（8）电解质的离子平均活度　$a_{\pm}=(a_+^{\nu_+}a_-^{\nu_-})^{\frac{1}{\nu}}$

（9）电解质的离子平均质量摩尔浓度　$b_{\pm}=(b_+^{\nu_+}b_-^{\nu_-})^{\frac{1}{\nu}}$

(10) 电解质的离子平均活度因子 $\gamma_{\pm}=(\gamma_{+}^{\nu_{+}}\gamma_{-}^{\nu_{-}})^{\frac{1}{\nu}}$

2. 原电池

(1) 可逆电池电动势的计算

① 电池反应的能斯特方程 $E=E^{\ominus}-\frac{RT}{zF}\ln\prod_{B}a_{B}^{\nu_{B}}$

② 电池电动势与电极电势的关系 $E=E_{+}-E_{-}$

③ 标准电池电动势与标准电极电势的关系 $E^{\ominus}=E_{+}^{\ominus}-E_{-}^{\ominus}$

④ $E^{\ominus}$与$K^{\ominus}$的关系 $E^{\ominus}=\frac{RT}{zF}\ln K^{\ominus}$

⑤ $\Delta_r G_m$ 与 E 的关系 $\Delta_r G_m=-zEF$

⑥ $\Delta_r G_m^{\ominus}$ 与 $E^{\ominus}$ 的关系 $\Delta_r G_m^{\ominus}=-zE^{\ominus}F$

⑦ 电极电势能斯特方程 $E_{电极}=E_{电极}^{\ominus}-\frac{RT}{zF}\ln\frac{a(还原态)}{a(氧化态)}$

(2) 溶液 pH 的计算

① 氢电极法

$$Pt,H_2(g,p)|待测液\ a(H^+)\|甘汞电极$$

298.15K 时 $pH=\frac{E-E_{甘汞}}{0.05916V}$

② 醌-氢醌电极法

pH<7.1 时，摩尔甘汞电极‖Q-H_2Q 饱和的待测溶液|Pt

298.15K 时 $pH=\frac{0.4194-E}{0.05916}$

pH>7.1，上面两电极颠倒，298K 时，$pH=\frac{0.4194+E}{0.05916}$

③ 玻璃电极法

Ag,AgCl(s)|HCl(0.1mol/L)⋮待测溶液[(H^+)]‖甘汞电极

298.15K 时 $pH=\frac{E+E_{玻璃}-E_{甘汞}}{0.05916V}$

3. 电解与极化

阳极超电势 $\eta_{阳}=E_{阳}-E_{阳,平}$

阴极超电势 $\eta_{阴}=E_{阴,平}-E_{阴}$

三、计算题类型

1. 电解质溶液

(1) 法拉第定律应用的计算。

(2) 有关电解质溶液的电导、电导率、摩尔电导率的计算。

(3) 摩尔电导率与溶液浓度关系的计算。

(4) 应用电导测定的计算。

2. 原电池

(1) 有关电极电势与电池电动势的计算，包括 $\Delta_r G_m$、$\Delta_r G_m$、$K^{\ominus}$ 方面的计算。

(2) 有关电池电动势测定的应用方面的计算，例如应用电动势值求溶液的 pH，判断电池反应的方向。

3. 电解与极化

(1) 分解电压的计算。

（2）有关极化电极电势与电解产物的计算。

四、如何解决化工过程的相关问题

1. 应用法拉第定律可以计算电解与电镀生产中产物的质量和体积、通入的电量、电流效率等问题。

2. 电导的测定，可检验水的纯度，测定微溶盐的溶解度、弱电解质的解离度，还用于电导滴定、工业气体定量分析等。

3. 电池电动势的测定，可测量溶液的 pH、电势滴定等。

4. 应用极化电极电势与超电势确定电解析出物质的难易程度，控制实际生产中电解产物的析出顺序，以获得所需要的产物及纯净的产品。

5. 分析化工生产设备及金属材料腐蚀的原因，采取有效的防护方法。

思　考　题

1. 金属和电解质溶液的导电本质有什么不同？

2. 阳极、阴极、正极、负极是怎样定义的？对应关系如何？

3. 摩尔电导率就是溶液中含有正、负离子各 1mol 时的电导吗？

4. 怎样求强电解质溶液和弱电解质溶液的极限摩尔电导率？

5. 电导测定在生产实际中有何应用？

6. 离子独立运动定律只适用于无限稀释的强电解质溶液吗？

7. 原电池的正极即为阳极，负极即为阴极；而电解池的正极即为阴极，负极即为阳极这种说法对吗？

8. 可逆电池的条件是什么？举例说明。

9. 电解池和原电池有何异同？原电池形成的条件有哪些？

10. 电池书写符号有何规定？电极主要有几种类型？举例说明。

11. 正极的电极电势总是正的，负极的电极电势总是负的，对不对？

12. 标准氢电极及其电极电势规定为零的条件是什么？为什么常用甘汞电极作为参比电极，而不用标准氢电极？

13. 什么叫液体接界电势？产生的原因是什么？通常用什么消除？能否完全消除？

14. 在实验室测溶液的 pH 时常用什么方法？常用的参比电极是什么电极？属于哪类电极？写出该电极的表达形式、电极反应及电极电势能斯特方程。

15. 原电池电动势测定有哪些应用？

16. 什么叫极化？产生极化作用的原因主要有哪些？极化作用产生什么样的结果？

17. 什么是超电势？怎样从极化电极电势来判断在阴、阳电极上电解产物的次序？

18. 金属的电化学腐蚀机理是什么？如何防护？

习　　题

6-1　在 300K、100kPa 下，用 20A 的电流电解氯化铜溶液，经 10min 后，问（1）在阴极上能析出多少铜？（2）在阳极上能析出多少体积氯气？

6-2　要在总表面积为 $0.01m^2$ 的金属物体上面镀一层 0.30mm 厚的镍，溶液中的镍离子为 Ni^{2+}，用 3.0A 直流电进行电镀要花多少时间？设电流效率为 92%，镍的体积质量为 $8.9g/cm^3$。

6-3　在一个炼铜厂电解车间的电解槽中，通过的电流为 4000A，电流效率为 91%，问一天 24h 能生产多少铜？

6-4　298K 时，将某电导池充以 0.020mol/L 的 KCl 溶液，测得电阻为 453.0Ω，然后在该电导池中

换上同样体积的 $CaCl_2$ 溶液，浓度为 0.555g/L 时，测得电阻为 1050Ω。试计算：(1) 电导池常数 $\frac{l}{A}$；(2) $CaCl_2$ 溶液的电导率；(3) $CaCl_2$ 的摩尔电导率。已知 0.020mol/L KCl 溶液的 κ 为 0.2768S/m。

6-5 298K 时，电导池内装入电导率为 0.141S/m 的 KCl 溶液（c 为 0.01mol/dm³），测得电阻为 484Ω。用同一电导池测定 0.005mol/L 的 NaCl 溶液，其电阻为 1128.9Ω。计算 NaCl 的摩尔电导率为多少？

6-6 测得 0.001028mol/L 的醋酸溶液在 298K 时的摩尔电导率为 4.815×10^{-3} S·m²/mol，计算：(1) 醋酸的解离度；(2) 解离常数。(已知醋酸的极限摩尔电导率为 390.72×10^{-4} S·m²/mol。)

6-7 在 298.15K 时，测得 0.010mol/dm³ 磺胺（$C_6H_8O_2N_2S$）水溶液的电导率为 1.103×10^{-3} S/mL，知该温度下磺胺钠盐（SN-Na）的极限摩尔电导率为 10.3×10^{-3} S·m²/mol，盐酸的极限摩尔电导率为 42.62×10^{-3} S·m²/mol，NaCl 的极限摩尔电导率为 12.65×10^{-3} S·m²/mol，求 (1) 磺胺（SN）的摩尔电导率；(2) 磺胺（SN）的极限摩尔电导率。

6-8 298K 时，水的离子积 $K_w=1.008\times10^{-14}$，以及同温度下 NaOH、HCl 和 NaCl 的无限稀释摩尔电导率分别为 0.02478S·m²/mol、0.042616S·m²/mol 和 0.012645S·m²/mol，求 298K 纯水的电导率。

6-9 在 298.15K 时，测得 0.010mol/dm³ 磺胺（$C_6H_8O_2N_2S$）水溶液的摩尔电导率为 0.1103×10^{-3} S·m²/mol，知该温度下磺胺的极限摩尔电导率为 40.27×10^{-3} S·m²/mol，则该条件下磺胺的解离度为多少？(可进一步求出磺胺的解离平衡常数是多少)

6-10 测得 292K CaF_2 饱和水溶液的电导率为 3.86×10^{-3} S/m，配制该溶液所用纯水的电导率为 1.50×10^{-4} S/m。已知 292K 时 $\left(\frac{1}{2}CaCl_2\right)$、NaCl、NaF 极限摩尔电导率分别为 116.7×10^{-4} S·m²/mol、108.9×10^{-4} S·m²/mol、90.2×10^{-4} S·m²/mol，求此温度下 CaF_2 的溶解度。

6-11 下列电解质水溶液其质量摩尔浓度为 b，试分别求出它们的 $b_\pm$、$a_\pm$ 及 a 与 b、$r_\pm$ 的关系。

(1) KCl　(2) CaF_2　(3) $AlCl_3$　(4) $Al_2(SO_4)_3$

6-12 已知 298K 时，b 为 0.0100mol/kg 的 H_2SO_4 溶液中，离子的平均活度因子 $r_\pm=0.715$，求此溶液的 $b_\pm$、$a_\pm$ 和 a。

6-13 写出下列电池的电极和电池反应：

(1) $Pt|H_2(g)|H^+(a_1)\|Ag^+(a_2)|Ag(s)$

(2) $Pt, H_2(g)|HI|I_2(s), Pt$

(3) $Pb|Pb^{2+}(a_1)\|Cu^{2+}(a_2)|Cu(s)$

(4) $Zn|Zn^{2+}(a_1)\|Sn^{2+}, Sn^{4+}|Pt$

(5) $Pt, H_2(g)|H_2SO_4|Hg_2SO_4(s)|Hg, Pt$

6-14 已知下列电池

$$Cd|Cd^{2+}(a=1)\|I^-(a=1)|I_2(s), Pt$$

写出电池反应，并计算 25℃时的 E、$E^\ominus$、$\Delta_r G_m^\ominus$ 和 $K^\ominus$。

6-15 计算反应　$H_2(100kPa)+I_2(s)\rightleftharpoons 2HI(a=1)$

在 298.15K 时 $E^\ominus$、$\Delta_r G_m^\ominus$ 和 $K^\ominus$，并判断反应方向。

6-16 写出下列电池的反应式

$$Zn|Zn^{2+}(a_+=0.001)\|I^-(a_-=0.1)|I_2, Pt$$

并计算 298.15K 时的 E、$\Delta_r G_m$ 和 $K^\ominus$。

6-17 已知下列电池在 298.15K 时的 $E^\ominus=1.2391V$，

$$Fe|Fe^{2+}(a=2.0)\|Ag^+(a=0.1)|Ag$$

写出电池反应式并计算 298.15K 时的 E、$\Delta_r G_m$ 和 $K^\ominus$。

6-18 将下列化学反应设计成电池

$$Cu(s)+Cl_2(100.0kPa)\longrightarrow Cu^{2+}(a_+=0.5)+2Cl^-(a_-=1.0)$$

计算 298.15K 时的 E、$\Delta_r G_m$ 和 $K^\ominus$，并判断反应自发进行的方向。

6-19　将下列化学反应设计成原电池：

（1）$H_2+Cl_2 \longrightarrow 2HCl$

（2）$Cd+Hg_2SO_4 \longrightarrow CdSO_4+2Hg$

（3）$AgCl(s)+I^- \longrightarrow AgI(s)+Cl^-$

（4）$Pb^{2+}+Sn^{2+} \longrightarrow Pb+Sn^{4+}$

（5）$H^++OH^- \longrightarrow H_2O$

6-20　298.15K 时有一电池

$$Cu|Cu^{2+}(a_+=0.1)\|H^+(a_+=0.01)|H_2(90kPa),Pt$$

（1）写出电极反应；（2）写出电池反应；（3）计算 $E(H^+/H_2)$、$E(Cu^{2+}/Cu)$ 及 E；（4）计算 Δ_rG_m；（5）判断此反应自发方向。

6-21　氢电极与摩尔甘汞电极组成电池，测得 298.15K 时的电池电动势为 0.420V，求溶液 $a(H^+)$ 和 pH。

6-22　醌-氢醌电极与饱和甘汞电极组成电池，在 298.15K 时，测得电池电动势为 0.3944V，求溶液的 pH。

6-23　饱和甘汞电极为正极与玻璃电极构成电池，在 298.15K 时，用 pH=4 的缓冲溶液加入，测得电池电动势为 0.3010V，当将被测溶液加入时，测得 E 为 0.4250V，求被测溶液的 pH。

6-24　已知 25℃时，浓差电池

$$Pb,PbSO_4(s)|SO_4^{2-}(a=0.022)\|SO_4^{2-}(a=0.0064)|PbSO_4(s),Pb$$

求该电池电动势。

6-25　电解饱和食盐水（$a_\pm=3.25$），用铁丝网作阴极，石墨作阳极，当电流密度为 $10000A/m^2$ 时，H_2、O_2 和 Cl_2 在各电极上的超电势分别为 0.2V、1.24V 和 0.53V（Na 的超电势为零）。在 298.15K 时，对中性饱和食盐水电解时阴、阳极各析出什么物质？

6-26　一个电解池中放入 $FeCl_2$ 溶液（$a_\pm=0.10$）和 $CuSO_4$ 溶液（$a_\pm=0.20$），在 298.15K、100kPa 时，用 Pt 电极进行电解。若溶液中氢离子活度为 1.0 时，（1）在阴极上哪种离子首先析出？（2）当第二种离子析出时，溶液中先析出离子的活度为多少？金属离子的超电势可忽略。H_2 在 Pt 电极上超电势为 0.07V。

6-27　已知 25℃时电流密度为 $0.01A/cm^2$，H_2 在 Zn 电极上的 η 为 0.76V。若电解质溶液中 Zn^{2+} 活度为 0.01，要控制不使 H_2 析出，只使 Zn^{2+} 在阴极上析出，则溶液的 pH 应控制在什么范围？

第七章　界面现象

学习目标

1. 理解表面功、比表面吉布斯函数、表面张力的概念。
2. 理解润湿现象及弯曲液面的附加压力，学会其计算。
3. 掌握分散度与蒸气压的关系，能解释亚稳现象。
4. 了解吸附现象，明确物理吸附与化学吸附的区别，了解气固吸附的影响因素。
5. 掌握弗罗因德利希吸附方程式的应用。
6. 理解兰格缪尔吸附理论的要点，学会其吸附方程式的运用。
7. 了解表面活性剂的分类、性能及应用。
8. 了解乳状液的分类、性能、形成及应用。

物质与真空、本身的饱和蒸气或含饱和蒸气的空气相接触的面，称为表面。而任意两相的接触面，则称为界面，现习惯上将其统称为界面。

界面现象是指在相界面上存在的一些现象，是自然界中普遍存在的基本现象。界面现象主要讨论界面上分子的某些特性及其表现。例如在光滑玻璃上的微小汞滴自动地呈球形；水在毛细管中自动地上升；固体表面自动地吸附其他物质；脱脂棉易于被水润湿；微小液滴易于蒸发；微小晶体易于熔化和溶解等。这些在相界面上所发生的物理化学现象皆称为界面现象。

产生界面现象的主要原因是处在界面层中物质的分子与系统内部的分子之间存在着分子引力上的差异，即存在着界面张力，亦即存在着界面吉布斯函数。系统的界面积越小，界面吉布斯函数越小。在恒温、恒压下系统界面吉布斯函数越小，系统越具有热力学稳定性，这就是系统的界面积要自动缩小、界面张力要自动降低的原因。这一自发过程的存在产生了一系列界面现象。

有的物质在相界面上可以起到降低系统界面吉布斯函数的作用，从而使系统更加具有热力学稳定性。这类物质称为表面活性物质，具有润湿、助磨、乳化、分散、发泡、匀染等作用。自然界中存在着很多此类物质。例如，我国古代劳动人民早就有米粉、豆粉的水磨比干磨效率高的经验。随着界面物理化学的深入研究，新型表面活性物质的合成及应用，界面现象所涉及的内容愈来愈广泛，界面现象的重要性也愈来愈为人们所重视，在科研与生产实践中所起的作用也愈来愈明显。

第一节　表面张力和比表面吉布斯函数

一、表面积和比表面

分散度，是指物质分散的程度。对于一定量的物质，分散度愈高（即颗粒越小），其表面积就愈大。通常用比表面（A_S）来表示物质的分散度，其定义为：每单位体积的物质所

具有的表面积，即

$$A_S = A/V \tag{7-1}$$

式中 A_S ——比表面，m^{-1}；

A ——体积为 V 的物质所具有的表面积，m^2；

V ——物质的体积，m^3。

对于边长为 l 的立方体颗粒，其比表面可用下式计算：

$$A_S = A/V = 6l^2/l^3 = 6/l$$

例如将一个体积为 $10^{-6}m^3$（即 $1cm^3$）、边长为 $10^{-2}m$（即 1cm）的立方体，分割成边长为 $10^{-9}m$ 的小立方体时，其表面积可增加一千万倍。表 7-1 列出随着分割程度的增加，比表面的变化情况。

表 7-1 $1cm^3$ 的立方体分散为小立方体的比表面的变化

立方体边长 l/m	粒子数	总表面积 A/m^2	比表面 A_S/m^{-1}	与微粒大小相近的实例
10^{-2}	1	6×10^{-4}	6×10^{2}	—
10^{-3}	10^{3}	6×10^{-3}	6×10^{3}	—
10^{-4}	10^{6}	6×10^{-2}	6×10^{4}	牛奶内的油粒
10^{-5}	10^{9}	6×10^{-1}	6×10^{5}	—
10^{-6}	10^{12}	6×10^{0}	6×10^{6}	—
10^{-7}	10^{15}	6×10^{1}	6×10^{7}	藤黄溶胶
10^{-8}	10^{18}	6×10^{2}	6×10^{8}	金溶胶
10^{-9}	10^{21}	6×10^{3}	6×10^{9}	细分散的多溶胶

可见，对于一定量的物质来说，其颗粒越小即分散程度越大，比表面 A_S 的数值越大，因此总的表面积就愈大，处在表面的分子越多，表面现象也越突出。

二、表面张力

物质表面层中的分子与相内的分子二者所受的引力是不相同的。例如某纯液体与其饱和蒸气相接触，如图 7-1 所示，在液体内部的任一分子，皆处于同类分子的包围之中，该分子与其周围分子之间的吸引力球形对称，各个相反方向上的力彼此相互抵消，合力为零。而表面层中的分子所受引力不对称，液体内部的分子对表面层中分子吸引力，远大于外部气体分子对它的吸引力，使表面层中的分子恒受到指向液体内部的拉力，从而液体表面的分子总是趋于向液体内部移动，力图缩小表面积。例如微小液滴总是呈球形；放松吹大的肥皂泡，它就会自动缩小等。这些现象显示出液体表面上处处都存在着表面紧缩力。

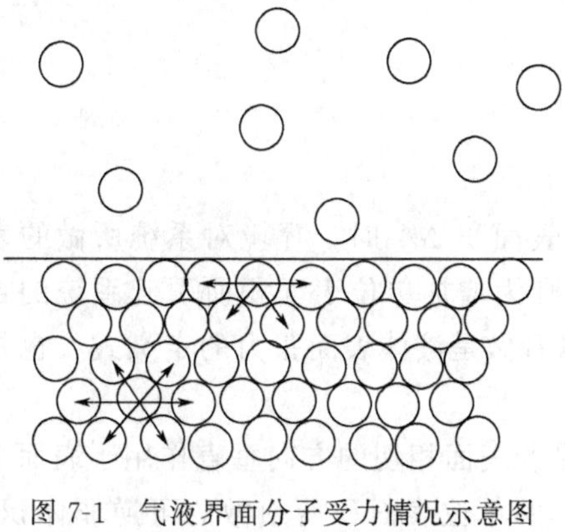

图 7-1 气液界面分子受力情况示意图

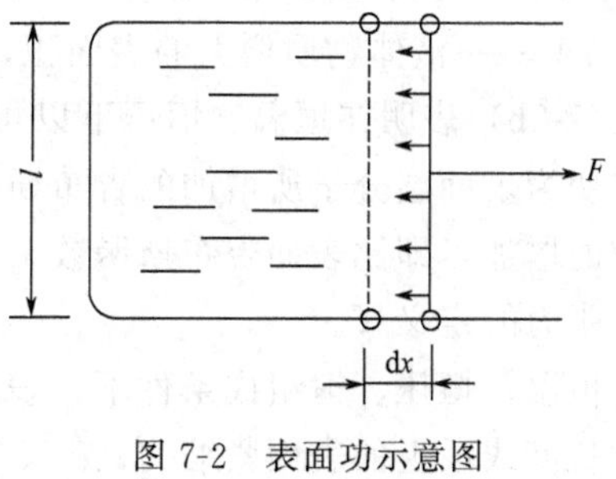

图 7-2 表面功示意图

表面上存在着表面紧缩力，要增大表面积就需克服此表面紧缩力，对系统做功。如图 7-2 所示，在一金属框上装有可以滑动的金属丝，将此丝固定后蘸上一层肥皂膜，这时若放松金属丝，金属丝就会在表面张力的作用下自动向左移动而缩小液膜的面积，要保持金属丝处在固定的位置上，就要对之施加一适当的外力 F。若丝的长度为 l，作用于液膜单位长度上的表面紧缩力为 σ，则作用于丝上的总力为 $F=2\sigma l$。乘以 2 是因为液膜有正、反两个表面。

$$\sigma=F/2l$$

式中 σ ——液体的表面张力，$N/m=J/m^2$；

F ——作用于液膜上平衡外力，N；

l ——单面液膜的长度，m。

表面张力就是垂直作用于表面上任意单位长度线段上的表面紧缩力，表面张力的方向对于平液面显然应沿着液面而与液面平行，如图 7-2 中箭头所指即为 σ 的方向，对于弯曲液面则应与液面相切。

三、比表面吉布斯函数

在恒温、恒压、恒组成条件下，每增大单位表面积时，系统所增加的吉布斯函数，称比表面吉布斯函数 σ。

任何一相表面分子与相内分子的状况不同，要把分子从内部移到界面，使表面积增大，就必须克服系统内部分子之间的吸引力对系统做功。若使上述液膜的面积增大 $\mathrm{d}A$，则须抵抗张力 F 使金属丝向右移动长度 $\mathrm{d}x$ 而做非体积功。在可逆条件下应忽略摩擦力，故所做功为可逆非体积功。

$$\delta W'_{\mathrm{R}}=F\mathrm{d}x=2\sigma l\mathrm{d}x=\sigma\mathrm{d}A$$

式中，$\mathrm{d}A=2l\mathrm{d}x$，$\delta W'_{\mathrm{R}}$ 又称为表面功，若是系统增加单位表面积，则 W'_{R} 称为比表面功。σ 为比例常数，它表示在恒温、恒压和组成不变的条件下，增加单位表面积时所必须对系统做的可逆非体积功。因为是环境对系统所做的非体积功，使系统增加表面能，故 $\delta W'_{\mathrm{R}}$ 为正值。

从热力学已知，在恒温、恒压、恒组成条件下

$$\Delta G=W'_{\mathrm{R}}$$

所以上述条件下增大表面积 $\mathrm{d}A$ 所做的功 $\delta W'_{\mathrm{R}}$ 应有如下关系：

$$\mathrm{d}G_{T,p,x}=\delta W'_{\mathrm{R}}=\sigma\mathrm{d}A \tag{7-2a}$$

由上式得

$$\sigma=\delta W'_{\mathrm{R}}/\mathrm{d}A=(\partial G/\partial A)_{T,p,x} \tag{7-3}$$

定积分式(7-2a)，得

$$\Delta G=\sigma\Delta A \tag{7-2b}$$

式中 ΔG ——表面吉布斯函数，J；

σ ——比表面吉布斯函数，J/m^2；

ΔA ——液体物质增大的表面积，m^2。

式(7-2b) 表明在恒温、恒压下以可逆方式增大表面积 ΔA 时，环境对系统所做的表面功，转变为表面层分子所增加的吉布斯函数 ΔG；σ 则为增加单位表面积所引起系统的吉布斯函数的增加，即比表面吉布斯函数。式(7-3) 可以看做是液体表面张力的定义式，也是任一界面张力的定义式。

在恒温、恒压、恒组成条件下，表面张力 σ 为沿着表面相切的方向垂直作用于表面上任意单位长度线段上的表面紧缩力；σ 又等于增加液体的单位表面积所须做的可逆非体积功，

即比表面功；σ 还等于增加液体单位表面积，系统所增加的吉布斯函数，即比表面吉布斯函数。所以表面张力、比表面功和比表面吉布斯函数三者虽为不同的物理量，但它们的数值和量纲却是相同的，三者的单位皆为J/m^2。

四、表面张力的影响因素

表面张力是物质表面所具有的一种特性，是系统的强度性质（见表 7-2 和表 7-3）。其数值受下列因素影响。

表 7-2　293K 时一些液体的表面张力（σ）值

液　体	$\sigma/(J/m^2)$	液　体	$\sigma/(J/m^2)$
水	7.28×10^{-2}	四氯化碳	2.69×10^{-2}
硝基苯	4.18×10^{-2}	丙　酮	2.37×10^{-2}
二硫化碳	3.35×10^{-2}	甲　醇	2.26×10^{-2}
苯	2.89×10^{-2}	乙　醇	2.23×10^{-2}
甲苯	2.84×10^{-2}	乙　醚	1.69×10^{-2}

表 7-3　293K 时汞和水与一些物质间的界面张力（σ）值

第一相	第二相	$\sigma/(J/m^2)$	第一相	第二相	$\sigma/(J/m^2)$
汞	汞蒸气	4.716×10^{-1}	水	正己烷	5.11×10^{-2}
	乙　醇	3.643×10^{-1}		异戊烷	4.96×10^{-2}
	苯	3.620×10^{-1}		苯	3.26×10^{-2}
	水	3.75×10^{-1}		丁　醇	1.76×10^{-2}

1. 与物质本性的关系

纯液（固）态物质的表面张力是指纯液（固）态物质与其蒸气、或被其蒸气饱和的空气两相平衡时表面上所具有的表面张力。纯液（固）体中分子间的作用力越大，其表面张力越大。一般来说，纯固态物质的表面张力大于纯液态物质的表面张力；处于相同的凝聚态下，纯物质的表面张力有如下规律：

$$\sigma(\text{金属键})>\sigma(\text{离子键})>\sigma(\text{极性共价键})>\sigma(\text{非极性共价键})$$

两种不同的纯物质相接触时，其界面张力与此二物质的性质有关。一般液-液界面的界面张力介于这两种纯液体表面张力之间。

溶液的表面张力与组成有关，将在本章第四节中讨论。

2. 与温度的关系

随着温度升高，纯物质的液（固）体与其蒸气的密度差减小，使得表面分子所受指向液（固）体内部的拉力减小，所以纯物质的表面张力一般随温度升高而降低。当温度趋于临界温度时，任何物质的表面张力皆趋于零。

3. 与压力的关系

表面张力一般随压力增加而降低，但压力的影响很小，通常可忽略。

【例 7-1】　293K 时把半径为 1.0mm 的水滴分散成半径为 1.0×10^{-3}mm 的小水滴，问（1）比表面积增加了多少倍？（2）表面吉布斯函数增加了多少？（3）完成该变化时，环境至少需做多少功？（293K 时水的表面张力为 $7.28\times10^{-2}J/m^2$）

解　依据相关公式：$V=\dfrac{4}{3}\pi r^3$　$A=4\pi r^2$　$\Delta G=\sigma\Delta A$　$W'_r=\Delta G$

（1）每个半径为 1.0mm 的水滴可分为半径 1.0×10^{-3}mm 的小水滴的个数为

$$n=\left[\frac{4}{3}\pi(1.0)^3\right]\div\left[\frac{4}{3}\pi(1.0\times10^{-3})^3\right]=10^9$$

每个半径为 1.0mm 的水滴的表面积为

$$A_1=4\pi r_1^2=4\pi(1.0)^2\,\mathrm{mm}^2=4\pi\,\mathrm{mm}^2=4\pi\times10^{-6}\,\mathrm{m}^2$$

每个半径为 1.0×10^{-3} mm 的水滴的表面积为

$$A_2=4\pi r_2^2=4\pi(1.0\times10^{-3})^2\,\mathrm{mm}^2=4\pi\times10^{-6}\,\mathrm{mm}^2=4\pi\times10^{-12}\,\mathrm{m}^2$$

故分散成小水滴的总表面积为

$$A_{总}=A_2 n=4\pi\times10^{-12}\times10^9\,\mathrm{m}^2=4\pi\times10^{-3}\,\mathrm{m}^2$$

$$比表面积增加的倍数=4\pi\times10^{-3}\,\mathrm{m}^2/(4\pi\times10^{-6}\,\mathrm{m}^2)=10^3$$

(2) 从公式(7-3) 可得增加的表面吉布斯函数为

$$\Delta G=\sigma\Delta A=7.28\times10^{-2}\times(4\times10^{-3}-4\times10^{-6})\times3.14\mathrm{J}=9.14\times10^{-4}\mathrm{J}$$

(3) 环境所做的最小表面功为

$$W'_{\mathrm{R}}=\Delta G=9.14\times10^{-4}\mathrm{J}$$

第二节 润湿现象

一、润湿

固体、液体表面上的气体被液体取代的过程，称为润湿。它是表面现象的重要内容。

固体、液体表面上的气体能否被液体取代，取决于表面的性质。与其他过程相同，在一定温度和压力下，润湿过程能否进行，可用表面吉布斯函数的变化来衡量。根据润湿程度可以把润湿现象进行分类。

1. 沾湿

液体与固体表面接触时，气-固和气-液两表面转化为固-液界面的过程，称为沾湿。

发生沾湿时液体仅能沾附在与固体的接触面上，而不能向固体表面的其他部位扩展。一定的 T、p 下，单位面积的气-固与气-液表面被单位面积的液-固界面所取代，此过程的吉布斯函数变为：

$$\Delta G_{\mathrm{a}}=\sigma_{\mathrm{s\text{-}l}}-(\sigma_{\mathrm{s\text{-}g}}+\sigma_{\mathrm{l\text{-}g}}) \tag{7-4}$$

式中 ΔG_{a} ——单位面积沾湿过程的吉布斯函数，$\mathrm{J/m^2}$；

$\sigma_{\mathrm{s\text{-}l}}$——固-液界面的界面张力，$\mathrm{J/m^2}$；

$\sigma_{\mathrm{s\text{-}g}}$——固-气界面的界面张力，$\mathrm{J/m^2}$；

$\sigma_{\mathrm{l\text{-}g}}$——液-气界面的界面张力，$\mathrm{J/m^2}$。

若沾湿为自发过程，则

$$\Delta G_{\mathrm{a}}<0$$

表示在一定 T、p 下，固-气及液-气表面，可被固-液界面取代。ΔG_{a} 愈小，则表示沾湿过程愈易于进行。

2. 浸湿

把固体浸入液体中，气-固表面完全被固-液界面所取代的过程，称为浸湿。

在一定 T、p 下，浸湿单位面积的固体表面时过程的吉布斯函数变为：

$$\Delta G_{\mathrm{i}}=\sigma_{\mathrm{s\text{-}l}}-\sigma_{\mathrm{s\text{-}g}} \tag{7-5}$$

式中 ΔG_{i} ——单位面积浸湿过程的吉布斯函数，$\mathrm{J/m^2}$；

$\sigma_{s\text{-}l}$——固-液界面的界面张力，J/m^2；

$\sigma_{s\text{-}g}$——固-气界面的界面张力，J/m^2。

若浸湿为自发过程，则 $\Delta G_i<0$。

3. 铺展

少量的液体在光滑的固体表面（或液体表面）上自动展开形成一层薄膜的过程，称为铺展。

铺展过程是固-液界面取代固-气表面，同时又增加气-液表面的过程。忽略少量液体集中为小液滴时的表面积，在一定 T、p 下，单位面积的铺展过程的吉布斯函数变为：

$$\Delta G_s=\sigma_{s\text{-}l}+\sigma_{l\text{-}g}-\sigma_{s\text{-}g} \tag{7-6}$$

式中　ΔG_s——单位面积铺展过程的吉布斯函数，J/m^2；

$\sigma_{s\text{-}l}$——固-液界面的界面张力，J/m^2；

$\sigma_{s\text{-}g}$——固-气界面的界面张力，J/m^2；

$\sigma_{l\text{-}g}$——液-气界面的界面张力，J/m^2。

令

$$\varphi=-\Delta G_s=\sigma_{s\text{-}g}-\sigma_{s\text{-}l}-\sigma_{l\text{-}g}$$

φ 称为铺展系数。由上式可知，在一定 T、p 下，φ 越大，铺展的性能越好。

对比上述三式可知：对于指定的系统，$\Delta G_s>\Delta G_i>\Delta G_a$，沾湿过程的推动力最大，最易于进行，但属最低层次的润湿；铺展过程的推动力最小，而难以进行，但属最高层次的润湿。对于某个指定系统，在一定 T、p 下，若能发生铺展润湿，必能进行浸湿，更易于进行沾湿，这是热力学原理说明的必然结果。

二、接触角及杨氏方程

将一滴液体置于水平光滑固体表面上，则往往呈现如图 7-3 所示的形状。此图为过液滴中心并垂直于固体表面的剖面图，其中 O 点为气、液、固三相的会合点。固-液界面的水平线与气-液表面在 O 点的切线之间的夹角 θ，称为接触角。显然，接触角的取值范畴为 $0°\leqslant\theta\leqslant180°$。有三种力同时作用于 O 点处的液体分子上，当这三种界面张力达平衡，则存在下列关系：

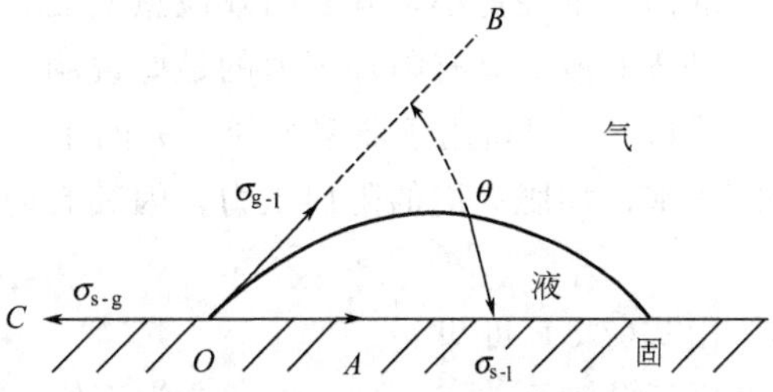

图 7-3　接触角与界面张力的关系

$$\sigma_{s\text{-}g}=\sigma_{s\text{-}l}+\sigma_{g\text{-}l}\cos\theta \tag{7-7}$$

式中　$\sigma_{s\text{-}g}$——固-气界面的界面张力，J/m^2；

$\sigma_{s\text{-}l}$——固-液界面的界面张力，J/m^2；

$\sigma_{g\text{-}l}$——液-气界面的界面张力，J/m^2；

θ——接触角，(°)。

式(7-7) 称为杨氏（T. Young）方程，将上式分别代入式(7-4)、式(7-5) 和式(7-6)，可得如下结论：接触角 θ 越小，液体对固体的润湿程度越高。当 $90°\leqslant\theta<180°$时，液体只能沾湿固体；当 $0°<\theta<90°$时，液体不仅能沾湿固体，还能浸湿固体；当 $\theta=0°$或不存在时，液体不仅能沾湿、浸湿固体，还可以在固体表面上铺展。

习惯上，人们把 $\theta<90°$的情形称为润湿；$\theta\geqslant90°$时称为不润湿；$\theta=0°$或不存在时称为完全润湿；$\theta=180°$时称为完全不润湿。

要改变接触角，就要改变界面张力，而改变界面张力，可以通过表面改性，或者加入表面活性剂等方法实现。

润湿与铺展在生产实践中有着广泛的应用。例如，通过加入表面活性剂，可以使农药喷洒后在植物叶片及虫体上铺展，明显地提高杀虫效果。又例如脱脂棉易被水润湿，但经憎水剂处理后，可使固-液界面张力增大，使 $\theta>90°$，这时水滴在布上呈球状，而不易进入纺织物的毛细孔中，可用来制作透气防雨的衣物等。另外，在矿物的浮选、机械设备的润滑、注水采油、金属焊接、印染及洗涤、眼镜防雾、涂料、油墨等技术中都涉及润湿理论。

第三节 弯曲表面现象

一、弯曲液面的附加压力

液体的表面张力是平行于液面上的力，当液面弯曲时（如毛细管中的水面、汞面，肥皂泡等），由于表面张力的作用，则产生指向曲率半径 r 中心的附加压力 Δp。Δp 的数值与表面张力成正比，与弯曲液面的曲率半径成反比，其相互关系为：

$$\Delta p=2\sigma/r \tag{7-8}$$

式中 Δp ——弯曲液面的附加压力，Pa；

σ ——纯液体的表面张力，N/m；

r ——纯液滴的半径，m。

此式称为拉普拉斯（Laplace）方程。表明 Δp 的大小与弯曲液面的曲率半径成反比，液面的曲率半径愈小，其表面效应愈明显。将毛细管置于液体水中，管内液柱高于液面的现象，是弯曲液面具有附加压力的最好说明。

式(7-8) 只适用于曲率半径为 r 的小液滴或液体中小气泡的附加压力的计算。对于空气中的气泡，如肥皂泡的附加压力，因其有内外两个气-液界面，故

$$\Delta p=4\sigma/r$$

由式(7-8) 可知

对于凸液面，$r>0$，$\Delta p>0$，为正值，指向凸液面曲率中心

对于凹液面，$r<0$，$\Delta p<0$，为负值，指向凹液面曲率中心

对于水平液面，$r=\infty$，$\Delta p=0$

由于表面张力的作用在弯曲液面的两侧存在的压力差，称为弯曲液面的附加压力，用 Δp 示之。若 p_α 和 p_β 分别代表弯曲液面两侧 α 相和 β 相的压力，则可导出拉普拉斯（Laplace）公式。

$$\Delta p=p_\alpha-p_\beta=\frac{2\sigma}{r}$$

由同济大学编《高等数学》（第四版）有关曲率半径的定义可知，曲率半径只能为正值。故由上式可知：

若为凸液面（例如液滴），则 α 相为液相，β 相为气相，因为 $\Delta p>0$，所以 $p_1>p_g$，附加压力指向液体。

若为凹液面（液体中气泡），则 α 相为气相，β 相为液相，因为 $r>0$，$\Delta p>0$，所以 $p_1<p_g$，附加压力指向气体。总之，附加压力 Δp 总是指向球面的球心，或曲面的曲心。该结论与本教材一致。

当液面为任意曲面时，拉普拉斯（Laplace）公式为 $\Delta p=\sigma\left(\frac{1}{r_1}+\frac{1}{r_2}\right)$

式中，r_1 和 r_2 为任意曲面的主要曲率半径。当 $r_1=r_2$ 时，即为式(7-8)。

二、弯曲液面的饱和蒸气压

在一定温度和压力下，纯液态物质具有一定的饱和蒸气压 p。这是对平液面而言的，它没有考虑到分散度对液体饱和蒸气压的影响。当液滴的半径足够小时，液体的蒸气压就会有很大的变化。实验表明微小液滴的饱和蒸气压 p_r 不仅与物质的本性、温度及外压有关，而且还与液滴半径 r 的大小即分散度有关。其定量关系如下：

$$RT\ln\frac{p_r}{p}=\frac{2\sigma M}{\rho r} \tag{7-9}$$

式中　p_r——半径为 r 的纯液滴的饱和蒸气压，Pa；

p——平面纯液体的饱和蒸气压，Pa；

R——摩尔气体常数，8.314J/(K·mol)；

T——热力学温度，K；

σ——纯液体的表面张力，N/m；

M——纯液体的摩尔质量，kg/mol；

ρ——纯液体的体积质量，kg/m^3；

r——纯液滴的半径，m。

公式(7-9)称为开尔文（Kelvin）公式。一定温度下，对某种纯液态物质而言，T、M、σ 及 ρ 皆为常数，此时 p_r 只是 r 的函数。

对于凸液面：例如小液滴，$r>0$，$\ln(p_r/p)>0$，则 $p_r>p$，即小液滴的饱和蒸气压大于平液面的饱和蒸气压。

对于凹液面：例如气泡内，$r<0$，$\ln(p_r/p)<0$，则 $p_r<p$，即气泡内液体的饱和蒸气压小于平液面的饱和蒸气压。

运用开尔文公式可以说明许多表面现象。例如，硅胶的干燥作用是一种毛细管凝结现象。硅胶是一种多孔性物质，具有很大的内表面，水能润湿毛细管内管壁，在管内呈凹液面。室温下，水蒸气对平液面尚未达到饱和，但对在毛细管内的凹液面来讲，已达到过饱和状态。这时水蒸气在硅胶毛细管内将凝结成水，从而自动地吸附空气中的水蒸气，达到了干燥空气的目的。

由于数学定义曲率半径 $r>0$ 为正值，则对于凹液面，可导出开尔文（Kelvin）公式为：

$$\ln\frac{p_r}{p}=-\frac{2\sigma M}{r\rho RT}$$

由该式可知，对于凹液面（例如气泡内），$r>0$，$p_r<p$，即凹液面（例如气泡内）的饱和蒸气压小于平液面的饱和蒸气压。

【例 7-2】 在 298.15K 时，水的表面张力为 72.75×10^{-3} N/m，体积质量为 $0.9982\times10^3 kg/m^3$，饱和蒸气压为 2337.8Pa。试分别计算球形小液滴及小气泡的半径在 $10^{-5}\sim10^{-9}$ m 的不同数值时，饱和蒸气压之比（p_r/p）各为多少？

解　依据　$RT\ln\dfrac{p_r}{p}=\dfrac{2\sigma M}{\rho r}$

所以　$$\ln\frac{p_r}{p}=\frac{2\sigma M}{RT\rho r}=\frac{2\times72.75\times10^{-3}\times18.015\times10^{-3}}{8.314\times298.15\times0.9982\times10^3\times10^{-5}}=1.059\times10^{-4}$$

$p_r/p=1.0001$

对于小气泡，液面的曲率半径 r 应取负值，$r=-10^{-5}$ m 时，$p_r/p=0.9999$。依次改变 r

的数值，将计算结果 p_r/p 列于下表：

r/m	10^{-5}	10^{-6}	10^{-7}	10^{-8}	10^{-9}
小液滴	1.0001	1.001	1.011	1.114	2.937
小气泡	0.9999	0.9989	0.9897	0.8977	0.3405

表中数据说明，一定温度下，半径 r 越小，小液滴的饱和蒸气压 p_r 越大，小气泡的饱和蒸气压 p_r 越小。当半径减少到 10^{-9}m 时，小液滴的饱和蒸气压差不多是平液面的三倍，但对于水中小气泡内部水的饱和蒸气压却仅为平液面的 1/3。液滴或气泡的半径大于 10^{-7}m 时，界面效应尚可以忽略不计。

开尔文公式也可用于挥发性晶体物质，即晶体的饱和蒸气压随颗粒变小而增大。这也导致了晶体的熔点随颗粒变小而降低，晶体在液体中的溶解度随颗粒变小而增大。在恒温下，晶体物质的溶解度与颗粒半径的关系为：

$$\ln\frac{c_{\mathrm{r}}}{c_0}=\frac{2\sigma_{\mathrm{s\text{-}l}}M}{RT\rho r}$$

式中　r——微小晶体的半径；

ρ，M——分别是晶体的体积质量和摩尔质量；

$\sigma_{\mathrm{s\text{-}l}}$——晶体与溶液界面上的界面张力；

c_{r}，c_0——分别是同温度下微小晶体和普通晶体的溶解度。

式(7-9) 的推导。

恒温下，将 1mol 液体（平液面）分散为半径为 r 的小液滴，可按以下 a、b 两条途径进行，如方框图所示。

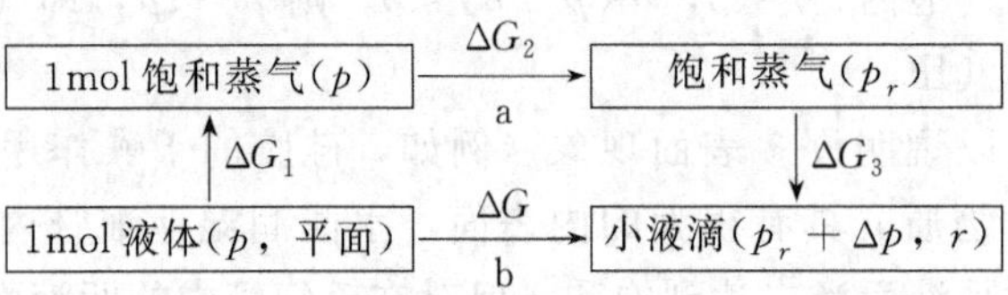

途径 a 分为三步：

(1) 1mol 平面液体，在恒温、恒压下可逆蒸发为饱和蒸气，p 为平面液体的饱和蒸气压，$\Delta G_1=0$；

(2) 恒温、变压过程，设蒸气为理想气体，压力由 p 变至半径为 r 的小液滴的饱和蒸气压 p_r，此过程的吉布斯函数变 $\Delta G_2=\int_p^{p_r}V_{\mathrm{m}}\mathrm{d}p=RT\ln(p_r/p)$；

(3) 恒温、恒压可逆相变过程，压力为 p_r 的饱和蒸气变为 1mol 半径为 r 的小液滴，此过程的$\Delta G_3=0$。

途径 b 为直接一步：

压力为 p 的 1mol 平面液体，分散成半径为 r 的小液滴。由于附加压力的作用，此过程实际上是恒温、变压过程，小液滴内的液体所承受的压力应为（$p+\Delta p$），附加压力 $\Delta p=2\sigma/r$，由于压力的变化小且影响小，可忽略压力对液体体积的影响，则

$$\Delta G=\int_p^{(p+\Delta p)}V_{\mathrm{m}}(\mathrm{l})\mathrm{d}p=V_{\mathrm{m}}(\mathrm{l})\cdot\Delta p=2\sigma V_{\mathrm{m}}(\mathrm{l})/r$$

上式中 $V_{\mathrm{m}}(\mathrm{l})$ 为液体的摩尔体积。$V_{\mathrm{m}}(\mathrm{l})=M/\rho$，若已知液体的体积质量 ρ 及摩尔质量 M，则 $\Delta G=2\sigma M/(\rho r)$。又 $\Delta G=\Delta G_1+\Delta G_2+\Delta G_3$，故可得公式(7-9)

$$RT\ln(p_r/p)=2\sigma M/(\rho r)$$

三、亚稳状态和新相生成

当界面现象不能忽略时，如在蒸气的冷凝、液体的凝固等过程中，由于要生成的新相颗粒极小，比表面吉布斯函数很大，因此，在系统中产生一个新相是比较困难的。此时系统可

以处于能较长时间存在但热力学不稳定的状态（亚稳状态）。新相难于生成是亚稳状态存在的主要原因。亚稳状态主要有四种：过饱和蒸气、过热液体、过冷液体和过饱和溶液。这些现象，称为亚稳现象。

1. 过饱和蒸气

按照相平衡的条件，大于饱和蒸气压而未凝结的蒸气，称为过饱和蒸气。

如图 7-4 所示，曲线 OC 和 $O'C'$ 分别表示平面液体与微小液滴的饱和蒸气压与温度的关系曲线。由于 $p_r > p$，故 $O'C'$ 在 OC 的上方。若将压力为 p 的蒸气，恒压降温至温度 t（A 点），蒸气对平面液体已达到饱和状态，但对微小液滴却未达到饱和状态，所以，蒸气在 A 点不可能凝结出微小的液滴。继续恒压降温至温度 B 点时，蒸气对微小液滴达到饱和状态，此时才可能凝结出微小液滴。可以看出：若蒸气的过饱和程度不高，对微小液滴还未达到饱和状态时，微小液滴既不可能产生，也不可能存在。此时应当凝结而未凝结的蒸气形成过饱和蒸气。而在温度 T 时要产生微小液滴，则需要增加系统的蒸气压力（从 A 点垂直向上延长）。例如在 273K 附近，水蒸气有时要达到 5 倍于平衡蒸气压，才开始自动凝结。其他蒸气，如乙醇及乙酸乙酯等也有类似的情况。

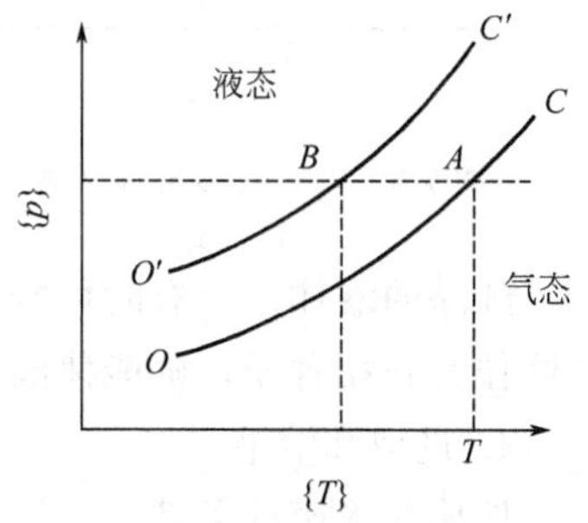

图 7-4　产生过饱和蒸气示意图

当蒸气中有灰尘或容器的内表面粗糙时，这些物质可以成为蒸气的凝结中心，使液滴核心易于生成及长大，在蒸气的过饱和程度较小的情况下，蒸气就能凝结。人工降雨，就是在云层中用飞机喷洒微小的某些晶体，使过饱和的水蒸气凝结，达到降雨的目的。

2. 过热液体

按照相平衡的条件，高于沸点而不沸腾的液体，称为过热液体。

若液相中没有可供新相产生的物质（气泡）存在时，液体在沸点时将会因为难于产生气泡而不能沸腾。这主要是因为液体沸腾时，液体内部要生成极微小的气泡（新相），以带走液相中的热量。但是由于气泡凹液面的附加压力很大，而且气泡内的蒸气压远小于平面液体的蒸气压，将使气泡难以形成，所以小气泡是不可能产生的。

若要使小气泡得以形成，必须继续升高温度，当小气泡内水蒸气的压力等于或超过它应当克服的压力时，小气泡才可能产生，当小气泡破裂时液体开始沸腾。这样就形成了过热液体。由于此时液体的温度高于正常沸点，所以一旦产生气泡，气泡就容易变大，大气泡所需要的相变温度又低于此时的液体温度，因此就会产生急剧汽化，即暴沸现象。

在蒸馏等实验中，为了防止加热液体的过程中产生过热现象，常在液体中投入一些素烧瓷片或毛细管等多孔性惰性物质，这些多孔物质的孔中储存有气体，加热时这些气体成为产生新相所需要的种子，使相变在相对接近沸点的温度下进行，避免了液体在加热过程中出现暴沸。

3. 过冷液体

按照相平衡的条件，低于凝固点而未凝固的液体，称为过冷液体。

根据开尔文公式的计算，一定温度下，微小晶体（或固体，以下同）的饱和蒸气压恒大于平面晶体的饱和蒸气压。这是液体产生过冷现象的主要原因。

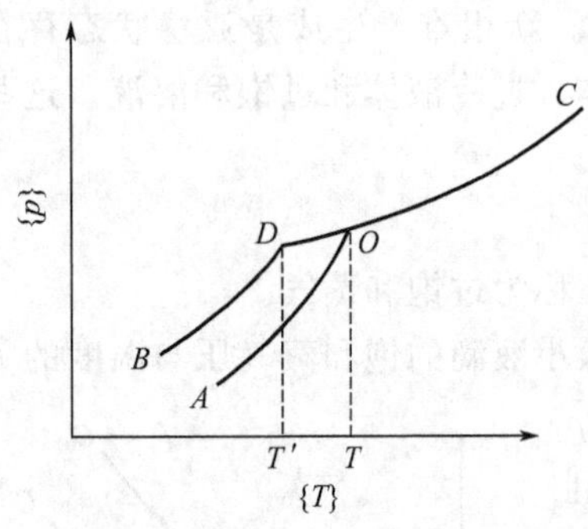

图 7-5 产生过冷液体示意

可以通过图 7-5 加以说明。图中线段 CD 为平面液体的蒸气压曲线；线段 AO 为平面晶体的蒸气压曲线。由于微小晶体的饱和蒸气压恒大于平面晶体的饱和蒸气压，故微小晶体的蒸气压曲线 BD 在 AO 线的上方。O 点和 D 点对应的温度 T 和 T'，分别为平面晶体和微小晶体的熔点。

当液体冷却时，液体的饱和蒸气压沿 CD 曲线下降到 O 点，达到与平面晶体的蒸气压相等时，即达到了该液体的凝固点，应有晶体析出，但由于要形成的晶粒（新相）极小，其熔点（T'）较低，此时的蒸气压对微小晶体而言，尚未达到饱和，不会有微小晶体析出。继续下降温度到 D 点，液体的蒸气压才能达到微小晶体的饱和蒸气压而开始凝固。在凝固之前即为过冷液体。

纯净的液体水，有时可冷却到 233K，仍呈液态而不结冰。在过冷的液体中，若加入小晶体作为新相种子，则能使液体迅速凝固形成晶体（固体）。

4. 过饱和溶液

按照相平衡的条件，大于溶质饱和浓度而无晶体析出的溶液，称为过饱和溶液。

在一定温度下，微小晶体的溶解度总是大于平面晶体溶质的饱和浓度。在蒸发溶液时，溶质的浓度逐渐增大，达到了平面晶体溶质的饱和浓度时，应当析出晶体，但相对仍低于要产生微小晶体的浓度，不可能析出微小晶体。将溶液进一步蒸发，达到使微小晶体能自动地生成的过饱和浓度时，才可能有晶体不断地析出。在晶体析出之前，形成了过饱和溶液。

在结晶操作中，如果溶液的过饱和程度太大，将会使结晶过程在很短时间内完成，从而形成很多很细小的晶粒，不利于过滤、提纯或洗涤。如果杂质量大，还会影响产品的质量。在生产过程中，常向结晶器中投入小晶体作为新相生成的种子，或者采取措施减缓降温速度，以防止溶液的过饱和程度过高，这样可以获得较大颗粒的晶体，获得更高质量的产品。

上述各种亚稳状态都不是处于真正的平衡状态，从热力学的观点来讲都是不稳定的。虽然如此，这种状态却往往能维持相当长时间不变。亚稳状态之所以能够存在，皆与新相难以生成有关。在科研和生产中，有时需要破坏这种状态，如上述的结晶过程。但有时则需要保持这种亚稳状态长期存在，如金属的淬火。金属淬火，就是将金属制品加热到一定温度，将其在水中迅速冷却，保持它在高温时的结构，以获得相应的金属性能，达到金属制品所要求的质量。这种常温下保持下来的亚稳状结构已不属亚稳状态，故不易再转变。

第四节 吸附现象

一、吸附的概念

一定条件下，相界面上物质的浓度自动发生变化的现象，称为吸附。

吸附可以发生在固-气、固-液、液-液等相界面上。本节将着重讨论气体在固体表面上的吸附作用。例如固体活性炭就有吸附溴气以及从溶液中吸附溶质的特性。在充满溴气的玻璃瓶中，加入一些活性炭，可以看到棕红色的溴蒸气将渐渐消失，这表明活性炭的表面有富集溴分子的能力，这种现象即是吸附。具有吸附能力的物质称为吸附剂或基质，被吸附的物质则称为吸附质。用活性炭吸附溴时，活性炭为吸附剂，溴是吸附质。

固体物质不能像液体那样可通过收缩表面来降低系统的表面吉布斯函数，但它可以通过从周围的介质中吸附其他物质的粒子来减小其表面分子力场不饱和的程度，降低其表面吉布斯函数。

在一定的 T、p 下，被吸附物质的多少将随着吸附面积的增加而加大。因此，为了吸附更多的吸附质，要尽可能增加吸附剂的比表面，许多粉末状或多孔性物质，往往都具有良好的吸附性能。

吸附作用有着很广泛的应用，例如用硅胶吸附气体中的水汽使之干燥；用活性炭吸附糖水溶液中的杂质使之脱色；用分子筛吸附混合气体中某一组分使之分离等。此外，后续章节中的多相催化反应、胶体的结构等也都与吸附作用有着密切的关系。

按吸附作用力性质的不同，吸附分为物理吸附和化学吸附两种。

1. 物理吸附

吸附剂与吸附质分子之间靠分子间力（范德华力）产生的吸附，称为物理吸附。

范德华力很弱，但存在于各种分子之间。所以吸附剂表面吸附了气体分子之后，还可以在被吸附了的气体分子上再吸附更多的气体分子，因此物理吸附可以是多分子层吸附。气体分子在吸附剂表面上依靠范德华力完成的多分子层吸附，与气体凝结成液体的情况相类似，吸附热（吸附质在吸附过程中所放的热）与气体凝结成液体所释放的热有着相同的数量级，它比化学吸附热要小得多。又由于吸附力是分子间力，故物理吸附基本上没有选择性，但临界温度高的气体，即易于液化的气体比较易于被吸附。如 H_2O、Cl_2 的临界温度分别高达 646.91K 和 417K，而 N_2、O_2 的临界温度分别低至 126K 和 154.43K，所以吸附剂容易从空气中吸附水蒸气，活性炭可以从空气中吸附氯气而作为防毒面具中的吸附剂，但它不易吸附 N_2 和 O_2。此外，由于吸附力弱，物理吸附也容易解吸（脱附，可看做是吸附的逆过程），而且吸附速率快，易于达到吸附平衡。

2. 化学吸附

吸附剂与吸附质分子之间靠化学键力产生的吸附，称为化学吸附。

和物理吸附不同，产生化学吸附的作用力是很强的化学键力。在吸附剂表面与被吸附的气体分子间形成了化学键以后，就不能与其他气体分子形成化学键，故化学吸附是单分子层的。化学吸附过程发生键的断裂与形成，故化学吸附的吸附热在数量级上与化学反应热相当，比物理吸附的吸附热要大得多。由于化学吸附类似于吸附剂与吸附质之间的化学反应，吸附质有的呈分子态，有的则分解为自由基、自由原子等，因而化学吸附有很强的选择性。这样对于反应物之间可发生众多反应的情况，使用选择性强的催化剂，就可以促进期望反应的进行。此外，化学键的生成与破坏比较困难，反应速率很小，因此产生化学吸附的系统往往较难达到化学吸附平衡。

物理吸附与化学吸附有时也不是截然分开的，两者可同时发生，并且在不同的情况下，吸附性质也可以发生变化。如 CO(g) 在 Pd 上的吸附，低温下是物理吸附，高温时则表现为化学吸附。

物理吸附与化学吸附的区别列于表 7-4 中。

表 7-4 物理吸附与化学吸附的区别

性 质	物理吸附	化学吸附	性 质	物理吸附	化学吸附
吸附力	范德华力	化学键力	选择性	无或很差	较强
吸附层	单层或多层	单层	吸附平衡	易达到	不易达到
吸附热	小	大			

二、固体表面对气体分子的吸附

一定 T、p 下在吸附平衡时，被吸附气体在标准状况下的体积与吸附剂质量之比，称为平衡吸附量，简称吸附量。吸附量通常用“Γ”表示，其单位为 m^3/kg，有时也用 mol/kg。

$$\Gamma=V/m \tag{7-10}$$

或
$$\Gamma=n/m \tag{7-11}$$

气体的吸附量与气体的温度及压力有关，一般可以表示为

$$\Gamma=f(T,p)$$

为研究方便起见，一般常常固定三个变量中的其中一个，以测定另外两个变量之间的关系。例如恒压下，反映吸附量与温度之间关系的曲线称为吸附等压线；恒温下，反映吸附量与压力之间关系的曲线称为吸附等温线；吸附量恒定时，反映平衡温度与平衡压力之间关系的曲线称为吸附等量线。

1. 等温吸附经验式

弗罗因德利希（Freundlich）提出了如下含有两个常数项的经验式，描述一定温度下吸附量 Γ 与平衡压力 p 之间的定量关系式

$$\Gamma=kp^n \tag{7-12}$$

k 和 n 是两个常数，与温度有关，通常 $0<n<1$。此式称为弗罗因德利希公式，一般只适用于中压范围。

弗罗因德利希经验式也可以适用于溶液中溶质在固体吸附剂上的吸附，这时吸附量的单位为 mol/kg。公式的形式为：

$$\Gamma=kc^n \tag{7-13}$$

式中，c 为吸附平衡时溶液中溶质的浓度。

2. 单分子层吸附理论——朗格缪尔（Langmuir）吸附等温式

气体在吸附剂表面上的吸附等温线大致可分为五种类型，图 7-6 所介绍的是其中的一种，也是最为简单的一种。从图中可以看出，随着横坐标的物理量压力 p 的增大，纵坐标上气体在吸附剂表面上的吸附量 Γ 逐渐增大，最后不再有大的变化，呈水平状，为 Γ_∞。

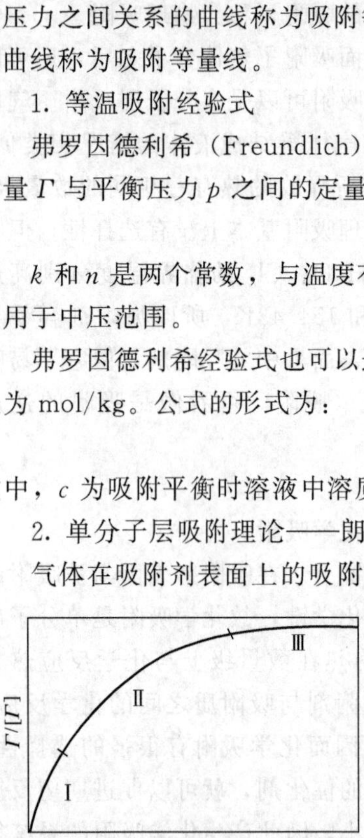

图 7-6 单分子层吸附等温线示意图

朗格缪尔提出的气体单分子层吸附理论可以比较满意地解释图 7-6 类型的吸附等温线。它是单分子层吸附等温线，表示了在一定温度下吸附剂表面发生单分子层吸附时，平衡吸附量 Γ 随平衡压力 p 的变化关系。这种吸附等温线可以分为三段：线段Ⅰ是压力比较小时，吸附量 Γ 与压力 p 近似成正比关系；线段Ⅱ是压力中等时，吸附量 Γ 随平衡压力 p 的增大，增加缓慢成曲线关系；线段Ⅲ是压力 p 较大时，吸附量 Γ 基本上不随压力 p 变化。吸附量 Γ 与压力 p 的关系可用朗格缪尔吸附等温式表示：

$$\Gamma=\Gamma_\infty\frac{bp}{1+bp} \tag{7-14}$$

式中 Γ ——吸附剂表面吸附气体的平衡吸附量，mol/m^2；

Γ_∞——吸附剂表面吸附气体的最大吸附量，mol/m^2；

b ——吸附系数，Pa^{-1}。

Γ_{∞}也被称为饱和吸附量，吸附系数 b 表示吸附剂对吸附质吸附能力的强弱。

朗格缪尔吸附理论有四个要点。

(1) 单分子层吸附。固体表面的吸附力场作用范围大约为分子直径大小，只有气体分子进入到固体的空白表面的此力场范围内，才有可能被吸附，所以只能发生单分子层吸附。另外吸附量有限，当吸附剂吸附一层后，吸附量也就达到了极限。

(2) 吸附剂表面是均匀的。固体表面上各个位置吸附能力是相同的，气体分子在吸附剂表面上的任何位置有相等的机会被吸附。

(3) 被吸附的气体分子与其他周围的气体分子无相互作用力。假设气体分子被吸附与解吸和其周围是否已经存在被吸附的气体分子无关。

(4) 吸附平衡是动态平衡。一定温度一定压力下达到吸附平衡时，从表面上看吸附量不随时间而改变。实际上气体分子的吸附与解吸仍然在进行，只不过这时单位表面积上的吸附速率与解吸速率相等而已。

朗格缪尔吸附等温式对图 7-6 所示的吸附等温线解释如下。

当 p 很小或吸附较弱即 b 很小时，$bp \ll 1$，上式变成为：

$$\Gamma = \Gamma_{\infty} bp$$

即吸附量与气体压力成正比，为图 7-6 中线段Ⅰ的情形。

当气体压力较大或吸附较强，即 b 很大时，$bp \ll 1$，上式变为 $\Gamma = \Gamma_{\infty}$。表明吸附已经达到饱和，因而吸附量不再随压力而变化。这是图 7-6 中线段Ⅲ的情形。

当压力适中或吸附系数适中时，吸附量与平衡压力的关系成曲线形状，如图 7-6 中的线段Ⅱ。

朗格缪尔吸附等温式是界面现象中最重要的公式。应用朗格缪尔吸附等温式，由多组数据计算 Γ_{∞}和 b 时常采用作图法，Γ_{∞}也可用被吸附气体的体积 V_{∞}表示，见［例 7-3］。

为解释其他类型的吸附等温线，还有其他吸附理论。其中最重要的是 BET 多分子层吸附理论，由布鲁瑙尔（Brunauer）、埃米特（Emmett）和特勒（Teller）提出。这里就不介绍了。

【例 7-3】 恒温 239.55K 的条件下，不同平衡压力的 CO 气体，在每千克活性炭表面上的吸附量（已换算成标准状况下的体积）如下：

p/kPa	13.47	25.07	42.63	57.33	71.99	89.33
$V \times 10^{-3}/(m^3/kg)$	8.54	13.1	18.2	21.0	23.8	26.3

根据朗格缪尔吸附等温式，用图解法求 CO 的饱和吸附量 V_{∞}，吸附系数 b，以及每千克活性炭表面上所吸附 CO 的分子数。

解　朗格缪尔吸附等温式可写成下列形式

$$\phi = V/V_{\infty} = bp/(1+bp)$$

或
$$p/V = 1/(bV_{\infty}) + p/V_{\infty}$$

由上式可知，以 $(p/[p])/(V/[V])$ 对 $p/[p]$ 作图应得一直线，由直线的斜率及截距即可求得 V_{∞}及 b。在不同平衡压力下的 p/V 值如下：

p/kPa	13.47	25.07	42.63	57.33	71.99	89.33
$(p/V)/(\mathrm{Pa\cdot kg/m^3})$	1.577	1.913	2.344	2.730	3.025	3.396

以 p/V 对 p 作图，如图 7-7 所示。

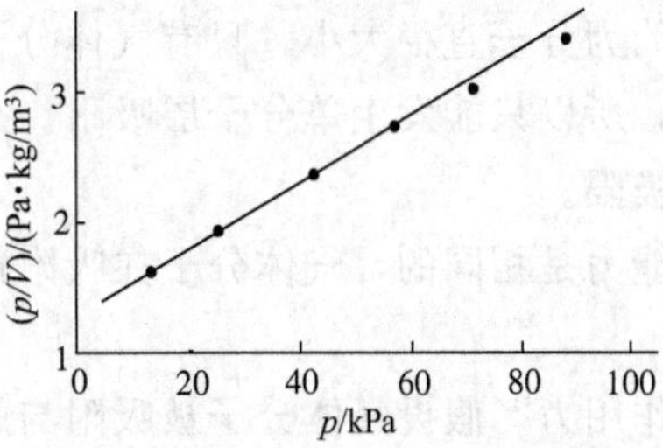

图 7-7 CO 在活性炭上的吸附

$$直线的斜率=\frac{1}{V_\infty}=\frac{3.025-1.913}{(71.99-25.07)\times10^{-3}}=23.70$$

CO 的饱和吸附量

$$V_\infty=(1/23.70)\mathrm{m^3/kg}=0.0422\mathrm{m^3}$$

直线的截距 $=1/(bV_\infty)=1.325$

吸附系数 $b=1/(1.325\times0.0422)=17.88\mathrm{Pa^{-1}}$

每千克活性炭的表面上吸附 CO 的分子数

$$N=\frac{pV_\infty L}{RT}=\frac{101325\times0.0422\times6.022\times10^{23}}{8.314\times273.15}=1.134\times10^{24}$$

作图求斜率时，为保证有效数字的位数，选择了在线上较远的两个点，这两个点具有所有点的统计代表性。

朗格缪尔吸附等温式的推导。

吸附未达平衡时，微观上同时存在着吸附与解吸，当吸附速率大于解吸速率时，宏观上表现为吸附。当吸附速率小于解吸速率时，宏观上表现为解吸。

若以 ϕ 代表任一时刻吸附剂表面上被气体分子覆盖的分数，称为覆盖率，即

$$覆盖率=\frac{被吸附质分子覆盖的吸附剂的表面积}{吸附剂的总表面积}$$

则 $(1-\phi)$ 就代表吸附剂表面积中未被覆盖面积（空白表面积）的百分数。

若吸附剂表面上吸附与解吸的速率常数分别为 k_1 和 k_{-1}，吸附速率正比于空白表面分数及气体的压力，解吸速率正比于覆盖率。则有

$$吸附速率=k_1(1-\phi)p$$

$$解吸速率=k_{-1}\phi$$

吸附平衡时有

$$k_1(1-\phi)p=k_{-1}\phi$$

整理即得朗格缪尔吸附等温式

$$\phi=\frac{bp}{1+bp}$$

式中 $b=k_1/k_{-1}$，用 Γ_∞ 代表吸附剂表面的饱和吸附量，则 $\phi=\Gamma/\Gamma_\infty$，由此可以得到朗格缪尔吸附等温式的常用形式 $\Gamma=\Gamma_\infty\frac{bp}{1+bp}$

三、溶液表面的吸附

1. 溶液表面的吸附现象

溶液中的溶质在表面层的浓度与其在溶液本体中的浓度不同的现象，称为溶液表面的吸附。当溶质在表面层的浓度大于本体中的浓度时，称为正吸附；当溶质在表面层的浓度小于本体中的浓度时，称为负吸附。

在一定温度下，分别在纯水中加入不同种类的溶质时，溶质的浓度对溶液表面张力的影响大致可分为三种类型，如图7-8所示。

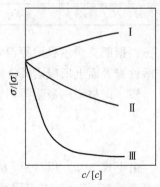

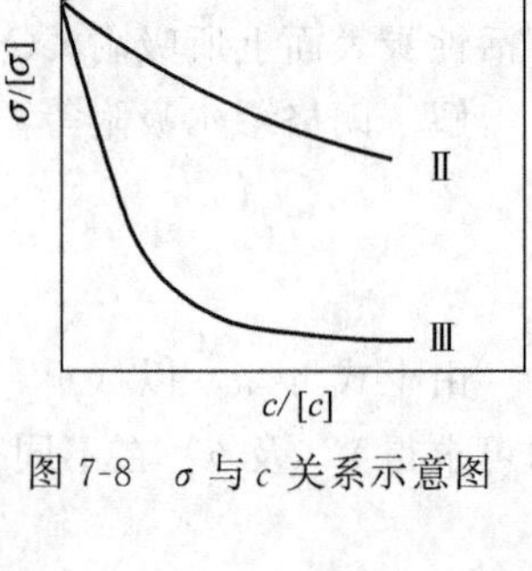

图 7-8 σ 与 c 关系示意图

类型Ⅰ：随着溶液浓度的增加，溶液的表面张力稍有升高。此类溶质有无机盐类（如 NaCl）、非挥发性酸（如 H_2SO_4）、碱（如 KOH）以及含有多个—OH 基的有机化合物（如蔗糖、甘油）等。

类型Ⅱ：随着溶质浓度的增加，水溶液的表面张力缓慢地下降，大部分的低级脂肪酸、醇、醛等有机物质的水溶液皆属此类。

类型Ⅲ：在水中加入少量的某溶质时，却能引起溶液的表面张力急剧下降，但在某一浓度之后，溶液的表面张力几乎不再随溶液浓度的增大而变化。属于此类的溶质可以表示为 RX，其中 R 代表含有约 10 个以上碳原子的烷基；X 则代表极性基团，一般可以是—OH、—COOH、—CN、—$CONH_2$、—COOR 等，也可以是离子基团，如—SO_3^-、—NH_3^+、—COO^- 等。

在恒温、恒压下，系统的吉布斯函数会自发地趋于最小。溶液表面的吸附现象，也可用恒温、恒压下溶液表面吉布斯函数自动减小的趋势来说明。在一定 T、p 下，由一定量的溶质与溶剂所形成的溶液，当溶液的表面积一定时，只有尽可能地降低溶液的表面张力，才能降低系统吉布斯函数。

对于类型Ⅰ，加入溶质后使溶液的表面张力增加，即 $d\sigma>0$，则溶质会自动地离开表面层而进入溶液本体，这样的分布与均匀分布相比，表面吉布斯函数降低，即为负吸附。由于扩散的影响表面层中溶质的分子不可能都进入溶液本体。当两者达到平衡时，溶质在表面层中的浓度一定，小于本体浓度，产生负吸附。

对于类型Ⅱ和类型Ⅲ，加入溶质后表面张力降低，即 $d\sigma<0$，溶质自动地从溶液本体富集到表面层，表面浓度增加，进一步使溶液的表面张力降低，即为正吸附。由于浓度的不同，溶质会向溶液本体中扩散。当这两种相反的趋势达到平衡时，溶质在表面层中的浓度一定，大于本体浓度，在溶液表面层产生正吸附。

一般来说，能使溶液表面张力增加的物质，称为表面惰性物质；能使溶液表面张力降低的物质，称为表面活性物质。习惯上，只把那些少量加入溶剂就能使溶液的表面张力显著降低的物质称为表面活性物质或表面活性剂。

表面活性的大小可用 $-(\partial\sigma/\partial c)_T$ 来衡量，其值愈大，则表示溶质的浓度对溶液表面张力的影响愈大。

2. 吉布斯吸附等温式

在单位面积表面层中，溶剂所含溶质的物质的量与同样量溶剂在溶液本体中所含溶质的物质的量的差值，称为表面吸附量或表面过剩量。以符号“Γ”表示，其单位为 mol/m^2（摩尔每平方米）。

吉布斯用热力学方法推导出在一定温度下，溶质浓度为 c、溶液的表面张力为 σ 时，溶质表面的吸附量为：

$$\Gamma=-\frac{c}{RT}\left(\frac{\partial\sigma}{\partial c}\right)_T \tag{7-15}$$

式中　Γ——溶液表面层溶质的表面吸附量，mol/m^2；

c——溶质的浓度，$mol\cdot m^{-3}$；

R——气体常数，8.314J/(mol·K)；

T——热力学温度，K；

σ——表面张力，N/m。

上式即吉布斯吸附等温式。式中$(\partial\sigma/\partial c)_T$为在温度$T$时$\sigma$-$c$曲线在浓度$c$时的切线斜率。

从上式可以看出，当$(\partial\sigma/\partial c)_T>0$时，加入溶质后溶液的表面张力增大，$\Gamma<0$，溶液表面产生负吸附；当$(\partial\sigma/\partial c)_T<0$时，加入溶质后溶液的表面张力下降，$\Gamma>0$，溶液表面产生正吸附。

在一定温度下，用吉布斯吸附等温式计算某溶质的吸附量时，先测出不同浓度时溶液的表面张力（σ），以σ为纵坐标对c为横坐标作图，再在σ-c曲线上选定各个不同浓度c的点作切线，求出不同浓度c所对应的斜率，即为$d\sigma/dc$的数值，最后代入上式，即可求出不同浓度c时吸附量Γ的数值。

第五节 表面活性剂

能使溶液的表面张力显著降低的物质称为表面活性剂。它是一类能改变系统的表面状态，从而能产生润湿、乳化、分散、起泡等及其反过程，能产生增溶作用的化学药品。

一、表面活性剂的结构

表面活性剂分子都由性质完全不同的两部分所组成，一部分是亲油类物质的亲油基（憎水基），另一部分是与水有亲和性的亲水基（憎油基）。

例如，洗衣粉（烷基苯磺酸钠）的亲油基是烷基，而亲水基是磺酸钠，如图 7-9 示。表面活性剂的这种结构上的特点，使得它溶于水后，亲油基受到水分子的排斥，而亲水基受到水分子的吸引。为了克服这种不稳定的状态，亲油基会占据溶液的表面，将亲油基伸向气相，亲水基伸入水中，如图 7-10 示。虽然表面活性剂分子结构的特点是两亲性（亲油性及亲水性）分子，但不是所有两亲性分子都是表面活性剂，只有亲油基部分有足够长度时，才是表面活性剂。例如大部分天然动植物油脂都是含$C_{10}\sim C_{18}$的脂肪酸酯类。一般来讲，碳原子数越多的表面活性剂，其洗涤作用越强，而起泡性以$C_{12}\sim C_{14}$最佳。当碳原子数太多时，将成为不溶于水的物质，也就失去了表面活性了。

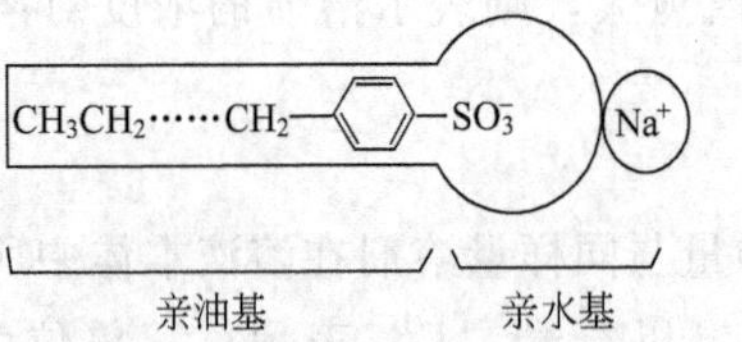

图 7-9 表面活性剂结构示意图

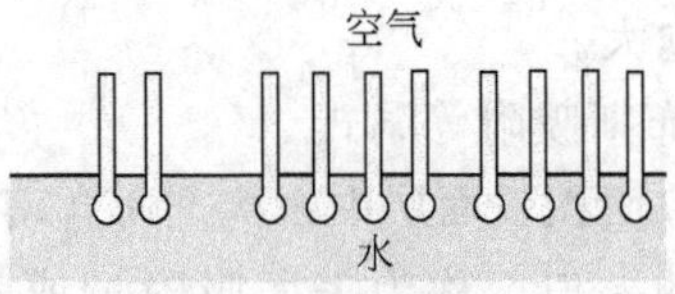

图 7-10 表面活性剂分子在气-水界面的排列

二、表面活性剂的分类

表面活性剂可以从用途、物理性质或化学结构等方面进行分类，最常见的是按化学结构来分类。

1. 按化学结构分类

按化学结构大致上可分为离子型和非离子型两大类。在水中能电离生成离子的表面活性剂，称为离子型表面活性剂。在水中不能电离的表面活性剂，称为非离子型表面活性剂。而离子型的按其在水溶液中具有表面活性作用的离子的电性，还可再分类。具体分类及举例，如表 7-5 所示。

表 7-5　表面活性剂的分类表

- 表面活性剂
  - 离子型表面活性剂
    - 阴离子表面活性剂，如肥皂 $RCOONa$
    - 阳离子表面活性剂，如铵盐 $C_{16}H_{33}N(CH_2)_3^+Br^-$
    - 两性表面活性剂，如氨基酸型 $R—NH—CH_2COOH$
  - 非离子型表面活性剂，如聚乙二醇类 $HOCH_2[CH_2OCH_2]_nCH_2OH$

此种分类法便于表面活性物质的正确选择，若某表面活性物质是阴离子型的，它就不能和阳离子型的物质混合使用，否则就会产生沉淀等不良后果。阴离子表面活性物质可作染色过程的匀染剂，与酸性染料或直接染料一起使用时不会产生不良后果，因酸性染料或直接染料，在水溶液中也是阴离子型的。

2. 按溶解性分类

按在水中的溶解性，表面活性剂可分为水溶性表面活性剂和油溶性表面活性剂两类。前者占绝大多数，油溶性表面活性剂日显重要，但其品种仍不很多。

3. 按相对摩尔量分类

相对分子质量大于 10000 的称为高分子表面活性剂；1000～10000 的称为中分子表面活性剂；100～1000 的称为低分子表面活性剂。

常用的表面活性剂大都是低分子表面活性剂。中分子表面活性剂有聚醚型的，即聚氧丙烯与聚氧乙烯缩合的表面活性剂，在工业上占有特殊的地位。高分子表面活性剂的表面活性并不突出，但在乳化、增溶特别是分散或絮凝性能上有独特之处，很有发展前途。

4. 按用途分类

表面活性剂按用途可分为表面张力降低剂、渗透剂、润湿剂、乳化剂、增溶剂、分散剂、絮凝剂、起泡剂、消泡剂、杀菌剂、抗静电剂、缓蚀剂、柔软剂、防水剂、织物整理剂、匀染剂等类。此外，还有有机金属表面活性剂、含硅表面活性剂、含氟表面活性剂和反应性特种表面活性剂等。

三、表面活性剂的性能

1. 阴离子型表面活性剂

例如前面所述的磺酸盐型，在硬水中不产生沉淀，能耐一定的酸和碱，表面活性强，是洗衣粉中的有效活性成分。

2. 阳离子型表面活性剂

此类表面活性剂分子在水中电离后，分子主体带正电荷，它们都是含氮有机化合物，常用的是季铵盐。这类表面活性剂洗涤性能差，但杀菌力强，可用于外科手术器械的消毒和油田注水驱油时的杀菌剂。它有良好的抗静电性和对加工纤维的柔软性，可以作为化纤助剂。它亦是良好的染色助剂及沥青和硅油等的乳化剂。

3. 两性表面活性剂

此类表面活性剂是由带正、负电荷活性基团组成的表面活性剂。这种表面活性剂溶于水后显示出极为重要的性质：当水溶液偏碱性时，它显示出阴离子活性剂的特性；当水溶液偏酸性时，它显示出阳离子表面活性剂的特性。

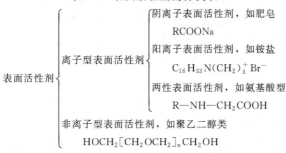

若将等量的阴离子表面活性剂和阳离子表面活性剂混合，则可能使它们各自的表面活性

相互抵消，得不到预想的效果。而两性表面活性剂却能灵活自如地显示出两种不同离子活性基团的特性，因此它有着独特的应用性能。有的两性离子型表面活性剂在硬水甚至在浓盐水及碱水中也能很好地溶解，并且稳定。这类表面活性剂有杀菌作用，对人体的毒性和刺激性也较小。

4. 非离子型表面活性剂

此类表面活性剂除具有良好的洗涤力外，还有较好的乳化、增溶作用及具有较低泡沫的特点，在工业助剂中占有非常重要的地位。它在水中不电离，不是离子状态，但有亲水基，稳定性高，不易受强电解质无机盐类的影响，也不易受酸、碱的影响。它与其他类型表面活性剂的相溶性好，在水及有机溶剂中皆有较好的溶解性能。

四、表面活性剂的应用

1. 用于增溶

表面活性剂使溶质的溶解度增大的现象，称为增溶作用。

例如苯在水中的溶度很小，室温下 100g 水只能溶解约 0.07g 苯，而在皂类等表面活性剂溶液中苯却有相当大的溶解度，100g10％的油酸钠溶液可以溶解约 9g 苯。

增溶作用与乳化作用（详见本章第六节）不同。乳化时，如苯是以小液滴形式分散在水中的。乳状液这种系统具有较大的界面，是热力学不稳定的，苯和水最终是要分层的。实验证明，发生增溶作用时，被增溶物的蒸气压下降。由热力学公式

$$\mu=\mu^{\ominus}+RT\ln(p/p^{\ominus})$$

可知，当 p 降低时，化学势也随之降低，系统将更加稳定。增溶作用是一个可逆的平衡过程，无论用什么方法，达到平衡后的增溶结果都是一样的，而乳状液或其他胶体溶液却无此性质。

增溶作用与分子尺度的溶解也不相同，分子尺度的溶解作用会使溶剂的依数性（例如凝固点降低、沸点升高等）出现很大的变化，但增溶（例如异辛烷溶于油酸钾溶液）后对依数性影响很少。这表明增溶时溶质并未拆散成单个分子或离子，而很可能是“整团”地被表面活性剂分子包围而溶解在肥皂溶液中。

在洗涤过程中，被洗下的污垢增溶后存在于溶剂内部，便可防止重新附着于织物上。生理过程中，增溶作用更具有重要的意义。例如，小肠不能直接吸收脂肪，但却能通过胆汁对脂肪的增溶而将其吸收。

2. 用于润湿和渗透

能使固体表面产生润湿转化的表面活性剂，称为润湿剂。

将水滴在石蜡片上，石蜡片几乎不湿，但水中加入一些表面活性剂后，水就能在石蜡片上铺展开，产生润湿。实际上这是由于降低了液-固界面的接触角的缘故。润湿剂可以广泛地应用于泡沫浮选、采油、农药等生产过程中。

能使液体渗入多孔性固体的表面活性剂，称为渗透剂。

渗透作用实际上是润湿作用的一个应用。例如当一种多孔性固体（例如棉絮）未经脱脂就浸入水中时，水不容易很快浸透。当加入表面活性剂后，水与棉絮表面的接触角降低了，水就在棉表面上铺展，即可渗透入棉絮内部。相反，表面活性剂也能使原来润湿得较好的两个界面变得不润湿。但由润湿转变为不润湿，表面活性剂必须在固体表面有很强的吸附作用，它必须具有特殊的结构，使之与固体基质的性质相匹配。阳离子型表面活性剂就不能用作带负电荷的基质上。渗透剂广泛应用于印染和纺织工业中。

3. 用于分散和絮凝

固体粉末均匀地分散在某一种液体中的现象，称为分散。

粉碎好的固体粉末混入液体后往往会聚结而下沉，但加入某些表面活性剂后，颗粒便能稳定地悬浮在溶液之中。例如，洗涤剂能使油污分散在水中，分散剂能使颜料分散在油中而成为涂料，使黏土分散在水中成为泥浆等。

能使悬浮在液体中的颗粒相互凝聚的表面活性剂称为絮凝剂。它的作用与分散相反。例如，可用絮凝剂来解决工业污水的净化问题。

4. 用于起泡和消泡

能形成较稳定泡沫的表面活性剂，称为起泡剂。

泡沫是气体分散在液体中所形成的系统。由于气体的密度低于液体，所以进入液体的气体会自动地逸出，泡沫是一个热力学不稳定系统。目前还不能清楚地解释起泡的作用机理，但大体说来，主要有以下几个方面。

① 起泡剂能降低气-液界面张力，使泡沫系统相对稳定。

② 包围气体的液膜两侧形成双层吸附，亲水基在液膜内形成水化层，使液相黏度增高，使液膜稳定。

③ 起泡剂的亲油基相互吸引、拉紧，从而使得吸附层的强度提高。

④ 离子型表面活性剂因电离而使泡沫带电，它们之间的相互排斥力阻碍了它们的接近和聚集。

上述因素对气泡起了稳定作用，使气泡不易变薄而破裂。这些因素中，最重要的是由于起泡剂分子间的相互吸引，使双层吸附膜的强度提高，使液膜中的液体黏度增大。

能消除泡沫的表面活性剂，称为消泡剂。

与起泡相反，有时起泡也会给工作增添不少麻烦，须加消泡剂进行消泡。消泡剂实际上是一些表面张力低、溶解度较小的物质，如 $C_5 \sim C_6$ 的醇类或醚类、磷酸三丁酯、有机硅等。消泡剂的表面张力低于气泡液膜的表面张力，又容易在气泡液膜表面顶走原来的起泡剂，而其本身由于键短又不能形成坚固的吸附膜，故能够产生裂口，使泡内气体外泄，导致泡沫破裂，起到消泡作用。

5. 用于去污

许多油类对衣物润湿良好，在衣物上能自动地铺展开来，但却很难溶于水中。在洗衣物时，若使用肥皂，则有明显的去污作用。这是因为肥皂的成分是硬脂酸钠（$C_{17}H_{35}COONa$），是一种阴离子型的表面活性物质。肥皂的分子能渗透到油污和衣物之间，形成定向排列的肥皂分子膜，从而减弱了油污在衣物上的附着力，只要轻轻搓动，由于机械摩擦和水分子的吸引，很容易使油污从衣物上脱落、乳化、分散在水中，达到洗涤的目的。去污作用是一个很复杂的过程，它包含渗透、乳化、分散、增溶以及起泡等过程，并与污垢的组成、纤维的种类和污垢附着面的性状等有关。

一种优良的洗涤剂，需具备下列几种性质：

① 具有良好的润湿性能，能与被洗涤的固体表面密切接触；

② 具有良好的清除污垢能力；

③ 有使污垢分散或增溶的能力；

④ 能防止污垢再沉积于织物表面上或形成浮渣漂于液面上。

第六节 乳 状 液

一、乳状液的定义及分类

1. 乳状液的定义

液体以极小的液滴形式分散在另一种与其不相混溶的液体中所形成的多相分散系统，称为乳状液。

乳状液的分散度比典型的憎液溶胶（见第九章）低得多。分散相粒子直径一般在 10^{-7}～10^{-5}m 之间，有的属于粗分散系统，甚至用肉眼即可观察到其中的分散相粒子。乳状液属于热力学不稳定的多相分散系统，但有一定的动力学稳定性。在界面电性质和聚结不稳定性等方面与胶体分散系统极为相似，故可将它归入界面化学研究领域，亦可归入胶体化学研究领域。乳状液存在着巨大的相界面，所以界面现象对它们的形成和应用起着重要作用。

乳状液在工业生产和日常生活中有着广泛的用途。例如，油田钻井用的油基泥浆就是一种由有机黏土、水和原油构成的乳状液。在农药生产中，为节省药量、提高药效，常将农药制成浓乳状液或乳油，使用时掺水稀释成乳状液。日用化学品中的雪花膏、面霜等也是浓乳状液。

2. 乳状液的分类

在乳状液中，一切不溶于水的有机液体（如苯、四氯化碳、原油等）统称为“油”。乳状液可分为两大类。

（1）油/水型（O/W） 即水包油型，分散相（也叫内相）为油，分散介质（也叫外相）为水。

（2）水/油型（W/O） 即油包水型，分散相为水，分散介质为油。

凡由水和“油”混合生成乳状液的过程，称为乳化。

一种液体在另一种液体中分散成许多小液滴后，系统内两液相间的界面积增大，界面吉布斯函数增高，系统热力学不稳定，有自发降低吉布斯函数的趋势，即小液滴互相碰撞后聚结成大液滴，直至变为两层液体。为了得到稳定的乳状液，必须设法降低这种分散系统的界面吉布斯函数，以避免液滴互相碰后聚结。为此需要加入一些乳化剂。具有乳化作用的表面活性剂，称为乳化剂。此外，某些固体粉末和天然物质也可使乳状液稳定，起到乳化剂的作用。

二、乳状液的物理性质

1. 液滴的大小和外观

乳状液中液滴的大小不同，对于入射光的吸收、散射也不同，从而表现出不同的外观。由表 7-6 所列外观大致可判断乳状液中液滴的大小范围。

表 7-6 液滴的大小和外观

液滴大小/μm	外 观
≫1	可以分辨出两相
>1	乳白色
0.1～1	蓝白色
0.05～0.1	灰色半透明
<0.05	透明

2. 光学性质

乳状液中分散相和分散介质的折射率一般是不相同的，当光线照射到液滴上时，可发生光的反射、折射或散射等各种现象。以哪一种光现象为主，则取决于分散相中液滴的大小。当液滴直径远大于入射光波长时，发生光的反射；若液滴透明，发生光的折射；

当液滴直径远小于入射光波长时，光线完全透过，此时乳状液外观是透明的；若液滴直径略小于入射光波长（即与波长是同一数量级），发生光的散射。可见光波长在 0.4～0.8μm，而一般乳状液液滴直径在 0.1～10μm，故光的反射现象比较显著。液滴较小时，也出现光散射，外观呈半透明蓝灰色，而面对入射光的方向观察时呈浅红色。

一般情况下，乳状液不透明，呈乳白色。但如果分散相与分散介质的折射率相同时，乳状液呈透明状。

三、乳状液的形成和破坏

加入乳化剂，通过搅拌等方法，可以使油、水两相之间形成乳状液。这里更重要的是说明乳状液形成的原因。

乳状液是高度分散的系统，要把分散相分散于分散介质中，就要对系统做功，所做的功以表面能的形式贮存在油-水界面上，使系统的总能量增加。此时系统不稳定，也就不易形成乳状液。

乳化剂在乳状液的形成中的作用，与上一节内容中起泡剂的作用有些类似。在油-水系统中加入乳化剂后，可以显著降低界面张力或表面吉布斯函数，也即降低了系统的总能量。同时也在界面上吸附并形成具有一定强度的薄膜，对分散相液滴起保护作用，使其在相互碰撞后不易合并。当乳化剂浓度较低时，界面上吸附的分子较少，膜的机械强度弱，乳状液的稳定性也差。当乳化剂浓度较高时，膜的机械强度大，乳状液的稳定性也好。另外，乳化剂分子间相互作用越强，所形成界面膜的强度越大。

对于大部分稳定的乳状液液滴来说，由于吸附和电离的作用，它们大都带有电荷。带电液滴之间的排斥力，显著提高了乳状液的稳定性。按带电产生的机理，可以分为两类。

① 乳化剂电离带电。这种类型一般只对于 O/W 型乳状液而言。阴离子型乳化剂在界面上定向排列时，伸入分散介质水中的极性基团因电离出负电基团而使液滴带负电，而阳离子型的乳化剂则使液滴带正电。

② 液滴吸附或摩擦带电。对于 W/O 型乳化剂乳化的乳状液，或者使用非离子型乳化剂的两类乳状液，其电荷主要是由于吸附极性物质和带电离子产生的，也可能是两相接触摩擦产生的。按经验，介电常数较高的物质带正电，而水的介电常数通常均高于“油”，因此 O/W型乳化液中油滴常带负电，而 W/O 型乳状液中水滴常带正电。随着界面吸附量的增加，界面上的电荷也增多，使液滴间的排斥力增大，故液滴在接近时能相互排斥，从而防止它们合并，提高了乳状液的稳定性。

以上各种因素都使乳状液的稳定性增加，此时系统变得稳定，也就容易形成乳状液。

使乳状液中油和水分离的过程，即乳状液的破坏过程称为破乳。例如将牛奶脱脂制牛油，在原油输送和加工前除去原油中的乳化水等，这些生产过程均为破乳。

乳状液稳定的主要因素是应具有足够机械强度的保护膜，因此，只要是能使保护膜减弱的因素，原则上都有利于破坏乳状液。下面介绍几种常用的破乳方法。

(1) 化学法　在乳状液中加入反型乳化剂，会使原来的乳状液变得不稳定而破坏，因此，反型乳化剂即是破乳剂。

例如，在使用硬脂酸钠稳定的 O/W 型乳状液中加入少量 $CaCl_2$（加多了将会变为 W/O 型乳状液），可使原来的乳状液破坏。

在使用硬脂酸盐稳定的乳状液中加酸亦可破乳，这是因为所生成的脂肪酸的乳化能力远小于盐类。此法常称为酸化破乳法。

(2) 顶替法　在乳状液中加入表面活性更大的物质，它们能吸附到油-水界面上，将原来的乳化剂顶走。顶替法使用的表面活性剂与前面提到的消泡剂类似，它们本身由于碳氢链太短，不能形成坚固的膜，导致破乳。常用的顶替剂有戊醇、辛醇、乙醚等。

(3) 电破乳法　电破乳法常用于W/O型乳状液的破乳。由于水滴带电，在电场中，乳化剂分子随电场转向，保护膜被削弱。油中水滴也发生极化而相互吸引，使水滴排成串式。当电压升至某一值时，这些小水滴可在瞬间聚集成大水滴，在重力作用下分离出来。

(4) 加热法　加热能增加乳化剂的溶解度，降低它在界面上的吸附量，以削弱保护膜的强度。加热也能降低分散介质的黏度，有利于液滴之间的接触相碰，因此升温有利于破乳。

(5) 机械法　机械法破乳包括离心分离、泡沫分离和过滤等。通常先将乳状液加热再离心分离或过滤。过滤时，一般是在加压下将乳状液通过吸附剂（如活性炭）或多孔滤器（如素烧陶瓷）。由于油和水对固体的润湿性不同，或是吸附剂吸附了乳化剂等，都可以使乳状液破乳。泡沫分离是利用起泡的方法，使分散的油滴附在泡沫上而被带到水面并分离之。此法通常适用于O/W型乳状液的破乳。

在工业生产中，经常联合几种方法进行破乳。例如，原油是W/O型乳状液，含有皂、树脂（胶质）以及沥青质粒子、微晶石蜡等固体粉末，它们是一些具有乳化作用的W/O型乳化物质。油田要使含水原油破乳，往往是加热法、电破乳法、顶替法三者联合使用，以达到良好的破乳效果。

四、乳状液的应用

乳状液在工农业生产及日常生活等方面都有广泛的应用。这里仅举数例说明。

1. 控制反应温度

许多化学反应在进行的过程中往往伴随着温度的急剧上升。此类反应不易控制，且易发生副反应，影响产品质量。将反应物制成乳状液后，反应物分散成小液滴。每个小滴中反应物数量较少，产生的热量也少。因为乳状液的面积大，散热快，因而温度易于控制，可以避免上述缺点。例如在高分子化学中常使用乳化液进行聚合反应（如合成橡胶），以制得较高质量的产品。

2. 沥青乳状液

将沥青制成O/W型乳状液，可大大降低其表观黏度，使之易于在室温下直接用于路面铺设。这样做，还能改善沥青对砂石的润湿性，易于操作，铺设效果好。制乳状液比较有效的是阳离子型表面活性剂，这是因为砂石表面带负电，易于吸引带正电的沥青乳状液液滴。另一方面，还能使沥青乳状液破乳，便于水分蒸发后沥青将砂石粘连在一起。

3. 农药乳剂

将杀虫药、灭菌药制成O/W型乳剂使用，可以减少药物用量，而且能均匀地在植物叶上铺展，提高杀虫、灭菌效率。

4. 纺织业的纤维处理

为了增加纤维的机械强度、减少摩擦和增加抗静电性能等，天然纤维与人造短纤维在纺织前要用油剂处理。合成纤维在纺纱、织布时也要施用油剂。在实际应用中，为了节省油剂，都加水配成O/W型乳状液使用。

5. 乳化食品和医药用乳剂

牛乳和豆浆是天然 O/W 型乳状液，脂肪以细滴形式分散在水中。乳化剂均是蛋白质，故它们易被人体消化吸收。根据这一原理，人们制造了“乳白鱼肝油”。它是鱼肝油分散在水中的一种 O/W 型乳状液。由于鱼肝油为分散相，口服时无腥味，便于儿童服用。日常生活中的冰淇淋、人造奶油以及营养豆奶等也大多是 O/W 型乳剂。冰淇淋由奶油、椰子油等原料与水乳化而成。人造奶油不含动物脂肪中易引起心血管疾病的胆固醇，且成本低，被广泛用于糕点行业。

阅读材料

微乳状液

微乳状液的液珠大小一般在 8～80nm 之间，它是透明的或近于透明的分散体系，制备微乳状液除了要加入较多的乳化剂外，还要加一些辅助剂，两者用量通常高达 15%～25%。对于以离子型表面活性剂作乳化剂时，可以用醇类（C_4～C_8）作为辅助剂。例如在苯或十六烷烃中加入约 10%油酸，再用氢氧化钾水溶液搅拌混合，得到浑浊的乳白色乳状液，然后逐滴加入正己醇（$C_6H_{13}OH$）时加搅拌，当达到一定浓度后，就得到透明液体，这就是微乳状液。

微乳状液的稳定性很高，还能自动乳化，长时间存放也不会分层破乳，甚至用离心机离心也不会使之分层，即使能分层，静止后还会自动均匀分散。用光散射、电子显微镜、超速离心机沉降等方法测定几种微乳状液的液珠大小，发现液珠大多数为球形或间有圆柱形，而且均小于 100nm。显然，液珠越小，分布也越均匀。微乳状液的另一特点是低黏度，它比普通乳状液的黏度小得多。从这些性质来看，它近似于缔合胶体的胶束溶液。但从本质上看微乳状液不同于胶束的增溶，其差异表现在如下几个方面。

1. 测定结果表明胶束比微乳状液的液珠更小，通常小于 10nm，并且不限于球形结构。

2. 制备微乳状液时，除需要大量表面活性剂外，还需加辅助剂。但是胶束溶液的表面活性剂的量只要超过临界胶束浓度以后，就有胶束生成，并具有增溶能力。

3. 只要有足够的表面活性剂，胶束水溶液可以互相混溶。但是微乳状液的油和水仅在某一范围内混溶。

因此微乳状液是介于一般乳状液和胶束溶液之间的分散体系，如果在一般乳状液中增加表面活性剂的量，并加入适当辅助剂，就能使一般乳状液转变为微乳状液。在浓的胶束溶液中混入一定量的油及辅助剂也可以使胶束溶液变成微乳状液。因此，微乳状液是胶束溶液和乳状液相互过渡产物，所以有人把微乳状液称为胶束乳状液。

微乳状液与普通乳状液的性质虽有很大差别，但对于乳状液的形成、类别等规律，在此仍然适用，例如乳化剂较易溶于油者形成 W/O 型乳状液，较易溶于水者形成 O/W 型乳状液。

近年来微乳状液有很大发展，尤其在石油开采中的第三次采油，用于提高采收率方面取得很大成绩，若用微乳状液驱油，采油率可提高 10%以上，油层的岩石经过处理以后，可使渗透率最大提高到十倍，并可保持较长时间。目前油田所采用的胶束乳状液的“乳化剂”为混合型，例如：烷基苯磺酸钠与鱼油酰二乙醇胺及脂肪醇的混合物，纸浆皂与脂肪醇的混合物等，其中用得最多的是价格低廉的石油磺酸钠与低碳醇（丙、丁、戊醇）的混合物。

本章小结

一、主要的基本概念

1. 界面现象：在物质相界面上因界面上分子的某些特性所发生的一些现象。

分散度：物质分散的程度。

比表面：单位体积的物质所具有的表面积。

2. 表面功：在恒温、恒压和组成不变的条件下，增加系统表面积所必须对系统做的可逆非体积功。

比表面吉布斯函数：在恒温、恒压和组成不变的条件下，增加单位表面积所引起系统的吉布斯函数的增加。

表面张力：沿着表面，相切的方向垂直作用于表面上任意单位长度线段上的表面紧缩力。

3. 润湿现象：固体（液体）表面上的气体被液体取代的一种表面现象。

沾湿：液体与固体表面接触时，气-固和气-液两表面转化为固-液界面的过程。

浸湿：把固体浸入液体中，气-固表面完全被固-液界面所取代的过程。

铺展：少量的液体在光滑的固体表面（或液体表面）上自动展开形成一层薄膜的过程。

接触角：在气、液、固三相的会合点上，固-液界面的水平线与气-液表面的切线之间的夹角。

4. 亚稳状态：系统中难于产生新相而能较长时间存在但热力学不稳定的状态。

5. 吸附现象：一定条件下，相界面上物质的浓度自动发生变化的各种现象。

物理吸附：吸附剂与吸附质分子之间靠分子间力（即范德华力）产生的吸附。

化学吸附：吸附剂与吸附质分子之间靠化学键力产生的吸附。

6. 溶液表面的吸附现象：溶液中的溶质在表面层的浓度与其在溶液本体中浓度不同的现象。

7. 表面活性剂：少量加入溶剂就能使溶液的表面张力显著降低的物质。

8. 乳状液：液体以极小的液滴形式分散在另一种与其不相混溶的液体中所形成的多相分散系统。

二、主要的理论、定律和方程式

1. 比表面　$A_S = A/V$

2. 表面张力　$\sigma = F/(2l)$

比表面吉布斯函数　$\sigma = \Delta G/\Delta A$

3. 润湿现象

沾湿　$\Delta G_a = \sigma_{s-l} - (\sigma_{s-g} + \sigma_{l-g})$

浸湿　$\Delta G_i = \sigma_{s-l} - \sigma_{s-g}$

铺展　$\Delta G_s = \sigma_{s-l} + \sigma_{l-g} - \sigma_{s-g}$

接触角 $\sigma_{s-g} = \sigma_{s-l} + \sigma_{g-l}\cos\theta$

4. 弯曲液面的附加压力　$\Delta p = 2\sigma/r$

5. 分散度与蒸气压的关系　$RT\ln\dfrac{p_r}{p} = \dfrac{2\sigma M}{\rho r}$

亚稳状态和新相生成。

6. 弗罗因德利希等温吸附经验式　$\Gamma = kp^n$

7. 朗格缪尔（Langmuir）吸附等温式　$\Gamma = \Gamma_\infty \dfrac{bp}{1+bp}$

8. 吉布斯吸附等温式　$\Gamma = -\dfrac{c}{RT}\left(\dfrac{\partial \sigma}{\partial c}\right)_T$

9. 表面活性剂的分类、性能及应用。

10. 乳状液的性能及应用。

三、计算题类型

1. 表面功、表面吉布斯函数的计算。
2. 接触角的计算。
3. 弯曲液面的附加压力的计算。
4. 微小液滴、气泡蒸气压的计算（开尔文公式）。
5. 气体在吸附剂表面的吸附量的计算（弗罗因德利希等温吸附经验式）。
6. 气体在吸附剂表面的吸附量的计算（朗格缪尔吸附等温式）。
7. 溶液表面层溶质吸附量的计算（吉布斯吸附等温式）。

四、如何解决化工过程中的相关问题

1. 弯曲液面的饱和蒸气压变化现象，是某些干燥剂干燥的基本原理。
2. 亚稳状态理论应用于蒸馏和结晶。
3. 吸附现象及吸附等温式是催化及其操作技术的重要原理。
4. 表面活性剂、乳状液的应用原理是相关助剂的理论基础。

思 考 题

1. 比表面吉布斯函数、表面功、表面张力是否为同一个概念？有什么区别与联系？

2. 用一个二通活塞两端各连接一个肥皂泡，两肥皂泡的大小不同，问旋转活塞使两个气泡相连后，有何变化，为什么？

3. 若在容器内只是油与水在一起，虽然用力振荡，但静止后仍自动分层，这是为什么？

4. 自然界中为什么气泡、小液滴都呈球形？

5. 影响表面张力的因素有哪些？

6. 下面说法中，不正确的是________。

(1) 生成的新鲜液面都有表面张力

(2) 平面液面没有附加压力

(3) 弯曲液面的表面张力的方向指向曲率中心

(4) 弯曲液面的附加压力指向曲率中心

7. 一个飘荡在空气中的肥皂泡上，所受的附加压力为多少？

8. 在水平放置的玻璃毛细管中分别加入少量的纯水和汞。毛细管中的液体两端的液面分别呈何种形状？如果分别在管外的右端处微微加热，管中的液体将向哪一方向移动？

9. 在进行蒸馏实验时要在蒸馏烧瓶中加些碎磁片或沸石以防止暴沸，其道理何在？

10. 在沉淀分离操作中，为了获得纯净且易于过滤的晶形沉淀，常将沉淀进行“陈化”处理，即让新生成的沉淀与母液一起放置一段时间，试解释原因。

11. 气固相反应 $CaCO_3(s) \rightleftharpoons CaO(s) + CO_2(g)$ 已达平衡。在其他条件不变的情况下，若把 $CaCO_3(s)$ 的颗粒变得极小，则平衡将________。

(1) 向左移动　　(2) 向右移动　　(3) 不移动

12. 高分散度固体表面吸附气体后，可使固体表面的吉布斯函数________。

(1) 降低　　(2) 增加　　(3) 不改变

13. 影响气固吸附的因素有哪些？

14. 为什么在精密仪器中，往往放硅胶吸附剂而不是活性炭？

15. 物理吸附与化学吸附有何区别？

16. 弗罗因德利希吸附方程式与朗格缪尔吸附方程式各适用于何种压力范围？

17. 简单说明表面活性剂的分类情况。举例说明表面活性剂的几种重要作用。

18. 纯液体、溶液和固体各采用什么方法来降低表面能以达到稳定状态？

19. 为什么泉水和井水都有较大的表面张力？当将泉水小心注入干燥杯子时，水面会高出杯面，这是为什么？如果在液面上滴一滴肥皂液，会出现什么现象？

20. 若某液体对毛细管的润湿角 $\theta>90°$，则毛细管插入该液体后，液体在毛细管中_______。

(1) 形成凸液面，液面下降　　(2) 形成凸液面，液面上升

(3) 形成凹液面，液面下降　　(4) 形成凹液面，液面上升

21. 在一盆清水的表面，平行放两根火柴棍。水面静止后，在火柴棍之间滴一滴肥皂水，两火柴棍间距离是加大了还是缩小了？

22. 乳状液有哪些类型，通常鉴别乳状液的类型有哪些方法？其根据是什么？

23. 乳状液不稳定性的表现有哪些？形成稳定乳状液应具备什么条件？

24. 何谓破乳？何谓破乳剂？有哪些破乳方法？

习　题

7-1 在 293.15K 及 101.325kPa 下，把半径为 1×10^{-3} m 的汞滴分散成半径为 1×10^{-9} m 的小汞滴，试求此过程系统的表面吉布斯函数变为若干？已知 293.15K 汞的表面张力为 0.470N/m。

7-2 已知水的表面张力 $\sigma=0.1139-1.4\times10^{-4}T$ (N/m)，式中 T 为热力学温度。试求在 283K 和 $p^{\ominus}$ 下，可逆地使水的表面积增加 $1\times10^{-4}\,m^2$，需做功多少？

7-3 293.15K 时，水的饱和蒸气压为 2.337kPa，密度为 $998.3kg/m^3$，表面张力为 72.75×10^{-3} N/m，试求半径为 10^{-9} m 的小水滴在 293.15K 时的饱和蒸气压为多少？

7-4 将正丁醇蒸气骤冷至 0℃，发现其饱和度 $\left(\dfrac{p_r}{p^*}\right)=4$ 时，方能自行凝结成液滴。求在此过饱和度下开始凝结的液滴的半径。已知在 0℃时，正丁醇的表面张力 $\sigma=0.0261$N/m，体积质量 $\rho=100kg/m^3$，摩尔质量 $M=74$。

7-5 已知 25℃时，间二硝基苯在水中的溶解度为 10^{-3} mol/L，其界面的比表面吉氏函数为 $25.7\times10^{-3}J/m^2$；间二硝基苯的体积质量为 $1575kg/m^3$。试求直径为 10^{-8} m 的间二硝基苯晶体的溶解度。

7-6 在 291.15K 时，用血炭从含苯甲酸的苯溶液中吸附苯甲酸，实验测得血炭吸附苯甲酸的物质的量 x/m 与苯甲酸的平衡浓度 c 的数据如下：

c/(mol/L)	0.00282	0.00617	0.0257	0.0501	0.121	0.282	0.742
(x/m)/(mol/kg)	0.269	0.355	0.631	0.776	1.21	1.55	2.19

试用图解法求方程式 $x/m=k(c/[c])^n$ 中的常数项 k 及 n 的数值。

7-7 已知在 273.15K 时，活性炭吸附 $CHCl_3$ 符合朗格缪尔吸附等温式，其饱和吸附量为 $93.8dm^3/kg$；当 $CHCl_3$ 的分压力为 13.375kPa 时，其平衡吸附量为 $82.5dm^3/kg$。求：

(1) 朗格缪尔吸附等温式中的 b 值；

(2) $CHCl_3$ 的分压为 6.6672kPa 时，平衡吸附量为若干？

7-8 473.15K 时，氧气在某催化剂表面上吸附达平衡。在压力分别为 101.325kPa 及 1013.25kPa 时，每千克催化剂吸附氧气的量分别为 $2.5\times10^{-3}\,m^3$ 及 $4.2\times10^{-3}\,m^3$（已换算为标准状况下的体积），假设该吸附作用服从朗格缪尔公式，试计算当氧气的吸附量为饱和吸附量的一半时，氧气的平衡压力为多少？

7-9 已知氮气在某硅酸的表面形成单分子层吸附，通过测定求得饱和吸附量 $\Gamma_\infty=129$L (STP)/kg。若每个氮分子的截面积为 $16.2\times10^{-20}\,m^2$，试计算 1kg 硅酸的表面积。

7-10 已知在 298K 时，油酸钠水溶液的表面张力与其浓度呈线性关系：$\sigma=\sigma_0-bc$，式中 σ_0 是纯水的表面张力，$\sigma_0=0.072$N/m；c 为油酸钠浓度；b 为常数。试求 $\Gamma=4.33\times10^{-6}\,mol/m^2$ 时，此溶液的表面张力。

第八章　化学动力学

学习目标

1. 掌握均相恒容反应的反应速率、消耗速率和生成速率的定义。
2. 掌握基元反应、反应分子数、反应级数和速率系数的概念。
3. 掌握一级、二级反应速率方程及其特征，并能应用计算。
4. 掌握阿伦尼乌斯方程及其应用，明确温度、活化能对反应速率的影响。
5. 了解典型复合反应及链反应的特征。
6. 了解催化反应的基本特征。了解气-固相催化反应的一般步骤。

化学动力学研究浓度、压力、温度、催化剂等因素对反应速率的影响；还研究反应进行时要经过哪些反应步骤，即所谓反应机理。

第一节　化学反应速率

一、反应速率的定义

对于任意反应

$$a\mathrm{A}+b\mathrm{B}\longrightarrow e\mathrm{E}+f\mathrm{F} \tag{1}$$

可简写成

$$0=\sum_{\mathrm{B}}\nu_{\mathrm{B}}\mathrm{B}$$

随着反应进行，反应进度 ξ 不断增大。用单位体积内反应进度随时间的变化率来表示反应进行的快慢，称为反应速率，用符号“v”表示，即

$$v=\frac{1}{V}\frac{\mathrm{d}\xi}{\mathrm{d}t} \tag{8-1}$$

式中　V——体积；

t——时间；

ξ——反应进度，mol；

v——反应速率，[浓度]/[时间]。

由反应进度定义可知，$\mathrm{d}\xi=\mathrm{d}n_{\mathrm{B}}/\nu_{\mathrm{B}}$，所以反应速率 v 的定义式也可写成

$$v=\frac{1}{\nu_{\mathrm{B}}V}\frac{\mathrm{d}n_{\mathrm{B}}}{\mathrm{d}t}$$

对于均相恒容反应，$\mathrm{d}n_{\mathrm{B}}/V=\mathrm{d}c_{\mathrm{B}}$，所以上式可简化为：

$$v=\frac{1}{\nu_{\mathrm{B}}}\frac{\mathrm{d}c_{\mathrm{B}}}{\mathrm{d}t} \tag{8-2}$$

式中　c_{B}——B 的物质的量浓度，$\mathrm{mol/m^3}$ 或 mol/L；

ν_B——B的化学计量系数。

这就是均相恒容反应速率的定义式。dc_B/dt 代表物质B浓度随时间的变化率。对于产物，dc_B/dt 和 ν_B 同时为正；对于反应物，dc_B/dt 和 ν_B 同时为负，因此反应速率永远为正值。对于式(8-1) 表示的任意反应，恒容反应速率可具体表示为：

$$v=-\frac{1}{a}\frac{dc_A}{dt}=-\frac{1}{b}\frac{dc_B}{dt}=\frac{1}{e}\frac{dc_E}{dt}=\frac{1}{f}\frac{dc_F}{dt} \tag{8-3}$$

显然反应速率与物质B的选择无关，但与化学计量方程式的写法有关。

为了讨论问题方便，常采用某指定反应物的消耗速率或某指定产物的生成速率来表示反应进行的快慢。对于反应式(1) 表示的任意反应，定义恒容下，反应物的消耗速率为：

$$v_A=-\frac{dc_A}{dt} \tag{8-4}$$

$$v_B=-\frac{dc_B}{dt}$$

产物的生成速率为：

$$v_E=\frac{dc_E}{dt} \tag{8-5}$$

$$v_F=\frac{dc_F}{dt}$$

由于反应物不断消耗，$\frac{dc_A}{dt}$与 dc_B/dt 为负值，为使消耗速率为正值，故在其前面加一负号。显然对于反应式(1) 表示的任意反应，反应速率与反应物消耗速率、产物生成速率的关系为：

$$v=\frac{v_A}{a}=\frac{v_B}{b}=\frac{v_E}{e}=\frac{v_F}{f} \tag{8-6}$$

对于气相反应，压力比浓度更容易测量，因此也用参加反应的各物质的压力随时间的变化率来表示消耗速率、生成速率及反应速率。对于恒温恒容理想气体反应，可导出用压力表示的反应速率 v_p 与用浓度表示的反应速度 v 之间的关系为：

$$v_p=vRT \tag{8-7}$$

二、反应速率的图解表示

对于恒容均相反应，若测出不同时刻 t 时反应物A的浓度 c_A 或产物D的浓度 c_D，则可绘出如图8-1所示的 c-t 曲线。c_A-t 曲线上各点切线斜率的绝对值，即为相应时刻反应物A的消耗速率，$v_A=-dc_A/dt$。c_D-t 曲线上各点切线斜率的绝对值，即为相应时刻产物D的生成速率，$v_D=dc_D/dt$。

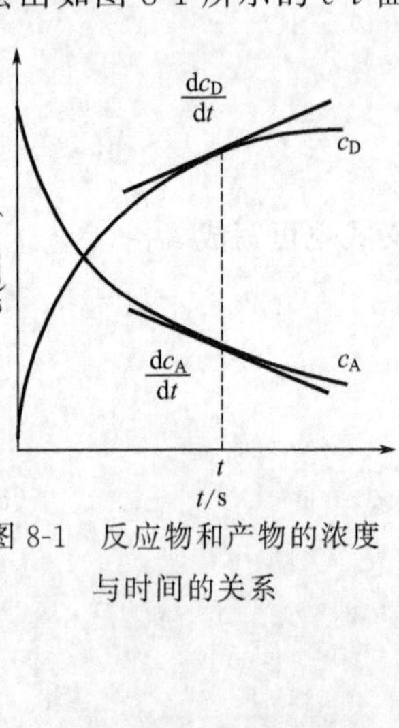

图8-1　反应物和产物的浓度与时间的关系

本章如不特别指明，所讨论的反应均为均相恒容反应。

三、基元反应和复合反应

许多化学反应并不是按照化学反应计量方程式所表示的那样，由反应物直接转变成产物的。例如HCl的气相合成反应为：

$$H_2+Cl_2 \longrightarrow 2HCl$$

已经证明，该反应需要经过以下一系列单一的、直接的反应步骤（即基元反应）来完成：

(1)　$Cl_2 + M \longrightarrow 2Cl\cdot + M$

(2)　$Cl\cdot + H_2 \longrightarrow HCl + H\cdot$

(3)　$H\cdot + Cl_2 \longrightarrow HCl + Cl\cdot$

(4)　$Cl\cdot + Cl\cdot + M \longrightarrow Cl_2 + M$

式中，M 指反应器壁和其他第三体的分子，只起传递能量作用。所谓基元反应，就是反应物微粒（分子、原子、离子或自由基）在碰撞中一步直接转化为产物微粒的反应。由两种或两种以上基元反应所组成的总反应称为非基元反应，或称为复合反应。绝大多数宏观反应都是复合反应，如 HCl 的气相合成反应就是复合反应。复合反应由哪几个基元反应组成，即反应物分子变成产物分子所经历的途径，称为反应机理或反应历程。基元反应 (1)～(4) 的总和就是 HCl 的气相合成反应的反应机理。基元反应的反应方程式代表反应的真实过程，所以它的写法是惟一的。

基元反应中，反应物微粒数目之和称为反应分子数。根据反应分子数可以将基元反应分为单分子反应、双分子反应、三分子反应。最常见的是双分子反应，单分子反应次之，三分子反应较罕见。目前尚未发现四分子反应。在 HCl 的气相合成反应的机理中，基元反应 (1)～(3) 都是双分子反应，(4) 是三分子反应。

化学反应方程，除非特别指明，一般都属于化学计量方程，而不是基元反应。

四、基元反应的速率方程——质量作用定律

广义地说，化学反应速率方程是定量地表示各种因素（如浓度、温度、催化剂等）对反应速率影响的数学方程，其具体形式随不同反应而异，通常由实验来确定。

长期的实验结果表明，基元反应的速率方程不仅形式简单而且有统一规律。对于任意基元反应：

$$aA + bB \longrightarrow \text{产物}$$

其反应速率为：

$$v = kc_A^a c_B^b \tag{8-8}$$

即基元反应的速率与反应物浓度的乘积呈正比，每种反应物浓度的方次为基元反应中该反应物粒子数即化学计量数的绝对值。基元反应的这个规律称为质量作用定律。因此基元反应的速率方程可根据反应方程式直接写出，不必测定。

质量作用定律不适用于复合反应。也就是说，只知道复合反应的计量方程式是不能预言其速率公式的。对于不知道反应机理的复合反应，其速率方程只能由实验测定。例如，H_2 与三种不同卤素的气相反应，其化学计量方程式是类似的，但它们的速率公式却有着完全不同的形式。

$H_2 + I_2 \longrightarrow 2HI$　　$v = kc_{H_2}c_{I_2}$

$H_2 + Br_2 \longrightarrow 2HBr$　　$v = \dfrac{kc_{H_2}c_{Br_2}^{1/2}}{1 + k'c_{HBr}/c_{Br_2}}$

$H_2 + Cl_2 \longrightarrow 2HCl$　　$v = kc_{H_2}c_{Cl_2}^{1/2}$

这三个反应的速率公式之所以不同，是由于它们的反应机理不同所致。由实验确立的速率公式虽然是经验性的，却有着很重要的作用。一方面可以由此而知哪些组分以怎样的关系影响反应速率，为化学工程设计合理的反应器提供依据；另一方面也可以为研究反应机理提供线索。

若实验测得某反应的速率方程不符合质量作用定律，则该反应一定是复合反应；若符合质量作用定律，则该反应有可能是基元反应，但还需进一步验证。如 HI 气相合成反应就是复合反应。

五、反应级数

实验表明，许多复合反应的速率方程具有以下幂函数形式。

$$v=kc_A^{\alpha}c_B^{\beta}c_D^{\gamma}\cdots \tag{8-9}$$

式中，A、B、D，…一般为反应物，也可以是产物或其他物质；α、β、γ…分别称为物质 A、B、D…的反应分级数，令 $n=\alpha+\beta+\gamma\cdots$，$n$ 称为反应的总级数，简称反应级数。一个反应的级数，无论是 α、β、γ…或是 n，都是实验确定的常数，其值可以是整数、分数、负数或者是零。一般 n 不大于 3。

反应级数的大小反映了浓度对反应速率影响的程度。级数越大，浓度对反应速率的影响越大。例如 HCl 的气相合成反应的速率方程为 $v=k[H_2][Cl_2]^{0.5}$，即该反应对 H_2 为 1 级，对 Cl_2 为 0.5 级，而该反应为 1.5 级反应，此式表明 H_2 浓度对反应速率的影响比 Cl_2 大些。

对于基元反应来说，反应分子数与反应级数一般是相同的，如单分子反应就是一级反应，双分子反应就是二级反应。

六、反应速率系数

式(8-8) 和式(8-9) 中比例系数 k，称为反应速率系数，过去称为反应速率常数。反应速率系数在数值上相当于速率方程中各物质浓度均为单位浓度时的反应速率，故也称为比速率。在相同条件下，不同的反应有不同的 k 值。k 值越大，反应越快。对于指定反应，k 与温度、反应介质（溶剂）和催化剂有关，甚至随反应器的形状、性质而变。k 的单位是 [浓度]$^{1-n}$ [时间]$^{-1}$，所以由 k 的单位可以判断反应级数。

对于指定反应，当温度、反应介质和催化剂等条件一定时，反应速率系数为一定值。然而，用不同物质的消耗速率或生成速率表示反应速率时，其速率系数的数值与物质选择有关。例如，任意基元反应：

$$aA+bB \longrightarrow eE+fF$$

根据质量作用定律，反应物的消耗速率、产物的生成速率和反应速率分别为：

$$v_A=k_Ac_A^ac_B^b \qquad v_B=k_Bc_A^ac_B^b$$

$$v_E=k_Ec_A^ac_B^b \qquad v_F=k_Fc_A^ac_B^b$$

$$v=kc_A^ac_B^b$$

因为

$$v=\frac{v_A}{a}=\frac{v_B}{b}=\frac{v_E}{e}=\frac{v_F}{f}$$

所以

$$k=\frac{k_A}{a}=\frac{k_B}{b}=\frac{k_E}{e}=\frac{k_F}{f} \tag{8-10}$$

因此，当涉及对某种物质的速率系数时，k 的下标不可忽略。

只有当反应的速率方程可以表示成式(8-9) 的幂函数形式时，才有反应级数和速率系数，否则，反应便没有反应级数和速率系数可言。例如前面提到的 HBr 合成反应，其速率方程为：

$$v=\frac{kc_{H_2}c_{Br_2}^{1/2}}{1+k'c_{HBr}/c_{Br_2}}$$

表明该反应无反应级数，其中的 k 和 k' 也不叫反应速率系数。

第二节　具有简单级数的化学反应

凡是反应速率只与反应物浓度有关，而且反应级数，无论是 α、β、…或 n 都只是零或正整数的反应，称为具有简单级数的反应。基元反应都是具有简单级数反应，但具有简单级数的反应不一定是基元反应。例如，零级反应就不可能是基元反应，因为没有零分子反应。氢气与碘反应生成碘化氢，是一个复杂反应，但它是二级反应。本节讨论一级反应和二级反应速率方程的微分式、积分式及其特征。

一、一级反应

反应速率与反应物浓度的一次方成正比的反应，称为一级反应。若某一级反应的计量方程式为：

$$\begin{array}{lll} & A \longrightarrow P \\ t=0 & c_{A,0} \\ t=t & c_A \end{array}$$

则其反应速率方程为：

$$-\frac{dc_A}{dt}=kc_A \tag{8-11}$$

定积分上式

$$-\int_{c_{A,0}}^{c_A}\frac{dc_A}{c_A}=\int_0^t k\,dt$$

得

$$\ln\frac{c_{A,0}}{c_A}=kt \tag{8-12a}$$

式中　t——时间；

k——反应速率系数，[时间]$^{-1}$；

$c_{A,0}$——A 的初始浓度，mol/m^3 或 mol/L；

c_A——t 时刻 A 的浓度，mol/m^3 或 mol/L。

反应物 A 的转化率 $y_A=x/c_{A,0}$，代入上式得

$$\ln\frac{1}{1-y_A}=k_At \tag{8-12b}$$

由上述关系式可知，一级反应具有如下三个特征。

① 一级反应速率系数 k 的量纲为 [时间]$^{-1}$，说明 k 的数值与时间单位有关，但与浓度单位无关。

② 反应物浓度消耗掉一半所需的时间称为该反应的半衰期，用符号 $t_{1/2}$ 表示。将 $c_A=c_{A,0}/2$ 代入式(8-12a) 可得

$$t_{1/2}=\frac{\ln 2}{k}=\frac{0.693}{k} \tag{8-13}$$

由此可见，一级反应的半衰期与 k 成反比，与反应物初始浓度无关。这就是说对于一级反

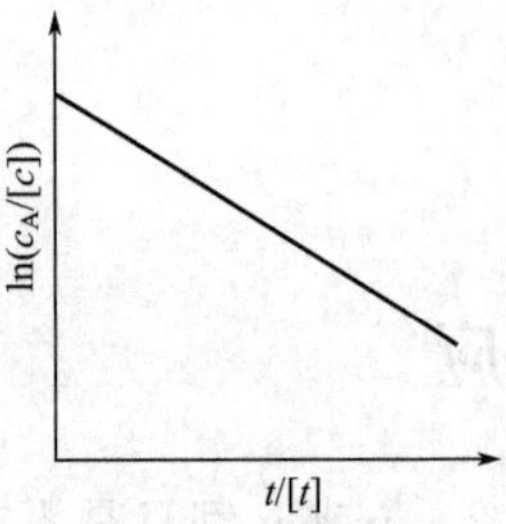

图 8-2 一级反应的 $\ln c$-t 图

应，不管反应物 A 的浓度从 2mol/L 降至 1mol/L，还是从 0.6mol/L 降至 0.3mol/L，所需的时间均是相同的。

③ 式(8-12a) 可改写成：

$$\ln(c_A/[c]) = -kt + \ln(c_{A,0}/[c])$$

这是直线方程。以 $\ln(c_A/[c])$ 对 t 作图应得一直线（如图 8-2 所示），其斜率为 $-k$，截距为 $\ln(c_{A,0}/[c])$。

根据这些特征，可以判断一个反应是否为一级反应。许多物质的热分解反应，分子内部重排反应以及所有放射性元素的蜕变等，都是一级反应。

除此之外，水溶液中的某些水解反应可看作是一级反应。例如：

$$\underset{\text{蔗糖}}{C_{12}H_{22}O_{11}} + H_2O \longrightarrow \underset{\text{葡萄糖}}{C_6H_{12}O_6} + \underset{\text{果糖}}{C_6H_{12}O_6}$$

该水解反应实际上是二级反应，由于水溶液中水过量很多，其浓度在反应过程中近似为常数，所以反应变为一级反应。通常把在这种特殊情况下得到的一级反应，称为准一级反应。

【例 8-1】 在 313K 下，N_2O_5(A) 在惰性溶剂 CCl_4 中进行分解，反应为一级。设初速率 $v_0 = 1.00\times10^{-5}$ mol/(L·s)，1h 后反应速率 $v = 3.26\times10^{-6}$ mol/(L·s)。试求 (1) k_A；(2) 半衰期 $t_{1/2}$；(3) N_2O_5 的初始浓度 $c_{A,0}$。

解 (1) 反应速率 $v = k_A c_A$

$t=0$ $\quad v_0 = k_A c_{A,0} = 1.00\times10^{-5}$ mol/(L·s)

$t=3600$s $\quad v = k_A c_A = 3.26\times10^{-6}$ mol/(L·s)

则

$$\frac{v_0}{v} = \frac{c_{A,0}}{c_A} = \frac{1.00\times10^{-5}}{3.26\times10^{-6}}$$

所以

$$k_A = \frac{1}{t}\ln\frac{c_{A,0}}{c_A} = \frac{1}{3600}\ln\frac{1.00\times10^{-5}}{3.26\times10^{-6}}\text{s}^{-1} = 3.11\times10^{-4}\text{s}^{-1}$$

(2)

$$t_{1/2} = \frac{\ln 2}{k} = \frac{0.693}{3.11\times10^{-4}}\text{s} = 2.23\times10^{3}\text{s}$$

(3)

$$c_{A,0} = \frac{v_0}{k} = \frac{1.00\times10^{-5}}{3.11\times10^{-4}}\text{mol/L} = 3.22\times10^{-2}\text{mol/L}$$

【例 8-2】 777K 时将气态二甲醚放到一个抽空的容器中，发生如下反应

$$(CH_3)_2O(g) \longrightarrow CH_4(g) + H_2(g) + CO(g)$$

已知反应为一级，且 $(CH_3)_2O$ 可充分分解。反应到 777s 时测得容器中压力为 65.06kPa，反应无限长时间，容器内压力为 124.12kPa。求反应速率常数 k。

解

	$(CH_3)_2O(g) \longrightarrow$	$CH_4(g)$	$+H_2(g)$	$+CO(g)$	
$t=0$	p_0	0	0	0	
$t=777$s	p	p_0-p	p_0-p	p_0-p	$p_t=3p_0-2p$
$t=\infty$	0	p_0	p_0	p_0	$p_\infty=3p_0$

所以

$$p_0 = p_\infty/3 = 124.12/3\text{kPa} = 41.37\text{kPa}$$

$$p = (3p_0 - p_t)/2 = (124.12-65.06)/2\text{kPa} = 29.53\text{kPa}$$

因为气体压力不高，可视为理想气体，由 $p=cRT$ 得

$$\frac{p_0}{p} = \frac{c_0}{c}$$

代入一级反应速率方程积分式

$$k=\frac{1}{t}\ln\frac{c_0}{c}=\frac{1}{777}\ln\frac{41.37}{29.53}\mathrm{s}^{-1}=4.33\times10^{-4}\mathrm{s}^{-1}$$

二、二级反应

反应速率与反应物浓度的二次方成正比的反应，称为二级反应。二级反应有两种类型：

类型Ⅰ　反应速率仅与一个反应物浓度的二次方成正比，例如：

$$2\mathrm{A}\longrightarrow\mathrm{P}\qquad v=kc_{\mathrm{A}}^2$$

类型Ⅱ　反应速率与两个反应物浓度的乘积成正比，例如：

$$\mathrm{A}+\mathrm{B}\longrightarrow\mathrm{P}\qquad v=kc_{\mathrm{A}}c_{\mathrm{B}}$$

若在反应过程中始终保持 $c_{\mathrm{A}}=c_{\mathrm{B}}$，则 $v=kc_{\mathrm{A}}c_{\mathrm{B}}=kc_{\mathrm{A}}^2$，反应类型Ⅱ变为反应类型Ⅰ，所以反应类型Ⅰ可看做是反应类型Ⅱ的特例。因而只讨论反应类型Ⅱ就可以了。

对于反应类型Ⅱ，设A和B的初始浓度分别为 $c_{\mathrm{A},0}$ 和 $c_{\mathrm{B},0}$，反应过程中任意时刻 t 时A减少的浓度为 x，即

$$\begin{array}{llll} & \mathrm{A}+\mathrm{B}\longrightarrow\mathrm{P} & & \\ t=0 & c_{\mathrm{A},0}\quad c_{\mathrm{B},0} & & 0 \\ t=t & c_{\mathrm{A}}=c_{\mathrm{A},0}-x & c_{\mathrm{B}}=c_{\mathrm{B},0}-x & x \end{array}$$

则速率方程为

$$-\frac{\mathrm{d}c_{\mathrm{A}}}{\mathrm{d}t}=kc_{\mathrm{A}}c_{\mathrm{B}} \tag{8-14a}$$

即

$$\frac{\mathrm{d}x}{\mathrm{d}t}=k(c_{\mathrm{A},0}-x)(c_{\mathrm{B},0}-x) \tag{8-14b}$$

分两类情况讨论。

1. 若 $c_{\mathrm{A},0}=c_{\mathrm{B},0}$，则 $c_{\mathrm{A}}=c_{\mathrm{B}}$，式(8-14a) 变为：

$$-\frac{\mathrm{d}c_{\mathrm{A}}}{\mathrm{d}t}=kc_{\mathrm{A}}^2 \tag{8-15}$$

定积分上式

$$\int_0^x\frac{\mathrm{d}c_{\mathrm{A}}}{c_{\mathrm{A}}^2}=\int_0^t k\,\mathrm{d}t$$

得

$$\frac{1}{c_{\mathrm{A}}}-\frac{1}{c_{\mathrm{A},0}}=kt \tag{8-16a}$$

式中　t——时间；

k——反应速率系数，[浓度]$^{-1}$ [时间]$^{-1}$；

$c_{\mathrm{A},0}$——A的初始浓度，mol/m^3 或 mol/L；

x——t 时刻A消耗掉的浓度，mol/m^3 或 mol/L。

反应物A的转化率 $y_{\mathrm{A}}=\dfrac{x}{c_{\mathrm{A},0}}=\dfrac{c_{\mathrm{A},0}-c_{\mathrm{A}}}{c_{\mathrm{A},0}}$，代入上式得

$$\frac{y_{\mathrm{A}}}{c_{\mathrm{A},0}(1-y_{\mathrm{A}})}=k_{\mathrm{A}}t \tag{8-16b}$$

由此可见，反应速率仅与一个反应物浓度的平方有关的二级反应有如下特征：

(1) k 的量纲为 [浓度]$^{-1}$ [时间]$^{-1}$，表明 k 的数值与浓度和时间单位有关。

(2) 将 $c_A=c_{A,0}/2$ 代入式(8-16a)，得反应半衰期。

$$t_{1/2}=\frac{1}{kc_{A,0}} \tag{8-17}$$

此式表明，此类二级反应的半衰期与反应物的初始浓度成反比，反应物的初始浓度越大，反应掉一半所需的时间越短。

(3) 式(8-16a) 可改写成：

$$\frac{1}{c_A}=kt+\frac{1}{c_{A,0}}$$

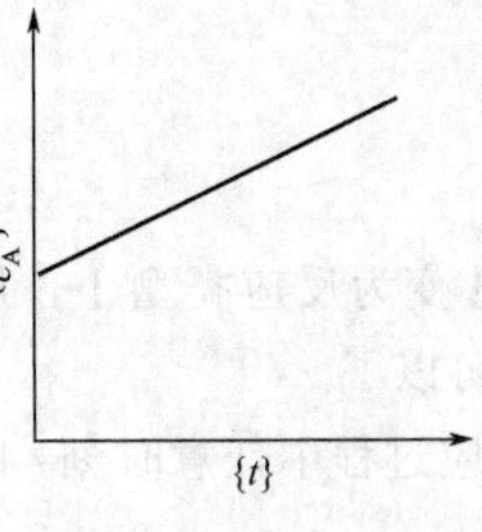

图 8-3 二级反应的 $1/c_A$-t 图

这是直线方程。以 $1/c_A$ 对 t 作图应得一直线（如图 8-3 所示），其斜率为 k，截距为 $1/c_{A,0}$。

2\. 若 $c_{A,0}\neq c_{B,0}$，则 $c_A\neq c_B$，定积分式(8-14b)

$$\int_0^x \frac{dx}{(c_{A,0}-x)(c_{B,0}-x)}=\int_0^t k\,dt$$

得

$$\frac{1}{c_{A,0}-c_{B,0}}\ln\frac{c_{B,0}(c_{A,0}-x)}{c_{A,0}(c_{B,0}-x)}=kt \tag{8-18}$$

此类二级反应有如下特征。

(1) k 的量纲为［浓度］$^{-1}$［时间］$^{-1}$，表明 k 的数值与浓度和时间单位有关。

(2) 因为 $c_{A,0}\neq c_{B,0}$，所以 A 和 B 的半衰期不同，整个反应没有半衰期。

(3) 式(8-18) 可改写成

$$\ln\frac{c_{A,0}-x}{c_{B,0}-x}=(c_{A,0}-c_{B,0})kt+\ln\frac{c_{A,0}}{c_{B,0}}$$

这是直线方程。以 $\ln[(c_{A,0}-x)/(c_{B,0}-x)]$ 对 t 作图应得一直线，其斜率为 $(c_{A,0}-c_{B,0})k$。

二级反应是最常见的反应，在溶液中进行的很多有机化学反应都是二级反应。

【例 8-3】 在 298K 时，乙酸乙酯 (A) 和氢氧化钠 (B) 皂化反应的 $k=6.36\text{L}/(\text{mol}\cdot\text{min})$。

(1) 若酯和碱的初始浓度均为 0.02mol/L，试求反应的半衰期和反应进行到 10min 时的反应速率；

(2) 若酯的初始浓度为 0.02mol/L，碱的初始浓度为 0.03mol/L，试求酯反应掉 50% 所需要的时间。

解 由速率系数的单位可知此反应为二级反应。

(1) 两种反应物的初始浓度相同

$$t_{1/2}=\frac{1}{kc_{A,0}}=\frac{1}{6.36\times0.02}\text{min}=7.86\text{min}$$

反应进行到 10min 时的 c_A

$$\frac{1}{c_A}=kt+\frac{1}{c_{A,0}}=\left(6.36\times10+\frac{1}{0.02}\right)\text{L/mol}=113.6\text{L/mol}$$

$$c_A=8.803\times10^{-3}\text{mol/L}$$

反应进行到 10min 时的反应速率

$$v=kc_A^2=6.36\times(8.803\times10^{-3})^2\text{mol}/(\text{L}\cdot\text{min})=4.93\times10^{-4}\text{mol}/(\text{L}\cdot\text{min})$$

(2) 两反应物的初始浓度不相同

$$t=\frac{1}{k(c_{A,0}-c_{B,0})}\ln\frac{c_{B,0}(c_{A,0}-x)}{c_{A,0}(c_{B,0}-x)}$$

$$=\frac{1}{6.36\times(0.02-0.03)}\ln\frac{0.03\times(0.02-0.01)}{0.02\times(0.03-0.01)}\text{min}=4.52\text{min}$$

从上面的计算可以看出，当酯和碱的初始浓度均为 0.02mol/L 时，酯转化 50%所需时间为 7.86min；若碱的浓度增大到 0.03mol/L，则酯转化 50%所需时间缩短到 4.52min。

【例 8-4】 在 85%乙醇和 15%水的溶液中，乙酸乙酯和氢氧化钠按下式反应

$$CH_3COOC_2H_5+NaOH\longrightarrow CH_3COONa+C_2H_5OH$$

乙酸乙酯和氢氧化钠的初始浓度均为 $50mol/m^3$。在 303K 时，测得不同时刻溶液中两者的浓度如下：

t/min	0	15	24	37	53	83	143
$c/(mol/m^3)$	50	33.7	27.93	22.83	18.53	13.56	8.95

求该二级反应的速率系数。

解 这是两反应物初始浓度相等的二级反应。因实验数据较多，采用作图法求速率系数。数据处理如下：

t/min	0	15	24	37	53	83	143
$c/(mol/m^3)$	50	33.7	27.93	22.83	18.53	13.56	8.95
$\frac{1}{c}/(m^3/mol)$	0.02	0.0297	0.0358	0.0438	0.054	0.0738	0.1117

以 $1/c$ 对 t 作图得一直线，如图 8-4 所示。由直线斜率得反应速率系数

$$k=6.46\times10^{-4}\,m^3/(mol\cdot min)$$

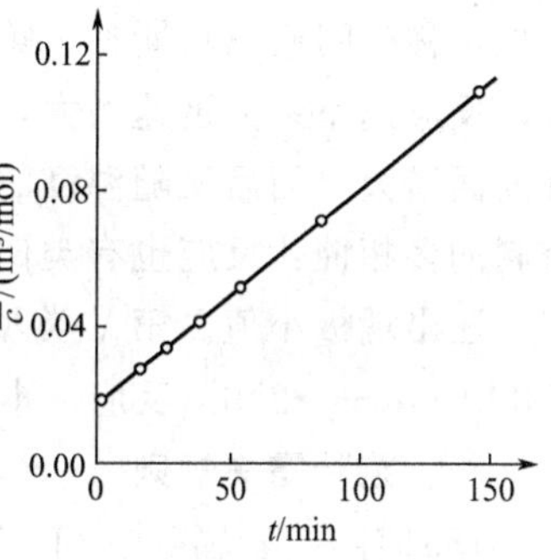

图 8-4 ［例 8-4］的附图

上面讨论了一级反应和二级反应及其特征，所运用的方法是，先列出速率方程（微分方程），然后解出它的积分形式，最后根据积分式讨论其特征。读者可按照上述处理方法，自行分析零级反应和三级反应的特征。现将符合 $-\frac{dc_A}{dt}=kc_A^n$ 反应的动力学方程积分式及反应特征列于表 8-1 中，供读者复习和计算时参考。

表 8-1 符合 $-\frac{dc_A}{dt}=kc_A^n$ 反应的动力学方程积分式及反应特征

级数	积分式	特征		
		直线关系	k 的量纲	$t_{1/2}$
0	$c_{A,0}-c_A=kt$	c_A-t	(浓度)/(时间)	$\frac{c_{A,0}}{2k}$
1	$\ln\frac{c_{A,0}}{c_A}=kt$	$\ln c_A/[c]$ -t	$(时间)^{-1}$	$\frac{\ln2}{k}$
2	$\frac{1}{c_A}-\frac{1}{c_{A,0}}=kt$	$\frac{1}{c_A}$-t	$(浓度)^{-1}(时间)^{-1}$	$\frac{1}{kc_{A,0}}$

续表

级数	积分式	特征		
		直线关系	k 的量纲	$t_{1/2}$
3	$\frac{1}{2}\left(\frac{1}{c_A^2}-\frac{1}{c_{A,0}^2}\right)=kt$	$\frac{1}{c_A^2}$-t	(浓度)$^{-2}$(时间)$^{-1}$	$\frac{1}{2kc_{A,0}^2}$
n	$\frac{1}{n-1}\left(\frac{1}{c_A^{n-1}}-\frac{1}{c_{A,0}^{n-1}}\right)=kt$	$\frac{1}{c_A^{n-1}}$-t	(浓度)$^{1-n}$(时间)$^{-1}$	$\frac{2^{n-1}-1}{(n-1)\ kc_{A,0}^{n-1}}$

第三节　温度对反应速率的影响

人们早已发现，温度对反应速率的影响比浓度的影响大得多。温度对反应速率的影响，主要体现在对速率系数（k）的影响上。对于不同类型的反应，温度的影响是不相同的，温度对反应速率系数的影响如图 8-5 所示，有五种类型。

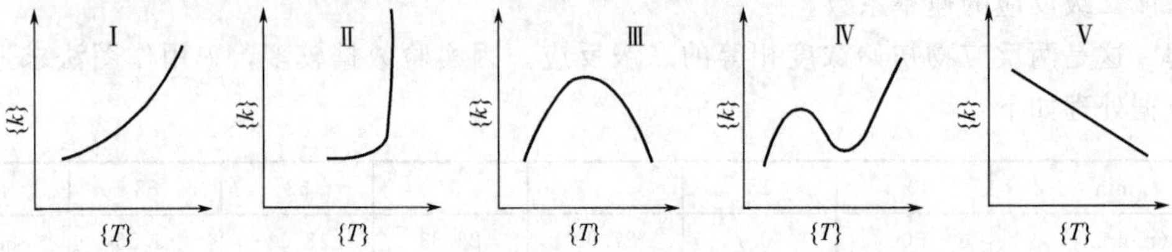

图 8-5　温度对速率系数影响的几种类型

第Ⅰ种类型是反应速率系数随温度升高而逐渐增大。它们之间为指数关系，这种类型最常见，称为阿伦尼乌斯型。第Ⅱ种类型是有爆炸极限的反应，其特点是温度升高到某一值后，反应速率系数迅速增大，发生爆炸。第Ⅲ类型是酶催化反应，起初反应速率系数随温度升高而增大，而后又随温度的继续升高而减少，反应速率系数出现一个极大值。某些受吸附控制的多相催化反应也有类似情况。第Ⅳ类型是碳的氧化反应，反应速率系数不仅出现极大值，还出现极小值。第Ⅴ类型是反应速率系数随温度升高而逐渐下降的反常类型，例如，$2NO + O_2 \longrightarrow 2NO_2$反应。本节仅讨论常见的第Ⅰ种类型。

一、范特霍夫规则

1884 年，范特霍夫（J. H. Van't Hoff）由实验总结归纳出一个近似规则：在室温附近每升高 10K，反应速率系数要增至原来的 2～4 倍，即

$$\frac{k_{(T+10)}}{k_T}=(2\sim4)$$

式中　k_T——温度 T 时的速率系数；

$k_{(T+10)}$——（$T+10$）K 时的速率系数。

这个规则虽然不很准确，但当数据不全时，可用它粗略地估计了温度对反应速率的影响。

二、阿伦尼乌斯方程

在 1889 年阿伦尼乌斯（Arrhenius）总结了大量实验数据后，提出一个经验方程式，较准确地表示出速度系数 k 与温度 T 的关系：

$$k=Ae^{-E_a/RT} \tag{8-19}$$

式中　A——指前因子或频率因子，单位与 k 的单位相同；

E_a——实验活化能，简称活化能，J/mol 或 kJ/mol；

R——摩尔气体常数，$R=8.314\text{J}/(\text{mol}\cdot\text{K})$；

T——热力学温度，K；

$e^{-E_a/RT}$——玻耳兹曼因子或活化分子百分数。

A 和 E_a 都是与温度无关的经验常数。由于温度 T 和活化能 E_a 是在 e 的指数项中，故它们对 k 的影响甚大。温度或活化能的微小变化将引起 k 值显著的变化。反应温度越高，k 值越大；活化能越小，k 值越大。将式(8-19) 两端取对数，得

$$\ln k/[k]=-\frac{E_a}{RT}+\ln A/[k] \tag{8-20}$$

由上式可知，以 $\ln k/[k]$ 对 $1/T$ 作图得一直线，其斜率为 $-E_a/R$，截距为 $\ln A/[k]$。

将式(8-20) 两端对温度求导，得

$$\frac{\mathrm{d}\ln k/[k]}{\mathrm{d}T}=\frac{E_a}{RT^2} \tag{8-21}$$

由上式可知，$\ln k/[k]$ 随 T 的变化率与活化能 E_a 成正比。也就是说，活化能越大，则速率系数 k 随温度的升高而增加得越快，即活化能越大，速率系数 k 对温度 T 越敏感。所以若同时存在几个反应，则升高温度对活化能大的反应有利，降低温度对活化能小的反应有利。在生产和科研中，往往利用这个道理来选择适宜温度加速主反应，抑制副反应。将式(8-21) 定积分，得

$$\ln\frac{k(T_2)}{k(T_1)}=\frac{E_a(T_2-T_1)}{RT_1T_2} \tag{8-22}$$

如果已知 T_1、T_2 两个温度下的速率系数 $k(T_1)$、$k(T_2)$，可用上式求出活化能 E_a。如果已知活化能 E_a 和温度 T_1 下的速率系数 $k(T_1)$，则可由上式求出温度 T_2 下的速率系数 $k(T_2)$。

以上四个公式是阿伦尼乌斯方程的不同形式，在温度变化不太大的范围内（约 100K），基元反应和大多数复合反应都能很好地符合阿伦尼乌斯方程。

【例 8-5】 已知在 H^+ 浓度为 0.1mol/L 时，蔗糖水解反应在 303K 时速率系数 $k(303\text{K})=1.83\times10^{-5}\text{s}^{-1}$。该反应的活化能 $E_a=106.46\text{kJ/mol}$。求（1）反应在 333K 时的速率系数 k（333K）；（2）在 333K 时该反应进行 2h 后，蔗糖的转化率。

解　（1）根据阿伦尼乌斯方程的定积分式(8-22)

$$\ln\frac{k(T_2)}{k(T_1)}=\frac{E_a(T_2-T_1)}{RT_1T_2}$$

将 $T_1=303\text{K}$、$k(T_1)=1.83\times10^{-5}\text{s}^{-1}$、$T_2=333\text{K}$ 代入上式，即

$$\ln\frac{k(333\text{K})}{1.83\times10^{-5}\text{s}^{-1}}=\frac{106460\times(333-303)}{8.314\times303\times333}$$

得

$$k(333\text{K})=8.24\times10^{-4}\text{s}^{-1}$$

（2）由速率系数的单位可知此反应是一级反应。设蔗糖的转化率为 α，将 $k(333\text{K})=8.24\times10^{-4}\text{s}^{-1}$、$t=7200\text{s}$ 代入一级反应速率方程积分式(8-12)

$$\ln\frac{1}{1-\alpha}=kt=8.24\times10^{-4}\times7200$$

得

$$\alpha=0.9974$$

【例 8-6】 已测得反应 $N_2O_5 \longrightarrow N_2O_4 + \frac{1}{2}O_2$ 在不同温度时的速率系数，数据如下：

T/K	273	298	308	318	328	338
$k\times10^5/s^{-1}$	0.0787	3.46	13.5	49.8	150	487

求反应的活化能。

解 可用作图法或计算法求活化能

(1) 作图法

根据题给数据算出所需数据列于下表

T/K	273	298	308	318	328	338
$10^3/T$	3.66	3.36	3.25	3.14	3.05	2.96
$\ln k/s^{-1}$	−14.06	−10.27	−8.91	−7.61	−6.5	−5.32

以 $\ln k/s^{-1}$ 对 $1/T$ 作图得一直线（如图 8-6 所示），求得斜率 m。

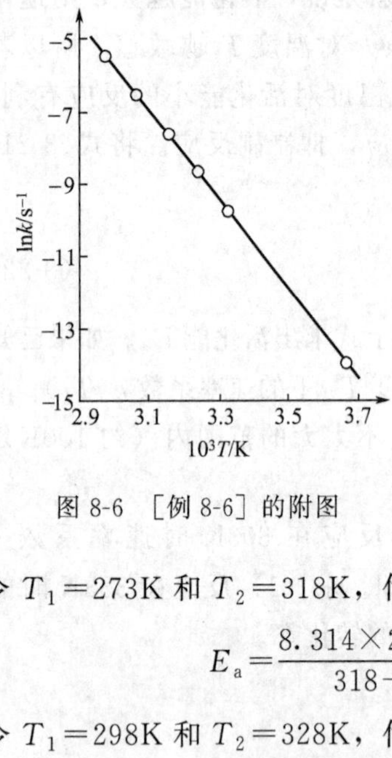

图 8-6 ［例 8-6］的附图

$$m = \frac{E_a}{R} = -12.3\times10^3\,\text{K}$$

则
$$E_a = -mR = 12.3\times10^3\times8.314\,\text{J/mol} = 1.02\times10^5\,\text{J/mol}$$

(2) 计算法

令 $T_1=273\text{K}$ 和 $T_2=338\text{K}$，代入阿伦尼乌斯方程的定积分式(8-22)

$$E_a = \frac{RT_1T_2}{T_2-T_1}\times\ln\frac{k\ (T_2)}{k\ (T_1)} = \frac{8.314\times273\times338}{338-273}\times\ln\frac{487}{0.0787}\,\text{J/mol} = 1.03\times10^5\,\text{J/mol}$$

令 $T_1=273\text{K}$ 和 $T_2=318\text{K}$，代入式(8-22) 得

$$E_a = \frac{8.314\times273\times318}{318-273}\times\ln\frac{49.8}{0.0787}\,\text{J/mol} = 1.03\times10^5\,\text{J/mol}$$

令 $T_1=298\text{K}$ 和 $T_2=328\text{K}$，代入式(8-22) 得

$$E_a = \frac{8.314\times298\times328}{328-298}\times\ln\frac{150}{3.46}\,\text{J/mol} = 1.02\times10^5\,\text{J/mol}$$

平均值
$$E_a = \frac{1}{3}\times(1.03+1.03+1.02)\times10^5\,\text{J/mol} = 1.03\times10^5\,\text{J/mol}$$

【例 8-7】 在气相中，异丙烯基醚（A）异构化为丙烯基丙酮（B）的反应是一级反应，其速率系数与温度的关系为

$$\ln k/s^{-1} = -\frac{14734}{T/\text{K}} + 27.02$$

(1) 求反应的活化能 E_a 及指前因子 A；(2) 要使反应物在 20min 内转化率达到 60%，反应的温度应控制在多少？

解　(1) 因为阿伦尼乌斯方程的不定积分式(8-20) 为

$$\ln k=-\frac{E_a}{RT}+\ln A$$

与题给的经验式对比，得

$$E_a=14734R=122.5\text{kJ/mol}$$
$$A=e^{27.02}\text{s}^{-1}=5.43\times10^{11}\text{s}^{-1}$$

(2) 若要使反应物在 20min 内转化率达到 60%，所对应的速率系数应为

$$k=\frac{1}{t}\times\ln\frac{1}{1-y_A}=\frac{1}{20\times60}\times\ln\frac{1}{1-0.6}\text{s}^{-1}=7.6\times10^{-4}\text{s}^{-1}$$

将此 k 代入题给的经验式

$$\ln(7.6\times10^{-4})=-\frac{14734}{T}+27.02$$

得

$$T=431\text{K}$$

所以要使反应物在 20min 内转化率达到 60%，反应温度应控制在 431K。

三、活化能

阿伦尼乌斯为了解释经验方程式中的经验常数 E_a，提出了活化分子和活化能的概念。他认为反应分子通过碰撞发生反应，但是并不是每次碰撞都能发生反应，这是因为反应发生时，要有旧键的破坏和新键的形成。旧键的破坏需要能量，而形成新键时要放出能量，因此，只有那些能量足够高的反应物分子间的碰撞，才能使旧键断裂而发生反应。这些能量足够高，通过碰撞能发生反应的反应物分子称为活化分子，其数量只占全部分子的很小的一部分，活化分子百分数为 $e^{-E_a/RT}$。活化分子所处的状态称为活化状态。活化分子与普通分子的能量之差称为活化能，普通反应物分子只有吸收能量 E_a，才能变为活化分子。这个活化过程通常是通过分子间的碰撞，即热活化来实现的。也可以通过光活化、电活化等来完成。后来，托尔曼（Tolman）用统计力学证明，对于基元反应来说，活化能等于活化分子平均能量$\overline{E}^*$与反应物分子平均能量$\overline{E}_r$之差，即

$$E_a=\overline{E}^*-\overline{E}_r$$

对于单分子反应 B⟶D，根据阿伦尼乌斯的观点，反应进程中的能量变化如图 8-7 所示。反应物分子 B 首先吸收能量 E_1，变成活化分子（即活化状态），然后反应变成产物分子 D，并放出能量 E_{-1}。同理，对于逆反应来说，分子 D 首先吸收能量 E_{-1}，变成活化分子（即活化状态），然后反应变成分子 B，并放出能量 E_1。E_1 就是正反应的活化能，E_{-1} 就是逆反应的活化能。由上述分析可知，基元反应的活化能可看作是处在反应物与产物之间的一个能峰，只有那些能够翻越过这个能峰的反应物分子才有资格发生反应。一个反应的活化能越大，能峰越高，能翻越过能峰的分子就越少，反应速率就越慢。由图 8-7 可知，$\Delta_r U_m$ 等于正反应活化能与逆反应活化能之差，即

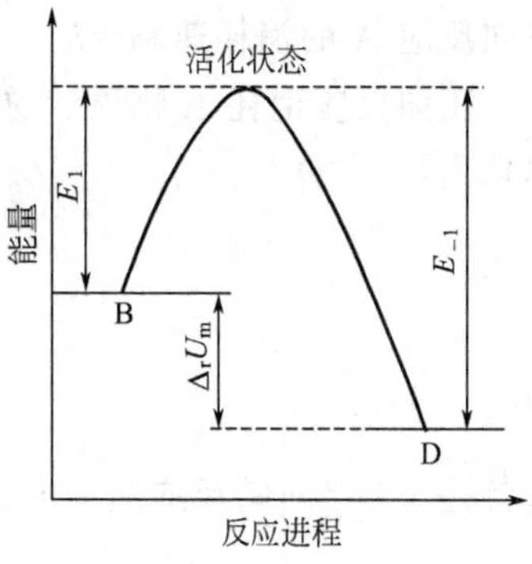

图 8-7　反应进程中的能量变化示意图

$$\Delta_r U_m=E_1-E_{-1}$$

对于复合反应，阿伦尼乌斯方程式中的活化能是表观活化能，它是机理中各基元反应活化能的组和，所以复合反应的活化能没有明确的物理意义，不再是反应物与产物之间的能峰。

不同的反应具有不同的活化能，因而有不同的反应速率。活化能的大小取决于反应物的本性，可以通过实验进行测定。一般反应的活化能在40～400kJ/mol之间，其中以在60～250kJ/mol之间的为多数。若E_a<40kJ/mol，则反应在室温下即可瞬间完成。

第四节 典型复合反应

复合反应是由两个或两个以上的基元反应组成的。这些基元反应不同的组合方式可以构成不同类型的复合反应。复合反应最基本的组合方式有三类：对峙反应、平行反应、连串反应。这三类复合反应还可以进一步组成形式更为复杂的反应。

一、对峙反应

在正、逆两个方向上都能同时进行的反应称为对峙反应，也叫可逆反应。从理论上说所有化学反应都是对峙反应。若化学反应的平衡常数很大（即正向反应速率常数远远大于逆向反应速率常数），反应达到平衡时，反应物几乎完全转化为产物，则逆向反应可以忽略不计而直接当作单向反应处理。前面所讨论的简单级数反应就是属于这种情况。

对峙反应中正向反应和逆向反应可能级数相同，也可能级数不同。下面以正向、逆向都是一级反应的对峙反应（简称1-1级对峙反应）为例，分析对峙反应的特征与一般规律。设反应为：

$$A \underset{k_{-1}}{\overset{k_1}{\rightleftharpoons}} B$$

$$t=0 \qquad c_{A,0} \qquad 0$$

$$t=t \qquad c_A=c_{A,0}-x \qquad c_B=x$$

$$\text{平衡时} \qquad c_{A,e}=c_{A,0}-x_e \qquad c_{B,e}=x_e$$

正向反应A的消耗速率$=k_1c_A$，逆向反应A的生成速率$=k_{-1}c_B$。

正向反应消耗A物质，逆向反应生成A物质，因此A物质的净消耗速率（即总反应速率）为：

$$-\frac{dc_A}{dt}=k_1c_A-k_{-1}c_B \tag{8-23}$$

即

$$\frac{dx}{dt}=k_1c_{A,0}-(k_1+k_{-1})x$$

这就是1-1级对峙反应速率方程的微分式。定积分上式

$$\int_0^x \frac{dx}{k_1c_{A,0}-(k_1+k_{-1})x}=\int_0^t dt$$

得

$$\ln\frac{k_1c_{A,0}}{k_1c_{A,0}-(k_1+k_{-1})x}=(k_1+k_{-1})t \tag{8-24}$$

式中 t——时间；

k_1——正向反应速率系数，[时间]$^{-1}$；

k_{-1}——逆向反应速率系数，[时间]$^{-1}$；

$c_{A,0}$——A的初始浓度，mol/m^3或mol/L；

x——t时刻A消耗掉的浓度（即B的浓度），mol/m^3或mol/L。

这就是 1-1 级对峙反应的速率方程的积分形式，它描述了产物浓度 x 与时间 t 的关系。

反应达到平衡时，正向反应速率等于逆向反应速率，即

$$k_1 c_{A,e} = k_{-1} c_{B,e}$$

所以

$$\frac{c_{B,e}}{c_{A,e}} = \frac{x_e}{c_{A,0} - x_e} = \frac{k_1}{k_{-1}} = K_c \tag{8-25}$$

式中，K_c 是对峙反应的平衡常数，它等于正、逆反应速率系数之比。K_c 可通过实验测得。由上式得

$$k_1 c_{A,0} = (k_1 + k_{-1}) x_e$$

代入式(8-24)，得

$$\ln \frac{x_e}{x_e - x} = (k_1 + k_{-1}) t \tag{8-26}$$

式中，x_e 为 B 的平衡浓度。此式形式上与一级反应速率方程的积分式相似。只要测定一系列的 t-x 数据和平衡浓度 x_e，即可根据上式，以 $\ln(x_e - x)/[c]$ 对 t 作图得一直线，其斜率为 $-(k_1 + k_{-1})$。再结合平衡常数 $K_c = k_1/k_{-1}$，即可求得 k_1 和 k_{-1}。

1. 对峙反应的动力学特征

(1) 反应净速率等于正、逆反应速率的差值。

(2) 经过足够长的时间，反应物和产物的浓度都要分别趋于它们的平衡浓度。达到平衡时，反应净速率等于零。

(3) 正、逆速率系数之比等于平衡常数 $K_c = k_1/k_{-1}$。

2. 正向放热的对峙反应的最佳反应温度

式(8-23) 可改写成

$$-\frac{dc_A}{dt} = k_1 \left(c_A - \frac{1}{K_c} c_B\right)$$

由此式可知，对于一定的 c_A 和 c_B，反应速率与 k_1 和 K_c 有关。

下面看一下温度变化对对峙反应的影响。

对于正向吸热的对峙反应来说，升高温度将使 k_1 和 K_c 增大，而 K_c 的增大使 ($c_A - c_B/K_c$) 增大，所以升高温度不仅使平衡转化率提高，也使反应速率加快。总之，升高温度有利于正向吸热的对峙反应。但不可认为反应温度越高越好，因为实际生产中还需考虑其他客观因素（如能量消耗、副反应、催化剂活性等）的限制。

对于正向放热的对峙反应来说，升高温度使 k_1 增大，同时使 K_c 减小，而 K_c 减小使 ($c_A - c_B/K_c$) 减小。在低温下，k_1 增大是影响反应速率的主导因素，因此随着温度升高反应速率增大；但随着温度的升高，K_c 减小的影响逐渐增大，当反应温度高于某一温度后，K_c 减小的影响变为主导因素，于是出现了反应速率随温度升高而逐渐降低的现象。如图 8-8所示，升温过程中反应速率会出现极大值。反应速率达到最大时的温度，称为最佳反应温度 T_m。

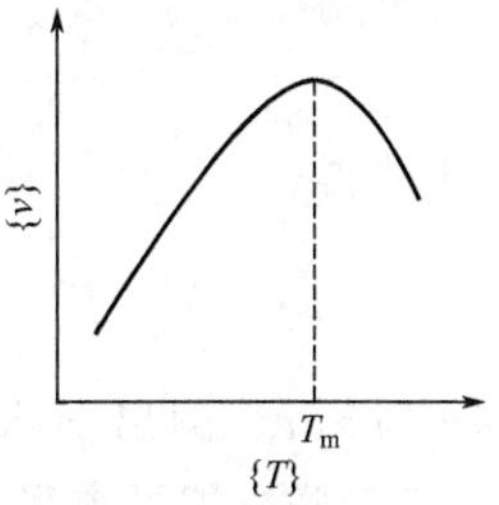

图 8-8　正向放热的对峙反应速率随温度变化的示意

对于其他类型的对峙反应，也可参照上面的方法进行处理，当然它们的速率方程与 1-1 级对峙反应的不同，但基本规律都是相同的。

二、平行反应

反应物能同时进行两个或两个以上不同的反应，称为平行反应。在有机化学中经常遇到平行反应，如甲苯硝化反应，可同时生成邻、对、间位硝基甲苯。一般将生成目的产物的反应称为主反应，其余称为副反应。组成平行反应的几个反应的级数可以相同，

也可以不同。

下面讨论由两个一级反应组合成的平行反应（简称为1-1级平行反应）。设

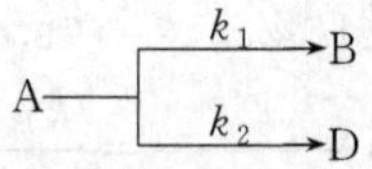

反应为

$$\begin{array}{llll} & A & B & D \\ t=0 & c_{A,0} & 0 & 0 \\ t=t & c_A & c_B & c_D \end{array} \qquad c_A+c_B+c_D=c_{A,0}$$

反应1的速率
$$\frac{dc_B}{dt}=k_1c_A \tag{8-27}$$

反应2的速率
$$\frac{dc_D}{dt}=k_2c_A \tag{8-28}$$

A的消耗速率（也就是平行反应的总反应速率）等于各平行反应速率之和，即

$$-\frac{dc_A}{dt}=(k_1+k_2)c_A \tag{8-29}$$

定积分上式，得

$$\ln\frac{c_{A,0}}{c_A}=(k_1+k_2)t \tag{8-30}$$

式中 t——时间；

k_1——反应1的速率系数，[时间]$^{-1}$；

k_2——反应2的速率系数，[时间]$^{-1}$；

$c_{A,0}$——A的初始浓度，mol/m^3 或 mol/L；

c_A——t 时刻A的浓度，mol/m^3 或 mol/L。

此式与一级反应的速率方程形式相似，所不同的是其中的速率系数换成了 (k_1+k_2)。这表明，1-1级平行反应，对反应物来说相当于一个以 (k_1+k_2) 为速率系数的一级反应。

由式(8-27) 与式(8-28) 之比，得

$$\frac{dc_B}{dc_D}=\frac{k_1}{k_2}$$

积分上式得

$$\frac{c_B}{c_D}=\frac{k_1}{k_2} \tag{8-31}$$

在同一时刻 t，测出B及D两种物质的浓度即可求得 k_1/k_2。再由式(8-30) 求出 (k_1+k_2)，二者联立即可求得 k_1 和 k_2。

由式(8-31) 可知，对于级数相同的平行反应，若反应前没有产物，则在反应过程中各个反应的产物的浓度之比等于速率系数之比，与反应物的初始浓度及反应时间无关，速率系数较大的反应，其产物浓度必然较大。这是级数相同的平行反应的一个特征。如果平行反应的级数不相同，就不会有上述特征。

副反应的存在不但浪费原料，还会造成产物分离的困难，所以要设法改变 k_1/k_2 的值，尽量抑制副反应的进行。有两种方法可以改变 k_1/k_2 的值。一种方法是选择适当的催化剂，提高催化剂对某一反应的选择性以改变 k_1/k_2 的值。另一种方法是通过改变温度来改变 $k_1/$

k_2 的值。两个平行反应的活化能往往不同，升温有利于活化能大的反应，降温有利活化能小的反应。

三、连串反应

一个反应的产物是另一个反应的反应物，这种组合称为连串反应，或称为连续反应。例如苯的氯化反应，生成的氯苯能进一步与氯反应生成二氯苯，二氯苯还能与氯反应生成三氯苯等。

现对由两个一级反应组合的连串反应（简称为1-1级连串反应），进行讨论。设反应为：

$$A \xrightarrow{k_1} B \xrightarrow{k_2} D$$

$$t=0 \qquad c_{A,0} \qquad 0 \qquad 0$$

$$t=t \qquad c_A \qquad c_B \qquad c_D \qquad c_A+c_B+c_D=c_{A,0}$$

A 的消耗速率
$$-\frac{dc_A}{dt}=kc_A \tag{8-32}$$

中间产物 B 的生成速率
$$\frac{dc_B}{dt}=k_1c_A-k_2c_B \tag{8-33}$$

产物 D 的生成速率
$$\frac{dc_D}{dt}=kc_B \tag{8-34}$$

分别积分或解微分方程（推导过程不作要求），得 A、B、D 的浓度与时间的关系为

$$c_A=c_{A,0}e^{-k_1t} \tag{8-35}$$

$$c_B=\frac{k_1c_{A,0}}{k_2-k_1}(e^{-k_1t}-e^{-k_2t}) \tag{8-36}$$

$$c_D=c_{A,0}\left[1-\frac{1}{k_2-k_1}(k_2e^{-k_1t}-k_1e^{-k_2t})\right] \tag{8-37}$$

根据式(8-35)、式(8-36)、式(8-37)作浓度-时间曲线，如图8-9所示。由图看出，A 物质的浓度随时间的增长而降低，D 物质的浓度随时间的增长而增加，中间产物 B 的浓度随时间的增长先增加，经一极大值 $c_{B,max}$ 后，又降低，这是连串反应的重要特征。

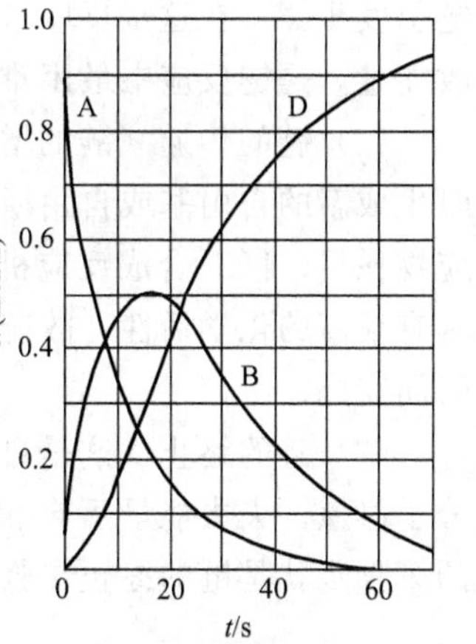

图 8-9　1-1 级连串反应中各物质浓度与时间关系
($k_1=0.1s^{-1}$，$k_2=0.05s^{-1}$)

若中间产物 B 为目的产物，则 c_B 达到极大值的时间称为中间产物 B 的最佳时间 t_{max}。反应进行到最佳时间就必须及时中断反应并分离出产物 B，否则目的产物 B 的产率就会下降。

将式(8-36)对 t 求导，并令 $dc_B/dt=0$，即可求得中间产物 B 的最佳时间。

$$t_{max}=\frac{\ln(k_2/k_1)}{k_2-k_1} \tag{8-38}$$

将上式代入式(8-36)，即可求得 B 的最大浓度。

$$c_{B,max}=c_{A,0}\left(\frac{k_1}{k_2}\right)^{k_2/(k_2-k_1)} \tag{8-39}$$

上面讨论了一般连串反应的特点，即 k_1 与 k_2 相差不大的情况。如果第一步和第二步的反应速率系数相差很大，则总反应速率由速率系数最小的一步（即最难进行的一步）所控制。这个速率系数最小的一步反应，称为总反应的速率控制步骤。若 $k_1 \gg k_2$，则 B 变成 D 的反应是总反应的速率控制步骤，即总反应速率近似等于 B 变成 D 的反应速率；若 $k_1 \ll k_2$，则 A 变成 B 的反应是总反应的速率控制步骤，即总反应速

率近似等于 A 变成 B 的反应速率。

四、链反应

动力学中有一类比较特殊的反应，只要用某种方法使反应一旦开始，就会因活泼中间物的交替生成和消失，使反应像链条一样，一环扣一环，连续不断地自动进行下去，这类反应被称为链反应或连锁反应。链反应中的活泼中间物是具有未配对电子的自由原子或自由基，如H·、OH·、CH_3·等。它们具有很高的化学活性，不能稳定存在，一旦生成就立刻与其他物质发生反应，能引起稳定分子间难以发生的反应。

例如，HCl 的合成反应 $H_2+Cl_2 \longrightarrow 2HCl$ 就是链反应，其反应机理如下：

Ⅰ $$Cl_2 + M \longrightarrow 2Cl\cdot + M$$

Ⅱ $$Cl\cdot + H_2 \longrightarrow HCl + H\cdot$$

Ⅲ $$H\cdot + Cl_2 \longrightarrow HCl + Cl\cdot$$

Ⅳ $$Cl\cdot + Cl\cdot + M \longrightarrow Cl_2 + M$$

其中 M 为不参加反应的物质，只起能量传递作用。反应Ⅰ生成自由原子 Cl·后，反应Ⅱ和Ⅲ交替进行，使 H_2 分子和 Cl_2 分子不断变成 HCl 分子。据统计，一个 Cl·往往能循环生成 $10^4 \sim 10^6$ 个 HCl 分子。当反应Ⅳ发生时，两个自由原子 Cl 结合成 Cl_2 分子，使反应链中断。

很多重要的化工过程，例如石油的裂解、烃类的氧化、卤化以及三大合成材料（橡胶、塑料、化纤）的生产，都与链反应有关。因此，链反应的研究具有重要的实际意义。

1. 链反应的基本步骤

所有的链反应，不论其形式如何，都是由下列三个基本步骤组成的。

（1）链的引发（链的开始） 此步是链反应的开始，通过加热、光照、辐射、加入引发剂等方法，将某一反应物分子裂解成自由基或自由原子。HCl 合成反应机理的第Ⅰ步就是链引发步骤。在这步反应过程中，需要断裂反应物分子的化学键，因而活化能较大，需要吸收能量，是链反应中最困难的阶段。

（2）链的传递（链的增长） 自由基或自由原子与饱和的反应物分子反应生成产物，同时生成新的自由基或自由原子因而使反应一环接一环地连续进行下去。若不受阻，可直至反应物耗尽。HCl 合成反应机理的第Ⅱ步和第Ⅲ步就是链传递步骤。由于自由基和自由原子具有很高的化学活性，故链的传递反应活化能很小（一般小于 40kJ/mol），链的传递反应可瞬间完成。

（3）链的终止 这是自由基或自由原子销毁的步骤。自由基或自由原子与器壁或与惰性分子碰撞，失去能量后自相结合，变成普通分子，从而使反应链中断。HCl 合成反应机理的第Ⅳ步就是链的终止步骤。

2. 链反应的分类

链反应根据链传递方式的不同可分为两类。

（1）直链反应 在链传递过程中，凡是一个自由基消失的同时，产生出一个新的自由基，即自由基的数目（或称反应链数）不变，则称为直链反应。如图 8-10 中（a）所示。HCl 合成反应就是直链反应。

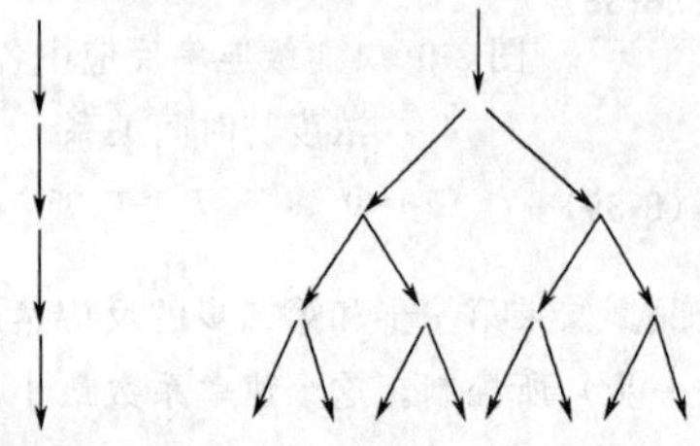

(a) 直链反应示意　(b) 支链反应示意

图 8-10 直链反应和支链反应

（2）支链反应 凡是一个自由基消失的同时，产生出两个或两个以上新的自由基，即自由基的数目

（或称反应链数）不断增加，则称为支链反应。如图 8-10 中（b）所示。

3. 支链反应与爆炸界限

爆炸是瞬间即可完成的超高速化学反应。它的研究对于工厂安全生产及国防建设具有重要意义。爆炸的原因可分为两类：一类是热爆炸。当一个放热反应在散热不良或甚至无法散热的条件下进行时，放出的反应热使系统温度迅速上升，而温度升高又促使该放热反应的速率按指数规律迅速加快，放出更多的热。如此恶性循环，使反应速率越来越快地增长，最终导致爆炸。例如黑色火药在爆竹中的爆炸属于热爆炸。另一类则是由于支链反应引起的爆炸。支链反应爆炸的特点是，反应系统在某一定压力、温度和浓度范围内会发生爆炸，在此范围之外反应能平稳地进行。也就是说，支链反应有一定的爆炸界限。

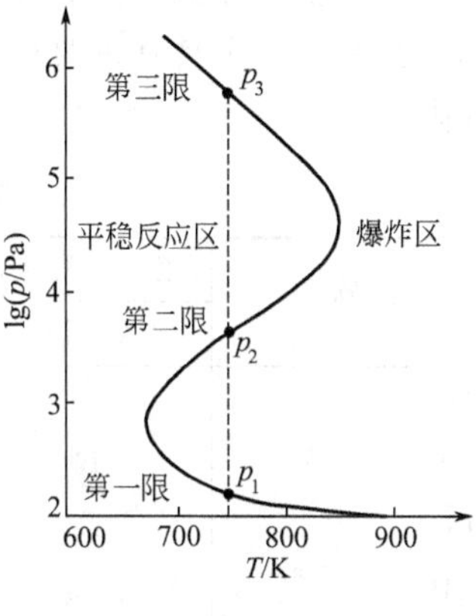

图 8-11　H_2 和 O_2 混合物（2∶1）的爆炸界限

现以物质的量比为 2∶1 的氢氧混合气体为例来讨论温度压力对支链爆炸反应的影响。由图 8-11 可知，当温度低于 673K 且没有明火（如电火花）时，反应平稳进行，不会发生爆炸；当温度高于 853K 时，不论压力如何，反应都会引起爆炸。在 673～853K 之间，是否发生爆炸要看所处的压力而定。例如在 753K 时，当压力小于 p_1 或压力在 p_2～p_3 之间时，不会发生爆炸；当压力在 p_1～p_2 之间或大于 p_3 时，反应总是以爆炸方式进行。故 p_1、p_2、p_3 分别称为该温度下的第一、二、三爆炸界限。第三爆炸界限是 H_2 和 O_2 反应系统所特有的，在其他系统中尚未发现。

H_2 和 O_2 的反应是支链反应，虽然它的机理还不十分清楚，但基本步骤大致如下：

链的引发　$H_2 \longrightarrow 2H\cdot$　(1)

链的传递　$H\cdot + O_2 \longrightarrow OH\cdot + O\cdot$　（支链）　(2)

$O\cdot + H_2 \longrightarrow OH\cdot + H\cdot$　（支链）　(3)

$OH\cdot + H_2 \longrightarrow H_2O + H\cdot$　（直链）　(4)

链的终止　$2H\cdot +$ 器壁 $\longrightarrow H_2$　（器壁销毁、低压）　(5)

$2H\cdot + M \longrightarrow H_2 + M$　（气相销毁、高压）　(6)

其中，M 为不参加反应的物质，只起能量传递作用。由反应机理可知，链的传递步骤使活泼中间物增多，而链的终止步骤使活泼中间物减少。因此，是否发生爆炸取决于活泼中间物生成速率与活泼中间物销毁速率的竞争。当活泼中间物生成速率大于它的销毁速率时，发生爆炸；当活泼中间物生成速率小于它的销毁速率时，平稳反应，不发生爆炸。

当系统压力低于第一爆炸界限 p_1 时，活泼中间物很容易扩散到器壁上销毁，此时活泼中间物的销毁速率大于它的生成速率，不发生爆炸。当压力升高到第一爆炸界限 p_1 和第二爆炸界限 p_2 之间时，分子间碰撞频率增大阻碍了活泼中间物向器壁的扩散，使得活泼中间物的生成速率大于它的销毁速率，发生爆炸。当压力升高到第二爆炸界限 p_2 和第三爆炸界限 p_3 之间时，由于气体密度较大，活泼中间物容易通过与其他分子的碰撞，导致自身的气相销毁，因而活泼中间物销毁速率又大于它的生成速率，不发生爆炸。当压力大于第三爆炸界限 p_3 时，由于气体的密度很大，大量的热很难及时传递给外界，导致热爆炸。

除了温度、压力以外，混合气体的组成也是影响爆炸的重要因素。例如，当氢和氧的混合气体中氢的体积分数为 4%～94%时，就成为可爆气体，遇到火花将发生爆炸；而当混合气体中氢的体积分数在 4%以下或 94%以上时，遇到火花也不会发生爆炸，它们分别称为氢在氧中爆炸低限和爆炸高限。

很多可燃气体都有一定的爆炸界限。测定这些可燃气体在空气中的爆炸界限，对化工生产和实验室的安全具有重要意义。表8-2列出了工业上及实验室中常见的一些可燃气体的爆炸界限。

表8-2 几种物质在空气中的爆炸界限

物质	在空气中的爆炸界限(体积分数)/%		物质	在空气中的爆炸界限(体积分数)/%	
	低限	高限		低限	高限
H_2	4.1	74	C_2H_6	3.2	12.5
NH_3	16	27	C_3H_8	2.4	9.5
CO	12.5	74	C_4H_{10}	1.9	8.4
CH_4	5.3	14	C_3H_6	2	11
C_2H_2	2.5	80	C_6H_6	1.2	9.5
C_2H_4	3	29	$(CH_2)_2CO$	2.5	13

第五节 催化反应

一、催化反应及类型

一种或几种物质加入某化学反应系统中，可以显著加快化学反应速率，而本身的质量和化学性质在反应前后保持不变，则这种物质称为催化剂。催化剂能显著加快反应速率的作用称为催化作用。有催化剂参加的反应称为催化反应。据统计，80%～90%的化工生产过程都与催化剂有关。可以说，如果没有催化剂，大部分化学反应将无法转化成工业生产。

有些反应的产物就是该反应的催化剂，称为自催化反应。例如用 $KMnO_4$ 滴定草酸时，开始几滴 $KMnO_4$ 溶液加入时并不立即褪色，但到后来褪色显著变快，这是由于产物 Mn^{2+} 对 $KMnO_4$ 还原反应有催化作用。

催化反应可分为三类：均相催化、多相催化和酶催化。在均相催化反应中，催化剂与反应物处在同一相中，例如酸对于酯类水解的催化；在多相催化反应中，催化剂与反应物不在同一相中，例如，气-固催化反应，催化剂为固相，反应物为气相，反应在两相界面上进行；酶催化介于均相催化和多相催化之间，兼备二者的某些特性。本节只简单介绍有关催化剂和催化作用的基本知识。

二、催化剂的特征

催化剂的主要特征有四方面，简述如下。

① 在催化反应前后，催化剂的数量及化学性质均不发生改变，但某些物理性质（例如光泽度、颗粒度等）可能改变。例如 $KClO_3$ 分解时所用的块状 MnO_2 催化剂，在反应之后变为粉状。催化 NH_3 氧化的铂网，经过几个星期后表面就变得比较粗糙了。反应之后催化剂的物理性质发生变化，是催化剂参与反应的有力证据。

② 催化剂参与反应，改变反应途径，降低了反应活化能，使反应速率显著加快。

例如，H_2O_2 在310K的分解反应，无催化剂时反应活化能为71kJ/mol；若以过氧化氢酶为催化剂，其活化能降为8.4kJ/mol。若催化反应和非催化反应的指前因子相同，则

$$\frac{k_{催}}{k_{非催}}=\frac{\exp\left[-\dfrac{E_{a催}}{RT}\right]}{\exp\left[-\dfrac{E_{a非催}}{RT}\right]}=\frac{\exp\left[-\dfrac{8400}{8.314\times310}\right]}{\exp\left[-\dfrac{71000}{8.314\times310}\right]}=3.5\times10^{10}$$

计算表明，使用过氧化氢酶作催化剂后，H_2O_2 分解反应速率提高了 3.5×10^{10} 倍。由此可见，催化剂对反应速率的影响远远超过其他因素对反应速率的影响。

③ 由于催化剂不能改变反应的始态和终态，所以催化剂不能改变反应的状态函数变化量（如 $\Delta_r G_m$、$\Delta_r G_m^{\ominus}$、$\Delta_r H_m$ 等）。由此可得出两个重要结论。

a. 在恒温、恒压且没有非体积功的条件下，一个反应能否发生取决于反应的 $\Delta_r G_m$，只有 $\Delta_r G_m<0$ 的反应才能自发进行。由于催化剂不能改变反应的 $\Delta_r G_m$，所以催化剂不能改变反应方向。也就是说，催化剂只能加快那些热力学上可能发生的反应的速率，而不能使在热力学上不能进行的反应发生反应。

b. 由于催化剂不能改变反应的 $\Delta_r G_m^{\ominus}$，所以催化剂不能改变化学反应的标准平衡常数 $K^{\ominus}$，不能改变平衡状态和平衡转化率，而只能缩短反应到达平衡的时间。因此，对于已达到平衡的反应，不能用加入催化剂的方法来增加产物的产量。

前面讲过 1-1 级对峙反应的平衡常数等于正、逆向反应速率常数之比，即 $K_c=k_1/k_{-1}$，既然催化剂的加入不能改变平衡常数，那么催化剂在加速正向反应速率的同时也必然加速逆向反应速率，而且正、逆向反应速率常数是按相同倍数增加的。因此，正向反应的催化剂也一定是逆向反应的催化剂。例如，镍催化剂既是优良的加氢催化剂，也是优良的脱氢催化剂；合成氨的催化剂也是氨分解反应的催化剂。

④ 催化剂具有特殊的选择性。催化剂的选择性具有两个方面的含义。

a. 不同类型的反应需要选择不同的催化剂。例如氧化反应的催化剂和脱氢反应的催化剂是不同的。即使是同一类反应，其催化剂也不一定相同，例如，SO_2 的氧化用 V_2O_5 作催化剂，而乙烯氧化却用 Ag 作催化剂。

b. 一种催化剂只能加速一个或某几个反应，而不能加速所有热力学上可能进行的反应。因此，当指定的反应物可进行多个平行反应时，选择不同的催化剂可加速不同的反应，可以得到不同的产物。例如，以 C_2H_5OH 为原料，选择不同的催化剂和不同的反应条件，可得到不同的产物

$$C_2H_5OH\xrightarrow[473\sim573K]{Cu}CH_3CHO+H_2$$

$$C_2H_5OH\xrightarrow[623\sim633K]{Al_2O_3}C_2H_4+H_2O$$

$$C_2H_5OH\xrightarrow[673\sim723K]{ZnOCr_2O_3}CH_2{=}CH{-}CH{=}CH_2+H_2O+H_2$$

另外，催化剂的选择性也与反应的条件有关。例如，乙醇在相同的催化剂 Al_2O_3 或 ThO_2 作用下脱水，在 623～633K 时，主要得到乙烯，而在 523K 时主要得到乙醚。

在化工生产中，我们常利用催化剂的选择性，加速所需要的主反应，抑制副反应。

第六节　多相催化反应

反应物与催化剂处于不同相的反应称为多相催化反应，又称为非均相催化反应。最常见

的多相催化反应是用固体催化剂催化气相反应或催化液相反应。在化工生产中，气-固相催化反应得到广泛的应用。因此，这里主要讨论气-固相催化反应。

一、气-固相催化反应的一般机理

气-固相催化反应是在相界面上进行的，是一个多阶段过程，一般来说至少要经历以下五个步骤：

① 反应物分子从气相主体向催化剂表面扩散；

② 反应物分子在催化剂表面上被吸附；

③ 被吸附的反应物分子，在催化剂表面上进行反应生成产物；

④ 产物分子从催化剂表面脱附；

⑤ 脱附后的产物分子从催化剂表面向气相主体扩散。

这五个步骤是连串步骤，其中①、⑤是物理的扩散过程，②、④是吸附和脱附过程，③是固体表面反应过程。显然以上各步都影响催化反应的速率，若各步速率相差很大，则最慢的一步就决定了总反应速率。如果扩散过程的速率最慢，则为扩散控制的气-固相催化反应，即可通过增大气体流速和减小催化剂颗粒，提高扩散速率使催化反应加快。如果表面反应最慢，则为表面反应控制的气-固相催化反应，即可通过提高催化剂活性使催化反应加快。由于表面反应、扩散以及吸附，它们各自遵循不同的规律，因而不同的控制步骤所得到的速率方程是不同的。以下讨论表面反应为控制步骤的气-固相催化反应的速率方程。

二、气-固相催化反应的速率方程简介

表面反应为控制步骤时，由于扩散和吸附都很快，可随时保持平衡，可以认为反应物在气相主体中的浓度或分压与催化剂固体表面附近的浓度或分压相等。

若一种气体在催化剂表面的反应为：

$$\mathrm{A} \longrightarrow \mathrm{B}$$

因表面反应为控制步骤，故反应的总速率就等于表面反应速率。也就是说，反应物 A 的消耗速率正比于分子 A 对催化剂表面的覆盖率 φ_{A}，即

$$-\frac{\mathrm{d}p_{\mathrm{A}}}{\mathrm{d}t}=k\varphi_{\mathrm{A}} \tag{8-40}$$

式中，k 为多相催化反应速率系数。由于吸附始终处于平衡状态，且设产物吸附很弱，根据朗格缪尔吸附等温方程：

$$\varphi_{\mathrm{A}}=\frac{b_{\mathrm{A}}p_{\mathrm{A}}}{1+b_{\mathrm{A}}p_{\mathrm{A}}}$$

将此式代入式(8-40)，得

$$-\frac{\mathrm{d}p_{\mathrm{A}}}{\mathrm{d}t}=\frac{kb_{\mathrm{A}}p_{\mathrm{A}}}{1+b_{\mathrm{A}}p_{\mathrm{A}}} \tag{8-41}$$

式中　k——多相催化反应速率系数；

p_{A}——A 的分压，Pa；

b_{A}——A 的吸附平衡系数，Pa^{-1}。

此式就是只有一种反应物的表面反应为控制步骤的气-固相催化反应的速率方程。当压力或反应物吸附情况不同时，方程表现形式不同。

若压力很低或反应物吸附很弱，即 b_{A} 很小时，$b_{\mathrm{A}}p_{\mathrm{A}} \ll 1$，则式(8-41) 可化简为：

$$-\frac{\mathrm{d}p_A}{\mathrm{d}t}=kb_A p_A=k' p_A$$

表现为一级反应。例如 1173K 时，N_2O 在金表面上的分解就属于这种情况。

若压力很大或反应物吸附很强，即 b_A 很大时，$b_A p_A \gg 1$，则式(8-41) 可化简为：

$$-\frac{\mathrm{d}p_A}{\mathrm{d}t}=k$$

表现为零级反应。反应速率不受气体压力 p_A 的影响，速率保持为恒定值。例如，HI 在金丝上的分解，NH_3 在钨表面上的分解等反应均属于零级反应。

若压力和吸附都适中，则式(8-41) 可近似表示为：

$$-\frac{\mathrm{d}p_A}{\mathrm{d}t}=k' p_A^n \qquad (0<n<1)$$

表现为分数级反应。例如 SbH_3 在锑表面上的解离，在 298K 时 $n=0.6$。

由上述讨论可知，表面反应为控制步骤的气-固相催化反应的速率与反应物分压和吸附强弱有关，随着吸附增强或反应物分压的增大，反应级数由 1 降为 0。

阅读材料

酶催化反应简介

酶是一类由活细胞产生的具有催化能力的蛋白质，是生物体内催化反应中催化剂的总称。酶是由氨基酸按一定顺序聚合起来的大分子，有些酶还结合了一些金属。例如，催化 CO_2 分解的酶中含有铬，固氮酶中含有铁、钼、钒等金属离子。

生物体内的化学反应，如蛋白质、脂肪、碳水化合物的合成和分解，几乎都是在酶的催化作用下完成的。由于酶分子的大小为 3～100nm，因此就催化剂的大小而言，酶催化反应介于均相催化和多相催化之间。通常将酶催化反应中的反应物称为底物。

一、酶催化反应的特征

酶具有一般催化剂的共性外，还有其特点。

(1) 有高度的选择性（专一性）　一种酶只能催化一种特定反应。例如，尿素酶只能催化尿素水解为氨和二氧化碳的反应，但对其取代物（如甲基尿素）毫无作用；从酵母中分离出来的乳酸脱氢酶，只催化 *l*-乳酸脱氢变成丙酮酸，而不影响 *d*-乳酸；有一种脱氢酶只能在硬脂酸的第 8、9 两个碳原子之间引入双键。就选择性而言，酶超过了任何一种人工催化剂，达到原子水平。但也有一些酶选择性稍低，例如酯化酶能催化多种酯（如羧酸酯、磷酸酯、硫酸酯）中的酯键水解。

(2) 有高度的催化活性　对同一反应来说，酶的催化能力比一般无机或有机催化剂高 10^8～10^{12} 倍。例如，尿素酶催化尿素水解的能力大约是 H^+ 的 10^{14} 倍；过氧化氢酶催化 H_2O_2 水解的能力是 Fe^{3+} 的 10^6 倍。

(3) 反应条件温和　酶催化反应通常在常温、常压、接近中性酸碱度的条件下进行，一般无机催化剂在较高的温度与压力下使用。例如，工业上合成氨用铁催化剂，反应在 770K、3×10^6Pa 的条件下进行，且生成氨的效率只有 7%～10%；而豆科植物根瘤菌中的固氮酶能在常温、常压下固定空气中的氮，并将它还原成氨。

二、酶催化反应速率的影响因素

酶催化反应机理复杂，因此酶催化反应速率方程复杂。实验表明酶催化反应的速率受酶浓度、底物浓度、pH、温度，以及离子强度、紫外线、活化剂和抑制剂等许多因素的影响。

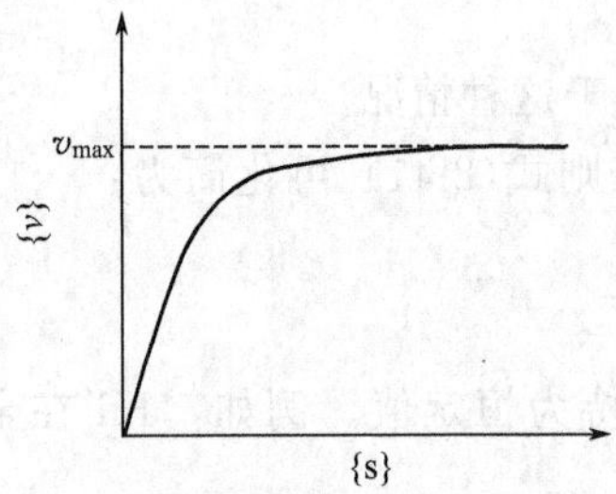

图 8-12 酶催化反应速率与底物浓度的关系

(1) 酶催化反应的速率与酶浓度的一次方成正比。

(2) 酶催化反应的速率与底物浓度［s］的关系如图 8-12 所示。当底物浓度很低时，酶催化反应的速率与底物浓度成正比，对底物是一级反应；当底物浓度很大时，酶催化反应的速率达到一极限值 v_{max}，对底物变为零级反应。

(3) 酶对 pH 的影响极端敏感，每一种酶仅在一定 pH 范围内有催化活性，且有一个最适宜的 pH。在最适宜的 pH 下，酶的催化活性最高，酶催化反应的速率最大。若低于或高于此最适宜 pH，酶的催化活性递减或丧失。不同的酶有不同的最适宜 pH。

(4) 温度对酶催化反应的影响如图 8-5（Ⅲ）所示。随着温度的上升，酶催化反应速率先是增加，然后下降，有一个极大值。这是由于酶是蛋白质，高温下酶会发生变性，从而活性下降或活性全部失去。

三、酶是利用生物质的钥匙

目前世界所需能源和有机化工原料绝大部分来源于石油、天然气和煤。使用这些矿物质资源造成了严重的环境污染，而且它们不能再生。为了可持续发展，应将生物质资源作为我们的能源和有机化工原料。

绿色植物利用叶绿素通过光合作用把二氧化碳和水转化成葡萄糖并把光能储存在其中，然后进一步把葡萄糖聚合成淀粉、纤维素、半纤维素和木质素等构成植物体本身的物质。所谓生物质就是由光合作用产生的所有生物有机体总称，包括植物、农产物、林产物、林产废弃物、海产物（各种海草）和城市废弃物（报纸、天然纤维）等。生物质资源储量丰富，可再生，而且使用它不会造成环境污染。

将生物质资源转化为燃料和有机化工原料，目前有三种方法：物理法、化学法和生物转化法。前两种方法能耗高、产率低且污染较严重，缺乏实用性，往往作为生物转化法的辅助手段。

生物转化法是将生物质降解为葡萄糖，然后转化为各种化学品。在各种转化过程中，酶都起关键作用。如淀粉和纤维素水解成葡萄糖分别需要在淀粉酶和纤维素酶的催化下才能顺利进行，而葡萄糖的进一步转化依赖的是各种微生物，微生物将其摄入细胞内，在细胞内酶的催化下转化为我们所需要的化学品。可以说，酶是利用生物质资源的钥匙。

本章小结

一、主要的基本概念

1. 反应速率：单位体积内反应进度随时间的变化率。用来表示反应进行的快慢。

均相恒容反应速率的定义式 $$v=\frac{1}{\nu_B}\ \frac{dc_B}{dt}$$

反应物的消耗速率 $$v_A=-\frac{dc_A}{dt}$$

产物的生成速率 $$v_E=\frac{dc_E}{dt}$$

2. 基元反应：反应物微粒（分子、原子、离子或自由基）在碰撞中一步直接转化为产物微粒的反应。

3. 复合反应：由两个或两个以上基元反应所组成的总反应。

4. 反应分子数：基元反应中反应物微粒的数目。

5. 反应速率方程：定量的表示各种因素（如浓度、温度、催化剂等）对反应速率影响的数学方程。

6. 反应级数：若化学反应的速率方程具有幂函数形式，如 $v=kc_A^{\alpha}c_B^{\beta}c_D^{\gamma}$，式中 α、β、γ 分别称为物质 A、B、D 的反应分级数，令 $n=\alpha+\beta+\gamma$，n 为反应的总级数，简称反应级数。

7. 反应速率系数：化学反应的速率方程中的比例系数 k。

8. 活化分子：能量足够高、通过碰撞能发生反应的反应物分子。

活化状态：活化分子所处的状态。

活化能：对于基元反应来说，活化能等于活化分子平均能量与反应物分子平均能量之差，可看作是反应的能峰。

9. 对峙反应：在正、逆两个方向上都能同时进行的反应。

平行反应：反应物能同时进行两个或两个以上不同的反应。

连串反应：一个反应的产物是另一个反应的反应物，这种组合为连串反应。

10. 速率控制步骤：总反应过程若由连串步骤组成，其中速率最慢的一步。

11. 链反应：用某种方法使反应一旦开始，就会因活泼中间物的交替生成和消失，使反应连续不断自动进行的反应。

直链反应：在链传递过程中，凡是一个自由基消失的同时，产生出一个新的自由基，即自由基的数目不变的反应。

支链反应：一个自由基消失的同时，产生出两个或两个以上新的自由基，即自由基的数目不断增加的反应。

12. 催化剂：显著加快化学反应速率，而本身的质量和化学性质在反应前后保持不变的物质。

催化作用：能显著加快反应速率的作用。

催化反应：有催化剂参加的反应。

二、主要的理论、定律和方程式

1. 质量作用定律：基元反应的速率与反应物浓度的乘积成正比，每种反应物浓度的方次为反应中该反应物的个数。

2. 一级反应 $A \longrightarrow P$

其速率方程的微分式　$$-\frac{dc_A}{t}=kc_A$$

其速率方程的积分式　$$\ln\frac{c_{A,0}}{c_A}=kt$$

特征（见第二节）

3. 二级反应 $A+B \longrightarrow P$

(1) 若 A=B 或 $c_{A,0}=c_{B,0}$，则

其速率方程的微分式　$$-\frac{dc_A}{dt}=kc_A^2$$

其速率方程的积分式　$$\frac{1}{c_A}-\frac{1}{c_{A,0}}=kt$$

特征（第二节）

(2) 若 $c_{A,0}\neq c_{B,0}$，则

其速率方程的微分式 $$-\frac{dc_A}{dt}=kc_Ac_B$$

其速率方程的积分式 $$\frac{1}{c_{A,0}-c_{B,0}}\ln\frac{c_{B,0}(c_{A,0}-x)}{c_{A,0}(c_{B,0}-x)}=kt$$

特征（见第二节）

4. 阿伦尼乌斯经验方程

微分式 $$\frac{d\ln k/[k]}{dT}=\frac{E_a}{RT^2}$$

不定积分式 $$\ln k/[k]=-\frac{E_a}{RT}+\ln A/[k]$$

定积分式 $$\ln\frac{k(T_2)}{k(T_1)}=\frac{E_a(T_2-T_1)}{RT_1T_2}$$

指数式 $$k=Ae^{-E_a/(RT)}$$

5. 对峙反应、平行反应、连串反应和链反应的特征（见第四节）

6. 催化剂的基本特征（见第五节）、多相催化反应的一般步骤（见第六节）

三、计算题类型

一级反应、二级反应有关 c、t、k 和 v 的计算及作图求 k。

阿伦尼乌斯经验方程有关 k、T 和 E_a 的计算及作图求 E_a。

四、如何解决化工过程中的相关问题

1. 应用反应速率方程、阿伦尼乌斯经验方程的相关计算结合具体反应的特征及催化剂的选用，确定最佳反应条件（浓度、压力、温度、时间等），加快主反应速率，抑制或减慢副反应速率，提高产率。

2. 应用反应速率方程、阿伦尼乌斯经验方程的相关计算结合具体的生产要求，为设计反应器提供依据。

3. 应用支链反应与爆炸界限机理，采取适当措施，防止爆炸事故发生。

思考题

1. 均相恒容反应速率 r 是如何定义的？它与反应物的消耗速率、产物的生成速率有什么区别与联系？

2. 反应速率系数的物理意义是什么？它与哪些因素有关？

3. 反应 $A+2B \longrightarrow Y$，若其速率方程为 $-\frac{dc_A}{dt}=k_Ac_Ac_B$ 或 $-\frac{dc_B}{dt}=k_Bc_Ac_B$，则 k_A 与 k_B 的关系是____。

（1）$k_A=k_B$　（2）$k_A=2k_B$　（3）$2k_A=k_B$

4. 基元反应 $A+2B \longrightarrow 3D$，其速率公式是____。

（1）$v_A=-\frac{dc_A}{dt}=k_Ac_Ac_B$　（2）$v_A=-\frac{dc_A}{dt}=k_Ac_A^2c_B$　（3）$v_A=-\frac{dc_A}{dt}=k_Ac_Ac_B^2$

5. 反应级数与反应分子数的区别是什么？一级反应就是单分子反应。此说法对吗？

6. 一级反应和二级反应的特点是什么？

7. 反应 $A \longrightarrow B$，反应物消耗掉 3/4 所需要的时间恰是消耗掉 1/2 所需时间的 2 倍，则该反应是几级反应？若反应物消耗掉 3/4 所需要的时间是消耗掉 1/2 所需时间的 3 倍，则该反应是几级反应？请用计算式说明。

8. 某二级反应速率系数 $k=1m^3 \cdot mol^{-1} \cdot s^{-1}$，若浓度单位用“mol/L”，时间单位用“h”表示时 k

值为多少？若浓度单位用“mol/L”，时间单位用“min”表示时 k 值又为多少？

9. 某化学反应化学计量方程为 $A+B \longrightarrow C$，能认为这是二级反应吗？

10. 判断下列说法是否正确：

（1）反应级数是整数的反应一定是基元反应。

（2）反应级数是分数的反应一定是复杂反应。

（3）一个化学反应进行完全所需的时间是半衰期的二倍。

（4）选择合适的催化剂，可以加快正反应速率，并使反应的平衡常数增大。

（5）对于恒温恒压且没有其他功的化学反应，$\Delta_r G_m$ 的绝对值越大，反应速率越快。

11. 什么是活化能？活化能对反应速率有什么影响？

12. 温度对反应速率的影响很大，温度变化主要改变下面的哪一项？温度升高，反应速率增大，这一现象的最佳解释是什么？

（1）活化能　（2）反应机理　（3）物质浓度或分压　（4）速率系数　（5）指前因子

13. 当温度升高 50K 时，反应 1 和反应 2 的速率分别提高 2 倍和 3 倍。哪个反应的活化能大些？若此二反应有相同的指前因子，在相同温度时哪个反应的速率快些？

14. 对峙反应、平行和连串反应的主要特征是什么？

15. 已知 1-1 级平行反应

$$A \begin{cases} \xrightarrow{k_1} B \\ \xrightarrow{k_2} D \end{cases}$$

若反应从纯 A 开始，已知 $E_1 > E_2$，采用以下哪些措施能够改变产物 B 和 D 的比例？

（1）改变反应温度　（2）加入适当的催化剂　（3）延长反应时间　（4）增大反应物的初始浓度

16. 链反应的特点是什么？链反应的基本步骤有哪些？直链反应和支链反应有何区别？

17. CH_4 在空气中的爆炸界限（体积分数）为 5.3% 和 14%。它的含义是__________。

（1）CH_4 在空气中含量低于 5.3% 和超过 14% 时，燃烧时不爆炸

（2）CH_4 在空气中含量低于 5.3% 和超过 14% 时，燃烧时爆炸

（3）CH_4 在空气中含量高于 5.3% 和低于 14% 时，燃烧时不爆炸

（4）CH_4 燃烧时空气含量应控制在 5.3%～14% 范围内

18. 预防爆炸事故，化工生产中应采取哪些措施？

19. 催化剂的基本特征是什么？多相催化反应包括哪些基本步骤？

20. 合成氨反应在一定温度和压力下，平衡转化率为 25%。现在加入一种高效催化剂后，反应速率增加了 20 倍，则平衡转化率提高了多少？

21. 某 $\Delta_r G_m > 0$ 的反应，采用催化剂能否使它进行？采用光照是否有可能使它进行？采用加入电能的方法是否有可能使它进行？

习　题

8-1　甲醇的合成反应

$$CO + 2H_2 \longrightarrow CH_3OH$$

已知 $v(CH_3OH) = 2.44 \times 10^3 \text{mol/(m}^3 \cdot \text{h)}$，求 $v(CO)$、$v(H_2)$ 各为多少？

8-2　气相反应 $SO_2Cl_2 \longrightarrow SO_2 + Cl_2$ 是一级反应，在 593K 时 $k = 2.2 \times 10^{-5} \text{s}^{-1}$。问在 593K 恒温 100min 后，$SO_2Cl_2$ 分解的百分数为若干？

8-3　已知某药物分解 30% 即告失效，药物溶液原来浓度为 5mg/cm^3。20 个月之后浓度变为 4.2mg/cm^3。假定此分解反应为一级反应，问在标签上注明使用的有效期限是多少？此药物的半衰期是多少？

8-4　某一级反应 $A \longrightarrow P$ 其初速率 $v_0 = 1 \times 10^{-3} \text{mol/(L} \cdot \text{min)}$，1h 后，速率 $v = 0.25 \times 10^{-3} \text{mol/(L} \cdot$

min)。求此反应的速率系数 k、半衰期 $t_{1/2}$ 和 A 物质的初始浓度 $c_{A,0}$。

8-5 偶氮甲烷的热分解反应

$$CH_3N{=}NCH_3(g) \longrightarrow C_3H_6(g) + N_2(g)$$

是一级反应。560K 时在真空密闭的容器中，放入偶氮甲烷，测得其初始压力为 21.3kPa，经 1000s 后，总压力为 22.7kPa。求该反应的速率系数 k 和反应的半衰期 $t_{1/2}$。

8-6 某反应 A ⟶ P 的速率系数 $k=0.1\mathrm{L\cdot mol^{-1}\cdot s^{-1}}$，$c_{A,0}=0.1\mathrm{mol/L}$。求反应速率降至初始速率的 1/4 时，需多少时间？

8-7 某二级反应 A+B ⟶ C 两种反应物的初始浓度皆为 2.0mol/L，经 10min 后，反应掉 25%，求速率系数 k。

8-8 某反应 A ⟶ P 的动力学方程是直线方程，其截距为 2L/mol。若在 8 秒内反应物浓度降低 1/4，求该反应的速率系数 k。

8-9 反应 $CH_3CH_2NO_2 + OH^- \longrightarrow H_2O + CH_3CH{=}NO_2^-$ 为二级反应，在 0℃时 $k=3.91\mathrm{L/(mol\cdot min)}$。若有 0.004mol/L 的硝基乙烷和 0.005mol/L 的氢氧化钠水溶液，问多少时间后有 90% 的硝基乙烷发生反应。

8-10 某气相反应 $2A \longrightarrow A_2$ 为二级反应。测得不同时刻系统总压如下：

t/s	0	100	200	400	∞
p/kPa	41.33	34.4	31.2	27.33	20.67

试用作图法求该反应的速率系数 k。

8-11 N_2O_5 分解反应的速率系数在 298K 和 338K 时分别为 $3.4\times10^{-5}\mathrm{s^{-1}}$ 和 $4.9\times10^{-3}\mathrm{s^{-1}}$。求该反应的活化能和 318K 时的反应速率系数。

8-12 环氧乙烷的分解是一级反应。已知在 653K 时该反应的半衰期为 363min，该反应的活化能为 217.57kJ/mol。求在 723K 环氧乙烷分解 75%所需时间。

8-13 乙醇溶液中进行如下反应：

$$C_2H_5I + OH^- \longrightarrow C_2H_5OH + I^-$$

实验测得不同温度下的速率系数 k 如下：

T/K	288.83	305.02	330.75	363.61
10^3k/[L/(mol·s)]	0.0503	0.368	6.71	119

试用作图法求该反应的活化能。

8-14 恒容气相反应 A(g) ⟶ B(g) 速率系数 k 与温度 T 的关系为

$$\ln k/\mathrm{s^{-1}} = 24 - \frac{9622}{T/\mathrm{K}}$$

(1) 确定此反应的级数；

(2) 计算此反应的活化能和指前因子；

(3) 为使 A(g)在 5min 内转化率达 90%，反应温度应控制在多少度。

8-15 某 1-1 级对峙反应

$$A \underset{k_{-1}}{\overset{k_1}{\rightleftharpoons}} B$$

已知 $k_1=0.006\mathrm{min^{-1}}$，$K_{-1}=0.002\mathrm{min^{-1}}$，反应开始时只有 A，其浓度 $c_{A,0}=0.1\mathrm{mol/L}$。求反应进行到 100min 时 B 的浓度。

8-16 连串反应 $A \xrightarrow{k_1} B \xrightarrow{k_2} D$，在 298K 时，$k_1=0.1\mathrm{min^{-1}}$，$k_2=0.2\mathrm{min^{-1}}$，$c_{A,0}=1\mathrm{mol/L}$、$c_{B,0}=$

$c_{D,0}=0$。求（1）B 的浓度达到最大的时间 t_{max}；（2）t_{max} 时，c_A、c_B、c_D 各为多少？

8-17 测得 30℃时平行反应

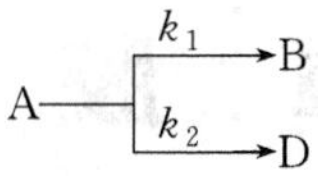

$$A \begin{array}{c} \xrightarrow{k_1} B \\ \xrightarrow{k_2} D \end{array}$$

的 $k_1=7.77\times10^{-5}\,\text{s}^{-1}$，$k_2=1.12\times10^{-4}\,\text{s}^{-1}$。已知初始浓度 $c_{A,0}=0.0238\,\text{mol/L}$，$c_{B,0}=c_{D,0}=0$。计算反应 1h 后，A 的转化率及产物 B 和 D 的浓度。

第九章　胶　　体

学习目标

1. 了解分散系统的分类和各类分散系统的基本特征。

2. 了解溶胶的动力性质和电学性质，能根据溶胶制备条件写出胶团的结构式，会判断胶粒的带电情况和电泳方向。

3. 了解电解质及其他因素对溶胶稳定性的影响，能判断电解质聚沉能力的大小。

胶体分散系统在自然界尤其是在生物界普遍存在。它与人类的生活及环境有着非常密切的关系。如在石油、冶金、造纸、橡胶、塑料、纤维、肥皂等工业部门，以及其他学科如生物学、土壤学、医学、气象、地质学等领域都广泛地接触到与胶体分散系统有关的问题。

第一节　分散系统分类

一种或几种物质分散在另一种物质中形成的系统，称为分散系统。除了纯净物之外，一切混合物都是分散系统。如糖水、盐水、酒、牛奶、空气、原油、矿石等都是分散系统。分散系统中被分散的物质称为分散相，分散相所存在的介质称为分散介质。根据被分散物质颗粒的大小，分散系统可分为三类。

一、分子分散系统

分散相粒子的半径小于 10^{-9} m，是以单个分子、原子或离子的形式均匀分散在分散介质中形成的均相分散系统，如氯化钠溶液、蔗糖溶液等，就是分子分散系统。分子分散系统，也称为真溶液。真溶液是均相热力学稳定系统，澄清透明，不发生光的散射。分散相粒子（即溶质）扩散快，能透过滤纸和半透膜。在显微镜或超显微镜下看不见分散相粒子。

二、粗分散系统

分散相粒子的半径大于 10^{-7} m，每个分散相粒子是由成千上万个分子、原子或离子组成的集合体，自成一相，分散在分散介质中形成的多相分散系统，如泥浆、牛奶等，就是粗分散系统。粗分散系统浑浊不透明，分散相粒子不扩散，不能透过滤纸和半透膜，用显微镜甚至肉眼可以看见分散相粒子。将泥浆静置，泥沙会自动沉到底部与水分离。由此可见，粗分散系统是多相热力学不稳定系统，分散相和分散介质非常容易自动分离。

三、胶体分散系统

胶体分散系统通常是由难溶物分散在分散介质中所形成的。分散相粒子（即胶体粒子）的半径在 10^{-9}～10^{-7} m 范围内，比普通的分子或离子大得多，是许多分子、原子或离子的集合体（通常是 10^3～10^6 个），自成一相，分散介质为另一个相，所以胶体分散系统是多相分散系统。胶体分散系统是透明的，能产生光散射。胶体粒子扩散慢，能透过滤纸但不能透过半透膜。用超显微镜可看到胶体粒子。由于胶体分散系统中分散相的分散程度远远大于粗分散系统，所以这类胶体分散系统有巨大的比表面和表面能，是高度分散的多相热力学不稳定系统。为了降低表面能，胶体粒子通过碰撞自动聚结，由小颗粒变成大颗粒，最终下沉到底部与分散介质分离，这种性质称为溶胶的聚结不稳定性。另一方面，在适当条件下，胶体粒子也能自发地、有选择地吸附某种离子而带电，静电斥力会阻止胶体粒子碰撞聚结，故许多溶胶可以稳定存在相当长的时间。

难溶于水的固体物质高度分散在水中所形成的胶体，常称为（憎液）溶胶。如 AgI 溶胶、SiO_2 溶胶、金溶胶、硫溶胶等。在化工生产中常遇到这类胶体。本章主要讨论这类胶体。

总之，溶胶具有三个基本特性：多相性、高分散性和热力学不稳定性。溶胶的许多性质，如动力性质、光学性质、电学性质等，都是由这三个基本特性所引起的。

应当指出，同一物质在不同分散介质中分散时，由于分散相粒子大小不同，可以成为分子分散系统，也可以成为胶体分散系统，当然也可以成为粗分散系统。如 NaCl 溶于水形成的是真溶液，但用适当的方法分散在乙醇中可以制得胶体。因此，胶体仅是物质以一定分散程度存在于介质中的一种状态，而不是一种特殊类型物质的固有状态。

按照分散相和分散介质聚集状态的不同，多相分散系统可以分为八类，如表 9-1 所示。

表 9-1 胶体分散系统和粗分散系统的分类

分散相	分散介质	名 称	实 例
固体	液体	溶胶、悬浮液	$Fe(OH)_3$ 溶胶，泥浆
液体		乳状液	牛奶
气体		泡沫	肥皂水泡沫
固体	固体	固溶胶	有色玻璃
液体		凝胶	珍珠
气体		固体泡沫	馒头，泡沫塑料
固体	气体	气溶胶	烟，尘
液体			雾，云

大分子化合物（如蛋白质、淀粉等）溶液是真溶液，是均相热力学稳定系统，但由于分子大小恰在胶体分散系统范围内，故有许多性质与胶体相同，如扩散慢，不能透过半透膜等。也可属于胶体分散系统，但不是本书讨论的范围。

第二节 溶胶的动力性质和光学性质

一、溶胶的动力性质

1. 布朗运动

1827 年，布朗（Brown）用显微镜观察到悬浮在水中的花粉颗粒不停地做不规则的运动。后来还发现分散介质中其他物质（如煤、化石、金属等）的微粒也有同样的现象。这种现象称为布朗运动。

1903 年，超显微镜的发明，为布朗运动的研究提供了条件。用超显微镜观察溶胶，发现比花粉颗粒小得多的胶体粒子在介质中也是一刻不停地进行着无规则的运动，即布朗运动。对于一个粒子，每隔一段时间记录它的位置，则可得到类似于图 9-1 所示的完全不规则的运动轨迹。

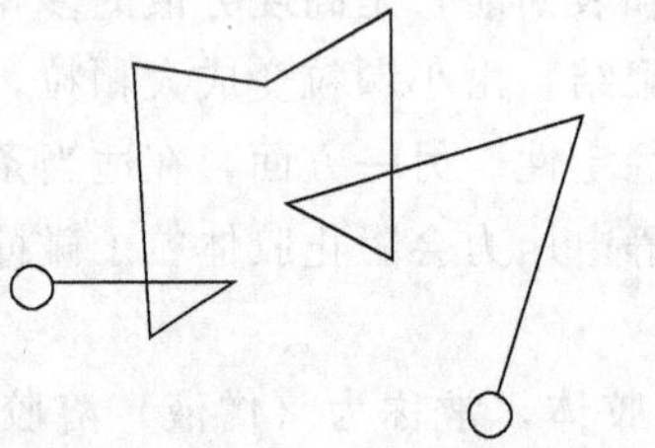
图 9-1 布朗运动示意图

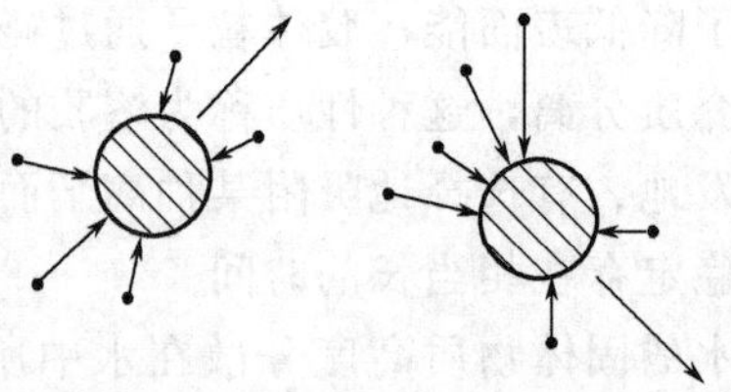
图 9-2 胶粒受介质分子冲击示意图

在分散系统中，分散介质的分子处于无规则的热运动状态，它们从四面八方连续不断地撞击分散相粒子。粗分散系统中的分散相粒子，由于粒子体积较大，每一瞬间都会受到各个方向上来的几百万次的撞击。一则是因为不同方向上的撞击力大体可以相互抵消，二则是由于粒子质量较大，难以发生位移，所以观察不到布朗运动。而溶胶粒子，每一瞬间受到介质分子的撞击次数比粗分散相粒子少得多，从不同方向上所受的撞击力往往不能互相抵消，由此产生不平衡力（如图 9-2 所示）足以推动质量较小的胶体粒子不停地做无规则运动。由此可见，溶胶粒子的布朗运动是不断进行热运动的液态介质分子对它撞击的结果。布朗运动就是溶胶粒子的热运动。

实验发现，溶胶粒子越小，温度越高，介质黏度越低，则胶粒的布朗运动越剧烈。

2. 扩散

在有浓度梯度存在时，物质粒子因热运动（或布朗运动）而发生的宏观上的定向迁移现象，称为扩散。扩散过程是自发过程，是降低系统吉布斯函数的过程。由于胶体有布朗运动，因此在有浓度差存在的情况下，也会发生由高浓度区域向低浓度区域的扩散。但与普通的真溶液相比，由于胶粒的质量和半径都比真溶液中溶质的质量和半径大得多，热运动也弱得多，因此溶胶粒子的扩散速率相对要慢得多。与真溶液一样，溶胶的扩散也服从费克定律，其扩散速率与浓度梯度成正比。

3. 沉降平衡

若分散相的体积质量大于分散介质的体积质量，则分散相粒子受重力作用而下沉，这一过程称为沉降。沉降的结果将使底部粒子浓度大于上部，即造成上下浓度差，而扩散将促使浓度趋于均匀。可见，沉降作用与扩散作用效果相反。当这两种效果相反的作用相等时，溶胶粒子随高度的分布形成一稳定的浓度梯度，达到平衡状态，即容器底部浓度大，随着高度的增加，粒子浓度逐渐减少，且不同高度处粒子浓度恒定，不随时间而变化。这种状态称为沉降平衡。

溶胶粒子越大、分散相与分散介质的体积质量差别越大，温度越低，达到沉降平衡时粒子的浓度梯度也越大。例如，粒子直径为 8.35nm 的金溶胶，高度每增加 0.025m，粒子浓度降低一半。而粒子直径为 1.86nm 的高分散的金溶胶，高度每增加 2.15m，粒子浓度才降低一半。

对于高分散度的溶胶，由于溶胶粒子的沉降与扩散速率皆很慢，要达到沉降平衡往往需要很长时间。在通常条件下，由于温度波动而引起的对流，由于机械振动而引起的混合等，都妨碍了沉降平衡的建立。因此，很难看到高分散度的胶体的沉降平衡。

布朗运动能使溶胶粒子扩散而不至于沉降于底部，但布朗运动又容易使溶胶粒子相互碰撞聚结而变大。胶粒的变大必然导致溶胶体的不稳定性增强，故布朗运动对溶胶的稳定性起着双重的作用。

二、溶胶的光学性质

1. 丁达尔效应

在暗室中，让一束光线通过溶胶时，在垂直于入射光的方向（溶胶的侧面）可看到一浑浊发光的光柱，如图 9-3 所示。这种现象是由英国物理学家丁达尔（Tyndall）于 1869 年首先发现的，故称为丁达尔效应或称丁达尔现象。

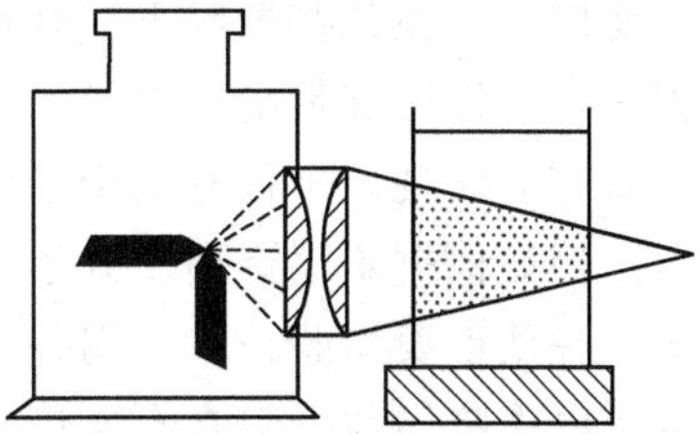

图 9-3 丁达尔效应

2. 丁铎尔效应是溶胶对光的散射作用的结果

光的散射作用是指当入射光的波长大于分散相粒子的直径时，光波可以绕过粒子而向各方向传播，这样在光的前进方向之外也能观察到发光的现象。可见光的波长为 $(4\sim7.6)\times10^{-7}$m，而溶胶粒子的直径在 $10^{-9}\sim10^{-7}$m，比可见光的波长小，故溶胶有明显的光散射。散射出来的光称为乳光，所以丁达尔效应也称为乳光效应。真溶液的分子体积太小，散射光非常弱。

当入射光的波长小于分散相粒子的直径时，入射光则被反射或折射。粗分散系统的粒子直径一般在 $10^{-6}\sim10^{-5}$m，大于可见光的波长，所以粗分散系统无散射光，且由于只有光的反射而呈现混浊状态。因此，观测丁达尔效应是鉴别溶胶、真溶液和粗分散系统悬浮液的简便而有效的方法。

溶胶系统的光学性质，是其特定的分散度和多相不均匀性特点的集中反映。通过对光学性质的研究和应用，不仅可以解释溶胶系统的一些光学现象，还可以了解溶胶粒子的大小、形状和溶胶粒子的运动情况。

第三节 溶胶的电学性质

溶胶是高度分散的多相热力学不稳定系统，有自发聚结变大最终下沉的趋势。但是，事实上不少溶胶可以存放几年甚至几十年都不聚沉。研究表明，使溶胶稳定存在的因素除了溶胶粒子的布朗运动以外，最主要的是由于胶粒带电。

一、电泳

在外电场作用下，分散相粒子在分散介质中定向移动的现象，称为电泳。中性粒子在电场中不可能发生定向移动，所以胶体的电泳现象说明胶粒是带电的。

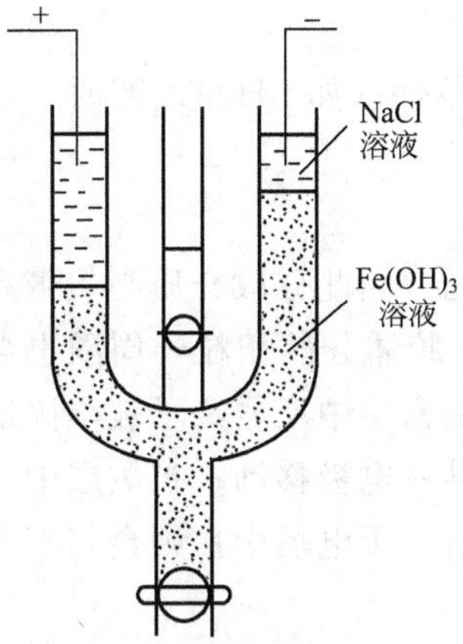

图 9-4 电泳仪示意图

观察电泳现象的实验装置如图 9-4 所示。如要作 $Fe(OH)_3$ 溶胶的电泳实验，则在 U 形管中先放入棕红色的 $Fe(OH)_3$ 溶胶，然后在溶胶液面上小心地放入无色的 NaCl 溶液（其电导率与溶胶电导率相同），使溶胶与 NaCl 溶液之间有明显的界面。在 U 形管的两端各放一根电极，通入直流电一定时间后，可见 $Fe(OH)_3$ 溶胶的棕红色界面在负极一侧上升，而在正极一侧下降，这说明 $Fe(OH)_3$ 胶粒是带正电荷的。由于整个胶体系统是电中性的，所以胶粒带正电，介质必定带负电。

溶胶粒子的电泳速率与粒子所带电量及外加电势梯度成正比，而与介质黏度及粒子大小成反比。胶粒比离子大得多，但实验表明胶体电泳速率与离子电迁移速率数量级大体相当，由此可见胶粒所带电荷的数量是相当大的。

实验还表明，往溶胶中加入电解质，随着外加电解质浓度的增大，胶料的电泳速度降低以至变成零。在某些情况下，外加电解质能改变胶粒的电泳方向，这说明外加电解质可以改变胶粒带电程度和带电的符号。

研究电泳现象不仅有助于了解胶体粒子的结构及电性质，在生产和科研试验中也有许多应用。例如根据不同蛋白质分子、核酸分子电泳速率的不同来对它们进行分离，已成为生物化学中一项重要实验技术；陶瓷工业用的优质黏土是利用电泳进行精选而得到的；利用电泳使带负电橡胶微粒电镀在金属模具上，可得到易于硫化、弹性及拉力均好的橡胶产品，如医用橡胶手套。

电泳只是胶体的电学性质之一，此外还有电渗、沉降电势及流动电势等。这四种现象的本质均说明分散相带电。

二、溶胶粒子带电的原因

1. 吸附

溶胶有巨大的比表面和表面能，所以溶胶粒子有吸附其他物质以降低界面吉布斯函数的趋势。如果溶液中有少量电解质，溶胶粒子就会有选择地吸附某种离子而带电。吸附正离子时，胶粒带正电，称为正溶胶；吸附负离子时，胶粒带负电，称为负溶胶。胶粒表面究竟吸附哪一类粒子，取决于胶体粒子的表面结构及被吸附粒子的本性。在一般情况下，胶体粒子总是优先吸附构晶离子或能与构晶离子生成难溶物的离子。例如，用 $AgNO_3$ 和 KI 溶液制备 AgI 溶胶时，若 $AgNO_3$ 过量，则介质中有过量的 Ag^+ 和 NO_3^-，此时 AgI 粒子将吸附 Ag^+ 而带正电；若 KI 过量，则 AgI 粒子将吸附 I^- 而带负电。表面吸附是胶体粒子带电的主要原因。

2. 电离

溶胶粒子表面上的分子与水接触时发生电离，其中一种离子进入介质水中，结果胶粒带电。如硅溶胶的粒子是由许多 SiO_2 分子聚集而成的，其表面分子发生水化作用。

$$SiO_2 + H_2O \longrightarrow H_2SiO_3$$

若溶液显酸性，则

$$H_2SiO_3 \longrightarrow HSiO_2^+ + OH^-$$

生成的 OH^- 进入溶液，结果胶体粒子带正电。若溶液显碱性，则

$$H_2SiO_3 \longrightarrow HSiO_3^- + H^+$$

生成的 H^+ 进入溶液，结果溶胶粒子带负电。由此例可知，介质条件（如 pH）改变时，溶胶粒子的带电正负及带电程度都可能发生变化。

三、溶胶的胶团结构

由于吸附或电离，胶粒成为带电粒子，而整个溶胶是电中性的，因此分散介质必然带有等量的相反电荷的离子（即反号离子）。与电极-溶液界面处相似，胶体分散相粒子周围也会形成双电层，其反号离子层也是由紧密层与扩散层两部分构成。紧密层中反号离子被牢固地束缚在溶胶粒子的周围，若处于电场之中，将随溶胶粒子一起向某一电极移动；扩散层中反号离子虽受到胶粒静电引力的影响，但可脱溶离胶粒子而移动，若处于电场中，则会与溶胶粒子反向朝另一电极移动。

根据上述溶胶粒子带电原因及形成双电层的道理，可以推断溶胶粒子的结构。以

$AgNO_3$ 溶液与过量 KI 溶液反应制备 AgI 溶胶为例，其胶体粒子结构如图 9-5 所示。首先 m 个 AgI 分子形成 AgI 晶体微粒$(AgI)_m$，称为胶核，胶核吸附 n 个 I^- 而带负电。带负电的胶核吸引溶液中的反号离子 K^+，使 $(n-x)$ 个 K^+ 进入紧密层，其余 x 个 K^+ 则分布在扩散层中。胶核、被吸附的离子以及在电场中能被带着一起移动的紧密层共同组成胶粒，而胶粒与扩散层一起组成胶团。整个胶团是电中性的。胶粒是溶胶中的独立移动单位。通常所说的胶体带正电或带负电，是指胶粒而言的。在一般情况下，由于紧密层中反离子的电荷总数小于胶核表面被吸附离子的电荷总数，所以胶体粒子带电符号取决于被吸附离子，而带电程度则取决于被吸附离子与紧密层中反号离子的电荷之差。胶团的结构也可以用结构式的形式表示。

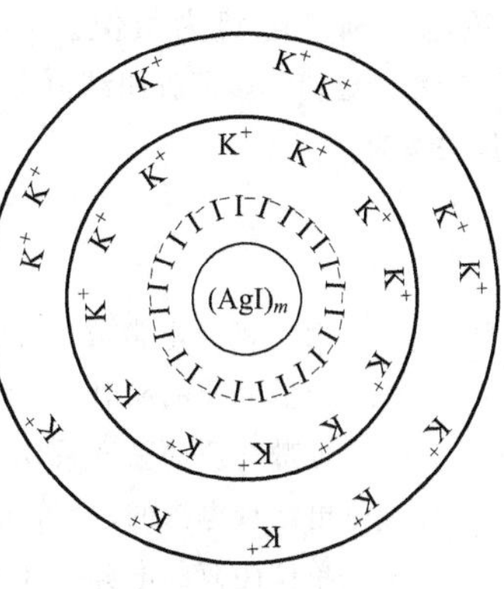

图 9-5　AgI 胶团剖面示意图

$$\underbrace{\overbrace{[\underbrace{(\mathrm{AgI})_m}_{\text{胶核}}\cdot\underbrace{n\mathrm{I}^-}_{\text{吸附离子}}\cdot\underbrace{(n-x)\mathrm{K}^+}_{\text{紧密层}}]}^{\text{胶粒}}{}^{x-}\cdot\underbrace{x\mathrm{K}^+}_{\text{扩散层}}}_{\text{胶团}}$$

m 为胶核中 AgI 的分子数，此值一般很大（约在 10^3 左右），n 为胶核所吸附的离子数，n 的数值比 m 小得多，$(n-x)$ 是包含在紧密层中的反号离子的数目，x 为扩散层中反号离子数目。对于同一胶体中不同胶团，其 m、n 和 x 的数值是不同的。也就是说，胶团没有固定的直径、质量和形状。由于离子溶剂化，因此胶粒和胶团也是溶剂化的。

四、热力学电势和电动电势

胶核表面与溶液本体之间的电势差称为热力学电势，用符号“φ_0”表示。

与电化学中电极-溶液界面电势差相似，热力学电势 φ_0 只与被吸附的或电离下去的那种离子在溶液中的活度有关，而与其他离子的存在与否及浓度大小无关。如图 9-6 所示。

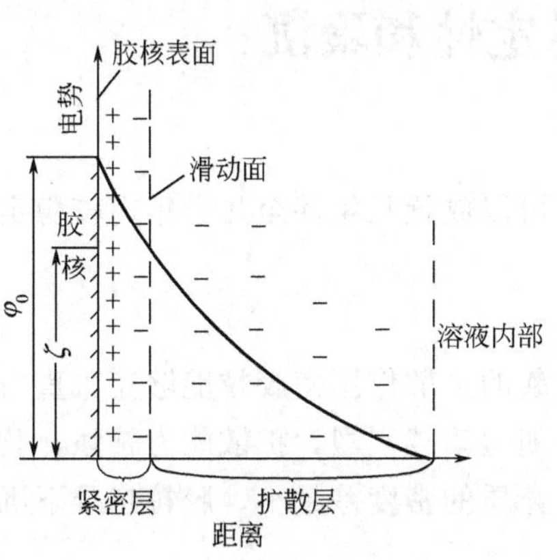

图 9-6　双电层与 ζ 电势

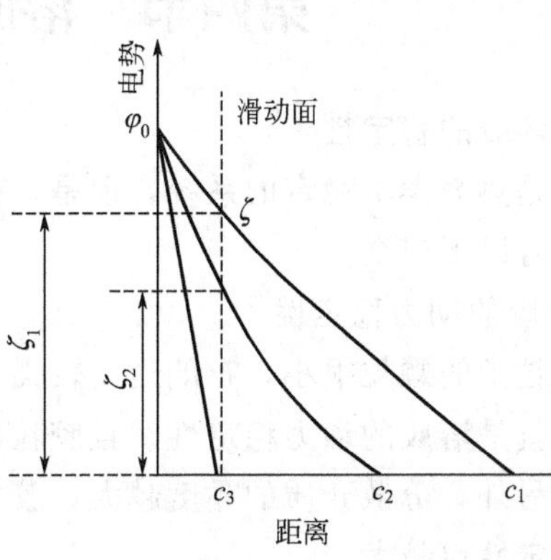

图 9-7　电解质浓度对 ζ 电势的影响

紧密层外界面（也称为滑动面）与溶液本体之间的电势差，称为电动电势，用符号“ζ”表示，常称电动电势为 ζ 电势。由于紧密层中的反号离子部分抵消了胶核表面所带电荷，故 ζ 电势的绝对值一般小于热力学电势的绝对值。胶粒带正电，则 ζ 电势为正值；胶粒带负电，则ζ电势为负值。

胶粒带电荷越多即胶团结构式中x值越大，ζ电势越大，电泳速率越快。ζ电势与电泳或电渗速率的定量关系为：

$$\zeta=\frac{\eta u}{\varepsilon_0\varepsilon_r E} \tag{9-1}$$

式中 ε_0——真空的介电常数，$\varepsilon_0=8.854\times10^{-12}\,F/m$；

ε_r——分散介质的相对介电常数；

η——分散介质的黏度系数，Pa·s；

u——电泳或电渗的速率，m/s；

E——单位距离的电势差（即电势梯度），V/m；

ζ——电动电势，V。

一般胶体粒子的ζ电势约为几十毫伏。

介质中外加电解质的种类及浓度能明显影响ζ电势。当外加电解质浓度变大时，会使进入紧密层中的反号离子增加，从而使扩散层变薄，ζ电势下降，如图 9-7 所示。当电解质浓度增加达一定值（如图中c_3）时，扩散层厚度变为零，ζ电势也变为零。这就是胶体电泳速率随电解质浓度增大而变小，甚至变为零的原因。$\zeta=0$时，为该胶体的等电点，胶粒不带电。此时胶体最不稳定，易发生聚沉。

【例 9-1】 在H_3AsO_3的稀溶液中通入H_2S气体，生成As_2S_3溶胶。已知H_2S能解离成H^+和HS^-。试写出As_2S_3胶团的结构式。

解 H_2S为稳定剂，能解离出H^+和HS^-。As_2S_3吸附的离子应是HS^-，故As_2S_3溶胶的结构式为：

$$\underbrace{\overbrace{[\underbrace{(As_2S_3)_m}_{\text{胶核}}\cdot \underbrace{nHS^-}_{\text{吸附离子}}\cdot \underbrace{(n-x)H^+}_{\text{紧密层}}]^{x-}}^{\text{胶粒}}\cdot \underbrace{xH^+}_{\text{扩散层}}}_{\text{胶团}}$$

第四节 溶胶的稳定性和聚沉

一、溶胶的稳定性

溶胶是热力学不稳定的系统，但是，有些溶胶可以放置几年甚至几十年还较稳定，究其原因主要有以下三个。

1. 溶胶的动力稳定性

溶胶粒子的颗粒很小，布朗运动较强，由此引起的扩散作用使胶粒能够克服重力影响不下沉，这就是溶胶的动力稳定性。且胶粒越小，布朗运动越剧烈，扩散能力越强，胶粒越不易下沉。另外，分散介质的黏度越大，胶粒与分散介质的密度差越小，胶粒越难下沉，溶胶的动力稳定性也越大。

2. 胶粒带电的稳定作用

由胶团结构可知，每个胶粒都带有相同电荷，当胶粒间互相靠得很近时，将发生静电斥力。如果胶粒间静电斥力大于胶粒间的吸引力，则两个胶粒相撞后又将分开，从而保持了溶胶的稳定性。

3. 溶剂化的稳定作用

物质与溶剂之间所起的化合作用称为溶剂化。若分散介质是水，则为水化。由于溶胶粒子吸附的离子都是溶剂化（水化）的，这样不仅降低了胶粒的比表面自由焓，增加了胶粒的稳定性，还好像在胶粒周围形成了具有弹性的溶剂化（水化）膜，造成胶粒接近时的机械阻力，阻止相互聚结，促进了溶胶的稳定。

二、溶胶的聚沉

溶胶是高度分散的多相热力学不稳定系统。虽然由于胶粒带电和布朗运动，能使溶胶稳定存在相当长的时间，但这种稳定性终究只是暂时的、相对的和有条件的，最终胶粒还是要聚结成大颗粒。当颗粒聚结到一定程度，就要沉淀析出，这一过程称为聚沉。聚沉是溶胶不稳定的主要表现。影响聚沉的因素很多，如胶体的浓度、温度、电解质、高分子化合物等，其中溶胶的浓度增大和温度升高，将使胶粒间的碰撞更加频繁，导致聚沉加剧，因而降低了胶体的稳定性。这里只扼要介绍电解质和高分子化合物对聚沉的影响。

1. 电解质的聚沉作用

电解质对溶胶稳定性的影响具有两重性。当电解质浓度很小时，胶核表面对离子的吸附还远远没有饱和，电解质的加入将使胶核表面吸附更多离子，胶粒带电程度提高，ζ 电势增大，从而使胶粒之间的静电斥力增加而不易聚结，此时电解质对溶胶起稳定作用；当电解质浓度足够大时，再加入电解质，胶核表面吸附基本不变，但进入紧密层的反号离子大大增加，从而使 ζ 电势降低，扩散层变薄，胶粒之间的静电斥力减少。当 ζ 电势绝对值降低到 25～30mV 时，胶粒的布朗运动足以克服胶粒之间所剩的较小静电斥力，而开始聚沉。当 $\zeta=0$时，溶胶聚沉速率达到最大。

由以上分析可知，外加电解质需要达到一定浓度时才能使溶胶聚沉。使一定量的胶体在一定时间内完全聚沉所需电解质的最小浓度称为电解质的聚沉值。聚沉值越小，聚沉能力越强。外加电解质对溶胶聚沉的影响有以下几点经验规则。

（1）电解质中起聚沉作用的主要是与胶粒带相反电荷的离子，称为反离子。反离子的价数愈高，聚沉能力愈强。这一规则称为舒尔策-哈迪（Schulze-Hardy）价数规则。一般来说，一价反离子的聚沉值为 25～150mmol/L，二价反离子的为 0.5～2mmol/L，三价反离子的为 0.01～0.1mmol/L，三类离子的聚沉值的比例大致符合 $1:(1/2)^6:(1/3)^6$，即聚沉值与反离子价数的六次方成反比。

应当指出，当离子在胶粒表面强烈吸附或发生表面化学反应时，舒尔策-哈迪规则不能应用。例如对 As_2S_3 负溶胶来说，一价吗啡离子的聚沉能力比二价 Mg^{2+} 和 Ca^{2+} 还要强得多。

（2）同价反离子的聚沉能力略有不同。例如，不同的一价阳离子硝酸盐对负溶胶的聚沉能力不同，可按如下顺序排列：

$$H^+ > Cs^+ > Rb^+ > NH_4^+ > K^+ > Na^+ > Li^+$$

而不同的一价阴离子的钾盐对正溶胶的聚沉能力也不同，可按如下顺序排列：

$$F^- > Cl^- > Br^- > NO_3^- > I^- > SCN^- > OH^-$$

这种将带有相同电荷的同价离子按聚沉能力大小排列的顺序，称为感胶离子序。

（3）与胶粒带有相同电荷的同离子对溶胶的聚沉也略有影响。当反离子相同时，同离子的价数越高，聚沉能力越弱（这可能与这些同离子的吸附有关）。例如对于亚铁氰化铜负溶胶，不同价数负离子所成钾盐的聚沉能力次序为：

$$KNO_3 > K_2SO_4 > K_4[Fe(CN)_6]$$

【例 9-2】 将浓度为 0.04mol/L 的 KI 溶液与 0.1mol/L 的 $AgNO_3$ 溶液等体积混合后得到 AgI 溶胶，试分析下述电解质对所得 AgI 溶胶的聚沉能力何者最强？何者最弱？

(1) $Ca(NO_3)_2$　　(2) K_2SO_4　　(3) $Al_2(SO_4)_3$

解 由于 $AgNO_3$ 过量，故形成的 AgI 的胶粒带正电荷为正溶胶，能引起它聚沉的反离子为负离子。反离子价数越高，聚沉能力越强。所以 K_2SO_4 和 $Al_2(SO_4)_3$ 的聚沉能力均大于 $Ca(NO_3)_2$。由于和溶胶具有相同电荷的离子价数越高，则电解质的聚沉能力越弱，故 K_2SO_4 的聚沉能力大于 $Al_2(SO_4)_3$。综上所述，聚沉能力顺序为：

$$K_2SO_4 > Al_2(SO_4)_3 > Ca(NO_3)_2$$

2. 正负溶胶的相互聚沉

溶胶的相互聚沉是指带相反电荷的正溶胶与负溶胶混合后，彼此中和对方的电荷，而同时聚沉的现象。这与电解质聚沉的不同点在于它要求的浓度条件比较严格。只有当一种溶胶的总电荷恰好中和另一种溶胶的总电荷时，才能发生完全聚沉，否则只能发生部分聚沉，甚至不聚沉。

日常生活中用明矾净化饮用水就是正负溶胶相互聚沉的实际例子。因为天然水中含有许多负电性的污物胶粒，加入明矾 $[KAl(SO_4)_2 \cdot 12H_2O]$ 后，明矾在水中水解生成 $Al(OH)_3$ 正溶胶，两者相互聚沉使水得到净化。

3. 高分子化合物的聚沉作用

高分子化合物对溶胶稳定性的影响具有两重性。一般高分子化合物，如明胶、蛋白质、淀粉等都具有亲水性质，因此若在溶胶中加入足够量的某些高分子化合物溶液，由于高分子化合物吸附在胶粒表面上，完全覆盖了胶粒表面，增强了胶粒对介质的亲和力，同时又防止了胶粒之间以及胶粒与电解质之间的直接接触，使溶胶稳定性大大增加，甚至加入电解质后也不会聚沉，这种作用称为高分子化合物对溶胶的保护作用，如图 9-8 中(a)所示。

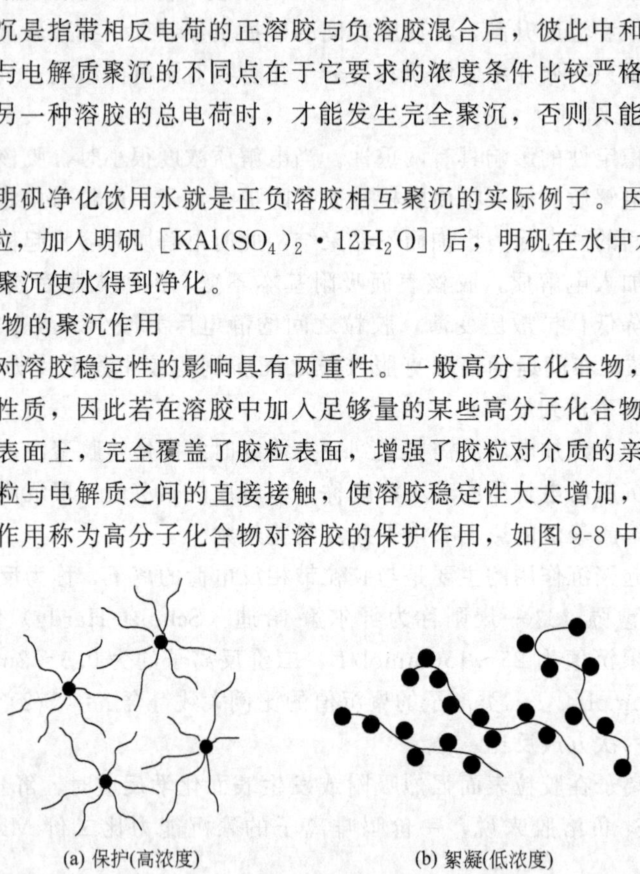

(a) 保护(高浓度)　　(b) 絮凝(低浓度)

图 9-8 高分子化合物的保护和絮凝作用

具有亲水性质的明胶、蛋白质、淀粉等高分子化合物都是良好的溶胶保护剂，应用很广泛。例如，在工业上一些贵金属催化剂，如 Pt 溶胶、Cd 溶胶等，加入高分子溶液进行保护以后，可以烘干以便于运输，使用时只要加入溶剂，就可又复为溶胶。医药上的蛋白银滴眼液就是用蛋白质保护的银溶胶。血液中所含难溶盐如碳酸钙、磷酸钙等就是靠蛋白质保护而存在的。

如果加入极少量的高分子化合物，可使溶胶迅速沉淀，沉淀呈疏松的棉絮状，这类沉淀称为絮凝物，这种作用称为高分子化合物的絮凝作用，能产生絮凝作用的高分子化合物称为絮凝剂。高分子化合物产生絮凝作用的原因是长链的高分子化合物可以吸附许多个胶粒，以搭桥方式把它们拉到一起，导致絮凝，如图 9-8 中（b）所示。另外，离子性高分子化合物还可以中和胶粒表面的电荷，使胶粒间斥力减小。

与电解质的聚沉作用相比，高分子化合物的絮凝作用具有迅速、彻底、沉淀疏松、块大、易过滤、絮凝剂用量小等优点。一般只需要加入质量比值约为 10^{-6} 的絮凝剂即可有明显的絮凝作用，通常在数分钟内沉淀完全。此外在合适条件下还可以有选择地絮凝，因此，絮凝作用比聚沉作用具有更大的实用价值。絮凝剂广泛应用于各种工业部门的污水处理和净化、化工操作中的分离和沉淀、选矿以及土壤改良等。常用的絮凝剂是聚丙烯酰胺及其衍生物。

阅读材料

微 胶 囊

将药物装在预先制好的胶囊中（即胶囊化），可以掩盖药物的苦味和刺激性气味，使人们乐于服用，此法已有 150 多年的历史，而微胶囊化则始于 20 世纪 30 年代。微胶囊最早的产品是压敏复写纸，1968 年已成功实现商品化。由此开始，微胶囊化技术不断发展。从广义上说，微胶囊化是这样一项技术，首先把被包敷的物料分散形成细粒（滴），然后以细粒为核心，在其上沉积膜材料。该过程中形成的细小囊体称为微胶囊，微胶囊可包封和保护囊中的物质细粒（称之为芯、核、内相）。囊壁通常由无缝、坚固的薄膜构成（称之为皮、壳或膜），特殊用途时，可有意识地形成微孔（孔的大小也可指定），以使内相扩散。

微胶囊的大小一般在 5～200μm 范围内。微胶囊的形状可随芯材和制法的不同而异，大多为球状、粒状、絮状或块状，以平滑的膜壳型较常见。

微胶囊按芯材粒子个数可分为单核微囊、多核微囊、微囊簇和子母囊；按壁壳结构又可分为单层、双层和多层结构。

微胶囊作为具有壁壳的微小容器，不仅能够保持芯材的微细分散状态，还具有提高芯材稳定性、减少芯材挥发、掩盖芯材异味及控制芯材释放等功能。

正是因为微胶囊具有这些功能，使得微胶囊广泛应用于医药、食品、农用化学品、胶黏剂、液晶等各个领域。如在农业方面，将部分杀虫剂、杀鼠剂、除草剂以及微生物或病毒农药微胶囊化，可以降低有效成分的挥发、分解，可延长残效，还可降低毒性及药害；微胶囊化肥料释放缓慢，提高了利用率。食品工业方面，将某些风味提取物、营养物质、色素等制成微胶囊可免受不良环境影响，使食品保持原有色、香、味，并掩盖本身异味。医药工业方面，药用微胶囊作为近年发展起来的一种新剂型，具有稳定原药、延缓释放、掩味、改变给药途径等多种用途，已有许多药物被包囊后制成缓释剂、长效制剂、掩味片剂、散剂、混悬注射剂等。

本 章 小 结

胶体是分散相粒子大小介于 10^{-9}～10^{-7} m 之间的分散系统，具有多相性、高度分散性和热力学不稳定性三个基本特征。胶体不是物质固有的特征。

布朗运动就是胶粒的热运动。布朗运动使溶胶在有浓度差时发生扩散；在重力场中建立一定的沉降平衡。

胶粒带电的原因是胶核的选择性吸附或表面分子的电离。胶团的电荷分布具有双电层结构，ζ 电势是表征这种结构的特征量，其数值与介质中电解质的浓度有关。ζ 电势越大，胶粒带电荷越多，胶体越稳定。

在一定条件下，溶胶相对稳定存在的原因是布朗运动、胶粒带电和溶剂化，其中最重要的原因是胶粒带电。

溶胶中胶粒相互聚结变大，最后沉淀析出的过程称为溶胶的聚沉。电解质和高分子化合物对溶胶稳定性的影响很大，但影响机理不同。电解质对溶胶聚沉能力的大小主要决定于反离子的价数。

一、主要的基本概念

1. 分散系统：一种或几种物质分散在另一种物质中形成的系统。

分散相：分散系统中被分散的物质。

分散介质：分散相所存在的介质。

2. 分子分散系统：分散相粒子的半径小于 10^{-9} m，以单个分子、原子或离子的形式均匀分散在分散介质中形成均相分散系统。

胶体分散系统：分散相粒子的半径在 10^{-9}～10^{-7} m 范围内，比普通的分子或离子大得多，是许多分子、原子或离子的集合体。胶体分散系统是多相分散系统。

粗分散系统：分散相粒子的半径大于 10^{-7} m，每个分散相粒子是由成千上万个分子、原子或离子组成的集合体，粗分散系统是多相分散系统。

3. 布朗运动：悬浮在介质中的微粒不停地做不规则运动的现象。

扩散：有浓度梯度存在时，物质粒子因热运动（或布朗运动）而发生的定向迁移现象。

沉降：分散相粒子受重力作用而下沉的过程。

沉降平衡：沉降的结果造成系统上下浓度差，扩散的结果促使浓度趋于均匀。当这两种效果相反的作用相等时，分散相粒子随高度的分布形成一稳定的浓度梯度，达到沉降平衡。

4. 电泳：在外电场作用下，分散相粒子在分散介质中定向移动的现象。

双电层结构：由于吸附或电离，溶胶粒子成为带电粒子，溶胶粒子周围的反电荷离子形成紧密层与扩散层构成双电层结构。

紧密层：被牢固地束缚在溶胶粒子周围的反电荷离子形成紧密层。

扩散层：分散在紧密层外的反电荷离子虽受溶胶粒子静电引力的影响，但可脱离溶胶粒子而移动，形成扩散层。

电动电势：紧密层外界面与溶液本体之间的电势差。

5. 胶核：由若干个分子形成的晶体微粒。

胶粒：胶核、被吸附的离子以及在电场中能被带着一起移动的紧密层组成胶粒。

胶团：胶粒与扩散层一起组成胶团。

6. 聚沉：胶体颗粒聚结到一定程度就沉淀析出的过程。

聚沉值：使一定量的胶体在一定时间内完全聚沉所需电解质的最小浓度。

7. 高分子化合物的保护作用：在溶胶中加入足够量的某些高分子化合物溶液，由于高分子化合物吸附在胶粒表面上，完全覆盖了胶粒表面，增强了胶粒对介质的亲和力，同时又防止了胶粒之间以及胶粒与电解质之间的直接接触，使溶胶稳定。

絮凝作用：在溶胶中加入极少量的高分子化合物，因长链的高分子化合物可以吸附许多个胶粒，以搭桥方式把它们拉到一起，导致絮凝，可使溶胶迅速形成絮凝物沉淀。

二、习题类型

1. 写胶团的结构式。

2. 判断电解质聚沉能力或胶粒带电符号。

三、如何解决化工过程中的相关问题

1. 掌握溶胶的概念、结构、性质及稳定因素，用于溶胶的制备与保护，及纳米技术。

2. 利用电解质的聚沉作用、正负溶胶的相互聚沉和高分子化合物的聚沉作用机理，促成胶体的破坏。利用溶胶系统的稳定因素和高分子化合物对溶胶的保护作用，促进溶胶的稳定。

3. 利用溶胶的性质及 ζ 电势与电泳或电渗速率的定量关系进行分析鉴定或分离操作。

思　考　题

1. 溶胶的基本特征是什么？

2. 溶胶粒子带电的主要原因是什么？有稳定剂存在时胶粒优先吸附哪种离子？什么是胶体表面的双电层结构？

3. ζ 电势是双电层结构中哪两处的电势差？如何确定 ζ 电势的正负号？外加电解质如何影响 ζ 电势？

4. 溶胶是一个热力学不稳定系统，但为什么能在相当长的时间里稳定存在？

5. 破坏溶胶，使溶胶聚沉有哪几种方法？

6. 有一金溶胶，先加入明胶溶液再加入 NaCl 溶液，与先加入 NaCl 溶液再加入明胶溶液相比较，其结果有何不同？

7. 为什么在新生成的 $Fe(OH)_3$ 沉淀中加入少量的稀 $FeCl_3$ 溶液，沉淀会溶解？如再加入一定量的硫酸盐溶液，又会析出沉淀？

8. 试从胶体化学的观点解释，进行重量分析时为了使沉淀完全，通常要加入相当数量的电解质（非反应物）或将溶液适当加热？

9. 溶胶的稳定性与溶胶浓度的关系是____。

（1）浓度升高稳定性降低　（2）浓度升高稳定性增加

（3）不能确定　（4）与浓度无关

10. 溶胶的稳定性与温度的关系是____。

（1）温度升高稳定性增加　（2）温度升高稳定性降低

（3）不能确定　（4）与温度无关

11. 当在溶胶中加入大分子化合物时，____。

（1）一定使溶胶更加稳定　（2）一定使溶胶更容易为电解质所聚沉

（3）对溶胶稳定性影响视其加入量而定　（4）对溶胶的稳定性没有影响

12. 在稀的砷酸溶液中，通入 H_2S 以制备硫化砷 As_2S_3 溶胶，该溶胶的稳定剂是 H_2S，则其胶团结构式是____。

（1）$[(As_2S_3)_m \cdot nH^+ \cdot (n-x)HS^-]^{x-} \cdot xHS^-$

（2）$[(As_2S_3)_m \cdot nHS^- \cdot (n-x)H^+]^{x-} \cdot xH^+$

（3）$[(As_2S_3)_m \cdot nH^+ \cdot (n-x)HS^-]^{x+} \cdot xHS^-$

（4）$[(As_2S_3)_m \cdot nHS^- \cdot (n-x)H^+]^{x+} \cdot xH^+$

13. 试解释：（1）江河入海处，为什么常形成三角洲？（2）加明矾为什么能使混浊的水澄清？（3）是用不同型号的墨水，为什么有时会使钢笔堵塞而写不出来？（4）重金属离子中毒的病人，为什么喝了牛奶可使症状减轻？请尽可能多地列举出日常生活中遇到的有关胶体的现象及其应用。

习　　题

9-1　由 $FeCl_3$ 水解制备 $Fe(OH)_3$ 溶胶，若稳定剂为 $FeCl_3$，写出胶团结构。

9-2　等体积的 0.08 mol/dm³ KI 溶液 和 0.1 mol/dm³ $AgNO_3$ 溶液混合生成 AgI 溶胶。（1）试写出胶团结构式；（2）指明胶粒的电泳方向；（3）比较 $MgSO_4$、Na_2SO_4 和 $CaCl_2$ 电解质对此 AgI 溶胶聚沉能力的大小。

9-3　对 $Fe(OH)_3$ 正溶胶，在电解质 KCl、$MgCl_2$、K_2SO_4 中，聚沉能力最强的是哪一种？

9-4　在 H_3AsO_3 的稀溶液中，通入略过量的 H_2S 气体，生成 As_2S_3 负溶胶。若用电解质 $Al(NO_3)_3$、$MgSO_4$ 和 $K_3Fe(CN)_6$ 将溶胶聚沉，请排出聚沉值由大到小的顺序。

9-5 下列电解质对某溶胶的聚沉值（mmol/L）分别为

$c(NaNO_3)=300mmol/L$　　$c(Na_2SO_4)=390mmol/L$

$c(MgCl_2)=50mmol/L$　　$c(AlCl_3)=1.5mmol/L$

此溶胶的电荷是正还是负？

9-6 有一 $Al(OH)_3$ 溶胶，加入 KCl 其最终浓度为 80mmol/L 时恰能聚沉；若加入 K_2CrO_4，则浓度为 0.4mmol/L 时恰能聚沉。问 $Al(OH)_3$ 溶胶电荷是正还是负？为使该溶胶聚沉，约需 $CaCl_2$ 的浓度为多少？

9-7 用如下反应制备 $BaSO_4$ 溶胶：

$$Ba(SCN)_2+K_2SO_4 \longrightarrow BaSO_4(\text{溶胶})+2KSCN$$

用略过量的反应物 $Ba(SCN)_2$ 作稳定剂，请写出胶核、胶粒和胶团的结构式，并指出胶粒所带的电性。

习题答案

第一章　气体

1-1　$m=0.3207\text{kg}$

1-2　$n=6.671\times10^4\text{mol}$

1-3　$V=319.0\text{m}^3$

1-4　$\Delta m=54.08\text{kg}$

1-5　$\rho=1.527\text{kg/m}^3$

1-6　$p_2=192.3\text{kPa}$

1-7　$p(H_2)=63.31\text{kPa}$，$p(N_2)=21.1\text{kPa}$，$p(NH_3)=16.89\text{kPa}$，$V=2.955\times10^{-3}\text{m}^3$，$M(\text{mix})=9.917\text{g/mol}$

1-8　$M(\text{mix})=23\text{g/mol}$

1-9　$y(CO_2)=0.095$，$p(CO_2)=9.624\text{kPa}$

1-10　$V(H_2O)=3.70\times10^{-4}\text{m}^3$，$V(O_2)=5.52\times10^{-4}\text{m}^3$，$V(N_2)=2.078\times10^{-3}\text{m}^3$

1-11　$p(N_2)=79.04\text{kPa}$，$p(O_2)=21.29\text{kPa}$，$p(\text{Ar})=0.94\text{kPa}$，$p(CO_2)=0.03\text{kPa}$

1-12　$\rho=1.943\times10^{-6}\text{kg/m}^3=1.943\text{mg/m}^3$，超过允许值

1-13　$p(N_2)=7.6\text{MPa}$，$p(H_2)=22.8\text{MPa}$，不能用道尔顿定律计算 $p(N_2)$ 和 $p(H_2)$。

1-14　$p=1.085\times10^6\text{Pa}$

1-15　$T=694.28\text{K}$

1-16　(1) $V=0.03181\text{m}^3$，误差=11.61%；(2) $V=0.02926\text{m}^3$，误差=2.67%；(3) 略

1-17　(1) $V=0.7054\text{m}^3$，误差=106.3%；(2) $V=0.3315\text{m}^3$，误差=−3.07%

1-18　(1) $V=1.4\times10^{-3}\text{m}^3$；(2) $V=1.05\times10^{-3}\text{m}^3$

1-19　$V=0.07852\text{m}^3$

1-20　$p=2.003\times10^6\text{Pa}$

第二章　热力学第一定律

2-1　(1) −9000J；(2) −8.314J

2-2　160J，18kJ

2-3　$\Delta H=Q=-285.9\text{kJ}$，$W=3.718\text{kJ}$，$\Delta U=-282.18\text{kJ}$

2-4　(1) $C_{V,\text{m}}=2.5R=20.785\text{J/(K}\cdot\text{mol)}$；(2) $Q_V=25597\text{J}$

2-5　$Q_p=51100\text{J}$

2-6　$Q_p=10247\text{J}$

2-7　$\Delta U=\Delta H=0$，$W=-913.5\text{J}$，$Q=913.5\text{J}$

2-8　(1) $W=0$，$Q=\Delta U=19.52\text{kJ}$，$\Delta H=27\text{kJ}$；

(2) $W=-7.48\text{kJ}$，$Q=\Delta H=27\text{kJ}$，$\Delta U=19.52\text{kJ}$

2-9　(1) $\Delta U=624\text{J}$，$\Delta H=1039\text{J}$，$W=-2278\text{J}$，$Q=2902\text{J}$；

(2) $\Delta U=624\text{J}$，$\Delta H=1039\text{J}$，$W=-1990\text{J}$，$Q=2614\text{J}$

2-10 $\Delta U=2079J$，$\Delta H=2910J$，$W=-1247J$，$Q=3326J$

2-11 $Q=0$；$W=\Delta U=2753J$；$\Delta H=3584J$

2-12 (1) $V_2=44.8L$；$\Delta H=\Delta U=0$；$W=-10452J$；$Q=-W=10452J$

(2) $V_2=23.2L$；$Q=0$；$W=\Delta U=-5471J$；$\Delta H=-7659J$

(3) $V_2=33.28L$；$Q=0$；$W=\Delta U=-2918J$；$\Delta H=-4085J$

2-13 $Q_p=\Delta H=39.359kJ$；$W=-3764.75J$；$\Delta U=35.594kJ$

2-14 $Q_p=\Delta H=92.23kJ$；$W=-7.034kJ$；$\Delta U=85.196kJ$

2-15 $\Delta H=40.67kJ$；$\Delta U=37.57kJ$

2-16 (1) $\xi_1=10mol$；(2) $\xi_2=5mol$

2-17 $\Delta_r H_m=-5147kJ/mol$

2-18 (1) $\Delta_r H_m^{\ominus}=-905.468kJ/mol$；$\Delta_r U_m^{\ominus}=-907.947kJ/mol$

(2) $\Delta_r H_m^{\ominus}=-88.132kJ/mol$；$\Delta_r U_m^{\ominus}=-83.174kJ/mol$

(3) $\Delta_r H_m^{\ominus}=-71.66kJ/mol$；$\Delta_r U_m^{\ominus}=-66.702kJ/mol$

(4) $\Delta_r H_m^{\ominus}=492.625kJ/mol$；$\Delta_r U_m^{\ominus}=485.189kJ/mol$

2-19 (1) $\Delta_r H_m^{\ominus}=-631.3kJ/mol$；(2) $\Delta_r H_m^{\ominus}=-137.03kJ/mol$

2-20 (1) $\Delta_f H_m^{\ominus}$（环丙烷，g）$=-8.9kJ/mol$；(2) $\Delta_r H_m^{\ominus}=29.3kJ/mol$

2-21 $\Delta_r H_m^{\ominus}=-9.2kJ/mol$

2-22 $\Delta_r H_m^{\ominus}$ (1000K) $=-31.914kJ/mol$

2-23 $\Delta_r H_m=-445979kJ$

2-24 134.5kJ/mol

2-25 $\Delta_l^g H_m^{\ominus}=33.9kJ/mol$

2-26 (1) $\Delta t=43.94℃$；(2) $m=5.196kg$

2-27 $m_{蔗糖}=605.6g$；$m_{乙醇}=335.5g$

第三章 热力学第二定律

3-1 $\Delta S=5.763J/K$

3-2 $\Delta S=57.09J/K$

3-3 $\Delta S=10.77J/K$

3-4 $\Delta S=97.56J/K$

3-5 $\Delta S=-147.6J/K$

3-6 $T=325K$；$\Delta S=0.4978J/K>0$，自发

3-7 $Q=0$；$W=\Delta U=-2930J$；$\Delta H=-4087J$；$\Delta S=21.02J/K$

3-8 (1) $W=0$；$Q_V=\Delta U=20.786kJ$；$\Delta H=29.1kJ$；$\Delta S=42.14J/K$

(2) $Q_p=\Delta H=-14.55kJ$；$W=-4.157kJ$；$\Delta U=-10.393kJ$；$\Delta S=-41.86J/K$

(3) $Q=0$；$W=\Delta U=-5938.7J$；$\Delta H=-8314J$；$\Delta S=6.386J/K$

(4) $Q=0$；$\Delta S=0$；$W=\Delta U=-7468J$；$\Delta H=-10456J$

3-9 $\Delta S=291.26J/K$

3-10 $\Delta S=144.37J/K$

3-11 $\Delta S=-202.4J/K$

3-12 $\Delta S=27.92J/K$；$\Delta G=-8.376kJ$

3-13 $\Delta H=\Delta U=0$；$W=2232J$；$Q=-W=-2232J$；$\Delta S=-7.618J/K$；$\Delta G=\Delta A=2232J$

3-14 $\Delta H=\Delta U=0$；$W=-4088J$；$Q=-W=4088J$；$\Delta S=38.29J/K$；$\Delta G=\Delta A=-10458J$

3-15 $\Delta H=40.67kJ$；$\Delta U=37.57kJ$；$W=-5.986kJ$；$Q=43.55kJ$；$\Delta S=116.7J/K$；$\Delta A=-5.986kJ$；$\Delta G=-2.884kJ$

3-16 $\Delta H=402.59kJ$；$\Delta S=1079J/K$；$\Delta G=-10.67kJ<0$，自发

3-17 (1) $\Delta_r G_m^\ominus=-29.077kJ/mol$；(2) $\Delta_r G_m^\ominus=-800.8kJ/mol$

3-18 (1) $\Delta_r S_m^\ominus$ (298.15K)$=6.586J/(K\cdot mol)$，$\Delta_r S_m^\ominus$ (325.15K)$=5.728J/(K\cdot mol)$；(2) $\Delta_r S_m^\ominus$ (298.15K)$=-242.98J/(K\cdot mol)$，$\Delta_r S_m^\ominus$ (325.15K)$=-234.86J/(K\cdot mol)$

3-19 (1) $\Delta_r G_m^\ominus$ (298.15K)$=-115.55kJ/mol<0$，能自发进行；

(2) $\Delta_r G_m^\ominus$ (298.15K)$=-166.27kJ/mol<0$，能自发进行。

3-20 $\Delta_r G_m=-44kJ/mol$；$\Delta_r S_m=-13.423J/(K\cdot mol)$

3-21 略

第四章 相平衡

4-1

题号	S	R	R'	C	ϕ	F
(1)	1	0	0	1	2	1
(2)	3	1	0	2	3	1
(3)	3	1	1	1	2	1
(4)	3	1	0	2	2	2
(5)	3	0	0	3	2	2

4-2 $T_f=234.19K$

4-3 $T=398.47K=125.32℃$

4-4 $p=1241Pa$

4-5 $\Delta_l^g H_m^\ominus=30.782kJ/mol$；$T_b=349.53K=76.38℃$

4-6 (1) $T_b=357.61K=84.46℃$；(2) $\Delta_l^g H_m^\ominus=41.77kJ/mol$；(3) 略

4-7 151.99kPa

4-8 (1) 0.09091 (2) 1.667mol/kg；(3) 0.02913；(4) 1.534mol/L

4-9 $m(HCl)=1.872g$

4-10 $m(CO_2)=4.831g$

4-11 $C=0.014g/kg$

4-12 $y_{乙醇}=0.2816$

4-13 $x_{苯}=0.1423$

4-14 $p=1.254\times10^5Pa$

4-15 (1) $p=98.54kPa$，$y_{苯}=0.2525$；(2) $p=80.4kPa$，$x''_{苯}=0.6804$；(3) $x'''_{苯}=0.5387$，$y'''_{苯}=0.3175$，$n(g)=1.7114mol$，$n(l)=3.0266mol$

4-16 $x_{溴苯}=0.99$、$x_{氯苯}=0.01$；$y_{溴苯}=0.88$、$y_{氯苯}=0.12$

4-17 (1) $M_B=177.35$；(2) $C_{14}H_{10}$

4-18 $M_B=164.506$

4-19 $m=1.005kg$

4-20 $p=3.161kPa$

4-21 $M_B=61939$

4-22 (1) $p=2.331kPa$；(2) $\pi=435.08kPa$

4-23 (2) $x_B=0.19$，$y_B=0.421$； (3) $n(g)=2.381mol$，$n(l)=2.619mol$；$n_B^g=1.0024mol$，$n_A^g=1.379mol$

4-24 (2) 泡点为 383.3K；(3) 露点为 386K；(4) $x_B=0.548$，$y_B=0.42$

4-25 (1) $y_{甲苯}=0.45$；(2) $m_{水}=23.91kg$

4-26 $m_1=0.2733g$

4-27 略

4-28 略

第五章 化学平衡

5-1 (1) $Q_p=0.1kJ/mol$，正向；(2) $Q_p=100kJ/mol$，逆向；(3) $Q_p=1.333kJ/mol$，逆向

5-2 (1) $Q_p=0.1542$，不能生成 CH_4；(2) $p>161.08kPa$

5-3 $K^\ominus=2.409$

5-4 (1) 0.3673；(2) 0.2681

5-5 (1) $p=77.736kPa$；(2) $p(H_2S)>166.65kPa$

5-6 (1) $K^\ominus=4$；(2) $n_c=0.8453mol$；(3) $n_c=1.0959mol$；(4) $n_c=0.5426mol$

5-7 $K^\ominus=5.378$；$\Delta_r G_m^\ominus=-12.63kJ/mol$

5-8 (1) $\Delta_r G_m^\ominus=22.6kJ/mol$，$p(H_2O)=1.045kPa$；

(2) $\Delta_r G_m^\ominus=25.6kJ/mol$，$p(H_2O)=0.5705kPa$；

(3) $\Delta_r G_m^\ominus=26.6kJ/mol$，$p(H_2O)=2.174Pa$

5-9 $K^\ominus=2.643\times10^{12}>Q_p$，能生成 SO_3

5-10 (1) $\Delta_r H_m^\ominus=174.752kJ/mol$；(2) $K^\ominus=5.903\times10^{-15}$；(3) $\Delta_r G_m^\ominus=81.718kJ/mol$

5-11 $K^\ominus=0.4363$

5-12 (1) $\Delta_r H_m^\ominus=-41.178kJ/mol$；(2) $K^\ominus=24.176$

5-13 (1) 6.364×10^{-5}；(2) $\Delta_r H_m^\ominus=104.669kJ/mol$

5-14 (1) 0.7756；(2) 0.9684；(3) 0.9494

5-15 (1) 0.5；(2) 0.6667；(3) 0.3333；(4) 转化率同 (1)；(5) 转化率同 (1)

第六章 电化学基础

6-1 (1) 3.952g；(2) $V(Cl_2)=1.551L$

6-2 $t=31807s=530.1min$

6-3 $m=103572g=103.572kg$

6-4 (1) $\frac{l}{A}=125.39/m$；(2) $\kappa(CaCl_2)=0.1194S/m$；

(3) $\Lambda_m(CaCl_2)=0.02388S\cdot m^2/mol$

6-5 0.01209$S \cdot m^2/mol$

6-6 (1) 0.1232；(2) $K^{\ominus}=1.7806\times10^{-5}$

6-7 (1) $\Lambda_m(SN)=0.1103\times10^{-3}S\cdot m^2/mol$、(2) $\Lambda_m^{\infty}(SN)=40.27\times10^{-3}S\cdot m^2/mol$

6-8 $\kappa(H_2O)=5.497\times10^{-6}S/m$

6-9 2.74×10^{-3} (7.53×10^{-8})

6-10 $c(CaF_2)=0.1893mol/m^3=1.893\times10^{-4}mol/L$

6-11 略

6-12 $b_{\pm}=0.01587mol/kg$；$\alpha_{\pm}=0.01135$；$\alpha=1.462\times10^{-6}$

6-13 略

6-14 $E^{\ominus}=0.9378V$，$\Delta_rG_m^{\ominus}=-180.968kJ/mol$，$K^{\ominus}=5.057\times10^{31}$，$E=0.9378V$

6-15 $E^{\ominus}=0.535V$，$\Delta_rG_m^{\ominus}=-103.239kJ/mol$，$K^{\ominus}=1.221\times10^{18}$，正向自发

6-16 $E=1.4459V$，$\Delta_rG_m=-279.015kJ/mol$，$K^{\ominus}=7.603\times10^{43}$

6-17 $E=1.17104V$，$\Delta_rG_m=-225.976kJ/mol$，$K^{\ominus}=7.759\times10^{41}$

6-18 $E=1.0269V$，$\Delta_rG_m=-198.162kJ/mol$，$K^{\ominus}=2.601\times10^{34}$，正向自发

6-19 略

6-20 (1) (2) 略；(3) $E(H^+/H_2)=-0.11696V$，$E(Cu^{+2}/Cu)=0.31042V$，$E=-0.42738V$；(4) $\Delta_rG_m=82.472kJ/mol$；(5) 逆向自发

6-21 $pH=2.36$，$\alpha(H^+)=4.365\times10^{-3}$

6-22 $pH=1.077$

6-23 $pH=6.096$

6-24 $E=0.01586V$

6-25 在阴极首先析出 H_2，在阳极首先析出 Cl_2。

6-26 (1) Cu^{2+}首先析出；(2) $\alpha(Cu^{2+})=1.378\times10^{-14}$

6-27 $pH>1.05$

第七章 界面现象

7-1 $\Delta G=5.906J$

7-2 $\Delta G=7.428\times10^{-6}J$

7-3 $p_r=6.857kPa$

7-4 $r=1.2\times10^{-8}m$

7-5 $c(Cr)=1.556\times10^{-3}mol/L$

7-6 $n=0.382$，$k=2.525mol\cdot kg^{-1}\cdot[c]^{-0.382}$

7-7 (1) $b=0.5459\ (kPa)^{-1}$；(2) $\Gamma=73.58dm^3/kg$

7-8 $p=82.81kPa$

7-9 $A_S=5.618\times10^5m^2/kg$

7-10 $\sigma=0.06127N/m$

第八章 化学动力学

8-1 $v(CO)=2.44\times10^3mol/(m^3\cdot h)$，$v(H_2)=4.88\times10^3mol/(m^3\cdot h)$

8-2 $y=0.1237$

8-3 $t_{有效期}=40.91$ 月，$t_{1/2}=79.51$ 月

8-4 $k=0.0231/min$，$t_{1/2}=30min$，$c_{A,0}=0.04328mol/L$

8-5 $k=6.799\times10^{-5}/s$，$t_{1/2}=10195s=169.917min$

8-6 $t=100s$

8-7 $k=2.778\times10^{-4}L/(mol\cdot s)$

8-8 $k=0.08333L/(mol\cdot s)$

8-9 $t=263.3min$

8-10 $k=1.218\times10^{-4}/(kPa\cdot s)$

8-11 $E_a=104.063kJ/mol$；$k_3=4.772\times10^{-4}s^{-1}$

8-12 $t=14.992min=899.5s$

8-13 $E_a=91.096kJ/mol$

8-14 (1) 一级；(2) $E_a=79.997kJ/mol$，$A=2.6489\times10^{10}s^{-1}$；(3) $T=333.29K=60.14℃$

8-15 $c_B=0.0413mol/L$

8-16 (1) $t_{max}=6.932min$；(2) $c_A=0.5mol/L$，$c_B=0.25mol/L$，$c_D=0.25mol/L$

8-17 A的转化率$=0.4949$，$c_B=4.824\times10^{-3}mol/L$，$c_D=6.954\times10^{-3}mol/L$

第九章 胶体

9-2 (1) 略

(2) 胶粒带正电，向负极迁移

(3) 聚沉能力顺序：$Na_2SO_4>MgSO_4>CaCl_2$

9-3 K_2SO_4 聚沉能力最强

9-4 聚沉值由大到小的顺序：$K_3Fe(CN)_6$、$MgSO_4$、$Al(NO_3)_3$

9-5 溶胶带负电

9-6 $CaCl_2$ 的浓度略大于 40mmol/L

9-7 胶粒带正电

附　录

附录一　某些气体的范德华参数

气体		$10^3 \times a$ /(Pa·m^6/mol^2)	$10^6 \times b$ /(m^3/mol)	气体		$10^3 \times a$ /(Pa·m^6/mol^2)	$10^6 \times b$ /(m^3/mol)
Ar	氩	136.3	32.19	C_2H_6	乙烷	556.2	63.80
H_2	氢	24.76	26.61	C_3H_8	丙烷	877.9	84.45
N_2	氮	140.8	39.13	C_2H_4	乙烯	453.0	57.14
O_2	氧	137.8	31.83	C_3H_6	丙烯	849.0	82.72
Cl_2	氯	657.9	56.22	C_2H_2	乙炔	444.8	51.36
H_2O	水	553.6	30.49	$CHCl_3$	氯仿	1537	102.2
NH_3	氨	422.5	37.07	CCl_4	四氯化碳	2066	138.3
HCl	氯化氢	371.6	40.81	CH_3OH	甲醇	964.9	67.02
H_2S	硫化氢	449.0	42.87	C_2H_5OH	乙醇	1218	84.07
CO	一氧化碳	150.5	39.85	$(C_2H_5)_2O$	乙醚	1761	134.4
CO_2	二氧化碳	364.0	42.67	$(CH_3)_2CO$	丙酮	1409	99.4
SO_2	二氧化硫	680.3	56.36	C_6H_6	苯	1824	115.4
CH_4	甲烷	228.3	42.78				

附录二　某些物质的临界参数

物质		临界温度 T_c/K	临界压力 p_c/MPa	临界密度 ρ/(kg/m^3)	临界压缩因子 Z_c
He	氦	5.26	0.227	69.8	0.301
Ar	氩	151.2	4.87	533	0.291
H_2	氢	33.3	1.297	31.0	0.305
N_2	氮	179.2	3.39	313	0.290
O_2	氧	154.4	5.043	436	0.288
F_2	氟	−128.84	5.215	574	0.288
Cl_2	氯	417.0	7.7	573	0.275
Br_2	溴	583.0	10.3	1260	0.270
H_2O	水	647.4	22.05	320	0.23
NH_3	氨	405.5	11.313	236	0.242
HCl	氯化氢	324.6	8.31	450	0.25
H_2S	硫化氢	273.6	8.94	346	0.284
CO	一氧化碳	133.0	3.499	301	0.295
CO_2	二氧化碳	304.2	7.375	468	0.275
SO_2	二氧化硫	430.7	7.884	525	0.268
CH_4	甲烷	190.7	4.596	163	0.286
C_2H_6	乙烷	305.4	4.872	204	0.283
C_3H_8	丙烷	369.9	4.254	214	0.285
C_2H_4	乙烯	283.1	5.039	215	0.281
C_3H_6	丙烯	365.1	4.62	233	0.275
C_2H_2	乙炔	309.5	6.139	231	0.271
$CHCl_3$	氯仿	536.6	5.329	491	0.201
CCl_4	四氯化碳	556.4	4.558	557	0.272
CH_3OH	甲醇	513.2	8.10	272	0.224
C_2H_5OH	乙醇	516.3	6.148	276	0.240
C_6H_6	苯	562.6	4.898	306	0.268
$C_6H_5CH_3$	甲苯	592.0	4.109	290	0.266

附录三 某些气体的摩尔定压热容与温度的关系

$$C_{p,m}=a+bT+cT^2$$

物质		a/[J/(mol·K)]	$b\times10^3$/[J/(mol·K^2)]	$c\times10^6$/[J/(mol·K^3)]	温度范围/K
H_2	氢	26.88	4.347	−0.3265	273～3800
Cl_2	氯	31.696	10.144	−4.038	300～1500
Br_2	溴	35.241	4.075	−1.487	300～1500
O_2	氧	28.17	6.297	−0.7494	273～3800
N_2	氮	27.32	6.226	−0.9502	273～3800
HCl	氯化氢	28.17	1.810	1.547	300～1500
H_2O	水	29.16	14.49	−2.022	273～3800
CO	一氧化碳	26.537	7.6831	−1.172	300～1500
CO_2	二氧化碳	26.75	42.258	−14.25	300～1500
CH_4	甲烷	14.15	75.496	−17.99	298～1500
C_2H_6	乙烷	9.401	159.83	−46.229	298～1500
C_2H_4	乙烯	11.84	119.67	−36.51	298～1500
C_3H_6	丙烯	9.427	188.77	−57.488	298～1500
C_2H_2	乙炔	30.67	52.810	−16.27	298～1500
C_3H_4	丙炔	26.50	120.66	−39.57	298～1500
C_6H_6	苯	−1.71	324.77	−110.58	298～1500
$C_6H_5CH_3$	甲苯	2.41	391.17	−130.65	298～1500
CH_3OH	甲醇	18.40	101.56	−28.68	273～1000
C_2H_5OH	乙醇	29.25	166.28	−48.898	298～1500
$(C_2H_5)_2O$	乙醚	−103.9	1417	−248	300～400
HCHO	甲醛	18.82	58.379	−15.61	291～1500
CH_3CHO	乙醛	31.05	121.46	−36.58	298～1500
$(CH_3)_2CO$	丙酮	22.47	205.97	−63.521	298～1500
HCOOH	甲酸	30.7	89.20	−34.54	300～700
$CHCl_3$	氯仿	29.51	148.94	−90.734	273～773

附录四 某些物质的标准摩尔生成焓、标准摩尔生成吉布斯函数、标准摩尔熵及摩尔定压热容（298.15K）

（标准压力 $p^{\ominus}=100$kPa）

物质	$\Delta_f H_m^{\ominus}$/(kJ/mol)	$\Delta_f G_m^{\ominus}$/(kJ/mol)	$S_m^{\ominus}$/[J/(mol·K)]	$C_{p,m}$/[J/(mol·K)]
Ag(s)	0	0	42.55	25.351
AgCl(s)	−127.068	−109.789	96.2	50.79
Ag_2O(s)	−31.05	−11.20	121.3	65.86
Al(s)	0	0	28.33	24.35
Al_2O_3(α,刚玉)	−1675.7	−1582.3	50.92	79.04
Br_2(l)	0	0	152.231	75.689
Br_2(g)	30.907	3.110	245.463	36.02
HBr(g)	−36.40	−53.45	198.695	29.142
Ca(s)	0	0	41.42	25.31
CaC_2(s)	−59.8	−64.9	69.96	62.72
$CaCO_3$(方解石)	−1206.92	−1128.79	92.9	81.88
CaO(s)	−635.09	−604.03	39.75	42.80

续表

物 质	$\Delta_f H_m^{\ominus}$/(kJ/mol)	$\Delta_f G_m^{\ominus}$/(kJ/mol)	$S_m^{\ominus}$/[J/(mol·K)]	$C_{p,m}$/[J/(mol·K)]
$Ca(OH)_2$(s)	−986.09	−898.49	83.39	87.49
C(石墨)	0	0	5.740	8.527
C(金刚石)	1.895	2.900	2.377	6.113
CO(g)	−110.525	−137.168	197.674	29.142
CO_2(g)	−393.509	−394.359	213.74	37.11
CS_2(l)	89.70	65.27	151.34	75.7
CS_2(g)	117.36	67.12	237.84	45.40
CCl_4(l)	−135.44	−65.21	216.40	131.75
CCl_4(g)	−102.9	−60.59	309.85	83.30
HCN(l)	108.87	124.97	112.84	70.63
HCN(g)	135.1	124.7	201.78	35.86
Cl_2(g)	0	0	223.066	33.907
Cl(g)	121.679	105.680	165.198	21.840
HCl(g)	−92.307	−95.299	186.908	29.12
Cu(s)	0	0	33.150	24.435
CuO(s)	−157.3	−129.7	42.63	42.30
Cu_2O(s)	−168.6	−146.0	93.14	63.64
F_2(g)	0	0	202.78	31.30
HF(g)	−271.1	−273.2	173.779	29.133
Fe(s)	0	0	27.28	25.10
$FeCl_2$(s)	−341.79	−302.30	117.95	76.65
$FeCl_3$(s)	−399.49	−334.00	142.3	96.65
Fe_2O_3(赤铁矿)	−824.2	−742.2	87.40	103.85
Fe_3O_4(磁铁矿)	−1118.4	−1015.4	146.4	143.43
$FeSO_4$(s)	−928.4	−820.8	107.5	100.58
H_2(g)	0	0	130.684	28.824
H(g)	217.965	203.247	114.713	20.784
H_2O(l)	−285.830	−237.129	69.91	75.291
H_2O(g)	−241.818	−228.572	188.825	33.577
I_2(s)	0	0	116.135	54.438
I_2(g)	62.438	19.327	260.69	36.90
I(g)	106.838	70.250	180.791	20.786
HI(g)	26.48	1.70	206.594	29.158
Mg(s)	0	0	32.68	24.89
$MgCl_2$(s)	−641.32	−591.79	89.62	71.38
MgO(s)	−601.70	−569.43	26.94	37.15
$Mg(OH)_2$(s)	−924.54	−833.51	63.18	77.03
Na(s)	0	0	51.21	28.24
Na_2CO_3(s)	−1130.68	1044.44	134.98	112.30
$NaHCO_3$(s)	−950.81	−851.0	101.7	87.61
NaCl(s)	−411.153	−384.138	72.13	50.50
$NaNO_3$(s)	−467.85	−367.00	116.52	92.88
NaOH(s)	−425.609	−379.494	64.455	59.54
Na_2SO_4(s)	−1387.08	−1270.16	149.58	128.20
N_2(g)	0	0	191.61	29.125
NH_3(g)	−46.11	−16.45	192.45	35.06
NO(g)	90.25	86.55	210.761	29.844
NO_2(g)	33.18	51.31	240.06	37.20

续表

物质		$\Delta_f H_m^\ominus$/(kJ/mol)	$\Delta_f G_m^\ominus$/(kJ/mol)	$S_m^\ominus$/[J/(mol·K)]	$C_{p,m}$/[J/(mol·K)]
$N_2O(g)$		82.05	104.20	219.85	38.45
$N_2O_3(g)$		83.72	139.46	312.28	65.61
$N_2O_4(g)$		9.16	97.89	304.29	77.28
$N_2O_5(g)$		11.3	115.1	355.7	84.5
$HNO_3(l)$		−174.10	−80.71	155.60	109.87
$HNO_3(g)$		−135.06	−74.72	266.38	53.35
$NH_4NO_3(s)$		−365.56	−183.87	151.08	139.3
$O_2(g)$		0	0	205.138	29.355
O(g)		249.170	231.731	161.055	21.912
$O_3(g)$		142.7	163.2	238.93	39.20
P(α-白磷)		0	0	41.09	23.840
P(红磷,三斜晶系)		−17.6	−12.1	22.80	21.21
$P_4(g)$		58.91	24.44	279.98	67.15
$PCl_3(g)$		−287.0	−267.8	311.78	71.84
$PCl_5(g)$		−374.9	−305.0	364.58	112.80
$H_3PO_4(s)$		−1279.0	−1119.1	110.50	106.06
S(正交晶系)		0	0	31.80	22.64
S(g)		278.805	238.250	167.821	23.673
$S_8(g)$		102.30	49.63	430.98	156.44
$H_2S(g)$		−20.63	−33.56	205.79	34.23
$SO_2(g)$		−296.830	−300.194	248.22	39.87
$SO_3(g)$		−395.72	−371.06	256.76	50.67
$H_2SO_4(l)$		−813.989	−690.003	156.904	138.91
Si(s)		0	0	18.83	20.00
$SiCl_4(l)$		−687.0	−619.84	239.7	145.31
$SiCl_4(g)$		−657.01	−616.98	330.73	90.25
$SiH_4(g)$		34.3	56.9	204.62	42.84
SiO_2(α 石英)		−910.94	−856.64	41.84	44.43
SiO_2(s,无定形)		−903.49	−850.70	46.9	44.4
Zn(s)		0	0	41.63	25.40
$ZnCO_3(s)$		−812.78	−731.52	82.4	79.71
$ZnCl_2(s)$		−415.05	−369.398	111.46	71.34
ZnO(s)		−348.28	−318.30	43.64	40.25
$CH_4(g)$	甲烷	−74.81	−50.72	186.264	35.309
$C_2H_6(g)$	乙烷	−84.68	−32.82	229.60	52.63
$C_2H_4(g)$	乙烯	52.26	68.15	219.56	43.56
$C_2H_2(g)$	乙炔	226.73	209.20	200.94	43.93
$CH_3OH(l)$	甲醇	−238.66	−166.27	126.8	81.6
$CH_3OH(g)$	甲醇	−200.66	−161.96	239.81	43.89
$C_2H_5OH(l)$	乙醇	−277.69	−174.78	160.7	111.46
$C_2H_5OH(g)$	乙醇	−235.10	−168.49	282.70	65.44
$(CH_2OH)_2(l)$	乙二醇	−454.80	−323.08	166.9	149.8
$(CH_3)_2O(g)$	甲醚	−184.05	−112.59	266.38	64.39
HCHO(g)	甲醛	−108.57	−102.53	218.77	35.40
$CH_3CHO(g)$	乙醛	−166.19	−128.86	250.3	57.3
HCOOH(l)	甲酸	−424.72	−361.35	128.95	99.04

续表

物　质		$\Delta_f H_m^{\ominus}$/(kJ/mol)	$\Delta_f G_m^{\ominus}$/(kJ/mol)	$S_m^{\ominus}$/[J/(mol·K)]	$C_{p,m}$/[J/(mol·K)]
$CH_3COOH(l)$	乙酸	−484.5	−389.9	159.8	124.3
$CH_3COOH(g)$	乙酸	−432.25	−374.0	282.5	66.5
$(CH_2)_2O(l)$	环氧乙烷	−77.82	−11.76	153.85	87.95
$(CH_2)_2O(g)$	环氧乙烷	−52.63	−13.01	242.53	47.91
$CHCl_3(l)$	氯仿	−134.47	−73.66	201.7	113.8
$CHCl_3(g)$	氯仿	−103.14	−70.34	295.71	65.69
$C_2H_5Cl(l)$	氯乙烷	−136.52	−59.31	190.79	104.35
$C_2H_5Cl(g)$	氯乙烷	−112.17	−60.39	276.00	62.8
$C_2H_5Br(l)$	溴乙烷	−92.01	−27.70	198.7	100.8
$C_2H_5Br(g)$	溴乙烷	−64.52	−26.48	286.71	64.52
$CH_2CHCl(g)$	氯乙烯	35.6	51.9	263.99	53.72
$CH_3COCl(l)$	乙酰氯	−273.80	−207.99	200.8	117
$CH_3COCl(g)$	乙酰氯	−243.51	−205.80	295.1	67.8
$CH_3NH_2(g)$	甲胺	−22.97	32.16	243.41	53.1
$(NH_2)_2CO(s)$	尿素	−333.51	−197.33	104.60	93.14

附录五　某些有机化合物的标准摩尔燃烧焓（298.15K）

（标准压力 $p^{\ominus}$=100kPa）

物　质		$-\Delta_c H_m^{\ominus}$/(kJ/mol)	物　质		$-\Delta_c H_m^{\ominus}$/(kJ/mol)
$CH_4(g)$	甲烷	890.31	$C_2H_5CHO(l)$	丙醛	1816.3
$C_2H_6(g)$	乙烷	1559.8	$(CH_3)_2CO(l)$	丙酮	1790.4
$C_3H_8(g)$	丙烷	2219.9	$CH_3COC_2H_5(l)$	甲乙酮	2444.2
$C_5H_{12}(l)$	正戊烷	3509.5	$HCOOH(l)$	甲酸	254.6
$C_5H_{12}(g)$	正戊烷	3536.1	$CH_3COOH(l)$	乙酸	874.54
$C_6H_{14}(l)$	正己烷	4163.1	$C_2H_5COOH(l)$	丙酸	1527.3
$C_2H_4(g)$	乙烯	1411.0	$C_3H_7COOH(l)$	正丁酸	2183.5
$C_2H_2(g)$	乙炔	1299.6	$CH_2(COOH)_2(s)$	丙二酸	861.15
$C_3H_6(g)$	环丙烷	2091.5	$(CH_2COOH)_2(s)$	丁二酸	1491.0
$C_4H_8(l)$	环丁烷	2720.5	$(CH_3CO)_2O(l)$	乙酸酐	1806.2
$C_5H_{10}(l)$	环戊烷	3290.9	$HCOOCH_3(l)$	甲酸甲酯	979.5
$C_6H_{12}(l)$	环己烷	3919.9	$C_6H_5OH(s)$	苯酚	3053.5
$C_6H_6(l)$	苯	3267.5	$C_6H_5CHO(l)$	苯甲醛	3527.9
$C_{10}H_8(s)$	萘	5153.9	$C_6H_5COCH_3(l)$	苯乙酮	4148.9
$CH_3OH(l)$	甲醇	726.51	$C_6H_5COOH(s)$	苯甲酸	3226.9
$C_2H_5OH(l)$	乙醇	1366.8	$C_6H_4(COOH)_2(s)$	邻苯二甲酸	3223.5
$C_3H_7OH(l)$	正丙醇	2019.8	$C_6H_5COOCH_3(l)$	苯甲酸甲酯	3957.6
$C_4H_9OH(l)$	正丁醇	2675.8	$C_{12}H_{22}O_{11}(s)$	蔗糖	5640.9
$CH_3OC_2H_5(g)$	甲乙醚	2107.4	$CH_3NH_2(l)$	甲胺	1060.6
$(C_2H_5)_2O(l)$	乙醚	2751.1	$C_2H_5NH_2(l)$	乙胺	1713.3
$HCHO(g)$	甲醛	570.78	$(NH_2)_2CO(s)$	尿素	631.66
$CH_3CHO(l)$	乙醛	1166.4	$C_5H_5N(l)$	吡啶	2782.4

附录六 一些电极的标准电极电势（298.15K）

电极	电极反应	$E^{\ominus}$/V
	第一类电极	
$Li^+ \mid Li$	$Li^+ + e \rightleftharpoons Li$	−3.045
$K^+ \mid K$	$K^+ + e \rightleftharpoons K$	−2.924
$Ba^{2+} \mid Ba$	$Ba^{2+} + 2e \rightleftharpoons Ba$	−2.90
$Ca^{2+} \mid Ca$	$Ca^{2+} + 2e \rightleftharpoons Ca$	−2.76
$Na^+ \mid Na$	$Na^+ + e \rightleftharpoons Na$	−2.7111
$Mg^{2+} \mid Mg$	$Mg^{2+} + 2e \rightleftharpoons Mg$	−2.375
$Mn^{2+} \mid Mn$	$Mn^{2+} + 2e \rightleftharpoons Mn$	−1.029
$OH^-, H_2O \mid H_2(g) \mid Pt$	$2H_2O + 2e \rightleftharpoons H_2(g) + 2OH^-$	−0.8277
$Zn^{2+} \mid Zn$	$Zn^{2+} + 2e \rightleftharpoons Zn$	−0.7630
$Cr^{3+} \mid Cr$	$Cr^{3+} + 3e \rightleftharpoons Cr$	−0.74
$Fe^{2+} \mid Fe$	$Fe^{2+} + 2e \rightleftharpoons Fe$	−0.439
$Cd^{2+} \mid Cd$	$Cd^{2+} + 2e \rightleftharpoons Cd$	−0.4028
$Co^{2+} \mid Co$	$Co^{2+} + 2e \rightleftharpoons Co$	−0.28
$Ni^{2+} \mid Ni$	$Ni^{2+} + 2e \rightleftharpoons Ni$	−0.23
$Sn^{2+} \mid Sn$	$Sn^{2+} + 2e \rightleftharpoons Sn$	−0.1366
$Pb^{2+} \mid Pb$	$Pb^{2+} + 2e \rightleftharpoons Pb$	−0.1265
$Fe^{3+} \mid Fe$	$Fe^{3+} + 3e \rightleftharpoons Fe$	−0.036
$H^+ \mid H_2(g) \mid Pt$	$2H^+ + 2e \rightleftharpoons H_2(g)$	−0.0000
$Cu^{2+} \mid Cu$	$Cu^{2+} + 2e \rightleftharpoons Cu$	+0.3400
$OH^-, H_2O \mid O_2(g) \mid Pt$	$O_2(g) + 2H_2O + 4e \rightleftharpoons 4OH^-$	+0.401
$Cu^+ \mid Cu$	$Cu^+ + e \rightleftharpoons Cu$	+0.522
$I^- \mid I_2(s) \mid Pt$	$I_2(s) + 2e \rightleftharpoons 2I^-$	+0.535
$Hg_2^{2+} \mid Hg$	$Hg_2^{2+} + 2e \rightleftharpoons 2Hg$	+0.7959
$Ag^+ \mid Ag$	$Ag^+ + e \rightleftharpoons Ag$	+0.7994
$Hg^{2+} \mid Hg$	$Hg^{2+} + 2e \rightleftharpoons Hg$	+0.851
$Br^- \mid Br_2(l) \mid Pt$	$Br_2(l) + 2e \rightleftharpoons 2Br^-$	+1.065
$H^+, H_2O \mid O_2(g) Pt$	$O_2(g) + 4H^+ + 4e \rightleftharpoons 2H_2O$	+1.229
$Cl^- \mid Cl_2(g) \mid Pt$	$Cl_2 + 2e \rightleftharpoons 2Cl^-$	+1.3580
$Au^+ \mid Au$	$Au^+ + e \rightleftharpoons Au$	+1.68
$F^- \mid F_2(g) \mid Pt$	$F_2(g) + 2e \rightleftharpoons 2F^-$	+2.87
	第二类电极	
$SO_4^{2-} \mid PbSO_4(s) \mid Pb$	$PbSO_4(s) + 2e \rightleftharpoons Pb + SO_4^{2-}$	−0.356
$I^- \mid AgI(s) \mid Ag$	$AgI(s) + e \rightleftharpoons Ag + I^-$	−0.1521
$Br^- \mid AgBr(s) \mid Ag$	$AgBr(s) + e \rightleftharpoons Ag + Br^-$	+0.0711
$Cl^- \mid AgCl(s) \mid Ag$	$AgCl(s) + e \rightleftharpoons Ag + Cl^-$	+0.2221
$Cl^- \mid Hg_2Cl_2(s) \mid Hg$	$Hg_2Cl_2(s) + 2e \rightleftharpoons 2Hg + 2Cl^-$	+0.2672
$SO_4^{2-} \mid Hg_2SO_4(s) \mid Hg$	$Hg_2SO_4(s) + 2e \rightleftharpoons 2Hg + SO_4^{2-}$	+0.6154
	氧化还原电极	
$Cr^{3+}, Cr^{2+} \mid Pt$	$Cr^{3+} + e \rightleftharpoons Cr^{2+}$	−0.41
$Sn^{4+}, Sn^{2+} \mid Pt$	$Sn^{4+} + 2e \rightleftharpoons Sn^{2+}$	+0.15
$Cu^{2+}, Cu^+ \mid Pt$	$Cu^{2+} + e \rightleftharpoons Cu^+$	+0.158
$MnO_4^-, MnO_4^{2-} \mid Pt$	$MnO_4^- + e \rightleftharpoons MnO_4^{2-}$	+0.564
H^+，醌，氢醌 $\mid Pt$	$C_6H_4O_2 + 2H^+ + 2e \rightleftharpoons C_6H_4(OH)_2$	+0.6993
$Fe^{3+}, Fe^{2+} \mid Pt$	$Fe^{3+} + e \rightleftharpoons Fe^{2+}$	+0.770
$Tl^{3+}, Tl^+ \mid Pt$	$Tl^{3+} + 2e \rightleftharpoons Tl^+$	+1.247
$H^+, MnO_4^-, Mn^{2+}, H_2O \mid Pt$	$MnO_4^- + 8H^+ + 5e \rightleftharpoons Mn^{2+} + 4H_2O$	+1.491
$Ce^{4+}, Ce^{3+} \mid Pt$	$Ce^{4+} + e \rightleftharpoons Ce^{3+}$	+1.61
$Co^{3+}, Co^{2+} \mid Pt$	$Co^{3+} + e \rightleftharpoons Co^{2+}$	+1.808

附录七　元素的相对原子质量

（以^{12}C＝12 相对原子质量为标准）

序数	名称	符号	相对原子质量	序数	名称	符号	相对原子质量	序数	名称	符号	相对原子质量
1	氢	H	1.008	37	铷	Rb	85.47	73	钽	Ta	180.9
2	氦	He	4.003	38	锶	Sr	87.62	74	钨	W	183.9
3	锂	Li	6.941±2	39	钇	Y	88.91	75	铼	Re	186.2
4	铍	Be	9.012	40	锆	Zr	91.22	76	锇	Os	190.2
5	硼	B	10.81	41	铌	Nb	92.91	77	铱	Ir	192.2
6	碳	C	12.01	42	钼	Mo	95.94	78	铂	Pt	195.1
7	氮	N	14.01	43	锝	^{99}Te	98.91	79	金	Au	197.0
8	氧	O	16.00	44	钌	Ru	101.1	80	汞	Hg	200.6
9	氟	F	19.00	45	铑	Rh	102.9	81	铊	Tl	204.4
10	氖	Ne	20.18	46	钯	Pd	106.4	82	铅	Pb	207.2
11	钠	Na	22.99	47	银	Ag	107.9	83	铋	Bi	209.0
12	镁	Mg	24.31	48	镉	Cd	112.4	84	钋	^{210}Po	210.0
13	铝	Al	26.98	49	铟	In	114.8	85	砹	^{210}At	210.0
14	硅	Si	28.09	50	锡	Sn	118.7	86	氡	^{222}Rn	222.0
15	磷	P	30.97	51	锑	Sb	121.8	87	钫	^{223}Fr	223.0
16	硫	S	32.07	52	碲	Te	127.6	88	镭	^{226}Ra	226.0
17	氯	Cl	35.45	53	碘	I	126.9	89	锕	^{227}Ac	227.0
18	氩	Ar	39.95	54	氙	Xe	131.3	90	钍	Th	232.0
19	钾	K	39.10	55	铯	Cs	132.9	91	镤	^{231}Pa	231.0
20	钙	Ca	40.08	56	钡	Ba	137.3	92	铀	U	238.0
21	钪	Sc	44.96	57	镧	La	138.9	93	镎	^{237}Np	237.0
22	钛	Ti	47.88±3	58	铈	Ce	140.1	94	钚	^{239}Pu	239.1
23	钒	V	50.94	59	镨	Pr	140.9	95	镅	^{243}Am	243.1
24	铬	Cr	52.00	60	钕	Nd	144.2	96	锔	^{247}Cm	247.1
25	锰	Mn	54.94	61	钷	^{145}Pm	144.9	97	锫	^{247}Bk	247.1
26	铁	Fe	55.85	62	钐	Sm	150.4	98	锎	^{252}Ct	252.1
27	钴	Co	58.93	63	铕	Eu	152.0	99	锿	^{252}Es	252.1
28	镍	Ni	58.69	64	钆	Gd	157.3	100	镄	^{257}Fm	257.1
29	铜	Cu	63.55	65	铽	Td	158.9	101	钔	^{256}Md	256.1
30	锌	Zn	65.39±2	66	镝	Dy	162.5	102	锘	^{259}No	259.1
31	镓	Ga	69.72	67	钬	Ho	164.9	103	铹	^{260}Lr	260.1
32	锗	Ge	72.61±3	68	铒	Er	167.3	104	𬬻	^{261}Rf	261.1
33	砷	As	74.92	69	铥	Tm	168.9	105	𨧀	^{262}Db	262.1
34	硒	Se	78.96±3	70	镱	Yb	173.0	106	𨭎	^{263}Sg	263.1
35	溴	Br	79.90	71	镥	Lu	175.0	107	𨨏	^{262}Bh	262.1
36	氪	Kr	83.80	72	铪	Hf	178.5	109	鿏	^{266}Mt	266.1

参 考 文 献

[1] 天津大学物理化学教研室．物理化学（上、下册）．第 3 版．北京：高等教育出版社，1993.
[2] 王正烈．物理化学．第 2 版．北京：化学工业出版社，2006.
[3] 薛方渝，陈如彪．物理化学：下册．北京：中央广播电视大学出版社，1990.
[4] 廖雨郊．物理化学．北京：高等教育出版社，1994.
[5] 傅献彩，沈文霞，姚天扬．物理化学：下册．第 4 版．北京：高等教育出版社，1990.
[6] 梁玉华，白守礼，王世权，马丽景．物理化学．北京：化学工业出版社，1996.
[7] 徐彬，邬宪伟．物理化学．第 2 版．北京：化学工业出版社，2005.
[8] 肖衍繁，李文斌．物理化学．天津：天津大学出版社，1997.
[9] 傅玉普．多媒体物理化学．第 3 版．大连：大连理工大学出版社，2001.
[10] 李文斌．物理化学解题指南．天津：天津大学出版社，1993.
[11] 邓景发等．物理化学．北京：高等教育出版社，1993.
[12] 李国珍．物理化学练习 500 例．北京：高等教育出版社，1985.
[13] 朱珖瑶等．界面化学基础．北京：化学工业出版社，1996.
[14] 沈钟等．胶体与表面化学．北京：化学工业出版社，1997.
[15] 上海师范大学等．物理化学：下册．第 3 版．北京：高等教育出版社，1991.
[16] 朱文涛．物理化学：下册．北京：清华大学出版社，1995.
[17] 朱传征，许海涵．物理化学．北京：科学出版社，2000.
[18] 高月英，戴乐蓉，程虎民．物理化学．北京：北京大学出版社，2000.
[19] 印永嘉，奚正楷，李大珍．物理化学简明教程．北京：高等教育出版社，1992.
[20] 王光信等．物理化学．第 3 版．北京：化学工业出版社，2007.
[21] 高职高专化学教材编写组．物理化学．第 2 版．北京：高等教育出版社，2000.
[22] 傅献彩．大学化学．上册．北京：高等教育出版社，1999.
[23] 张澄镜．超临界流体萃取．北京：化学工业出版社，2000.
[24] 王佛松．展望 21 世纪的化学．北京：化学工业出版社，2000.
[25] 童景山．化工热力学．北京：清华大学出版社，1995.
[26] 陈洪钫，刘家祺．化工分离过程．北京：化学工业出版社，1995.
[27] 叶婴齐．工业用水处理技术．上海：上海科学普及出版社，1995.
[28] 朱裕贞，顾达，黑恩成．现代基础化学．第 2 版．北京：化学工业出版社，2004.
[29] 陈宗淇，戴闽光．胶体化学．北京：高等教育出版社，1985.
[30] 闵恩泽，吴魏．绿色化学与化工．北京：化学工业出版社，2000.
[31] 侯万国等．应用胶体化学．北京：科学出版社，1998.
[32] 傅玉普．物理化学简明教程．大连：大连理工大学出版社，2003.
[33] 张坤玲．物理化学．大连：大连理工大学出版社，2007.
[34] 李素婷．物理化学．北京：化学工业出版社，2007.
[35] 侯新朴．物理化学．第 6 版．北京：人民卫生出版社，2010.